普通高等教育“十一五”国家级规划教材
全国测绘教育系统重点教材
第五届全国高等学校优秀测绘教材

土 木 工 程 教 材 精 选

现代普通测量学

（第2版）

王 侬 过静珺 主编
Wang Nong Guo Jingjun

清华大学出版社
北 京

内容简介

本教材为土木工程类专业基础课教材。全书共分14章：第1、2章介绍测量工作的基础知识；第3～6章介绍测量基本原理、方法和仪器，包括高程测量、角度测量、距离测量和误差处理的基本知识；第7、8章介绍控制测量及全球定位系统；第9、10两章介绍基础地理信息获取方法及其应用；第11～13章介绍施工测量方法和建筑变形监测；第14章介绍摄影测量与遥感的基本知识和方法。

本教材可作为高等院校土木工程类、道桥类、地质矿产类、农林类和环境工程类等专业的本科教材，也可作为有关工程技术人员的参考书。

图书在版编目(CIP)数据

现代普通测量学/王依，过静珺主编. —2版. —北京：清华大学出版社，2009.8(2025.1重印)
(土木工程教材精选)
ISBN 978-7-302-20470-1

Ⅰ. 现… Ⅱ. ①王… ②过… Ⅲ. 测量学－高等学校－教材 Ⅳ. P2

中国版本图书馆CIP数据核字(2009)第107409号

责任编辑：汪亚丁
责任校对：王淑云
责任印制：宋　林

出版发行：清华大学出版社
网　　址：https://www.tup.com.cn，https://www.wqxuetang.com
地　　址：北京清华大学学研大厦A座　　**邮　　编**：100084
社 总 机：010-83470000　　**邮　　购**：010-62786544
投稿与读者服务：010-62776969，c-service@tup.tsinghua.edu.cn
质量反馈：010-62772015，zhiliang@tup.tsinghua.edu.cn
印 装 者：天津安泰印刷有限公司
经　　销：全国新华书店
开　　本：203mm×253mm　　**印　张**：22　　**插　页**：3　　**字　　数**：568千字
版　　次：2009年8月第2版　　**印　　次**：2025年1月第26次印刷
定　　价：65.00元

产品编号：019382-08

第 2 版前言

进入 21 世纪以来，随着现代科学技术的发展，测绘科学又上了一个新台阶，涌现出许多新的测绘理论、技术、方法和设备。另外，土木建筑业已是国民经济的支柱产业，在新的形势下，作为土木工程类专业的测量学重点教材——《现代普通测量学》，理应进行修订、更新。我们在保持第 1 版教材特点的基础上，力求本着与时俱进和紧密结合专业两个原则进行修订，修订的内容主要包括：

1. 突出以点的定位为中心，数字测图和数字化施工测量为主线的原则

以确定点位为中心，讲述测量学的目的、理论、方法和应用。删除陈旧的测图和施工测量方法，充实新的数字测图和数字化施工测量方法，以适应现代化的要求。

2. 以现代测绘新技术为主导，突出测绘新技术，增强教材的先进性

充实测绘新技术、新仪器、新方法的内容，如 GNSS 理论与技术、网络 RTK、自动陀螺仪、数字水准仪、地面三维扫描系统以及最新全站仪技术的应用；增加了成图软件在土木建筑工程中应用的内容；加强摄影测量与遥感技术在测绘中的应用知识等。新增的内容充分反映测绘科学技术的新发展，以提高教材内容的现代化水平。同时，压缩、删减了较陈旧的内容，如钢尺量距、平板仪测点位等。

3. 紧密结合专业的要求，用测绘新技术为相应专业服务

在专业部分增添地理信息系统（GIS）数字地面模型、成图软件等新内容，结合实际为相关专业服务。删除原书的两个附录，增加和扩大摄影测量与遥感的内容，作为第 14 章。增加了全站仪、GNSS 和数字水准仪的产品系列附录，以便读者查询。

4. 认真贯彻国家的测绘新规范、新细则、新规定、新图式等。

5. 自始至终贯彻理论联系实际的原则

加强基础理论知识，突出能力的培养，作为本教材编写的指导思想。结合工程建设的实际，将原第 12 章隧道工程测量稍加压缩移入第 11 章，将线路测量、管道测量组成一章结合工程软件，重新进行编写。

本教材由王依、过静珺主编，高飞、白征东、赵红蕾参加编写，王依进行统稿和定稿。全书共分 14 章，具体分工是：王依编写第 1、10、11、12 章及三个附录；过静珺编写第 2、5、8 章；高飞编写第 3、4、9 章；白征东编写第 6、7、13 章；赵红蕾编写第 14 章。

本书在修订过程中得到了宁津生院士的多次指导和大力支持，在此深表谢忱！

清华大学季如进教授参加了本教材第 1 版的编写，虽然未参与第 2 版的修订工作，但他在本教材申

报和通过“十一五”国家级规划教材、2005年8月获得全国测绘教材一等奖以及在第2版的修订过程中都给予了大力的支持和帮助,在此表示衷心的感谢。

由于作者水平所限,教材中的缺点、问题在所难免,请读者不吝指正。

编　者

2008年12月

第1版前言

面对21世纪教育改革的新发展，为了贯彻执行新的专业目录，全国高等学校测绘类专业教学指导委员会决定编写土木建筑类专业的测量学重点教材。我们受此委托，编写了《现代普通测量学》。

我们考虑，教材中首先要充实现代测绘新技术，如GPS、GIS、RS、数字测图等有关内容，以及新的测绘仪器和设备，如全站仪、陀螺经纬仪、智能经纬仪、数字水准仪等内容，使土木建筑类专业的学生不但能了解当前测绘科学发展的现状，更能结合专业的要求，拓宽视野，开阔思路，更好地应用测绘新技术为其专业服务。

当前正处于新老测绘技术的转换时期，现代测绘科学的技术和理论正在积极地被开发应用，传统的测绘技术也仍在使用。如果在教材中只追求新技术的充实，过多地删除传统的测绘内容，那么，仍然会脱离当前教学和生产的实际，达不到教学改革的目的。因此我们力图在充实新技术的同时，仍保留必要的传统内容。对陈旧的和今后使用较少的内容，如小平板仪、小三角锁、图解法测图等，要删简、压缩。

本教材主要用于新的土木建筑类专业的教学。但是，该专业面已经拓宽，如建筑工程、城镇建设、交通土建、矿井建设等，都属于土建类专业的范畴。因此对书中的基本部分要尽量统一，专业部分可求同存异，专业需要的内容可从教材中选取讲授。为适应上述两方面的要求，在尽量压缩篇幅的情况下，内容也有所增多。

本教材力图以点位的确定为中心，以数字化测量为主线，以测绘新概念、新技术、新仪器为重点进行叙述；明确非测绘专业测量学课程的特点，试求建立由浅入深，先易后难，循序渐进的教材体系，同时又力求符合生产程序。本书内容包括两大部分：前六章以点位为中心，讲述三个元素的单项测定和基本概念，7、8、9三章介绍点位信息的综合采集和管理，第10章是在以上各章的基础上，阐述地理空间信息的应用知识，以上十章属基本部分；第11、12、13三章结合专业的施工测量，属专业部分。为了适应有关专业的需要，还编写了航空摄影与遥感、地籍测量的基本知识列于附录中。在每章的最后还附有习题与思考题，便于学生自学和练习。

本教材由王侬、过静珺主编，季如进、高飞参加编写。编写分工是：王侬编写第1、10、11、12章；过静珺编写第2、5、8章及附录A；季如进编写第6、7、13章及附录B；高飞编写第3、4、9章。为了集思广益，曾两次在全国测绘教育委员会组织的测量学教学改革研讨会上征求对本书的意见，我们得到了兄弟院校同行们的支持和帮助；在编写过程中得到了宁津生院士的多次指导，在此深表感谢。

本书由陶本藻教授、王大武教授审稿，陶本藻教授复审。他们在审稿过程中提出了宝贵的意见和建议,为提高书稿的质量起了重要作用,在此深表谢忱。

本书由许先琳同志绘制了插图,由吴兆福、刘光鑫、郁青等同志协助打印书稿;合肥工业大学教材科的同志给予了各方面的支持,在此一并表示衷心感谢。

由于编者水平有限,教学改革经验不足,教材中的缺点错误在所难免,请读者不吝指正。

编　者

2000年12月

目　录

第1章

绪　　论

1.1　测绘学与测量学

测绘学是测量学与制图学的统称。它研究的对象是地球整体及其表面和外层空间中的各种自然物体、人造物体的有关空间信息。它研究的任务是对这些与地理空间有关的信息进行采集、处理、管理、更新和利用。测量学是研究测定地面点的几何位置、地球形状、地球重力场，以及地球表面自然形态和人工设施的几何形态的科学；制图学是结合社会和自然信息的地理分布，研究绘制全球和局部地区各种比例尺的地形图和专题地图的理论和技术的科学。由此可见，测量学与制图学是测绘学的两个组成部分，其中测量学是它的重要组成内容。

1.1.1　测量学研究的范围和内容

传统的测量学研究的对象是地球及其表面，但随着现代科学技术的发展，它已扩展到地球的外层空间，观测和研究的对象已由静态发展到动态，同时，所获得的观测量，既有宏量，也有微量，使用的手段和设备，也已转向自动化、遥测、遥感和数字化。

测量学研究的内容分测定和测设两部分。测定是将地面上客观存在的物体，通过测量的手段，将其测成数据或图形；测设是将人们的工程设计通过测量的手段，标定在地面上，以备施工。

1.1.2　测量学的分科

伴随着社会的进步，科学技术的发展，各方面对测量的要求不断变化和提高，测量学的分科也越来越细，诸如以下学科。

1. 大地测量学　它是研究和测定地球形状、大小和地球重力场，以及测定特定地面点空间位置的科学，它分几何大地测量学、物理大地测量学和卫星大地测量学(或空间大地测量学)三个分支学科。几何大地测量学是以一个与地球外形最为接近的几何体(旋转椭球)代表地球形状，用天文方法测定该椭球的形状和大小的学科；物理大地测量学是研究用物理方法测定地球形状及其外部重力场的学科；卫星大地测量学是利用人造地球卫星进行地面点的定位，以及测定地球形状、大小和地球重力场理论、方法的学科。

2. 摄影测量与遥感学　它是研究用摄影和遥感的手段，获取被测物体的信息，并进行分析、处理，以确定物体的形状、大小和空间位置，并判定其属性的学科，它分为地面摄影测量学、航空摄影测量学和航天遥感测量学。

3. 工程测量学　它是研究工程建设和资源开发中在规划、设计、施工和运营管理各个阶段的测量工作理论、技术和方法的学科。由于建设工程的不同，根据其不同的要求，工程测量学又分为矿山测量学、水利工程测量学、公路测量学、铁道测量学，以及海洋工程测量学等；又由于工程的精度要求不同，又有精密工程测量学、特种精密工程测量学等。

4. 海洋测绘学　它是研究以海洋水体和海底为对象所进行的测量和海图编制理论、方法的学科。

5. 普通测量学　它是研究地球局部地区，不考虑地球曲率的影响，使用常规测量仪器、设备，进行测定和测设的学科。

本教材称为现代普通测量学，是在普通测量学的基础上，增加了现代测量科学技术的内容，同时又根据土木工程各专业的要求，充实了部分工程测量的内容而编写的。

另外，地图制图学是研究地图的编制和应用的学科，它是测绘学的一个重要组成学科，不属于测量学的范畴，它主要研究用地图图形信息反映自然界和人类社会各种现象的空间分布、相互联系及其动态变化。

1.2　测绘学的发展

1.2.1　测绘学发展简史

科学的产生和发展是由生产决定的。测绘科学也不例外，它是人类长期以来，在生活和生产方面与自然界斗争的结晶。由于生活和生产的需要，测量工作很早以前就被用于实际。早在公元前21世纪夏禹治水时，已使用了"准、绳、规、矩"四种测量工具和方法；埃及尼罗河泛滥后农田的整治也应用了原始的测量技术。

中国古代在天文测量方面一直走在世界前列，远在颛顼高阳氏(公元前2513—公元前2434年)便开始观测日、月、五星定一年的长短，战国时已首先创制了世界最早的恒星表。秦代(公元前246—公元前206年)用颛顼历定一年的长短为365.25天，与罗马人的儒略历相同，但比其早四五百年。宋代的《统天历》定一年为365.2425日，与现代值相比，只有几十秒之差，可见天文测量在中国古代已有很大发展，并创制了浑天仪、圭、表和复矩等仪器用于天文测量。

在研究地球形状和大小方面，在公元前就已提出丈量子午线上的弧长，以推断地球的大小、形状。我国于唐代(公元724年)在僧一行主持下，实量河南从白马，经浚仪、扶沟，到上蔡的距离和北极星高度，得出子午线1度的弧长为132.31km，为人类正确认识地球作出了贡献。17世纪以来，牛顿和惠更斯从力学的观点，提出地球是两极略扁的椭球，纠正了地圆说，为正确地认识地球奠定了理论基础。1849年斯托克斯提出利用重力观测资料确定地球形状的理论，从而提出了大地水准面的概念。

地(形)图是测绘工作的重要成果,它是生产和军事活动的重要工具,最早于公元前 20 世纪之前,苏美尔人、巴比伦人已绘制地图于陶片等的载体上,说明地图早已被人们所重视。我国最早的地图记载是夏禹铸九鼎,已是地图的雏形。公元前 7 世纪,春秋时期管仲著《管子》一书中对地图已有所论述;平山县发掘出土的春秋战国时期的"兆域图",已经有了比例和符号的概念;在湖南长沙马王堆发现公元前 168 年的长沙国地图和驻军图,地物、地貌和军事要素已有表示。公元 2 世纪,古希腊的托勒密在《地理学指南》一书中,首先提出了用数学的方法将地球表象描绘成平面图的问题,已经提出了原始的地图投影的问题。公元 224—271 年,我国西晋的裴秀总结了前人的制图经验,拟定了小比例尺地图的编制法规,称《制图六体》,是世界上最早的制图规范之一。此后我国和其他一些国家都编制过多种地图,如元代朱思本绘制的《舆地图》;明代罗洪先绘制的《广舆图》和德国墨卡托编制的《地图》,已经构成地图集的形式。16 世纪测绘技术发展较快,尤其是三角测量方法的应用,为大地测量创造了条件,为测绘地形图打下了基础。

明代郑和下西洋绘制的《郑和航海图》、我国清代的《皇舆全图》(1708—1718)等在当时已是比较完善的地图了。

17 世纪开始,在资产阶级革命的推动下,生产力有所发展。为了满足生产力发展的需要,科学技术得到了迅猛发展。如望远镜的面世和应用,为测绘科学的发展开拓了光明前景,使测量方法、测绘仪器有了重大的改变;同时,在测量理论方面也有不少创造,最小二乘法理论就是其中的重要一项,一直使用至今。1903 年飞机的发明,使航空摄影测量成为可能,不但提高了成图工作速度,减轻了劳动强度,重要的是改变了测绘地形图的工作现状,为由手工业生产方式向自动化转化开创了光明的前途。

忆往昔,测绘科学技术的发展也和其他科学技术的发展一样,是由原始的、落后的方式,在漫长的人类社会发展的历程中,一步步发展起来的。是生产促进了测绘科学的发展,同时测绘科学技术又为发展生产力创造了条件。

1.2.2　现代测绘学的发展现状

20 世纪中叶,新的科学技术得到了快速发展,特别是电子学、信息学、电子计算机科学和空间科学等在自身发展的同时,给测绘科学的发展开拓了广阔的道路,创造了发展的条件,推动着测绘技术和仪器的变革与进步。测绘科学的发展很大部分是从测绘仪器发展开始的,然后使测绘技术发生重大的变革。如,1947 年,光波测距仪的问世;20 世纪 60 年代激光器作为光源用于电磁波测距,使长期以来艰苦的手工业生产方式的测距工作发生了根本性的变革,氦氖激光光源的应用使测程达到 60km 以上,精度达到$\pm(5\text{mm}+5\text{ppm}\times D)$。固体激光器的应用使测程更加增大,使测月、测卫工作得以实现;80 年代开始,多波段(多色)载波测距的出现,抵偿、减弱了大气条件的影响,使测距精度大大提高,ME5000 测距仪达到$\pm(0.2+0.1\times10^{-6}D)$的标称精度。除了光波测距以外,微波测距也有很大发展,80 年代之后,全自动化的微波测距仪 CA-100、WM-20 等已用于军事部门。随着光源和微处理机的问世和应用,测距工作向着自动化方向发展。与此同时,砷化镓发光管和激光光源的使用使测距仪的体积大大减小,重量减轻,向着小型化迈出了一步,同时也使大地测量工作中以测角为主的面貌得到了彻底改变,除用三角测量外,还可用导线测量和三边测量,这些均在工程中得到广泛应用。

测角仪器的发展也十分迅速,它和其他仪器一样,随着科学技术进步而发展,从金属度盘发展为光学度盘。近20年来,伴随着电子技术、微处理机技术的广泛应用,经纬仪已使用电子度盘和电子读数,生产出电子经纬仪,并得到广泛应用。电子经纬仪能自动显示读数、自动记录。同时,电子经纬仪与测距仪结合,构成了电子速测仪(全站仪),其体积小,重量轻,功能全,自动化程度高,为在一个测站上,直接测得三维坐标和数字测图开拓了广阔前景。最近厂家又推出了智能经纬仪,连瞄准目标也可自动化。这将结束测角、测距手工业生产方式的漫长历史,实现使用测绘机器人的梦想。

20世纪40年代,自动安平水准仪的问世,标志着水准测量自动化的开始。之后,又发展了激光水准仪、激光描平仪,为提高水准测量的精度和开拓广泛的用途创造了条件。近年来,数字水准仪的诞生也使水准测量自动记录、自动传输、存储和处理数据成为现实。它和经纬仪一样,也可选取目标后自动进行观测,实现了水准测量的全自动化。

由于以上这些先进测量仪器的生产和应用,使测量工作向着自动化、电子化方向发展,减轻了劳动强度,提高了工作效率,并且使野外工作大大减少,向着内外业一体化的方向发展,同时,大大改善了测绘工作艰苦的环境。

20世纪80年代,全球定位系统(global positioning system,GPS)问世,并用于测量工作,对此广大的测绘工作者给予了很大关注。全球定位系统在短时间内可以进行空间点的三维定位,况且不受局部气象条件的影响,无须通视,不需要建立高标,使测绘工作发生了极大变革。全球定位系统原是美国为军事服务的导航系统,以后被用于民用。从70年代开始,历经了30年,世界上很多国家为了使用全球定位系统的信号,迅速进行了接收机的研制。从70年代到现在,已有百余厂家,研制了一二百种精度不同、类型不同的仪器,并且已发展到第五代产品,其体积小,功能全,重量轻,使用方便。

除了美国研制GPS定位系统外,前苏联研制了GLONASS定位系统,于1995年投入运营。目前欧盟委员会正在加紧建设伽利略(Galileo)全球卫星导航系统。计划在2013年完成。我国除了进行GPS定位理论及应用研究外,于2003年利用自主研发的地球同步卫星,建立了第一代北斗星卫星导航定位系统。该系统具有导航定位、精密授时、短数据报文等功能,可用于我国领土和相邻的周边地区导航定位、授时、数据传输、通信和移动目标监控等方面。

20世纪70年代,除了用飞机进行航空摄影测量的航片测绘地(形)图外,还可通过人造地球卫星使用遥感(remote sensing,RS)技术拍摄地球照片,监测自然现象的变化,并且利用这些卫星照片进行地图的测绘,其精度逐步提高。近年来,伴随着数字摄影技术的发展,改变了过去模拟摄影测量的方式,用数字摄影技术进行测量工作,其成果稳定、可靠,并且自动化程度高,还可与计算机组成一个系统,使地图的生产、使用、修改、更新易于完成。

地面的测图系统,也由于测绘仪器的飞速发展和技术的广泛应用,由过去的传统测绘方式发展为数字测图,所得地形图是由数字表示的,用计算机进行绘制和管理,既便捷,又迅速,精度可靠。

为了满足国民经济飞速发展的需要,在计算机科学、信息学和测绘学的支持下,地理信息系统(geographic information system,GIS)应运而生,它能为地球科学、环境科学和工程设计,以及对政府行政职能和企业经营管理提供必需而重要的信息,因而发展很快,并与GPS、RS集成为3S技术。在3S技术的促进和支持下,测绘工作和测绘技术正向着自动化、数字化、网络化、可视化和信息化的方向发展,使测绘学科进入了一个信息化测绘学全新的发展阶段。

1.2.3　我国测绘事业的发展

我国近代测绘科学的发展是从中华人民共和国成立后才进入了一个崭新的阶段。1956年成立了国家测绘总局；建立了测绘研究机构，组建了专门培养测绘人才的院校，目前，有测绘工程专业的院校已达数十所；测绘专业硕士、博士的培养学校也有几十所；各业务部门也纷纷成立测绘机构和科研机构，党和国家对测绘工作给予很大关怀和重视。

在测绘工作方面，建立和统一了全国坐标系统和高程系统，建立了全国的大地控制网、国家水准网、基本重力网，GPS全球定位系统已经广泛应用，全国GPS大地控制网业已完成。并完成了大地网和水准网的整体平差；完成了国家基本图的测绘工作；进行了两次(1975年和2005年)珠峰测量、南极长城站的地理位置和高程的测量；各种工程建设的测量工作也取得显著成绩，如长江大桥、葛洲坝水电站、宝山钢铁厂、三峡水利枢纽、正负电子对撞机和同步辐射加速器、核电站等大型和特殊工程的测量工作。近年来，又完成了大型工程和特殊工程建设的测量工作，诸如30多公里的杭州湾大桥，山西42.6km的引黄工程隧洞，大伙房水库85.5km工程隧洞，以及上海悬浮铁路、北京中国大剧院、奥运体育场馆等特殊工程的施工测量；还建立了中国内地现今地壳水平、垂直运动速度场，出版发行了地图1 600多种，发行量超过11亿册。在测绘仪器制造方面，从无到有，发展迅速，已生产了多种不同等级、不同型号的电磁波测距仪、全站仪、测深仪，以及GPS接收机；测量仪器系列的生产已经基本配套。地理信息系统(GIS)已引起各部门的重视，并且已经着手建立各行业的GIS系统，数字中国、数字城市等的数字工程已开始建立，并取得了显著成绩，测绘工作已经为建立这些系统提供了海量的基础数据。

综上所述，我国在测绘事业上已经做了大量的工作，为国民经济建设和国防建设作出了不可磨灭的贡献，但是与国际先进水平相比还有一定差距，我们要发愤图强，迅速赶上国际先进水平，为祖国的测绘事业作出更大的贡献。

1.2.4　地球空间信息学(Geomatics)与现代测绘学的任务

随着科学技术的发展，高新技术的不断涌现，如计算机科学、信息科学、空间技术、卫星技术、微电子技术、传感器技术等，在近代都得到了高速发展和应用；同时，测绘学的相邻学科，如地球物理学、地球动力学、海洋学、地质学、天体力学的交叉发展，以及全球定位系统、遥感、地理信息系统、专家系统(ES-Expert System)、数字摄影测量系统(digital photogrammetry system，DPS)等的涌现和应用，所有这些新的科学技术都促进了测绘学科的发展，使传统的测绘学科产生了一个根本性的变革，为测绘工作向着自动化、信息化方向发展创造了条件。非但如此，测绘学的手段、方法、理论，甚至测量的观念和内涵也引起了较大的改变，传统的"测"和"绘"的科学概念，已经不能概括现代测绘学的研究对象和任务，更不能覆盖高新技术对测绘科学渗透和冲击而产生的新内容。显而易见，测绘学科已从一个单一学科发展为多学科的交叉学科，其应用范围已扩展到与空间信息分布有关的诸多领域。因此，如何界定测绘学的含义，使形式和内容统一，已引起了世界各国测绘工作者的关注。早在1975年，法国大地测量与摄影测量学者Bernard Dubuisson博士，首先提出以地球空间信息学(geo-spatial information science，简称Geomatics)反映测绘学的学科实质。之后，不少国家以Geomatics代替测绘，命名校、系、专业等名称。

Geomatics的含义是比"测绘"更广泛、更深远、更现代化的一个学科名词，一致认为Geomatics能准确地反映现代测绘学的内容实质。测绘是 Geomatics 内容的一个组成部分。也可以说现代测绘学正向着 Geomatics 跨越和融合。

由上述可见,现代测绘学是研究地球及其表面实体与地理空间分布有关信息的采集、量测、分析、显示、管理和利用的科学和技术。它研究的内容是确定地球形状、重力场及空间定位,并将所获得的与地理空间分布有关的信息,制成地图(包括专题图)和建立地理信息系统,为研究地球上的自然和有关的社会现象,为社会可持续发展提供基础信息。

1.3 现代测绘学在国民经济建设中的作用

1.3.1 现代测绘学在国民经济建设中的作用

由以上讨论可知,现代测绘学的内容广泛,任务涉及面大,是现代高新技术互相渗透的结果。现代测绘学与传统的测绘学有所不同,它不只是手段先进,方法新颖,而且其研究和服务的对象、范围越来越广泛,重要性越来越显著。如上所述,现代测绘学是一门科学性、技术性很强的学科,对于国民经济建设、国防建设以及科学研究等领域,是一门重要的基础科学。

在工程建设方面,工程的勘测、规划、设计、施工、竣工及运营后的监测、维护都需要测量工作。在军事上,首先由测绘工作提供地形信息;在战略的部署、战役的指挥中,除必需的军用地图(包括电子地图,数字地图)外,还需要进行目标的观测定位,以便进行打击。至于远程导弹、空间武器、人造地球卫星以及航天器的发射等,都要随时观测、校正飞行轨道,保证它精确入轨飞行。为了使飞行器到达预定目标,除了测算出发射点和目标点的精确坐标、方位、距离外,还必须掌握地球形状、大小、重力场的精确数据。航天器发射后,还要跟踪观测飞行轨道是否正确。总之,现代测绘科学技术与现代战争紧密结合在一起,是军事上决策的重要依据之一。

在科学实验方面,如地震预测、预报,地壳形变、气象预报、环境保护、灾情监测、空间技术研究、资源调查、海底资源探测、大坝变形监测、加速器和核电站运营的监测等,以及其他科学研究,无一不需要测绘工作紧密配合和提供空间信息。另外,由于现代测量技术已经或将实现无人自动观测和数据处理,具有检测地学事件的能力,可以预测地质灾害的发生。

此外,我国各种地理信息系统及专题地理信息系统,以及数字中国、数字城市等都要求测量工作为其提供空间数据和有关属性信息,作为这些系统的基础数据信息。

1.3.2 现代测量学在土木建筑工程中的作用

如上所述,现代测量学是现代测绘的一个重要组成部分,在土木建筑类各专业的工作中,不但应用广泛,而且与各专业结合得越来越紧密。例如,勘测设计各个阶段,需要勘测区的地形信息和地形图或电子地图,供工程规划、选址和设计使用。在施工阶段,要进行施工测量,把设计好的建筑物、构筑物的空间位置,测设于实地,以便据此进行施工;随着施工的进展,不断地测设高程和轴线,以指导施工;并且根据需要还要进行设备的安装测量。在施工的同时,要根据建(构)筑物的要求,开始变形观测,直至建(构)筑物基本停止变形为止,以监测施工的建(构)筑物变形的全过程,为保护建筑物提供资料。施工完成后，及时地进行竣工测量，编绘竣工图，为今后建筑物的扩建、改建和维修，以及进一步开发提供依据。在建构物使用和工程的运营阶段，对于现代大型或重要的建筑物还要继续进行变形观测和安全监测，为保障安全运营和生产提供资料。由此看出，测量工作在土木建筑工程专业中应用十分广泛，它贯穿着工程建设的全过程，特别是大型和重要的建筑工程，测量工作更为重要。

1.4 学习测量学的目的和要求

本课程是土木建筑类专业的技术基础课。土木建筑类各专业的学生，学习该课程之后，要求掌握现代普通测量学的基本知识和基本理论；具有使用常规测量仪器的操作技能，初步掌握新型测绘仪器的原理、使用方法；基本掌握大比例尺地形图测图的原理、方法；懂得数字测图的原理、过程和方法；在工程规划、设计和施工中能正确地使用地形图和测绘信息；掌握测量数据处理的理论和精度评定的方法。在施工过程中，能正确使用测量仪器进行一般工程的施工放样工作。同时，土木建筑类专业的学生学过测量学课程之后，对现代测量学的发展现状应有所了解和认识。

测量学是一门实践性很强的课程，在教学过程中，除了课堂讲授之外，还有实验课和教学实习。在掌握课堂讲授内容的同时，要认真参加实验课，以巩固和验证所学理论。测量教学实习是一个系统的教学实践环节，要自始至终的完成实习各项作业，才能对测量学的系统知识和实践过程有一个完整的、系统的认识。

测量工作的主要任务是按照各种规范和规定提供点位空间信息，工作中稍有不慎，发生错误，将造成巨大损失，甚至造成人民生命、财产的损失，这是绝对不能允许的。因此，学习测量学还要注意以下几个方面：要养成认真细致的工作习惯，尽可能减少粗差；坚持处处时时按照规范作业的原则，以保持测量工作和成果的严肃性；树立和加强检核工作的高度责任感，以保证数据的正确性；测量工作大多是集体作业，有的是外业工作，工作环境条件较差，因而要有团结战斗的集体主义精神和吃苦耐劳的工作作风，以保证测量工作的顺利进行和成果的高质量。

习题与思考题

1. 测绘学研究的内容是什么？
2. 试述测量学的分科的内容。
3. geomatics 的含义是什么？
4. 现代测绘学的研究对象是什么？
5. 我国近代测绘事业有哪些成就？
6. 测量学在土木工程建设中有哪些作用？
7. 学习测量学应达到哪些要求？

第 2 章

测量学的基础知识

2.1 地球形状和大小

地球的形状和大小，自古以来人类对它就很关心，对它的研究从来没有停止过。研究地球的大小和形状是通过测量工作进行的。

地球是太阳系中的一颗行星，它围绕着太阳旋转，又绕着自己的旋转轴旋转。地球的自转和公转使地球形体形成了椭球状，其赤道半径大、极半径小。地球的自然表面极其复杂，有高山、丘陵；有盆地、平原和海洋。有高于海平面 8 844.43m 的珠穆朗玛峰；有低于海平面 11 022m 的马里亚纳海沟，地形起伏很大。但是由于地球半径很大，约 6 371km，地面高低变化幅度相对于地球半径只有 1/300，从宏观上看，仍然可以将地球看作为圆滑椭球体。地球自然表面大部分是海洋，占地球表面积的 71%，陆地仅占 29%，所以人们设想将静止的海水面向大陆延伸，形成的闭合曲面来代替地球表面。

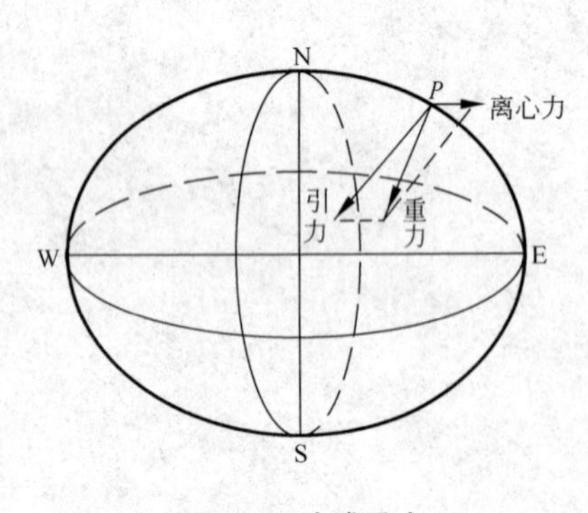

图 2-1 地球重力

地球有引力，地球上每个质点都受到地球引力的作用。地球的自转又产生离心力。每个质点又受到离心力的作用。因此地球上每个质点都受到这两个力的作用。这两个力的合力称为重力，如图 2-1 所示。地球表面的水面，每个水分子都会受到重力作用。当水面静止时，说明每个水分子的重力位相等。静止的水面称为水准面，水准面上处处重力位相等，所以水准面是等位面，水准面上的任何一点均与重力方向正交。水准面有无穷多个，并且互不相交，也不相互平行，其中与静止的平均海水面相重合的闭合水准面，称为大地水准面。大地水准面同水准面一样，也是等位面，该面上的任何一点均与重力方向正交。大地水准面所包含的形体称为大地体。研究地球形状和大小就是研究大地水准面的形状和大地体的大小。

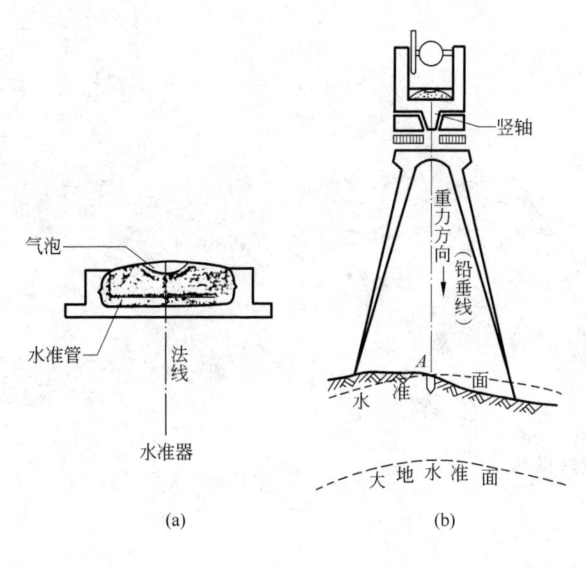

图 2-2　水准面

重力方向线又称为铅垂线。铅垂线是测量工作的基准线。测量仪器上都配有垂球，以便用它表示垂线方向。测量仪器上都装有水准器，见图 2-2。在地球重力作用下，水准气泡居中时，水准管圆弧法线方向和重力方向一致。利用水准器可以整置仪器的竖轴，使之通过地面点 A 的垂线方向(图 2-2)。测量上统一以大地水准面为野外测量基准面。

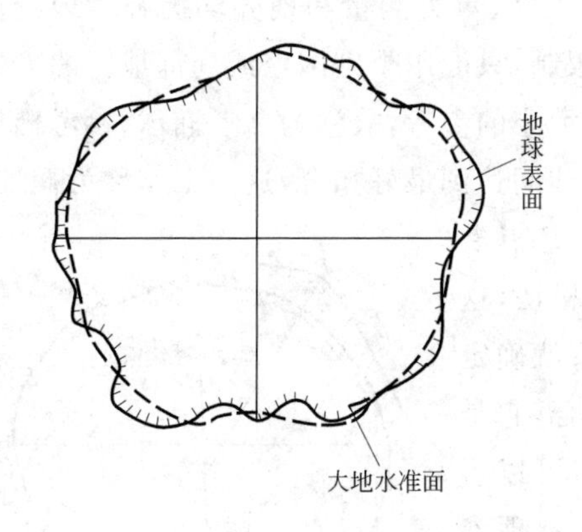

图 2-3　大地水准面与地球表面

大地水准面与地球表面相比，可算是个光滑的曲面，如图 2-3 所示。但是由于地球表面起伏和地球内部物质分布不均匀，引起重力的大小和方向会产生不规则的变化，见图 2-4，重力方向指向高密度矿体，离开低密度矿体。地球重力场的变化，造成与重力方向正交的大地水准面会有微小的起伏变化。因此大地水准面是个不规则的曲面，是个物理面。它与地球内部物质构造密切相关。因此大地水准面又是研究地球重力场和地球内部构造的重要依据。

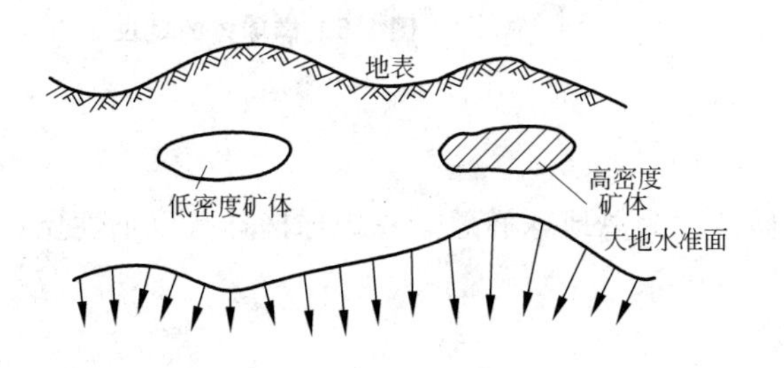

图 2-4　大地水准面的起伏

大地水准面不规则的起伏，使得大地体并不是一个规则的几何球体。其表面不是数学曲面。在这样一个非常复杂的曲面上无法进行测量数据的处理。为此需要寻找一个与大地体极为接近的数学球体代替大地体，由于地球形状非常接近一个旋转椭球，所以测量中选择可用数学公式严格描述的旋转椭球代替大地体，见图 2-5。椭球参数为 a、b 和 α。a 为长半轴，b 为短半轴，α 为扁率：

$$\alpha=\frac{a-b}{a} \tag{2-1}$$

若 $\alpha=0$，椭球则成了圆球。旋转椭圆面是个数学面，在直角坐标系 x、y、z 中旋转，椭球标准方程为：

$$\frac{x^2}{a^2}+\frac{y^2}{a^2}+\frac{z^2}{b^2}=1 \tag{2-2}$$

测量中将旋转椭球面代替大地水准面作为测量计算和制图的基准面。

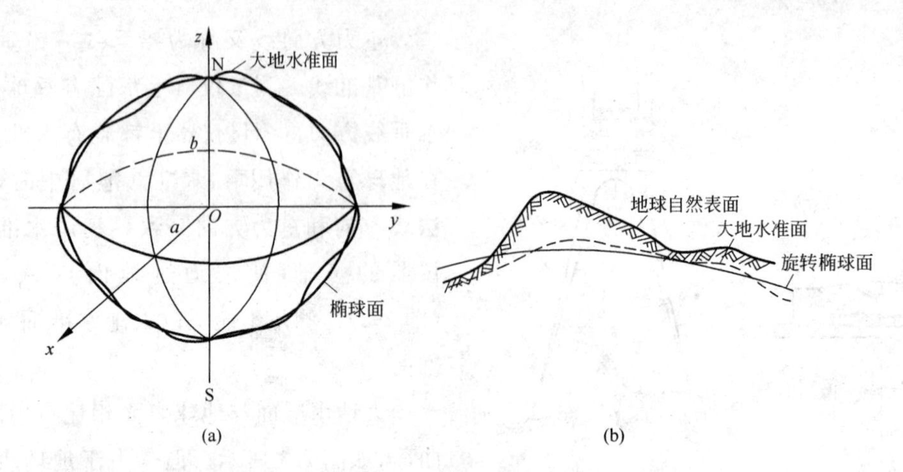

图 2-5 旋转椭球

2.2 地球椭球

各国大地测量学者一直设法利用弧度测量、三角测量、天文、重力测量和地壳均衡补偿理论推求地球椭球体的大小,求定椭球元素。过去由于受到技术条件限制,只能用个别国家或局部地区的大地测量资料推求椭球体元素,因此有局限性,只能作为地球形状和大小的参考,故称为参考椭球,参考椭球确定后,还必须确定椭球与大地体的相关位置,使椭球体与大地体间达到最好扣合,这一工作称为椭球定位。最简单的是单点定位,如图 2-6 所示,在地面选择 P 点,将 P 点沿垂线投影到大地水准面 P'点,然后使椭球在 P'与大地体相切,这时过 P'的法线与过 P'点垂线重合。椭球与大地体的关系就确定了。切点 P'为大地原点。参考椭球与局部大地水准面密合,它是局部地区大地测量计算的基准面。卫星大地测量出现后,可以得到围绕地球运转的卫星测量资料,同时顾及地球几何及物理参数,即:

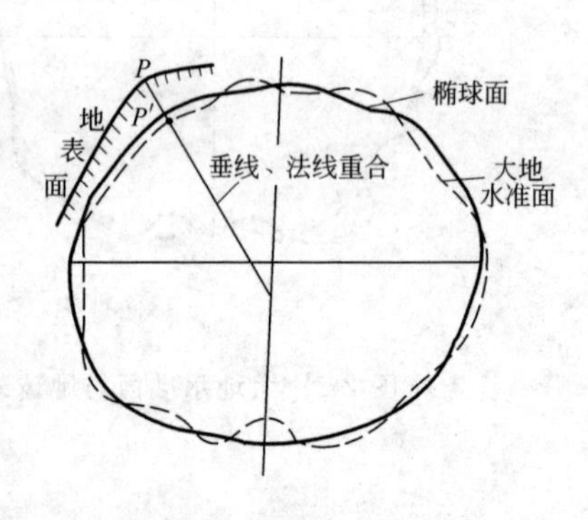

图 2-6 椭球体的定位

几何参数 长半径 a;

物理参数 引力常数和地球质量乘积 GM;

地球重力场二阶带球谐系数 J_2;

地球自转角速度 ω_e。

就可推算出与大地体密合得最好的地球椭球,这样的椭球称为总地球椭球。总地球椭球有以下性质:

① 和地球大地体体积相等,质量相等。

② 椭球中心和地球质心重合。

③ 椭球短轴和地球地轴重合。

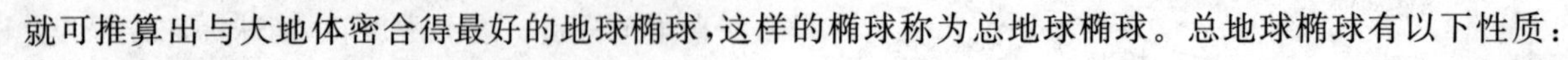

④ 椭球和全球大地水准面差距 N 的平方和最小。

表 2-1 为部分著名的地球椭球参数。

表 2-1　几种地球椭球参数

参数推算者	长半轴 a/m	短半轴 b/m	扁率 α	推算年代和国家
德兰布尔	6 375 653	6 356 564	1∶334	1800 年,法国
白塞尔	6 377 397	6 356 079	1∶299.2	1841 年,德国
克拉克	6 378 249	6 356 515	1∶293.5	1880 年,英国
海福特	6 378 388	6 356 912	1∶297.0	1909 年,美国
克拉索夫斯基	6 378 245	6 356 863	1∶298.3	1940 年,苏联
IUGG-75	6 378 140	6 356 755.3	1∶298.257	1979 年,国际大地测量与地球物理联合会
WGS-84	6 378 137		1∶298.257 223 563	1984 年,美国

我国在解放前采用海福特椭球,解放后一直采用克拉索夫斯基椭球,大地原点在苏联普尔科夫(现俄罗斯境内)。20 世纪 80 年代,我国采用了 IUGG 推荐的总地球椭球,其参数见表 2-1。大地原点选在位于我国中部陕西省泾阳县永乐镇。

由于地球的扁率很小,接近圆球,因此在精度要求不高的情况下,可以视椭球为圆球,其半径采用平均曲率半径,即:

$$R = \frac{1}{3}(a + a + b) = 6\ 371\text{km} \tag{2-3}$$

2.3　地面点位的确定

地球表面高低起伏,固定物体种类繁多,但将其分类,可分为地物和地貌两类。测量上将地面上人造或天然固定物体称为地物。如房屋、道路、河流、湖泊等。将地面高低起伏形态称为地貌。地物和地貌统称为地形。地形有多种多样,变化是复杂的。如何将它们测量并绘制到图纸上,这就需要在地物的平面位置和地貌的轮廓线上选择一些能表现其特征的点,称特征点。如房屋的位置是由一些特征点形成的折线组成,见图 2-7(a)。一条河流,虽然边线不规则,但仍可以将弯曲部分看成由许多短直线组成,见图 2-7(b)。只要测定特征点的三维坐标,投影到平面上,将这些点用直线、曲线连接即可得到地物的平面位置图。对于地貌虽然其形态复杂,仍可用地面坡度变化点(图 2-7(c)中 1、2、3 等)所组成的线段表示。线段内坡度认为是一致的,测定这些坡度变化点的三维坐标,即可将地貌描绘下来。因此测绘工作的基本任务就是确定地面点的位置。

地面点空间位置一般采用三个量表示。其中两个量是地面点沿着投影线(铅垂线或法线)在投影面(大地水准面、椭球面或平面)上的坐标;第三个量是点沿着投影线到投影面的距离(高度),见图 2-8。地面点 A、B 沿基准线投影到基准面上为 a、b。可以得到在投影面坐标系中的坐标。沿基准线量出高度 H_A、H_B,这样地面点空间位置即确定下来。

地面点空间坐标和选用的椭球及坐标系统有关。测量上常用坐标系有天文坐标系、大地坐标系、高斯平面直角坐标系、独立平面直角坐标系等。

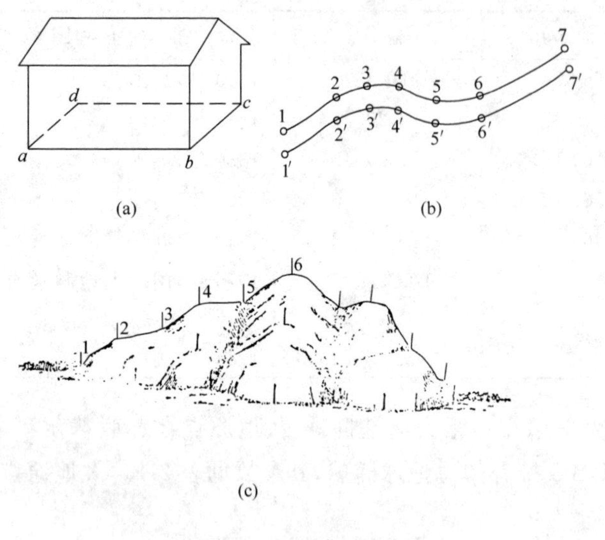

图 2-7 特征点的确定

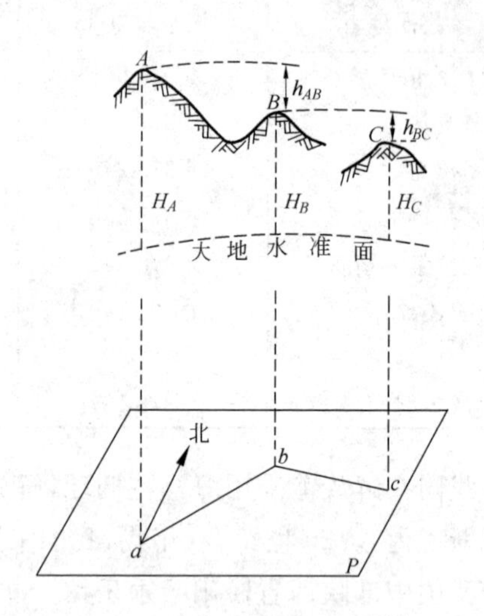

图 2-8 地面点空间位置的确定

2.4 测量常用坐标系统与坐标系间坐标转换

2.4.1 天文坐标系

天文坐标又称天文地理坐标。它是以垂线和大地水准面为基准线和基准面。过地面点与地轴的平面为子午面,该子午面与格林尼治子午面(又称首子午面)间的两面角为经度 λ。过 P 点的铅垂线与赤道面交角为纬度 φ。由于地球离心力作用,过 P 点垂线不一定通过地球中心。见图 2-9。

地面上任意一点都可以通过天文测量得到天文坐标,所测结果是以大地水准面为基准面,铅垂线为基准线。由于天文测量受环境条件限制,定位速度慢,定位精度不高(测角精度 0.5″,相当于 10m 的精度)。天文坐标之间推算困难,所以在工程测量中使用较少。常用于导弹发射或作为天文大地网或独立工程控制网的定向。

2.4.2 大地坐标系

大地坐标系以大地经度 L,大地纬度 B 和大地高 H 表示地面点空间位置。

大地坐标以法线和椭球体面为基准线和基准面。如图 2-10 所示,地面点 P 沿着法线投影到椭球面上为 P'。P'与椭球短轴构成子午面和起始大地子午面,即与首子午面间两面角为大地经度 L,过 P 点法线与赤道面交角为大地纬度 B,过 P 点沿法线到椭球面的高程称为大地高,用 $H_{大}$ 表示。

大地坐标是根据大地原点坐标(大地原点坐标采用该点天文经、纬度),再按大地测量所测得数据推算而得。由于天文坐标和大地坐标选用的基准线、基准面不同,所以同一点的天文坐标与大地坐标不一样。同一点垂线和法线也不一致,产生垂线偏差。

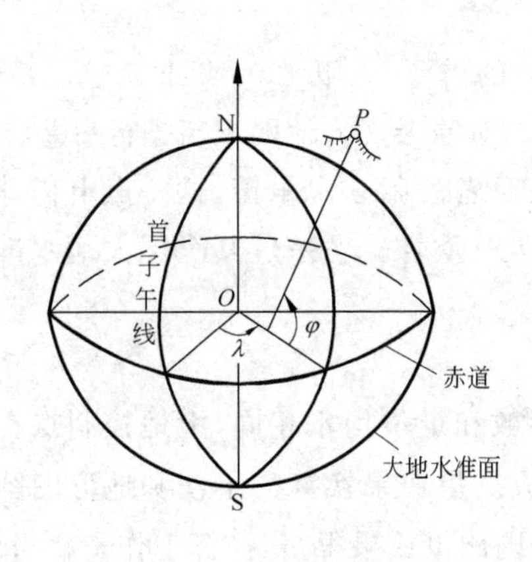

图 2-9　天文坐标系

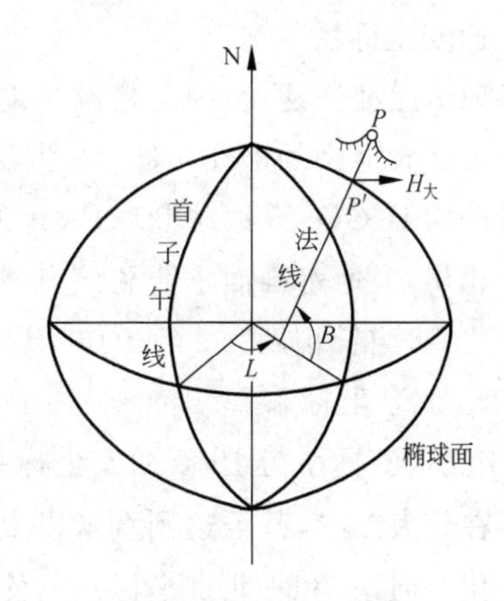

图 2-10　大地坐标系

采用不同的椭球,大地坐标也不一样。以参考椭球建立的坐标系为参考坐标系。以总地球椭球且坐标原点在地球质心建立的坐标系为地心坐标系。

2.4.3　空间直角坐标系

地面点可以用大地坐标表示,也可以用空间直角坐标表示。空间直角坐标系定义:

(1) 坐标原点 O 选在地球椭球体中心,对于总地球椭球即与地球质心重合。

(2) z 轴指向地球北极。

(3) x 轴与格林尼治子午面与地球赤道面交线重合。

(4) y 轴垂直于 xOz 平面,构成右手坐标系。地面点 P 在空间直角坐标系中的坐标为 x_P、y_P、z_P,见图 2-11。

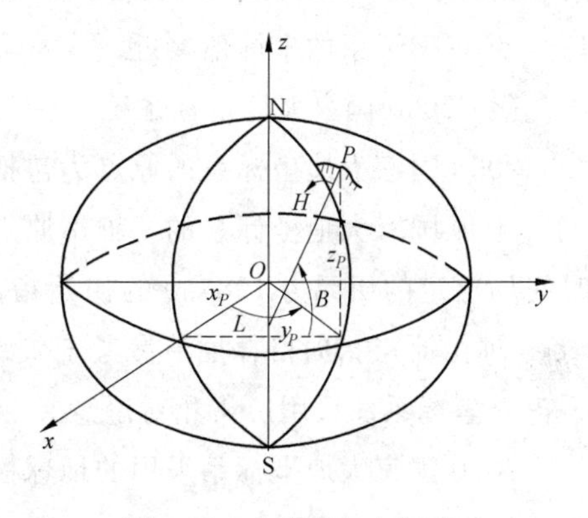

图 2-11　空间直角坐标系

2.4.4　我国目前常用坐标系

(1) 1954 北京坐标系

我国建国初期采用克拉索夫斯基椭球建立的坐标系是参考坐标系。由于大地原点在前苏联,是利用我国东北边境呼玛、吉拉林、东宁三个基线网与前苏联大地网联测后的坐标作为我国天文大地网起算数据,然后通过天文大地网坐标计算,推算出北京名义上的原点坐标,故命名为 1954 年北京坐标系。建国以来,用这个坐标系进行了大量测绘工作。在我国经济建设和国防建设中发挥了重要作用。但是这个坐标系存在一些问题:

① 参考椭球长半轴偏大,比地球总椭球大了一百多米;

② 椭球基准轴定向不明确;

③ 椭球面与我国境内大地水准面不太吻合,东部高程异常可达+68m,西部新疆地区高程异常小,有的地方为零;

④ 点位精度不高。

(2) 1980西安坐标系

为了更好地适应经济建设、国防建设和地球科学研究的需要,克服1954年北京坐标系的问题,充分发挥我国原有天文大地网的潜在精度,20世纪70年代末,对原天文大地网重新进行平差。

该坐标系选用IUGG-75地球椭球,大地原点选在陕西省泾阳县永乐镇,这一点上椭球面与我国境内大地水准面相切,大地水准面垂线和该点参考椭球面法线重合。平差后其全国大地水准面与椭球面差距在±20m之内,边长精度为1/500 000。

(3) 新1954北京坐标系

由于1954北京坐标系与1980西安坐标系的椭球参数和定位均不相同,大地控制点在两个坐标系中的坐标就存在较大差异,甚至达到百米以上。这将造成测量成果换算的不便和地形图图廓以及方格网线位置的变化。但是1954北京坐标系已使用多年,全国测量成果很多,换算工作量相当繁重,为了过渡,就建立了新1954北京坐标系。

新1954坐标系是通过将1980西安坐标系的三个定位参数平移至克拉索夫斯基椭球中心,长半径与扁率仍采用原来的克拉索夫斯基椭球的几何参数,而定位与1980大地坐标系相同(即大地原点相同),定向也与1980椭球相同。因此,新1954坐标系的精度与1980坐标系的精度相同,而坐标值与旧1954北京坐标系的坐标值接近。

(4) 2000国家大地坐标系统(CGCS2000)

2000国家大地坐标系的原点为包括海洋和大气的整个地球的质量中心。

2000国家大地坐标系的z轴由原点指向历元2000.0的地球参考极的方向,该历元的指向由国际时间局给定的历元为1984.0的初始指向推算,定向的时间演化保证相对于地壳不产生残余的全球旋转,x轴由原点指向格林尼治参考子午线与地球赤道面(历元2000.0)的交点,y轴与z轴、x轴构成右手正交坐标系。采用广义相对论意义上的尺度。

2000国家大地坐标系采用的地球椭球参数为:

长半轴 $a = 6\,378\,137\text{m}$

扁率 $\alpha = 1/298.257\,222\,101$

地心引力常数 $GM = 3.986\,004\,418 \times 10^{14}\,\text{m}^3\,\text{s}^{-2}$

自转角速度 $\omega = 7.292\,115 \times 10^{-5}\,\text{rad s}^{-1}$

我国北斗卫星导航定位系统采用的是2000国家大地坐标系统。

(5) WGS-84坐标系

WGS-84坐标系是世界大地坐标系统,其坐标原点在地心,采用WGS-84椭球,见表2-1。

利用GNSS卫星定位系统得到的地面点位置,是WGS-84坐标。

2.4.5 坐标系的转换

(1) 大地坐标和空间直角坐标的转换

地面上同一点大地坐标和空间直角坐标之间可以进行坐标转换。

设地面点P大地坐标为B、L、H,空间直角坐标为x_P、y_P、z_P,这两种坐标换算关系为

$$\begin{cases} x_P = (N+H)\cos B\cos L \\ y_P = (N+H)\cos B\sin L \\ z_P = [N(1-e^2)+H]\sin B \end{cases} \tag{2-4}$$

式中，

$$N = \frac{a}{\sqrt{1-e^2\sin^2 B}}$$

$$e^2 = \frac{a^2-b^2}{a^2}$$

e 为第一偏心率。

由空间直角坐标转换为大地坐标通常采用下式：

$$\begin{cases} B = \arctan\left[\tan\phi\left(1+\frac{ae^2}{z}\frac{\sin B}{W}\right)\right] \\ L = \arctan\left(\frac{y}{x}\right) \\ H = \frac{R\cos\phi}{\cos B} - N \end{cases} \tag{2-5}$$

$$\begin{cases} W = \sqrt{1-e^2\sin^2 B} \\ \phi = \arctan\left[\frac{z}{\sqrt{x^2+y^2}}\right] \\ R = \sqrt{x^2+y^2+z^2} \end{cases} \tag{2-6}$$

用上式计算大地纬度时，先对式右端的 B 设定近似值 B_0，用逐次趋近法求 B 值，直到两次求得的 B 值之差小于限差为止。

(2) 大地坐标系之间的坐标转换

地心坐标系和参考坐标系之间，及参考坐标系之间的坐标转换可采用布尔莎 7 参数模型转换：

$$\begin{bmatrix} X \\ Y \\ Z \end{bmatrix}_2 = \begin{bmatrix} X \\ Y \\ Z \end{bmatrix}_1 + \begin{bmatrix} \Delta X_0 \\ \Delta Y_0 \\ \Delta Z_0 \end{bmatrix} + \begin{bmatrix} m & \varepsilon_z & -\varepsilon_y \\ -\varepsilon_z & m & \varepsilon_x \\ \varepsilon_y & -\varepsilon_x & m \end{bmatrix} \begin{bmatrix} X \\ Y \\ Z \end{bmatrix}_1$$

式中，$\Delta X_0, \Delta Y_0, \Delta Z_0$ 为平移参数；$\varepsilon_X, \varepsilon_Y, \varepsilon_Z$ 为旋转参数；m 为尺度比参数。

2.4.6　高斯投影和高斯平面直角坐标系

如上所述，大地坐标系是大地测量基本坐标系，它对于大地问题解算、研究地球形状和大小、编制地图都十分有用。但是将它直接用于地形图测绘，用于工程建设如规划、设计、施工则很不方便。若将球面上大地坐标按一定数学法则归算到平面上，在平面上进行数据运算比在椭球面上方便得多。将球面上图形、数据转到平面上的方法，就是地图投影的方法，地图投影要建立以下两个方程：

$$\begin{cases} x = F_1(X,Y,Z) \quad 或 \quad x = F_1(L,B) \\ y = F_2(X,Y,Z) \quad\quad y = F_2(L,B) \end{cases} \tag{2-7}$$

式中，X、Y、Z 或 L、B 是椭球面上某点空间三维坐标(大地坐标)；x、y 是该点投影到平面上直角坐标系的坐标。

旋转椭球面是一个不可直接展开的曲面，其变形是不可避免的，但变形的大小是可以控制的，故将椭球面上的元素按一定条件投影到平面上称为地图投影。地图投影有等角投影、等面积投影和任意投影等。

等角投影又称正形投影，经过投影后，原椭球面上的微分图形与平面上的图形保持相似。这种投影在地形图制作上被广泛采用。正形投影有两个基本条件，一是保角性，即投影后角度大小不变；二是伸长的固定性，即长度投影后会产生变形，但是在一点各个方向上的微分线段，投影后变形比为一个常数：

$$m = \frac{\mathrm{d}s}{\mathrm{d}S} = K$$

高斯投影是横切椭圆柱正形投影。这种投影不但满足等角投影条件，还满足高斯投影条件，即中央子午线投影后是一条直线，并且长度不变。这样投影可以想象用一个椭圆柱套在地球椭球体外，与地球南、北极相切，如图2-12(a)，并与椭球体某一子午线相切(此子午线称为中央子午线)，椭圆柱中心轴通过椭球体赤道面及椭球中心，将中央子午线两侧一定经度(如3°、1.5°)范围内的椭球面上的点、线按正形条件投影到椭圆柱面上，如旋转椭圆体面上点M投影到椭圆柱上m点，然后将椭圆柱面沿着通过南、北极的母线展开成平面，即成高斯投影平面。在此平面上，中央子午线和赤道的投影都是直线，并且正交。其他子午线和纬线都是曲线。中央子午线长度不变形，离开中央子午线越远变形越大，并凹向中央子午线。各纬圈投影后凸向赤道。将中央子午线与赤道的交点经投影后，定为坐标原点O；中央子午线投影为纵坐标轴，即x轴；赤道投影为横坐标轴，即y轴，从而构成高斯平面直角坐标系。如图2-12(b)所示，距中央子午线距离愈大，其投影误差则愈大，当大到超过测图、施工精度时，则不允许。为此，将长度变形要限制在一定的测图精度允许范围内。控制的方法是将投影区域限制在靠近中央子午线两侧狭长地带，即分带投影法。投影宽度是以两条中央子午线间的经差l来划分。有六度带、三度带等。显然分带愈多，各带包含范围愈小，长度变形也愈小。由于分带投影后，各投影带有自己的坐标轴和原点，从而形成各自独立坐标系。这样在相邻两带的点分别属于两个不同坐标系，在工程中往往要化成同一坐标系，这就要进行相邻带之间的坐标换算，称为坐标换带。为了减少换带计算，分带不宜过多。

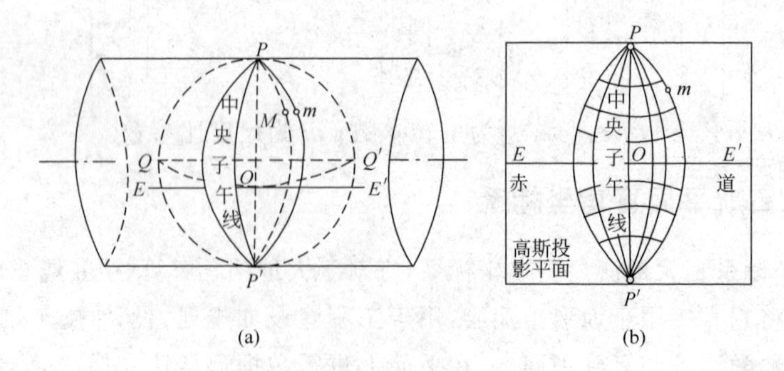

图2-12 高斯投影

六度带可以满足1∶25 000以上中、小比例尺测图精度要求。六度带是从格林尼治子午线起，自西向东每隔6°为一带，共分成60个带，编号为1～60，见图2-13。其中央子午线经度L_0为3°、9°、15°、…可用下式计算：

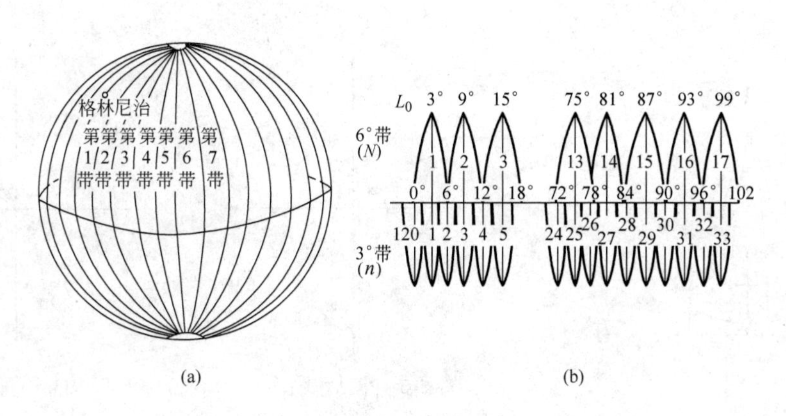

图 2-13　六度带、三度带分带

$$L_0 = 6°N - 3°$$

式中，N 为带号。

已知某点大地经度 L，可按下式计算该点带号：

$$N = \frac{L}{6} \text{取整数} + 1$$

三度带是在六度带基础上划分的，每隔 3°为一带，其中央子午线在奇数带时与六度带中央子午线重合，偶数为六度带分带子午线经度，全球共分 120 带。其中央子午线经度为

$$L'_0 = 3°n$$

式中，n 为 3 度带带号。

我国幅员辽阔，南从北纬 4°，北至北纬 54°，西从东经 74°，东到东经 135°。中央子午线从 75°起共计 11 个 6°带，21 个三度带。由于我国领土全部位于赤道以北，因此 x 值都为正值，而 y 值有正、有负，见图 2-14。为使 y 坐标为正，将坐标纵轴西移 500km，并在坐标前冠以带号，如 m 点的坐标：

$$x_m = 4\,346\,216.985\text{m}$$
$$y_m = 19\,634\,527.165\text{m}$$

式中，y_m 坐标最前面 19，表示第 19 带。

将大地坐标 B、L 按高斯投影方法计算高斯直角坐标 x、y，称为高斯投影正算。（公式推导可参见大地测量的有关书籍。）

高斯平面直角坐标系与数学上的笛卡儿平面坐标系有以下几点不同：

① 高斯坐标系中纵坐标为 x，正向指北。横轴为 y，正向指东。而笛卡儿坐标系中纵坐标是 y，横坐标为 x，正好相反。

② 表示直线方向的方位角定义不同。高斯坐标系是以纵坐标 x 的北端起算，顺时针到直线的角度。而笛卡儿坐标是以横轴 x 东端起算，逆时针计算。

③ 坐标象限不同。高斯坐标以北东为第一象限，顺时针划分四个象限，笛卡儿坐标也是从北东为第一象限，逆时针划分四个象限，见图 2-15。

上述规定目的是为了定向方便，能将数学中的公式直接应用到测量计算中。

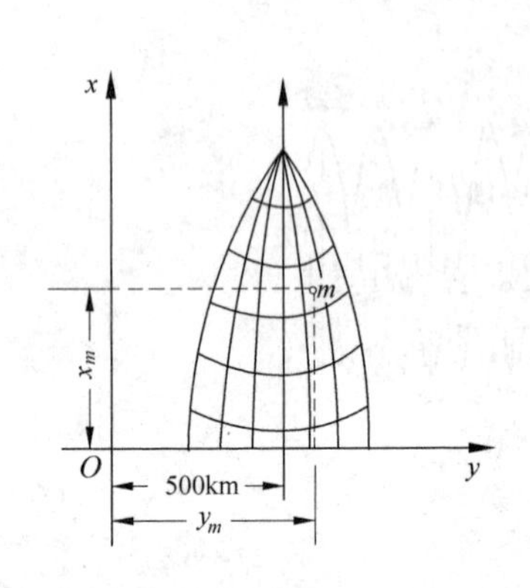

图 2-14 高斯平面直角坐标系的建立

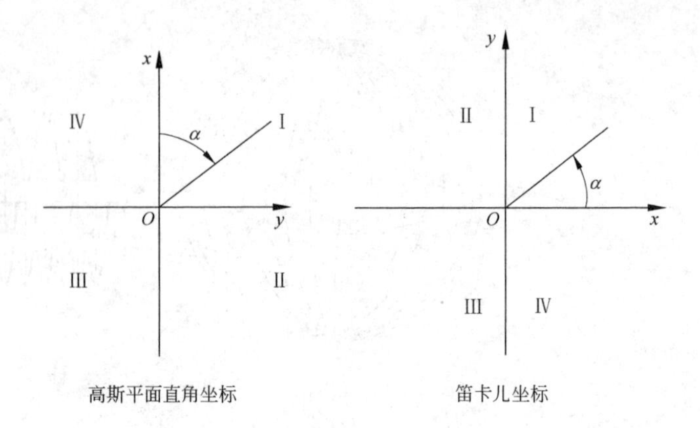

图 2-15 两个坐标系的比较

2.4.7 平面独立坐标系

为了满足城市测量和工程应用的需要和减少高程归化与投影变形的影响,任意选定投影面和投影中央子午线而建立的坐标系为独立坐标系。

根据覆盖范围和用途的不同,可采用以下几种方法。

① 把中央子午线移到城市或建设区的中央,地区的平均高程为归化高程,这种方法适用于中小城市。

② 利用高程归化改正和投影变形相互抵消的特点,选定投影面和中央子午线,使变形最小,这种方法适用于大城市。

③ 仅移动中央子午线,归化高程面仍选用国家坐标系参考椭球面,这种方法适用于工程建设。

当测量区域较小时(如半径小于 10km 范围),可以用测区中心点的切平面代替椭球体面作为基准面。在切平面上建立独立平面直角坐标系,以该地区真子午线或磁子午线为 x 轴,向北为正;为了避免坐标出现负值,将坐标原点选在测区西南角,地面点沿垂线投影到这个平面上,这种方法适用于附近没有国家控制点的地面区。

2.5 地面点的高程

在国民经济建设中地面点的高程常采用海拔高程,即从地面点沿铅垂线到大地水准面的距离,也称为绝对高程,记为 H。某点到任意水准面的距离,称为相对高程或假定高程,用 H' 表示。地面上两点间高程差称为高差,用 h 表示,见图 2-16。

$$h_{AB}=H_B-H_A=H'_B-H'_A$$

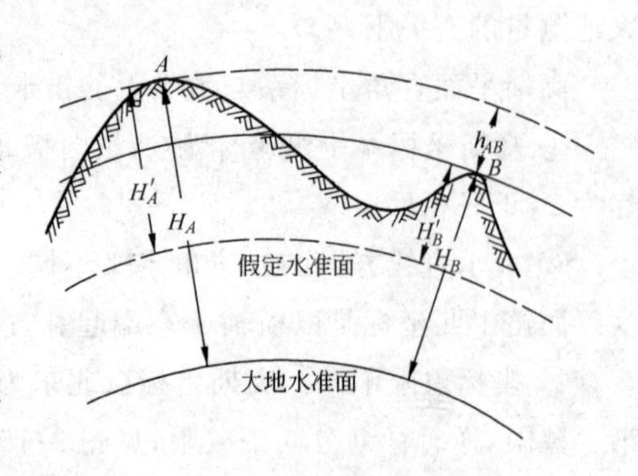

图 2-16 高程和高差

海水面由于受潮汐、风浪等影响,是一个动态的曲面。它的高低时刻在变化,通常是在海边设立验潮站,进行长期观测,取海水的平均高度作为高程零点。通过该点的大地水准面称为高程基准面。解放前,我国采用的高程基准面十分混乱。解放后，以设在山东省青岛市的国家验潮站1950年到1956年的验潮资料推算的黄海平均海水面作为我国高程起算面，并在青岛市观象山建立了水准原点。水准原点到验潮站平均海水面的高程为72.289m。这个高程系统称为"1956年黄海高程系"。全国各地高程都是依此测算得到。

20世纪80年代初，国家又根据1953年到1979年青岛验潮站观测资料推算出新的黄海平均海水面作为高程零点。由此测得青岛水准原点高程为72.260 4m，称为"1985年国家高程基准"，并从1985年1月1日起执行新的高程基准。

2.6　用水平面代替水准面的限度

在普通测量中，当测区小或工程对测量精度要求较低时，为简化一些复杂的投影计算，可将椭球面视作球面，有时可视为平面，即用平面代替大地水准面，直接把地面点沿铅垂线投影到平面上，以确定其位置。不过以平面代替水准面有一定限度，只要投影后产生的误差不超过测量和制图要求的限差即可取用。下面讨论水平面代替水准面对距离、水平角和高程带来的影响。

2.6.1　对距离的影响

如图2-17所示，在测区中部选一点 a，沿铅垂线投影到水准面 P 上，过 a 点作切平面 P'。地面上 a、b 投影到水准面上的弧长为 D，在水平面上距离为 D'。则

$$\begin{cases} D = R \cdot \theta \\ D' = R \cdot \tan\theta \end{cases} \tag{2-8}$$

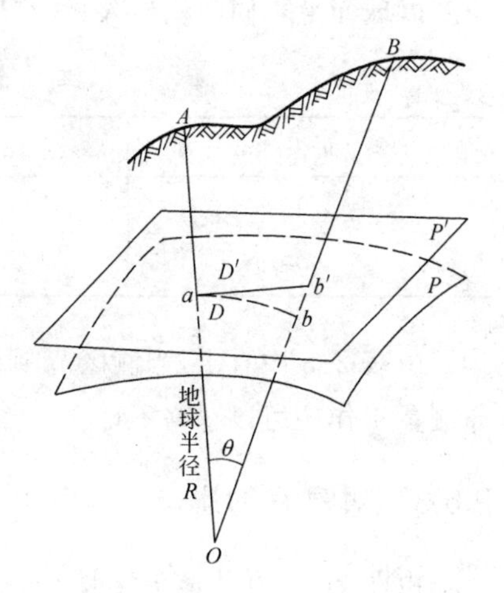

图2-17　水平面代替水准面的限度

以水平长度 D' 代替球面上弧长 D 产生的误差为

$$\Delta D = D' - D = R(\tan\theta - \theta) \tag{2-9}$$

将 $\tan\theta$ 按级数展开，并略去高次项，得

$$\tan\theta = \theta + \frac{1}{3}\theta^3 + \cdots \tag{2-10}$$

将式(2-10)代入式(2-9)并考虑

$$\theta = \frac{D}{R}$$

得

$$\Delta D = R\left[\theta + \frac{\theta^3}{3} + \cdots - \theta\right] = R\,\frac{\theta^3}{3} = \frac{D^3}{3R^2} \tag{2-11}$$

二端除以 D，得相对误差：

$$\frac{\Delta D}{D} = \frac{1}{3}\left(\frac{D}{R}\right)^2 \tag{2-12}$$

地球半径 R=6 371km，并用不同 D 值代入，可计算出水平面代替水准面的距离误差和相对误差，列入表2-2。

表 2-2　水平面代替水准面对距离的影响

距离 D/km	距离误差 ΔD/cm	相对误差	距离 D/km	距离误差 ΔD/cm	相对误差
1	0.00	—	10	0.82	1∶1 217 700
5	0.10	1∶5 000 000	15	2.77	1∶541 516

从表 2-2 可见，当距离为 10km 时，以平面代替曲面所产生的距离误差为 0.82cm，相对误差为 1/1 200 000，这样小的误差，在地面上进行精密测距时也是允许的。所以在半径为 10km 范围内，面积为 320km^2 之内，以水平面代替水准面所产生的距离误差，可忽略不计。

2.6.2　对水平角的影响

从球面三角可知，球面上三角形内角之和比平面上相应三角形内角之和多出球面角超 ε，见图 2-18。其值可用多边形面积求得，即

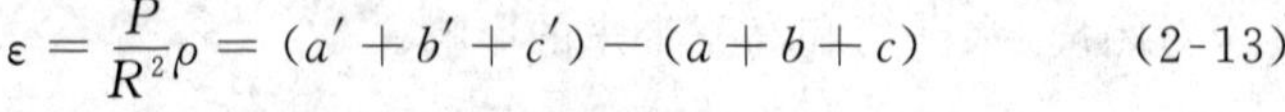

$$\varepsilon = \frac{P}{R^2}\rho = (a' + b' + c') - (a + b + c) \qquad (2\text{-}13)$$

式中，P 为球面多边形面积；R 为地球半径。

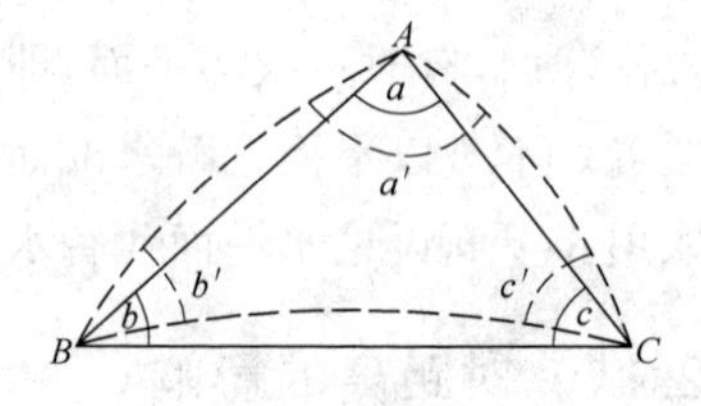

图 2-18　球面超角

以球面上不同面积代入式(2-13)，求出球面超角，列入表 2-3。

表 2-3　水平面代替水准面对角度的影响

球面面积/km^2	ε/(″)	球面面积/km^2	ε/(″)
10	0.05	100	0.51
50	0.25	500	2.54

由表 2-3 中看出，当测区范围在 100km^2 时，用平面代替水准面时，对角度的影响仅为 0.51″，在普通测量工作中可以忽略不计。

2.6.3　对高程的影响

由图 2-17 可见，$b'b$ 为水平面代替水准面对高程产生的误差，令其为 Δh，也称为地球曲率对高程的影响。

$$(R + \Delta h)^2 = R^2 + D'^2$$

$$2R\Delta h + \Delta h^2 = D'^2$$

$$\Delta h = \frac{D'^2}{2R + \Delta h}$$

上式中，用 D 代替 D'，而 Δh 相对于 $2R$ 很小，可略去不计，则

$$\Delta h = \frac{D^2}{2R} \qquad (2\text{-}14)$$

以不同距离 D 代入式(2-14)，则得高程误差，列入表 2-4。

表 2-4　水平面代替水准面的高程误差

D/m	10	50	100	200	500	1 000
Δh/mm	0.0	0.2	0.8	3.1	19.6	78.5

从表 2-4 中可见，用水平面代替水准面时，200m 对高程影响就有 3.1mm。所以地球曲率对高程影响很大。在高程测量中，即使距离很短也应顾及地球曲率的影响。

2.7　测量工作的基本概念

测绘科学研究的内容很多，其应用领域很广泛，总的来说，凡是需要确定物体（静态或动态）三维空间坐标的工作都需要依靠测绘技术。为了使测量工作有条不紊，保证测量成果的质量，实测时必须遵循一定的原则和相关规程与规范。

2.7.1　测量工作的原则

测量工作应遵循两个原则，一是由整体到局部、由控制到碎部，二是步步检核。

第一项原则是对总体工作。在测绘工作中要先进行总体布置，然后再分阶段、分区、分期实施。在实施过程中要先布设平面和高程控制网，确定控制点平面坐标和高程，建立全国、全测区统一坐标系。在此基础上再进行细部测绘和具体结构物的施工测量。只有这样，才能保证全国各单位各部门地形图具有统一的坐标系统和高程系统，减少测量误差积累，保证成果质量，使测量成果全国共享，同时有利于分幅进行测量，加快测量速度。

第二项原则是对测绘具体工作。测绘工作每一个过程、每一项成果都必须检核。在保证前期工作无误的条件下，方可进行后续工作，否则会造成后续工作困难，甚至全部返工。只有这样，才能保证测绘成果的可靠性。

2.7.2　地形图测绘

为了保证全国各地区测绘的地形图能有统一坐标系，并能减少控制测量误差积累，国家测绘局在全国范围内建立了能覆盖全国的平面控制网和高程控制网。

在测绘地形图时，一般要在测区范围内布设测图控制网及测图用的图根控制点。这些控制网应与国家控制网联测，使测区控制网与国家控制网坐标系统一致。图根控制点还应便于安置仪器进行测图。如图 2-19 所示，A、B、…、F 为图根控制点。A 点只能测山前的地形图，山后要用 C、D、E 等点测量。

地物、地貌特征点也称为碎部点，地形图碎部测量大多采用极坐标法。如图 2-20 所示，设地面上有 A、B、C 三个点，其中 A、B 为已知点，现要测定 C 点平面坐标和高程。将仪器架在 B 点。测定水平角 β，量测 BC 距离 D_{BC} 和高差 h_{BC}，即可得到 C 点平面位置和高程。

所以测角、量边、测高程是测量的基本工作，把测定的地物、地貌的特征点人工展绘在图纸上，称为白纸测图。如果在野外测量时，可将测量结果自动存储在计算机内，利用测站坐标及野外测量数据计算出特征点坐标，并给特征点赋予特征代码，即可利用计算机自动绘制地形图，这就是数字测图。

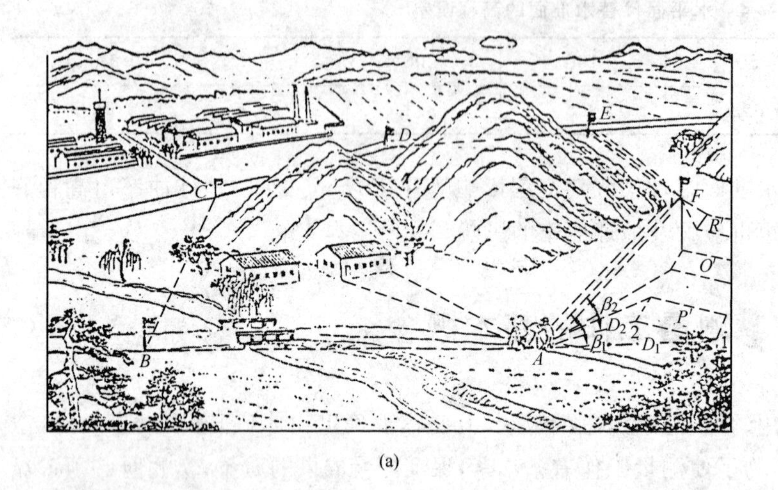

(a)

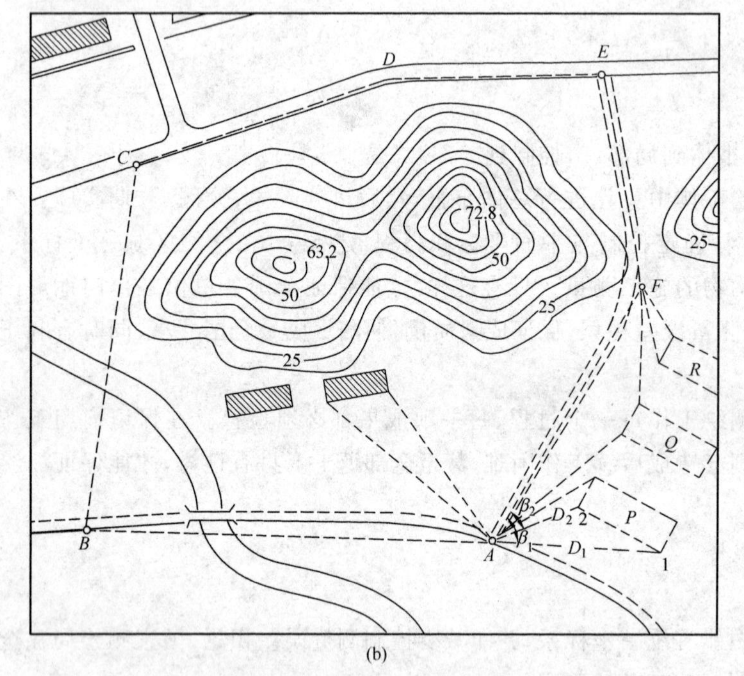

(b)

图 2-19 图根控制点的选择

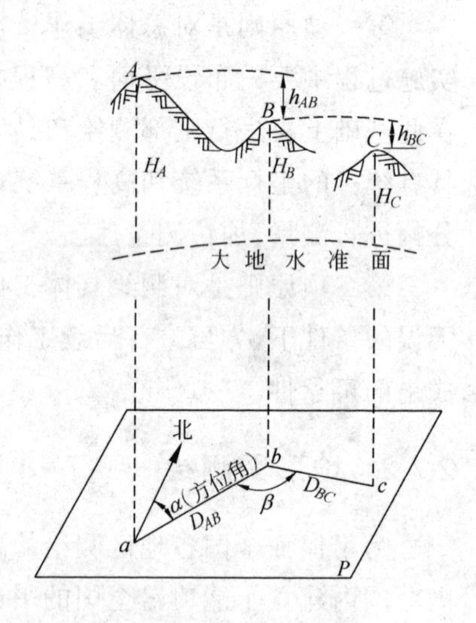

图 2-20 极坐标法测图

测绘的地形图经过严格的检查验收、编辑、打印，即获得一幅地形图。

2.7.3 施工测量

施工测量包括建(构)筑物施工放样、建(构)筑物变形监测、工程竣工测量等。

施工测量的首要工作也是要做好控制点布测。只有这样才能保证所设计的建(构)筑物位置能正确地测设到地面上，作为施工的依据。如图 2-19 所示，利用控制点将所设计的建筑物 P、Q、R 测设于实地。将仪器架在 A、F 点，同样可用极坐标法测设水平角 β，量取水平距离 D，以测定点位。

普通测量学的内容及过程如图 2-21 所示。

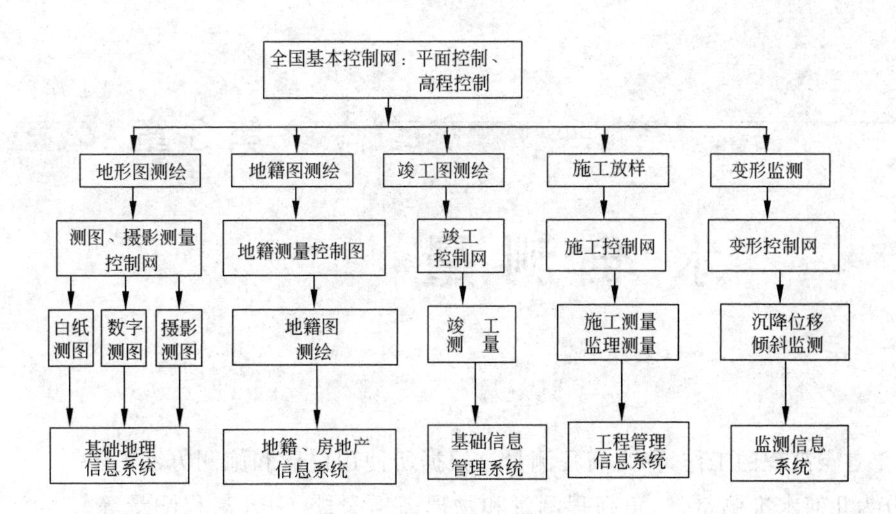

图 2-21　普通测量学的内容

随着科学技术的发展，现代测量学已引入许多高新技术，如城市 1/1 000 以上的地形图已采用航空摄影测量代替常规野外测图。控制测量已采用全球导航定位系统(GNSS)代替常规控制测量。现在，测绘科学技术正向着数字化、信息化发展，普通测量学也不例外，不管是测图工作，还是工程测量都在向着现代化飞速前进！

习题与思考题

1. 何谓大地水准面，它在测量工作中起何作用？
2. 何谓旋转椭球体，它有何作用？
3. 参考椭球和地球总椭球有何区别？
4. 测量上常用坐标系有几种？各有何特点？不同坐标系间坐标如何转换？
5. CGCS2000 国家坐标系统与 1980 西安坐标系有何不同？
6. 为何要设新 1954 北京坐标系？
7. 何谓高斯投影？有何特点？
8. 北京某点的大地经度为 116°20′，试计算它所在 6°带和 3°带带号及中央子午线经度？
9. 什么叫绝对高程？什么叫相对高程？两点间的高差值如何计算？
10. 什么是测量上的基准线与基准面？在实际测量中如何利用基准线和基准面？
11. 测量工作的原则是什么？哪些是测量的基本工作？

第3章

水准测量

测量地面上各点高程的工作，称为高程测量。根据所使用仪器和施测方法的不同，高程测量分为几何水准测量、三角高程测量和物理高程测量、GPS 高程测量等。物理高程测量又分为气压高程测量和液体静力水准测量。几何水准测量是测量地面点高程最主要的方法。本章将重点介绍水准测量原理、水准仪的基本构造和使用、水准测量的施测方法和成果计算、检核等内容。

3.1 水准测量原理

水准测量的实质是测量地面上两点之间的高差，它是利用水准仪所提供的一条水平视线来实现的。如图 3-1 所示，已知地面 A 点高程 H_A，欲求 B 点高程。首先需测定 A、B 两点间的高差 h_{AB}。安置水准仪于 A、B 之间，并在 A、B 两点上分别竖立水准尺。根据仪器的水平视线，按测量的前进方向（即把已知高程点 A 作为后视，待求点 B 作为前视），先后在两尺上读取读数，得到后视读数 a 和前视读数 b，则 B 点对 A 点的高差为

$$h_{AB} = a - b \tag{3-1}$$

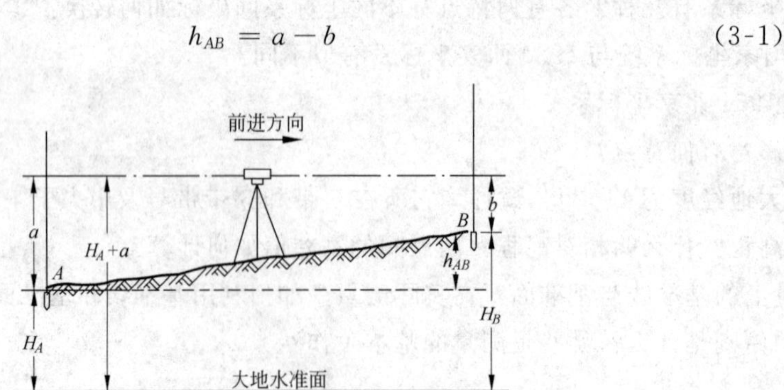

图 3-1 水准测量

高差有正负号之分，当 $a>b$ 时，$h_{AB}>0$，说明 B 点比 A 点高；反之，B 点低于 A 点。若已知 A 点高程为 H_A，则未知点 B 的高程 H_B 为

$$H_B = H_A + h_{AB} = H_A + (a - b) \tag{3-2}$$

上述直接利用实测高差 h_{AB} 计算 B 点高程的方法，称高差法。在实际工作中，有时要求安置一次仪器测出若干个前视点待定高程，以提高工作效率，此时可采用仪高法。即通过水准仪的视线高 H_i，计算待定点 B 的高程 H_B，公式如下：

$$\begin{cases} H_i = H_A + a \\ H_B = H_i - b \end{cases} \tag{3-3}$$

3.2 水准仪及其使用

水准仪按精度可分为 DS05、DS1、DS3 和 DS10 四个等级，其中 D、S 分别为“大地测量”和“水准仪”汉语拼音的第一个字母，数字表示精度，即每公里往返测高差中数的中误差，单位为 mm，DS05 和 DS1 水准仪精度较高，称精密水准仪。若按其构造可分为微倾式水准仪、自动安平水准仪和数字水准仪等。水准测量时还需配套的工具有水准尺和尺垫。

3.2.1 DS3 微倾式水准仪及其使用

1. DS3 微倾式水准仪的构造

水准仪的主要作用是为测量高差提供一条水平视线。它主要由望远镜、水准器和基座三部分组成。图 3-2 所示是国产 DS3 微倾式水准仪，这是测量工作中最常用的水准仪。

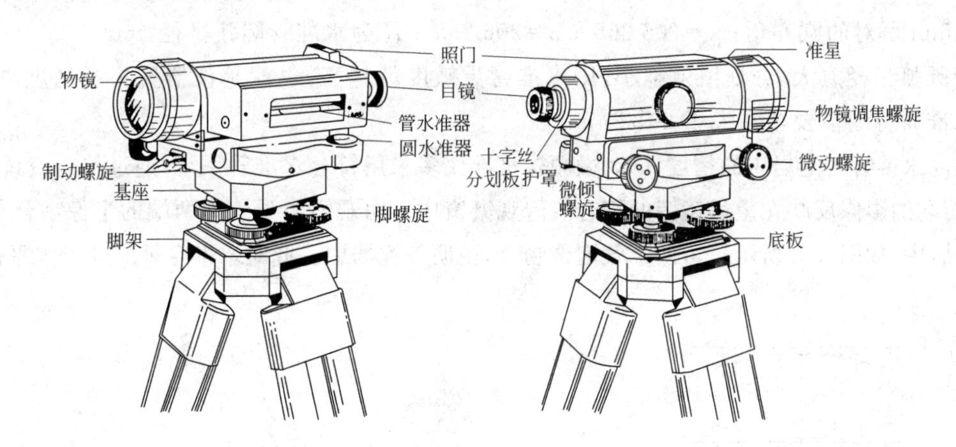

图 3-2 微倾式水准仪

(1) 望远镜

望远镜由物镜、目镜、调焦透镜和十字丝分划板组成，如图 3-3(a)所示。物镜和目镜一般采用复合透镜组，调焦镜为凹透镜，位于物镜和目镜之间。望远镜的对光通过旋转调焦螺旋，使调焦镜在望远镜筒内平移来实现。如图 3-3(c)，十字丝分划板上竖直的一条长线称竖丝，与之垂直的长线称为横丝或中丝，用来瞄准目标和读取读数。在中丝的上下还对称地刻有两条与中丝平行的短横线，称为视距丝，是用来测定距离的。

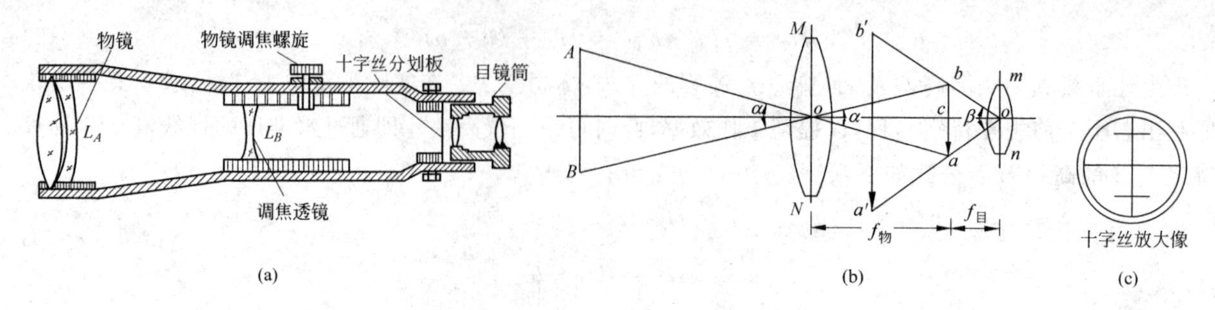

图 3-3 望远镜的组成与成像原理

物镜光心与十字丝交点的连线称为视准轴。在实际使用时,视准轴应保持水平,照准远处水准尺;调节目镜调焦螺旋,可使十字丝清晰放大;旋转物镜调焦螺旋使水准尺成像在十字丝分划板平面上,并与之同时放大(一般 DS3 级水准仪望远镜的放大率为 28 倍),最后用十字丝中丝截取水准尺读数。图 3-3(b)是望远镜成像原理图。

(2) 水准器

水准器是一种整平装置,水准器有管水准器和圆水准器两种。管水准器用来指示视准轴是否水平,圆水准器用来指示仪器竖轴是否竖直。管水准器又称水准管,是一个内装液体并留有气泡的密封玻璃管。其纵向内壁磨成圆弧形,外表面刻有 2mm 间隔的分划线,2mm 所对的圆心角 τ 称为水准管分划值,通过分划线的对称中心(即水准管零点)作水准管圆弧的纵切线,称为水准管轴,如图 3-4 所示。

$$\tau = \frac{2}{R}\rho \tag{3-4}$$

式中,τ 为 2mm 所对的圆心角;$\rho = 206\ 265''$;$\rho = 206\ 265''$;R 为水准管圆弧半径,mm。

水准管圆弧半径愈大,分划值就越小,则水准管灵敏度就越高,也就是仪器置平的精度越高。DS3 水准仪的水准管分划值要求不大于 20″/2mm。

为了提高水准管气泡居中的精度,DS3 微倾式水准仪多采用符合水准管系统,通过符合棱镜的反射作用,使气泡两端的影像反映在望远镜旁的符合气泡观察窗中。由观察窗看气泡两端的半像吻合与否,来判断气泡是否居中,如图 3-5 所示。若两半气泡像吻合,说明气泡居中。此时水准管轴应处于水平位置。

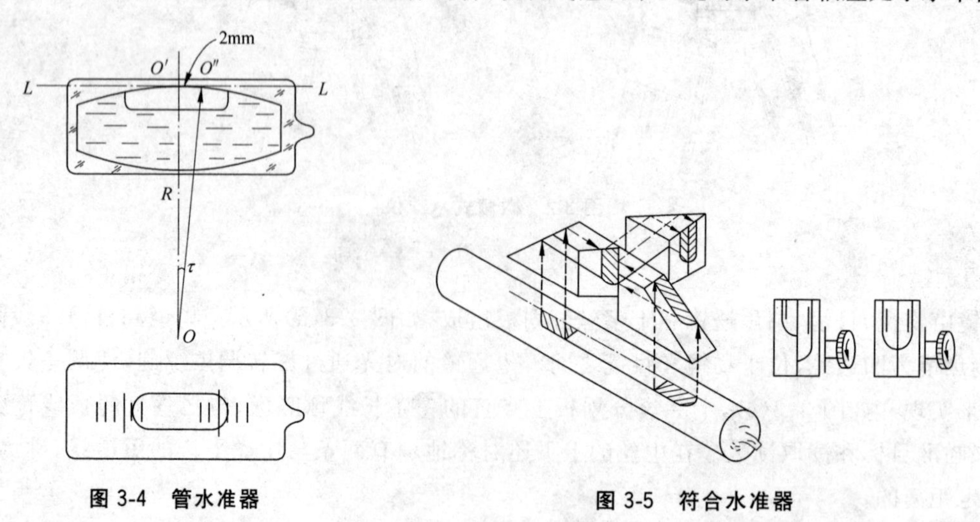

图 3-4 管水准器

图 3-5 符合水准器

因管水准器灵敏度较高，且用于调节气泡居中的微倾螺旋范围有限，在使用时，首先使仪器的旋转轴(即竖轴)处于竖直状态。因此，水准仪上还装有一个圆水准器，如图 3-6 所示，其顶面的内壁被磨成球面，刻有圆分划圈。通过分划圈的中心(即零点)作球面的法线，称为圆水准器轴。圆水准器分划值约为 8′。当气泡居中时，圆水准器轴竖直，则仪器竖轴亦处于竖直位置。

(3) 基座

基座用于支承仪器的上部并通过连接螺旋使仪器与三脚架相连。调节基座上的三个脚螺旋可使圆水准器气泡居中。

由上述主要部件知道，微倾式水准仪有四条主要轴线，即视准轴 CC、水准管轴 LL、圆水器轴 $L'L'$ 和仪器竖轴 VV，如图 3-7 所示。

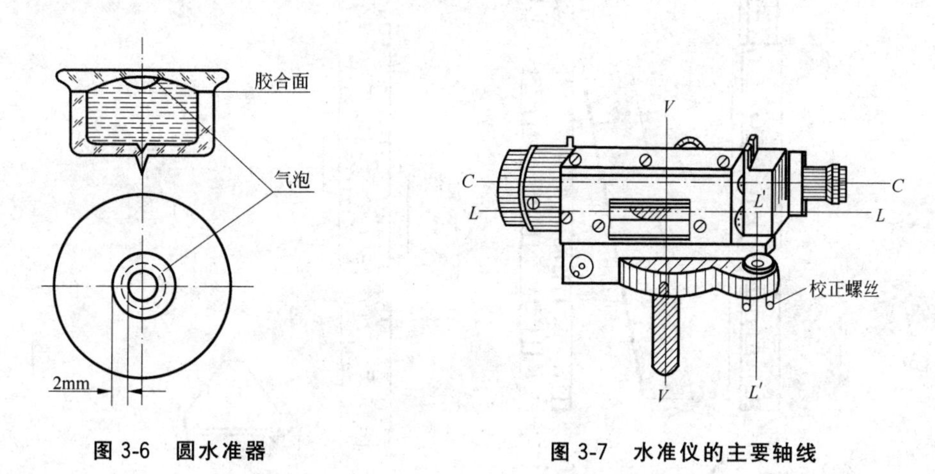

图 3-6　圆水准器　　图 3-7　水准仪的主要轴线

水准仪之所以能提供一条水平视线，取决于仪器本身的构造特点，主要表现在轴线间应满足的几何条件，即：

① 圆水准器轴平行于竖轴；

② 十字丝横丝垂直于竖轴；

③ 水准管轴平行于视准轴。

视线的水平由调节微倾螺旋使水准管气泡居中来实现，所以第三个条件 $LL /\!/ CC$ 是主条件。由图 3-1 可知，若水准仪的主条件不满足，必将给观测数据带来误差，但该项误差的大小与观测距离成正比，在误差理论中称为系统误差。若观测时保持前后视距离相等，则可消除该项误差对所测高差的影响。为了保证能够使用微倾螺旋使管水准器气泡居中，并加快精确整平的过程，首先要使圆水准器气泡居中，保证仪器竖轴 VV 竖直(粗平)。而第三个条件的满足，则可以保证当竖轴竖直时，十字丝横丝水平，以提高读数的精度和速度。

2. 水准尺和尺垫

水准尺是水准测量的主要工具，有单面尺和双面尺两种。单面水准尺仅有黑白相间的分划，尺底为零，由下向上注有 dm(分米)和 m(米)的数字，最小分划单位为 cm(厘米)。塔尺和折尺(图 3-8(a)、(b))就属于单面水准尺。双面水准尺有两面分划，正面是黑白分划，反面是红白分划，其长度有 2m 和 3m 两种，且两根尺为一对。两根尺的黑白分划均与单面尺相同，尺底为零；而红面尺尺底则从某一常数开始,即其中一根尺子的尺底读数为4.687m,另一根尺为4.787m,如图3-8(c)所示。

除水准尺外,尺垫也是水准测量的工具之一。一般用生铁铸成三角形,中央有一突起的半球体,其顶点用来竖立水准尺和标示转点,如图3-8(d)所示。

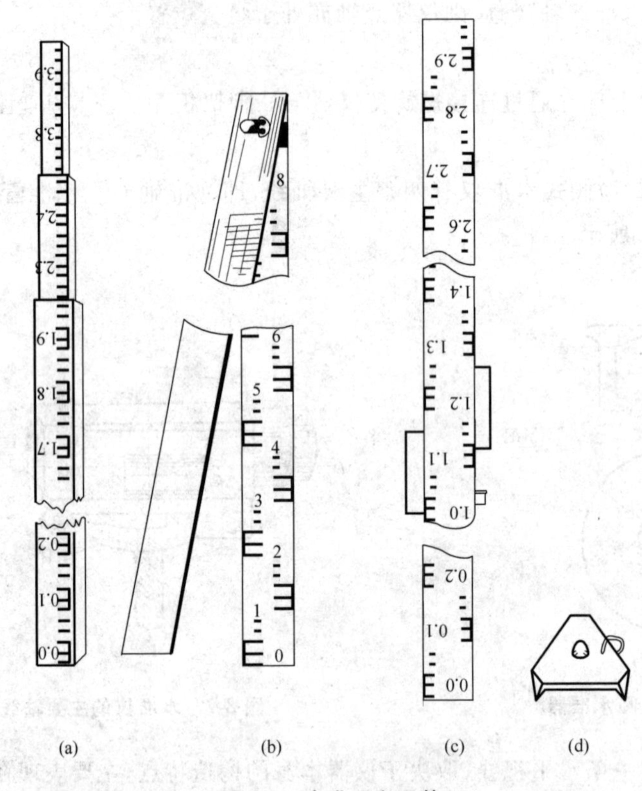

图3-8 水准尺和尺垫

3. 水准仪的使用

为测定A,B两点之间的高差,首先在A,B之间安置水准仪。撑开三脚架,使架头大致水平,高度适中,稳固地架设在地面上;用连接螺旋将水准仪固连在脚架上,再按下述四个步骤进行操作。

(1) 粗平

粗平的目的是借助于圆水准器气泡居中,使仪器竖轴竖直。

转动基座上三个脚螺旋,使圆水准器气泡居中。整平时,气泡移动方向始终与左手大拇指的运动方向一致,参见图3-9。

(2) 瞄准

先将望远镜对向明亮的背景,转动目镜调焦螺旋使十字丝清晰;松开制动螺旋,转动望远镜,利用镜上照门和准星照准标尺;拧紧制动螺旋,转动物镜调焦螺旋,看清水准尺;利用水平微动螺旋,使十字丝竖丝瞄准尺边缘或中央,同时观测者的眼睛在目镜端上下微动,检查十字丝横丝与物像是否存在相对移动的现象,这种现象被称为视差。如有视差则应消除,即继续按以上调焦方法仔细对光,直至水准尺正好成像在十字丝分划板平面上,两者同时清晰且无相对移动的现象时为止。

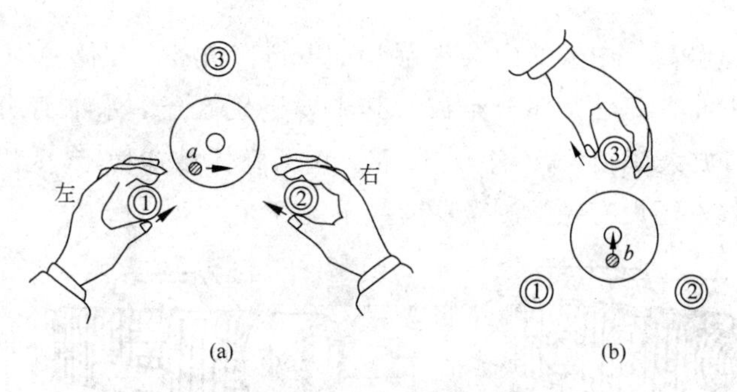

(a)　(b)

图 3-9　粗平时的操作

（3）精平

注视符合气泡观察窗，转动微倾螺旋，使水准管气泡两端的半像吻合。此时，水准管轴水平，水准仪的视准轴亦精确水平。

（4）读数

水准管气泡居中后，用十字丝横丝（中丝）在水准尺 A 上读数。因水准仪多为倒像望远镜，因此读数时应由上而下进行。如图 3-10(a)所示，后视黑面读数 $a=0.825\text{m}$。然后，重复上述(2)、(3)、(4)三个步骤，精确瞄准并读取前视标尺 B 的黑面读数 $b=1.273\text{m}$，如图 3-10(b)。则 A,B 两点间的高差为

$$h_{AB}=0.825-1.273=-0.448\text{m}$$

水准测量时，若使用红面尺读数，则所得高差应为

$$h_{AB}=\text{红面后视读数}-\text{红面前视读数}\pm 0.100\text{m}$$

在使用水准仪时切记，每次读数前，必须使管水准器气泡居中，以保证视线水平，并要求尽量使前、后视距离相等，这不仅可消除水准管轴 LL 不平行于视准轴 CC 的误差影响，还可以消除或削弱地球曲率和大气折光等系统误差对测量结果的影响。

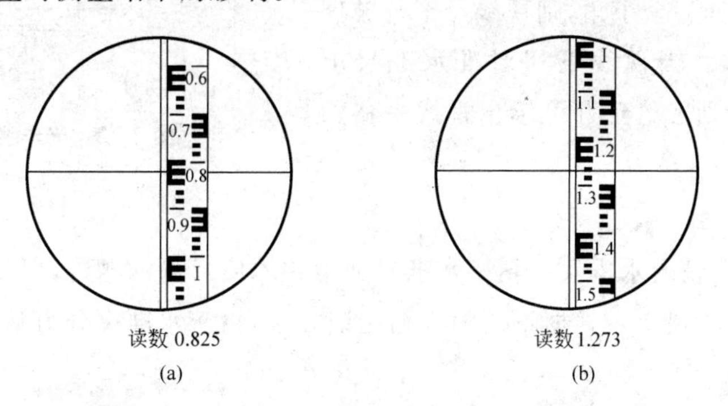

(a)　(b)

图 3-10　水准尺的读数方法

3.2.2　精密水准仪及其使用

精密水准仪主要用于高等级高程控制测量和精密工程测量中，例如国家一、二等精密水准测量、高层建筑物沉降观测、大型精密设备安装等测量工作。

1. 精密水准仪的构造

如上所述，我国将精度等级为 DS05、DS1 的水准仪称为精密水准仪。图 3-11 是瑞士莱卡 N3 精密

水准仪,该仪器每公里往返测高差中数的中误差为±0.3mm。精密水准仪的构造与 DS3 水准仪基本相同,也是由望远镜、水准器和基座三大部分组成。其主要区别在于:水准管分划值较小,一般设计为 10″/2mm;望远镜亮度好,放大率较大,不小于 40 倍;仪器整体结构稳定,受温度变化的影响小;为了提高读数精度,精密水准仪上还设有光学测微器读数系统等。

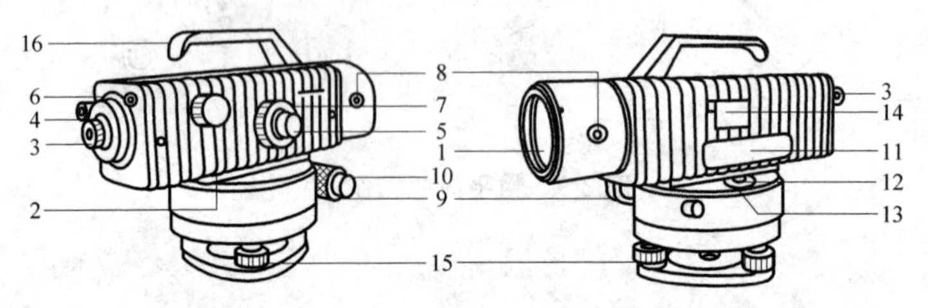

1—物镜;2—物镜调焦螺旋;3—目镜;4—测微尺与水准管气泡观察窗;5—微倾螺旋;6—微倾螺旋行程指示窗;7—平板玻璃测微螺旋;8—平板玻璃旋转轴;9—制动螺旋;10—微动螺旋;11—管水准器照明窗口;12—圆水准器;13—圆水准器校正螺旋;14—圆水准器观察装置;15—脚螺旋;16—手柄

图 3-11 瑞士莱卡 N3 精密水准仪

图 3-12 是光学测微器读数系统工作原理示意图。读数系统由平行玻璃板 P、传动杆、测微轮、测微分划尺等部件组成。安装在望远镜物镜前的平行玻璃板,其旋转轴 A 与望远镜的视准轴成正交。平行玻璃板通过传动杆与测微轮相连。测微尺上有 100 个分划通过光路放大与水准尺上 1 个分划(1cm 或 5mm)相对应,所以测微时能直接读到 0.1mm(或 0.05mm)。水准测量时,若平行玻璃板与视准轴正交,则视线是一条水平线,对准水准标尺B处,如图 3-12 所示,读数为 148cm+a。此时,通过转动测微轮带动传动杆,使平行玻璃板绕 A 轴俯仰一个小角,则视线经平行玻璃板折射而产生上下平移。当视线下移对准水准尺上 148cm 分划时,在测微分划尺上正好可读出视线平移的高度 a 值。

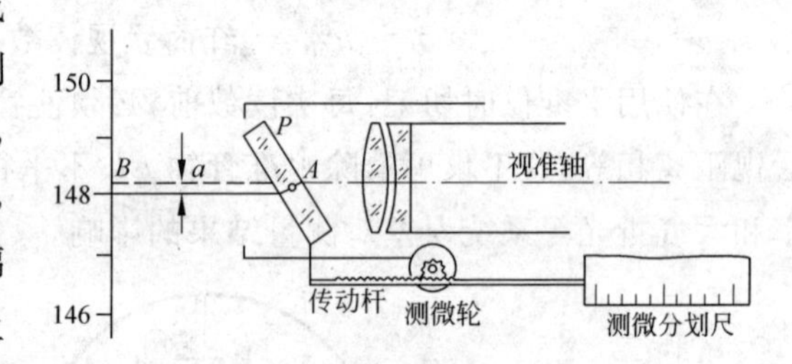

图 3-12 光学测微器工作原理

2. 精密水准尺

精密水准仪必须配有精密水准尺。精密水准尺通常在木质尺身的槽内,引张一根因瓦合金带,在带上刻有分划,数字注记在木尺上。根据不同的刻划注记方法,精密水准尺分为基辅分划尺和奇偶分划尺两种。

(1) 基辅分划尺

如图 3-13(a)所示,是瑞士莱卡 N3 水准仪使用的基辅分划尺,其分划值为 1cm。水准尺全长约 3.2m,因瓦合金带尺上有两排分划,右边一排数字注记从 0cm 至 300cm,称为基本分划;左边一排数字注记从 300cm 至 600cm,称为辅助分划。在尺子的同一高度上,基本分划和辅助分划的读数相差一个常数 K(K=3.015 50m),称为基辅差。

(2) 奇偶分划尺

如图 3-13(b)所示,为蔡司公司生产的 Ni004 水准仪和国产靖江 DS1 水准仪配套使用的精密水准

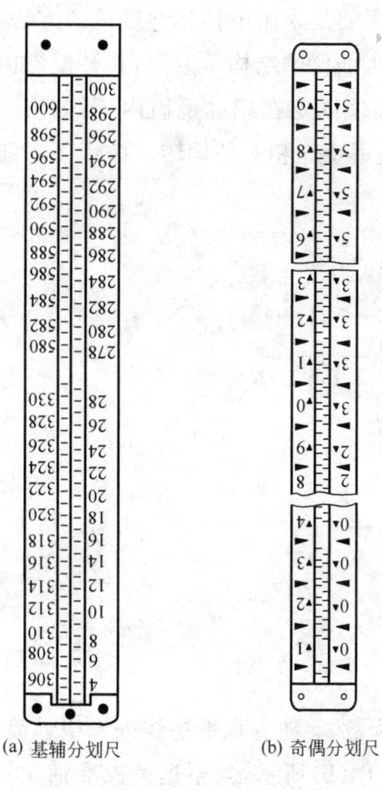
(a) 基辅分划尺 (b) 奇偶分划尺

图 3-13 精密水准尺

尺，其分划值为 0.5cm。因瓦合金带上两排刻划中左边一排为奇数值，右边一排为偶数值，故称为奇偶分划尺。在木质尺身的右边注记为米数，左边注记为分米数。小三角形表示在半分米处，长三角形表示分米的起始线。因该尺 1cm 分划的实际间隔仅为 5mm，即尺面值为实际长度的 2 倍，所以用此水准尺观测时，高差的计算值须除以 2 才是实际高差值。

3. 精密水准仪的使用

精密水准仪的使用方法与一般水准仪基本相同，其操作同样分为 4 个步骤，即粗略整平、瞄准标尺、精确整平和读数。不同之处是需用光学测微器测出不足一个分划的数值，即在仪器精确整平(旋转微倾螺旋，使目镜视场左面符合水准气泡的两个半像吻合)后，十字丝横丝往往不恰好对准水准尺上某一整分划线，此时需要转动测微轮使视线上、下平移，让十字丝的楔形丝正好夹住一条(仅能夹住一条)整分划线。

图 3-14(a)是 N3 水准仪的视场图，楔形丝夹住的基本分划读数为 1.48m，测微尺的读数为 6.5mm，所以全读数为 1.48+0.006 50=1.486 50m。图 3-14(b)是靖江 DS1 水准仪的视场图，被夹住的分划线读数为 1.97m，测微尺的读数为 1.50mm，所以全读数为 1.971 50m，注意，该尺的实际读数还应除以 2，即 0.985 75m。

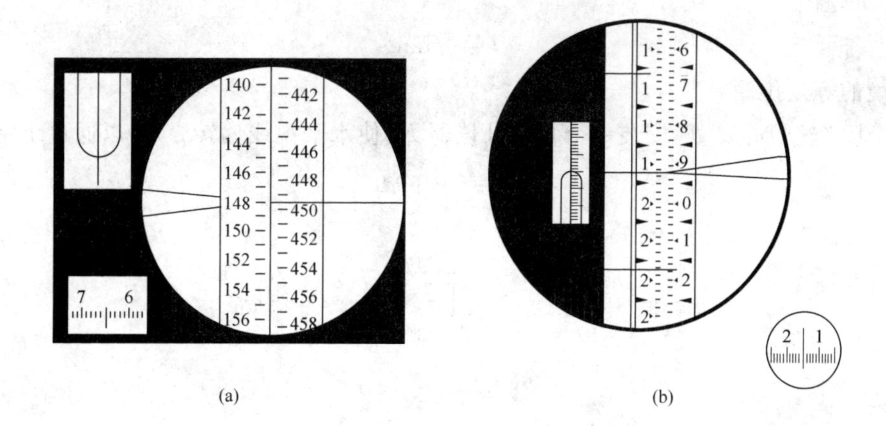

(a) (b)

图 3-14 测微器的读数方法

3.3 自动安平水准仪

自动安平水准仪的特点是没有管水准器和微倾螺旋。在粗略整平之后，即在圆水准气泡居中的条件下，利用仪器内部的自动安平补偿器，就能获得视线水平时的正确读数，省略了精平过程，从而提高了观测速度和整平精度。水准仪内置自动安平补偿器的种类很多,常用的是采用吊挂光学棱镜的方法,借助重力的作用达到视线自动补偿的目的。图3-15是该类自动安平水准仪的结构示意图,其补偿器由一套安装在调焦透镜和十字丝分划板之间的棱镜组组成。其中屋脊棱镜固定在望远镜筒内,下方用交叉的金属丝吊挂着两个直角棱镜,悬挂的棱镜在重力的作用下,能与望远镜作相对的偏转。棱镜下方还设置了空气阻尼器,以保证使悬挂的棱镜尽快地停止摆动。

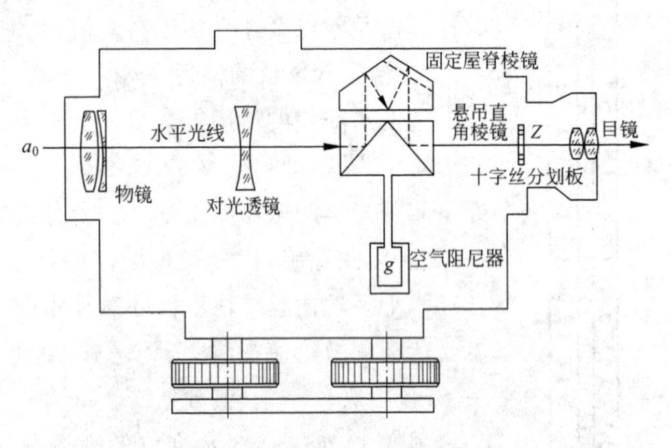

图3-15　自动安平水准仪的结构

当仪器处于水平状态,视准轴水平时,如图3-16(a),水准尺上读数 a_0 随着水平视线进入望远镜,通过补偿器到达十字丝中心 Z,则读得视线水平时的读数 a_0。如图3-16(b)所示,当望远镜视准轴倾斜了一个小角 α 时,由水准尺上的 a_0 点过物镜光心 o 所形成的水平线,将不再通过十字丝中心 Z,而在距离 Z 点为 l 的 A 处,且

$$l = f\tan\alpha \tag{3-5}$$

式中,f 为物镜的等效焦距。

若在距离十字丝中心 d 处,安装一个自动补偿器 K,使水平视线偏转 β 角,以通过十字丝中心 Z,则

$$l = d\tan\beta \tag{3-6}$$

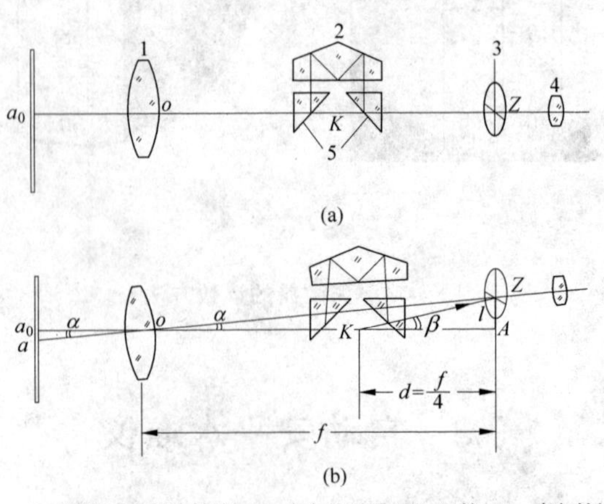

1—物镜;2—屋脊棱镜;3—十字丝平面;4—目镜;5—直角棱镜

图3-16　自动安平水准仪的补偿原理

故有

$$f\tan\alpha = d\tan\beta \tag{3-7}$$

由此可见，当式(3-7)的条件满足时，尽管视准轴有微小的倾斜，但十字丝中心 Z 仍能读出视线水平时的读数 a_0，从而达到补偿的目的。自动安平水准仪中的自动补偿棱镜组就是按此原理设计安装的。由于受仪器体积的限制，视线的自动补偿就有一定的幅度要求，因此，在使用自动安平水准仪时，必须首先粗平仪器，使圆水准器气泡居中。

3.4 数字水准仪

数字水准仪(digital levels)是一种新型的智能化水准仪，又称为电子水准仪。它最大的特点是用CCD传感器代替肉眼对条码水准标尺读数，从而实现水准测量观测自动化。1987年以来，世界上不少厂家生产了数字水准仪，但是，各厂家使用的编码原理和解码方法各有不同，突出了各自的特点，例如，莱卡NA系列采用相关法，蔡司(天宝)DiNi系列和索佳SDL系列都使用几何法，拓普康DL系列采用相位法(参见附录C数字水准仪系列表)。现在，数字水准仪已发展到第二代产品，这种仪器已能达到一、二等水准测量的精度要求。

3.4.1 数字水准仪的测量原理

如图3-17所示，数字水准仪的构造主要由物镜系统、补偿器、目镜系统、CCD传感器、数据处理系统以及必要的机械系统组成。配套使用的是按一定规则编码的条码水准尺，它的反面是普通的水准尺刻划，因此，也可进行普通水准测量。在进行数字水准测量时，先瞄准条形码的专用水准尺，该水准尺编码的影像通过一个分光镜，其中一路光(有的是红外光)的影像便成像在CCD阵列传感器上，由机内数据处理系统进行处理后，便可确定水准仪的视线高度和水准尺距水准仪竖轴的距离。测量时，视线自动安平补偿器和物像的调焦均由仪器内置的电子设备自动监控完成。所测数据可在仪器显示屏上显示，并存储在PCMCIA卡上；亦可通过标准RS-232C接口向计算机或相关数据采集器中传输。

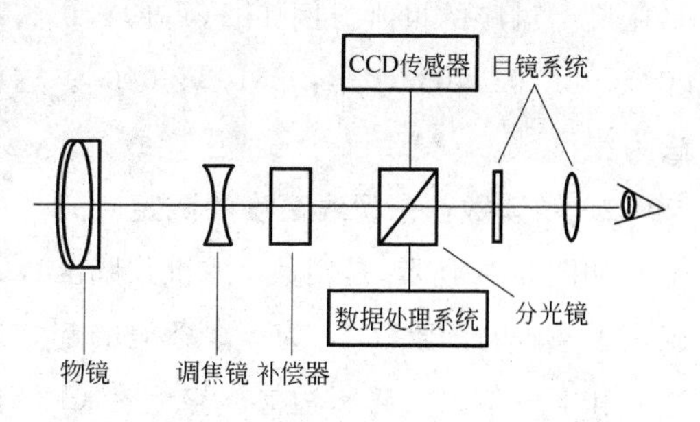

图3-17 数字水准仪的构造和原理

条码水准尺一种是因瓦带尺，其长度多为1m、2m和3m，正面刻有条码，反面无刻划；一种是用玻璃钢或铝合金制成双面尺，正面为条码分划，反面为区格数字分化，其长度多为4m和5m的多节尺。条码分划根据编码的不同也有所区别，莱卡公司使用伪随机码(2进制条码)，蔡司公司使用双相位的规则码(4进制和16进制条码)，拓普康公司使用周期循环码，索佳公司使用双向随机码。这些条码尺都是用黑、白(黄)相间条码刻划，在尺上任一区段的图像都不重复，便于CCD传感器获取影像后，能精确识别视线高度和水准尺到水准仪的距离。

3.4.2 蔡司(天宝)数字水准仪的读数原理

图 3-18 DiNi12 数字水准仪

图 3-18 为德国蔡司(天宝)公司生产的 DiNi12 数字水准仪。该仪器高程测量的精度(每公里往返测高差中数的中误差)为 0.3mm/km,测距精度为 $D\times0.001$m,测程为 1.5～100m,测量时间 3s,补偿精度 0.2″,补偿工作范围 15′,它是一种精密数字水准仪。该仪器可通过键盘面板和有关操作程序进行测量,并能显示测量成果和仪器系统的状态。具体操作详见仪器操作说明书。图 3-19 为蔡司(天宝)公司生产的 DiNi12 数字水准尺。

1. 蔡司(天宝)数字水准尺的编码及读数

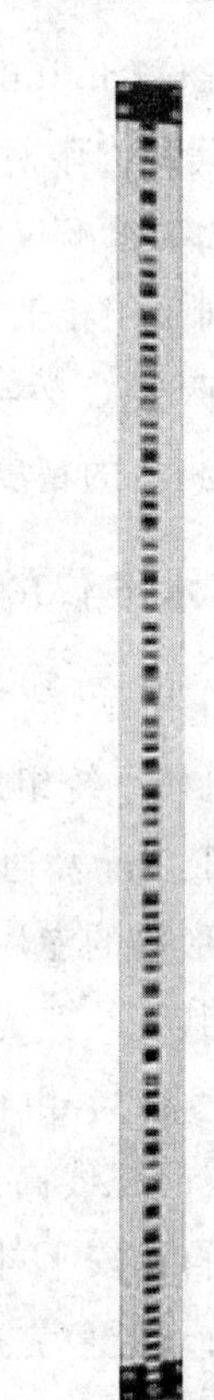
图 3-19 蔡司条码水准尺

条码尺由 10mm 宽的黑(B)、黄(Y)基本码元组成,两个码元相加最大为 20mm,为一个条码,以此组成四种条码,即 $B_{10}B_{10}$,$B_{10}Y_{10}$,$Y_{10}B_{10}$,$Y_{10}Y_{10}$,依次给予 1、2、3、4 的数字编码,称四进制码,是用黑、黄基本码元组成条码尺,3m 的条码尺需要 150 个条码刻划。这种四进制码适用于视距大于 5～6m 的情况。当视距小于 5～6m 时,则在四进制编码的基础上细化为 16 进制编码。

图 3-20 是该尺的一部分,尺上条码图像、数字编码和尺上位置一一对应。若 CCD 传感器获取了尺上一段图像,根据该图像的编码与数据处理系统中事先存储的图像编码和位置,即可确定该图像每个条码在尺上对应的粗值。例如[1,4,1,4,1,4,2,1]的读数为尺上的位置[026,028,030,032,034,036,038,040]。这种确定尺上条码位置的方法为粗读数。

2. 精读数——视线高度的测定

如图 3-21 所示,是用数字水准仪瞄准数码标尺的示意图,当粗读数确定了条码的读数后,G_i 为一个条码的起始边界,G_{i+1} 为该条码的结束边界和下一条码的起始边界。它们在 CCD 传感器上的影像分别为 b_i 和 b_{i+1},代表该条码上下边界线到视准轴的距离,由 CCD 传感器上的像素个数表示。已知一个条码宽度 $G_{i+1}-G_i=20$mm,由此便可用相似三角形的原理计算垂直放大率 k:

$$k=\frac{G_{i+1}-G_i}{b_i-b_{i+1}} \tag{3-8}$$

于是视线高的精读数为

$$\begin{cases}h_i=G_i+kb_i\\h_{i+1}=G_{i+1}-kb_{i+1}\end{cases} \tag{3-9}$$

并规定在 CCD 传感器上,视准轴之上 b_i 为正值,反之为负值。为了提高测量的精度,蔡司系列的数字水准仪用视准轴上、下各 15cm 的范围，取 n 个条码计算 k 值和视线高度：

$$k=\frac{\sum_{i=0}^{n}(G_{i+1}-G_i)}{\sum_{i=0}^{n}(b_i-b_{i+1})} \tag{3-10}$$

$$h=\frac{1}{n}\sum_{i=0}^{n}(G_i+kb_i) \tag{3-11}$$

图 3-20　条码图像、数字编码和尺上位置

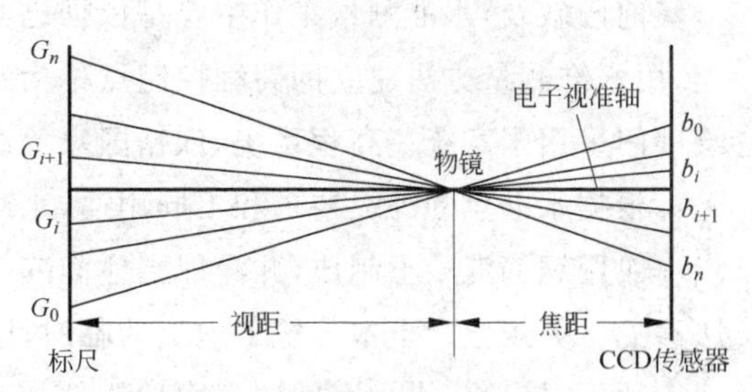

图 3-21　瞄准数码标尺的示意图

3. 视距的测定

如图 3-22 所示，望远镜的等效物镜距条码水准尺为 s；距仪器竖轴为 e；仪器竖轴距 CCD 传感器面的距离为 c_0；AB 为视场内条码尺的长度；ab 为 AB 的影像长度；D 为从条码尺到仪器竖轴的距离；α 为望远镜的电子视场角；$\frac{AB}{ab}$为垂直放大率 k。

由图可见，

$$\frac{s}{AB}=\frac{e+c_0}{ab}$$

$$D=s+e$$

则

$$D=\frac{AB}{ab}c_0+\left(\frac{AB}{ab}+1\right)e \tag{3-12}$$

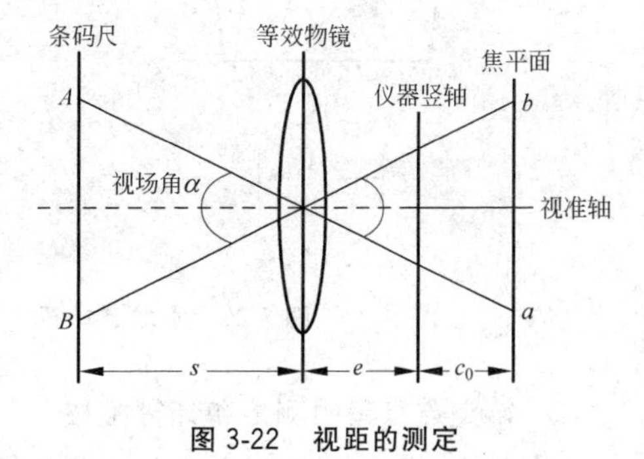

图 3-22　视距的测定

只要确定了等效焦距 e 就可确定视距 D，e 是由仪器本身确定的。

综上所述，蔡司数字水准仪采用几何法读数方法，先确定每个条码的粗读数，然后再用光学成像原理确定每个条码的精读数，将粗读数和精读数组合得到视线高和视距。所有这些工作都是由数据处理系统自动完成的。

3.4.3　数字水准仪的特点

数字水准仪是光电、图像和计算机技术于一体的新型的水准仪，它有如下特点：①无须人的肉眼读数，避免了人为误差；②自动读数、显示、存储、传输，速度快，效率高；③使用多个条码计算视线高和视距，精度高，数据可靠；④自动改正测量误差。

3.5 水准测量方法

3.5.1 水准测量的外业实施

1. 水准点

前已叙及,水准测量工作主要是依据已知高程点来引测其他待定点的高程。事先埋设标志在地面上,用水准测量方法建立的高程控制点称为水准点(bench mark),常以 BM 表示。水准点的高程是由测绘部门采用国家统一高程系统,依据国家等级水准测量规范的要求测定的。

根据水准点的等级要求和不同用途,水准点可分为永久性和临时性两种。永久性的国家等级水准点一般用钢筋混凝土制成,并深埋到地面冻结线以下;或直接刻制在不受破坏的基岩上,其具体埋制方法参见有关规范。土木建筑工地上的临时性水准点可制成一般混凝土桩或上顶边长约 5cm 的方木桩,埋入地下,桩顶应钳入有圆球表面的铁钉以标示点位,如图 3-23 所示。有些水准点也可设置在稳定的墙脚上,称为墙上水准点,如图 3-24 所示。

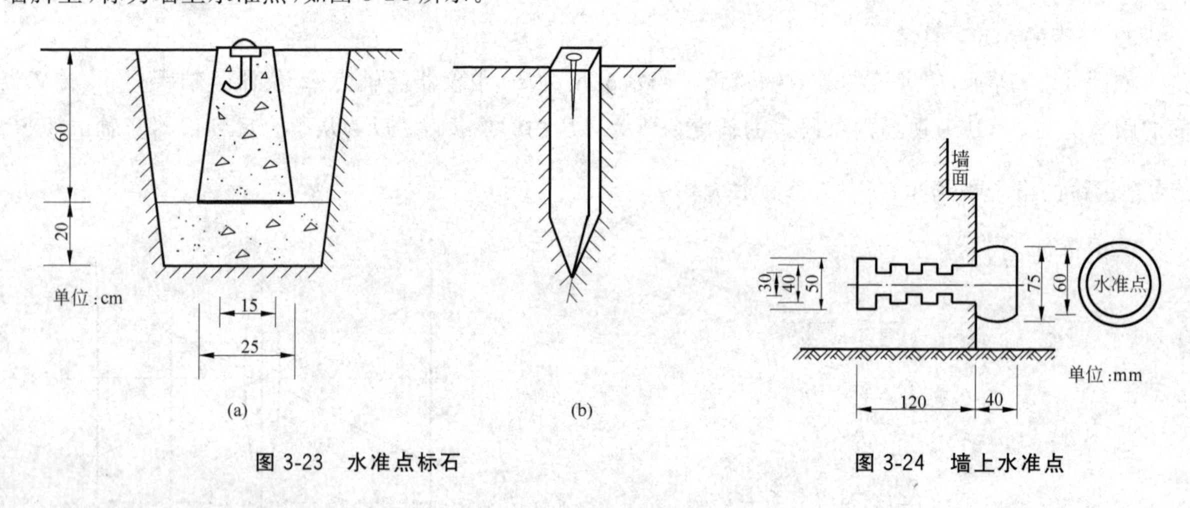

图 3-23 水准点标石

图 3-24 墙上水准点

2. 待定点高程的测量和计算检核

当欲测高程的 B 点距水准点 A 较远或高差很大时,就需要连续多次地安置水准仪,逐站测出 A、B 两点之间的高差。每站之间的立尺点,仅起高程传递作用,称为转点,用 TP 表示,通常用尺垫作为标志。安置仪器的位置称为测站。如图 3-25 所示,A、B 间设三个转点,共有四个测站。显然,在每一个测站都可测得一个高差,即

$$h_i = a_i - b_i \tag{3-13}$$

将各站高差相加,得

$$h_{AB} = \sum h_i = \sum a - \sum b \tag{3-14}$$

则 B 点的高程为

$$H_B = H_A + \sum h_i \tag{3-15}$$

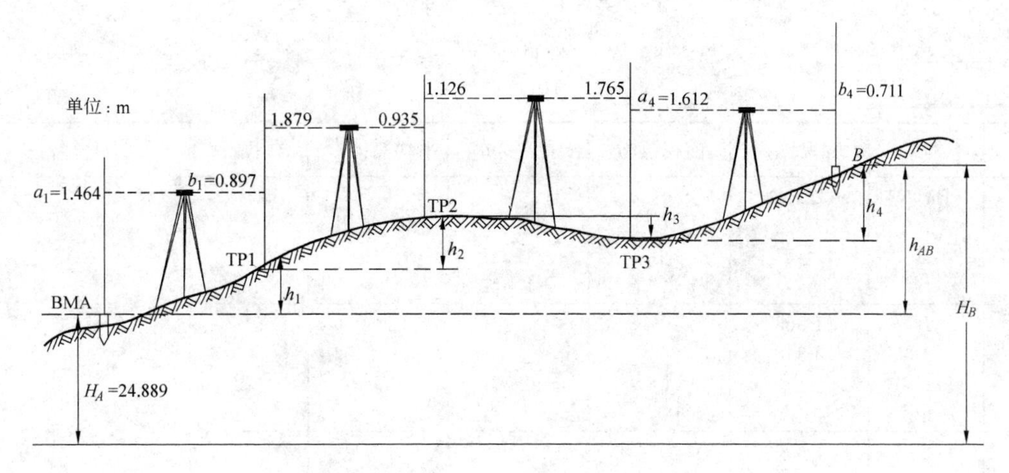

图 3-25　水准测量方法

实际工作中，需把野外测量数据记录在表格中，再进行计算。计算时需进行计算检核：

$$\sum h_i = \sum a - \sum b$$

说明各测站高差计算正确：

$$H_B - H_A = \sum h_i$$

则说明待定点 B 的高程计算也是正确的。

3. 测站检核

计算检核无法判定各测站高差测量的正确性，若某测站高差由于某种原因而测错，则由此计算的待定点高程也不正确。因此，对每一测站的高差都必须采取措施进行检核测量，这种检核称为测站检核。常用的测站检核方法有双面尺法和双仪高法。

(1) 双面尺法

双面尺法是将水准仪安置在两立尺点之间，高度不变。分别读取后视 A 点、前视 B 点水准尺的黑面和红面读数各一次，测得两次高差，以检核测站成果的正确性。表 3-1 是利用双面尺法进行水准测量的记录、计算算例。

使用黑面读数，得高差为

$$h_{黑} = a_{黑} - b_{黑}$$

若用红面读数，则高差为

$$h_{红} = a_{红} - b_{红}$$

因两根水准尺底部的红面刻划读数分别为 4.687m 和 4.787m，故所算得的高差应为

$$\Delta h = h_{黑} - (h_{红} \pm 0.100\text{m}) \tag{3-16}$$

若为四等水准，$|\Delta h| \leqslant 5\text{mm}$ 时，可取其平均值作为该测站的观测高差。否则，需要检查原因，重新观测。若测站数为偶数，则由红、黑面分别计算的总高差应相等。

表 3-1 水准测量手簿

日期________ 仪器________ 观测________

天气________ 地点________ 记录________

测站	测点	后视读数	前视读数	高差/m	平均高差/m	高程/m	备注
1	BMA	2 512 7 200				55.352	
	B		0 964 5 754	+1.548 +1.446	+1.547		
2	*B*	1 563 6 348					
	C		1 387 6 076	+0.176 +0.272	+0.174		
3	*C*	1 350 6 035					
	D		2 100 6 886	−0.750 −0.851	−0.750		注意: 本例题是闭合水准测量成果,存在高差闭合差,需进行闭合差的调整,其调整方法见水准测量内业计算
4	*D*	0 932 5 720					
	E		2 024 6 712	−1.092 −0.992	−1.092		
5	*E*	0 876 5 566					
	BMA		0 772 5 560	+0.104 +0.006	+0.105	55.352	
	$\sum$	7.233 30.869	7.247 30.988	−0.014 −0.119	−0.016		
计算检核	黑面 $\sum a-\sum b=\sum h_{黑}=-0.014$ 红面 $\sum a-\sum b=\sum h_{红}=-0.119$ 平均高差之和 $\sum h=\left(\sum h_{黑}+\sum h_{红}+0.100\right)/2=-0.016$						

(2) 双仪高法

双仪高法是在同一测站上用不同的仪器高度测得两次高差,以相互比较进行检核。即测得第一次高差后,改变仪器高度 10cm 以上,重新安置水准仪,再测一次高差。两次所测高差之差不超过容许值(等外水准为 6mm),则认为符合要求,取其平均值作为最后结果。否则,必须重测。

3.5.2 水准路线测量的成果检核

由于受到自然条件如温度、风力、大气折光等的影响,以及尺垫和仪器下沉引起的误差、尺子倾斜和估读误差、仪器本身的误差等影响,成果精度必然降低。这些误差在一个测站上反映并不明显,但随着测站数的增多使误差积累,可能会超过规定的限差,也有可能发生转点尺垫被移动,造成高程传递的错误。因此用上述方法所测 *B* 点高程,尽管进行了测站检核和计算检核,也不能说明其高程精度符合要求。为此,可以拟定某种水准路线,获得一定的条件以检核成果的正确性。水准路线检核的方法有如下几种。

1. 闭合水准路线

如图 3-26(a)，从水准点 BMA 出发，沿环线逐站进行水准测量，经过各高程待定点，最后返回 BMA 点，称为闭合水准路线。此时，各测站高差之和的理论值应等于零，因此可用 $\sum h=0$ 作为闭合水准路线的检核条件。若不等于零，则产生高差闭合差。高差闭合差为高差的观测值与其理论值之差，用 f_h 表示，即 $f_h=\sum h_i$，可用来衡量水准测量的野外观测精度，其值不应超过允许值，否则，就不符合要求。

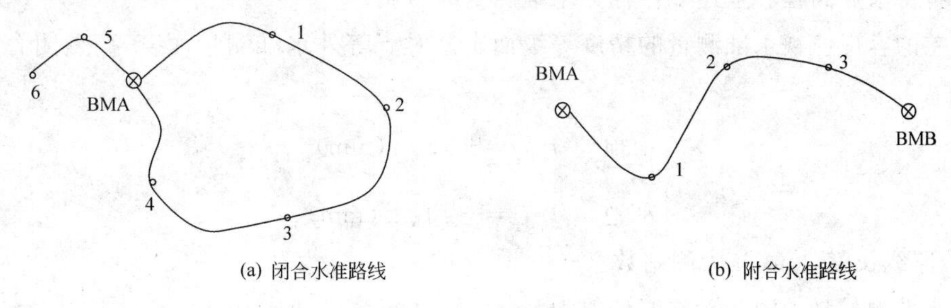

(a) 闭合水准路线　(b) 附合水准路线

图 3-26　水准路线

2. 附合水准路线

图 3-26(b)所示为附合水准路线，即从一水准点 BMA 出发，沿各待定高程点逐站进行水准测量，最后附合到另一水准点 BMB 上。显然，附合水准路线的检核条件为

$$\sum h_i = H_B - H_A$$

若等号两边不相等，则附合水准路线的高差闭合差 f_h 为

$$f_h = \sum h_i - (H_B - H_A) \tag{3-17}$$

f_h 亦应不超过允许值。

3. 支水准路线

若从一水准点出发，既没有附合到另一水准点，也没有闭合到原来的水准点，就称其为支水准路线，如图 3-26(a)中的 5、6 两点。必须对支水准路线进行往返观测，以便检核。

4. 水准网

上述三种水准路线统称为单一水准路线。若测区范围较大，或待求高程点较多时，可由若干条单一水准路线相互连接构成图 3-27 的形状，称为水准网。单一水准路线相互连接的点称为结点。图 3-27(a)中有 3 个水准点，仅有一个结点，称为单结点附合水准网；图 3-27(b)中有多个结点，但只有一个水准点，这类水准网称为独立水准网。关于水准网的计算和精度评定方法，可参阅有关测量专业书籍。

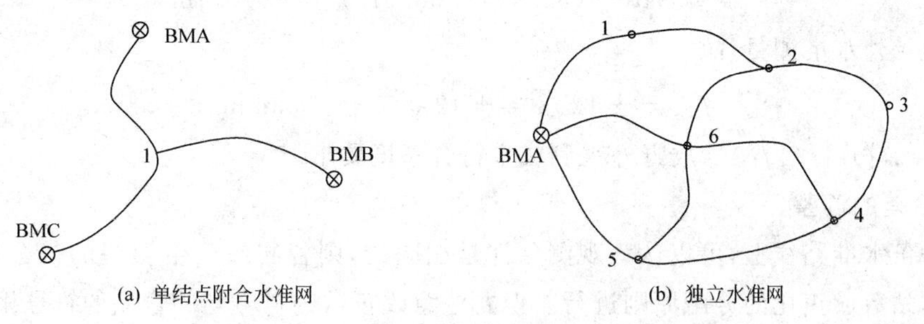

(a) 单结点附合水准网　(b) 独立水准网

图 3-27　水准网

3.5.3 水准测量的内业计算

通过对外业原始记录、测站检核和高差计算数据的严格检查,并经水准线路的检核,外业测量成果已满足了有关规范的精度要求,但高差闭合差 f_h 仍存在。所以,在计算各待求点高程时,必须首先按一定的原则把高差闭合差分配到各实测高差中去,确保经改正后的高差严格满足检核条件,最后用改正后的高差值计算各待求点高程。上述工作称为水准测量的内业。

高差闭合差的容许值视水准测量的精度等级而定。对于等外水准测量而言,高差闭合差的容许值 $f_{h容}$ 规定为

$$\begin{cases} \text{山地} \quad f_{h容} = \pm 12\sqrt{n}\,(\text{mm}) \\ \text{平地} \quad f_{h容} = \pm 40\sqrt{L}\,(\text{mm}) \end{cases} \tag{3-18}$$

式中,L 为水准路线长度,km;n 为测站数。

国家四等水准测量高差闭合差的容许值为

$$\begin{cases} \text{山地} \quad f_{h容} = \pm 6\sqrt{n}\,(\text{mm}) \\ \text{平地} \quad f_{h容} = \pm \sqrt{L}\,(\text{mm}) \end{cases}$$

下面以附合水准路线为例,介绍水准测量内业计算的方法步骤。野外观测成果参见图 3-28,A、B 为两个水准点,其高程分别为 H_A 和 H_B。1、2、3 点为待求点,整条水准路线分成四个测段。计算时,首先将检查无误的野外观测成果(即各测段的测站数 n_i 和高差值 h_i)以及已知数据填入计算表中,如表 3-2 所示。然后,按以下三个步骤进行计算。

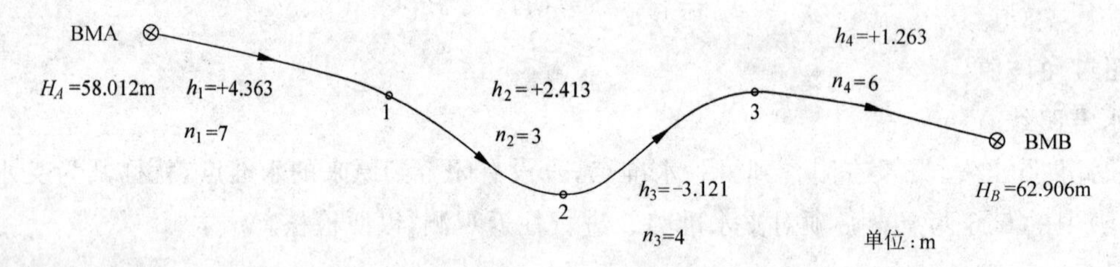

图 3-28 附合水准测量

1. 高差闭合差的计算

$$f_h = \sum h_i - (H_B - H_A)$$
$$= 4.918 - (62.906 - 58.012) = +0.024\text{m}$$

假设是山地等外水准测量,故

$$f_{h容} = \pm 12\sqrt{n} = \pm 12\sqrt{20} = \pm 53\text{mm}$$

由于 $f_h = +24\text{mm}$,$|f_h| < |f_{h容}|$,故野外观测成果符合精度要求。

2. 高差闭合差的调整

因为在同一条水准路线上,可以认为观测条件是相同的,则各测站产生误差的机会相等,故闭合差的调整可按与测站数成正比的分配原则进行。但要注意改正数的符号与闭合差的符号相反。如本例中,

表 3-2　水准测量内业计算

测段号	点名	测站数 n_i	实测高差/m	改正数/mm	改正后高差/m	高程/m	备　注
1	2	3	4	5	6	7	8
	A					58.012	
1		7	+4.363	−8	+4.355		
	1					62.367	
2		3	+2.413	−4	+2.409		
	2					64.776	
3		4	−3.121	−5	−3.126		
	3					61.650	
4		6	+1.263	−7	+1.256		
	B					62.906	
$\sum$		20	+4.918	−24	+4.894		
辅助计算	$f_h=+24\text{mm}\quad n=\sum n_i=20$ $f_{h容}=\pm 12\sqrt{n}=\pm 12\sqrt{20}=\pm 53\text{mm}\quad -f_h\Big/\sum n_i=-1.2\text{mm}$						

总测站数 $\sum n_i=20$，则每一测站的改正数为

$$\frac{-f_h}{\sum n_i}=-\frac{24}{20}=-1.2\text{mm}$$

各测段的改正数 v_i 为

$$v_i=-\frac{f_h}{\sum n_i}n_i \tag{3-19}$$

将计算结果填入表 3-2 中第 5 栏。改正数的总和 $\sum v_i$ 应与闭合差 f_h 的绝对值相等，符号相反。各测段实测高差加改正数，便得到改正后的高差 h_i，且 $\sum h_i=H_B-H_A$，否则说明计算有误。

3. 待定点高程的计算

根据检核过的改正后高差 h_i，由起始点 A 开始，逐点推算出各点的高程，列入表 3-2 第 7 栏中。如：

$$H_1=H_A+h_1=58.012+4.355=62.367\text{m}$$

$$H_2=H_1+h_2=62.367+2.049=64.776\text{m}$$

$$H_3=H_2+h_3=64.776-3.126=61.650\text{m}$$

$$H_B=H_3+h_4=61.650+1.256=62.906\text{m}$$

最后算得的 B 点高程应与已知的高程 H_B 相等，否则说明高程计算有误。

闭合水准路线的计算与附合水准路线计算的区别，仅是闭合差的计算方法不同。因为闭合水准路线高差代数和的理论值应等于零，即 $\sum h=0$，故因测量误差而产生的高差闭合差就等于 $\sum h_i$。至于闭合水准路线高差闭合差的调整方法、容许值的大小，均与附合路线相同。读者可对表 3-1 的测量成果进行闭合差调整，并计算各点高程。

3.6 水准仪的检验与校正

水准仪的检验与校正由于水准仪的种类不同、精度不同要求也不尽相同。普通微倾式水准仪一般要进行圆水准器的检验与校正、十字丝的检验与校正和管水准器(I角)的检验与校正等；精密水准仪还要增加交叉误差的检验、符合水准器的检验、光学测微器的检验等；对于自动安平水准仪还要进行补偿性能、自动安平精度的测定和视准轴正确性的检验；对于数字水准仪除上述必要的检验外，还要进行电子视准轴I角的检验等。本节以普通微倾式水准仪的检验与校正为主，对自动安平水准仪和数字水准仪的必要检验项目进行概要的介绍。

3.6.1 微倾式水准仪的检验与校正

微倾式水准仪的轴线之间应满足的三项几何条件，在3.2节中已经介绍，这些条件在仪器出厂时已经过检验与校正而得到满足。但由于仪器长期使用以及在搬运过程中可能出现的震动和碰撞等原因，使各轴线之间的关系发生变化，若不及时检验校正，将会影响测量成果的质量。所以，在进行正式水准测量工作之前，应首先对水准仪进行严格的检验和认真的校正。

1. 圆水准器的检验与校正

1) 检验

检验目的是保证圆水准器轴 $L'L'$ 平行于仪器竖轴 VV。

首先用脚螺旋使圆水准器气泡居中，此时圆水准器轴 $L'L'$ 处于竖直位置。如图3-29(a)所示，若仪器竖轴 VV 与 $L'L'$ 不平行，且交角为 α 角，则竖轴与竖直位置偏差 α 角。将仪器绕竖轴 VV 旋转180°，如图3-29(b)所示，此时位于竖轴左边的圆水准器轴 $L'L'$ 不但不竖直，而且与铅垂线的交角为 2α，显然气泡不居中，说明仪器不满足 $L'L' /\!/ VV$ 的几何条件，需要校正。

2) 校正

首先稍松位于圆水准器下面中间部位的固紧螺丝，然后调整其周围的三个校正螺丝，使气泡向居中位置移动偏离量的一半，如图3-30(a)所示。此时，圆水准器轴与竖轴平行。然后再用脚螺旋整平，使圆水准器气泡居中，竖轴 VV 就与圆水准器轴 $L'L'$ 同时处于竖直位置，如图3-30(b)所示。校正工作一般需反复进行，直至仪器旋转到任何位置时圆水准器气泡均居中为止，最后应注意旋紧固紧螺丝。

2. 十字丝的检验与校正

1) 检验

检验目的是保证十字丝横丝垂直于仪器竖轴 VV。

首先安置仪器，用十字丝横丝对准一个明显的点状目标 P，如图3-31(a)所示。然后固定制动螺旋，转动水平微动螺旋。如果目标点 P 沿横丝移动，如图3-31(b)所示，则说明横丝垂直于竖轴 VV，不需要校正。否则，如图3-31(c)和(d)所示，则需要校正。

2) 校正

校正方法因十字丝分划板装置的形式不同而异。多数仪器可直接用螺丝刀松开分划板座相邻两颗固定螺丝，转动分划板座，改正偏离量的一半，即满足条件。有的仪器必须卸下目镜处的外罩，再用螺丝

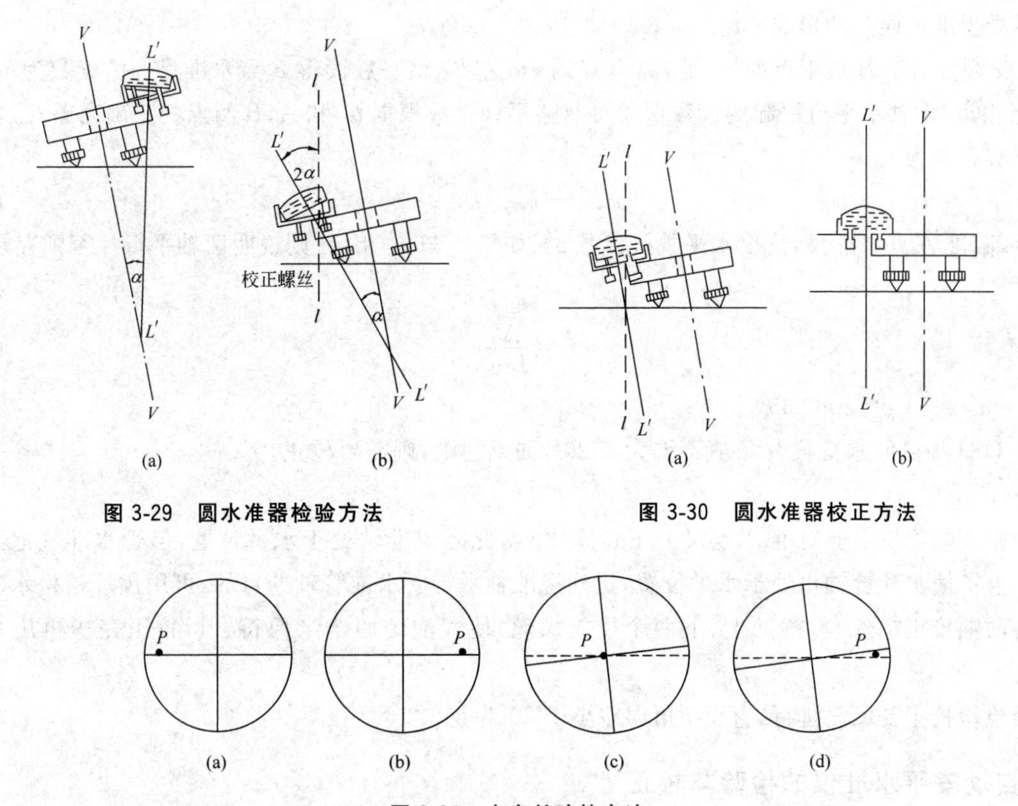

图 3-29　圆水准器检验方法

图 3-30　圆水准器校正方法

图 3-31　十字丝验校方法

刀松开分划板座的固定螺丝，拨正分划板座即可，反复检校，满足条件为止。

3. 管水准器的检验与校正

1）检验

检验目的是保证望远镜视准轴 CC 平行于水准管轴 LL。

检验场地的安排如图 3-32 所示，在 S_1 处安置水准仪，从仪器向两侧各量约 40m，定出等距离的 A，B 两点，打木桩或放置尺垫标志之。

(1) 在 S_1 处精确测定 A，B 两点的高差 h_{AB}，并进行测站检核，若两次测出的高差之差不超过 3mm，则取其平均值 h_{AB} 作为最后结果。由于距离相等，两轴不平行的误差 Δh 可在高差计算中消除，故所得

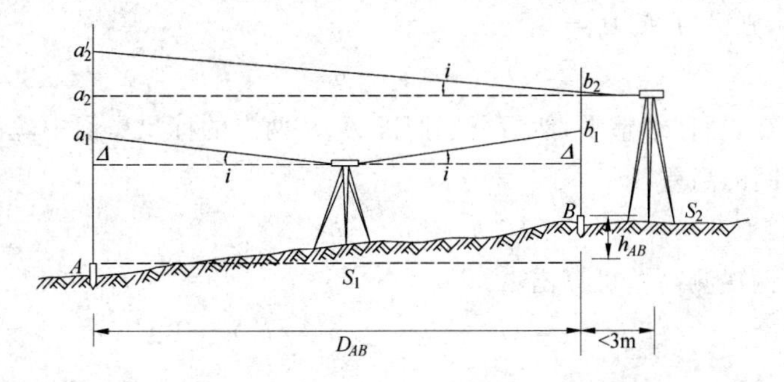

图 3-32　水准仪 i 角的检校方法

高差值不受视准轴误差的影响。

(2) 安置仪器于 B 点附近的 S_2 处，离 B 点约 3m 左右，精平后读得 B 点水准尺上的读数为 b_2，因仪器离 B 点很近，两轴不平行引起的读数误差可忽略不计。故根据 b_2 和 A，B 两点的正确高差 h_{AB} 算出 A 点尺上应有读数为

$$a_2 = b_2 + h_{AB} \tag{3-20}$$

然后，瞄准 A 点水准尺，读出水平视线读数 a_2'，如果 a_2' 与 a_2 相等，则说明两轴平行。否则存在 i 角，其值为

$$i = \frac{\Delta h}{D_{AB}}\rho \tag{3-21}$$

式中，$\Delta h = a_2' - a_2$；$\rho = 206\ 265''$。

对于 DS3 级微倾水准仪，i 角值不得大于 20″，如果超限，则需要校正。

2) 校正

转动微倾螺旋使中丝对准 A 点尺上正确读数 a_2，此时视准轴处于水平位置，但管水准气泡必然偏离中心。为了使水准管轴也处于水平位置，达到视准轴平行于水准管轴的目的，可用拨针稍松水准管一端的左右两颗校正螺丝，再拨动上、下两个校正螺丝，使气泡的两个半像符合。校正完毕再旋紧四颗螺丝。

这项检验校正要反复进行，直至 i 角误差小于 20″为止。

3.6.2 自动安平水准仪的检验与校正

自动安平水准仪除进行圆水准器、十字丝的检验校正外，还需进行视准轴位置正确性的检验、补偿性能、自动安平精度的测定等。

1. 视准轴位置正确性的检验

此项检验的目的是检验视准轴与水平面的夹角(i 角)小于限值，一、二等水准测量不大于 15″，三、四等不大于 20″。

但是，自动安平水准仪的 i 角是通过物镜光心的水平光线与经过补偿后的准水平视线之间的夹角。它的大小不但与十字丝的位置有关，还与补偿器的位置有关。其检验方法如下。

如图 3-33 所示，在地面上任选一直线段 1、2，量出 20.6m 三段，定出 A、B，在 A、B 两点固定尺台和放置水准尺。先在 1 点安置仪器，仔细地整平仪器，然后分别在 A、B 两点的标尺上照准黑面中丝读数 4 次，取中数分别为 a_1、b_1，则 A、B 间高差

$$h = a_1 - b_1$$

然后将仪器移至 2 点，经仔细整平，然后分别照准 A、B 两点的标尺黑面中丝读数 4 次，取中数分别为 a_2、b_2。又测得 A、B 间的高差

$$h' = a_2 - b_2$$

由图 3-33 可以看出，由两次测高差可算出 Δ：

$$h' - h = (a_2 - b_2) - (a_1 - b_1) = 2\Delta \tag{3-22}$$

$$\Delta = \frac{1}{2}[(a_2 - b_2) - (a_1 - b_1)]$$

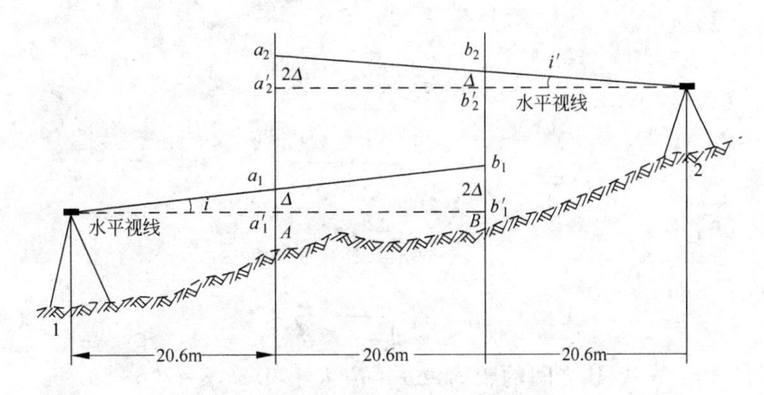

图 3-33 自动安平水准仪 i 角的测定

而 $\Delta=\dfrac{i \cdot d}{\rho}$, $d=20.6\text{m}$；则

$$i=\frac{\Delta \cdot \rho}{d}=\frac{\Delta \cdot 206\ 000''}{20\ 600}=10 \cdot \Delta \quad (\Delta \text{ 以 mm 计}) \tag{3-23}$$

如果 i 角超限，则送修理部门进行校正。

2. 自动安平水准仪补偿性能的测定

这两项检验只对用于一、二等水准测量的仪器进行，DS3 以下的仪器不作此检验。在平坦地面上量一段 41.2m 的距离，两端 A、B 以桩钉之，并立标尺。在中点安置仪器，使其两脚螺旋与 AB 方向线垂直。

(1) 交替在 A、B 尺上各读数 10 次，取其中数计算高差，得

$$h=a-b$$

(2) 用 AB 方向上的脚螺旋使仪器向 A 尺倾斜一个 $+\alpha$ 角(一般为 $8'$)。仍然交替在 A、B 尺上各读数 10 次，取其中数计算高差，得

$$h_{+\alpha}=a_{+\alpha}-b_{+\alpha}$$

同理，用 AB 方向上的脚螺旋使仪器向 B 尺倾斜一个 $-\alpha$ 角(一般为 $8'$)。仍然交替在 A、B 尺上各读数 10 次，取其中数计算高差，得

$$h_{-\alpha}=a_{-\alpha}-b_{-\alpha}$$

重新整平仪器后，用另外两个脚螺旋各向两侧倾斜 $\pm\beta$(一般为 $8'$)各 10 次，由平均读数得高差：

$$h_{+\beta}=a_{+\beta}-b_{+\beta}$$
$$h_{-\beta}=a_{-\beta}-b_{-\beta}$$

(3) 所得倾斜的四个高差与仪器整平时的高差求差，即得

$$\begin{aligned}\Delta h_{+\alpha}&=h_{+\alpha}-h\\ \Delta h_{-\alpha}&=h_{-\alpha}-h\\ \Delta h_{+\beta}&=h_{+\beta}-h\\ \Delta h_{-\beta}&=h_{-\beta}-h\end{aligned} \tag{3-24}$$

(4) 计算补偿误差 $\Delta\alpha$

$$\begin{cases}\Delta\alpha_1 = \dfrac{\Delta h_{+\alpha}\cdot\rho}{41.2\times\alpha'} \\ \Delta\alpha_2 = \dfrac{\Delta h_{-\alpha}\cdot\rho}{41.2\times\alpha'} \\ \Delta\alpha_3 = \dfrac{\Delta h_{+\beta}\cdot\rho}{41.2\times\beta'} \\ \Delta\alpha_4 = \dfrac{\Delta h_{-\beta}\cdot\rho}{41.2\times\beta'}\end{cases} \tag{3-25}$$

式中,α、β 一般为 $8'$,41.2m 是 A、B 之间的距离,$\Delta\alpha$ 不应大于 $0.2''$,$\rho=206\,265''$。

3. 自动安平精度的测定

在平坦地面上量出 30m 的直线,A、B 两端桩定之,一端安仪器,一端立尺,安置仪器时使两个脚螺旋垂直 AB 方向。在三种不同的气温下进行观测,每一种气温观测两个测回,每个测回读数 15 次。

(1) 对准误差的测定

在同一种温度下,仪器严格整平并稳定后,精确照准标尺转动测微器读数;每次都要旋进旋出测微器读数,一测回读数 15 次。由一测回 15 次读数的中数求最或是误差 v,六个测回的结果求对准误差得

$$m_D = \sqrt{\frac{\sum[vv]_D}{84}} \tag{3-26}$$

(2) 测微器观测误差的测定

每一测回对照准误差的测定后,立即进行此项测定。读数前转动 AB 方向线上的脚螺旋,立即恢复使其气泡居中,然后精确读数,并计算测微器观测误差:

$$m_C = \pm\sqrt{\frac{\sum[vv]_C}{84}} \tag{3-27}$$

自动安平精度可用下式计算:

$$m_z = \pm\sqrt{m_C^2 - m_D^2} \tag{3-28}$$

也可化成秒

$$m''_z = \pm\frac{m_z\rho}{D}$$

式中,D 为 30m。

3.6.3 数字水准仪的检定

数字水准仪是在自动安平水准仪的基础上发展起来的,其光学、机械部分与自动安平水准仪基本相同。因此,自动安平水准仪的一些检验内容在数字水准仪上同样也要检验。例如圆水准器、十字丝的检校,以及补偿性能、自动安平精度的测定和光学视准轴的检验等都需要进行,且与自动安平水准仪的检验方法相同。但是,由于采用了 CCD 传感器和电子读数方法,使用的是电子视准轴,故还必须进行电子视准轴(i 角)的检验。

在数字水准仪上，当用肉眼观测水准标尺时，不经过电子光路，此时视准轴是自动安平水准仪的视准轴，其 i 角是自动安平水准仪的 i 角。当用电子视准轴观测，条码尺的影像经过CCD传感器获得测量信号而得到电子读数时所产生的 i 角，称数字水准仪电子 i 角。这两个 i 角基本无关联，光学视准轴的检验校正已于前述，在此不重复。

数字水准仪电子 i 角的检验与校正是由内置软件完成的。但是，各仪器生产厂家尽管使用的程序不同，但用的野外检验方法基本相同。现以蔡司公司使用的四种方法做一简单介绍。

1. Foerstner 法

如图3-34所示，在地面上量出一直线，分三等份，每份15m，分别在端点钉桩标定之，按图安置仪器进行观测。可用观测成果进行 i 角的计算：

$$i = \arctan\frac{(a_1 - b_1) - (a_2 - b_2)}{(d_{1A} - d_{1B}) - (d_{2A} - d_{2B})} \approx \frac{(a_2 - b_2) - (a_1 - b_1)}{30}\rho \tag{3-29}$$

式中，$a_1, a_2, b_1, b_2, d_{iA}, d_{iB}$ 是仪器站分别对 A、B 尺观测的视线高和视距，以下公式相同。

2. Naebauer 法

如图3-35所示，在地面上量出一直线，分三等份，每份15m，分别在端点钉桩标示之，仪器安在两端点，A、B 处立尺，观测后进行计算：

$$i = \arctan\frac{(a_1 - b_1) - (a_2 - b_2)}{(d_{1A} - d_{1B}) - (d_{2A} - d_{2B})} \approx \frac{(a_2 - b_2) - (a_1 - b_1)}{30}\rho \tag{3-30}$$

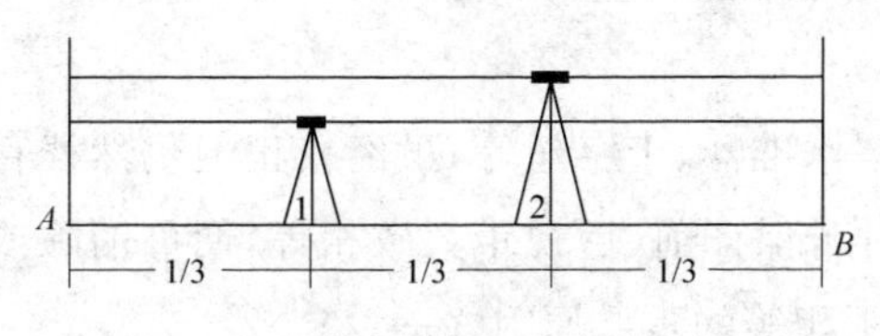

图3-34 Foerstner 法

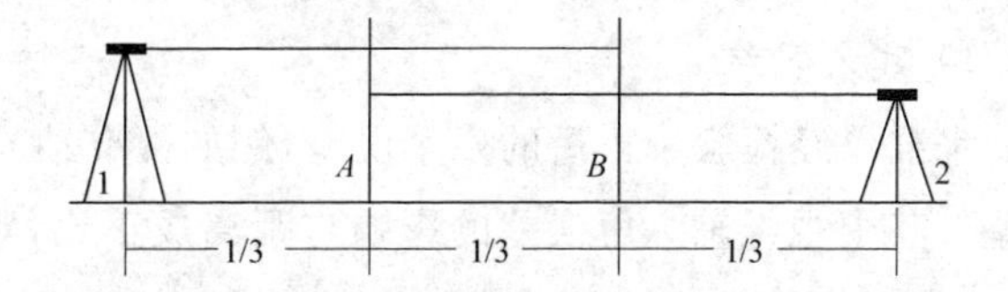

图3-35 Naebauer 法

3. Kukkamaek 法

如图3-36所示，该法是在地面上量出一直线，分二等份(20m)，仪器分别安在1、2处进行观测，然后进行计算：

$$i = \arctan\frac{(a_1 - b_1) - (a_2 - b_2)}{(d_{1A} - d_{1B}) - (d_{2A} - d_{2B})} \approx \frac{(a_2 - b_2) - (a_1 - b_1)}{20}\rho \tag{3-31}$$

4. Japan 法

该法与Kukkamaek法基本相同，只是两标尺之间的距离为30m，且测站2据标尺 A 只有3m，如图3-37所示。

$$i = \arctan\frac{(a_1 - b_1) - (a_2 - b_2)}{(d_{1A} - d_{1B}) - (d_{2A} - d_{2B})} \approx \frac{(a_2 - b_2) - (a_1 - b_1)}{30}\rho \tag{3-32}$$

当对数字水准仪电子 i 角进行检定时，先按照要求做好准备工作，将仪器安置测站上，选定检定方法(以上四种方法之一)启动校正程序，设置重复测量模式，进行检定工作。当重复测量工作完成后，自动计算 i 角，并进行检核；否则提示不符合要求。

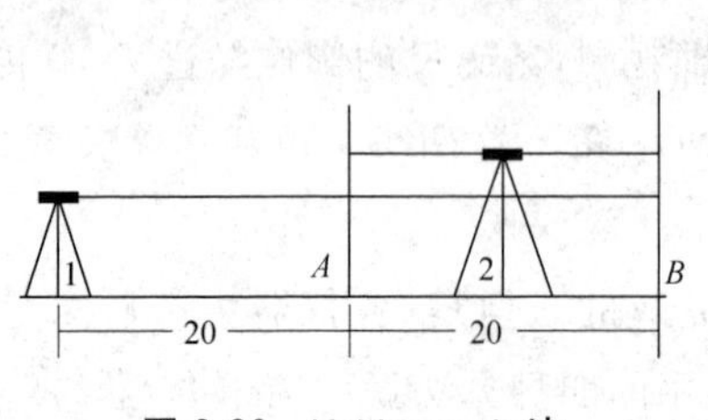

图 3-36 Kukkamaek 法

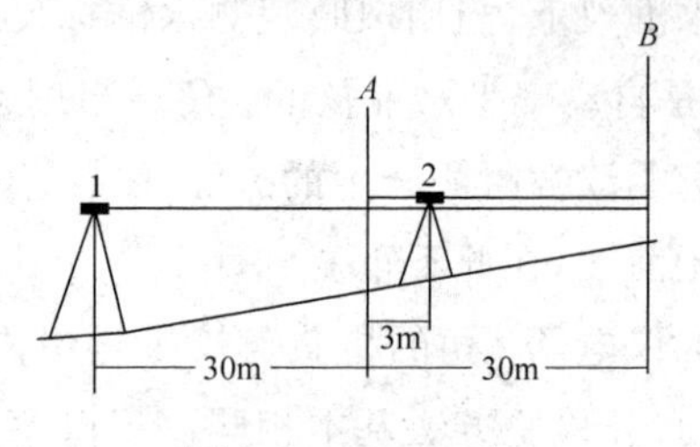

图 3-37 Japan 法

3.7 水准测量误差的分析及注意事项

由于测量工作是使用测绘仪器在野外条件下进行的,一般情况下由人工操作,因此水准测量的误差要包括水准仪本身的仪器误差、人为的观测误差以及外界条件的影响三个方面。由于使用的仪器是水准管水准仪、自动安平或是数字水准仪,产生的误差也不尽相同。在此分别简述之。

3.7.1 水准管水准仪的误差

1. 仪器误差

仪器误差主要是指水准仪经检验校正后的残余误差和水准尺误差两部分。

1) 残余误差

水准仪经检验校正后的残余误差,例如视准轴 i 角、圆水准器、十字丝等,虽经校正但仍然残存少量误差。其中视准轴 i 角误差的影响与距离成正比,观测时若保证前、后视距大致相等,便可消除或减弱此项误差的影响。这就是水准测量时为什么要求前后视距相等的重要原因之一。

2) 水准尺误差

由于水准尺的刻划不准确,尺长发生变化、弯曲等,会影响水准测量的精度,因此水准尺需经过检验符合要求后,才能使用。有些尺子的底部可能存在零点差,可在一个水准测段中使用测站数为偶数的方法予以消除。

2. 观测误差

1) 读数误差

在水准尺上眼睛估读毫米数的误差 m_V,与人眼的分辨率、望远镜的放大倍数以及视线长度有关,可按下式计算:

$$m_V = \frac{60''}{V} \cdot \frac{D}{\rho} \tag{3-33}$$

式中,V 为望远镜的放大倍数;$60''$为人眼的极限分辨率;D 为水准仪到水准尺的距离;$\rho=206\ 265''$。

2) 视差影响

当存在视差时,由于水准尺影像与十字丝分划板平面不重合,若眼睛观察的位置不同,便读出不同的读数,因而会产生读数误差。所以,观测时应注意消除视差。

3）水准管气泡居中误差

设水准管分划值为 τ，居中误差一般为 $\pm 0.15\tau$，若采用符合式水准器，则气泡居中精度可提高一倍：

$$m_{\tau} = \pm \frac{0.15\tau}{2\rho} D \tag{3-34}$$

4）水准尺倾斜误差

如图 3-38 所示，水准尺倾斜将使尺上的读数增大 Δl，$\Delta l = l' - l$，如水准尺倾斜 δ 角，则

$$\Delta l = \frac{l'}{2}\left(\frac{\delta}{\rho}\right)^2 \tag{3-35}$$

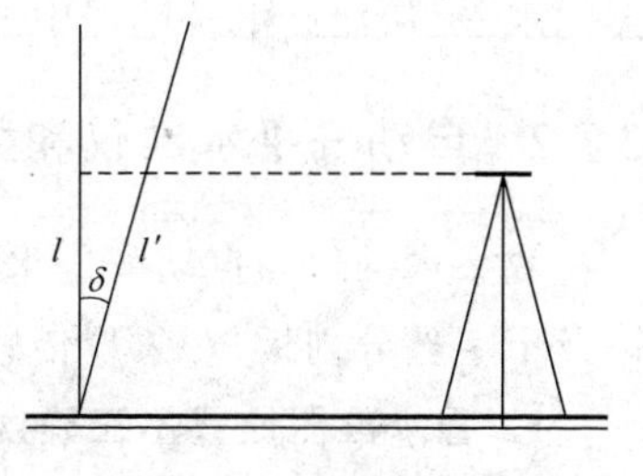

图 3-38　水准尺的倾斜误差

设 $\delta = 3°30'$，在水准尺上 1m 处读数时，将会产生 2mm 的误差。视线离地面越高，读取的数据误差就越大。

3. 外界条件的影响

1）仪器下沉和尺垫下沉

在土质较松软的地面上进行水准测量时，易引起仪器和尺垫的下沉。前者可能使观测视线降低，造成测量高差的误差，若采用“后、前、前、后”的观测顺序可减弱其影响；后者尺垫通常放置在转点上，其下沉将使下一测站的后视读数增大，造成高程传递误差，且难以消除。因此实际测量时，应尽量将仪器脚架和尺垫在地面上踩实，使其稳定不动。

2）地球曲率和大气折光的影响

第 2 章中已经介绍了用水平面代替大地水准面的限度，也就是地球曲率对测量高差影响的程度，见式(2-14)。其影响的大小与距离成正比。而大气折光的作用使得水准仪本应水平的视线成为一条曲线，其曲率半径约为地球半径的 7 倍，它对测量高差的影响规律与地球曲率的影响相同，如图 3-39 所示。由式(2-14)可得地球曲率和大气折光对测量高差的综合影响 f：

$$f = C - r \tag{3-36}$$

即

$$f = \frac{D^2}{2R} - \frac{D^2}{2 \times 7R} = 0.43\frac{D^2}{R} \tag{3-37}$$

式中，C 为用水平面代替大地水准面对标尺读数的影响；r 为大气折光对标尺读数的影响；D 为仪器到水准尺的距离；R 为地球的平均半径 6 371km。

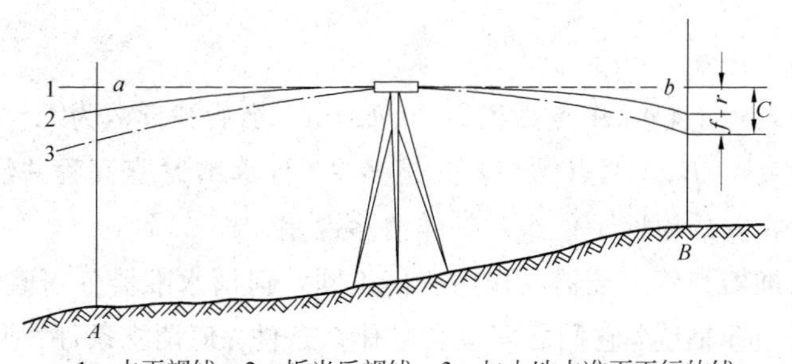

1—水平视线；2—折光后视线；3—与大地水准面平行的线

图 3-39　地球曲率与大气折光的影响

3) 温度影响

温度的变化不仅引起大气折光的变化,而且仪器受到烈日的照射,水准管气泡将产生偏移,影响仪器的水平,从而产生气泡居中的误差。因此,观测时应注意撑伞遮阳,避免阳光直接照射。

3.7.2 自动安平水准仪和数字水准仪的误差

数字水准仪和自动安平水准仪的误差主要是圆水准器位置不正确误差、补偿器误差、视准轴误差,以及十字丝分划板与CCD传感器光敏面不一致的误差等。

1. 圆水准器位置不正确误差

圆水准器的灵敏度大多为$8'$/2mm,其位置如不正确,将导致竖轴倾斜,与补偿器共同形成水平面倾斜误差,属于系统性误差,将影响精密水准的测量结果,但对普通水准测量无影响。

2. 补偿器误差

如3.6.2节所述,补偿器的误差主要是补偿性能误差和补偿器的安置误差(安平精度)两项。规程规定补偿性能误差$\Delta\alpha$不大于$0.2''$,安平精度对精密水准仪不低于$0.3''$,这两项误差是出厂时的重要指标,必须满足。至于磁性对补偿器引起的误差除了厂家对仪器采取了防磁措施外,观测时必须注意磁场的影响,如在发电厂、变电枢纽、电视发射台、高压输电线、电气化铁路等强磁环境测量时,需采取一些防磁措施。

3. 视准轴误差(i角误差)

如前所述,视准轴的i角有光学和电子i角之分,由于温度、磁场变化,望远镜调焦等原因都会引起视准轴i角的变化。数字水准仪一般是指温度20℃、目标无穷远时的i角。i角的变化对测量成果影响较大,除了用前后视距离相等消除i角误差的影响外,还要经常检校视准轴的i角。

4. 十字丝分划板与CCD传感器光敏面不一致的误差

数字水准仪有十字丝分划板和CCD传感器光敏面(分划板)两部分,光敏面上也有一条“十字丝”用于读电子读数。这两个“十字丝分划板”都必须位于望远镜系统的焦面上,并且,十字丝必须重合,不得分离,才能使光学和电子读数符合要求,否则将引起大的误差。因此,如发现不符合要求,要送生产厂进行严格的检校。

习题与思考题

1. 高程测量有几种方法?

2. 设A为后视点,B为前视点,A点高程为20.123m。当后视读数为1.456m,前视读数为1.579m时,问A、B两点高差是多少?B、A两点的高差又是多少?计算出B点高程并绘图说明。

3. 何谓视差?产生视差的原因是什么?怎样消除视差?

4. 水准仪上的圆水准器和管水准器的作用有何不同?何谓水准器分划值?

5. 水准仪有哪几条主要轴线?它们之间应满足什么条件?何谓主条件?为什么?

6. 水准测量时,要求选择一定的路线进行施测,其目的何在?转点的作用是什么?

7. 水准测量时,为什么要求前、后视距离大致相等?

8. 试述水准测量的计算检核方法。

9. 水准测量测站检核有哪几种？如何进行？

10. 为什么使用自动安平水准仪时，仅需将圆水准器气泡居中即可进行观测？

11. 简述自动安平水准仪的工作原理，测量时自动安平水准仪的视线是否水平？

12. 简述数字水准仪的工作原理和读数方法。

13. 数字水准仪与普通光学水准仪相比，主要有哪些特点？

14. 自动安平水准仪与数字水准仪在结构上有哪些异同点？

15. 何谓光学视准轴？电子 i 角？

16. 将图 3-40 中的水准测量数据填入表 3-3 中，A、B 两点为已知高程点，$H_A=23.456\text{m}$，$H_B=25.080\text{m}$，计算并调整高差闭合差，最后求出各点高程。

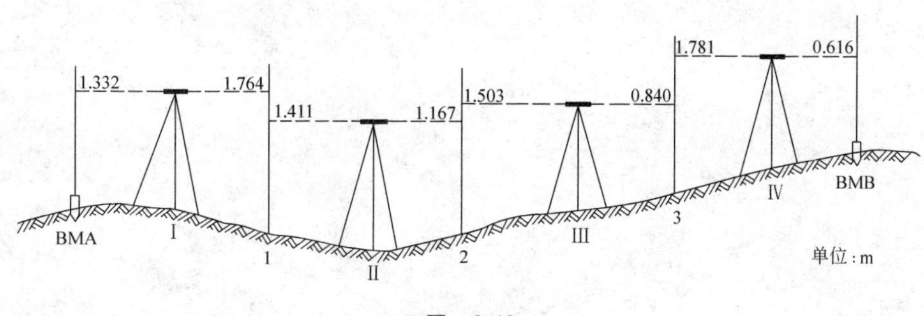

图　3-40

表　3-3

测站	测点	水准尺读数		实测高差/m	高差改正数/mm	改正后高差/m	高程/m
		后视	前视				
Ⅰ	BMA 1						
Ⅱ	1 2						
Ⅲ	2 3						
Ⅳ	3 BMB						
辅助计算	$\sum$						

17. 设 A、B 两点相距 80m，在其中点安置水准仪，精确测得高差 $h_{AB}=+0.204\text{m}$；仪器搬至 B 点附近，又测得 B 尺读数 $b_2=1.466\text{m}$，A 尺读数为 $a_2=1.695\text{m}$。试问该水准仪的水准管轴是否平行于视准轴？如不平行，应如何校正？

18. 试比较数字水准仪 i 角检定的四种方法各自的优缺点。

19. 试分析水准尺倾斜误差对水准尺读数的影响,并推导其计算公式。

20. 调整图3-41所示的闭合水准路线的观测成果,并求出各点高程。$H_{BM4}=50m$

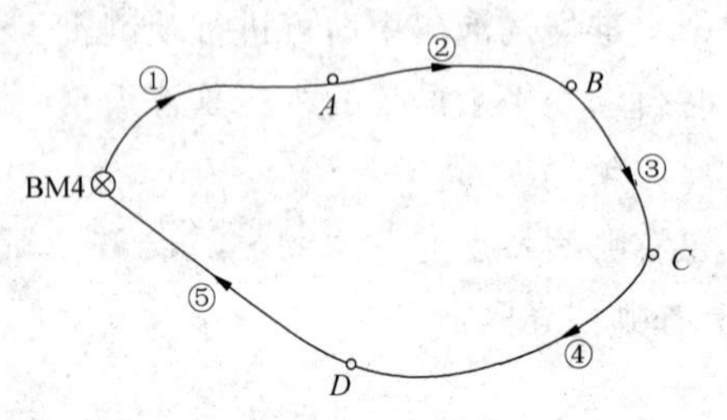

① $h_1=+1.224m$; $n_1=10$ 站
② $h_2=-1.424m$; $n_2=8$ 站
③ $h_3=+1.781m$; $n_3=8$ 站
④ $h_4=-1.714m$; $n_4=11$ 站
⑤ $h_5=+0.108m$; $n_5=12$ 站

图 3-41

第4章

角度测量

角度测量是确定地面点位的基本工作之一，经纬仪是最常用的测角仪器。

角度测量分为水平角测量和竖直角测量。测量水平角的主要目的是用于求算地面点的平面位置，而竖直角测量则主要用于测定两地面点的高差，或将两地面点间的倾斜距离改化成水平距离。

4.1 角度测量原理

4.1.1 水平角测量原理

如图4-1所示，设 A，B，O 为地面上任意三点，通过 OA 和 OB 各作一竖直面，与水平面 P 的交线分别为 oa 和 ob；则直线 oa 和 ob 的交角，即为地面上 O 点至 A 和 B 两目标方向线在水平面 P 上投影的夹角 β，称为水平角。也就是说，地面上一点到两目标的方向线间所夹的水平角，就是过这两方向线所作两竖直面间的二面角。

利用经纬仪测定水平角时，必须保证仪器中心能精确安置在水平角的顶点上，同时应具有一个能够放置水平的刻度盘以相当于水平面 P，并且刻度盘的中心 o 应与角顶点 O 在同一铅垂线上。经纬仪上的望远镜不仅可绕仪器中心竖轴水平转动，以瞄准不同水平方向，还可绕其横轴转动，即可照准同一竖直面上不同高度的目标点。当望远镜随仪器照准部绕竖轴旋转时，水平刻度盘固定不动；望远镜瞄准不同的方向就可在水平刻度盘上得到不同的读数，两读数之差即为所测水平角：

$$\beta = \beta_b - \beta_a \tag{4-1}$$

4.1.2 竖直角测量原理

竖直角是同一竖直面内倾斜视线与水平线间的夹角，其角值 $|\alpha| \leqslant 90°$。如图4-2所示，视线 OM 向上倾斜，形成仰角，其符号为正；视线 ON 向下倾斜，形成俯角，符号为负。

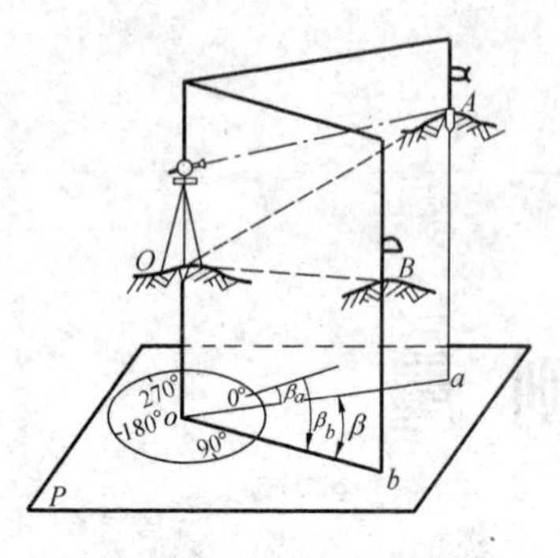

图 4-1 水平角测量原理

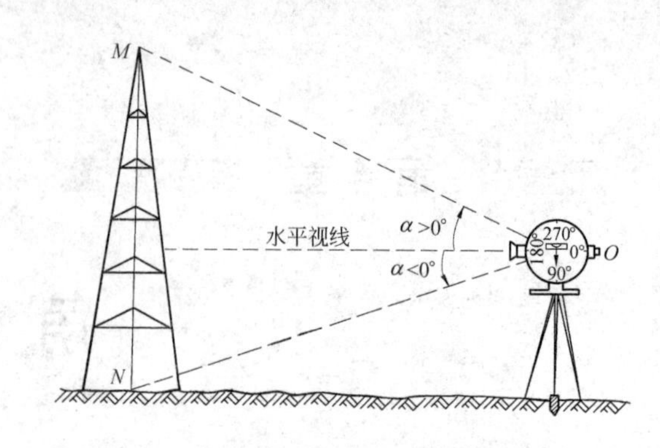

图 4-2 竖直角测量原理

竖直角与水平角一样,其角值也是度盘上两个方向读数之差,不同的是这两个方向中间必有一个是水平方向。但任何经纬仪,当视线水平时,其竖盘读数均应是一固定值,即0°、90°、180°、270°四个数值中的一个。因此,在观测竖直角时,只需观测目标点一个方向,并读取竖盘读数,便可算得竖直角。

4.2 经纬仪及角度观测

经纬仪的种类繁多,按其构造原理和读数系统可分为光学经纬仪和电子经纬仪;按其精度高低又可分为若干等级,如我国经纬仪系列标准划分为DJ07、DJ1、DJ2、DJ6、DJ15及DJ60等级别①。DJ07、DJ1、DJ2为精密经纬仪。在工程测量中一般使用DJ6级光学经纬仪。

长期以来,由于光学度盘必须人工读数,难以实现读数自动化,20世纪60年代出现了电子度盘,从而电子经纬仪问世,使角度读数实现了电子化,为测量工作实现自动化创造了条件,并且逐步代替了光学经纬仪。目前,电子经纬仪与测距仪组成的全站仪,已成为当今地面测量不可缺少的主要设备。

4.2.1 DJ6级光学经纬仪的构造

1. 主要部件及作用

各种光学经纬仪的构造基本相同,如图4-3所示。由图4-3(b)可直观地看出,DJ6级光学经纬仪主要由基座、水平度盘和照准部三部分组成。

(1) 基座

基座是仪器的底座,用来支承整个仪器。借助中心连接螺旋能把基座及整个仪器固连在三脚架上,在连接螺旋下方可悬挂垂球,使仪器中心和测站点在同一铅垂线上。基座上的三个脚螺旋用以整平仪器。在使用经纬仪时,还应拧紧轴座连接螺旋,切勿松动,以免照准部与基座分离而坠落。

(2) 水平度盘

水平度盘是由玻璃制成的圆环,在其上按顺时针方向刻有分划,从0°～360°,通常最小分划值为1°

① D、J分别为"大地测量"和"经纬仪"汉语拼音的第一个字母,07,1,2,6,15,60为精度指标,表示水平方向一测回的方向中误差,以秒为单位。如07,6分别为0.7″和6″。

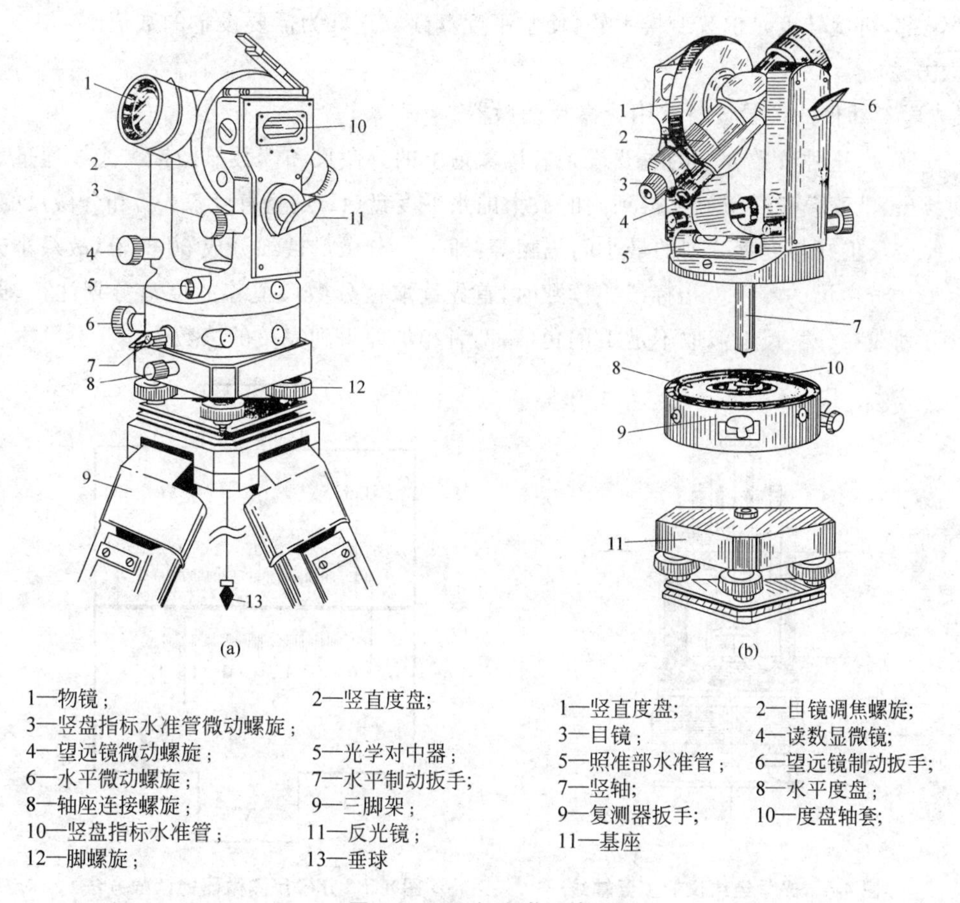

图 4-3　DJ6 级光学经纬仪

或 30′，用来度量水平角。使用时，水平度盘应保持水平。

(3) 照准部

如图 4-3(b)所示，照准部位于水平度盘之上，可绕其旋转轴旋转。如图 4-4 所示，照准部旋转轴的几何中心即经纬仪的竖轴线 VV。照准部上主要有望远镜、竖直度盘、水准管和读数显微镜。基座上的三个脚螺旋可使照准部水准管的气泡居中，水准管轴 LL 水平，以保证竖轴铅直而水平度盘水平。望远镜、竖直度盘与仪器的横轴连成一体，组装在支架上。横轴 HH 即水平轴，其几何中心线就是望远镜的旋转轴。望远镜视准轴 CC 绕横轴旋转时，竖盘随之转动，控制这种转动的部件是望远镜的制动螺旋和微动螺旋。整个照准部在水平方向上的转动，便由水平制动螺旋和水平微动螺旋控制。读数显微镜用来读取水平度盘和竖直度盘的读数。

为了控制照准部与水平度盘的相对转动，经纬仪上还配有复测装置或度盘位置变换手轮，使度盘转动，以设定起始目标方向的水平度盘读数。

使用带有复测装置的经纬仪时可先旋转照准部，使水平度盘读数正好为需要的设定值，并扳下复测器扳手夹紧复测盘，让水平度盘随照准部一起旋转；当望远镜瞄准起始目标后，再扳上复测器扳手，使水平度盘与照准部分离，恢复测角状态。当使用带有度盘位置变换手轮的经纬仪时，则应先瞄准起始方向并固定照准部,再旋转度盘位置变换手轮,使水平度盘读数正好为需要设定的数值。

2. 读数方法

DJ6 级光学经纬仪的读数设备多用分微尺测微器。

如图 4-5 所示,这种读数方法的主要设备有读数窗上的分微尺和读数显微镜。光线通过反光镜,照亮度盘和读数窗,由读数显微镜就可得到同时放大的水平度盘(Hz)、竖直度盘(V)和分微尺的影像。成像后的分微尺全长正好与度盘分划的最小间隔相等,即1°。分微尺被细分成60等份,故最小分划为1′,可估读至0.1′。分微尺的零线为指标线。读数时,首先读取被分微尺覆盖的度盘分划注记,即为度数;再由该度盘分划线在分微尺上截取不足1°的角值,两者相加即得到完整的读数。

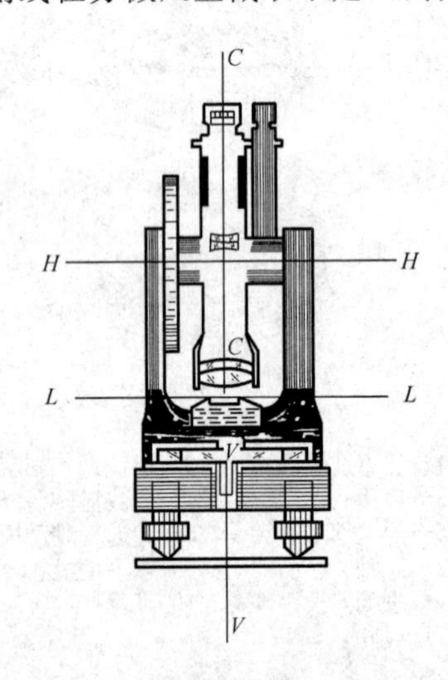

图 4-4 光学经纬仪的主要轴线

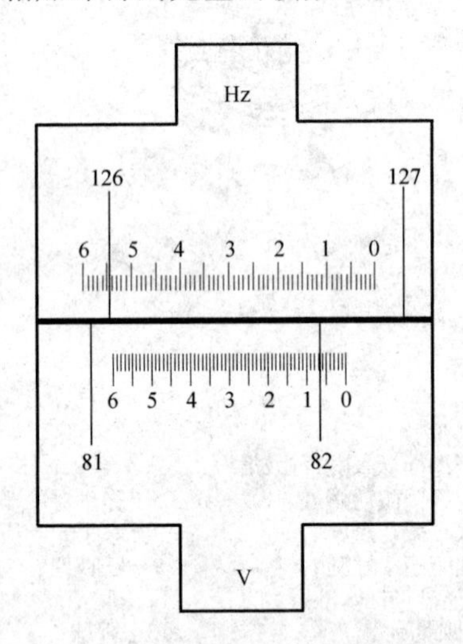

图 4-5 分微尺测微器的读数方法

图 4-5 所示上方的水平度盘读数为

$$126° + 54.2' = 126°54'12''$$

同理,下方的竖盘读数为

$$82° + 06.5' = 82°06'30''$$

4.2.2 经纬仪的安置

在进行角度测量时,首先应将经纬仪安置在测站(角顶点)上,然后再进行观测。安置包括对中、整平,观测包括瞄准和读数。即经纬仪的使用步骤可简述为对中、整平、瞄准、读数四个部分,现分述如下。

1. 对中

对中的目的是使仪器的中心与测站点位于同一个铅垂线上。通常利用垂球对中,先在测站点上安放三脚架,使其高度适中,架头大致水平。在连接螺旋下方悬挂垂球,移动脚架使垂球尖基本对准测站点,装上经纬仪,旋上连接螺旋(不必旋紧),双手扶基座在架头上平移仪器,使垂球尖精确对准测站点,最后将连接螺旋固紧。

用垂球对中的误差一般可小于3mm,若要提高对中精度,还可用仪器上的光学对中器进行对中,其对中误差将可减少到1mm。

光学对中器由一组折射棱镜组成。使用时，先将仪器中心大致对准测站点，再旋转对中器目镜调焦螺旋，看清分划板的对中标志(刻划圈或十字线)和测站点。旋转脚螺旋使对中标志对准测站点，再伸缩架腿使圆水准器气泡居中；反复几次，再进行精确整平；当照准部水准管气泡居中时，旋松连接螺旋，手扶基座平移架头上的仪器，使对中器分划圈对准测站点即可。

2. 整平

整平的目的是使仪器竖轴处于铅直位置和水平度盘处于水平位置。具体操作步骤为：首先转动照准部，使水准管与基座上任意两个脚螺旋的连线平行，相向转动这两个脚螺旋使水准管气泡居中，见图 4-6。将照准部旋转 90°，再转动另一个脚螺旋，使气泡居中。按上述方法反复操作，直到仪器旋转至任意位置，气泡均居中为止。在旋转脚螺旋时，气泡移动的方向始终与左手大拇指运动的方向一致。

3. 瞄准

松开水平制动螺旋和望远镜制动螺旋，将望远镜指向明亮背景，调节目镜使十字丝清晰。用望远镜制、微动螺旋和水平制、微动螺旋精确瞄准目标；再转动调焦螺旋使目标清晰。测量水平角时应使十字丝纵丝尽量对准目标底部，见图 4-7(a)。测量竖直角时，则应用横丝切准目标顶部，见图 4-7(b)。

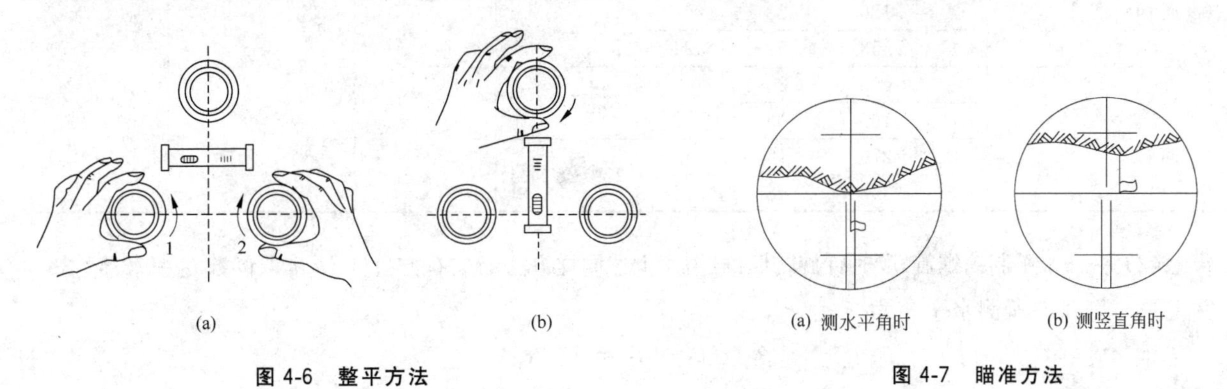

图 4-6　整平方法

图 4-7　瞄准方法

4. 读数

读数时首先调节仪器上的反光镜，使得读数窗明亮，旋转显微镜调焦螺旋，使刻划数字清晰。认清度盘刻划形式和读数方法后，读取正确读数。注意若分微尺最小分划为 1′，则估读的秒数应为 0.1′的倍数，即 6″的倍数。若观测竖直角，读数前应注意调节竖盘指标水准管微动螺旋，使指标水准管气泡居中。

4.2.3　水平角测量

观测水平角的方法，应根据测量工作要求的精度、使用的仪器、观测目标的多少而定，主要有测回法和方向观测法两种。

1. 测回法

测回法用于测量两个方向之间的单角。如图 4-8 所示，欲测水平角 β，先在角顶点 O 上安置经纬仪(对中、整平)，在 A、B 两点上设置照准标志。其观测步骤如下：

(1) 盘左位置(称正镜)，用前述方法精确瞄准左方目标 A，并读取水平度盘读数，设读数为 $a_1 = 0°24'18''$，并记入测回法观测手簿，见表 4-1。

图 4-8 用经纬仪测水平角的方法

表 4-1 测回法观测手簿

测站	竖盘位置	目标	水平度盘读数			半测回角值	一测回角值	各测回平均角值	备注
			°	′	″	° ′ ″	° ′ ″		
第一测回 O	左	A	0	24	18	73 28 18	73 28 24	73°28′28″	
		B	73	52	36				
	右	A	180	23	54	72 28 30			
		B	253	52	24				
第二测回 O	左	A	90	20	00	73 28 42	73 28 33		
		B	163	48	42				
	右	A	270	19	48	73 28 24			
		B	343	48	12				

(2) 松开水平制动螺旋,顺时针旋转照准部,用上述同样方法瞄准右方目标 B,读取读数 $b_1=73°52'36''$,并记录。则盘左所测水平角为

$$\beta_{\mathrm{L}} = b_1 - a_1 = 73°28'18''$$

以上称上半测回。

(3) 松开水平制动螺旋,纵转望远镜成盘右位置(称倒镜);先瞄准右方目标 B,水平度盘读数为 $b_2=253°52'24''$。

(4) 逆时针旋转照准部,再次瞄准 A 点得水平度盘读数 $a_2=180°23'54''$。则盘右所测下半测回的角值为

$$\beta_{\mathrm{R}} = b_2 - a_2 = 73°28'30''$$

上、下半测回合称一测回。上下半测回角度之差不大于 40″,则计算一测回角值为

$$\beta = \frac{\beta_{\mathrm{L}} + \beta_{\mathrm{R}}}{2} \tag{4-2}$$

测回法用盘左、盘右观测(即正倒镜观测)可消除仪器的某些系统误差(如前所述的视准误差(c)和支架差(i),以及水平度盘偏心误差等)的影响。当测角精度要求较高时,还可以观测几个测回,见表 4-1。为了减少度盘刻划不均匀误差的影响,各测回间应利用经纬仪上的复测装置来变换度盘位置 $180°/n$,如观测 3 个测回,则各测回的起始方向读数 a_1 应按 60°递增,即分别设置成略大于 0°、60°和 120°。

2. 方向观测法

方向观测法简称方向法。当一个测站上需测量的方向数多于两个时,应采用方向法观测。当方向

数多于三个时，每半测回都从一个选定的起始方向(称为零方向)开始观测，在依次观测所需的各个目标之后，应再次观测起始方向(归零)，称为全圆方向观测法。

(1) 观测步骤

① 首先安置经纬仪于角顶点 O 上，如图 4-9 所示。盘左位置，将度盘设置成略大于 0°，观测所选定的起始方向为 A，读取水平度盘读数 $a(0°02'12'')$，记入表 4-2 的第 4 栏。

② 顺时针方向转动照准部，依次瞄准 B、C、D 各点，分别读取水平度盘读数，同样记入表 4-2 的第 4 栏中。

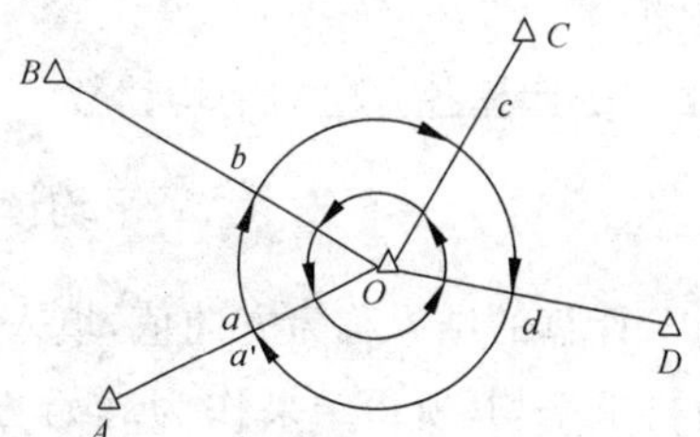

图 4-9　方向观测法示意图

表 4-2　方向观测法观测手簿

测站	测回数	目标	水平度盘读数 盘左读数 (° ′ ″)	水平度盘读数 盘右读数 (° ′ ″)	2c=左−(右±180°) (″)	平均读数=[左+(右±180°)]/2 (° ′ ″)	归零后的方向值 (° ′ ″)	各测回归零方向值的平均值 (° ′ ″)	各方向间的水平角 (° ′ ″)
1	2	3	4	5	6	7	8	9	10
O	1					(0 02 10)			
		A	0 02 12	180 02 00	+12	0 02 06	0 00 00	0 00 00	
		B	37 44 15	217 44 05	+10	37 44 10	37 42 00	37 42 04	37 42 04
		C	110 29 04	290 28 52	+12	110 28 58	110 26 48	110 26 52	72 44 48
		D	150 14 51	330 14 43	+8	150 14 47	150 12 37	150 12 33	39 45 41
		A	0 02 18	180 02 08	+10	0 02 13			
	2					(90 03 24)			
		A	90 03 30	270 03 22	+8	90 03 26	0 00 00		
		B	127 45 34	307 45 28	+6	127 45 31	37 42 07		
		C	200 30 24	20 30 18	+6	200 30 21	110 26 57		
		D	240 15 57	60 15 49	+8	240 15 53	150 12 29		
		A	90 03 25	270 03 18	+7	90 03 22			

③ 为了校核应再次瞄准目标 A，读取归零读数 $a'(0°02'18'')$，仍记入第 4 栏。a 与 a' 之差的绝对值称为上半测回归零差，其数值不应超过表 4-3 中的规定，否则应重测，为上半测回。

表 4-3　水平角方向观测法技术规定

仪器级别	半侧回归零差	一测回内 $2c$ 互差	同一方向值各测回互差
J2	12″	18″	12″
J6	18″		24″

④ 盘右位置，逆时针方向依次瞄准 A、D、C、B，再回到 A 点，并将读数记入表 4-2 的第 5 栏，为下半测回。需观测多个测回时，则各测回仍按 $180°/n$ 的角度间隔变换水平度盘的起始位置。

(2) 计算步骤

① 首先计算两倍视准差($2c$)值

$$2c = \text{盘左读数} - (\text{盘右读数} \pm 180°) \tag{4-3}$$

把 $2c$ 值填入表 4-2 中第 6 栏。一测回内各方向 $2c$ 的互差若超过表 4-3 中的限值，应在原度盘位置上重测。

② 计算各方向的平均读数

$$平均读数 = \frac{1}{2}[盘左读数 + (盘右读数 \pm 180°)] \tag{4-4}$$

计算的结果称为方向值，填入第 7 栏。因存在归零读数，则起始方向有两个平均值，应将这两个数值再求平均，所得结果作为起始方向的方向值，填入该栏上方并加以括号，如表 4-2 中(0°02′10″)和(90°03′24″)。

③ 计算归零后的方向值。将各方向的平均读数减去括号内的起始方向平均值，即得各方向的归零方向值，填入第 8 栏。此时，起始方向的归零值应为零。

④ 计算各测回归零后方向值的平均值。先计算各测回同一方向归零后的方向值之间的差值，对照表 4-3 看其互差是否超限，如果超限则应重测；若不超限，就计算各测回同一方向归零后方向值的平均值，作为该方向的最后结果，填入表中第 9 栏。

⑤ 计算各目标间的水平角值。将表中第 9 栏相邻两方向值相减，即得各目标间的水平角值填入第 10 栏。

4.2.4 竖直角测量

1. 竖直角观测方法

前已叙及，竖直角是同一竖直面内视线与水平线间的夹角，其角值 $|\alpha| \leqslant 90°$。要正确测定竖直角，首先要了解经纬仪的竖盘构造。

(1) 竖盘构造

经纬仪的竖盘装置包括竖直度盘、竖盘指标水准管和竖盘指标水准管微动螺旋。竖直度盘固定在横轴一端，随望远镜一起在竖直面内转动。分微尺的零刻划线是竖盘读数的指标线，可看成与竖盘指标水准管固连在一起，指标水准管气泡居中时，指标就处于正确位置。此时，如望远镜视准轴水平，竖盘读数则应为 90°或 90°的整倍数。当望远镜上下转动以瞄准不同高度目标时，竖盘随之转动而指标线不动，因而可读得不同位置的竖盘读数，以计算不同高度目标的竖直角。

竖直度盘同样由光学玻璃制成，其刻划注记的方式有多种，竖盘刻划有按顺时针注记(图 4-10)和按逆时针注记两种，后者已不多见。图 4-10 所示，0°和 180°刻划线始终与视准轴一致，且 0°在目镜端。竖盘指标水准管与指标线固连在一起，当气泡居中时，指标线处于正确位置。此时，若是盘左位置且视线水平，则指标线指向 90°，即竖盘读数为 90°；若是盘右位置，则竖盘读数应为 270°。

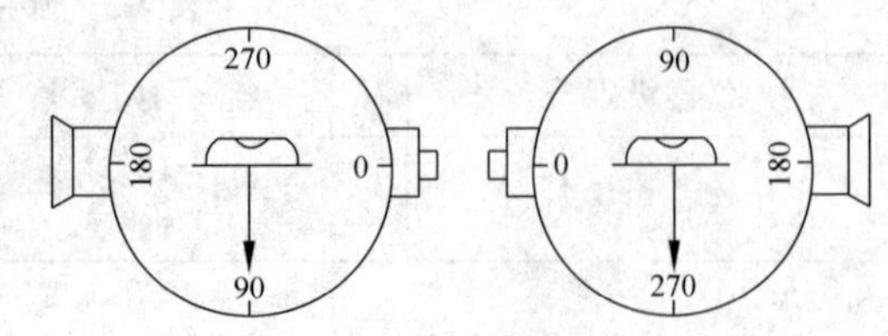

图 4-10 竖盘的顺时针刻划

(2) 竖直角的观测和计算

① 仪器安置在测站点上(对中、整平)，盘左位置瞄准目标点 M(假设为高点，竖角为仰角)，使十字丝精确切准目标顶端，如图 4-7(b)所示。

② 转动竖盘指标水准管微动螺旋，使竖盘指标水准管气泡居中，读取盘左竖盘读数 L(如 71°12′36″)，记入竖直角观测手簿(表 4-4)。

表 4-4　竖直角观测手簿

测站	目标	竖盘位置	竖盘读数			半测回竖直角			指标差	一测回竖直角			备注
			°	′	″	°	′	″	$(x)''$	°	′	″	
O	M	左	71	12	36	+18	47	24	−12	+18	47	12	
		右	288	47	00	+18	47	00					
	N	左	96	18	42	−6	18	42	−9	6	18	51	
		右	263	41	00	−6	19	00					

③ 盘右位置，再瞄准 M 点并调节竖盘指标水准管使气泡居中，读取盘右竖盘读数 R(如 288°47′00″)，同样记入表 4-4。

④ 计算竖直角

竖直角 α 是观测目标的读数与起始读数之差，如图 4-11，在盘左位置将望远镜置平，水准管气泡居中，竖盘读数为 90°；将望远镜向上仰，照准一目标，竖盘读数为 L；盘右位置仍照准该目标，竖盘读数为 R，则竖直角计算公式：

盘左
$$\alpha_L = 90° - L \tag{4-5}$$

盘右
$$\alpha_R = R - 270° \tag{4-6}$$

故一测回的角值为

$$\alpha = \frac{\alpha_L + \alpha_R}{2} = \frac{1}{2}(R - L - 180°) \tag{4-7}$$

表 4-4 中的观测数据是采用上述仪器所测，算得一测回竖直角 α=18°47′12″。对低点 N 的观测、记录和计算方法与此相同。

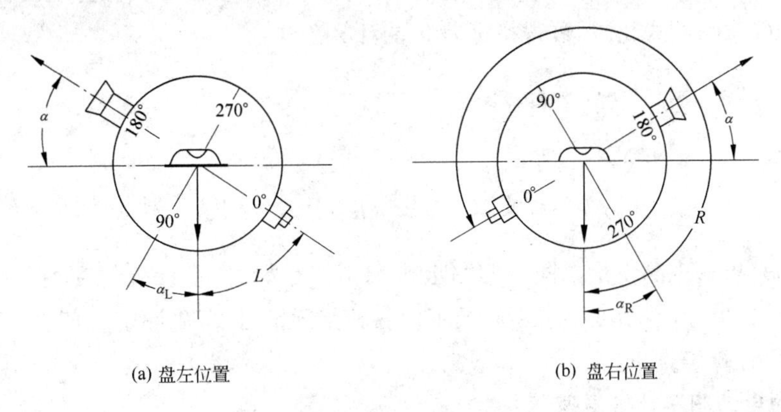

(a) 盘左位置　　(b) 盘右位置

图 4-11　竖直角的测角原理

若使用逆时针方式注记的仪器，可采用下式计算竖直角：

盘左
$$\alpha_L = L - 90°$$

盘右
$$\alpha_R = 270° - R$$

一测回的角值为

$$\alpha = \frac{\alpha_L + \alpha_R}{2} = \frac{1}{2}(L - R - 180°) \tag{4-8}$$

2. 竖盘指标差

上述对竖直角的计算，是认为指标处于正确位置上，此时盘左始读数为90°，盘右始读数为270°。事实上，此条件常不满足，指标不恰好指在90°或270°，而与正确位置相差一个小角度 x，x 称为竖盘指标差。

如图4-12所示，对于顺时针刻划的竖直度盘，盘左时始读数为 $90°+x$，则正确的竖直角应为

$$\alpha = (90° + x) - L \tag{4-9}$$

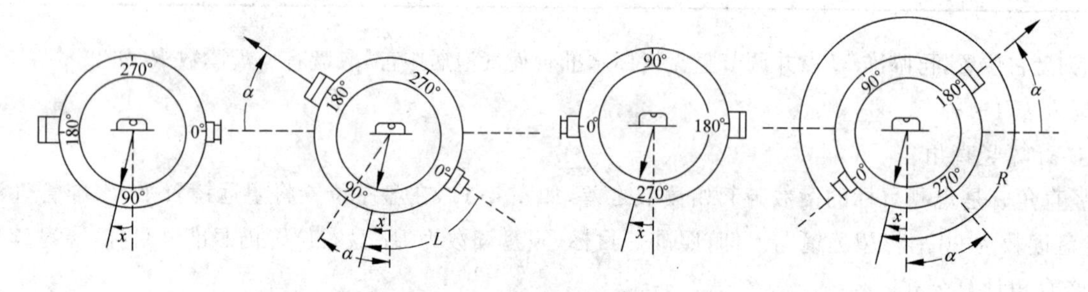

图4-12 指标差的计算方法

同样，盘右时正确的竖直角应为

$$\alpha = R - (270° + x) \tag{4-10}$$

将式(4-5)和式(4-6)代入式(4-9)和式(4-10)，并求出均值，得

$$\alpha = \frac{\alpha_L + \alpha_R}{2}$$

与式(4-7)完全相同。可见在竖直角观测中，盘左盘右观测一测回即可以消除竖盘指标差的影响。

将式(4-9)、式(4-10)两式相减，可得指标差 x 的计算公式：

$$x = \frac{\alpha_R - \alpha_L}{2} \tag{4-11}$$

可得

$$x = \frac{\alpha_R - \alpha_L}{2} = \frac{1}{2}(R + L - 360°) \tag{4-12}$$

指标差 x 可用来检查观测质量。同一测站上观测不同目标时，指标差的变动范围，对DJ6级经纬仪来说不应超过25″。另外，在精度要求不高或不便纵转望远镜时，可先测定 x 值，以后只用一个镜位观测，求得 α_L 或 α_R，再计算竖直角。

3. 竖盘指标的自动归零补偿原理

观测竖直角时，为使指标处于正确位置，每次读数都要将竖盘指标水准管的气泡调节居中，有时容易疏忽，也影响工作效率。所以有些经纬仪在竖盘光路中安装补偿器，用以取代水准管，使仪器在一定的倾斜范围内能读得相应于指标水准管气泡居中时的读数，称竖盘指标自动归零。

竖盘补偿装置的构造有多种，图4-13所示是其中的一种。在竖盘成像光路系统中，指标线 A 和竖

盘间悬吊一平行玻璃板(或透镜),当视线水平时,如图 4-13(a) 所示,指标 A 处于铅垂位置,通过平行玻璃板读出正确读数,如 90°。当仪器倾斜一个小角度 α(一般范围小于 2′),假如平行玻璃板固定在仪器上,它将随仪器倾斜 α 角至虚曲线位置,指标处于不正确位置 A'处,如图 4-13(b)所示,指标线读数不是 90°,而为 K。但实际上,平行玻璃板是用柔丝自由悬吊的,因受重力作用,平行玻璃板偏转了一个角度 β,而由虚线位置摆至实线位置。此时,指标线 A'通过转动后平板玻璃的折射,在产生一段平移后,正好竖盘读数仍为 90°,从而达到竖盘指标自动归零的目的。对于用 DJ6 级经纬仪测量竖直角而言,仪器整平的精度一般在 1′以内,竖盘指标自动归零的补偿范围一般为 2′,自动归零误差为±2″。

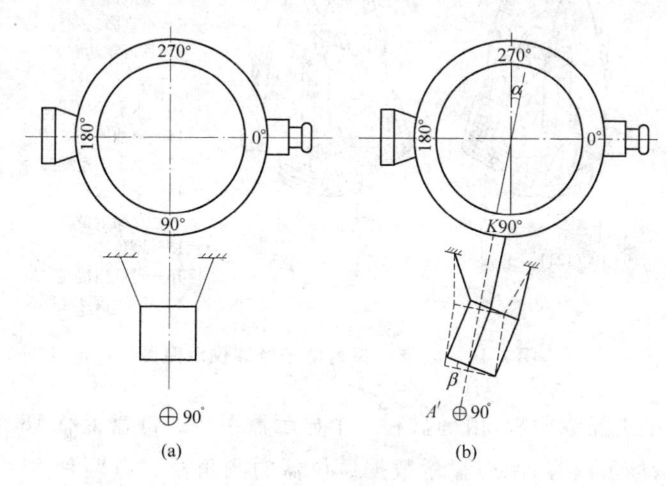

图 4-13　自动归零原理

4.3　电子经纬仪

4.3.1　概述

如 4.2 节所述,要使测角自动化,用普通光学经纬仪是难以实现的。采用电子度盘将角度值变为电信号,才能使读数自动显示、自动记录和自动传输,从而完成自动化测角的全过程,这种经纬仪称为电子经纬仪。电子经纬仪具有突出的优越性,它将逐步取代光学经纬仪,由于电子经纬仪能进行自动化测角,它与测距仪组合成整体的电子全站仪,已成为地面测量的主要仪器。因此,独立的电子经纬仪生产的较少,大部分为全站仪的测角部分。本节主要介绍电子经纬仪的测角原理和基本性能。

根据电子度盘和获取电信号原理的不同,电子经纬仪的电子测角系统也不同,主要有以下几种:

光栅度盘测角系统,即采用光栅度盘及莫尔干涉条纹技术的增量式测角系统(如南方测绘仪器公司的 ET 系列、尼康 DTM 系列的全站仪)。

动态测角系统,即采用计时测角度盘并实现光电动态扫描的绝对式测角系统(莱卡 T2000 电子经纬仪)。

编码度盘测角系统,即采用编码度盘及编码测微器的绝对式测角系统,以及绝对式条码度盘测角系统(莱卡 T1010 电子经纬仪和 TC 系列的全站仪等)。

电子经纬仪与光学经纬仪相比,外形结构相似,但其测角读数系统采用的是电子度盘和自动显示系统。

图4-14是莱卡T系列电子经纬仪的外形图,各部件名称注在图上。

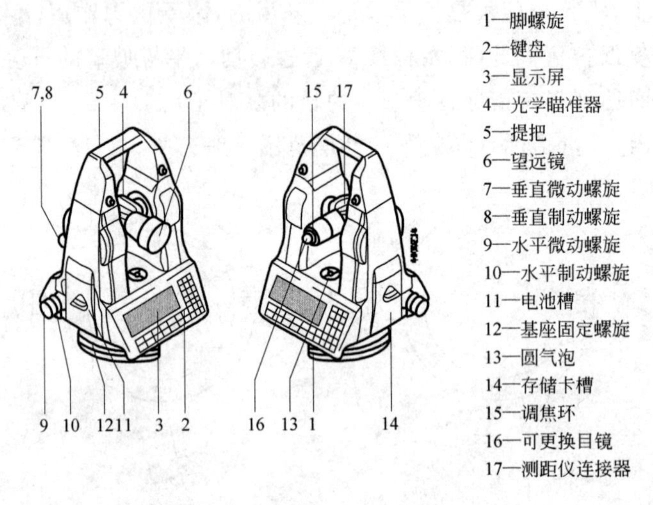

图4-14 莱卡T系列电子经纬仪示意图

仪器的两侧都设有中央操纵面板,由键盘和三个显示器组成。键盘上有18个键,以发出各种指令,三个显示器中,一个提示显示内容,两个显示数据。仪器的测角模式有两种:一是单次角度测量,精度较高;另一种是跟踪测量,随着经纬仪转动而改变显示的数值,它适用于放样或跟踪活动目标,精度较低。根据作业的精度要求,可将角度显示的最小角值设置到0.1″,1″,10″或1′等。

仪器安有内装液体补偿器,以实现竖盘自动归零。补偿器工作范围为±10′,补偿精度为±0.1″。其水平角、竖直角一测回测角中误差为0.5″。

仪器采用半运动式圆形轴系、无限位微动螺旋和激光对中等先进技术。

仪器有内嵌式电池盒,其电池可再次充电,每次充电后可单次测角1 500个,当仪器自动关闭电源时,所存储的信息不会丢失。

T系列电子经纬仪的基座和辅助部件与莱卡光学经纬仪通用,配用的数据终端(即电子手簿)能自动记录观测结果。

如果将T系列的电子经纬仪与光电测距仪联机使用,就成为所谓的电子速测仪,或称电子全站仪(组合式),其性能和使用方法详见第5章有关内容。

4.3.2 电子经纬仪的测角原理

1. 光栅度盘的测角原理

在光学玻璃上均匀地刻划出许多等间隔的条纹就构成了光栅。刻在直尺上用于直线测量的称为直线光栅(图4-15(a));刻在圆盘上由圆心向外辐射的等角距光栅称为径向光栅,在电子经纬仪中就称为光栅度盘,如图4-15(c)所示。光栅的基本参数是刻划线的密度和栅距,密度即一毫米内刻划线的条数,栅距为相邻两栅的间距。如图4-15(a)所示,光栅宽度为a,缝隙宽度为b,栅距为$d=a+b$,通常$a=b$。

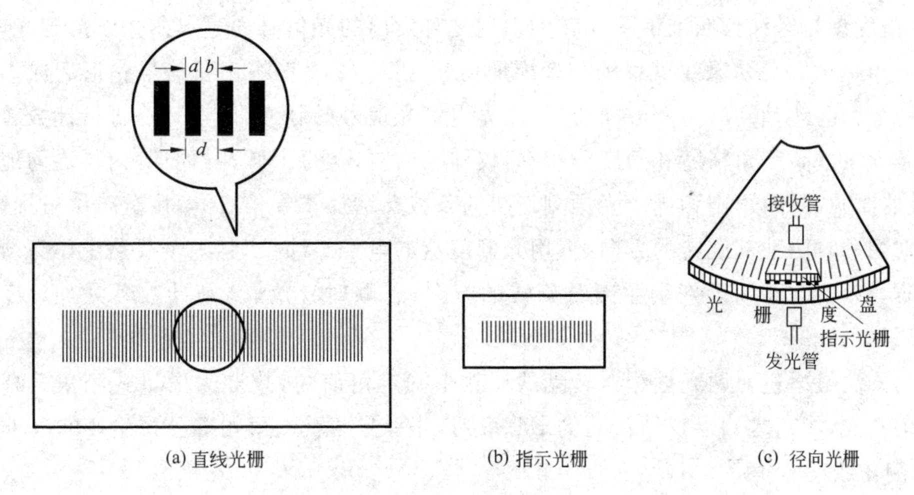

图 4-15　几种光栅

由于栅线不透光，而缝隙通光，若在光栅度盘的上下对称位置分别安装光源和光电接收管，则可将光栅盘是否透光的信号转变为电信号。当光栅度盘与光线产生相对移动（转动）时，可利用光电接收管的计数器，累计求得所移动的栅距数，从而得到转动的角度值。这种靠累计计数而无绝对刻度数的读数系统，称为增量式读数系统。由此可见，光栅度盘的栅距就相当于光学度盘的分划，栅距越小，则角度分划值越小，即测角精度越高。例如在 80mm 直径的光栅度盘上，刻划有 12 500 条细线（刻线密度为 50 条/mm），栅距分划值为 $1'44''$。要想再提高测角精度，必须对其作进一步的细分。然而，这样小的栅距，无论是再细分或计数都不易准确。所以，在光栅度盘测角系统中，采用了莫尔条纹技术。

所谓莫尔条纹，就是将两块密度相同的光栅重叠，并使它们的刻划线相互倾斜一个很小的角度，此时便会出现明暗相间的条纹，如图 4-16 所示，该条纹称为莫尔条纹。

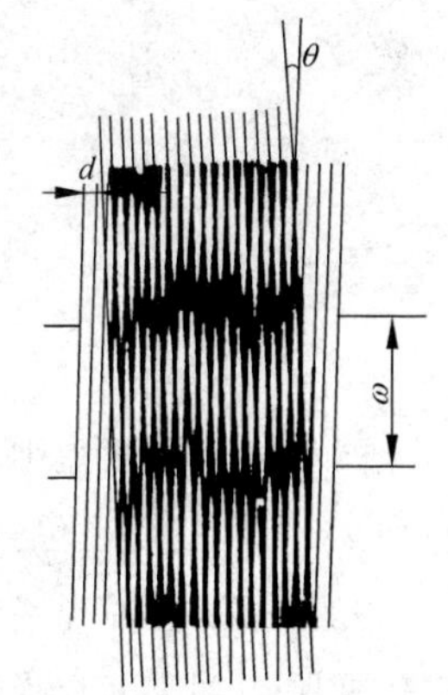

图 4-16　莫尔条纹

根据光学原理，莫尔条纹有如下特点：

① 两光栅之间的倾角越小，条纹越宽，则相邻明条纹或暗条纹之间的距离越大。

② 在垂直于光栅构成的平面方向上，条纹亮度按正弦规律周期性变化。

③ 当光栅在垂直于刻线的方向上移动时，条纹顺着刻线方向移动。光栅在水平方向上相对移动一条刻线，莫尔条纹则上下移动一周期，如图 4-16 所示，即移动一个纹距 ω。

④ 纹距 ω 与栅距 d 之间满足如下关系式：

$$\omega = \frac{d}{\theta}\rho' \tag{4-13}$$

式中，θ 为两光栅（图 4-16 中的指示光栅和光栅度盘）之间的倾角；$\rho'=3\,438'$。

例如，当 $\theta=20'$时，纹距 $\omega=172d$，即纹距比栅距放大了 172 倍。这样，就可以对纹距进一步细分，以达到提高测角精度的目的。

电子经纬仪使用的光栅度盘如图 4-15(c)所示，其指示光栅、发光管（光源）和接收二极管等部件位置固定，而光栅度盘与经纬仪照准部一起转动。发光管发出的光信号通过莫尔条纹落到光电接收管上，度盘每转动一栅距(d)，莫尔条纹就移动一个周期(ω)。光电接收管将正弦信号整形后成为方波，所以，当望远镜从一个方向转动到另一个方向时，流过光电管光信号的脉冲(周期)数，进行计数就可求得度盘旋转的角值。为了提高测角精度和角度分辨率，仪器工作时，在每个脉冲(周期)内再均匀地内插 n 个脉冲信号，计数器对脉冲计数，则相当于光栅刻划线的条数又增加了 n 倍，即角度分辨率就提高了 n 倍。

为了判别测角时照准部旋转的方向，采用光栅度盘的电子经纬仪，其电子线路中还必须有判向电路和可逆计数器。判向电路用于判别照准时旋转的方向，若顺时针旋转，则计数器累加；若逆时针旋转时，则计数器累减。

上述测角方法是通过对两光栅相对转动的计数来确定角值的，故称为增量式测角。有不少厂家采用增量式测角方式，如南方测绘仪器公司的ET系列、苏一光、索佳、蔡司等公司生产的电子经纬仪。

2. 动态测角原理

WILD T2000电子经纬仪采用的是动态测角原理。该仪器的度盘仍为玻璃圆环，测角时，由微型马达带动而旋转。度盘分成1 024个分划，每一分划由一对黑白条纹组成，白的透光黑的不透光，相当于栅线和缝隙，其栅距设为 ϕ_0，如图4-17所示。光栏 L_S 固定在基座上，称固定光栏(也称光闸)，相当于光学度盘的零分划，光栏 L_R 在度盘内侧，随照准部转动，称活动光栏，相当于光学度盘的指标线，它们之间的夹角即为要测的角度值。这种方法称为绝对式测角系统。

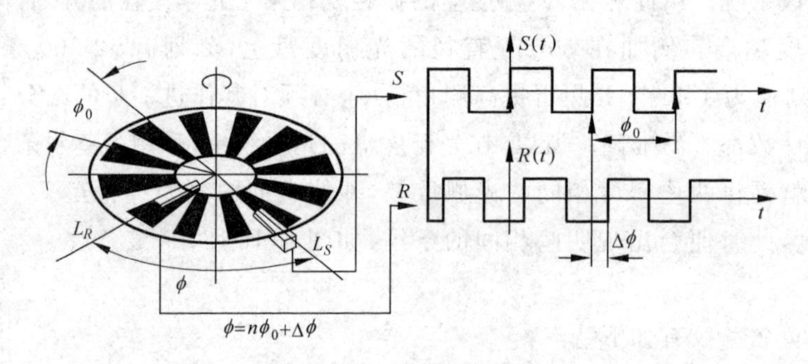

图4-17 动态测角原理

两种光栏距度盘中心远近不同，照准部旋转以瞄准不同目标时，彼此互不影响。为消除度盘偏心差，同名光栏按对径位置设置，共4个(两对)，图中只绘出两个。竖直度盘的固定光栏指向天顶方向。

光栏上装有发光二极管和光电二极管，分别处于度盘上、下侧。发光二极管发射红外光线，通过光栏孔隙照到度盘上。当微型马达带动度盘旋转时，因度盘上明暗条纹而形成透光亮的不断变化，这些光信号被设置在度盘另一侧的光电二极管接收，转换成正弦波的电信号输出，用以测角。首先要测出各方向的方向值，有了方向值，角度也就可以得到。方向值表现为 L_R 与 L_S 间的夹角，如图4-17所示。

设一对明暗条纹(即一个分划)相应的角值，即栅距为

$$\phi_0=\frac{360°}{1\,024}=21.093\,75'=21'05.625''$$

由图4-17可知，角度 ϕ 为

$$\phi=n\phi_0+\Delta\phi \tag{4-14}$$

可由粗测和精测求得。

(1) 粗测,求出 ϕ_0 的个数 n

为进行粗测,度盘上设有特殊标志(标志分划),每 90°一个,共 4 个。光栏对度盘扫描时,当某一标志被 L_R 或 L_S 中的一个首先识别后,脉冲计数器立即计数,当该标志达到另一光栏后,计数停止。由于脉冲波的频率是已知的,所以由脉冲数可以统计相应的时间 T_i。马达的转速是已知的,其相应于转角 ϕ_0 所需的时间 T_0 也就知道。将 T_i/T_0 取整(即取其比值的整数部分,舍去小数部分)就得到 n_i,由于有 4 个标志,可得到 n_1、n_2、n_3、n_4 4 个数,经微处理器比较,如无差异可确定 n 值,从而得到 $n\phi_0$。由于 L_R、L_S 识别标志的先后不同,所测角可以是 ϕ,也可以是 $360°-\phi$,这可由角度处理器作出正确判断。

(2) 精测,测算 $\Delta\phi$

如图 4-17 所示,当光栏对度盘扫描时,L_R、L_S 各自输出正弦波电信号 R 和 S,经过整形成方波,采用在此相位差里填充脉冲数的方法计算相位差 $\Delta\phi$,由脉冲数和已知的脉冲频率(约 1.72MHz)算得相应时间 ΔT。因度盘上有 1 024 个分划(栅格),度盘转动一周即输出 1 024 个周期的方波,一个周期为 T_0,两个光栏产生的方波前沿就存在 $\Delta\phi_i$,那么对应于每一个分划均可得到一个 $\Delta\phi_i$。$\Delta\phi_i$ 所对应的时间为 ΔT_i,则有

$$\Delta\phi = \frac{\phi_0}{T_0}\Delta T_i \tag{4-15}$$

测量角度时,机内微处理器自动将整周度盘的 1 024 个分划所测得的 $\Delta\phi_i$ 值,取平均值作为最后结果,即

$$\Delta\phi = \frac{\sum \Delta\phi_i}{N} = \frac{\sum \Delta T_i}{N} \tag{4-16}$$

粗测和精测的信号送角度处理器处理并衔接成完整的角度(方向)值,送中央处理器,然后由液晶显示器显示或记录至数据终端。动态测角直接测得的是时间 T 和 ΔT,因此,微型马达的转速要均匀、稳定,这是十分重要的。

3. 编码度盘测角原理

如图 4-18 所示,在度盘上划分许多码道,并根据码道数将其划分为一定数量的扇区,设码道数为 n,扇区数为 2^n,扇区按透光和不透光间隔排列,将每个扇区赋予一个二进制码,其值为 0 至 2^n。这样便将度盘划分为 2^n 份。图 4-18 为 4 个码道的编码度盘,显然度盘外环码道的编码为 $2^4=16$,角度的分辨率

$$\delta = \frac{360°}{2^4} = 22.5°$$

在度盘径向对应每个码道的两面,像光栅度盘一样分别设置有发光二极管和光敏器件,两者与照准部固联在一起,随照准部转动。这样,当照准目标后,视准轴方向的投影落在度盘的某一扇区上,由微处理器将光敏器件的电信号转换为二进制码,即得到该方向的角值。由此可见,每个方向都对应一个编码输出,可得到绝对方向值,因此,这种测角方法也称为绝对式测角法。

显然,4 个码道 16 个码区的编码度盘分辨率是不能满足实测要求的,为了获得较高的角度分辨率,可以增加码道数和相应的扇区数。但是从实际工艺、技术上受到了限制,因而除适当增加扇区数和码道数,还应设置测微装置,才能获得较高的测角精度。如南方测绘仪器公司生产的 DT 系列的电子经纬仪采用了绝对式编码度盘。编码度盘能实时反映角度的绝对值,可靠性高,误差不积累,调试简单,有较强

的环境适应性。

现在的编码度盘又有新的发展，采用静态条码单码道编码度盘测角系统，不但能克服多码道多扇区的限制，同时具有无须初始化和大大提高精度的优点。莱卡电子经纬仪和全站仪已经将其用在T系列电子经纬仪和TC系列的全站仪上。条码是由一组按一定编码规则排列的条码符号，将度盘分成若干宽度相同的随机码区，每一码区表示度盘在该位置角值的信息，并将度盘的总条码信息存入存储器。

如图4-19所示，当电子经纬仪瞄准某一目标时，光路系统将指标线所在度盘位置一定宽度的条码影像投射到CCD阵列传感器上。传感器将所获影像信息与存储器中度盘总条码信息进行比较，确定指标线所在度盘码区位置，获取度盘的读数，并进行相关计算，从而获得高精度的角值。

图4-18 编码度盘测角原理

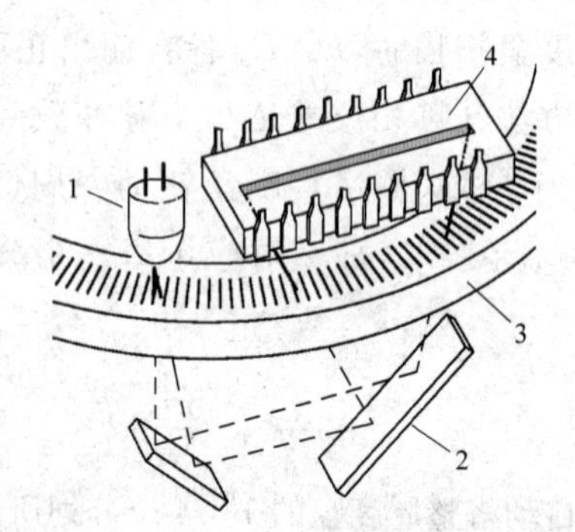

1—发光二极管
2—光路系统
3—条码度盘
4—CCD阵列传感器

图4-19 条码度盘测角系统

4.4 经纬仪的检验与校正

前已叙及，经纬仪有四条主要轴线，其间应满足四个几何条件，即照准部水准管轴垂直于仪器的竖轴($LL \perp VV$)；横轴垂直于视准轴($HH \perp CC$)；横轴垂直于竖轴($HH \perp VV$)，以及十字丝竖丝垂直于横轴。因仪器长期在野外使用，其轴线关系有可能被破坏，从而产生测量误差。因此测量工作中应按规范要求对经纬仪进行检验，必要时需对其可调部件加以校正，使之满足要求。对经纬仪的检验、校正项目很多，现以DJ6级光学经纬仪为例。

4.4.1 照准部水准管轴的检校

1. 检验

检验目的是使仪器满足照准部水准管轴垂直于仪器竖轴的几何条件。先将仪器整平，转动照准部使水准管平行于基座上一对脚螺旋的连线，调节该两个脚螺旋使水准管气泡居中。转动照准部180°，此时如气泡仍然居中，则说明条件满足，如果偏离量超过一格，应进行校正。

2. 校正

如图4-20(a)所示，水准管轴水平，但竖轴倾斜，设其与铅垂线的夹角为α。先将照准部旋转180°，如图4-20(b)所示，基座和竖轴位置不变，水准管轴与水平面的夹角为2α，通过气泡中心偏离水准管零点的格数表现出来。改正时，先用拨针拨动水准管校正螺丝，使气泡退回偏离量的一半（等于 α），如图 4-20(c)所示，此时几何关系即得满足。再用脚螺旋调节水准管气泡居中，如图 4-20(d)所示，这时若水准管轴水平，竖轴则竖直。

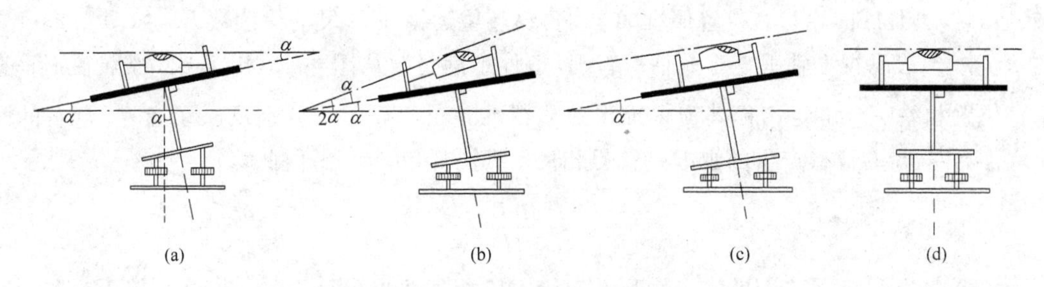

图 4-20　水准管轴的检校方法

此项检验校正需反复进行，直到照准部转至任何位置，气泡中心偏离零点均不超过一格为止。

4.4.2　十字丝竖丝的检校

1. 检验

检验目的是满足十字丝竖丝垂直于仪器横轴的条件。在水平角测量时，保证十字丝竖丝铅直，以便精确瞄准目标。用十字丝交点精确瞄准一清晰目标点 A，然后固定照准部并旋紧望远镜制动螺旋；慢慢转动望远镜微动螺旋，使望远镜上下移动，如 A 点不偏离竖丝，则条件满足，否则需要校正，如图 4-21 所示。

2. 校正

旋下目镜分划板护盖，松开四个压环螺丝，如图 4-22 所示，慢慢转动十字丝分划板座，使竖丝重新与目标点 A 重合，再作检验，直至条件满足。最后应拧紧四个压环螺丝，旋上十字丝护盖。

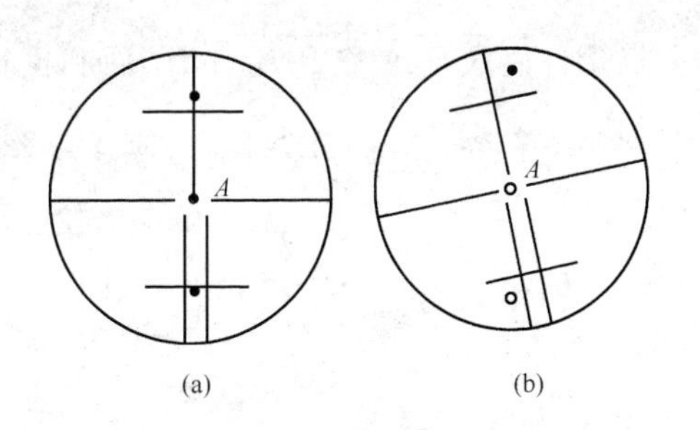

图 4-21　十字丝竖丝的检验

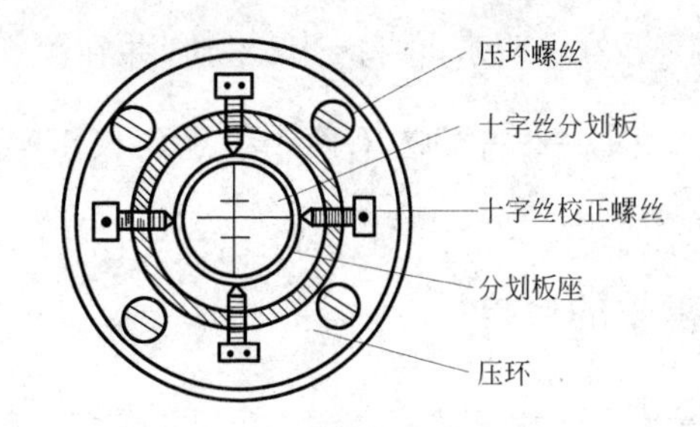

图 4-22　十字丝竖丝的校正

4.4.3　视准轴的检校

1. 检验

检验目的是使仪器满足视准轴垂直于横轴的条件。当横轴水平，望远镜绕横轴旋转时，其视准面应是一个与横轴正交的铅垂面。如果视准轴不垂直于横轴，此时望远镜绕横轴旋转时，视准轴的轨迹则是一个圆锥面。用该仪器观测同一铅垂面内不同高度的目标时，将有不同的水平度盘读数，从而产生测角误差。

检验时常采用四分之一法。如图4-23所示,在平坦地区选择相距约60m的A,B两点,在其中点O安置经纬仪,A点设一标志,在B点横置一根刻有毫米分划的直尺,尺子与OB垂直,且A点、B尺和仪器的高度应大致相同。先用盘左位置瞄准A点,固定照准部,纵转望远镜,在B尺上得读数B_1,如图4-23(a)所示。然后,转动照准部,用盘右位置照准A点,再纵转望远镜在B尺上得读数B_2,如图4-23(b)所示。若B_1与B_2重合,表示视准轴垂直于横轴。否则,条件不满足。从图4-23(b)看出,视准轴不垂直于横轴,与垂直位置相差一个角度c,称其为视准误差或视准差。$\overline{B_1B}$、$\overline{B_2B}$分别反映了盘左、盘右的两倍视准差($2c$),且盘左、盘右读数产生的视准差符号相反。即$\angle B_1OB_2=4c$,由此算得

$$c \approx \frac{\overline{B_1B_2}}{4D}\rho \tag{4-17}$$

式中,D为仪器O点到B尺之间的水平距离。对于DJ6级经纬仪,当$c>60''$时,必须校正。

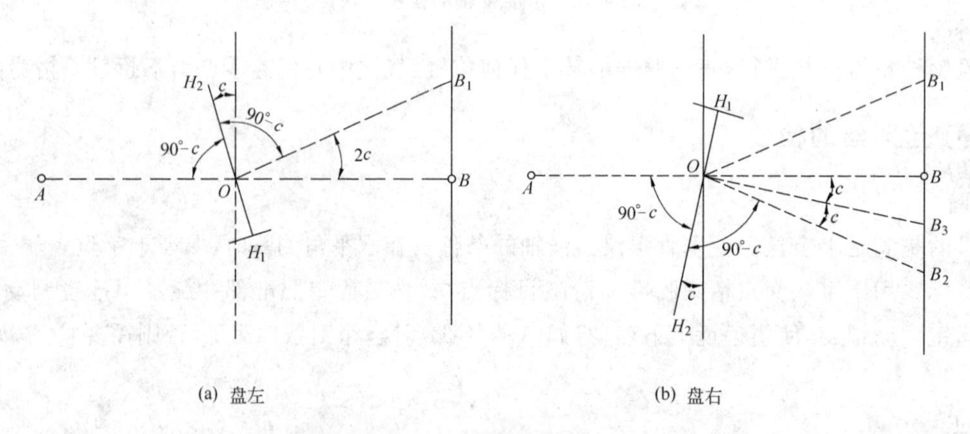

图4-23 视准轴的检校

2. 校正

如图4-23(b)所示,保持B尺不动,并在尺上定出一点B_3,使$\overline{B_2B_3}=\frac{1}{4}\overline{B_1B_2}$,$OB_3$便和横轴垂直。用拨针拨动图4-22中的左右两个十字丝校正螺丝,一松一紧,平移十字丝分划板,直至十字丝交点与B_3点重合。

4.4.4 横轴的检校

1. 检验

检验目的是使仪器满足横轴垂直于竖轴的条件,以保证当竖轴铅直时,横轴应水平。否则,视准轴绕横轴旋转的轨迹就不是铅垂面,而是一个倾斜面。此时望远镜瞄准同一竖直面内不同高度目标,就会得到不同的水平度盘读数,产生测角误差。

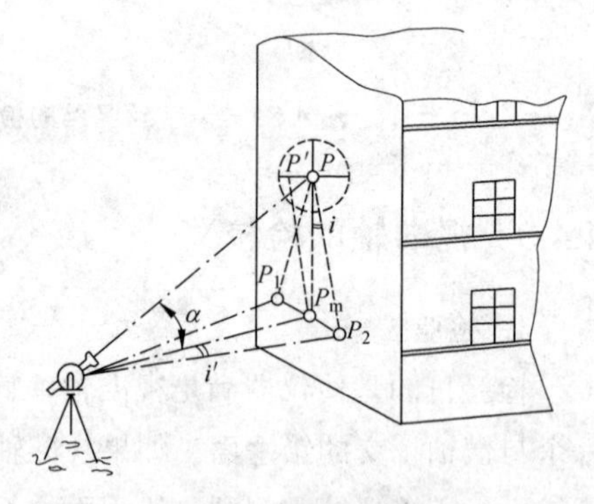

图4-24 横轴的检验

如图4-24所示,在距墙面约30m处安置经纬仪,用盘左位置瞄准墙上一明显的高点P(要求仰角$\alpha>30°$),固定照准部后,将望远镜大致放平,在墙上标出十字丝交点所对的位置P_1;再用盘右

瞄准 P 点，放平望远镜后，在墙上标出十字丝交点所对的位置 P_2。若 P_1 与 P_2 重合，表示横轴垂直于竖轴。否则，条件不满足，此时 P_1 与 P_2、两点应左右对称于 P 点的垂直投影点 P_m。

如果横轴不垂直于竖轴，与垂直位置相差一个 i 角，称为横轴误差或支架差，它对测量角度的影响如图 4-24 所示，可得 i 角的计算公式为

$$i=\frac{\overline{P_1P_2}}{2}\frac{\rho}{D}\cot\alpha \tag{4-18}$$

对于 DJ6 级经纬仪，若 $i>20''$，则需要校正。

2. 校正

用望远镜瞄准 P_1、P_2 直线的中点 P_m，固定照准部；然后抬高望远镜，使十字丝交点上移至 P' 点，因 i 角误差的存在，P' 与 P 点必然不重合，如图 4-24 所示。校正时应打开支架护盖，放松支架内的校正螺丝，转动偏心轴承环，使横轴一端升高或降低，将十字丝交点对准 P 点。

因经纬仪横轴密封在支架内，校正的技术性较高。经检验确需校正时，应送交专业维修人员在室内进行。

4.4.5　竖盘指标差的检校

1. 检验

检验目的是保证经纬仪在竖盘指标水准管气泡居中时，竖盘指标线处于正确位置。安置经纬仪，用盘左、盘右观测同一目标点，分别在竖盘指标水准管气泡居中时，读取盘左、盘右读数 L 和 R。计算指标差 x 值，若 x 超出 $\pm1'$ 的范围，则需校正。

2. 校正

经纬仪位置不动，仍用盘右瞄准原目标。转动竖盘指标水准管微动螺旋，使竖盘读数为不含指标差的正确值 $R-x$，此时气泡不再居中。然后用拨针拨动竖盘指标水准管校正螺丝，使气泡居中。这项检验校正亦需反复进行，直至 x 值在规定范围以内。

4.4.6　电子经纬仪的检校

电子经纬仪应满足的轴系几何条件与光学经纬仪完全一致，即水准管轴垂直于竖轴（$LL\perp VV$）；横轴垂直于视准轴（$HH\perp CC$）；横轴垂直于竖轴（$HH\perp VV$）；垂直度盘指标以及十字丝分划板都应处于正确位置等。但由于电子经纬仪（全站仪）的型号不同，部件功能各异，校准误差的项目也不同。特别是电子经纬仪具有数据处理系统，有的项目可启动程序自动进行检校。具体检校方法可参见第 5 章。

4.5　角度测量误差分析及注意事项

使用经纬仪在野外进行角度测量，会存在许多误差。研究这些误差的成因、性质及影响规律，从而采用一定的观测方法，将有助于减少这些误差的影响，提高角度测量成果的质量。如水准测量一样，角度测量的误差来源同样包括三个方面，即经纬仪本身的仪器误差、观测误差和外界条件的影响。

4.5.1 仪器误差

仪器误差包括仪器检验和校正之后的残余误差、仪器零部件加工不完善所引起的误差等。主要有以下几种。

1. 视准轴误差

又称视准差,由望远镜视准轴不垂直于横轴引起。其对角度测量的影响规律如图4-23所示,因该误差对水平方向观测值的影响值为$2c$,且盘左、盘右观测时符号相反,故在水平角测量时,可采用盘左盘右观测一测回取平均数的方法加以消除。电子经纬仪用盘左、盘右观测同样可消除视准轴误差。

2. 横轴误差

又称支架差,由横轴不垂直于竖轴引起。根据图4-24可知,盘左、盘右观测中均含有支架差i',且方向相反。故水平角测量时,同样可采用盘左、盘右观测,取一测回平均值作为最后结果的方法加以消除。同理,电子经纬仪用盘左、盘右观测同样可消除视准轴误差。

3. 竖轴误差

由于仪器竖轴与测站铅垂线不重合,或者仪器竖轴不垂直于水准管轴、水准管整平不完善、气泡不居中所引起。由于竖轴不处于铅直位置,与铅垂方向偏离了一个小角度,从而引起横轴不水平,给角度测量带来误差,且这种误差的大小随望远镜瞄准不同方向、横轴处于不同位置而变化。同时,由于竖轴倾斜的方向与正、倒镜观测(即盘左、盘右观测)无关,所以竖轴误差不能用正、倒镜观测取平均值的方法消除。因此,观测前应严格检校仪器,观测时应仔细整平,保持照准部水准管气泡居中,气泡偏离量不得超过一格。电子经纬仪一般都采用单轴补偿或双轴补偿,补偿后的残余误差,经测定后,可以预置,如果超限,需送检验部门进行校正。

4. 竖盘指标差

由竖盘指标线不处于正确位置引起。其原因可能是竖盘指标水准管没有整平,气泡没有居中,也可能是经检校之后的残余误差。因此观测竖直角时,首先应切记调节竖盘指标水准管,使气泡居中。若此时竖盘指标线仍不在正确位置,如前所述,采用盘左、盘右观测一测回,取其平均值作为竖直角成果的方法来消除竖盘指标差。电子经纬仪一般都采用补偿或预置的方法减少该项误差的影响,其残余误差还可用盘左、盘右观测予以消除。

5. 照准部偏心差和度盘偏心差

该类误差属仪器零部件加工、安装不完善引起的误差。在水平角测量和竖直角测量中,分别有水平度盘偏心差和竖直度盘偏心差两种。

照准部偏心差是由照准部旋转中心与水平度盘分划中心不重合所引起的指标读数误差。因为盘左、盘右观测同一目标时,指标线在水平度盘上的位置具有对称性(即对称分划读数),所以,在水平角测量时,此项误差亦可取盘左、盘右读数的平均值予以减小。

水平度盘偏心差是水平度盘旋转中心与水平度盘分划中心不重合的误差。可采用对径180°读数取平均数予以减小。

竖直度盘偏心差是指竖直度盘圆心与仪器横轴(即望远镜旋转轴)的中心线不重合带来的误差。在竖直角测量时,该项误差的影响一般较小,可忽略不计。若在高精度测量工作中,确需考虑该项误差的影响时,应经检验测定竖盘偏心误差系数,对相应竖角测量成果进行改正;或者采用对向观测的方法(即往返观测竖直角)来消除竖盘偏心差对测量成果的影响。

电子经纬仪是采用传感器扫描测角,大多是设多方位、多个传感器进行扫描,包括同时在度盘对径上的传感器,如条码度盘、动态测角等,都可消除或减弱以上两种误差的影响。

6. 度盘刻划不均匀误差

该误差亦属仪器零部件加工不完善引起的误差。在目前精密仪器制造工艺中,这项误差一般均很小。在水平角精密测量时,为提高测角精度,可利用度盘位置变换手轮或复测扳手,在各测回之间变换度盘位置的方法减小其影响。如上所述,电子经纬仪传感器扫描的度盘位置越多,以上两种误差的影响就越小。

4.5.2 观测误差

1. 对中误差

测量角度时,经纬仪应安置在测站上。若仪器中心与测站点不在同一铅垂线上,就称为对中误差,又称测站偏心误差。

如图4-25所示,O为测站点,A、B为目标点,O'为仪器中心在地面上的投影位置。OO'的长度称为偏心距,以e表示。由图可知,观测角值β'与正确角值β有如下关系:

$$\beta=\beta'+(\varepsilon_1+\varepsilon_2) \tag{4-19}$$

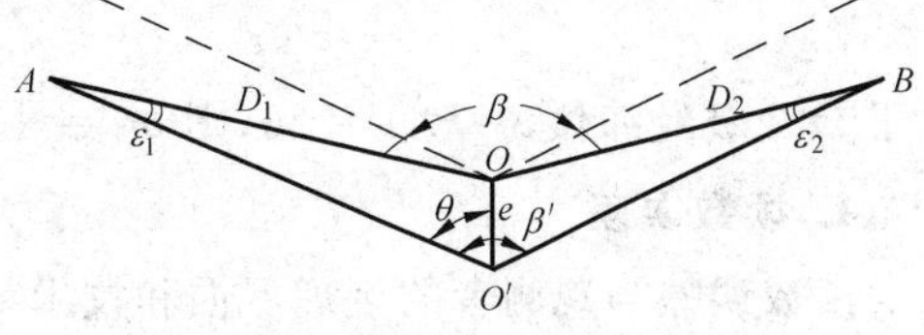

图4-25　对中误差

因ε_1,ε_2很小,可用下式计算:

$$\varepsilon_1=\frac{\rho e}{D_1}\sin\theta \tag{4-20}$$

$$\varepsilon_2=\frac{\rho e}{D_2}\sin(\beta'-\theta) \tag{4-21}$$

因此,仪器对中误差对水平角的影响为

$$\varepsilon=\varepsilon_1+\varepsilon_2=\rho e\left(\frac{\sin\theta}{D_1}+\frac{\sin(\beta'-\theta)}{D_2}\right) \tag{4-22}$$

由上式可知,对中误差的影响ε与偏心距e成正比,与边长D成反比。
当$\beta=180°$,$\theta=90°$时,ε角值最大。设$e=3\text{mm}$,$D_1=D_2=60\text{m}$,则

$$\varepsilon=\rho e\left(\frac{1}{D_1}+\frac{1}{D_2}\right)=206\ 265''\times\frac{3\times 2}{60\times 10^3}=20.6''$$

由于对中误差不能通过观测方法予以消除,因此在测量水平角时,对中应认真仔细,对于短边、钝角更要注意严格对中。

2. 目标偏心误差

测量水平角时,必须在测站点上建立标志。若用竖立的标杆作为照准标志,当标杆倾斜,且望远镜又无法瞄准其底部时,将使照准点偏离地面目标而产生目标偏心误差;当用棱镜作为标志时,棱镜的中心不在测站的铅垂线上,仍然产生目标偏心误差。

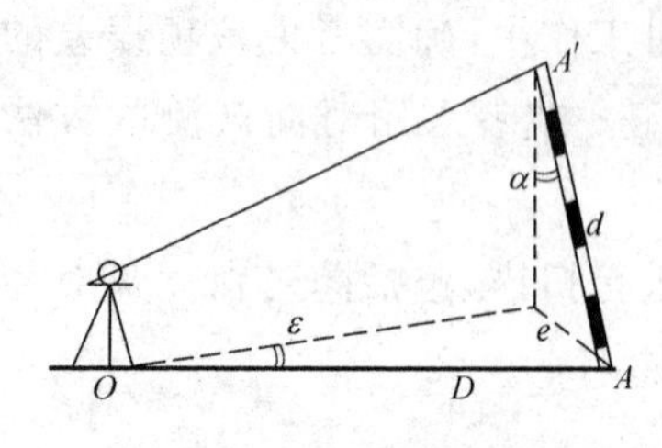

图 4-26 目标倾斜误差

如图 4-26 所示,O 为测站,A 为地面目标点,照准点 A' 至地面目标点 A 的距离即杆长为 d,标杆倾斜角为 α,$e=d\sin\alpha$,它对观测方向的影响为

$$\varepsilon=\frac{\rho e}{D}=\frac{d\sin\alpha}{D}\rho \tag{4-23}$$

由式 4-23 可知,目标偏心误差对水平方向观测的影响与杆长 d 成正比,与边长 D 成反比。

为了减小目标偏心误差对水平角测量的影响,观测时应尽量使标志竖直,并尽可能地瞄准标杆底部。测角精度要求较高时,可用垂球对点以垂球线代替标杆;亦可在目标点上安置带有基座的三脚架,用光学对中器严格对中后,将专用标牌插入基座轴套作为照准标志。

3. 照准误差

测量角度时,人的眼睛通过望远镜瞄准目标产生的误差,称为照准误差。其影响因素很多,如望远镜的放大倍率、人眼的分辨率、十字丝的粗细、标志的形状和大小、目标影像的亮度和清晰度等。如第 3 章所述,通常以眼睛的最小分辨视角(60″)和望远镜的放大倍数 V 来衡量仪器照准精度的大小,即

$$m_V=\pm\frac{60''}{V} \tag{4-24}$$

对于 DJ6 级经纬仪,一般 $V=26$,则 $m_V=\pm 2.3''$。

4. 读数误差

读数误差与观测者的生理习惯和技术熟练程度、读数窗的清晰度以及读数系统的形式有关。对于采用分微尺读数系统的经纬仪,读数时可估读的极限误差为测微器最小格值 t 的十分之一,以此作为读数误差 m_o,即

$$m_o=\pm 0.1t \tag{4-25}$$

DJ6 级经纬仪分微尺测微器最小格值 $t=1'$,则读数误差 $m_o=\pm 0.1'=\pm 6''$。

电子经纬仪不管是增量式还是绝对式,都无须肉眼读数,不存在读数误差。

4.5.3 外界条件的影响

观测角度在一定的外界条件下进行,外界条件及其变化对观测质量有直接影响。如松软的土壤和大风影响仪器的稳定;日晒和温度变化影响水准管气泡的居中;大气层受地面热辐射的影响会引起目标影像的跳动等,这些都会给观测水平角和竖直角带来误差。因此,要选择目标成像清晰稳定的有利时间观测,设法克服或避开不利条件的影响,以提高观测成果的质量。如选择微风多云、空气清晰度好的条件下观测,最为适宜。

习题与思考题

1. 分别说明水准仪和经纬仪的安置步骤,并指出它们的区别。
2. 什么是水平角?经纬仪如何测出水平角?

3. 什么叫竖直角？观测水平角和竖直角有哪些相同点和不同点？

4. 对中和整平的目的是什么？如何进行？若用光学对中器应如何对中？

5. 计算表4-5中水平角观测数据。

表 4-5

测站	竖盘位置	目标	水平度盘读数			半测回角值	一测回角值	各测回平均角值	备注
			°	′	″	° ′ ″	° ′ ″		
第一测回 O	左	A	0	36	24				
		B	108	12	36				
	右	A	180	37	00				
		B	288	12	54				
第二测回 O	左	A	90	10	00				
		B	197	45	42				
	右	A	270	09	48				
		B	17	46	06				

6. 经纬仪上的复测扳手和度盘位置变换手轮的作用是什么？若将水平度盘起始读数设定为0°00′00″，应如何操作？

7. 简述测回法观测水平角的操作步骤。

8. 水平角方向观测中的$2c$是何含义？为何要计算$2c$，并检核其互差？

9. 计算表4-6中方向观测法的水平角测量成果。

表 4-6

测站	测回数	目标	水平度盘读数						$2c$=左－(右±180°)	平均读数=[左+(右±180°)]/2	归零后的方向值	各测回归零方向值的平均值	各方向间的水平角
			盘左读数			盘右读数							
			°	′	″	°	′	″	″	° ′ ″	° ′ ″	° ′ ″	° ′ ″
1	2	3	4			5			6	7	8	9	10
O	1	A	0	02	36	180	02	36					
		B	70	23	36	250	23	42					
		C	228	19	24	48	19	30					
		D	254	17	54	74	17	54					
		A	0	02	30	180	02	36					
	2	A	90	03	12	271	03	12					
		B	160	24	06	340	23	54					
		C	318	20	00	138	19	54					
		D	344	18	30	164	18	24					
		A	90	03	18	270	03	12					

10. 何谓竖盘指标差？如何计算、检验和校正竖盘指标差？

11. 整理表4-7中的竖直角观测记录，并计算出指标差。

表 4-7

测站	目标	竖盘位置	竖盘读数 ° ′ ″	半测回竖直角 ° ′ ″	指标差 $(x)''$	一测回竖直角 ° ′ ″	备注
O	M	左	103 21 00				度盘为顺时针刻划
		右	256 39 18				
	N	左	82 12 18				
		右	277 47 54				

12. 经纬仪有哪些主要轴线？它们之间应满足哪些几何条件？为什么？

13. 角度测量时，采取盘左、盘右取平均值的方法可消除哪些误差？能否消除因竖轴倾斜引起的水平角测量误差？

14. 望远镜视准轴应垂直于横轴的目的是什么？如何检验？

15. 经纬仪横轴为何要垂直于仪器竖轴？如何检验？

16. 试述经纬仪竖盘指标自动归零的原理。

17. 试分析测站偏心误差和目标偏心误差对水平角测量的影响。

18. 电子经纬仪的主要特点有哪些？它与光学经纬仪的根本区别是什么？

19. 电子经纬仪的测角系统主要有哪几种？其主要的关键技术有哪些？

20. 条码度盘测角与编码度盘测角有何不同？

21. 简述光栅测角的原理。

22. 简述动态电子测角系统中，为何有粗测和精测之分？

第5章

距离测量与直线定向

距离测量是确定地面点位的基本工作之一,它是量测地面上两点间的水平距离,即通过该两点的铅垂线投影到水平面上的距离。

距离测量常用的方法有钢尺直接量距、视距法测距、电磁波测距及卫星测距。本章介绍前三种方法,卫星测距将在第8章介绍。

5.1 钢尺量距

钢尺量距是利用具有标准长度的钢尺直接量测地面两点间的距离,又称为距离丈量。工具简单,使用方便,是一种手工业生产方式的测量形式,在地势起伏不平或大面积测量时很难适应。普通量距精度较低,精密钢尺量距虽然精度较高,但投入太大,且速度慢,时间长,也难以适应现代测量的要求。钢尺量距现在多用于工程测量或小面积测量工作。

5.1.1 量距工具

钢尺量距时,根据不同的精度要求,所用的工具和方法也不同。普通钢尺是钢制带尺,尺宽10～15mm,长度有20m、30m及50m等多种。为了便于携带和保护,将钢尺卷放在圆形皮盒内或金属尺架上。钢尺分划有三种:一种钢尺基本分划为厘米;另一种基本分划为毫米;第三种基本分划虽为厘米,但在尺端10厘米内为毫米分划。钢尺的零分划位置有两种,一种是在钢尺前端有一条刻线作为尺长的零分划线,称为刻线尺;另一种是零点位于尺端,即拉环外沿,这种尺称为端点尺(图5-1)。钢尺上在分米和米处都刻有注记,便于量距时读数。

另有一种因瓦尺是用镍铁合金制成。它的形状是线状,直径1.5mm,长度为24m,尺身无分划和数字注记。在尺两端各连一个三棱形的分划尺,长8cm,其上分划最小为1mm。因瓦基准尺全套由4根主尺和一根8m或4m长的辅尺组成。

一般钢尺量距最高精度可达到1/10 000。由于其在短距离量距中使用方便,常在工程中使用。

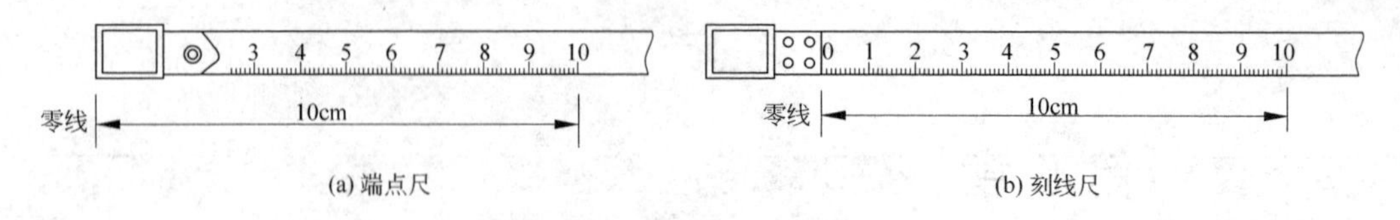

图 5-1 钢尺的零分划方法

量距工具还有皮尺,用麻皮制成,基本分划为厘米,零点在尺端。皮尺精度低。

因瓦尺因受温度变化引起尺长伸缩变化小,量距精度高,可达到1/1 000 000,可用于精密量距,但量距十分繁琐,常用于精度要求很高的基线丈量中。

钢尺量距中辅助的工具还有测钎、花杆、垂球、弹簧秤和温度计。测钎是用直径5mm左右的粗铁丝磨尖制成,长约30cm,用来标志所量尺段的起、止点。测钎6根或11根为一组,它还可以用于计算已量过的整尺段数。花杆长3m,杆上涂以20cm间隔的红、白漆,用于标定直线。弹簧秤和温度计用于控制拉力和测定温度。

5.1.2 直线定线

如果地面两点之间的距离较长或地面起伏较大,要分段进行量测。为了使所量线段在一条直线上,需要将每一尺段首尾的标杆标定在待测直线上,这一工作称为直线定线。一般量距用目视定线,精密量距用经纬仪定线。

如图5-2,欲量 A、B 间的距离,一个作业员甲站于端点 A 后1～2米处,瞄 A、B。并指挥另一位作业员乙左右移动标杆2,直到三个标杆在一条直线上,然后将标杆竖直插下。直线定线一般由远到近进行。

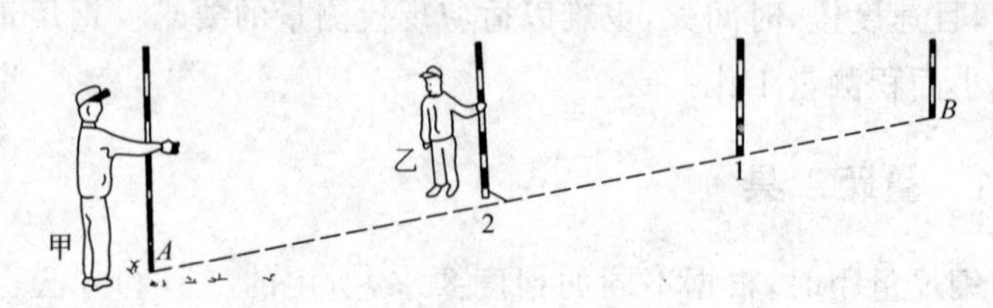

图 5-2 直线定线

5.1.3 量距方法

钢尺量距一般采用整尺法量距,在精密量距时用串尺法量距。根据不同地形可采用水平量距法和倾斜量距法。

1. 整尺法量距

在平坦地区,量距精度要求不高时,可采用整尺法量距,直接将钢尺沿地面丈量,不加温度改正和不用弹簧秤施加拉力。量距前,先在待测距离的两个端点 A,B 用木桩(桩上钉一小钉)标志,或直接在柏油或水泥路面上做标志。后尺手持钢尺零端对准地面标志点,前尺手拿一组测钎持钢尺末端。丈量时前、后尺手按定线方向沿地面拉紧钢尺,前尺手在尺末端分划处垂直插下一个测钎,这样就量定一个尺段。然后，前、后尺手同时将钢尺抬起前进。后尺手走到第一根测钎处，用零端对准测钎，前尺手拉紧钢尺在整尺端处插下第二根测钎。依次继续丈量。每量完一尺段，后尺手要注意收回测钎，最后一尺段不足一整尺时，前尺手在 B 点标志处读取尺上毫米刻划值，后尺手中测钎数为整尺段数。不到一个整尺段距离为余长 Δl，则水平距离 D 可按下式计算：

$$D = nl + \Delta l \tag{5-1}$$

式中，n 为尺段数；l 为钢尺长度；Δl 为不足一整尺的余长。

为了提高量距精度，一般采用往、返丈量。返测时是从 $B \rightarrow A$，要重新定线。

2. 水平量距和倾斜量距

当地面起伏不大时，可将钢尺拉平，用垂球尖将尺端投于地面进行丈量，称为水平量距法，见图 5-3。要注意后尺手将零端点对准地面点，前尺手目估，使钢尺水平，并拉紧钢尺在垂球尖处插上测钎。如此测量直到 B 点。

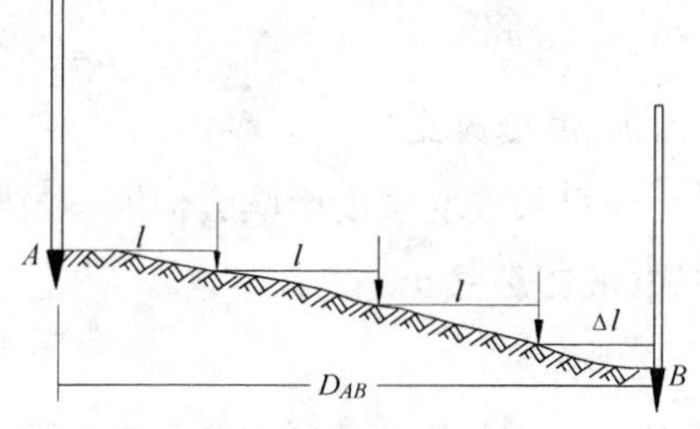

图 5-3　水平量距法

当倾斜地面的坡度均匀时，可以将钢尺贴在地面上量斜距 L。用水准测量方法测出高差 h，再将量得的斜距换算成平距，称为倾斜量距法。

不管是哪一种丈量方法，为了提高测量精度，防止丈量错误，通常采用往、返丈量，取平均值为丈量结果。并用相对误差 K 衡量测量精度，即

$$K = \frac{|D_{往} - D_{返}|}{\frac{1}{2}(D_{往} + D_{返})} = \frac{1}{\frac{D}{\Delta D}} = \frac{1}{M} \tag{5-2}$$

两点间的水平距离：

$$\overline{D} = \frac{1}{2}(D_{往} + D_{返})$$

式中，$D_{往}$、$D_{返}$ 为往返测程。

平坦地区钢尺量距的相对误差不应大于 1/3 000，在困难地区相对误差也不应大于 1/1 000。

3. 精密量距

当量距精度要求在 1/10 000 以上时，要用精密量距法。精密量距前要先清理场地，将经纬仪安置在测线端点 A，瞄准 B 点，先用钢尺进行概量。在视线上依次定出比钢尺一整尺略短的尺段，并打上木桩，木桩要高出地面 2～3cm，桩上钉一白铁皮。若不打木桩则安置三脚架，三脚架上安放带有基座的轴杆头。利用经纬仪进行定线，在白铁皮上画一条线，使其与 AB 方向重合。并在其垂直方向上画一线，形成十字，作为丈量标志。量距是用经过检定的钢尺或因瓦尺，丈量组由五人组成，两人拉尺，两人读数，一人指挥并读温度和记录。丈量时后尺手要用弹簧秤控制施加给钢尺的拉力。这个力应是钢尺检定时施加的标准力(30m 钢尺，一般施加 100N)。前后尺手应同时在钢尺上读数，估读到 0.5mm。每尺段上要移动钢尺前后位置三次。三次测得距离之差不应超过 2～3mm。同时记录现场温度，估读到 0.5℃。用水准仪测尺段木桩顶间高差。往返高差不应超过±10mm。这种量距法称为串尺法量距。从 A 到 B 逐尺段丈量为往测，由 B 到 A 再进行返测。

5.1.4 钢尺量距的成果整理

钢尺量距时,由于钢尺长度有误差并受量距时的环境影响,对一尺段的量距结果应进行以下几项改正,才能保证距离测量精度。

1. 尺长改正

钢尺名义长度 l_0,一般和实际长度不相等,每量一段都需加入尺长改正。在标准拉力、标准温度下经过检定实际长度为 l',其差值 Δl 为整尺段的尺长改正。

$$\Delta l = l' - l_0$$

任一长度 l 尺长改正公式为

$$\Delta l_d = \frac{\Delta l}{l_0} l \tag{5-3}$$

2. 温度改正

钢尺长度受温度影响会伸缩。当野外量距时温度 t 与检定钢尺时温度 t_0 不一致时,要进行温度改正,其改正公式为

$$\Delta l_t = \alpha (t - t_0) l \tag{5-4}$$

式中,α 为钢尺膨胀系数,$\alpha = 0.000\,012\,5/1℃$。

3. 倾斜改正

设沿地面量斜距为 l,测得高差为 h,换成平距 d 时要进行倾斜改正 Δl_h

$$\begin{aligned}\Delta l_h &= d - l = (l^2 - h^2)^{1/2} - l \\ &= l\left[\left(1 - \frac{h^2}{l^2}\right)^{1/2} - 1\right]\end{aligned}$$

上式用级数展开:

$$\Delta l_h = l\left[\left(1 - \frac{h^2}{2l^2} - \frac{1}{8}\frac{h^4}{l^4} - \cdots\right) - 1\right]$$

当高差不大时,h 与 l 比值很小,取第二项得

$$\Delta l_h = -\frac{h^2}{2l} \tag{5-5}$$

综上所述,每一尺段改正后的水平距离为

$$d = l + \Delta l_d + \Delta l_t + \Delta l_h \tag{5-6}$$

$$D_{往} = \sum d, \quad D_{返} = \sum d,$$

$$K = \frac{|D_{往} - D_{返}|}{D} \leqslant K_{容},$$

则全长的距离为

$$D = \frac{1}{2}(D_{往} + D_{返})$$

精密量距的成果见表5-1。

表 5-1　精密量距记录计算表

钢尺号码：NO11　　钢尺膨胀系数：0.000 012　　钢尺检定时温度 t_0＝20℃　　计算者：______

钢尺名义长度 l_0＝30m　　钢尺检定长度 l'＝30.002 5　　钢尺检定时拉力：100N　　日期：______

尺段编号	实测次数	前尺读数/m	后尺读数/m	尺段长度/m	温度/℃	高差/m	温度改正数/mm	尺长改正数/mm	倾斜改正数/mm	改正后尺段长/m
A1	1	29.936 0	0.070 0	29.866 0	25.8	－0.152	＋2.1	＋2.5	－0.4	
	2	400	755	345						
	3	500	850	350						
	平均			29.865 2						29.869 4
12	1	29.923 0	0.017 5	29.905 5	27.6	－0.174	＋2.7	＋2.5	－0.5	
	2	300	250	050						
	3	380	315	065						
	平均			29.905 7						29.910 4
…	…	…	…	…	…	…	…	…	…	…
6B	1	18.975 0	0.075 0	18.900 0	27.5	－0.065	＋1.7	＋1.6	－0.1	
	2	540	545	8 995						
	3	800	810	8 990						
	平均			18.899 5						18.902 7
总和										198.283 8

5.1.5　钢尺检定

由于制造误差、长期使用会有变形等原因，使得钢尺的名义长度和实际长度不一样，因此在精密量距前必须对钢尺进行检定。钢尺检定应由专门的计量单位进行。钢尺检定室应是恒温室。一般用平台法。将钢尺放在长度为 30m(或 50m)的水泥平台上，平台两端安装有施加拉力的拉力架。给钢尺施加标准拉力(100N)，然后用标准尺量测被检定的钢尺，得到在标准温度、标准拉力下的实际长度，最后给出尺长随温度变化的函数式，称为尺长方程式：

$$l_t = l_0 + \Delta l_d + \alpha(t - t_0)l_0 \tag{5-7}$$

式中，l_t 为温度为 t 时钢尺实际长度；l_0 为钢尺名义长度；Δl_d 为钢尺尺长改正值；α 为钢尺膨胀系数；t_0 为钢尺检定时温度；t 为量距时温度。

5.1.6　钢尺量距的误差分析

影响钢尺量距精度的因素很多，主要有定线误差、尺长误差、温度测定误差、钢尺倾斜误差、拉力不均误差、钢尺对准误差、读数误差等。现分析各项误差对量距的影响，要求各项误差对测距影响在 1/30 000 以内。

1. 定线误差

在量距时由于钢尺没有准确地安放在待量距离的直线方向上，所量的折线不是直线，造成量距结果偏大，如图 5-4 所示。设定线误差为 ε，一尺段的量距误差为 $\Delta\varepsilon$：

$$\Delta\varepsilon = 2\sqrt{\left(\frac{l}{2}\right)^2 - \varepsilon^2} - \frac{l}{2} = -\frac{2\varepsilon^2}{l} \tag{5-8}$$

当$\frac{\Delta\varepsilon}{l} \leqslant \frac{1}{30\,000}$,$l=30$m 时,$\varepsilon \leqslant 0.12$m。所以用目视定线即可达到此精度。

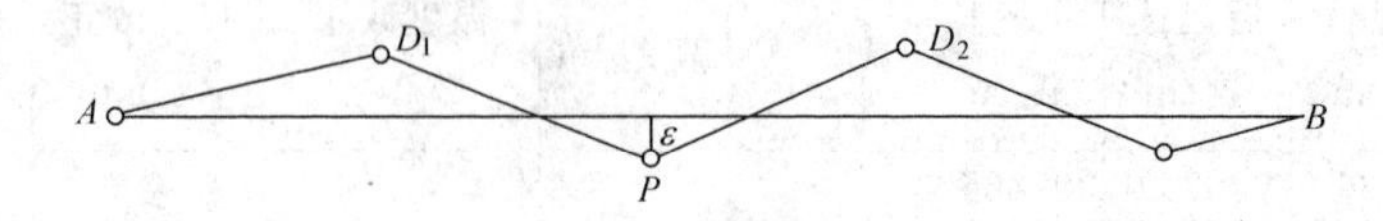

图 5-4 定线误差

2. 尺长误差

钢尺名义长度与实际长度之差产生的尺长误差对量距的影响,是随着距离的增加而增加。在高精度量距时应加尺长改正,并要求钢尺尺长检定误差小于 1mm。

3. 温度误差

根据钢尺温度改正公式:$\Delta l_t = \alpha(t-t_0)l$,按此式当温度变化±3℃时,由温度引起的距离误差为 1/30 000。另外在测试时温度计显示的是空气环境温度,不是钢尺本身的温度。在阳光爆晒下,钢尺与环境温度可差到 5℃,则量距误差大于 1/30 000。所以量距宜在阴天进行。最好用半导体温度计测量钢尺自身温度。

4. 拉力误差

钢尺具有弹性,受拉会伸长。钢尺弹性模量 $E=2\times10^6\,\text{kg/cm}^2$,设钢尺断面积 $A=0.04\text{cm}^2$,钢尺拉力误差为 ΔP,根据胡克定律,钢尺伸长误差为

$$\Delta\lambda_{\text{p}} = \frac{\Delta P \cdot l}{EA} \tag{5-9}$$

当拉力误差为 3kg,尺长为 30m 时,钢尺量距误差为 1mm,所以在精密量距时应用弹簧秤控制拉力。

5. 钢尺倾斜误差

钢尺量距时若钢尺不水平,或测量距离时两端高差测定有误差,对量距会产生误差。使距离测量值偏大。倾斜改正公式为

$$\Delta l_h = -\frac{h^2}{2l} \tag{5-10}$$

从上式可见,高差大小和测定误差对测距精度有影响。对于 30m 的钢尺,当 $h=1$m,高差误差为 5mm 时,产生测距误差为 0.17mm。所以在精密量距时,用普通水准仪测定高差即可。

在普通量距时,用目估持平钢尺,经统计会产生 50′倾斜(相当于 0.44m 高差误差),对量距产生 3mm 误差。

6. 钢尺对准及读数误差

量距时,由于钢尺对点误差、测钎安置误差及读数误差都会对量距产生误差。这些误差是偶然误差。钢尺基本分划为 1mm,一般读数为毫米,若不仔细会产生较大误差,所以量距时,应仔细认真地对点、安置测钎和读数,并采用多次丈量取平均值以提高量距精度。

5.2 视距测量

5.2.1 视距测量概述

视距测量是利用望远镜内的视距装置配合视距尺，根据几何光学和三角测量原理，同时测定距离和高差的方法。最简单的视距装置是在测量仪器（如经纬仪、水准仪）的望远镜十字丝分划板上刻制上、下对称的两条短线，称为视距丝，如图 5-5。视距测量中的视距尺可用普通水准尺，也可用专用视距尺。

视距测量精度一般为 1/200～1/300，精密视距测量可达 1/2 000。视距测量用一台经纬仪即可同时测定平距和高差，操作简便。但是，随着电磁波测距的发展和广泛的应用，视距测量使用的越来越少，由于使用方便，费用低，有时还用于小的测量任务。

5.2.2 视线水平时的视距公式

目前测量上常用的望远镜是内调焦望远镜。图 5-6 为内调焦望远镜原理图。

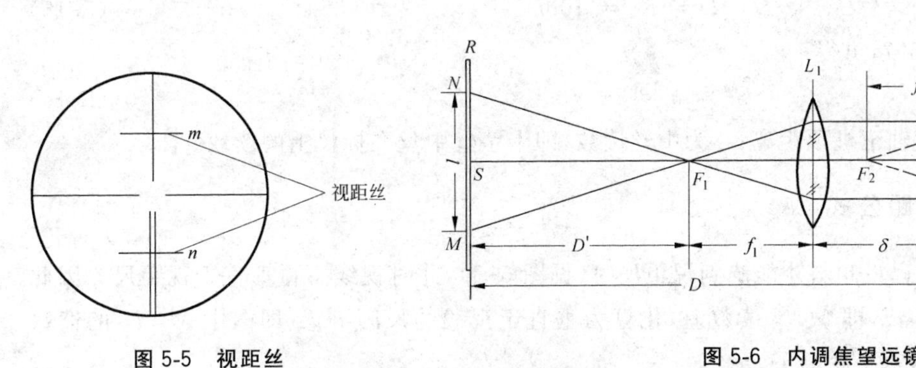

图 5-5　视距丝

图 5-6　内调焦望远镜原理

图 5-6 中，R 为视距尺，L_1 为望远镜物镜，焦距为 f_1，L_2 为调焦物镜，焦距为 f_2。V 为仪器中心，即竖轴中心。K 为十字丝板，b 为十字丝板 K 距调焦物镜 L_2 间的距离。δ 为仪器中心 V 距物镜 L_1 间的距离。当望远镜瞄准视距尺时，移动 L_2 使标尺像落在十字丝面上。通过上、下两个视距丝 m、n 就可读取视距尺上 M、N 两点读数。其差称为尺间隔 l。

$$l = N - M$$

从图 5-6 中可见，待测距离 D 为

$$D = D' + f_1 + \delta \tag{5-11}$$

从凸透镜 L_1 成像原理可得

$$\frac{D'}{f_1} = \frac{l}{p'} \tag{5-12}$$

式中，p'为经过 L_1 后的像长。

由调焦透镜（凹透镜）成像原理可得

$$\frac{P}{p'} = \frac{b}{a} \tag{5-13}$$

式中,p 为 p' 经过凹透镜 L_2 后的像长;a 为物距;b 为像距。

根据凹透镜成像公式可得

$$\frac{1}{b}-\frac{1}{a}=\frac{1}{f_2},\quad \frac{b}{a}=\frac{f_2-b}{f_2}$$

将上式依次代入式(5-12)、式(5-13)后,可得

$$D'=\frac{f_1(f_2-b)}{f_2 p}l \tag{5-14}$$

设望远镜对无穷远目标调焦时,像距为 b_∞。而 $b=b_\infty+\Delta b$,代入式(5-11)和式(5-14)得

$$D=\frac{f_1(f_2-b_\infty)}{f_2 p}\cdot l-\frac{\Delta b\cdot f_1}{f_2 p}\cdot l+f_1+\delta$$

令:$K=\frac{f_1(f_2-b_\infty)}{f_2 p}$,$c=\frac{-f_1\Delta b}{f_2 p}\cdot l+f_1+\delta$

则

$$D=Kl+c$$

式中,K 为视距乘常数,一般设计为100;c 为视距加常数,其值很小,可以忽略不计。

故

$$D=Kl=100l \tag{5-15}$$

视线水平时高差见图5-7,可得

$$h=i-s \tag{5-16}$$

式中,i 为仪器高,为仪器横轴至桩顶距离;s 为中丝读数,即十字丝中丝在标尺上的读数。

5.2.3 视线倾斜时的视距公式

当地面起伏比较大,望远镜倾斜才能瞄到视距尺时(见图5-8),此时视线不再垂直于视距尺。因此需要将 B 点视距尺的尺间隔 l,即 M、N 读数差,化算为垂直于视线的尺间隔 l',即图中 M'、N' 的读数差。求出斜距 D',然后再求水平距离 D。

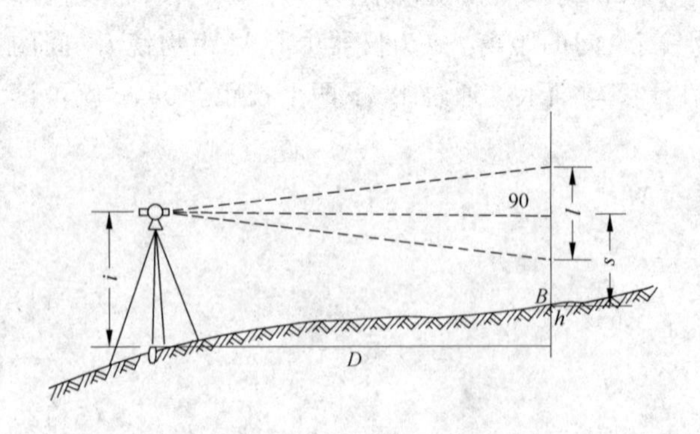

图5-7 视线水平时的视距测量

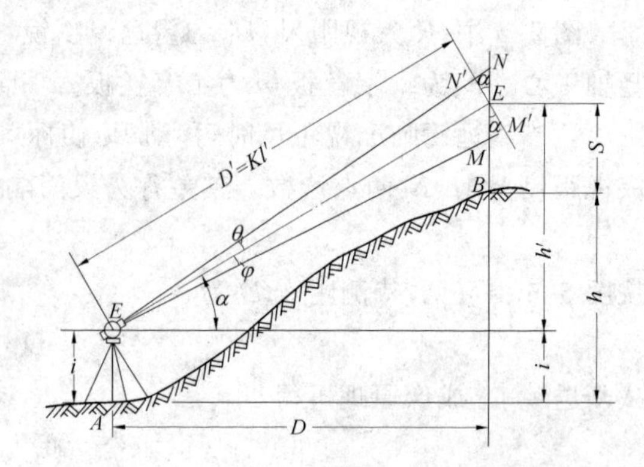

图5-8 视线倾斜时的视距测量

设视线竖直角为 α,由于十字丝上、下丝的间距很小,视线夹角约为34′。故可以将 $\angle EM'M$ 和 $\angle EN'N$ 近似看成直角。$\angle MEM'=\angle NEN'=\alpha$。从图中可见

$$M'E+EN'=(ME+EN)\cos\alpha$$

$$l' = l\cos\alpha$$

$$D' = Kl' = Kl\cos\alpha \tag{5-17}$$

水平距离 D：

$$D = D'\cos\alpha = Kl\cos^2\alpha \tag{5-18}$$

初算高差 h'：

$$h' = D'\sin\alpha = Kl\cos\alpha \cdot \sin\alpha = \frac{1}{2}Kl\sin 2\alpha \tag{5-19}$$

A、B 两点高差为

$$h = h' + i - s = \frac{1}{2}Kl\sin 2\alpha + i - s \tag{5-20}$$

5.2.4　视距常数测定

为了保证视距测量精度，在视距测量前必须对仪器的常数进行测定，现代经纬仪为内调焦望远镜 $c\approx 0$，不需测定，只进行乘常数 K 的测定。

在平坦地区选择一段直线，沿直线在距离为 25m，50m、100m、150m、200m 的地方分别打下木桩，编号为 B_1、B_2、…、B_n，仪器要安置在 A 点，在 B_i 桩上依次立视距尺，在视线水平时，以两个盘位用上、下丝在尺上读数测得尺间隔 l_i。然后进行返测，将每一段尺间隔平均值除以该段距离 D_i，即可求出 K_i，再取平均值，即为仪器乘常数 K。

视距测量的精度较低，产生误差的原因较多，例如视距尺分划误差、乘常数 K 不准确的误差、竖直角测量误差、视距丝读数误差、视距尺倾斜对视距测量影响和外界气象条件对视距测量影响等，都对视距精度产生影响，故视距精度很难提高，一般为 1/300～1/200。

5.3　红外测距仪

如上所述，钢尺量距是一项十分繁重的工作。在山区或沼泽地区使用钢尺更为困难，而且视距测量精度又太低。为了提高测距速度和精度，在 20 世纪 40 年代末人们就研制成了光电测距仪。60 年代初，随着激光技术的出现及电子技术和计算机技术的发展，各种类型的光电测距仪相继出现，红外测距仪也应运而生。70 年代又出现了将测距仪和电子经纬仪组合成一体的电子全站仪。它不但能同时进行角度和距离的测量，并能进行测量数据计算改正、记录、显示和传输；配合电子记录手簿，可以自动记录、存储、输出测量结果，使测量工作大为简化，并成为全野外数字测图的主要仪器之一。测距仪和全站仪已在测量工作中得到广泛应用。

(1) 电磁波测距仪按测程划分为：

短程测距仪：≤5km

中程测距仪：5～15km

远程测距仪：15km 以上

(2) 按测量精度划分为：

Ⅰ级：$m_D \leqslant 5$mm

Ⅱ级：5mm≤m_D≤10mm

Ⅲ级：m_D≥10mm

m_D为1km测距中误差。

电磁波测距是利用电磁波(微波、光波)作载波，在其上调制测距信号，测量两点间距离的方法。若电磁波在测线两端往返传播的时间为t，则可求出两点间距离D。

$$D = \frac{1}{2}ct \tag{5-21}$$

式中，c为电磁波在大气中的传播速度。

电磁波测距按采用载波不同，可分为微波测距仪、激光测距仪和红外测距仪。

红外测距仪采用的是GaAs(砷化镓)发光二极管作光源。其波长为6 700～9 300Å，由于GaAs发光管具有注入电源小、耗电省、体积小、寿命长，抗震性能强、能连续发光并可直接调制等特点，从80年代以来红外测距仪得到迅速发展，本章主要介绍红外测距仪。

5.3.1 测距仪的测距原理

1. 脉冲法测距

用电磁波测距仪测定A、B两点间的距离D，在待测距离一端安置测距仪，另一端安放反光镜见图5-9。当测距仪发出光脉冲，经反光镜反射，回到测距仪。若能测定光在距离D上往返传播时间，即测定发射光脉冲与接收光脉冲的时间差Δt_{2D}，则测出距离D，公式如下：

$$D = \frac{1}{2}\frac{c_0}{n_g}\Delta t_{2D} \tag{5-22}$$

式中，c_0为光在真空中的速度；n_g为光在大气中传输折射率。

此公式为脉冲法测距公式。这种方法测定距离的精度取决于时间Δt_{2D}的量测精度。如要达到±1cm的测距精度，时间量测精度应达到6.7×10^{-11}s。这对电子元件性能要求很高，难以达到。由于脉冲式测距多用激光光源，通过调Q技术使激光能量集中，不用反射镜(无合作目标)，经目标的漫反射后，接收回波进行测距。一般脉冲法测距精度为0.5～1m，其作用距离较长，常用于激光雷达、微波雷达等远距离测距上，如激光测月(384 000km)，激光测卫星(数千千米)。

脉冲法测距是将发射和接收光波都整形为方波，如图5-10，用方波的前沿计算光波往返传播的时间Δt_{2D}，从而计算距离。当光波发射时，输出一个脉冲信号，作为计时的初始信号，经触发器打开电子门，让时钟脉冲通过，开始计数。光脉冲到达目标后，经目标反射回到接收器，作为计时的终止信号，经转换为电脉冲触动触发器，关闭电子门，时标脉冲停止通过，计数结束。此时电子门开、关的时间差即为Δt_{2D}，在此时间计数器显示的时标个数N代表了距离：

$$\Delta t_{2D} = NT_0 = \frac{N}{f_0}$$

式中，f_0为时标频率；T_0为周期，$T_0=\frac{1}{f_0}$。

每一个时标脉冲所代表的距离为$\lambda/2$，当$f_0=150$MHz时，有

$$\frac{\lambda}{2} = \frac{c}{2f_0} = \frac{3\times10^{-8}}{2\times150\times10^{-6}} = 1\text{m}$$

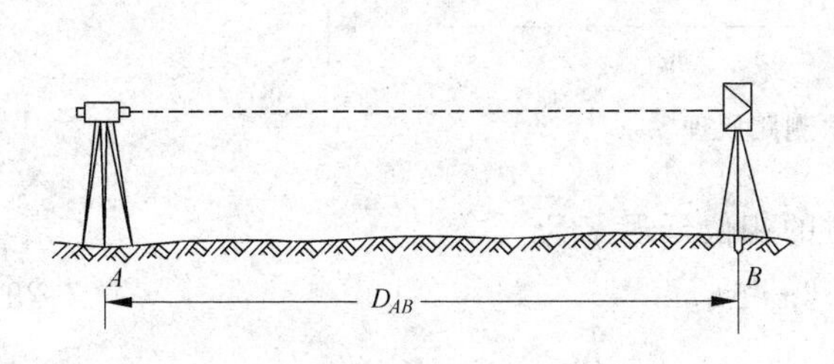

图 5-9　脉冲法测距

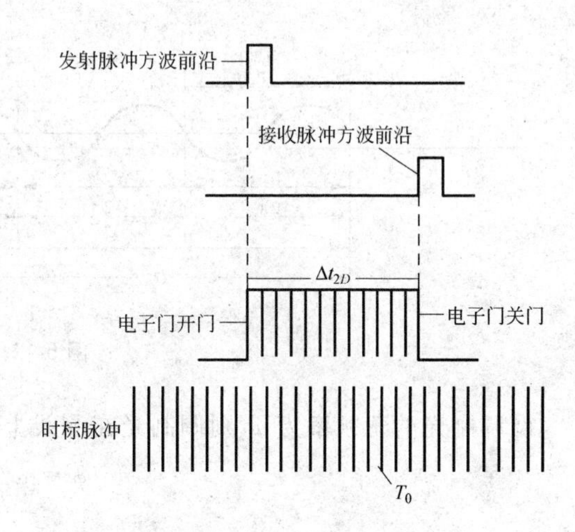

图 5-10　脉冲法测距原理

若 $f_0=300\text{MHz}$ 时，$\frac{\lambda}{2}=0.5\text{m}$。

所测距离 $D=\frac{\lambda}{2}N$。

20 世纪 90 年代莱卡公司生产的 DI3000 测距仪将测线上往返时间延迟 Δt_{2D} 进行了细分，求出小于一个时标的脉冲值，从而使测距精度达到毫米级。

DI3000 脉冲测距仪以半导体激光器作为光源，发射红外激光脉冲的宽度为 12 毫微秒(ns)，发射频率为 2 000Hz，时标脉冲为 15MHz，$\frac{\lambda}{2}=10\text{m}$。

不足一个周期的精测时间是用时间幅值转换电路 TAC(time amplitude circuit)完成。该电路将由恒定电流源对电容充电，经不足一个周期的时间 ΔT 后停止充电，并将电容上的电压大小经模数转换电路转换为数值后，由微处理器读出该值。之后电容放电，准备下一次测量。实际上，TAC 是将不足一个周期的时间量转换为电压幅值的测定，大大提高时间测量的精度，从而使脉冲式测距精度达到毫米级。

2. 红外测距仪相位法测距

相位法测距多采用 GaAs(砷化镓)发光二极管作光源进行测距，是将测量时间变成测量光束在测线中传播的载波相位差，通过测定相位差来测定距离。故称相位法测距。

在 GaAs 发光二极管上注入一定的恒定电流，会发生红外光，其光强恒定不变，如图 5-11。若改变注入电流的大小，GaAs 发光管发射光强也随之变化。若对发光管注入交变电流，使发光管发射的光强随着注入电流的大小发生变化。这种光称为调制光。如同脉冲法测距，测距仪在 A 站发射的调制光在待测距离上传播，被 B 点反光镜反射后又回到 A 点被测距仪接收器接收。所经过的时间为 Δt_{2D}。为便于说明，则将反光镜 B 反射后回到 A 点的光波沿测线方向展开，则调制光来回经过了 $2D$ 的路程，如图 5-12 所示。

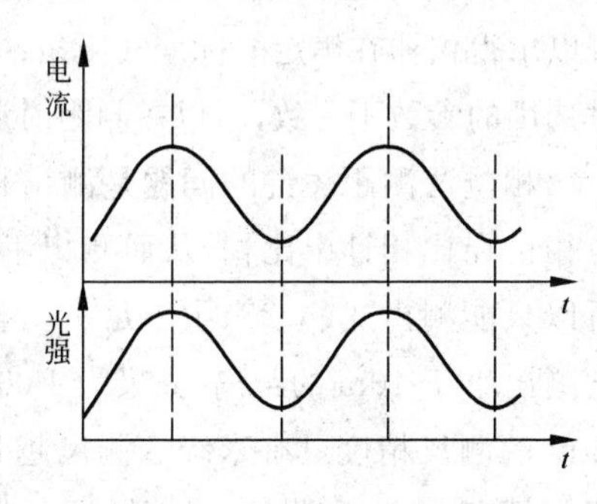

图 5-11　光强随电流变化

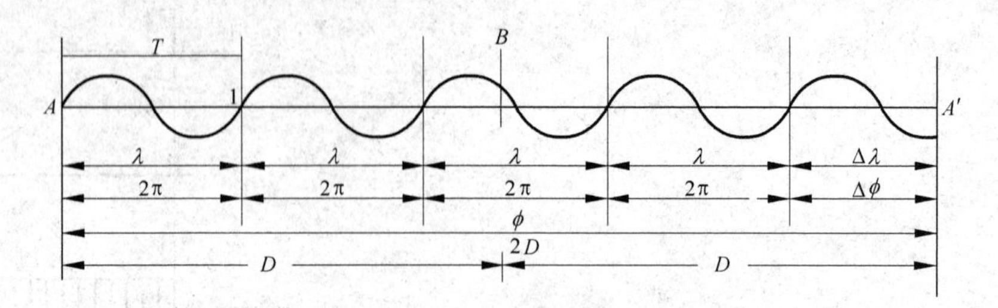

图 5-12 相位法测距原理

设调制光的角频率为 ω,则调制光在测线上传播时的相位延迟 ϕ 为

$$\phi = \omega \Delta t_{2D} = 2\pi f \Delta t_{2D} \tag{5-23}$$

$$\Delta t_{2D} = \frac{\phi}{2\pi f} \tag{5-24}$$

将 Δt_{2D}代入式(5-22),得

$$D = \frac{1}{2}\,\frac{c_0}{n_g f}\,\frac{\phi}{2\pi} \tag{5-25}$$

从图中可见,相位 ϕ 还可以用相位的整周数(2π)的个数 N 和不足一个整周数的 $\Delta\phi$ 来表示:

$$\phi = N \cdot 2\pi + \Delta\phi \tag{5-26}$$

将 ϕ 代入式(5-22),得相位法测距基本公式:

$$D = \frac{c_0}{2n_g f}\left(N + \frac{\Delta\phi}{2\pi}\right) = \frac{\lambda}{2}\left(N + \frac{\Delta\phi}{2\pi}\right) \tag{5-27}$$

式中,λ 为调制光的波长,$\lambda = \frac{c_0}{n_g f}$,$n_g$ 为大气折射率,它是载波波长、大气温度、大气压力、大气湿度的函数。

将式(5-27)与钢尺量距公式(5-1)相比,有相像之处。$\frac{\lambda}{2}$相当于尺长,N 为整尺段数,$\frac{\Delta\phi}{2\pi}$为不足一整尺段数,令其为 ΔN。因此我们常称$\frac{\lambda}{2}$为“光测尺”,令其为 L_s,则

$$D = L_s(N + \Delta N) \tag{5-28}$$

仪器在设计时选定了发射光源,发射光源波长 λ 即确定,然后确定一个标准温度 t 和标准气压 P,这样可以求得仪器在确定的标准气压条件下的折射率 n_g。而测距仪测距时的实际气温、气压、湿度与仪器设计时选用的参数不一致,所以在测距时还要测定测线的温度和气压等,对所测距离进行气象改正。

相位法测距关键的问题是测出相位 ϕ。测定相位 ϕ 时是把测线上返回的载波相位与机内固定的参考相位在比相计中比相,从而测出不足一个整波长的相位。因相位计只能分辨 0~2π 之间的相位变化,所以只能测出式(5-26)中不足一个整周期的相位差 $\Delta\phi$,而不能测出整周数 N。例如,“光尺”为 10m,只能测出小于 10m 的距离,光尺为 1 000m,能测出小于 1 000m 的距离。由于仪器测相精度一般为 1/1 000,1km 的测尺精度只有米级。测尺越长、精度越低。所以为了兼顾测程和精度,目前测距仪常采用多个调制频率(即 n 个测尺)进行测距。用短测尺(称为精尺)测定精确的小数。用长测尺(称为粗尺)测定距离的大数。将两者衔接起来,就解决了长距离测距数字直接显示的问题。

例如，某双频测距仪，测程为 1km，设计了精、粗两个测尺，精尺为 10m(载波频率 $f_1=15$MHz)，粗尺为 1 000m(载波频率 $f_2=150$kHz)。用精尺测 10m 以下的数，用粗尺测 10m 以上的数。如实测距离为 745.672m，粗测距离为 745.1m，精测距离为 5.672m，仪器显示距离为 745.672m。

对于更远测程的测距仪，可以设几个测尺配合测距。

5.3.2　测距仪的工作原理和工作过程

图 5-13 是红外测距仪的工作原理图。

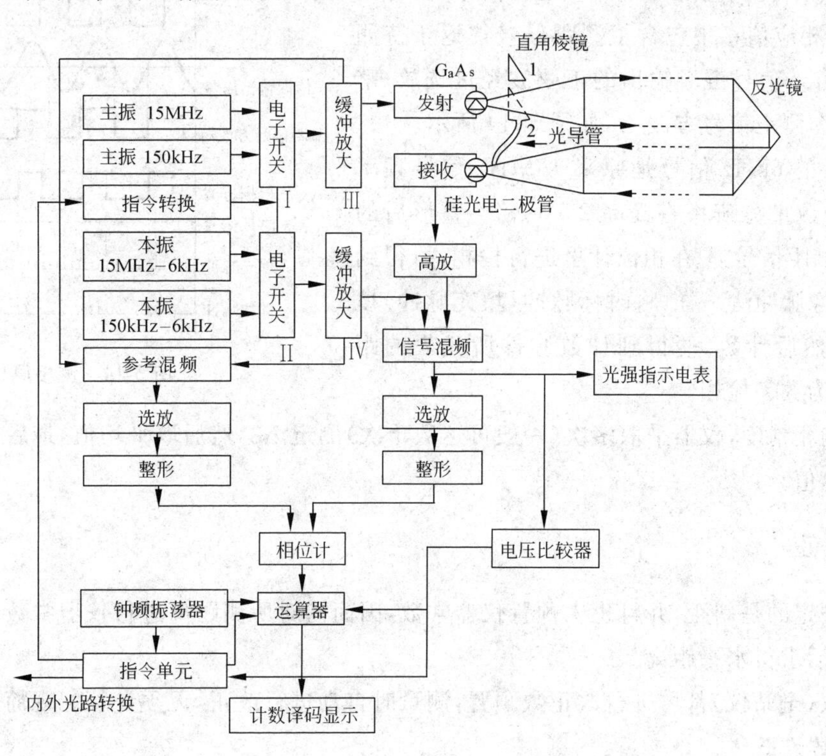

图 5-13　红外测距仪的工作原理

仪器内由石英晶体振荡器产生 4 个振荡频率，两个为主振荡频率(简称主振)，分别为 15MHz 正弦信号(称精测主振)和 150kHz 正弦信号(称粗测主振)。这两个信号一路送发射，作为测距信号；一路送参考混频器，作为比相的标准信号。另有两个本机振荡频率(简称本振)，分别为 15MHz－6kHz 和 150kHz－6kHz。本振信号用于与主振信号混频以产生差频信号。主、本振信号分别受电子开关Ⅰ、Ⅱ的控制。电子开关Ⅰ、Ⅱ是同步工作的，都受指令单元控制，使精主、精本信号和粗主、粗本信号分别同时输出。

主振信号经过放大送往发射，对 GaAs 发光二极管进行调制。发光二极管发出的光为调制光。该调制光经过发射光学系统，变成一束发散角为 2′～4′的光束，射向测线另一端的反光镜；经反光镜反射后，返回到接收物镜，再经过物镜光学系统聚焦到硅光电二极管上，该管将光信号变成电信号。这时的电信号频率与主振频率一样，其相位中包含了往返于待测距离 D 的相位移 ϕ。此信号经过高频放大后送至信号混频器。

为了提高仪器测定相位的精度和仪器的稳定性,测距仪中还设置了参考混频器和信号混频器。混频器的作用是将两个频率不同的信号经过混频得到这两个频率之差的信号(称差频信号)。例如,主振 $f_1=15\text{MHz}$ 与本振 $f_2=15\text{MHz}-6\text{kHz}$ 信号经混频后得到 6kHz 信号。

参考混频器是将由机内直接送来的主振信号和本振信号进行混频,得到 6kHz 正弦信号。这个信号经过选放、整形后变成方波,为参考信号方波 e_0,见图 5-14。信号混频器是将接收高放送来的主振信号和本振信号进行混频,得到的也是 6kHz 正弦信号,但是这个 6kHz 信号的相应信息中包含了测距信号往返于待测距离 D 的相位移。信号混频输出的正弦波经过选放、整形后变成方波,为测距信号方波 e_1,如图 5-14 所示。

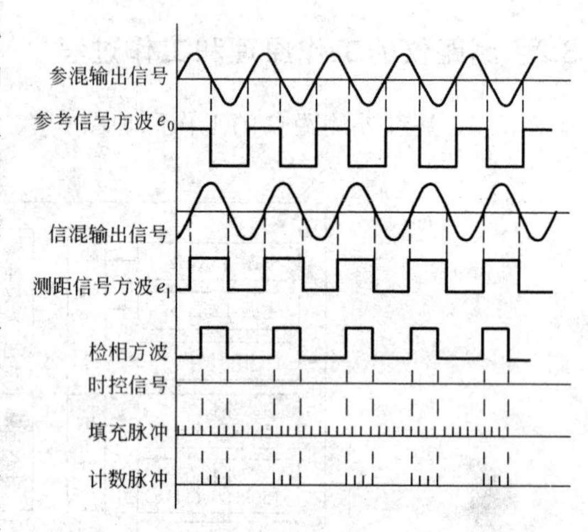

图 5-14 测相原理

由于混频后的 6kHz 信号是原来 15MHz 信号频率的 1/2 500,相位测量分辨率将提高 2 500 倍。整形后的参考信号 e_0 和测距信号 e_1 在相位计里进行检相,可得到检相方波 $\Delta\phi$。像脉冲法一样,将时标脉冲(填充脉冲)填入检相方波中,然后计数,便得到计数脉冲所代表的距离,这一过程称为数字检相。

为了提高测相精度,仪器采取多次(一般可达数千次)测定 $\Delta\phi$,然后取平均值,最后在液晶显示器上直接显示出距离值。

5.3.3 边长改正

设测距仪测定的是斜距,并且也未预置仪器常数,因而需对所测距离进行仪器常数改正、气象改正、倾斜改正等,最后求得水平距离。

现代测距仪(全站仪)都可进行改正数预置,测量时自动进行改正,无须计算。现简述改正内容。

1. 仪器常数改正

仪器常数有加常数和乘常数两项。加常数是由发光管的发射面、接收面与仪器中心不一致,反光镜的等效反射面与反光镜中心不一致,内光路产生相位延迟及电子元件的相位延迟等因素的影响所致,见图 5-15。

仪器的测尺长度与仪器振荡频率有关,仪器经过一段时间使用,晶体会老化,致使测距时仪器的晶振频率与设计时的频率有偏移,因此产生与测试距离成正比的系统误差,其比例因子称为乘常数。如晶振有 15Hz 误差,会产生 1×10^{-6} 的系统误差,1km 的距离将产生 1mm 误差。此项误差也应通过检测求定,在所测距离中加以改正。

常数改正按下式计算:

$$\Delta D_k = K + RD \tag{5-29}$$

式中,K 为仪器加常数;R 为仪器乘常数。

2. 气象改正

仪器的测尺长度是在一定的气象条件下推算出来的。但是仪器在野外测量时气象参数与仪器标准

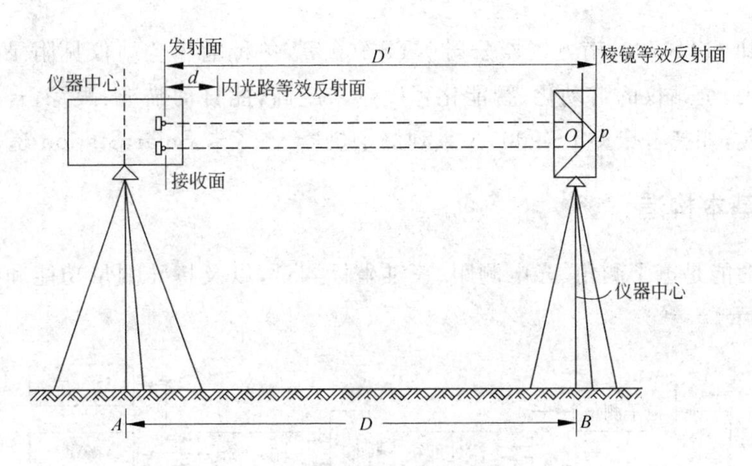

图5-15 测距仪加常数改正

气象元素不一致，因此测距时会产生系统误差。一般测距仪都设置了气象改正。如果需要，可按厂家提供的气象改正公式进行计算。

3. 倾斜改正

测距仪测试结果经过前几项改正后的距离是测距仪几何中心到反光镜几何中心的斜距。要改算成平距还应进行倾斜改正。现代测距仪一般都与光学经纬仪或电子经纬仪组合，测距时可以同时测出竖直角 α 或天顶距 z（天顶距是从天顶方向到目标方向角度）。用下式计算平距：

$$D_0 = D\sin z \tag{5-30}$$

从相位法测距公式分析仪器误差来源，从而得到仪器的标称精度：

$$M_D = \pm (A + B \times 10^{-6} D) \tag{5-31}$$

式中，A 为固定误差；B 为比例误差系数。如某厂家仪器精度为 $\pm(3\text{mm}+2\times10^{-6}\times D)$。

5.4 全站仪及其使用

红外测距仪的发展经历了三个阶段：①单测距仪；②与光学经纬仪或电子经纬仪以积木方式组合的测距仪；③与电子经纬仪结合在一体的全站仪。

20世纪70年代中期红外测距仪刚问世时，由于受电子元件的限制，体积大、重量大，难以和经纬仪组合，所以都是以单独测距仪的形式出现，只能测距。到80年代中期，随着电子器件小型化、集成化，测距仪的体积可以做得很小，重量也在1.2kg以下，便将测距头架在光学经纬仪上，组成积木式的测距仪。野外测量时在一个测站上可完成测距和测角。但是要手工输入所测的竖直角及水平角到计算器中，方可进行平距、高差、坐标增量的计算。到80年代末，大规模集成电路的出现以及电子经纬仪日趋成熟，测距仪与其组合，便成为集光、机、电于一体的高科技仪器设备——全站仪。测量时，仪器除自动完成水平角、竖直角、斜距、平距、高差、坐标增量的测量与计算外，还可进行轴系误差补偿、气象、归化改正，以及数据显示、处理、存储和传输等。当前，全站仪测距精度已达毫米级，测角精度已达秒级，测程可达几十公里，且重量越来越轻，功能越来越全。除此之外，国际上全站仪生产厂商日益增多，各品牌全站仪已成系列化，在功能、精度、测程以及价格档次上都能满足不同层次、不同要求测绘工作的需要，如莱卡

TPS400系列、拓普康GTS-720、南方仪器公司NTS-660等,各种电子全站仪见附录A。伴随着科学的进步和智能化的发展,全站仪的自动化、智能化程度越来越高,能自动瞄准、跟踪,自动操作的智能化测量机器人已成为现实,如拓普康GTS-9000A系列测量机器人、莱卡SmartStation超站仪等。

5.4.1 全站仪的基本构造

全站仪的基本功能是电子测角、光电测距、三维坐标测量,以及特殊测量功能和数据存储、通信等,其组成如图5-16所示。

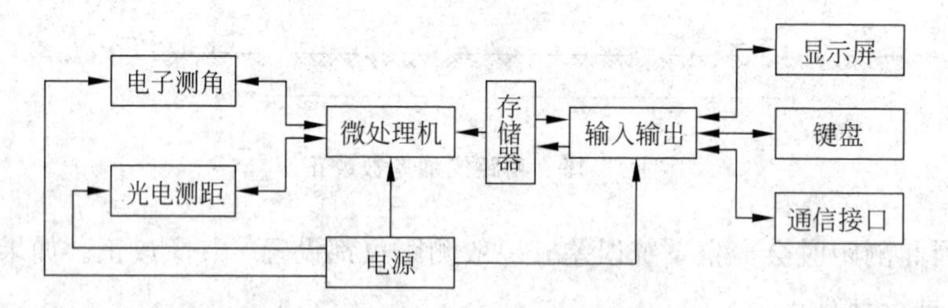

图5-16 全站仪基本组成图

5.4.2 全站仪的构造特点

目前国内外生产的全站仪多数均具备如下几项构造特点。

(1) 三轴同一

全站仪的望远镜将测距系统的发射光轴和接收光轴与测角系统的视准轴同轴,实现了三轴同一,如图5-17所示。这样能够保证当望远镜照准目标棱镜的中心时,就能够准确、迅速地同时测定水平角、竖直角和斜距S、平距D、高差h,并可进行连续测量和跟踪测量等。

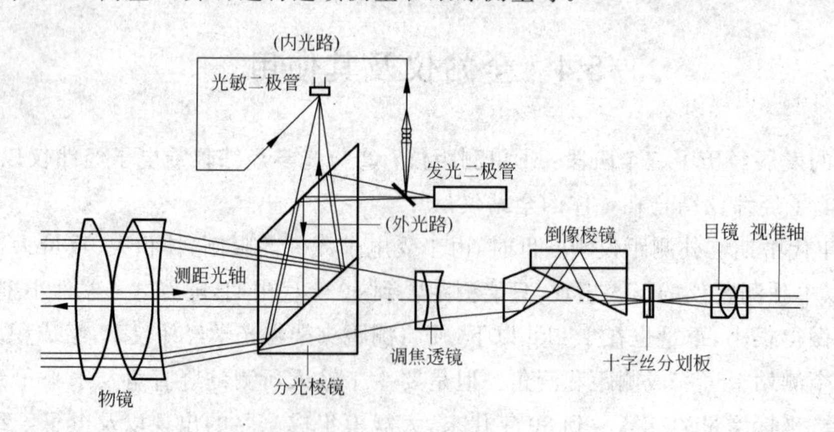

图5-17 三轴同一

(2) 键盘输入屏幕显示

全站仪一般配备有前后双键盘(见图5-18),仪器的各项设置和功能操作都可通过功能键、数字键或通过键盘调用菜单来实现。国产全站仪和多数进口全站仪基本实现了全中文界面和中文菜单,可在屏幕上显示仪器的性能、参数等信息(包括自动显示仪器可能存在的各种错误信息),以及所测的角度

(方向值)、距离、高差或三维坐标等数据。

(3) 数据存储与通信

多数全站仪均带有可存储3 000点以上观测数据的内部存储器，有些全站仪还可外插存储卡如CF卡或SD卡，以增加存储量。全站仪可将不同时间或不同测站上观测到的数据以文件的形式分别保存，通过RS-232C标准接口或USB接口与计算机进行双向数据通信，并可与自动绘图机连接，在绘图软件的支持下进行绘图作业。

(4) 仪器误差和气象条件的自动改正

在角度测量时，由于仪器整平不完善等原因可能会引起横轴误差、竖轴误差以及竖盘归零误差等仪器误差。全站仪通常配备有双轴补偿装置和竖盘自动归零补偿装置，能检测出仪器的微小倾斜并自动给予改正，测得经补偿后的水平角和竖直角。

双轴补偿装置大多为液体补偿器，有透射式和反射式两种。双轴补偿是指自动补偿竖轴纵向倾斜分量对垂直度盘读数的影响和竖轴横向倾斜分量对水平度盘读数的影响。它是先利用CCD技术获取纵、横两个方向的倾斜分量，然后由微处理器计算和改正在水平度盘和垂直度盘读数的影响而达到自动改正的目的。

距离测量时，电磁波在大气中传输会受到气象条件的影响而带来测距误差，全站仪可通过键盘输入相应气象数据、棱镜常数对所测距离进行自动改正。

(5) 免棱镜测距

近年来，很多全站仪都设置了免棱镜测距功能。除脉冲式测距外，在相位式的测距仪上，也设置了高精度的免棱镜测距模式，精度达到毫米级。一般是在同一仪器中设置两个发射光源，一个为红外光束，保证相位测距的精度和测程；一个为红外激光束，把光斑压缩得很小，光能量增大，保证漫反射的回波能测出距离，但测程较棱镜测距较短。全站仪上设置免棱镜测距模式，给测量工作、工程放样都带来了方便。

(6) 其他

有的全站仪还设有电子气泡、激光对点器，以提高对中的精度。

5.4.3　全站仪的基本测量功能

(1) 角度测量

全站仪测角一般都是用电子经纬仪测角，已在4.3节中介绍。

(2) 距离测量

距离测量是使用光电测距，大部分是红外测距和红外激光测距，其原理、方法已在5.3节中讲述，在此不赘详。

(3) 坐标及高程测量

全站仪都有三维坐标测量的功能，选定该模式，输入仪器高、目标高和测站点的坐标和高程，照准已知方位角的点。然后瞄准目标的棱镜。全站仪即可按程序计算坐标和高程。

用坐标放样模式，也可进行坐标和高程的放样。

(4) 特殊测量功能

除上述基本测量功能外，全站仪还可进行偏心测量、对边测量、面积测量、悬高测量和工程放样等。

5.4.4 NTS-660 全站仪

现以南方测绘仪器公司生产的 NTS-660 系列全站仪为例,介绍全站仪的基本操作。

1. 仪器的构造和主要性能

NTS-660 系列全站仪的各个部件和外形见图 5-18。

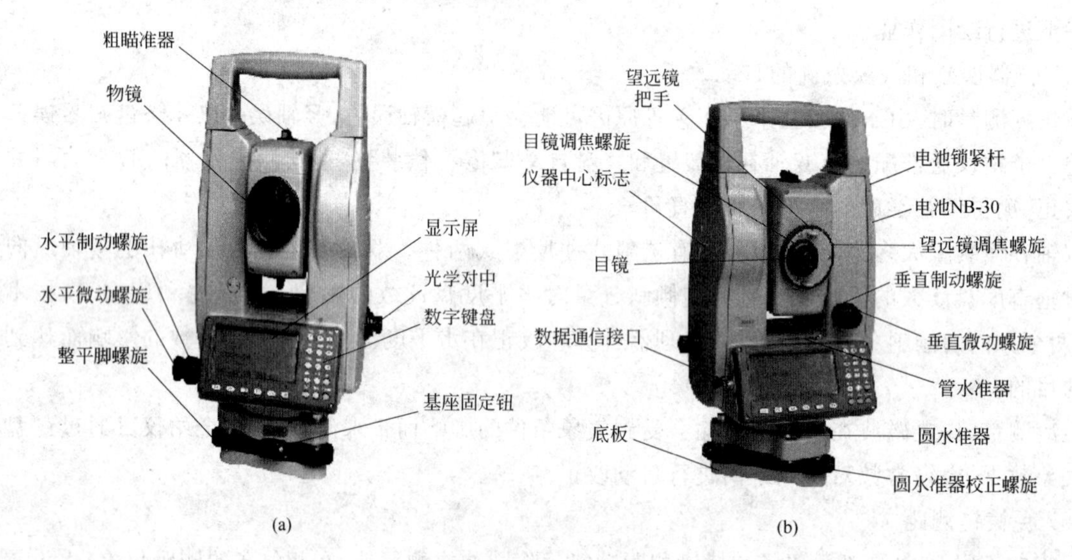

图 5-18 NTS-660

该仪器是高智能化程度的全站仪,采用图标菜单,绝对数码度盘 16MB 内存,存储测量数据或坐标数据多达 4 万个。具备常用的基本测量模式(角度测量、距离测量、坐标测量)和特殊测量程序(悬高测量、偏心测量、对边测量、距离放样、坐标放样、后方交会),还预装了标准测量程序,为控制测量、地形测量、工程放样提供条件。NTS-660 全站仪(中文版)采用 8 行简体中文显示。使用 RS-232C 标准接口可与计算机进行双向数据通信。

NTS-660 系列全站仪有 NTS-662、NTS-663、NTS-665 三种型号,测角分别为±2″,±3″和±5″;单棱镜测程分别为 1.8km、1.6km 和 1.4km;三棱镜测程分别为 2.6km、2.3km 和 2.0km;测距精度均为 $\pm(2\text{mm}+2\times10^{-6}\times D)$。

NTS-660 系列全站仪的操作面板如图 5-19 所示,各键名称和功能见表 5-2,屏幕显示符号见表 5-3。

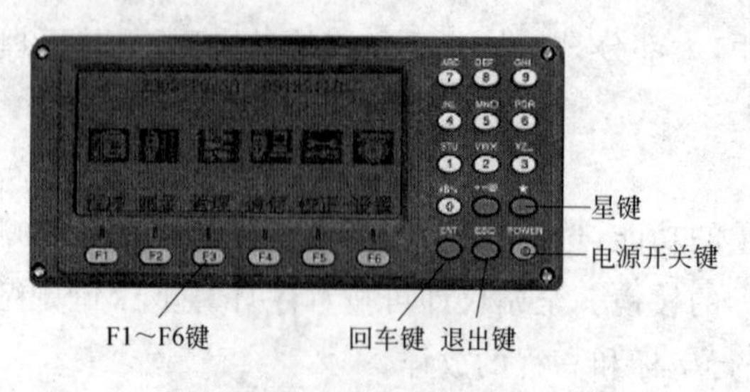

图 5-19 NTS-660 操作面板

表 5-2 NTS-660 系列全站仪操作面板上各键名称和功能

按 键	名 称	功 能
F1～F6	软键	功能参见所显示的信息
0～9	数字键	输入数字,用于欲置数值
ENT	回车键	数据输入结束并认可时按此键
POWER	电源键	控制电源的开/关
★	星键	用于仪器若干常用功能的操作
ESC	退出键	退回到前一个显示屏或前一个模式
A～/	字母键	输入字母

表 5-3 NTS-660 系列全站仪操作面板上屏幕显示符号

符号	含义	符号	含义
V	竖直角	*	电子测距正在进行
V%	百分度	m	以米为单位
HR	水平角(右角)	ft	以英尺为单位
HL	水平角(左角)	F	精测模式
HD	平距	N	N 次测量
VD	高差	T	跟踪模式(10mm)
N	北向坐标	R	重复测量
SD	斜距	S	单次测量
Z	天顶方向坐标	psm	棱镜常数值
E	东向坐标	ppm	大气改正值

2. NTS-660 全站仪的基本操作

(1) 测量前的准备工作

在关机状态安装好电池,按照普通光学经纬仪对中、整平的方法,将全站仪安置在测站点上。将反射棱镜安置在目标处。

打开电源开关,显示主菜单,如图 5-20。

然后按照屏幕提示使用功能和菜单键输入棱镜常数,根据量得的温度和气压,如亮度单位、气象改正、倾斜改正等,设定键进行设置。

根据工作需要,按照主菜单用软件选择测量方式,选择菜单项可按软键 F1～F6 进行操作,主菜单各项功能列于图 5-20 下部。

(2) 角度测量

按 F2 选择测量模式。测量模式有角度测量、距离测量和坐标测量三项。在角度测量模式下,水平角和竖直角同时测量。照准第一目标 A,根据屏幕提示,按 F4 和 F6 键使水平度盘置零,并显示 A 点的天顶距,照准第二目标 B,显示窗里即为 B 点的天顶距和 A、B 间的水平角。

(3) 距离测量

距离与角度同时测量,在进行距离测量前通常需要确认大气改正的设置和棱镜常数的设置,大气改正和棱镜常数设置在星键(★)模式下进行。进行距离测量时,用望远镜正确瞄准反射棱镜中心,在角度

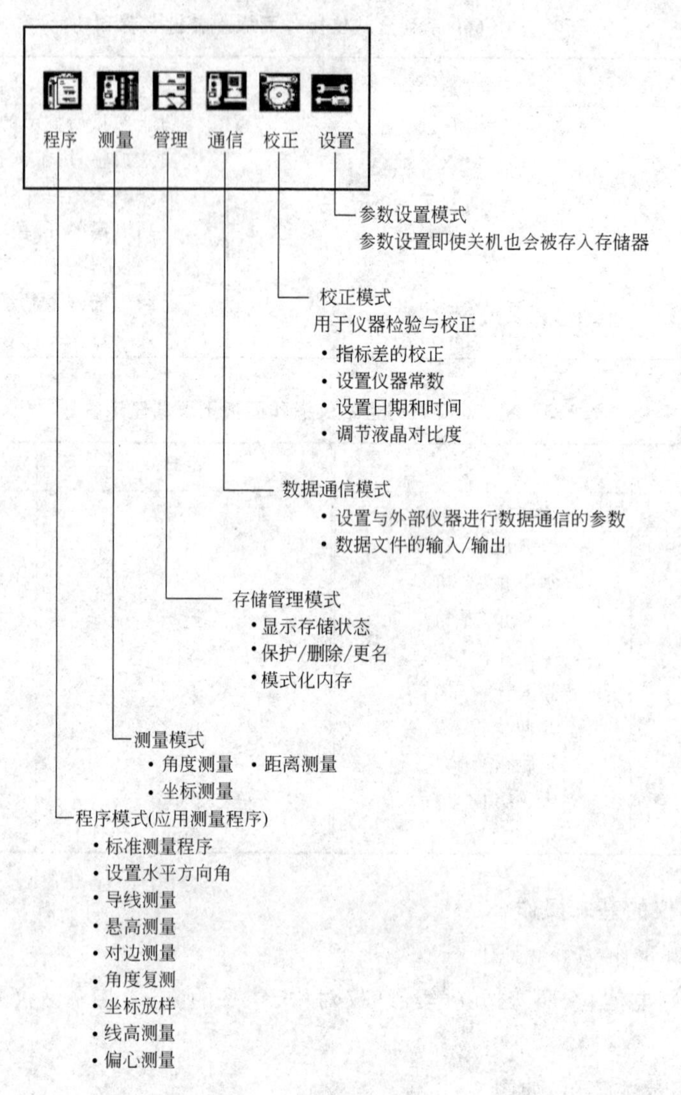

图 5-20 菜单功能

测量模式下,按 F2 键进入测距状态开始测距。可根据测量工作的需要选择软键设置测距模式,如:平距测量、斜距测量、高差测量、精确测量和连续跟踪测量等。显示窗则显示出相应的测量值,如水平角(HR)、竖直角(V)和斜距(SD),或水平角(HR)、水平距离(HD)和高差(VD)等。按 F3 键将退出距离测量工作返回到角度测量状态。

(4) 坐标测量

利用全站仪进行待定点坐标测量是数字地籍测量和地形测图数据采集工作中最常用的功能。首先将仪器安置在已知测站点上,确认在角度测量模式下,按 F3(坐标)键,进入坐标测量状态。根据屏幕提示通过按 F6(P1↓)键进入第 2 页功能;按 F5(设置)键,输入测站点三维坐标(N0,E0,Z0)、仪器高和后视已知点三维坐标及棱镜高。瞄准后视点,仪器自动计算出后视方位角后(或直接键盘输入后视方位角),再瞄准待测点反光棱镜,按坐标测量键进行测量,屏幕将直接显示待定未知点的三维坐标。

在实际工作中，通常将已知控制点坐标事先输入仪器，建立已知数据文件，供实地数据采集测量时调用，而实测待定点的数据同样也自动形成数据文件存入仪器中，以便与计算机进行通信，传给计算机并用专门绘图软件进行地籍图或地形图的编辑。

建立数据文件、进行数据通信以及电子全站仪的其他功能，这里不再赘述，可参阅有关全站仪使用手册。

5.5 直线定向

5.5.1 直线定向的概念

确定地面两点在平面上的位置，不仅需要量测两点间的距离，还要确定该直线的方向。为此先选择一个标准方向，再根据直线与标准方向之间的关系确定该直线方向。这一工作称为直线定向。

测量中常用的标准方向线有三种：

1. 真子午线方向

真子午线方向是过地面某点真子午面与地球表面交线的方向。真子午线北端所指方向为正北方向。可以用天文测量的方法或用陀螺经纬仪方法测定，用陀螺经纬仪测定方位角参见 11.6.4 节。

2. 磁子午线方向

磁子午线方向是过地球某点磁子午线的切线方向，它可以用罗盘仪测定。即当磁针静止时指针指的方向为磁子午线方向。其北端所指方向为磁北方向。

3. 坐标纵轴方向

在第 2 章中已阐述，我国地图常采用高斯平面直角坐标系，用 3°带或 6°带投影的中央子午线作为坐标纵轴。因此在该带内直线定向，就是用该带的坐标纵轴方向作为标准方向。坐标纵线北端所指方向为坐标北方向。

若在特殊地区，建立独立坐标系，则用独立坐标系坐标纵轴方向作为标准方向。

测量上常将上述方向线绘在地图图廓线下方，也称三北方向线，见图 5-21。

5.5.2 直线定向方法

测量中常用方位角表示直线方向。由标准方向的北端起，顺时针方向到某直线水平夹角，称为该直线的方位角，方位角值从 0°～360°，见图 5-22。

若标准方向为真子午线方向，则称真方位角，用 A 表示。若标准方向为磁子午线方向，则称磁方位角用 A_m 表示。若标准方向为坐标纵轴方向，则称为坐标方位角，用 α 表示。

1. 真方位角和磁方位角之间的关系

由于地球磁极与地球旋转轴南北极不重合，因此过地面上某点的真子午线与磁子午线不重合。两者之间夹角为磁偏角，用 δ 表示。如图 5-23 所示，磁子午线北端偏于真子午线以东为东偏($+\delta$)，偏于真子午线以西为西偏（$-\delta$)。地球上不同地点磁偏角也不同。直线的真方位角与磁方位角之间可用下式换算：

$$A = A_m + \delta \tag{5-32}$$

我国磁偏角的变化大约在＋6°到－10°之间。北京地区磁偏角为西偏，约－5°左右。

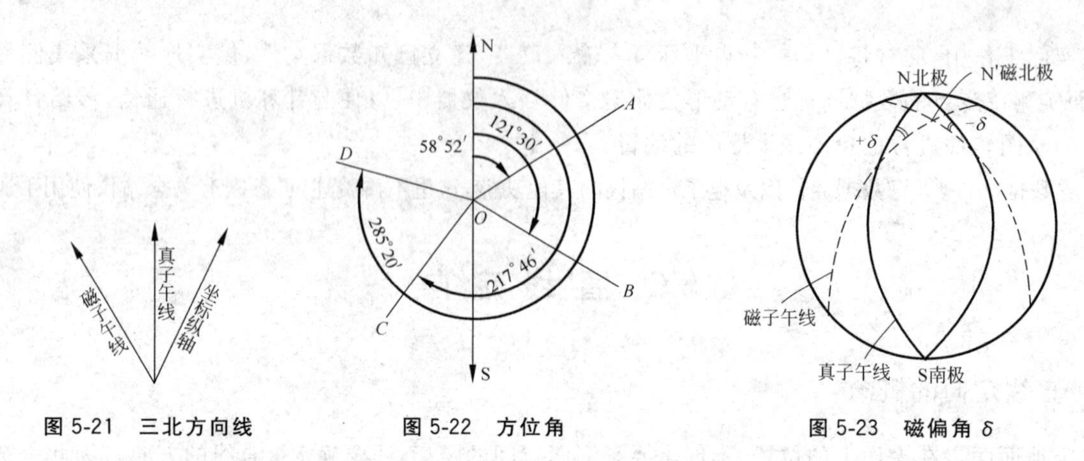

图 5-21 三北方向线 图 5-22 方位角 图 5-23 磁偏角 δ

地球磁极是不断变化的,北磁极正以每年 10km 的速度向地理北极移动。目前北磁极位于加拿大北部北纬 76.2°,西经 100.6°。南磁极位于南纬 65°,东经 139.4°。磁北极距真北极 1 500km(1975 年测试)。由于磁极的变化,磁偏角也在变化。另外罗盘仪还会受到地磁场及磁暴、磁力异常的影响。所以磁方位角一般用于精度要求较低、定向困难的地区如林业测量等。在大地测量中用真方位角。

2. 真方位角和坐标方位角

地面上在不同经度的子午线都会聚于两极,所以真子午线方向除了在赤道上的各点外,彼此都不平行。地面上两点子午线方向的夹角,称为子午线收敛角,用 γ 表示。如图 5-24(a)。设 A、B 为同纬度上的两点,其距离为 l。过 A、B 两点分别作子午线切线交于地轴 P 点。AP、BP 为子午线方向。γ 为子午线收敛角。若 A、B 相距不太远时,子午线收敛角 γ 可用下式计算:

$$\gamma = \frac{l}{BP} \cdot \rho$$

在直角三角形 BOP 中,$\overline{BP} = R/\tan\varphi$,代入上式得

$$\gamma = \frac{l}{R}\tan\varphi$$

从扇形 $AO'B$ 中:$l = \dfrac{r \cdot \Delta L}{\rho}$,$r = R\cos\varphi$,$\Delta L$ 为经差。

$$\gamma = \Delta L \cdot \sin\varphi \tag{5-33}$$

从式中可知,纬度愈低,子午线收敛角愈小,在赤道上为零。纬度愈高,子午线收敛角越大。

由于存在着子午线收敛角,因此离开各投影带中央子午线各点坐标纵方向与子午线方向不重合,如图 5-24(b)。真子午线方向位于坐标纵轴方向以东,γ 取"$-$",反之取"$+$"。真方位角和坐标方位角之间可用下式换算:

$$A_{AB} = \alpha_{AB} + \gamma \tag{5-34}$$

5.5.3 正、反坐标方位角及其推算

测量中任何直线都有一定的方向。如图 5-25,直线以点 A 为起点,点 B 为终点。过起点 A 坐标纵轴的北方向与直线 AB 的夹角 α_{AB} 称为直线 AB 的正方位角。过终点 B 的坐标纵轴北方向,即与直线 BA 的夹角 α_{BA},称为直线 AB 的反方位角。正、反方位角差 180°:

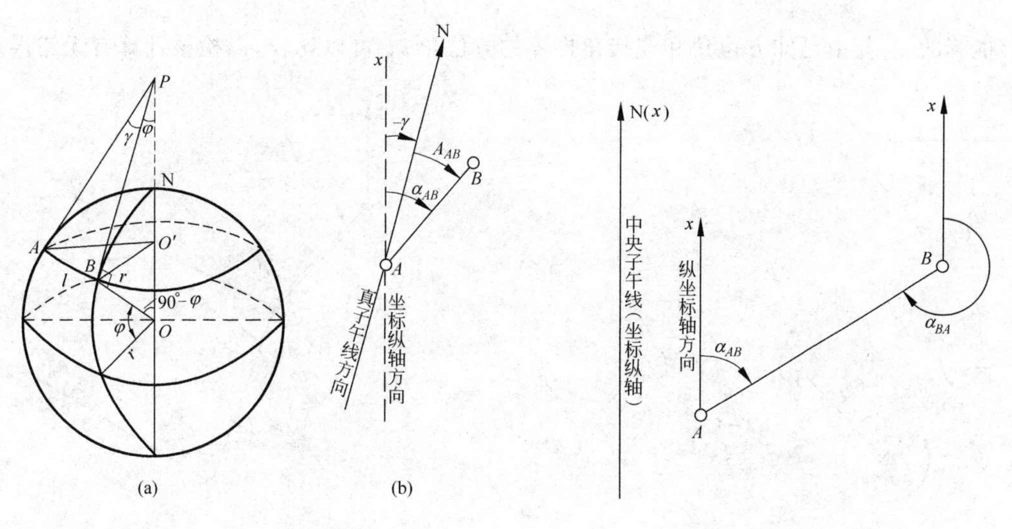

图 5-24　子午线收敛角

图 5-25　正、反方位角

$$\alpha_{AB} = \alpha_{BA} \pm 180°$$

由于地面两点真(磁)子午线不平行，存在子午线收敛角和磁偏角，则真(磁)方位角的正、反方位角不是差 180°，而存在收敛角(磁偏角)。而且收敛角随纬度不同而变化。这给测量计算带来不便。故测量工作中常用坐标方位角进行直线定向。

在测量中为了使测量成果坐标统一，并能保证测量精度。常将线段首尾连接成折线，并与已知边 AB 相联。若 AB 边的坐标方位角 α_{AB} 已知。又测定 AB 边和 B_1 边的水平角 β_B(称为连接角)和各点的折角 β_1、β_2、β_3，…。利用正、反方位角的关系和测定折角可以推算连续折线上各线段的坐标方位角。从图 5-26 可见：

$$\begin{cases}\alpha_{BA} = \alpha_{AB} + 180° \\ \alpha_{B1} = \alpha_{BA} + \beta_B - 360° = \alpha_{AB} + \beta_B - 180° \\ \alpha_{12} = \alpha_{B1} + \beta_1 - 180° = \alpha_{AB} + \beta_B + \beta_1 - 2 \times 180° \\ \cdots \\ \alpha_{ij} = \alpha_{AB} + \sum \beta_{iz} - N \times 180°\end{cases} \tag{5-35}$$

上式中 β_{iz} 是折线推算前进方向的左角。若测定的是右角则用下式计算：

$$\alpha_{ij} = \alpha_{AB} - \sum \beta_{iy} + n \times 180° \tag{5-36}$$

如图 5-27，有折线构成闭合图形，并与已知点 A 连接。β' 为连接角，β_1、β_2、β_3、β_b 为多边形内角。α_{AB} 为已知方位角。若按 B_1，12，23，3B 顺序推算各边方位角，则 β_1、β_2、β_3、β_B 为右角。现将各边方位角推导如下：

$$\begin{cases}\alpha_{BA} = \alpha_{AB} + 180° \\ \alpha_{B1} = \alpha_{AB} + \beta' - 360° = \alpha_{AB} + \beta' - 180° \\ \alpha_{12} = \alpha_{B1} + 180° - \beta_1 = \alpha_{B1} - \beta_1 + 180° \\ \alpha_{23} = \alpha_{12} + 180° - \beta_2 = \alpha_{B1} - \beta_1 - \beta_2 + 2 \times 180° \\ \alpha_{3B} = \alpha_{23} + 180° - \beta_2 = \alpha_{B1} - \beta_1 - \beta_2 - \beta_3 + 3 \times 180° \\ \alpha'_{B1} = \alpha_{3B} + 180° - \beta_B = \alpha_{B1} - \sum \beta_i + n \times 180°\end{cases} \tag{5-37}$$

由多边形推算的 α'_{B1} 与由已知方位角和连接角推算的方位角 α_{B1} 可以比较,以检核计算有无错误。

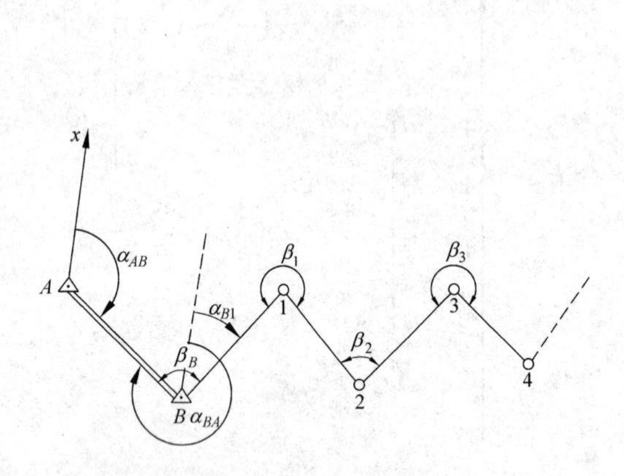

图 5-26 方位角的计算方法

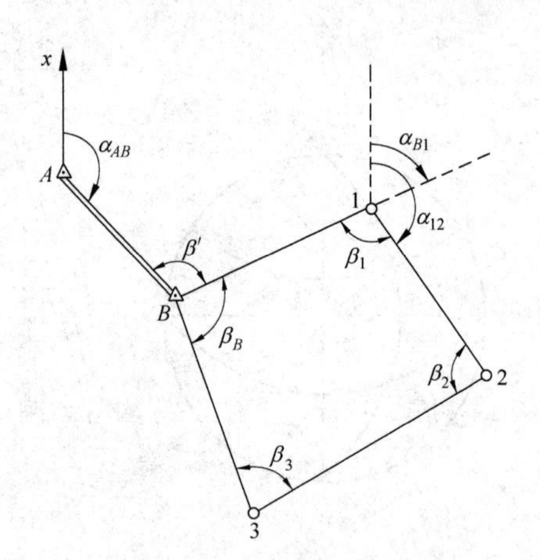

图 5-27 闭合图形的方位角计算

习题与思考题

1. 某钢尺名义长度为 30m,经检定实长为 29.998m,检定温度 $t=20℃$,拉力 $P=100N$,用该尺丈量某距离得 300m,丈量时温度 $t=35℃$,$P=100N$,两点间高差 0.95m,求水平距离。

2. 如何衡量距离测量精度?现测量了两段距离 AB 和 CD,AB 往测 254.26m,返测 254.31m;CD 往测 385.27m,返测 385.34m,这两段距离测量精度是否相同?哪段精度高?

3. 下表为视距测量成果,计算各点所测水平距离和高差。

测站 $H_0=50.00$m　　仪器高 $i=1.56$m

点号	上丝读数 下丝读数 尺间隔	中丝读数	竖盘读数	竖直角	高差	水平距离	高程	备注
1	1.845 0.960	1.40	86°28′					
2	2.165 0.635	1.40	97°24′					
3	1.880 1.242	1.56	87°18′					
4	2.875 1.120	2.00	93°18′					

4. 根据图 5-28 中所注的 AB 坐标方位角和各内角,计算 BC、CD、DA 各边的坐标方位角。

5. 根据图 5-29 中 AB 边坐标方位角及水平角,计算其余各边方位角。

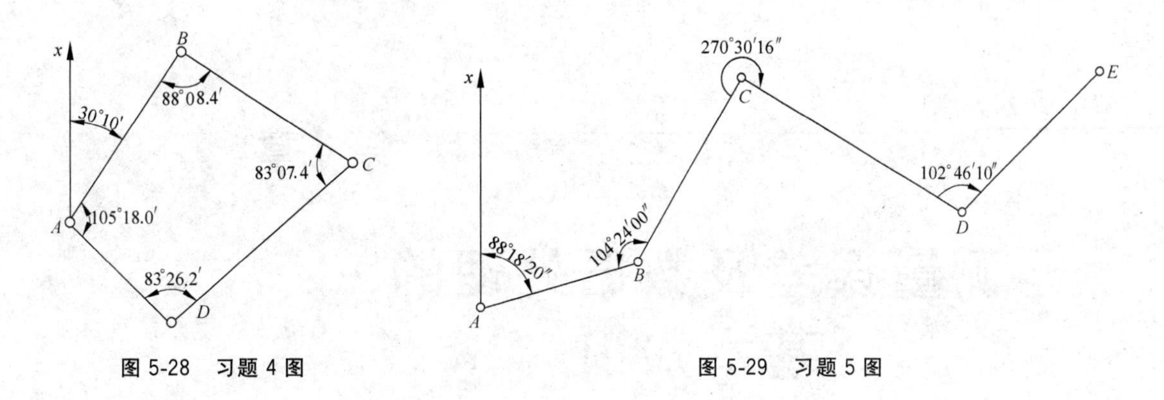

图 5-28　习题 4 图　　　图 5-29　习题 5 图

6．试述相位法测距原理？

7．相位法测距与脉冲法测距有何不同？

8．何谓全站仪？试述全站仪的基本构造特点。

9．试述全站仪的基本功能。

10．相位法测距为何设粗测尺和精测尺？

11．何谓定向？标准方向有几个？它们之间有何关系？

第6章

测量误差及数据处理的基本知识

6.1 概　　述

6.1.1 测量与观测值

测量是人们认识自然、认识客观事物的必要手段和途径。通过一定的仪器、工具和方法对某量进行量测,称为观测,获得的数据称为观测值。

6.1.2 观测与观测值的分类

1. 同精度观测和不同精度观测

按测量时所处的观测条件可分为同精度观测和不同精度观测。

构成测量工作的要素包括观测者、测量仪器和外界条件,通常将这些测量工作的要素统称为观测条件。在相同的观测条件下,即用同一精度等级的仪器、设备,在相同的方法和外界条件下,由具有大致相同技术水平的人所进行的观测称为同精度观测,其观测值称为同精度观测值或等精度观测值。反之,则称为不同精度观测,其观测值称为不同(不等)精度观测值。例如,两人用DJ6经纬仪各自测得的一测回水平角属于同精度观测值;若一人用DJ2经纬仪、一人用DJ6经纬仪测得的一测回水平角,或都用DJ6经纬仪但一人测二测回,一人测四测回,各自所得到的水平角均值则属于不等精度观测值。

2. 直接观测和间接观测

按观测量与未知量之间的关系可分为直接观测和间接观测,相应的观测值称为直接观测值和间接观测值。

为确定某未知量而直接进行的观测,即被观测量就是所求未知量本身,称为直接观测,观测值称为直接观测值。通过被观测量与未知量的函数关系来确定未知量的观测称为间接观测,观测值称为间接观测值。例如,为确定两点间的距离,用钢尺直接丈量属于直接观测；而视距测量则属于间接观测。

3. 独立观测和非独立观测

按各观测值之间相互独立或依存关系可分为独立观测和非独立观测。各观测量之间无任何依存关系，是相互独立的观测称为独立观测，观测值称为独立观测值。若各观测量之间存在一定的几何或物理条件的约束，则称为非独立观测，观测值称为非独立观测值。如对某一单个未知量进行重复观测，各次观测是独立的，各观测值属于独立观测值；而观测某平面三角形的三个内角，因三角形内角之和应满足180°这个几何条件，则属于非独立观测，三个内角的观测值属于非独立观测值。

6.1.3　测量误差及其来源

1. 测量误差定义

测量中的被观测量，客观上都存在着一个真实值，简称真值。对该量进行观测得到观测值。观测值与真值之差，称为真误差，即

$$\text{真误差} = \text{观测值} - \text{真值} \tag{6-1}$$

2. 测量误差的反映

测量中不可避免地存在着测量误差，例如，为求某段距离，往返丈量若干次；为求某角度，重复观测几测回。这些重复观测的各次观测值之间存在着差异。又如，为求某平面三角形的三个内角，只要对其中两个内角进行观测就可得出第三个内角值，但为检验测量结果，对三个内角均进行观测，这样三个内角之和往往与真值180°产生差异。第三个内角的观测是“多余观测”。这些“多余观测”导致的差异事实上就反映了测量误差。

3. 测量误差的来源

产生测量误差的原因很多，其来源概括起来有以下三方面。

(1) 测量仪器

测量工作要使用测量仪器进行。任何仪器只具有一定限度的精密度，使观测值的精密度受到限制。例如，在用只刻有厘米分划的普通水准尺进行水准测量时，就难以保证估读的毫米值完全准确。同时，仪器因装配、搬运、磕碰等原因导致其存在着自身的误差，如水准仪的视准轴不平行于水准管轴，就会使观测结果产生误差。

(2) 观测者

由于观测者的视觉、听觉等感官的鉴别能力有一定的局限，所以在仪器的安置、使用中都会产生误差，如整平误差、照准误差、读数误差等。同时，观测者的工作态度、技术水平和观测时的身体状况等也是影响观测结果质量的直接因素。

(3) 外界环境条件

测量工作都是在一定的外界环境条件下进行的，如温度、湿度、风力、大气折光等因素，这些因素的差异和变化都会直接对观测结果产生影响，必然给观测结果带来误差。

6.1.4　研究测量误差的指导原则

测量工作由于受到上述三方面因素的影响，观测结果总会产生这样或那样的观测误差，即观测误差

是不可避免的。一般在测量中人们总希望使每次观测所出现的测量误差越小越好,甚至趋近于零。但要真正做到这一点,就要使用极其精密的仪器,采用十分严密的观测方法,付出很高的代价。事实上,在实际生产中,根据不同的测量目的,是允许测量结果有一定程度的误差的。测量工作的目标并不是简单地使测量误差越小越好,而是要在一定的观测条件下,设法将误差限制在与测量目的相适应的范围内。通过分析测量误差,求得未知量的最合理、最可靠的结果,并对观测成果的质量进行评定。

6.2 测量误差的种类

按测量误差对测量结果影响性质的不同,可将测量误差分为粗差、系统误差和偶然误差三类。

6.2.1 粗差

粗差也称错误,是由于观测者使用仪器不正确或疏忽大意,如测错、读错、听错、算错等造成的错误,或因外界条件意外的显著变动引起的差错。粗差的数值往往偏大,使观测结果显著偏离真值。因此,一旦发现含有粗差的观测值,应将其从观测成果中剔除。一般地讲,只要严格遵守测量规范,工作中仔细、谨慎,并对观测结果作必要的检核,粗差是可以避免和被发现的。

6.2.2 系统误差

在相同的观测条件下,对某量进行的一系列观测中,数值大小和正负符号固定不变,或按一定规律变化的误差,称为系统误差。

系统误差具有累积性,它随着观测次数的增多而积累。系统误差的存在必将给观测成果带来系统的偏差,反映了观测结果的准确度。准确度是指观测值对真值的偏离程度或接近程度。

为了提高观测成果的准确度,首先要根据数理统计的原理和方法判断一组观测值中是否含有系统误差,其大小是否在允许的范围以内。然后采用适当的措施消除或减弱系统误差的影响。通常有以下三种方法:

(1) 测定系统误差的大小,对观测值加以改正。如用钢尺量距时,通过对钢尺的检定求出尺长改正数,对观测结果加尺长改正数和温度变化改正数,来消除尺长误差和温度变化引起的系统误差;又如全站仪上设置的双轴补偿、两差改正等,以改正视准轴误差、竖轴误差和大气折光、地球曲率的影响。

(2) 采用对称观测的方法,使系统误差在观测值中以相反的符号出现,加以抵消。如水准测量时,采用前、后视距相等的对称观测,以消除由于视准轴不平行于水准管轴所引起的系统误差;经纬仪测角时,用盘左、盘右两个观测值取中数的方法以消除视准轴误差等。

(3) 检校仪器,将仪器存在的系统误差降低到最小限度,或限制在允许的范围内,以减弱其对观测结果的影响。如经纬仪照准部管水准轴不垂直于竖轴的误差对水平角的影响,可通过精确检校仪器并在观测中仔细整平的方法来减弱。

系统误差的计算和消除,取决于我们对它的了解程度。用不同的测量仪器和测量方法,系统误差的存在形式也不同,消除系统误差的方法当然也会有所不同。必须根据具体情况进行检验、定位和分析研究,采取不同措施,使系统误差尽可能地得到消除或减小到可以忽略不计的程度。

6.2.3 偶然误差

在相同的观测条件下对某量进行一系列观测,单个误差的出现没有一定的规律性,其数值的大小和符号都不固定,表现出偶然性,但大量的误差却具有一定的统计规律性,这种误差称为偶然误差,又称为随机误差。

例如,用经纬仪测角时,就单一观测值而言,由于受照准误差、读数误差、外界条件变化所引起的误差、仪器自身不完善而引起的误差等综合的影响,测角误差无论是数值的大小或正负都不能预知,具有偶然性。所以测角误差属于偶然误差。

偶然误差反映了观测结果的精密度。精密度是指在同一观测条件下,用同一观测方法对某量多次观测时,各观测值之间相互的离散程度。

在观测过程中,系统误差和偶然误差往往是同时存在的。当观测值中有显著的系统误差时,偶然误差就居于次要地位,观测误差呈现出系统的性质;反之,呈现出偶然的性质。因此,对一组剔除了粗差的观测值,首先应寻找、判断和排除系统误差,或将其控制在允许的范围内,然后根据偶然误差的特性对该组观测值进行数学处理,求出最接近未知量真值的估值,称为最或是值;同时,评定观测结果质量的优劣,即评定精度。这项工作在测量上称为测量平差,简称平差。本章主要讨论偶然误差及其平差。

6.3 偶然误差的特性及其概率密度函数

由前所述,偶然误差单个出现时不具有规律性,但在相同条件下重复观测某一量时,所出现的大量的偶然误差却具一定的规律性,这种规律性可根据概率原理,用统计学的方法来分析研究。

例如,在相同条件下对某一个平面三角形的三个内角重复观测了358次,由于观测值含有误差,故每次观测所得的三个内角观测值之和一般不等于180°,按下式算得三角形各次观测的误差Δ_i(称三角形闭合差):

$$\Delta_i = a_i + b_i + c_i - 180^\circ$$

式中,a_i,b_i,c_i为三角形三个内角的各次观测值($i=1,2,\cdots,358$)。

现取误差区间dΔ(间隔)为$0.2''$,将误差按数值大小及符号进行排列,统计出各区间的误差个数k及相对个数$\frac{k}{n}$($n=358$),见表6-1。

表6-1　误差统计表

误差区间 dΔ''	负误差		正误差	
	个数k	相对个数	个数k	相对个数
0.0～0.2	45	0.126	46	0.128
0.2～0.4	40	0.112	41	0.115
0.4～0.6	33	0.092	33	0.092
0.6～0.8	23	0.064	21	0.059
0.8～1.0	17	0.047	16	0.045

续表

误差区间 dΔ″	负误差		正误差	
	个数 k	相对个数	个数 k	相对个数
1.0～1.2	13	0.036	13	0.036
1.2～1.4	6	0.017	5	0.014
1.4～1.6	4	0.011	2	0.006
1.6以上	0	0.000	0	0.000
总和	181	0.505	177	0.495

从上表的统计数字中，可以总结出在相同的条件下进行独立观测而产生的一组偶然误差，具有以下四个统计特性：

(1) 在一定的观测条件下，偶然误差的绝对值不会超过一定的限度，即偶然误差是有界的；

(2) 绝对值小的误差比绝对值大的误差出现的机会大；

(3) 绝对值相等的正、负误差出现的个数大致相等；

(4) 偶然误差的算术平均值随着观测次数的无限增加趋于零，即

$$\lim_{n\to\infty}\frac{\Delta_1+\Delta_2+\cdots+\Delta_n}{n}=\lim_{n\to\infty}\frac{[\Delta]}{n}=0 \tag{6-2}$$

式中，[ ]表示求和。

上述第四个特性是由第三个特性导出的，它说明偶然误差具有抵偿性，这个特性对深入研究偶然误差具有十分重要的意义。

表6-1中的相对个数$\frac{k}{n}$称为频率。若以横坐标表示偶然误差的大小，纵坐标表示$\frac{\text{频率}}{\text{组距}}$，即$\frac{k}{n}$再除以组距 dΔ(本例取 dΔ=0.2″)，则纵坐标代表$\frac{k}{0.2n}$之值，可绘出误差统计直方图(图6-1)。

显然，图中所有矩形面积的总和等于1，而每个长方条的面积(如图6-1中斜线所示的面积)等于$\frac{k}{0.2n}\times 0.2=\frac{k}{n}$，即为偶然误差出现在该区间内的频率，如偶然误差出现在+0.4″～+0.6″区间内的频率为0.092。若使观测次数 $n\to\infty$，并将区间 dΔ 分得无限小(dΔ→0)，此时各组内的频率趋于稳定而成为概率，直方图顶端连线将变成一个光滑的对称曲线(图6-2)，该曲线称为高斯偶然误差分布曲线。在概率论中，称为正态分布曲线。也就是说，在一定的观测条件下，对应着一个确定的误差分布。曲线的纵坐标 y 是$\frac{\text{概率}}{\text{间距}}$，它是偶然误差 Δ 的函数，记为 $f(\Delta)$。图6-2中斜线所表示的长方条面积 $f(\Delta_i)\mathrm{d}\Delta$，则是偶然误差出现在微小区间$\left(\Delta_i+\frac{1}{2}\mathrm{d}\Delta,\Delta_i-\frac{1}{2}\mathrm{d}\Delta\right)$内的概率，记为

$$P(\Delta_i)=f(\Delta_i)\mathrm{d}\Delta$$

偶然误差出现在微小区间 dΔ 内的概率的大小与 $f(\Delta_i)$ 值有关，$f(\Delta_i)$ 越大，表示偶然误差出现在该区间内的概率也越大，反之则越小，因此称 $f(\Delta)$ 为偶然误差的概率密度函数，简称密度函数，其公式为

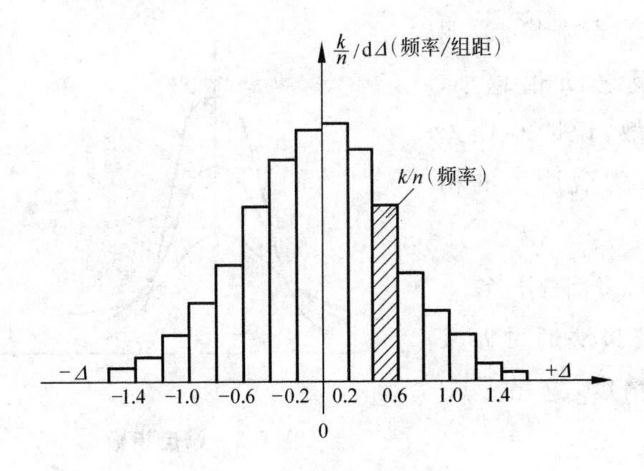

图 6-1　误差统计直方图

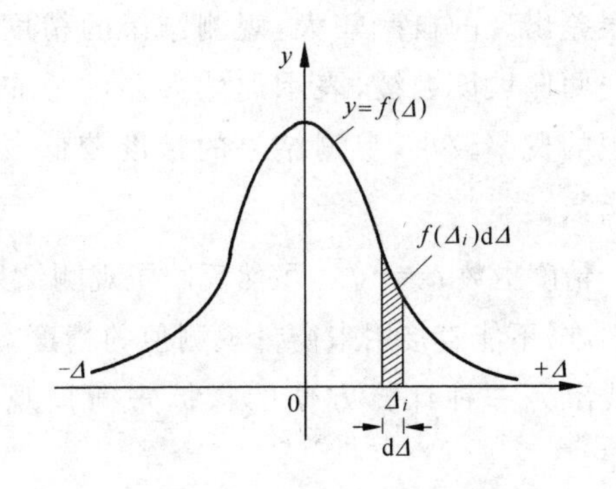

图 6-2　误差正态分布曲线

$$f(\Delta)=\frac{h}{\sqrt{\pi}}\mathrm{e}^{-h^2\Delta^2} \tag{6-3}$$

式中,$h=\mathrm{e}^c\sqrt{\pi}$; c 为积分常数。

实践证明,偶然误差不能用计算来改正或用一定的观测方法简单地加以消除,只能根据其特性来合理地处理观测数据,以提高观测成果的质量。

6.4　衡量观测值精度的指标

在测量中,常用精确度来评价观测成果的优劣。精确度是准确度与精密度的总称。准确度主要取决于系统误差的大小;精密度主要取决于偶然误差的分布。对基本不包含系统误差,而主要含有偶然误差的一组观测值,可用精密度来评价该组观测值质量的高低,精密度简称精度。

在相同的观测条件下,对某量所进行的一组观测,对应着同一种误差分布,这一组观测值中的每一个观测值,都具有相同的精度。故为了衡量观测值精度的高低,可以采用误差分布表或绘制频率直方图来评定,但这样做十分不便,有时不可能。因此,需要建立一个统一的衡量精度的标准,对精度给出一个数值概念,该标准及其数值大小应能反映出误差分布的离散或密集的程度,称为衡量精度的指标。

6.4.1　精度指数

依据偶然误差概率密度函数

$$y=\frac{h}{\sqrt{\pi}}\mathrm{e}^{-h^2\Delta^2}$$

当 $\Delta=0$ 时,$y=\frac{h}{\sqrt{\pi}}$为函数的最大值。显然,h 值的大小不同,函数的最大值(曲线峰顶在纵坐标轴上的位置)也不同。同时,由于偶然误差分布曲线与横坐标轴之间所包围的面积恒等于 1,因此当 h 值的大小不同时,分布曲线的陡缓程度也就不同。图 6-3 中表示了 $h=1$,$h=2$ 和 $h=3$ 各种曲线的形态。

h 值越大，曲线两侧坡度越陡，表示偶然误差分布较为密集，说明小误差出现的概率较大，观测结果的精度较高；反之，h 值越小，曲线两侧坡度越缓，表示偶然误差的分布较为离散，说明小误差出现的概率较小，观测结果的精度较低，因此称 h 为观测值的精度指数。

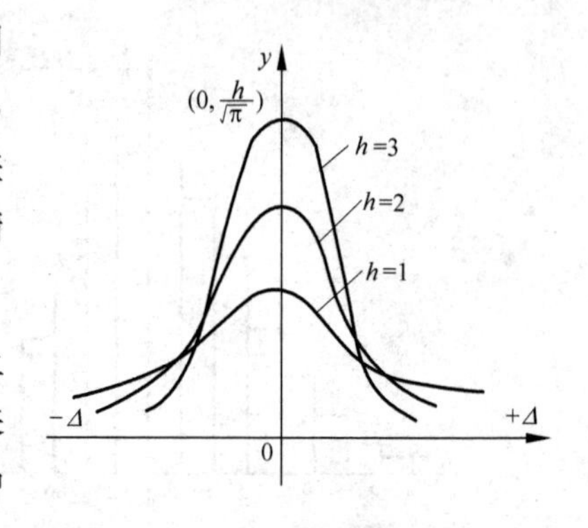

图 6-3　精度指数

精度指数 $h=e^{c}\sqrt{\pi}$，虽然反映了观测结果的精度，但由于计算上的困难，不能直接用来衡量观测值的精度，因此还要设法通过 h 来寻找出另一种计算方便的指标来衡量观测值的精度，这就是中误差。

6.4.2　中误差

设在同精度观测下出现一组偶然误差 $\Delta_1,\Delta_2,\cdots,\Delta_n$，其相应的概率为 $P(\Delta_1),P(\Delta_2),\cdots,P(\Delta_n)$，精度指数为 $h_1=h_2=\cdots=h_n=h$，即

$$\begin{cases} P(\Delta_1)=\dfrac{h}{\sqrt{\pi}}e^{-h^2\Delta_1^2}\mathrm{d}\Delta_1 \\ P(\Delta_2)=\dfrac{h}{\sqrt{\pi}}e^{-h^2\Delta_2^2}\mathrm{d}\Delta_2 \\ \vdots \\ P(\Delta_n)=\dfrac{h}{\sqrt{\pi}}e^{-h^2\Delta_n^2}\mathrm{d}\Delta_n \end{cases} \tag{6-4}$$

根据概率定理，各偶然误差在一组观测值中同时出现的概率 P 等于各偶然误差概率的乘积，即

$$P=P(\Delta_1)P(\Delta_2)\cdots P(\Delta_n)$$

将式(6-4)代入上式得

$$P=\left(\frac{h}{\sqrt{\pi}}\right)^n e^{-h^2\sum_1^n\Delta^2}\mathrm{d}\Delta_1\mathrm{d}\Delta_2\cdots\mathrm{d}\Delta_n \tag{6-5}$$

有理由认为，在一次观测中出现的某一组偶然误差，应具有最大的出现概率，即其概率 P 最大。为此，将式(6-5)对 h 求一阶导数，并令其为零，即

$$\frac{\mathrm{d}P}{\mathrm{d}h}=0$$

以 h 为自变量求导，与 $\left(\frac{1}{\sqrt{\pi}}\right)^n$ 及 $\mathrm{d}\Delta_1\mathrm{d}\Delta_2\cdots\mathrm{d}\Delta_n$ 无关，故在式(6-5)中舍去上述各项，得

$$\begin{aligned}\frac{\mathrm{d}P}{\mathrm{d}h}&=h^n e^{-h^2\sum_1^n\Delta^2}\left[-2h\sum_1^n\Delta^2\right]+e^{-h^2\sum_1^n\Delta^2}nh^{(n-1)}\\&=h^{(n-1)}e^{-h^2\sum_1^n\Delta^2}\left[-2h\sum_1^n\Delta^2+n\right]\\&=0\end{aligned}$$

上式中若 $h^{(n-1)}=0$(即 $h=0$)，相当于 P 为极小值，不可取；若 $e^{-h^2\sum_1^n\Delta^2}=0$(即 $h=\pm\infty$)，则无意义，

因此，只有取

$$-2h^2\sum_1^n\Delta^2+n=0$$

$$2h^2=\frac{n}{\sum_1^n\Delta^2}$$

$$h=\pm\frac{1}{\sqrt{\frac{\sum_1^n\Delta^2}{n}}\cdot\sqrt{2}}$$

写成

$$h=\pm\frac{1}{m\sqrt{2}}\tag{6-6}$$

式中：$m=\pm\sqrt{\frac{\sum_1^n\Delta^2}{n}}$，称 m 为中误差。

若用[ ]代表总和，则

$$m=\pm\sqrt{\frac{[\Delta\Delta]}{n}}\tag{6-7}$$

式中，$[\Delta\Delta]$为各偶然误差的平方和；n 为偶然误差的个数。

式(6-6)是中误差与精度指数的关系式，它表明了中误差 m 与精度指数 h 成反比，即中误差 m 愈大，精度指数愈小，表示该组观测值的精度愈低；反之，则精度愈高。测量上用中误差代替精度指数作为衡量观测值精度的标准，式(6-7)为中误差定义式。

例如，甲、乙两组，各自在同精度条件下对某一三角形的三个内角观测 5 次，求得三角形闭合差 Δ_i 列于表 6-2，试问哪一组观测值精度高？

表 6-2　三角形闭合差 Δ_i

误　差	Δ_1	Δ_2	Δ_3	Δ_4	Δ_5
甲组	$+4''$	$-2''$	0	$-4''$	$+3''$
乙组	$+6''$	$-5''$	0	$+1''$	$-1''$

用中误差公式计算，得

$$m_{甲}=\pm\sqrt{\frac{4^2+(-2)^2+0+(-4)^2+3^2}{5}}=\pm3.0''$$

$$m_{乙}=\pm\sqrt{\frac{6^2+(-5)^2+0+1^2+(-1)^2}{5}}=\pm3.5''$$

因 $m_{甲}<m_{乙}$，故有理由认为甲组观测值的精度较乙组为高。

由式(6-7)求得的同精度观测值的中误差代表了该组观测值的精度，即该组观测结果中任意一个观测值的精度。

对式(6-3)取二阶导数令其等于零,便可求得误差分布曲线拐点的横坐标。

$$\frac{d^2 y}{d\Delta^2} = -\frac{2h^3}{\sqrt{\pi}} e^{-h^2\Delta^2}(1 - 2h^2\Delta^2) = 0$$

上式中的$-\frac{2h^2}{\sqrt{\pi}}$与$e^{-h^2\Delta^2}$都不可能为零(因 h 为 0 或$\pm\infty$没有意义),因此,只能取

$$1 - 2h^2\Delta^2 = 0$$

结合式(6-6),由上式可见,等号左边的Δ即为偶然误差曲线拐点的横坐标值,等号右边恰好为 m,于是

$$\Delta = \pm \frac{1}{\sqrt{2}h} = m \tag{6-8}$$

中误差 m 的几何意义即为偶然误差分布曲线两个拐点的横坐标(见图 6-4)。这也说明了用精度指数和中误差来衡量观测结果质量优劣的一致性。

6.4.3 极限误差

由偶然误差的第一个特性可知,在一定的观测条件下,偶然误差的绝对值不会超出一定的限值。这个限值就是极限误差。

由图 6-4 看出,在区间$(-m,m)$内偶然误差的概率值为

$$P\{-m < \Delta < m\} = \int_{-m}^{m} f(\Delta)d\Delta$$

$$= \int_{-m}^{m} \frac{1}{m\sqrt{2\pi}} e^{-\frac{\Delta^2}{2m^2}} d\Delta = 0.683$$

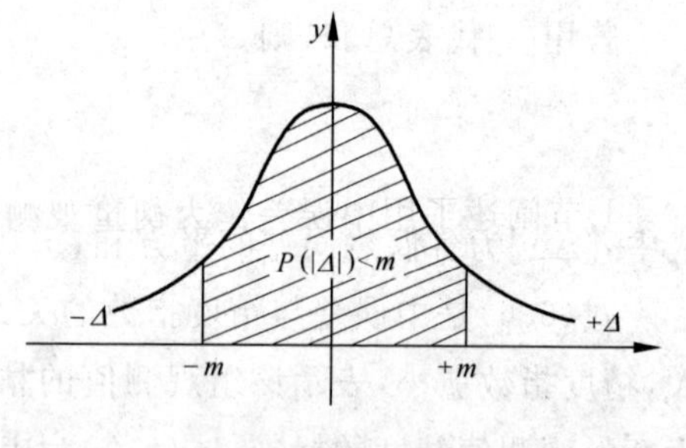

图 6-4 中误差

在区间$(-2m,2m)$内偶然误差的概率值为

$$P\{-2m < \Delta < 2m\} = \int_{-2m}^{2m} f(\Delta)d\Delta = \int_{-2m}^{2m} \frac{1}{m\sqrt{2\pi}} e^{-\frac{\Delta^2}{2m^2}} d\Delta = 0.954$$

在区间$(-3m,3m)$内偶然误差的概率值为

$$P\{-3m < \Delta < 3m\} = \int_{-3m}^{3m} f(\Delta)d\Delta = \int_{-3m}^{3m} \frac{1}{m\sqrt{2\pi}} e^{-\frac{\Delta^2}{2m^2}} d\Delta = 0.997$$

从上式可以看出,绝对值大于一倍、二倍中误差的偶然误差概率分别为 31.7%,4.6%;绝对值大于三倍中误差的偶然误差出现的概率仅为 0.3%,这已是概率接近于零的小概率事件。在实际测量工作中由于观测次数有限,绝对值大于三倍中误差的偶然误差出现的机会很小。故通常以三倍中误差作为偶然误差的极限误差的估值,即

$$|\Delta_{极}| = 3|m| \tag{6-9}$$

在实际测量工作中,以三倍中误差作为偶然误差的极限值,称为极限误差。极限误差也常常用作测量工作中的容许误差。在对精度要求较高时,也可以人为地取二倍中误差作为容许误差,即

$$|\Delta_{容}| = 2|m| \tag{6-10}$$

6.4.4 相对误差

对于衡量精度来说，有时单靠中误差还不能完全表达观测结果的质量。例如，测得某两段距离，一段长 200m，另一段长 1 000m，观测值的中误差均为±0.2m。从表面上看，似乎两者精度相同，但就单位长度来说，两者的精度并不相同。这时应采用另一种衡量精度的标准，即相对误差。

相对误差是误差的绝对值与相应观测值之比，是个无名数，在测量上通常将其分子化为 1，即用 $K=\frac{1}{N}$的形式来表示。如果计算相对误差 K 时，分子采用的是中误差，则 K 又可称为相对中误差。上例前者的相对中误差为$\frac{0.2}{200}=1/1\,000$，后者为$\frac{0.2}{1\,000}=1/5\,000$。显然，相对中误差愈小（分母越大），说明观测结果的精度愈高，反之愈低。

相对误差的分子也可以是闭合差（如量距往返量测得二个结果的较差）或容许误差，这时分别称为相对闭合差及相对容许误差。

与相对误差相对应，中误差、极限误差、容许误差等称为绝对误差。

6.5 误差传播定律

上节阐述了用中误差作为衡量观测值精度的指标。但在实际测量工作中，某些量的大小往往不是直接观测的，而是通过其他观测值间接求得的，即观测其他未知量，并通过一定的函数关系计算求得的。表述观测值函数的中误差与观测值中误差之间关系的定律称为误差传播定律。

设 Z 为独立变量 $x_1, x_2, \cdots, x_n$ 的函数，即

$$Z = f(x_1, x_2, \cdots, x_n)$$

其中 Z 为不可直接观测的未知量，真误差为 Δ_Z，中误差为 m_Z；各独立变量 $x_i(i=1,2,\cdots,n)$为可直接观测的未知量，相应的观测值为 l_i，相应的真误差为 Δ_i，相应的中误差为 m_i。即有

$$x_i = l_i - \Delta_i \tag{6-11}$$

当各观测值带有真误差 Δ_i 时，函数也随之带有真误差 Δ_Z。

$$Z + \Delta_Z = f(x_1 + \Delta_1, x_2 + \Delta_2, \cdots, x_n + \Delta_n)$$

按泰勒级数展开，取近似值

$$Z + \Delta_Z = f(x_1, x_2, \cdots, x_n) + \left(\frac{\partial f}{\partial x_1}\Delta_1 + \frac{\partial f}{\partial x_2}\Delta_2 + \cdots + \frac{\partial f}{\partial x_n}\Delta_n\right)$$

即

$$\Delta_Z = \frac{\partial f}{\partial x_1}\Delta_1 + \frac{\partial f}{\partial x_2}\Delta_2 + \cdots + \frac{\partial f}{\partial x_n}\Delta_n$$

若对各独立变量都测定了 K 次，则其平方和的关系式为

$$\begin{aligned}\sum_{j=1}^{K}\Delta_{Zj}^2 = &\left(\frac{\partial f}{\partial x_1}\right)^2\sum_{j=1}^{K}\Delta_{1j}^2 + \left(\frac{\partial f}{\partial x_2}\right)^2\sum_{j=1}^{K}\Delta_{2j}^2 + \cdots + \left(\frac{\partial f}{\partial x_n}\right)^2\sum_{j=1}^{K}\Delta_{nj}^2 \\ &+ 2\left(\frac{\partial f}{\partial x_1}\right)\left(\frac{\partial f}{\partial x_2}\right)\sum_{j=1}^{K}\Delta_{1j}\Delta_{2j} + 2\left(\frac{\partial f}{\partial x_1}\right)\left(\frac{\partial f}{\partial x_3}\right)\sum_{j=1}^{K}\Delta_{1j}\Delta_{3j} + \cdots\end{aligned}$$

由偶然误差的特性可知,当观测次数 $K\to\infty$ 时,上式中各偶然误差 Δ 的交叉项总和均趋向于零,又

$$\frac{\sum_{j=1}^{K}\Delta_{Zj}^2}{K}=m_Z^2,\quad \frac{\sum_{j=1}^{K}\Delta_{ij}^2}{K}=m_i^2$$

则

$$m_Z^2=\left(\frac{\partial f}{\partial x_1}\right)^2 m_1^2+\left(\frac{\partial f}{\partial x_2}\right)^2 m_2^2+\cdots+\left(\frac{\partial f}{\partial x_n}\right)^2 m_n^2$$

或

$$m_Z=\pm\sqrt{\left(\frac{\partial f}{\partial x_1}\right)^2 m_1^2+\left(\frac{\partial f}{\partial x_2}\right)^2 m_2^2+\cdots+\left(\frac{\partial f}{\partial x_n}\right)^2 m_n^2}\tag{6-12}$$

式(6-12)即为观测值中误差与其函数中误差的一般关系式,称中误差传播公式,也称为误差传播定律。据此不难导出下列简单函数式的中误差传播公式,见表6-3。

表6-3 中误差传播公式

函数名称	函数式	中误差传播公式
倍数函数	$Z=Ax$	$m_Z=\pm Am$
和差函数	$Z=x_1\pm x_2$	$m_Z=\pm\sqrt{m_1^2+m_2^2}$
	$Z=x_1\pm x_2\pm\cdots\pm x_n$	$m_Z=\pm\sqrt{m_1^2+m_2^2+\cdots+m_n^2}$
线性函数	$Z=A_1x_1\pm A_2x_2\pm\cdots\pm A_nx_n$	$m_Z=\pm\sqrt{A_1^2m_1^2+A_2^2m_2^2+\cdots+A_n^2m_n^2}$

误差传播定律在测量上应用十分广泛,利用这个公式不仅可以求得观测值函数的中误差,而且还可以用来研究容许误差的确定以及分析观测可能达到的精度等,下面举例说明其应用方法。

例1:在1∶500地形图上量得某两点间的距离 $d=234.5\text{mm}$,其中误差 $m_d=\pm0.2\text{mm}$,求该两点间的地面水平距离 D 的长度及其中误差 m_D。

解:

$$D=500d=500\times0.2345=117.25\text{m}$$

$$m_D=\pm500m_d=\pm500\times0.0002=\pm0.10\text{m}$$

例2:设对某一个三角形观测了其中 α,β 两个角,测角中误差分别为 $m_\alpha=\pm3.5''$,$m_\beta=\pm6.2''$,现按公式 $\gamma=180°-\alpha-\beta$ 求得 γ 角值,试求 γ 角的中误差 m_γ。

解:

$$m_\gamma=\pm\sqrt{m_\alpha^2+m_\beta^2}=\pm\sqrt{(3.9)^2+(6.2)^2}=\pm7.1''$$

例3:已知当水准仪距标尺75m时一次读数中误差 $m_{读}\approx\pm2\text{mm}$(包括照准误差,气泡置中误差及水准标尺刻划中误差),若以三倍中误差为容许误差,试求普通水准测量观测 n 站所得高差闭合差的容许误差。

解:水准测量每一站高差,$h_i=a_i-b_i(i=1,2,\cdots,n)$

则每站高差中误差

$$m_{站}=\pm\sqrt{m_{读}^2+m_{读}^2}=\pm m_{读}\sqrt{2}$$

$$=\pm2\sqrt{2}=\pm2.8\text{mm}$$

观测 n 站所得总高差 $\quad n=h_1+h_2+\cdots+h_n$

则 n 站总高差 h 的总误差　　$m_{总}=\pm m_{站}\sqrt{n}=\pm 2.8\sqrt{n}\text{mm}$

现以三倍中误差为容许误差，则高差闭合差容许误差为

$$\Delta_{容}=3\times(\pm 2.8\sqrt{n})=\pm 8.4\sqrt{n}\approx\pm 8\sqrt{n}\text{mm}$$

例4：函数式 $\Delta_y=D\sin\alpha$ 测得 $D=225.85\pm 0.06\text{m}$，$\alpha=157°00'30''\pm 20''$，求 Δ_y 的中误差 m_{Δ_y}。

解：

$$\frac{\partial f}{\partial D}=\sin\alpha \quad \frac{\partial f}{\partial \alpha}=D\cos\alpha$$

$$\begin{aligned} m_{\Delta_y}&=\pm\sqrt{\left(\frac{\partial f}{\partial D}\right)^2 m_D^2+\left(\frac{\partial f}{\partial \alpha}\right)^2 m_\alpha^2} \\ &=\pm\sqrt{\sin^2\alpha m_D^2+(D\cos\alpha)^2\left(\frac{m_\alpha}{\rho}\right)^2} \\ &=\pm\sqrt{(0.391)^2(6)^2+(22\,585)^2(0.920)^2\left(\frac{20''}{206\,265''}\right)^2} \\ &=\pm\sqrt{5.5+4.1}=\pm 3.1\text{cm} \end{aligned}$$

例5：试用误差传播定律分析视线倾斜时，视距测量中水平距离的测量精度。

解：按视距测量中水平距离的计算公式

$$D=Kl\cos^2\alpha$$

则有

$$\frac{\partial D}{\partial l}=K\cos^2\alpha \quad \frac{\partial D}{\partial \alpha}=-Kl\sin 2\alpha$$

水平距离中误差

$$\begin{aligned} m_D&=\pm\sqrt{\left(\frac{\partial D}{\partial l}\right)^2 m_l^2+\left(\frac{\partial D}{\partial \alpha}\right)^2\left(\frac{m''_\alpha}{\rho''}\right)^2} \\ &=\pm\sqrt{(K\cos^2\alpha)^2 m_l^2+(Kl\sin 2\alpha)^2\left(\frac{m''_\alpha}{\rho''}\right)^2} \end{aligned}$$

由于根式内第二项的值很小，为讨论方便起见将其略去，则

$$m_D=\pm\sqrt{(K\cos\alpha^2)^2 m_l^2}=\pm K\cos^2\alpha\cdot m_l$$

式中，m_l 为标尺视距间隔 l 的读数中误差。

因 l=下丝读数－上丝读数，故

$$m_l=\pm m_{读}\sqrt{2}$$

式中，$m_{读}$ 为一根视距丝读数的中误差。

由第3章可知，人眼的最小可分辨视角为 $60''$。DJ6经纬仪望远镜放大倍率为24倍，则人的肉眼通过望远镜来观测时，可达到的分辨视角 $r=\frac{60''}{24}=2.5''$。因此，一根视距丝的读数误差为 $\frac{2.5''}{206\,265''}\times D\approx 12.1\times 10^{-6}D$，以它作为读数误差 $m_{读}$ 代入上式后可得

$$m_l=\pm 12.1\times 10^{-6}D\sqrt{2}\approx\pm 17.11\times 10^{-6}D$$

于是

$$m_D = \pm 100\cos^2\alpha \cdot (\pm 17.11 \times 10^{-6} D)$$

又因视距测量时,一般情况下 α 值都不大,当 α 很小时 $\cos\alpha \approx 1$。为讨论方便起见将上式写为

$$m_D = \pm 17.11 \times 10^{-4} D$$

则相对中误差为

$$\frac{m_D}{D} = \pm \frac{17.11 \times 10^{-4} D}{D} = \pm 0.001\,71 \approx 1/584$$

再考虑到其他因素的影响,可以认为视距精度约 $\frac{1}{300}$。

6.6 同精度直接观测平差

6.6.1 求最或是值

设对某量进行了 n 次等精度观测,其真值为 X,观测值为 $l_1, l_2, \cdots, l_n$,相应的真误差为 $\Delta_1, \Delta_2, \cdots, \Delta_n$,则

$$\begin{aligned} \Delta_1 &= l_1 - X \\ \Delta_2 &= l_2 - X \\ &\vdots \\ \Delta_n &= l_n - X \end{aligned}$$

相加

$$[\Delta] = [l] - nX$$

除以 n

$$\frac{[\Delta]}{n} = \frac{[l]}{n} - X = L - X \tag{6-13}$$

式中,L 为观测值的算术平均值。

$$L = \frac{l_1 + l_2 + \cdots + l_n}{n} = \frac{[l]}{n} \tag{6-14}$$

根据偶然误差第四个特性,当 $n \to \infty$ 时,$\frac{[\Delta]}{n} \to 0$,于是 $L \approx X$。即当观测次数 n 无限多时,算术平均值就趋向于未知量的真值。当观测次数有限时,可以认为算术平均值是根据已有的观测数据,所能求得的最接近真值的近似值,称为最或是值或最或然值,用最或是值作为该未知量真值的估值。每一个观测值与最或是值之差,称为最或是误差,用符号 $v_i (i=1,2,\cdots,n)$ 表示:

$$v_i = l_i - L \tag{6-15}$$

最或是值与每一个观测值的差值,称为该观测值的改正数,与最或是误差绝对值相同,符号相反。

可见,

$$\begin{aligned} v_1 &= L - l_1 \\ v_2 &= L - l_2 \\ &\vdots \end{aligned}$$

相加

$$\frac{v_n = L - l_n}{[v] = nL - [l]}$$

得

$$[v]=0 \tag{6-16}$$

即改正数总和为零。式(6-16)可用作计算中的检核。

6.6.2 评定精度

1. 观测值的中误差

同精度观测值中误差的定义式(式(6-7))为

$$m = \pm\sqrt{\frac{[\Delta\Delta]}{n}}$$

式中，

$$\Delta_i = l_i - X$$

由于未知量的真值 X 无法确知，真误差 Δ_i 也是未知数，故不能直接用上式求出中误差，实际工作中，多利用观测值的改正数 v_i(其意义等同于最或是误差，而符号相反)来计算观测值的中误差，公式推导如下：

真误差

$$\Delta_i = l_i - X \quad (i = 1,2,\cdots,n)$$

最或是误差

$$v_i = l_i - L$$

两式相减得

$$\Delta_i - v_i = L - X$$

令

$$L - X = \delta$$

则

$$\begin{aligned} \Delta_1 &= v_1 + \delta \\ \Delta_2 &= v_2 + \delta \\ &\vdots \\ \Delta_n &= v_n + \delta \end{aligned}$$

取平方和

$$[\Delta\Delta] = [vv] + n\delta^2 + 2\delta[v]$$

因

$$[v] = 0$$

故

$$[\Delta\Delta] = [vv] + n\delta^2$$

又

$$\delta^2 = (L - X)^2 = \left[\frac{[l]}{n} - X\right]^2 = \frac{1}{n^2}\left[\sum_{i=1}^{n}(l_i - X)\right]^2$$

$$=\frac{1}{n^2}\sum_{i=1}^{n}\Delta_i^2+\frac{1}{n^2}\sum_{i,j=1,i\neq j}^{n}\Delta_i\Delta_j$$

根据偶然误差特性,当 $n\to\infty$ 时,上式等号右边的第二项趋向于零,故

$$\delta^2=\frac{[\Delta\Delta]}{n^2}$$

于是

$$\frac{[\Delta\Delta]}{n}=\frac{[vv]}{n}+\frac{[\Delta\Delta]}{n^2}$$

即

$$m^2-\frac{1}{n}m^2=\frac{[vv]}{n}$$

$$m^2=\frac{[vv]}{n-1}$$

得

$$m=\pm\sqrt{\frac{[vv]}{n-1}} \tag{6-17}$$

式(6-17)为同精度观测中用观测值的改正数计算观测值中误差的公式,称为贝塞尔公式。

2. 最或是值的中误差

设对某量进行 n 次同精度观测,其观测值为 $l_i(i=1,2,\cdots,n)$,观测值中误差为 m,最或是值为 L。有

$$L=\frac{[l]}{n}=\frac{1}{n}l_1+\frac{1}{n}l_2+\cdots+\frac{1}{n}l_n$$

按中误差传播关系式

$$M=\pm\sqrt{\left(\frac{1}{n}\right)^2m^2+\left(\frac{1}{n}\right)^2m^2+\cdots+\left(\frac{1}{n}\right)^2m^2}$$

故

$$M=\pm\frac{m}{\sqrt{n}} \tag{6-18}$$

式(6-18)即为同精度观测的未知量最或是值的中误差计算公式。

例:设对某角进行五次同精度观测,观测结果如表6-4,试求其观测值的中误差,及最或是值的中误差。

表6-4 观测结果

观 测 值	v	vv
$l_1=35°18'28''$	+3	9
$l_2=35°18'25''$	0	0
$l_3=35°18'26''$	+1	1
$l_4=35°18'22''$	−3	9
$l_5=35°18'24''$	−1	1
$x=\frac{[l]}{n}=35°18'25''$	$[v]=0$	$[vv]=20$

观测值的中误差为

$$m=\pm\sqrt{\frac{[vv]}{n-1}}=\pm\sqrt{\frac{20}{5-1}}=\pm 2.2''$$

最或是值中误差为

$$M=\pm\frac{m}{\sqrt{n}}=\pm\frac{2.2}{\sqrt{5}}=\pm 1.0''$$

从式(6-13)可以看出：算术平均值的中误差与观测次数的平方根成反比。因此，增加观测次数可以提高算术平均值的精度。不同的观测次数对应的M值，见表6-5。

表6-5　不同的观测次数对应的算术平均值中误差

观测次数 n	2	4	6	8	10	12	14	16
算术平均值中误差 M	$\pm 0.71m$	$\pm 0.50m$	$\pm 0.41m$	$\pm 0.35m$	$\pm 0.32m$	$\pm 0.29m$	$\pm 0.27m$	$\pm 0.25m$

以观测次数n为横坐标，算术平均值中误差M为纵坐标，并令$m=\pm 1$，如图6-5。从图6-5中曲线可以看出，当观测次数达到了一定数值后(如6次以后)，随着观测次数的增加，中误差减小得愈来愈慢。因此，测量一般精度的角度，要求观测1～3测回，对中等精度要求的角度，观测3～6测回，只是对于精度要求很高的角度才观测9～24测回。

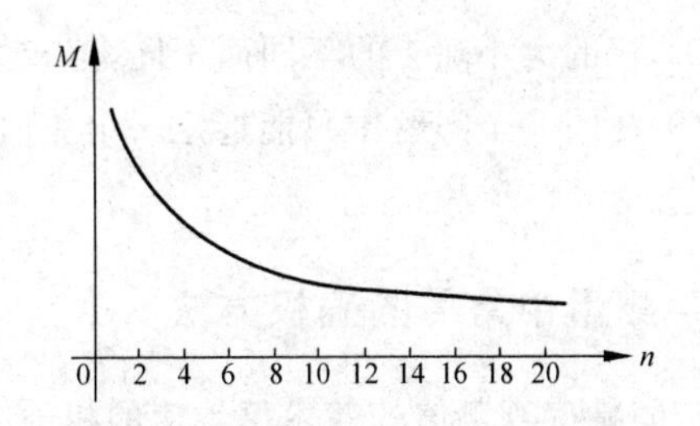

图6-5　算术平均值中误差M与观测次数n的关系

6.7　不同精度直接观测平差

在对某量进行不同精度观测时，各观测结果的中误差不同。显然，不能将具有不同可靠程度的各观测结果简单地取算术平均值作为最或是值并评定精度。此时，需要选定某一个比值来比较各观测值的可靠程度，此比值称为权。

6.7.1　权的概念

权是权衡轻重的意思，其应用比较广泛。在测量工作中是一个表示观测结果质量可靠程度的相对性数值，用P表示。

1. 权的定义

一定的观测条件，对应着一定的误差分布，而一定的误差分布对应着一个确定的中误差。对不同精度的观测值来说，显然中误差越小，精度越高，观测结果越可靠，因而应具有较大的权。故可以用中误差来定义权。

设一组不同精度观测值为l_i，相应的中误差为$m_i(i=1,2,\cdots,n)$，选定任一大于零的常数λ，定义权

$$P_i = \frac{\lambda}{m_i^2} \tag{6-19}$$

称 P_i 为观测值 l_i 的权。对一组已知中误差的观测值而言,选定一个 λ 值,就有一组对应的权。

由式(6-19)可以定出各观测值的权之间的比例关系为

$$P_1 : P_2 : \cdots : P_n = \frac{\lambda}{m_1^2} : \frac{\lambda}{m_2^2} : \cdots : \frac{\lambda}{m_n^2} = \frac{1}{m_1^2} : \frac{1}{m_2^2} : \cdots : \frac{1}{m_n^2} \tag{6-20}$$

2. 权的性质

由式(6-17)、式(6-18)可知,权具有如下的性质:

(1) 权和中误差都是用来衡量观测值精度的指标,但中误差是绝对性数值,表示观测值的绝对精度;权是相对性数值,表示观测值的相对精度。

(2) 权与中误差的平方成反比,中误差越小,权越大,表示观测值越可靠,精度越高。

(3) 权始终取正号。

(4) 由于权是一个相对性数值,对于单一观测值而言,权无意义。

(5) 权的大小随 λ 的不同而不同,但权之间的比例关系不变。

(6) 在同一个问题中只能选定一个 λ 值,不能同时选用几个不同的 λ 值,否则就破坏了权之间的比例关系。

6.7.2 测量中常用的确权方法

1. 同精度观测值的算术平均值的权

设一次观测的中误差为 m,由式(6-18)可得 n 次同精度观测值的算术平均值的中误差 $M=\frac{m}{\sqrt{n}}$。由权的定义并设 $\lambda=m^2$,则一次观测值的权为

$$P = \frac{\lambda}{m^2} = \frac{m^2}{m^2} = 1$$

算术平均值的权为

$$P_L = \frac{\lambda}{\frac{m^2}{n}} = \frac{m^2}{\frac{m^2}{n}} = n \tag{6-21}$$

由此可知,取一次观测值之权为1,则 n 次观测的算术平均值的权为 n。故算术平均值的权与观测次数成正比。

在不同精度观测中引入"权"的概念,可以建立各观测值之间的精度比值,以便更合理地处理观测数据。例如,设一次观测值的中误差为 m,其权为 P_0,并设 $\lambda=m^2$,则

$$P_0 = \frac{m^2}{m^2} = 1$$

等于1的权称为单位权,而权等于1的中误差称为单位权中误差,一般用 μ 表示。对于中误差为 m_i 的观测值(或观测值的函数),其权 P_i 为

$$P_i = \frac{\mu^2}{m_i^2} \tag{6-22}$$

则相应的中误差的另一表达式可写为

$$m_i = \mu\sqrt{\frac{1}{P_i}} \tag{6-23}$$

2. 水准测量中的权

设每一测站观测高差的精度相同，其中误差为 $m_{站}$，则不同测站数的水准路线观测高差的中误差为

$$m_i = m_{站}\sqrt{N_i} \quad (i = 1,2,\cdots,n)$$

式中，N_i 为各水准路线的测站数。

取 c 个测站的高差中误差为单位权中误差，即 $\mu=\sqrt{c}m_{站}$，则各水准路线的权为

$$P_i = \frac{\mu^2}{m_i^2} = \frac{c}{N_i} \tag{6-24}$$

同理，可得

$$P_i = \frac{c}{N_i} \tag{6-25}$$

式中，L_i 为各水准路线的长度。

式(6-24)和式(6-25)说明当各测站观测高差为同精度时，各水准路线的权与测站数或路线长度成反比。

3. 距离丈量中的权

设单位长度(一公里)的丈量中误差为 m，则长度为 s 公里的丈量中误差为 $m_s=m\sqrt{s}$。

取长度为 c 公里的丈量中误差为单位权中误差，即 $\mu=m\sqrt{c}$，则得距离丈量的权为

$$P_s = \frac{u^2}{m_s^2} = \frac{c}{s} \tag{6-26}$$

式(6-26)说明距离丈量的权与长度成反比。

从上述几种定权公式中可以看出，在定权时，并不需要预先知道各观测值中误差的具体数值。在确定了观测方法后权就可以预先确定。这一点说明可以事先对最后观测结果的精度给予估算，在实际工作中具有很重要的意义。

6.7.3 求不同精度观测值的最或是值——加权平均值

设对某量进行 n 次不同精度观测，观测值为 $l_1,l_2,\cdots,l_n$，其相应的权为 $P_1,P_2,\cdots,P_n$，测量上取加权平均值为该量的最或是值，即

$$x = \frac{P_1 l + P_2 l_2 + \cdots + P_n l_n}{P_1 + P_2 + \cdots + P_n} = \frac{[Pl]}{[P]} \tag{6-27}$$

最或是误差为

$$v_i = l_i - L$$

将等式两边乘以相应的权

$$P_i v_i = P_i l_i - P_i L$$

相加得

$$[Pv] = [Pl] - [P]L$$

即

$$[Pv] = 0 \tag{6-28}$$

上式可以用作计算中的检核。

6.7.4 不同精度观测的精度评定

1. 最或是值的中误差

由式(6-27)知不同精度观测值的最或是值为

$$L = \frac{[Pl]}{[P]} = \frac{P_1}{[P]}l_1 + \frac{P_2}{[P]}l_2 + \cdots + \frac{P_n}{[P]}l_n$$

按中误差传播公式,最或是值 L 的中误差

$$M^2 = \frac{1}{[P]^2}(P_1^2 m_1^2 + P_2^2 m_2^2 + \cdots + P_n^2 m_n^2) \tag{6-29}$$

式中,$m_1, m_2, \cdots, m_n$ 为相应观测值的中误差。

若令单位权中误差 μ 等于第一个观测值 l_1 的中误差,即 $u = m_1$,则各观测值的权为

$$P_i = \frac{u^2}{m_i^2} \tag{6-30}$$

将式(6-30)代入式(6-29),得

$$M^2 = \frac{P_1}{[P]^2}\mu^2 + \frac{P_2}{[P]^2}\mu^2 + \cdots + \frac{P_n}{[P]^2}\mu^2 = \frac{\mu^2}{[P]}$$

则

$$M = \pm \frac{\mu}{\sqrt{[P]}} \tag{6-31}$$

式(6-31)为不同精度观测值的最或是值中误差计算公式。

2. 单位权观测值中误差

由式(6-30)知

$$\begin{aligned} \mu^2 &= m_1^2 P_1 \\ \mu^2 &= m_2^2 P_2 \\ &\vdots \\ \mu^2 &= m_n^2 P_n \end{aligned}$$

相加得

$$n\mu^2 = m_1^2 P_1 + m_2^2 P_2 + \cdots + m_n^2 P_n [Pmm]$$

则

$$\mu = \pm \sqrt{\frac{[Pmm]}{n}}$$

当 $n \to \infty$ 时,用真误差 Δ 代替中误差 m,衡量精度的意义不变;则可将上式改写为

$$\mu = \pm \sqrt{\frac{[P\Delta\Delta]}{n}} \tag{6-32}$$

式(6-32)为用真误差计算单位权观测值中误差的公式。类似公式(6-17)的推导,可以求得用观测值改

正数来计算单位权中误差的公式为

$$\mu=\pm\sqrt{\frac{[Pvv]}{n-1}} \tag{6-33}$$

将式(6-33)式代入式(6-31)，得

$$M=\pm\sqrt{\frac{[Pvv]}{(n-1)[P]}} \tag{6-34}$$

式(6-34)即为用观测值改正数计算不同精度观测值最或是值中误差的公式。

例：在水准测量中，已知从三个已知高程点 A、B、C 出发，测量 E 点的三个高程观测值，L_i 为各水准路线的长度，求 E 点高程的最或是值及其中误差(见图 6-6)。

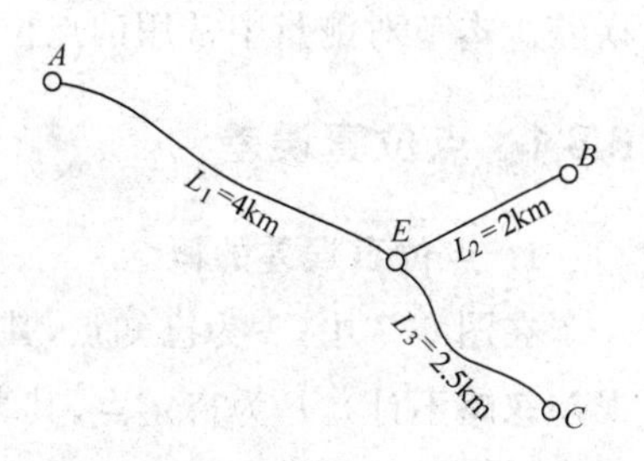

图 6-6　水准测量各高程点位置及各水准路线长度

解：取各水准路线长度 L_i 的倒数乘以 C 为权，并令 $C=1$，计算如表 6-6 所示。

表 6-6　计算数据

测段	高程观测值 /m	水准路线长度 L_i/km	权 $P_i=\frac{1}{L_i}$	v	Pv	Pvv
A—E	42.347	4.0	0.25	17.0	4.2	71.4
B—E	42.320	2.0	0.50	−10.0	−5.0	50.0
C—E	42.332	2.5	0.40	2.0	0.8	1.6
			$[P]=1.15$		$[Pv]=0$	$[Pvv]=123.0$

E 点高程的最或是值为

$$H_E=\frac{0.25\times42.347+0.50\times42.320+0.40\times42.332}{0.25\times0.50+0.40}$$
$$=42.330\text{m}$$

单位权观测值中误差为

$$\mu=\pm\sqrt{\frac{[Pvv]}{n-1}}=\pm\sqrt{\frac{123.0}{3-1}}=\pm7.8\text{mm}$$

最或是值中误差为

$$M=\pm\frac{\mu}{\sqrt{[P]}}=\pm\frac{7.8}{\sqrt{1.15}}=\pm7.3\text{mm}$$

6.8　点位误差

在测量中，点 P 的平面位置常用平面直角坐标 x_P，y_P 来表示。

为了确定待定点的平面直角坐标，通常将待定点与已知点进行联测，进而通过已知点的平面直角坐

标和角度、边长等观测值,用一定的数学方法(如极坐标法、平差方法等)求出待定点的平面直角坐标。

由于观测条件的存在,观测值总是带有观测误差,因而根据观测值计算所获得的待定点的平面直角坐标,并不是真正的坐标值,而是待定点的真坐标值$\tilde{x}_P,\tilde{y}_P$的估值$\hat{x}_P,\hat{y}_P$,也就是说,待定点的点位含有误差。本节对测量中常用的点位误差及评定点位精度的方法进行讨论。

6.8.1 点位真误差

1. 点位真误差的概念

在图6-7中,A为已知点,其坐标为x_A,y_A,假设它的坐标没有误差(或误差忽略不计),P为待定点,其真位置的坐标为$\tilde{x}_P,\tilde{y}_P$。

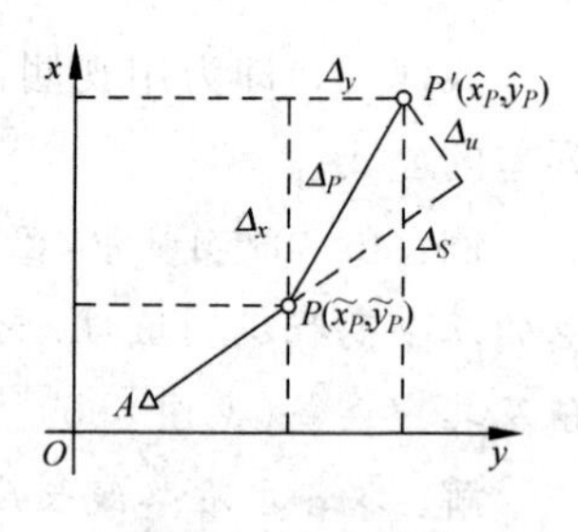

图6-7 点位误差

由x_A,y_A和观测值求定的P点平面位置$\hat{x}_P,\hat{y}_P$并不是P点的真位置,而是最或然点位,记为P',在P和P'对应的这两对坐标之间存在着坐标真误差Δ_x和Δ_y。

由图6-7知

$$\left.\begin{aligned}\Delta_x&=\tilde{x}_P-\hat{x}_P\\\Delta_y&=\tilde{y}_P-\hat{y}_P\end{aligned}\right\}\tag{6-35}$$

由于Δ_x和Δ_y的存在而产生的距离Δ_P称为P点的点位真误差,简称真位差。

由图6-7知

$$\Delta_P^2=\Delta_x^2+\Delta_y^2\tag{6-36}$$

2. 点位真误差的随机性

P点的最或然坐标$\hat{x}_P,\hat{y}_P$是由一组带有观测误差的观测值通过计算所求得的结果,因此,它们是观测值的函数。随着观测值的不同,$\hat{x}_P,\hat{y}_P$也将取得不同的数值。由式(6-35)和式(6-36)知,就会出现不同的Δ_x和Δ_y值以及Δ_P,所以说点位真误差随观测值不同而变化,由于观测值误差具有随机性,点位真误差也具有随机性。

6.8.2 点位方差与点位中误差

1. 点位方差定义

根据方差的定义,并顾及式(6-35),则有

$$\left.\begin{aligned}\sigma_{x_P}^2&=E[(\hat{x}_P-E(\hat{x}_P))^2]=E[(\hat{x}_P-\tilde{x}_P)^2]=E[\Delta_x^2]\\\sigma_{y_P}^2&=E[(\hat{y}_P-E(\hat{y}_P))^2]=E[(\hat{y}_P-\tilde{y}_P)^2]=E[\Delta_y^2]\end{aligned}\right\}$$

对式(6-36)两边取数学期望,得

$$E(\Delta_P^2)=E(\Delta_x^2)+E(\Delta_y^2)=\sigma_{x_P}^2+\sigma_{y_P}^2$$

上式中$E(\Delta_P^2)$是P点真位差平方的理论平均值,通常定义为P点的点位方差,并记为σ_P^2,于是有

$$\sigma_P^2=\sigma_{x_P}^2+\sigma_{y_P}^2\tag{6-37}$$

则P点的点位标准差σ_P为

$$\sigma_P = \pm \sqrt{\sigma_{x_P}^2 + \sigma_{y_P}^2} \tag{6-38}$$

对于有限次观测，P 点的点位误差常用点位中误差 m_P 表示，依照式(6-38)，有

$$m_P = \pm \sqrt{m_{x_P}^2 + m_{y_P}^2} \tag{6-39}$$

2. 点位方差与坐标系统的无关性

如果将图 6-7 中的坐标系围绕原点 O 旋转某一角度 α，得 $x'Oy'$ 坐标系(见图 6-8)，则 A、P、P' 各点的坐标分别为(x'_A, y'_A)、$(\tilde{x}'_P, \tilde{y}'_P)$和$(\hat{x}'_P, \hat{y}'_P)$。

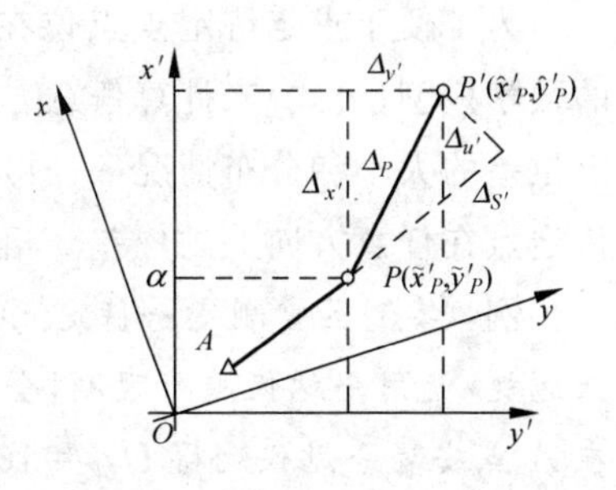

图 6-8　坐标系选择后的点位误差

同理，在 P 和 P' 对应的这两对坐标之间存在着误差 $\Delta_{x'}$ 和 $\Delta_{y'}$，从图 6-8 中可以看出 $\Delta_P^2 = \Delta_{x'}^2 + \Delta_{y'}^2$，这说明，虽然在 $x'Oy'$ 坐标系中对应的真误差 $\Delta_{x'}$ 和 $\Delta_{y'}$ 与 xOy 坐标系中的真误差 Δ_x 和 Δ_y 不同，但 P 点真位差 Δ_P 的大小没有发生变化，即

$$\Delta_P^2 = \Delta_x^2 + \Delta_y^2 = \Delta_{x'}^2 + \Delta_{y'}^2$$

仿式(6-37)可以得出

$$\sigma_P^2 = \sigma_{x'_P}^2 + \sigma_{y'_P}^2 \tag{6-40}$$

如果再将 P 点的真位差 Δ_P 投影于 AP 方向和垂直于 AP 的方向上，则得 Δ_s 和 Δ_u，如图 6-8，此时有

$$\Delta_P^2 = \Delta_s^2 + \Delta_u^2$$

同理可得

$$\sigma_P^2 = \sigma_s^2 + \sigma_u^2 \tag{6-41}$$

P 点的点位标准差 σ_P 为

$$\sigma_P = \pm \sqrt{\sigma_s^2 + \sigma_u^2} \tag{6-42}$$

式中，σ_s^2 为纵向误差，σ_u^2 为横向误差。

通过纵、横向误差来求定点位误差，也是测量工作中一种常用的方法。

上述的 σ_x^2 和 σ_y^2 分别为 P 点在纵横坐标 x 和 y 方向上的点位方差，或称为 x 和 y 方向上的位差。同样，σ_s^2 和 σ_u^2 是 P 点在 AP 边的纵向和横向上的位差。

从上面的分析可以看出，点位方差 σ_P^2 总是等于两个相互垂直的方向上的坐标方差之和，即点位方差的大小与坐标系的选择无关。

同样，P 点的点位中误差 m_P 可以表示为

$$m_P = \pm \sqrt{m_s^2 + m_u^2} \tag{6-43}$$

点位中误差 m_P 是衡量待定点精度的常用指标之一，在应用时，只要求出 P 点在两个相互垂直方向上的中误差。例如 m_x 和 m_y(m'_x 和 m'_y)或 m_s 和 m_u 就可由式(6-39)或式(6-43)计算点位中误差。

3. 点位方差(中误差)的局限性

点位中误差 σ_P 可以用来评定待定点的点位精度，但是它只是表示点位的“平均精度”，却不能代表该点在某任意方向上的位差大小。而 σ_x 和 σ_y 或 σ_s 和 σ_u 等，也只能代表待定点在 x 和 y 轴方向上以及在 AP 边的纵向、横向上的位差。在有些情况下，往往需要研究点位在某些特殊方向上的位差大小，例

如,在线路工程中和各种地下工程中,贯通工程是经常性的重要工作之一,如图6-9所示,此种工程中就需要控制在贯通点上的纵向和横向误差的大小,特别是横向误差(在贯通工程中称为重要方向)。此外有时还要了解点位在哪一个方向上的位差最大,在哪一个方向上的位差最小。

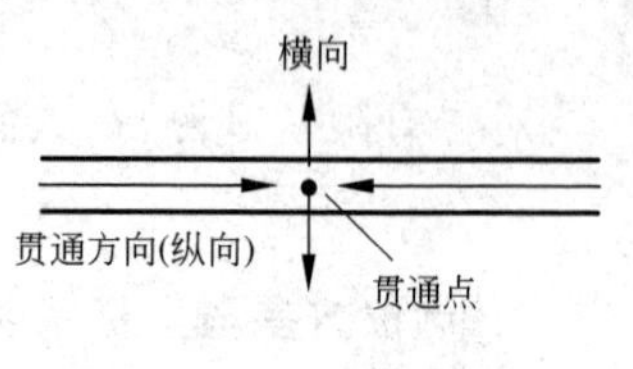

图6-9 贯通工程

为了便于求定待定点点位在任意方向上位差的大小,需要建立相应的数学模型(公式)来计算任意方向上的位差。直观形象的表达任意方向上位差的大小和分布情况,一般是通过绘制待定点的点位误差椭圆来实现的,通过误差椭圆也可以图解待定点在任意方向上的位差。相关的知识请参考武汉大学出版的《误差理论与测量平差基础》一书。

例:某测区需测定一待定点P的平面位置,已知附近有两测量控制点A点和B点,A、B、P三点相互通视,使用全站仪进行观测,全站仪的标称精度为:测角精度$\pm 6''$,测距精度$\pm(3\text{mm}+10\times10^{-6}D)$,在$A$点安置全站仪测得$D_{AP}=100.800\text{m}$,$\beta=130°$,如果不考虑$A$、$B$两点的误差,试求$P$点的平面位置的测量精度。

解:设AP的方位角为α_{AP},则有

$$\alpha_{AP}=\alpha_{AB}+\beta$$

P点的坐标为

$$X_P=X_A+D_{AP}\cos\alpha_{AP}$$
$$Y_P=Y_A+D_{AP}\sin\alpha_{AP}$$

不考虑A、B两点的误差,由误差传播定律可知

$$m_x^2=D^2\cdot\sin\alpha^2\frac{m_\alpha^2}{\rho}+\cos\alpha^2 m_D^2$$

$$m_y^2=D^2\cdot\cos\alpha^2\frac{m_\alpha^2}{\rho}+\sin\alpha^2 m_D^2$$

且

$$m_{\alpha_{AP}}=m_\beta=\pm 6''$$
$$m_D=\sqrt{3^2+(10\times10^{-6}\times100.800\times10^3)^2}\ \text{mm}=3.16\text{mm}$$

则P点的平面点位误差为

$$\begin{aligned}m_P&=\pm\sqrt{m_x^2+m_y^2}\\&=\pm\sqrt{D^2\frac{m_\alpha^2}{\rho}+m_D^2}\\&=\pm\sqrt{(100.800\times1\,000)^2\left(\frac{6''}{206\,265''}\right)^2+3.16^2}=4.31\text{mm}\end{aligned}$$

6.9 最小二乘法原理及其应用

最小二乘法是数理统计中进行点估计的一种常用的方法,是测量平差求取服从正态分布的一组观测值的最或是值的基本方法。

6.9.1　最小二乘法原理

假设测得某平面三角形的三个内角观测值为 $a=46°32'15''$，$b=69°18'45''$，$c=73°08'42''$，其闭合差 $f=a+b+c-180°=-18''$。为了消除闭合差，需分别对三角形各个内角观测值加上改正数，以求得各角的最或是值。

令 v_a、v_b、v_c 分别为观测值 a、b、c 改正数，于是

$$(a+v_a)+(b+v_b)+(c+v_c)-180°=0$$

其中

$$v_a+v_b+v_c=+18'' \tag{6-44}$$

实际上，满足上式的改正数可以有无限多组，列表如下。

改正数	第 1 组	第 2 组	第 3 组	第 4 组	第 5 组	…
v_a	$+6''$	$+4''$	$-4''$	$+3''$	$+6''$	…
v_b	$+6'''$	$+20''$	$+16''$	$-1''$	$+5''$	…
v_c	$+6'''$	$-6''$	$+6''$	$+16''$	$+7$	…
$[vv]$	$108''$	$452''$	$308''$	$266''$	$110''$	…

所谓最小二乘法，就是在使各个改正数的平方和为最小值的原则下，来求取观测值的最或是值，并进行精度评定。

按照最小二乘法原理，选择其中 $[vv]=$ 最小的一组改正数，分别改正三角形各内角观测值，即得各内角的最或是值。

上表第 1 组改正数的 $[vv]=108''$ 为最小的一组，故取该组改正数来改正三角形各内角观测值，可得各角的最或是值 A、B、C 为

$$A=a+v_a=46°32'15''+6''=46°32'21''$$
$$B=b+v_b=69°18'45''+6''=69°18'51''$$
$$C=c+v_c=64°08'42''+6''=64°08'48''$$

改正后各内角最或是值之和为180°。

然而，在实际工作中，不可能列出许许多多组改正数来逐一试求，而是通过数学中求条件极值的方法来计算符合 $[vv]=$ 最小的一组改正数的，具体方法如下。

将式(6-42)写为

$$v_a+v_b+v_c+f=0 \tag{6-45}$$

其中 $f=-18''$。

根据 $[vv]=$ 最小，并对式(6-43)输入拉格朗日系数 $-2K$，列出方程：

$$Q\equiv[vv]-2K(v_a+v_b+v_c+f)=\text{最小}$$

或

$$Q\equiv v_a^2+v_b^2+v_c^2-2Kv_a-2Kv_b-2Kv_c-2Kf=\text{最小}$$

取一阶导数为零

$$\left.\begin{aligned}\frac{\partial Q}{\partial v_a}&=2v_a-2K=0\\\frac{\partial Q}{\partial v_b}&=2v_b-2K=0\\\frac{\partial Q}{\partial v_c}&=2v_c-2K=0\end{aligned}\right\}$$

由上式可知

$$K=v_a=v_b=v_c$$

代入式(6-43),得

$$3K+f=0$$

$$K=-\frac{f}{3}$$

于是

$$v_a=v_b=v_c=-\frac{-18''}{3}=6''$$

6.9.2 最小二乘法原理的应用

例:设对某量进行 n 次同精度的独立观测,其观测值为 l_i;试按最小二乘准则求该量的最或是值。

解:设该量的最或是值为 L,则改正数为

$$v_i=L-l_i$$

按最小二乘准则,要求

$$[vv]=[(L-l)^2]=\text{最小}$$

将上式对取一阶导数,并令其为零,得

$$\frac{\mathrm{d}[vv]}{\mathrm{d}L}=2[(L-l)]=0$$

由此解得

$$nL-[l]=0$$

$$L=\frac{[l]}{n}$$

上式即式(6-12)。由此可知,取一组等精度观测值的算术平均值作为最或是值,并由此得到各个观测值的改正值,符合$[vv]$=最小的最小二乘准则。

习题与思考题

1. 偶然误差和系统误差有什么不同?偶然误差具有哪些特性?
2. 在测角中用正倒镜观测;水准测量中,使前后视距相等。这些规定都能消除什么误差?
3. 什么是中误差?为什么中误差能作为衡量精度的标准?
4. 为什么说观测次数愈多,其平均值愈接近真值?理论依据是什么?
5. 绝对误差和相对误差分别在什么情况下使用?
6. 误差传播公式中 m_Z,m_1,m_2 等各代表什么?

7. 有函数 $Z_1=x_1+x_2$，$Z_2=2x_3$，若存在 $m_{x_1}=m_{x_2}=m_{x_3}$，且 x_1,x_2,x_3 均独立，问 m_{Z1} 与 m_{Z2} 的值是否相同，说明其原因。

8. 函数 $Z=Z_1+Z_2$，其中 $Z_1=x+2y$，$Z_2=2x-y$，x 和 y 相互独立，其 $m_x=m_y=m$，求 m_Z。

9. 在图上量得一圆的半径 $r=31.34\text{mm}$，已知测量中误差为 $\pm0.05\text{mm}$，求圆周长的中误差。

10. 若测角中误差为 $\pm30''$，试问 n 边形内角和的中误差是多少？

11. 在一个三角形中观测了 α、β 两个内角，其中误差 $m_\alpha=\pm20''$、$m_\beta=\pm20''$，从 180°中减去 $\alpha+\beta$ 求出 γ 角，问 γ 角的中误差是多少？

12. 丈量两段距离 $D_1=164.86\text{m}$，$D_2=131.34\text{m}$，已知 $m_{D_1}=\pm0.05\text{m}$，$m_{D_2}=\pm0.03\text{m}$，求它们的和与它们的差的中误差和相对误差。

13. 进行三角高程测量，按 $h=D\tan\alpha$ 计算高差，已知 $\alpha=20°$，$m_\alpha=\pm1'$，$D=250\text{m}$，$m_D=\pm0.13\text{m}$，求高差中误差 m_h。

14. 在同精度观测中，观测值中误差 m 与算术平均值中误差 M 有什么区别与联系？

15. 用经纬仪观测某角共 8 个测回，结果如下：56°32′13″，56°32′21″，56°32′17″，56°32′14″，56°32′19″，56°32′23″，56°32′21″，56°32′18″，试求该角最或是值及其中误差。

16. 用水准仪测量 A、B 两点高差 10 次，得下列结果（以 m 为单位）：1.253，1.250，1.248，1.252，1.249，1.247，1.251，1.250，1.249，1.251，试求 A、B 两点高差的最或是值及其中误差。

17. 用鉴定过的钢尺多次丈量某一段距离，其结果（以 mm 为单位）为：329.990，329.989，329.995，329.986，329.993，329.991，329.992，329.988，329.994，试求该距离的最或是值及其相对中误差。

18. 用比例尺在 1∶500 地形图上测量 A、B 两点间距离 6 次，得下列结果（以 mm 为单位）：37.8，37.4，37.6，37.5，37.4，37.7，求最或是值及其中误差，同时求出地面距离及其相应的中误差。

19. 用某经纬仪测水平角，一测回的中误差 $m=\pm15''$，欲使测角精度达到 $m=\pm5''$，需观测几个测回？

20. 水准测量中，设一测站的中误差为 $\pm5\text{mm}$，若 1km 有 15 个测站，求 1km 的中误差和 $n$km 的中误差？

21. 试述权的含意，为什么不等精度观测需用权来衡量。

22. 用同一架经纬仪观测某角度，第一次观测了 4 个测回，得角值 $\beta_1=54°12'33''$，其中误差 $m_1=\pm6''$，第二次观测了 6 个测回，得角值 $\beta_2=54°11'46''$，其中误差 $m_2=\pm4''$，求该角的最或是值及其中误差。

23. 如图 6-10 所示，D 点高程分别由 A、B、C 求得，各为 40.645m，40.638m，40.627m，求 D 点高程最或是值及其中误差。

24. 使用中误差的传播公式，分析视距测量中视线水平时，视距 $D=Kl$ 的精度（以 3 倍中误差计，最大相对误差为多少）。

25. 请简要叙述最小二乘法原理的概念。

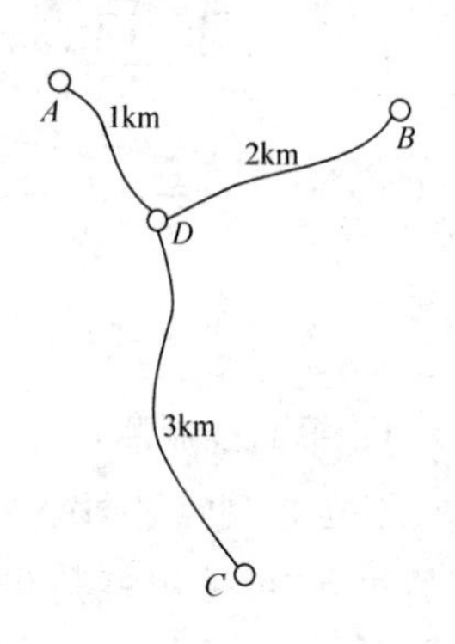

图　6-10

第7章

控 制 测 量

7.1 控制测量概述

7.1.1 控制测量及其布设原则

测量工作要遵循“从整体到局部”和“先控制后碎部”的原则来组织实施。如图7-1,既先在测区范围内选定一些对整体具有控制作用的点,称为控制点,组成一定的几何图形。用精密的仪器和严密的测量和数据处理方法精确测定各控制点的平面坐标和高程。这种在地面上按一定规范布设并进行测量而得到的一系列相互联系的控制点所构成的网状结构称为测量控制网,简称控制网。在一定区域内,为地形测图和工程测量建立控制网所进行的测量工作称为控制测量。

控制测量包括平面控制测量和高程控制测量。

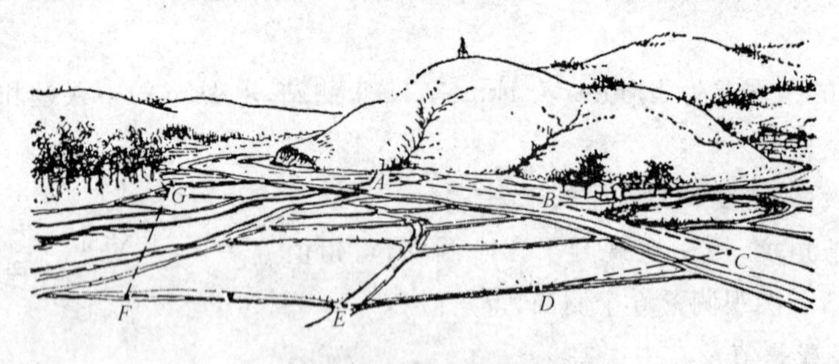

图7-1 控制点的选择

1. 平面控制测量

测定控制点平面坐标(x,y)所进行的测量工作,称为平面控制测量。平面控制网的建立,可采用三角测量、三边测量、边角测量、导线测量和全球导航定位系统(global navigation satellite system,GNSS)的方法。

在地面上选定一系列点构成连续三角形,如图7-2所示,这种网状结构称为三角网。测定各三角形顶点的水平角,再根据起始边长、方位角、起始点坐标来推求各顶点水平位置的测量方法称为三角测量,此时控制网称为测角网;测定各三角形的边长，再根据起始点坐标来和起始方位角推求各顶点水平位置的测量方法称为三边测量，此时控制网称为三边网或测边网；综合应用三角测量和三边测量来推求各顶点水平位置的测量方法称为边角测量，此时控制网也称为边角组合网，简称边角网。

将地面上一系列的点依相邻次序连成折线形式，如图7-3所示，依次测定各折线边的长度、转折角，再根据起始数据以推求各点的平面位置的测量方法，称为导线测量，控制网称为导线网。

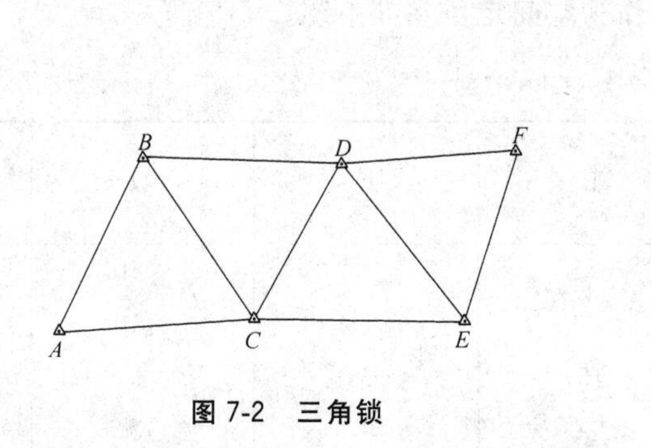

图7-2　三角锁

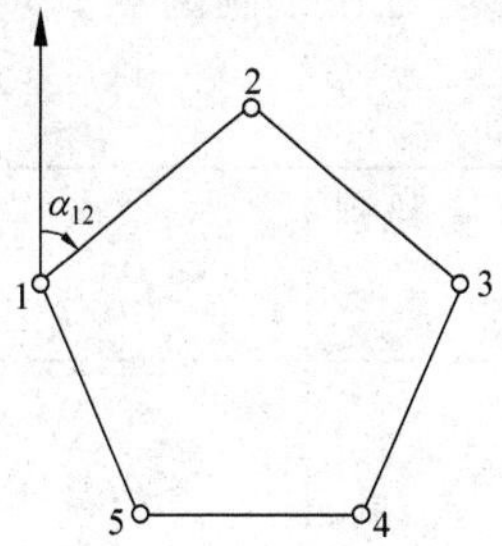

图7-3　闭合导线

利用全球定位系统（GNSS）建立的控制网称为GNSS控制网，GNSS控制网的内容将在第8章介绍。

2. 高程控制测量

测定控制点的高程（H）所进行的测量工作，称为高程控制测量。高程控制网主要采用水准测量、三角高程测量和GNSS高程测量的方法建立。用水准测量方法建立的高程控制网称为水准网。三角高程测量主要用于地形起伏较大、直接水准测量有困难的地区，为地形测图提供高程控制。GNSS高程测量可精确测定控制点的大地高，也可通过高程异常（大地水准面差距）模型将大地高转化为正常高（正高），后者通常称为GNSS水准，一般用于地形比较平缓的地区。

3. 控制网的布设原则

控制网具有控制全局，限制误差累积的作用，是各项测量工作的依据。控制网的布设应遵循整体控制、局部加密；高级控制、低级加密的原则。平面控制网和高程控制网的布设范围应相适应，一般分别单独布设，也可以布设成三维控制网。

国家制定了一系列相应的测量规范，对各种控制测量的技术要求做了详细的规定。在测量工作中应严格遵守和执行这些测量规范。

7.1.2　国家基本控制网

在全国范围内建立的平面控制网和高程控制网，总称国家基本控制网。

1. 国家平面控制网

国家平面控制网提供全国性的、统一的空间定位基准，是全国各种比例尺测图和工程建设的基本控制，也为空间科学技术和军事提供精确的点位坐标、距离、方位资料，并为研究地球大小和形状、地震监测和预报等提供重要依据。

建立国家平面控制网的传统方法是三角测量和精密导线测量。按精度分为一、二、三、四等，一、二等三角测量属于国家基本控制测量,三、四等三角测量属于加密控制测量。2000年在过去三角测量规范的基础上又制定了《国家三角测量规范》(GB/T 17942—2000),于2000年8月施行。

随着科学技术的发展和现代化高新仪器设备的应用,三角测量这一传统定位技术的大部分功能正在逐步为GNSS定位技术所取代。1992年国家测绘局制定了我国第一部《全球定位系统(GPS)测量规范》,将GPS控制网分为A~E五级,见表7-1。其中A、B两级属于国家GNSS控制网。我国已建成覆盖全国的高精度卫星定位控制网点2 609个,作为空间定位基准系统。

表7-1 GPS控制网

项目 \ 级别	A	B	C	D	E
固定误差 a/mm	≤5	≤8	≤10	≤10	≤10
比例误差系数 $b/\times10^{-6}$	≤0.1	≤1	≤5	≤10	≤20
相邻点最小距离/km	100	15	5	2	1
相邻点最大距离/km	2000	250	40	15	10
相邻点平均距离/km	300	70	15~10	10~5	5~2

2. 国家高程控制网

建立国家高程控制网的主要方法是精密水准测量。国家水准测量分为一、二、三、四等,精度依次逐级降低。一等水准测量精度最高,由它建立起来的一等水准网是国家高程控制网的骨干。二等水准网在一等水准环内布设,是国家高程控制网的全面基础。三、四等水准网是国家高程控制点的进一步加密,主要为测绘地形图和各种工程建设提供高程起算数据。三、四等水准测量路线应附合于高级水准点之间,并尽可能交叉,构成闭合环。1991年发布了《国家一、二等水准测量规范》(GB 12897—91)、《国家三、四等水准测量规范》(GB 12898—91),2006年对《国家一、二等水准测量规范》进行了修订,发布为GB/T 12897—2006。我国已完成一等水准点27 400多个,以及22万km水准路线组成的高程控制网。

7.1.3 城市控制网

在城市地区建立的控制网称为城市控制网。城市控制网属于区域控制网,它是国家控制网的发展和延伸。它为城市大比例尺测图、城市规划、城市地籍管理、市政工程建设和城市管理提供基本控制点。城市控制网应在国家基本控制网的基础上分级布设。1997年建设部发布行业标准《全球定位系统城市测量技术规程》(CJJ 73—97);1999年又发布《城市测量规范》(CJJ 8—99)。为了统一全球导航卫星系统(GNSS)技术在城市测量中的应用,以及更好地为城市建设服务,正在制定《全球定位系统城市测量技术规程》,不久即可颁布施行。

1. 城市平面控制网

城市平面控制网的等级划分为:GNSS网、三角网和边角网依次为二、三、四等和一、二级;导线网依次为三、四等和一、二、三级。各等级平面控制网,视城市规模均可作为首级网。在首级网下逐级加密;条件许可,可越级布网。城市平面控制网的主要技术要求见表7-2、表7-3、表7-4。城市GNSS网中

表 7-2　三角网的主要技术要求

等　级	平均边长/km	测角中误差/(″)	起始边边长相对中误差	最弱边边长相对中误差
二等	9	≤±1.0	≤1/300 000	≤1/120 000
三等	5	≤±1.8	≤1/200 000(首级) ≤1/120 000(加密)	≤1/80 000
四等	2	≤±2.5	≤1/120 000(首级) ≤1/80 000(加密)	≤1/45 000
一级小三角	1	≤±5.0	≤1/40 000	≤1/20 000
二级小三角	0.5	≤±10.0	≤1/20 000	≤1/10 000

表 7-3　边角组合网边长和边长测量的主要技术要求

等级	平均边长/km	测距中误差/mm	测距相对中误差
二等	9	≤±30	≤1/300 000
三等	5	≤±30	≤1/160 000
四等	2	≤±16	≤1/120 000
一级	1	≤±16	≤1/60 000
二级	0.5	≤±16	≤1/30 000

表 7-4　光电测距导线的主要技术要求

等级	闭合环及附合导线长度/km	平均边长/m	测距中误差/mm	测角中误差/(″)	导线全长相对闭合差
三等	15	3 000	≤±18	≤±1.5	≤1/60 000
四等	10	1 600	≤±18	≤±2.5	≤1/40 000
一级	3.6	300	≤±15	≤±5	≤1/14 000
二级	2.4	200	≤±15	≤±8	≤1/10 000
三级	1.5	120	≤±15	≤±12	≤1/6 000

的三、四等稍低于表7-1中的C、D级，但与城市三角网的相应等级相当。

2. 城市高程控制网

城市高程控制网主要是水准网，等级依次分为二、三、四等。城市首级高程控制网不应低于三等水准。光电测距三角高程测量可代替四等水准测量。经纬仪三角高程测量主要用于山区的图根控制及位于高层建筑物上平面控制点的高程测定。

城市高程控制网的首级网应布设成闭合环线，加密网可布设成附合路线、结点网和闭合环，一般不允许布设水准支线。

各等级水准测量的主要技术要求见表7-5。

表 7-5 城市与图根水准测量的主要技术要求 mm

等级	每千米高差中数中误差		测段、区段、路线往返测高差不符值	测段、路线的左右路线高差不符值	附合路线或环线闭合差		检测已测测段高差之差
	偶然中误差 M_Δ	全中误差 M_W			平原丘陵	山区	
二等	≤±1	≤±2	$\leqslant\pm4\sqrt{L_s}$	—	$\leqslant\pm4\sqrt{L}$		$\leqslant\pm6\sqrt{L_i}$
三等	≤±3	≤±6	$\leqslant\pm12\sqrt{L_s}$	$\leqslant\pm8\sqrt{L_s}$	$\leqslant\pm12\sqrt{L}$	$\leqslant\pm15\sqrt{L}$	$\leqslant\pm20\sqrt{L_i}$
四等	≤±5	≤±10	$\leqslant\pm20\sqrt{L_s}$	$\leqslant\pm14\sqrt{L_s}$	$\leqslant\pm20\sqrt{L}$	$\leqslant\pm25\sqrt{L}$	$\leqslant\pm30\sqrt{L_i}$
图根					$\leqslant\pm40\sqrt{L}$		

注：1. L_s 为测段、区段或路线长度，L 为附合路线或环线长度，L_i 为检测测段长度，均以 km 计。

2. 山区是指路线中最大高差超过 400m 的地区；

3. 水准环线由不同等级水准路线构成时，闭合差的限差应按各等级路线长度分别计算，然后取其平方和的平方根为限差；

4. 检测已测测段高差之差的限差，对单程及往返检测均适用；检测测段长度小于 1km 时按 1km 计算。

7.1.4 工程控制网

为了工程建设而布设的测量控制网称为工程控制网。按用途分为测图控制网、施工控制网和变形监测网三大类。其内容均包括平面控制网和高程控制网。国家制定了《工程测量规范》(GB 50026—2007)规范。

1. 施工控制网

为了工程建(构)筑物的施工放样而布设的测量控制网称为施工控制网。分为场区控制网和建筑物控制网。

场区平面控制网的坐标系统应与工程设计所采用的坐标系统相同。根据场区的地形条件和建筑物的布置情况，场区平面控制网布设成建筑方格网、导线网、三角网或三边网。场区高程控制网应布设成水准闭合环线、附合环线和或结点网形，其精度应不低于三等水准。按建(构)筑物特点，建筑物平面控制网可布设成建筑基线或矩形控制网。

施工控制网的布设特点之一是，由于有时工程的某一部分要求较高的定位精度，在大的控制网内部需要建立较高精度的局部独立控制网。有关施工控制网布设的具体方法与要求参见 11.3 节。

2. 变形监测网

为工程建筑物的变形观测布设的测量控制网称为变形监测网。主要有为沉降观测布设的高程控制网(水准网)和为位移观测布设的平面控制网。变形观测控制网多采用独立网，网形较小，观测精度要求高，并具有较多的多余观测值的特点。有关变形监测网布设的具体方法与要求参见第 13 章。

7.1.5 图根控制网

直接为测图而建立的控制网称为图根控制网，其控制点简称为图根点。图根平面控制网一般应在测区的首级控制网或上一级控制网下，采用图根三角锁(网)、图根导线的方法布设，但不宜超过两次附合；局部地区可采用光电测距仪极坐标法和交会定点法加密图根点，亦可采用 GNSS 测量方法布设。图根高程控制采用水准测量和三角高程测量的方法。

图根点的密度应根据测图比例尺和地形条件而定，对于常规测图方法，平坦地区图根点的密度不宜小于表7-6的规定。

表7-6 平坦开阔地区图根点的密度

测图比例尺	1∶500	1∶1 000	1∶2 000
图根点密度(点/km^2)	150	50	15
每图幅图根点数(50cm×50cm)	8	12	15

7.2 导线测量

7.2.1 导线测量概述

导线测量由于布设灵活，要求通视方向少，边长直接测定，精度均匀，适宜布设在建筑物密集视野不甚开阔的地区，如城市、厂矿等建筑区、隐蔽区、森林区，也适于用作狭长地带(如铁路、公路、隧道、渠道等)的控制测量。随着全站仪的日益普及，使导线边长可以延伸，精度和自动化程度均有提高，从而使导线测量得到了更加广泛的应用，成为中小城市、厂矿等地区建立平面控制网的主要方法。图根导线的主要技术指标见表7-7(参见《工程测量规范》(GB 50026—2007))。

表7-7 图根导线测量的主要技术指标

导线长度/m	相对闭合差	边长	测角中误差(″)		DJ6测回数	方位角闭合差	
			一般	首级控制		一般	首级控制
≤1.0M	≤1/2 000	≤1.5测图最大视距	30	20	1	$60\sqrt{n}$	$40\sqrt{n}$

注：① M为测图比例尺的分母，n为测站数；

② 隐蔽或施测困难地区导线相对闭合差可放宽，但不应大于1/1 000。

根据测区的实际情况，导线可布设成以下三种形式。

1. 附合导线

布设在两高级控制点间的导线，称为附合导线。如图7-4，从一高级控制点B和已知方向AB出发，经导线点1、2、3、4点再附合到另一高级控制点C和已知方向CD上。

2. 闭合导线

起讫于同一高级控制点的导线，称为闭合导线。如图7-5，从高级控制点A和已知方向BA出发，经导线点2、3、4、5，再回到A点形成一闭合多边形。在无高级控制点地区，A点也可为同级导线点。

3. 支导线

仅从一个已知点和一已知方向出发，支出1～2个点，称为支导线，如图7-5中的$3ab$。当导线点的数目不能满足局部测图需要时，常采用支导线的形式。由于支导线缺乏校核，所以测量规范中规定支导线一般不超过两个点。

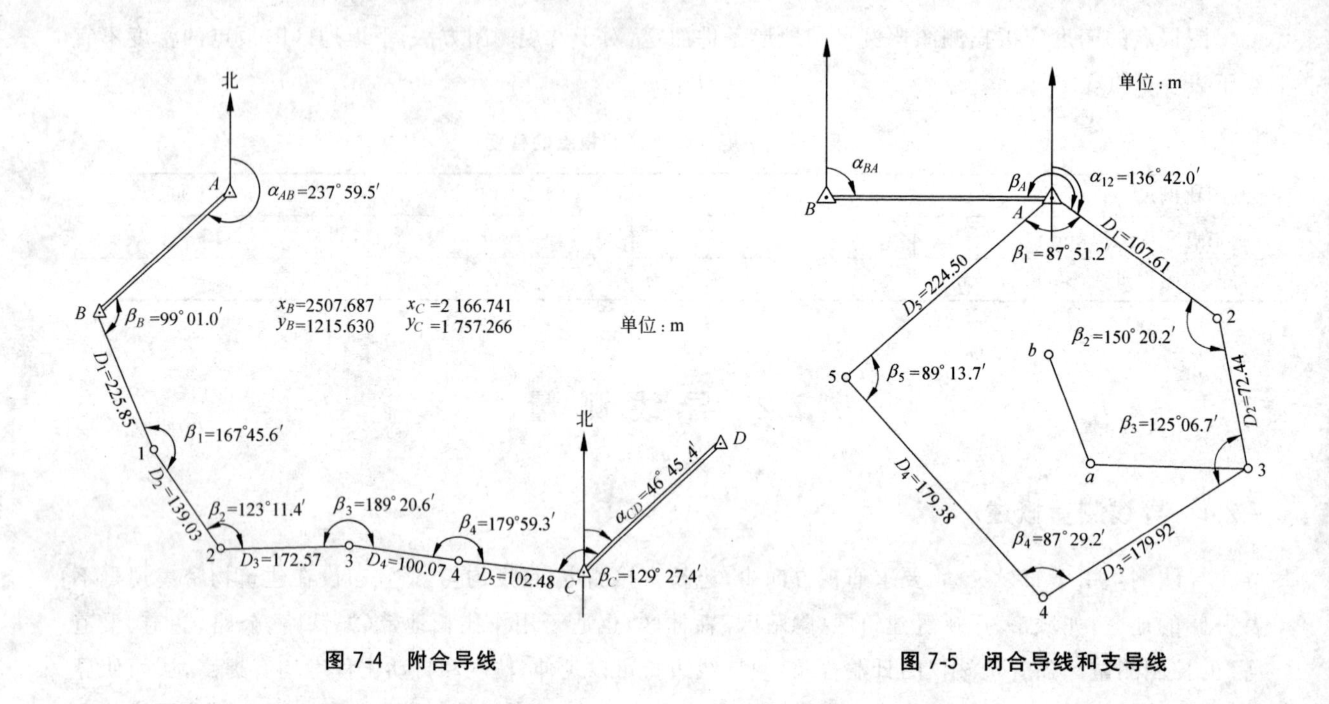

图 7-4 附合导线　　　　图 7-5 闭合导线和支导线

7.2.2 导线测量的外业工作

导线测量的外业工作包括：踏勘选点、边长测量、角度测量和连接测量。

1. 踏勘选点

选点前，应尽可能收集测区及附近已有的高级控制点的有关数据和已有地形图。然后在图上大致拟定导线走向及点位，定出初步方案；再到实地踏勘，选定导线点位置。当需要分级布设时，应先确定首级导线。

确定导线点的实际位置，应综合考虑以下几个方面：

(1) 导线点应选在土质坚实、便于保存标志和安置仪器的地方，在测区内均匀分布，其周围视野要开阔，以便在施测碎部时发挥最大的控制作用。

(2) 应严格遵守测量规范中不同比例尺测图对导线点应有的个数及导线边长的规定，见表 7-6，表 7-7。

(3) 相邻导线点间应通视良好。为保证测角精度，相邻边长度之比一般不应超过三倍。

(4) 在采用钢尺量距时，导线点应选在地势平坦便于量距的地方。在使用电磁波测距仪测距时，则不受地形条件的限制。

此外还应尽可能考虑到日后施工放样时利用的可能性。

导线点选定后，应在地面上建立标志，并沿导线走向顺序编号，绘制导线略图。对一、二、三级导线点，一般埋设混凝土桩，如图 7-6 所示。对图根导线点，通常用小木桩打入土中，桩顶钉一小钉作为标志。为便于寻找，应量出导线点到附近三个明显地物点的距离，并用红漆在明显地物上写明导线点的编号、距离，用箭头指明点位方向，绘一草图，注明尺寸，称为点之记。如图 7-7 所示。

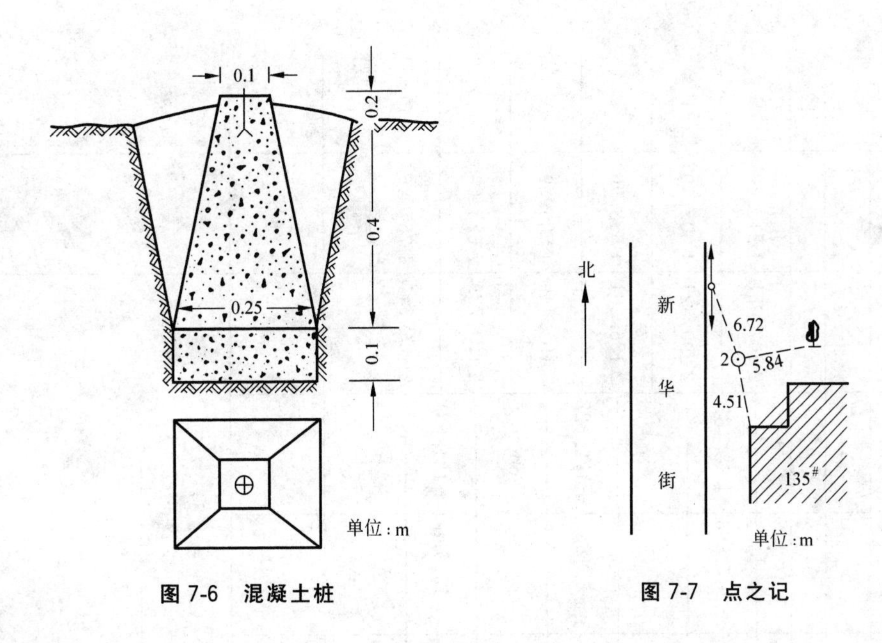

图 7-6 混凝土桩　　　　图 7-7 点之记

2. 边长测量

各级导线边长均可用光电测距仪测定,测量时要同时观测竖直角,以供倾斜改正之用。对一、二、三级导线,应在导线边一端测两个测回,或在两端各测一个测回,取其中值并加气象改正;对图根导线,只需在各导线边的一个端点上安置仪器测定一个测回,并无须进行气象改正。

对一、二、三级导线,也可按钢尺量距的精密方法进行。钢尺必须经过检定。对于图根导线,用一般方法往返丈量,当尺长改正数大于1/10 000、量距时平均温度与检定时温度超过±10℃、坡度大于2%时,应分别进行尺长、温度、倾斜改正。

3. 角度测量

角度测量按测回法施测。对附合导线或支导线,一律测导线前进方向同一侧的角度,通常测左侧角度(如图7-6中的β角),也可都测右侧角度。闭合导线一般测内角。

4. 连接测量

导线连接角的测量叫导线定向,目的是使导线点的坐标纳入国家坐标系统或该地区的统一坐标系统中。对于与高级控制点连接的导线,如图7-4,要测出连接角β_B、β_C;对于独立导线(没有联测高等级控制点的导线),须用罗盘仪或其他方法测定起始方位角α_{12}(图7-5)。有关导线边长测量和角度测量的具体技术要求,见表7-4、表7-7。

7.2.3 导线测量的内业计算

导线测量内业计算的目的是计算出各导线点的坐标(x,y)。

计算之前,应全面检查抄录的起算数据是否正确、外业观测记录和计算是否有误。然后绘制导线略图,在图上相应位置注明起算数据与观测数据。

1. 附合导线计算

图7-4是附合导线实例略图,计算见表7-8。

表 7-8　附合导线计算表

点号	观测角（左角）	改正后的角度	坐标方位角	边长 /m	增量计算值 $\Delta x'$	增量计算值 $\Delta y'$	改正后的增量值 Δx	改正后的增量值 Δy	坐标 x	坐标 y	点号
1	2	3	4	5	6	7	8	9	10	11	12
			237°59′30″								
A/B	+6″ 99°01′00″	99°01′06″							2 507.687	1 215.630	B
			157°00′36″	225.85	+45 −207.911	−43 +88.210	−207.866	+88.167			
1	+6″ 167°45′36″	167°45′42″							2 299.821	1 303.797	1
			144°46′18″	139.03	+28 −113.568	−26 +80.198	−113.540	+80.172			
2	+6″ 123°11′24″	123°11′30″							2 186.281	1 383.969	2
			87°57′48″	172.57	+35 +6.133	−33 +172.461	+6.168	+172.428			
3	+6″ 189°20′36″	189°20′42″							2 192.449	1 556.397	3
			97°18′30″	100.07	+20 −12.730	−19 +99.257	−12.710	+99.238			
4	+6″ 179°59′18″	179°59′24″							2 179.739	1 655.635	4
			97°17′54″	102.48	+21 −13.019	−19 +101.650	−12.998	+101.631			
C	+6″ 129°27′24″	129°27′30″							2 166.741	1 757.266	C
			46°45′24″								
D											D
				$\sum D=$ 740.00	$\sum(\Delta x)=$ −341.095	$\sum(\Delta y)=$ +541.776					

$\alpha'_{CD}=46°44'48''$

$\alpha_{CD}=46°45'24''$

$f_B=-36''$

$f_{\beta容}=\pm 40''\sqrt{6}=\pm 98''$

$f_\beta<f_{\beta容}$

$\sum(\Delta x)=-341.095 \quad \sum(\Delta y)=+541.776$

$X_C-X_B=-340.946 \quad y_C-y_B=+541.636$

$f_x=-0.149 \quad f_y=0.140$

$f=\sqrt{f_x^2+f_y^2}=0.20$

$K=\frac{0.20}{740}\approx\frac{1}{3\,700}<\frac{1}{2\,000}$

A、B 和 C、D 是高级控制点，α_{AB}、α_{CD} 及 x_B、y_B、x_C、y_C 为起算数据，β_i 和 D_i 分别为角度和边长观测值，计算 1、2、3、4 点的坐标。A、B、C、D 是已知高级控制点，相对于施测的导线来说，可认为其已知坐标是无误差的标准值。这样附合导线就存在三个几何条件：一个方位角闭合条件，即根据已知方位角 α_{AB}，通过各 β_i 的观测值推算出 CD 边的坐标方位角 α'_{CD}，应等于已知的 α_{CD}；另两个是纵横坐标闭合条件，即由 B 点的已知坐标 x_B、y_B，经各边、角推算求得的 C 点坐标 x'_C、y'_C 应与已知的 x_C、y_C 相等。这三个条件是附合导线观测值的校核条件，是进行导线坐标计算与调整的基础。计算步骤如下。

(1) 坐标方位角的计算与调整

根据式(5-35)，可推算出 CD 边的坐标方位角为

$$\alpha'_{CD} = \alpha_{AB} - n \times 180° + \sum_{i=1}^{n} \beta_i$$

由于测角中存在误差，所以 α'_{CD} 一般不等于已知的 α_{CD}，其差数称为角度闭合差，即

$$f_B = \alpha'_{CD} - \alpha_{CD} \tag{7-1}$$

本例中 $\alpha'_{CD} = 46°44'48''$，$\alpha'_{CD} = 46°45'24''$ 代入式(7-1)得：

$$f_B = 46°44'48'' - 46°45'24'' = -36''$$

各级导线，角度闭合差的容许值 $f_{\beta容}$。见表 7-7。图根导线的角度容许闭合差为

$$f_{\beta容} = \pm 40''\sqrt{n} \tag{7-2}$$

此例中，$n=6$，则 $f_{\beta容} = \pm 40''\sqrt{6} \approx \pm 98''$。

若 $f_\beta > f_{\beta容}$，应重新检测角度。若 $f_B \leqslant f_{\beta容}$，则对各角值进行调整。各角度属同精度观测，所以将角度闭合差反符号平均分配(其分配值称为改正数)给各角。然后计算各边方位角。作为检核，由改正后的各角度值推算的 α'_{CD} 应与已知的 α_{CD} 相等。

(2) 坐标增量闭合差的计算与调整

由坐标闭合条件可知，附合在 B、C 两点间的导线，如果测角和量边没有误差，各边坐标增量分别为 $\Delta x_i = D_i \cos\alpha_i$；$\Delta y_i = D_i \sin\alpha_i$。各边坐标增量之和 $\sum \Delta x_i$、$\sum \Delta y_i$ 应分别等于 B、C 两点的纵横坐标之差 $\sum \Delta x_{理}$、$\sum \Delta y_{理}$。即

$$\begin{cases} \sum \Delta x_{理} = x_C - x_B = x_{终} - x_{始} \\ \sum \Delta y_{理} = y_C - y_B = y_{终} - y_{始} \end{cases} \tag{7-3}$$

量边的误差和角度闭合差调整后的残余误差，使计算出的 $\sum \Delta x_i$、$\sum \Delta y_i$ 往往不等于 $\sum \Delta x_{理}$、$\sum \Delta y_{理}$，产生的差值分别称为纵坐标增量闭合差 f_x，横坐标增量闭合差 f_y。即

$$\begin{cases} f_x = \sum \Delta x_i - \sum \Delta x_{理} = \sum \Delta x_i - (x_{终} - x_{始}) \\ f_y = \sum \Delta y_i - \sum \Delta y_{理} = \sum \Delta y_i - (y_{终} - y_{始}) \end{cases} \tag{7-4}$$

f_x、f_y 的存在，使最后推得的 C' 点与已知的 C 点不重合，如图 7-8 所示。CC' 的距离用 f 表示，称为导线全长闭合差，用下式计算：

$$f = \sqrt{f_x^2 + f_y^2} \tag{7-5}$$

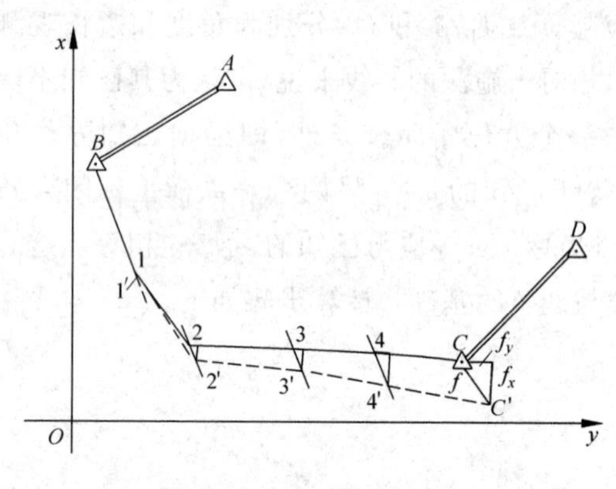

图 7-8 导线坐标闭合差

f 值和导线全长 $\sum D$ 的比值 K 称为导线全长相对闭合差,即

$$K=\frac{f}{\sum D}=\frac{1}{\dfrac{\sum D}{f}} \tag{7-6}$$

K 值的大小反映了导线测角和测距的综合精度。不同等级导线的相对闭合差的容许值见表 7-4。对于图根导线,K 值应小于 $\frac{1}{2\,000}$,在困难地区,K 值可放宽到 $\frac{1}{1\,000}$,见表 7-8。若 $K \leqslant K_{容}$,说明符合精度要求,可以进行坐标增量的调整;否则应分析错误,返工重测。

例中,$f_x=-0.149\text{m}$,$f_y=+0.140\text{m}$,$\sum D=740.00\text{m}$。

$$f=\pm\sqrt{(0.148)^2+(0.140)^2}=\pm 0.204\text{m}$$

$$K=\frac{0.2}{740}\approx\frac{1}{3\,700}<\frac{1}{2\,000}$$

调整的方法是:将闭合差 f_x、f_y 分别反符号按与边长成正比的原则,分配给相应的各边坐标增量。用 V_{xi},V_{yi} 分别表示第 i 边的坐标增量改正数。则

$$\begin{cases} V_{xi}=-\dfrac{f_x}{\sum D}\cdot D_i \\ V_{yi}=-\dfrac{f_y}{\sum D}\cdot D_i \end{cases} \tag{7-7}$$

作为检核,改正后的坐标增量总和应等于 BC 两点的坐标差。

(3) 坐标计算

根据起点 B 的坐标及改正后的坐标增量,按下式:

$$\begin{cases} x_{i+1}=x_i+\Delta x_{i,i+1} \\ y_{i+1}=y_i+\Delta y_{i,i+1} \end{cases}$$

依次计算各点坐标,最后算得的 C 点坐标应等于已知的 C 点坐标,否则计算有误。

2. 闭合导线计算

图 7-5 是图根闭合导线实测略图,计算见表 7-9。闭合导线的计算步骤与调整原理与附合导线相同,也要满足角度闭合和坐标闭合三个条件。闭合导线是以闭合的几何图形作为校核条件。这使闭合导线角度闭合差和坐标增量闭合差的计算与附合导线略有不同。

(1) 角度闭合差的计算与调整

闭合导线一般测内角,n 边形内角之和应满足

$$\sum \beta_{理}=(n-2)\times 180^\circ$$

表 7-9 闭合导线坐标计算表

点号	观测角（右角）	改正后的角值	坐标方位角	边长/m	增量计算值 Δx′	增量计算值 Δy′	改正后的增量值 Δx	改正后的增量值 Δy	坐标 x	坐标 y	点号
1	2	3	4	5	6	7	8	9	10	11	12
1	−12″ 87°51′12″	87°51′00″							800.00	1 000.00	1
			136°42′00″	107.61	−1 −78.32	−3 +73.80	−78.33	+73.77			
2	−12″ 150°20′12″	150°20′00″							721.67	1 073.77	2
			166°22′00″	72.44	−1 −70.40	−2 +17.07	−70.41	+17.05			
3	−12″ 125°06′42″	125°06′30″							651.26	1 090.82	3
			221°15′30″	179.92	−3 −135.25	−4 −118.65	−135.28	−118.69			
4	−12″ 87°29′12″	87°29′00″							515.98	927.13	4
			313°46′30″	179.38	−3 +124.10	−4 −129.52	+124.07	−129.56			
5	−12″ 89°13′42″	89°13′30″							640.05	824.57	5
			44°33′00″	224.50	−4 +159.99	−6 +157.49	+159.95	+157.43			
1									800.0	1 000.00	1
2			136°42′00″								
∑	540°01′00″	540°00′00″		763.85							
					+284.09 −283.97	+284.36 −284.17	+284.02 −284.02	+284.27 −284.27			
					$f_x=+0.12$	$f_y=+0.19$	$\sum \Delta x=0$	$\sum \Delta y=0$			

$f_\beta=\pm 60''$ $\quad f_{\beta容}=\pm 40''\sqrt{n}=\pm 40''\sqrt{5}=\pm 89.4''$

$f=\sqrt{f_x^2+f_y^2}=\pm 0.22\text{m}$

$K=\dfrac{f}{\sum D}=\dfrac{0.22}{763.85}\approx\dfrac{1}{3\,470}$

角度闭合差

$$f_\beta = \sum\beta_{测} - \sum\beta_{理} = \sum\beta_{测} - (n-2)\times 180^\circ \tag{7-8}$$

(2) 坐标增量闭合差的计算与调整

闭合导线的起、终点为同一个点,按式(7-3)有

$$\begin{cases}\sum\Delta x_{理} = 0 \\ \sum\Delta y_{理} = 0\end{cases} \tag{7-9}$$

按式(7-4),坐标增量闭合差

$$\begin{cases}f_x = \sum\Delta x_i \\ f_y = \sum\Delta y_i\end{cases} \tag{7-10}$$

改正后的坐标增量应满足

$$\sum\Delta x_i = 0,\quad \sum\Delta y_i = 0$$

(3) 导线内业计算中应注意的问题

① 内业计算中数字的取位应遵守表7-10的规定。

② 内业计算中,每一计算步骤都要严格进行校核。只有当方位角闭合差消除后,才能进行坐标增量的计算。

表7-10 导线内业计算数字取位的要求

等级	角度观测值	角度改正数	方位角	边长与坐标
一、二级导线	1″	1″	1″	0.001m
图根导线	0.1′	0.1′	0.1′	0.01m

7.3 控制点加密

当原有控制点的密度不能满足测图和施工需要时,在全站仪被广泛使用的情况下,常用极坐标法进行加密。有时也可用交会法来加密少量控制点,称为交会定点。常用的交会法有前方交会、后方交会和距离交会。

7.3.1 前方交会

如图7-9,在已知点A、B分别观测了P点的水平角α和β角,以推求P点坐标,称为前方交会。为了检核,通常需从三个已知点A、B、C分别向P点进行角度观测,如图7-10。P点位置的精度除了与α、β角的观测精度有关外,还与γ角的大小有关。γ角接近60°时精度最高,在不利的条件下,γ角也不应小于30°或大于120°。

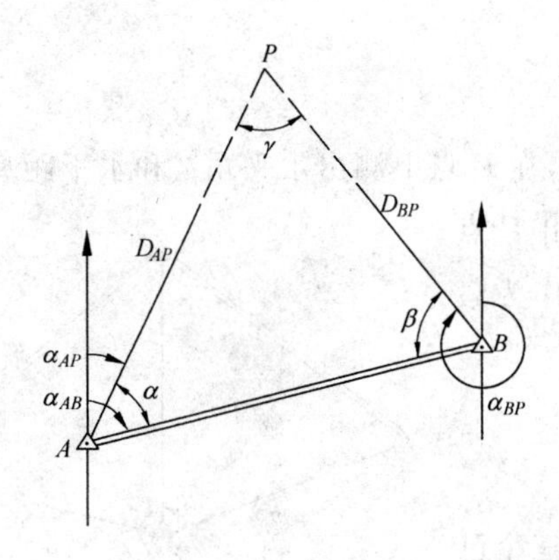

图 7-9　前方交会

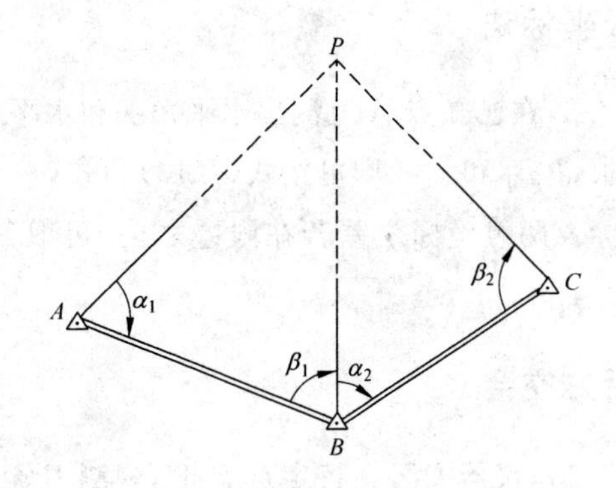

图 7-10　带检核条件的前方交会

前方交会的计算步骤如下。

(1) 根据已知坐标计算已知边(AB)的方位角和边长

$$\alpha_{AB} = \tan^{-1}\frac{y_B - y_A}{x_B - x_A}$$

$$D_{AB} = \sqrt{(x_B - x_A)^2 + (y_B - y_A)^2}$$

(2) 推算 AP 和 BP 边的坐标方位角和边长

由图 7-9 得

$$\begin{cases} \alpha_{AP} = \alpha_{AB} - \alpha \\ \alpha_{BP} = \alpha_{BA} + \beta \end{cases} \tag{7-11}$$

$$\begin{cases} D_{AP} = \dfrac{D_{AB}\sin\beta}{\sin\gamma} \\ D_{BP} = \dfrac{D_{AB}\sin\alpha}{\sin\gamma} \end{cases} \tag{7-12}$$

式中,$\gamma = 180° - (\alpha + \beta)$。

(3) 计算 P 点坐标

分别由 A 点和 B 点按下式推算 P 点坐标,并校核。

$$\begin{cases} x_P = x_A + D_{AP}\cos\alpha_{AP} \\ y_P = y_A + D_{AP}\sin\alpha_{AP} \end{cases} \tag{7-13}$$

$$\begin{cases} x_P = x_B + D_{BP}\cos\alpha_{BP} \\ y_P = y_B + D_{BP}\sin\alpha_{BP} \end{cases} \tag{7-14}$$

下面介绍一种直接计算 P 点坐标的公式:

$$\begin{cases} x_P = \dfrac{x_A\cot\beta + x_B\cot\alpha + (y_B - y_A)}{\cot\alpha + \cot\beta} \\ y_P = \dfrac{y_A\cot\beta + y_B\cot\alpha - (x_B - x_A)}{\cot\alpha + \cot\beta} \end{cases} \tag{7-15}$$

应用式(7-15)时,要注意 A、B、P 的点号须按逆时针次序排列(见图 7-9)。

7.3.2 极坐标法

如图7-9,在已知点A上测出水平角α和水平距离D_{AP},在B点上测出水平角β和水平距离D_{BP},按式(7-11)求得α_{AP}和α_{BP},即可按式(7-13)和式(7-14)计算出P点的两组坐标。两组坐标之差若在限差之内,可取其平均值作为最后结果。

7.3.3 后方交会

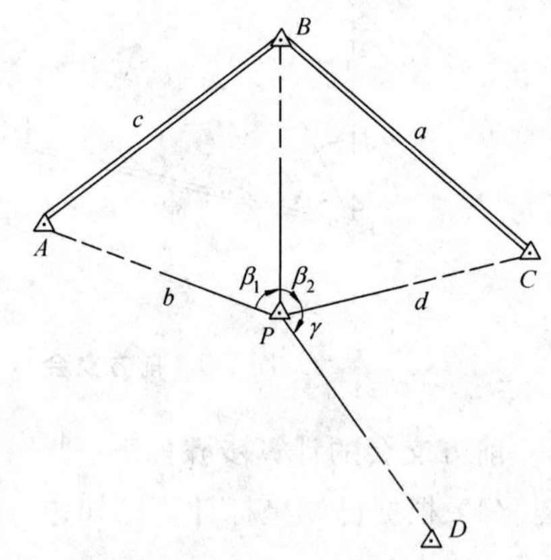

图7-11 后方交会

如图7-11,仪器安置在特定点P上,观测P至A、B、C三个已知点间的夹角β_1、β_2,求解P点坐标,称为后方交会。其优点是不必在多个已知点上设站观测,野外工作量少,故当已知点不易到达时,可采用后方交会确定待定点。后方交会计算工作量较大,计算公式很多,这里仅介绍一种,公式推导从略。

1. 计算公式

$$\begin{cases} a=(x_A-x_B)+(y_A-y_B)\cot\beta_1=\Delta x_{BA}+\Delta y_{BA}\cot\beta_1 \\ b=-(y_A-y_B)+(x_A-x_B)\cot\beta_1=-\Delta y_{BA}+\Delta x_{BA}\cot\beta_1 \\ c=(x_B-x_C)-(y_B-y_C)\cot\beta_2=\Delta x_{CB}+\Delta y_{CB}\cot(-\beta_2) \\ d=-(y_B-y_C)-(x_B-x_C)\cot\beta_2=-\Delta y_{CB}+\Delta x_{CB}\cot(-\beta_2) \end{cases} \tag{7-16}$$

$$K=\frac{a+c}{b+d} \tag{7-17}$$

$$\begin{cases} \Delta x_{BP}=\dfrac{a-Kb}{1+K^2} \\ \Delta y_{BP}=\Delta x_{BP}\cdot K \end{cases} \tag{7-18}$$

则P点坐标为

$$\begin{cases} x_P=x_B+\Delta x_{BP} \\ y_P=y_B+\Delta y_{BP} \end{cases} \tag{7-19}$$

2. *P*点的检查

为判断P点位置的精度,必须在P点上对第四个已知点再进行观测,即再观测γ角,如图7-11所示。

根据A、B、C三点算得P点坐标后,再算得α_{PD},α_{PC},计算γ':

$$\gamma'=\alpha_{PD}-\alpha_{PC} \tag{7-20}$$

将γ'值与观测得到的γ值相比较,求出差数

$$\Delta\gamma=\gamma'-\gamma \tag{7-21}$$

当交会点是图根等级时,$\Delta\gamma$的容许值为$\pm 40''$。

3. 危险圆问题

当新点 P 落在不在一条直线上的 A、B、C 三点的圆周上(如图 7-12)的任何位置时，其 β_1、β_2 角均不变，因此无解；当 P 点落在此圆周近旁时，则求得的 P 点坐标精度很低。通常将过 A、B、C 三点共圆的圆周称作危险圆。

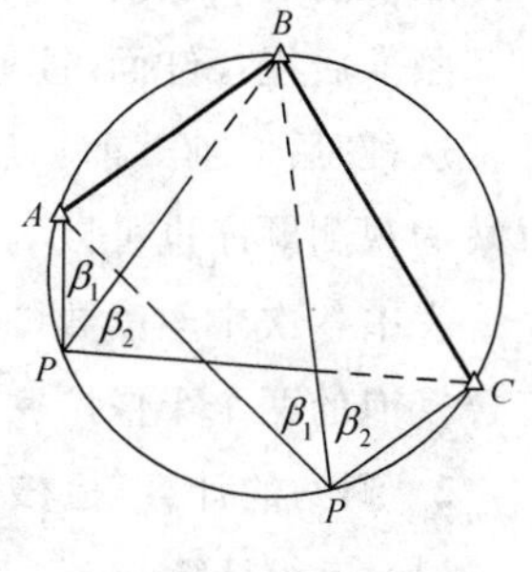

图 7-12　危险圆

危险圆按式(7-16)、式(7-17)和下式判别：

$$\begin{cases} a+c=0 \\ b+d=0 \\ K=\dfrac{0}{0} \end{cases} \tag{7-22}$$

为避免 P 点落在危险圆及近旁，选点时应注意：P 点位置最好在三个已知点连成的三角形的重心附近；β 角在 $30°\sim120°$ 之间；P 点离危险圆的距离不得小于危险圆半径的 $\frac{1}{5}$；从 A、B、C 三点到 P 点的距离，其最长边与最短边之比不得超过 3∶1。

7.4　三、四等水准测量

三、四等水准测量，除用于国家高程控制网的加密外，还常用作小地区的首级高程控制，以及工程建设地区内工程测量和变形观测的高程控制。三、四等水准网应从附近的国家高一级水准点引测高程。

工程建设地区的三、四等水准点的间距可根据实际需要决定，一般在 1～2km 左右，应埋设普通水准标石或临时水准点标志。亦可利用埋石的平面控制点作为水准点。在厂区内则注意不要选在地下管线上，距离厂房或高大建筑物不小于 25m，距振动影响区 5m 以外，距回填土边不小于 5m。

现将三、四等水准测量的要求和施测方法介绍如下：

(1) 三、四等水准测量使用的水准尺，通常是双面水准尺。

(2) 视线长度和读数误差的限差见表 7-11；高差闭合差的规定见表 7-5。

表 7-11　三、四等水准测量视线长度和读数误差的限差

等级	标准视线长度/m	前后视距差/m	前后视距累计差/m	红黑而读数差/mm	红黑面高差之差/mm
三	75	3.0	5.0	2.0	3.0
四	100	5.0	10.0	3.0	5.0

三、四等水准测量的观测与计算方法如下。

1. 一个测站上的观测顺序

在一个测站上三、四等水准测量的观测顺序为(参见表 7-12)：

照准后视尺黑面，读取下、上丝读数(1)、(2)及中丝读数(3)(括号中的数字代表观测和记录顺序)；

照准前视尺黑面，读取下、上丝读数(4)、(5)及中丝读数(6)；

照准前视尺红面,读取中丝读数(7);

照准后视尺红面,读取中丝读数(8)。

这种“后—前—前—后”的观测顺序,主要为抵消水准仪与水准尺下沉产生的误差。四等水准测量每站的观测顺序也可以为“后—后—前—前”,即“黑—红—黑—红”。

表中各次中丝读数(3)、(6)、(7)、(8)是用来计算高差的,因此,在每次读取中丝读数前,都要注意使符合气泡的两个半像严密重合。

2. 测站的计算、检核与限差

(1) 视距计算

后视距离(9)=(1)−(2)

前视距离(10)=(4)−(5)

前、后视距差(11)=(9)−(10),三等水准测量,不得超过±3m;四等水准测量,不得超过±5m。

前、后视距累积差,本站(12)=前站(12)+本站(11),三等不得超过±5m,四等不得超过±10m。

(2) 同一水准尺黑、红面读数差

前尺(13)=(6)+K_1−(7),

后尺(14)=(3)+K_2−(8)。

三等不得超过±2mm,四等不得超过±3mm。K_1、K_2 分别为前尺、后尺的红黑面常数差。

(3) 高差计算

黑面高差(15)=(3)−(6)

红面高差(16)=(8)−(7)

检核计算(17)=(14)−(13)=(15)−(16) ±0.100

三等不得超过 3mm,四等不得超过 5mm。

高差中数(18)=$\frac{1}{2}$[(15)+(16)±0.100]

上述各项记录、计算见表7-12。观测时,若发现本测站某项限差超限,应立即重测本测站。只有各项限差均检查无误后,方可搬站。

3. 总检核计算

总检核计算:

$$\sum(9)-\sum(10)=182.6-183.1=-0.5$$

$$\frac{1}{2}\left[\sum(15)+\sum(16)\pm 0.100\right]=1/2[-1.774+(-1.675)-0.100]=-1.7745$$

$$\sum(18)=-1.7745$$

在每测站检核的基础上,应进行每页计算的检核:

$$\sum(15)=\sum(3)-\sum(6),$$

$$\sum(16)=\sum(8)-\sum(7),$$

$$\sum(9)-\sum(10)=\text{本页末站}(12)-\text{前页末站}(12),$$

表 7-12　三(四)等水准测量观测手簿

测自 A 至 B　　日期 2005 年 5 月 10 日　　仪器：上光 60252

开始 7 时 05　　天气 晴、微风　　观测者：李　明

结束 8 时 07　　成像 清晰稳定　　记录者：肖　钢

测站编号	点号	后尺 下丝/上丝	前尺 下丝/上丝	方向及尺号	中丝水准尺读数		K+黑−红	平均高差	备注
		后视距离	前视距离		黑色面	红色面			
		前后视距差	累积差						
		(1)	(4)	后	(3)	(8)	(14)		
		(2)	(5)	前	(6)	(7)	(13)		
		(9)	(10)	后−前	(15)	(16)	(17)	(18)	
		(11)	(12)						
		1.587	0.755	后	1.400	6.187	0		
1	A～转 1	1.213	0.379	前	0.567	5.255	−1	+0.832 5	
		37.4	37.6	后−前	+0.833	+0.932	+1		
		−0.2	−0.2						
		2.111	2.186	后 02	1.924	6.611	0		
2	转 1～转 2	1.737	1.811	前 02	1.998	6.786	−1	−0.074 5	
		37.4	37.5	后−前	−0.074	−0.175	+1		
		−0.1	−0.3						
		1.916	2.057	后 01	1.728	6.515	0		
3	转 2～转 3	1.541	1.680	前 02	1.868	6.556	−1	−0.140 5	
		37.5	37.7	后−前	−0.140	−0.041	+1		
		−0.2	−0.5						
		1.945	2.121	后 02	1.812	6.499	0		
4	转 3～转 4	1.680	1.854	前 01	1.987	6.773	+1	−0.174 5	
		26.5	26.7	后−前	−0.175	−0.274	−1		
		−0.2	−0.7						
		0.675	2.902	后 01	0.466	5.254	−1		
5	转 4～B	0.237	2.466	前 02	2.684	7.371	0	−2.217 5	
		43.8	43.6	后−前	−2.218	−2.117	−1		
		+0.2	−0.5						

测站数为偶数时：$\sum(18)=\frac{1}{2}\left[\sum(15)+\sum(16)\right]$；

测站数为奇数时：$\sum(18)=\frac{1}{2}\left[\sum(15)+\sum(16)\pm 0.100\right]$。

4. 水准路线测量成果的计算、检核。

三、四等附合或闭合水准路线高差闭合差的计算、调整方法与普通水准测量相同(参见 3.4 节)。

当测区范围较大时，要布设多条水准路线。为了使各水准点高程精度均匀，必须把各线段联在一起，构成统一的水准网。水准网一般采用最小二乘原理进行平差，从而求解出各水准点的高程，具体计算方法请参考武汉大学出版的《误差理论与测量平差基础》一书。

7.5 三角高程测量

当地面两点间地形起伏较大而不便于施测水准时,可应用三角高程测量的方法测定两点间的高差而求得高程。该法较水准测量精度低,常用作山区各种比例尺测图的高程控制。

7.5.1 三角高程测量原理

三角高程测量的基本思想是,根据由测站的照准点所观测的竖直角和两点间的水平距离来计算两点之间的高差。如图7-13所示,已知A点高程H_A,欲求B点高程H_B。可将仪器安置在A点,照准B点目标顶端N,测得竖直角α,量取仪器高i和目标高S。

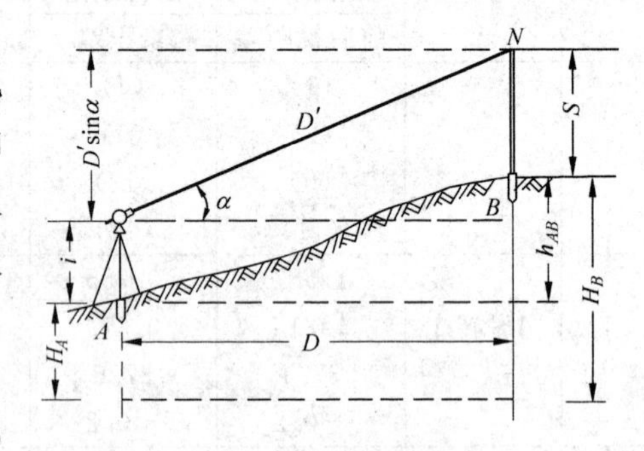

图7-13 三角高程测量原理

如果已知AB两点间的水平距离D,则高差h_{AB}为

$$h_{AB}=D\cdot\tan\alpha+i-S \tag{7-23}$$

如果用测距仪测得AB两点间的斜距D',则高差h_{AB}为

$$h_{AB}=D'\cdot\sin\alpha+i-S \tag{7-24}$$

B点高程为

$$H_B=H_A+h_{AB}$$

7.5.2 地球曲率和大气折光对高差的影响

式(7-23)、式(7-24)是在假定地球表面为水平面(即把水准面当作水平面),认为观测视线是直线的条件下导出的。当地面上两点间的距离小于300m时是适用的。两点间距离大于300m,就要顾及到地球曲率的影响。需要加地球曲率改正,也称为球差改正;同时,观测视线受大气垂直折光的影响而成为一条向上凸起的弧线,必须加入大气垂直折光差改正,称为气差改正。以上两项改正合称为球气差改正,简称二差改正。

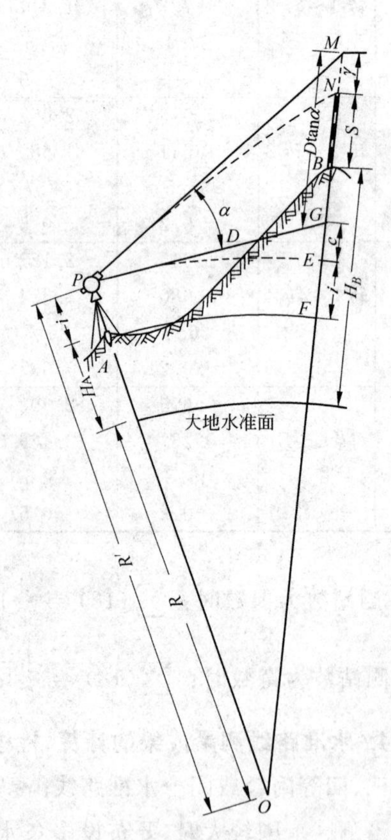

图7-14 地球曲率和大气折光对三角高程的影响

如图7-14,O为地球中心,R为地球曲率半径($R=$6 371km),A、B为地面上两点,D为A、B两点间的水平距离,R'为过仪器高P点的水准面曲率半径,PE和AF分别为过P点和A点的水准面。实际观测竖直角α时,水平线交于G点,GE就是由于地球曲率而产生的高程误差,即球差,用符号c表示。由于大气折光的影响,来自目标N的光沿弧线PN进入仪器望远镜,而望远镜却位于弧线PN的切线PM上,MN即为大气垂直折光带来的高程误差,即气差,用符号γ表示。

由于 A、B 两点间的水平距离 D 与曲率半径 R' 之比值很小，例如当 $D=3\text{km}$ 时，其所对圆心角约为 $2.8'$，故可认为 PG 近似垂直于 OM，则

$$MG = D \cdot \tan\alpha$$

于是，A、B 两点高差为

$$h = D \cdot \tan\alpha + i - s + c - \gamma \tag{7-25}$$

令 $f=c-\gamma$，则公式为

$$h = D \cdot \tan\alpha + i - s + f \tag{7-26}$$

从图 7-14 可知

$$(R' + c)^2 = R'^2 + D^2$$

即

$$c = \frac{D^2}{2R' + c}$$

c 与 R' 相比很小，可略去，并考虑到 R' 与 R 相差甚小，故以 R 代替 R'，则上式为

$$c = \frac{D^2}{2R}$$

根据研究，因大气垂直折光而产生的视线变曲的曲率半径约为地球曲率半径的 7 倍，则

$$\gamma = \frac{D^2}{14R}$$

则二差改正为

$$f = c - \gamma = \frac{D^2}{2R} - \frac{D^2}{14R} \approx 0.43\,\frac{D^2}{R}(\text{m}) = 6.7 \times D^2(\text{cm}) \tag{7-27}$$

水平距离 D 以 km 为单位。

表 7-13 给出了 1km 内不同距离的二差改正数。

表 7-13 二差改正数

D/km	0.1	0.2	0.3	0.4	0.5	06	0.7	0.8	0.9	1.0
f/cm	0	0	1	1	2	2	3	4	6	7

三角高程测量一般都采用对向观测。即由 A 点观测 B 点，又由 B 点观测 A 点，取对向观测所得高差绝对值的平均数可抵消二差的影响。

7.5.3 三角高程测量的观测和计算

三角高程测量分为一、二两级，其对向观测较差不应大于 $0.02D\text{m}$ 和 $0.04D\text{m}$（D 为平距，以 km 为单位）。若符合要求，取两次高差的平均值。

对图根小三角点进行三角高程测量时，竖直角 α 用 DJ6 级经纬仪测 1～2 个测回，为了减少折光差的影响，目标高应不小于 1m，仪器高 i 和目标高 S 用皮尺量出，取至厘米。表 7-14 是三角高程测量计算实例。

表 7-14 三角高程测量计算实例

待求点	B	
起算点	A	
	往	返
平距/m	341.23	341.23
竖直角 α	+14°06′30″	−13°19′00″
$D\cdot\tan\alpha$/m	+85.76	−8.077
仪器高 i/m	+1.31	+1.41
目标高 v/m	−3.80	−4.00
两差改正/m	+0.01	+0.01
高差/m	+83.37	−83.36
平均高差/m	+83.36	
起算点高程/m	279.25	
待求点高程/m	362.61	

三角高程测量路线应组成闭合或附合路线。如图 7-15,三角高程测量可沿 $A—B—C—D—A$ 闭合路线进行,每边均取对向观测。观测结果列于图 7-15 上,其路线高差闭合差 f_h 的容许值按下式计算:

$$f_{h容}=\pm 0.05\sqrt{\sum D^2}\ \text{m}\quad (D\ 以\ \text{km}\ 为单位) \tag{7-28}$$

若 $f_h \leqslant f_{h容}$,则将闭合差按与边长成正比分配给各高差,再按调整后的高差推算各点的高程。

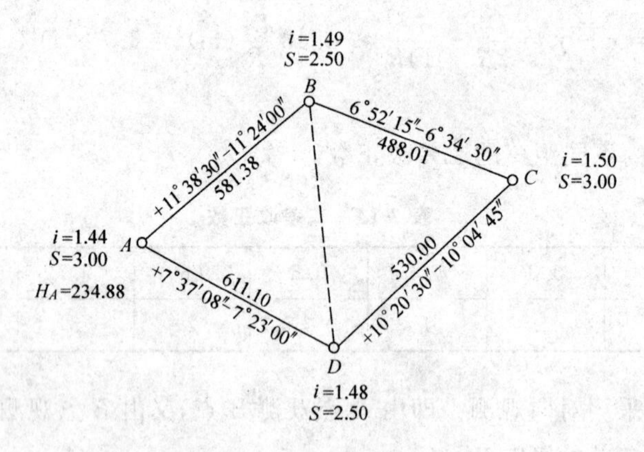

图 7-15 三角高程测量路线

习题与思考题

1. 测量工作的基本原则是什么? 为什么?
2. 控制测量的目的是什么? 建立平面控制网的方法有哪些? 各有何优缺点?
3. 选定控制点应该注意哪些问题?
4. 导线布置的形式有哪些?

5. 怎样衡量导线测量的精度？导线测量的闭合差是怎样规定的？

6. 计算下图中附合导线各点的坐标值。

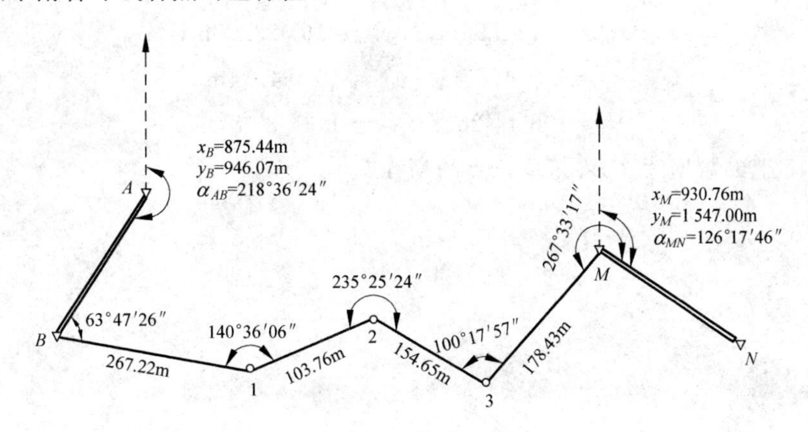

图 7-16　习题 6 附图

7. 计算下表中闭合导线各点的坐标值。

点号	观测角（右角）	改正后的角值	坐标方位角	边长/m	增量计算值		改正后的增量值		坐标		点号
					$\Delta x'$	$\Delta y'$	Δx	Δy	x	y	
1	2	3	4	5	6	7	8	9	10	11	12
1	128°39′18″								800.00	1 000.00	1
			136°42′00″	199.36							
2	85°12′24″										2
				150.23							
3	124°18′30″										3
				183.45							
4	125°15′30″										4
				105.42							
5	76°36′12″										5
				185.26							
1											1
2											
$\sum$											

8. 前方交会和后方交会各需要哪些已知数据？各适用什么场合？

9. 用前方交会法测定 P 点，已知数据和观测数据如下，试计算 P 点坐标。

$$x_A = 4\,636.45\text{m},\quad y_A = 1\,054.54\text{m};$$
$$x_B = 3\,873.96\text{m},\quad y_B = 1\,772.68\text{m};$$
$$\alpha = 35°34'36'',\quad \beta = 47°56'24''$$

10. 用后方交会法测定 P 点,已知数据和观测数据如下,试计算 P 点坐标。

$$x_A = 4\,512.97\text{m}, \quad y_A = 1\,554.71\text{m};$$

$$x_B = 5\,144.96\text{m}, \quad y_B = 16\,083.07\text{m};$$

$$x_C = 4\,374.87\text{m} \quad y_C = 16\,564.14\text{m}$$

$$\beta_1 = 106°14'26'', \quad \beta_2 = 118°58'18''。$$

11. 按图 7-15 上的数据计算 B、C、D 三点的高程。

第8章

全球定位系统的定位技术

过去只有GPS美国的全球定位系统，后来苏联、东欧等国有了卫星定位系统，中国有了北斗星同步定位系统，它们不能都以美国的GPS为代表，因此，在这一领域，除非是特指，都以GNSS为代表，特别是伽利略运作之后，它的功能比GPS还强大。

8.1 概　　述

全球定位系统(global navigation satellite system，GNSS)是利用卫星信号进行导航定位的各种定位系统统称，简称GNSS。

目前已建和正在建的卫星定位系统有：

1. GPS全球定位导航授时系统

该系统是由美国国防部于1973年开始研制，历经20年，耗资300亿美元，于1993年建成，它是以军事应用为主，军民两用卫星导航定位系统是目前全球民用应用最多的系统。

2. GLONASS定位系统

该系统是由前苏联国防部于1978年开始研制，于1995年建设成功，它也是以军事应用为主，军民两用卫星导航定位系统。该系统受苏联解体，经济滑坡及技术因素影响，很长一段时间空间卫星数不能满足实时定位要求。近几年俄罗斯经济复苏，卫星数增加，已基本可以用于定位。

3. GALILEO定位系统

该系统是由欧盟于2004年开始研制，计划2013年建成是以民用为主全球导航定位系统。

4. 北斗卫星导航定位系统

北斗卫星导航定位系统是我国自主研发的定位系统，简称BD系统，它分为两个阶段，前期为北斗实验系统，它是由三颗地球同步卫星组成，已于2003年建成；目前正在建的北斗卫星导航定位系统由12颗卫星组成，计划在2012年建成。

今后卫星定位将是多种卫星定位系统并列发展的趋势。到2013年空中将有四个导航系统,共90颗导航卫星。接收机也将以能同时接收多种卫星定位系统信号的兼容接收机为主。目前已有GPS/GLONASS、GPS/BD双系统接收机及GPS/GLONASS/GALILEO三系统接收机。多系统兼容接收机将会提高定位可靠性、定位精度和加快定位速度。

8.2 GNSS定位原理

GNSS定位是一种无线电定位技术,是利用空间测距交会定点原理。现以GPS定位系统为例,如图8-1所示,设想地面有三个无线电信号发射台,其坐标 X^{si}、Y^{si}、Z^{si} 已知。当用户接收机在某一时刻同时测定接收机天线至三个发射台的距离 R_G^{s1},R_G^{s2},R_G^{s3}。只需以三个发射台为球心,以所测距离为半径,即可交出用户接收机天线的空间位置。其数学模型为

$$R_G^i = [(X_i^s - X_G)^2 + (Y_i^s - Y_G)^2 + (Z_i^s - Z_G)^2]^{1/2} \tag{8-1}$$

式中,X_G、Y_G、Z_G 为待测点三维坐标。

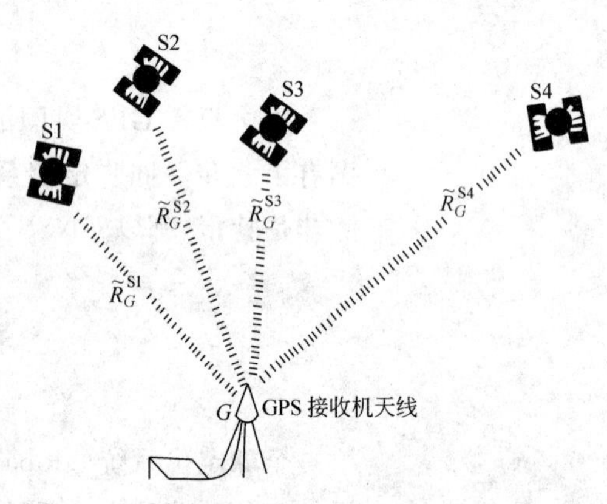

图8-1 GPS定位原理

GNSS卫星定位是将三个无线电信号发射台放到卫星上。所以需要知道某时刻卫星空间位置,并同时测定该时刻的卫星至接收机天线间距离,即可定位。这里卫星空间位置是由卫星发射的导航电文给出。而卫星至接收机天线距离是通过接收卫星测距信号并与接收机内信号进行相关处理求定。由于一般卫星接收机是采用石英晶体振荡器,精度低。加之卫星从2万公里高空向地面传输,空中经过电离层、对流层,会产生时延。所以接收机测的距离含有误差。通常将此距离称为伪距,用 ρ_G^{Si} 表示。经改正后可得

$$R_G^i = \rho_G^i + \delta_{\rho I} + \delta_{\rho T} - c\delta_t^s + c\delta_{tG} \tag{8-2}$$

式中,$\delta_{\rho I}$ 为电离层延迟改正;$\delta_{\rho T}$ 为对流层延迟改正;δ_t^s 为卫星钟差改正;δ_{tG} 为接收机钟差改正。

这些误差中 $\delta_{\rho I}$、$\delta_{\rho T}$ 可以用模型修正。δ_t^s 可用卫星发播的广播星历文件中提供的卫星钟修正参数修正。由式(8-1)、式(8-2)可见,有四个未知数:X_G、Y_G、Z_G、δ_{tG}。所以GNSS三维定位至少需要四颗卫星,建立四个方程式才能解算。当地面高程已知时也可用三颗卫星定位。

卫星向地面发射的含有卫星空间位置的导航电文是由GNSS卫星地面监控站测定,并由地面注入站天线送入GNSS卫星。

GNSS卫星定位有如下特点:

(1) 可在全球任何地方、任何时间、全天候、进行导航定位;

(2) 卫星定位是直接接收卫星信号进行定位,测站间不需要通视,所以定位速度快,测量距离远。用双频机可以测定几百公里到几千公里点间距离;

(3) 采样率高,最快可达50Hz,可实现快速实时导航定位;

(4) 定位精度高:实时定位精度15m,高精度定位可达到1mm,相对定位精度可达到 1×10^{-9};

(5) 具有多种功能，除定位、导航外还可测速(0.1m/s)，测时(50ns)，测姿态、测方位(1m，0.1°)；测电离层电子含量；测大气水蒸气含量；

(6) 用户无限，仪器体积小，重量轻，价格便宜。

GNSS 卫星导航定位技术不但可以用于军事上各种兵种和武器的导航定位，而且在民用上也发挥重大作用。如智能交通系统中车辆导航、车辆管理和救援；民用飞机和船只导航及姿态测量；大气参数测试；电力和通信系统中的时间控制；地震和地球板块运动监测；地球动力学研究等。特别是在大地测量、城市和矿山控制测量、建筑物变形测量、水下地形测量等方面得到广泛的应用。

GNSS 卫星导航定位技术从 1986 年开始引入到我国测绘界，由于其比常规测量方法具有定位速度快、成本低、不受天气影响、点间无须通视、不建标等优越性，且具有仪器轻巧、操作方便等优点，目前已广泛地在测绘行业中使用。卫星定位技术的引入已引起测绘技术的一场革命。从而使测绘领域步入一个崭新的时代。

8.3　卫星定位系统的构成

各种卫星定位系统都是由空间卫星部分(卫星星座)、地面监控部分和用户设备三部分构成。现以 GPS 定位系统为例，见图 8-2。

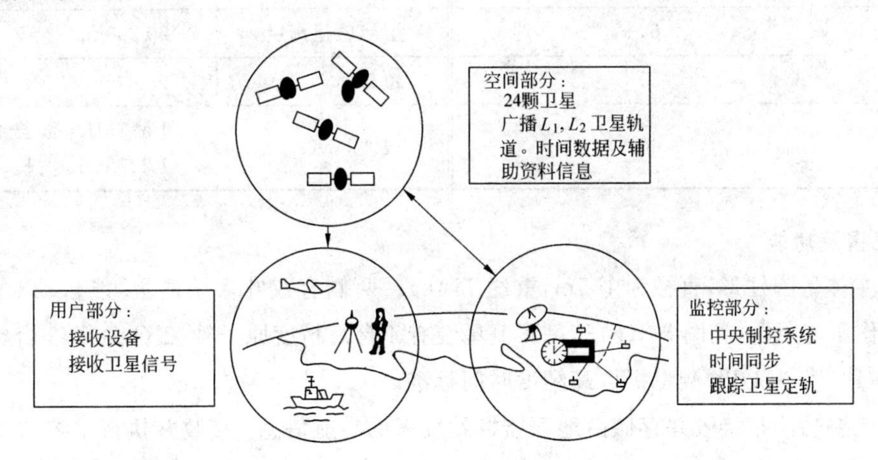

图 8-2　卫星定位系统构成

8.3.1　空间星座部分

1. 卫星星座

GPS 卫星星座由 24 颗卫星组成。其中 21 颗工作卫星，3 颗备用卫星。工作卫星分布在 6 个近圆形轨道面内。每个轨道上有 4 颗卫星。卫星轨道面相对地球赤道面倾角为 55°，如图 8-3(a)所示。各轨道面升交点赤径相差 60°。轨道平均高度为 20 200km。卫星运行周期为 11 小时 58 分。卫星同时在地平线以上至少有 4 颗。最多可达 11 颗。这样的布设方案将保证在世界任何地方，任何时间，都可进行实时三维定位。星座参数见表 8-1。

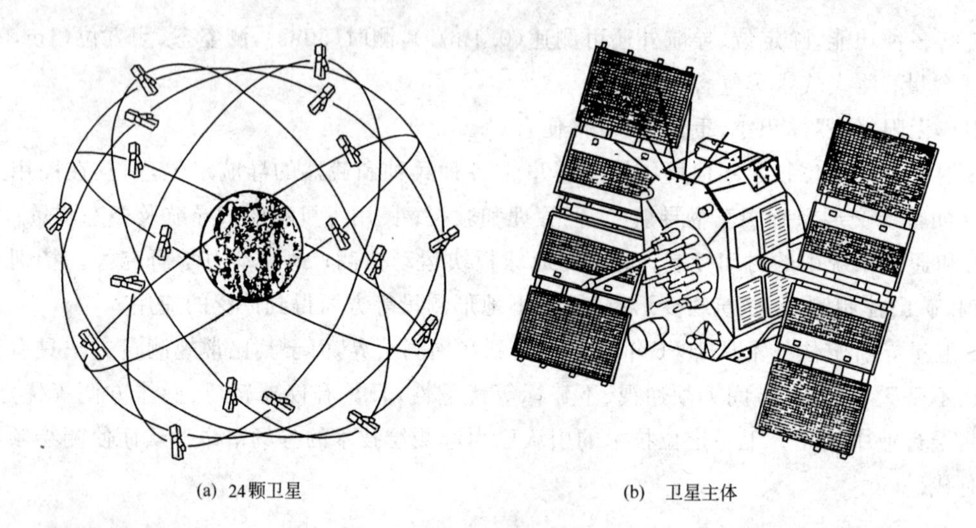
(a) 24颗卫星　　(b) 卫星主体

图8-3 GPS星座

表8-1 GPS卫星星座基本参数

内　容	GPS	内　容	GPS
卫星数(颗)	21+3	运行周期	11h58m
轨道数(个)	6	卫星轨道高度	20 200km
倾角	55°	覆盖面	38%
轨道平面间距	60°	载波频率	1 572MHz 波长 19.05cm 1 227MHz 波长 24.45cm

2. GPS卫星及功能

GPS卫星主体呈圆柱形,直径为1.5m,重约774kg。两侧有双叶太阳能板,能自动对日定向,以提供卫星正常工作所需用电,见图8-3(b)。每颗卫星装有4台高精度原子钟(2台铷钟,2台铯钟),频率稳定度为10^{-12}～10^{-13},为GPS测量提供高精度时间标准。

GPS卫星主要功能是接收并存储由地面监控站发来的导航信息;接收并执行主控站发出的控制命令,如调整卫星姿态、启用备用卫星等;向用户连续发送卫星导航定位所需信息,如卫星轨道参数、卫星健康状态、卫星钟改正数及卫星信号发射时间标准等。

3. GPS卫星信号的组成

GPS卫星向地面发射的信号是经过两次调制的组合信息。它是由铷钟和铯钟提供的基准信号(F=10.23MHz),经过产生$D(t)$码(50Hz)、C/A码(1.023MHz,波长293m)、P码(10.23MHz,波长29.3m)、L_1载波(F_1=1 575.42MHz)和L_2载波(F_2=1 227.60MHz)。$D(t)$码是卫星导航电文。其中含有卫星广播星历(它是以6个开普勒轨道参数和9个反映轨道摄动力影响的参数组成)和空中24颗卫星历书(卫星概略坐标)。利用广播星历可以计算卫星空间坐标(X^{si}、Y^{si}、Z^{si}),如图8-4所示。星历参数列入表8-2。

表 8-2　导航电文中的星历参数表

M_0	参考时刻的平近点角	$\dot{\Omega}$	升交点赤经变率
Δn	平均运行速度差	$\dot{i}$	轨道倾角变率
e_s	轨道偏心率	C_{uc}, C_{us}	升交距角的调和改正项振幅
$\sqrt{a}$	轨道长半轴的方根	C_{rc}, C_{rs}	卫星地心距的调和改正项振幅
Ω_0	参考时刻的升交点赤经	C_{ic}, C_{is}	轨道倾角的调和改正项振幅
i_0	参考时刻的轨道倾角	t_0	星历参数的参考历元
ω_s	近地点角距	AODE	星历数据的龄期

C/A 码是用于快速捕获卫星的码，不同卫星有不同 C/A 码。$D(t)$码与 C/A 码或 P(码)模 2 相加，然后再分别调制在 L_1、L_2 载波上。合成后向地面发射。图 8-4 为卫星多普勒轨道参数。

图 8-5 为 GPS 信号组成图。其数学表达式为

$$\begin{cases} S_{L1}^i(t) = A_P P_i(t) D_i(t)\cos(\omega_1 t + \varphi_{1i}) + A_c G_i(t) D(t)\sin(\omega_1 t + \varphi_{1i}) \\ S_{L2}^i(t) = B_P P_i(t) D_i(t)\cos(\omega_2 t + \varphi_{2i}) \end{cases} \tag{8-3}$$

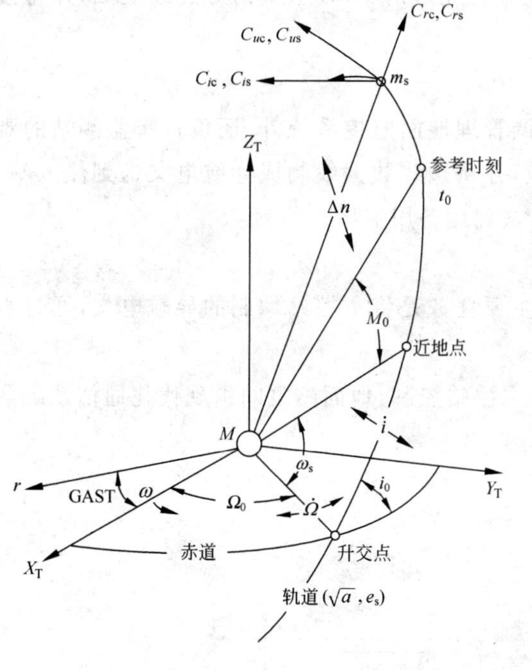

图 8-4　卫星轨道参数

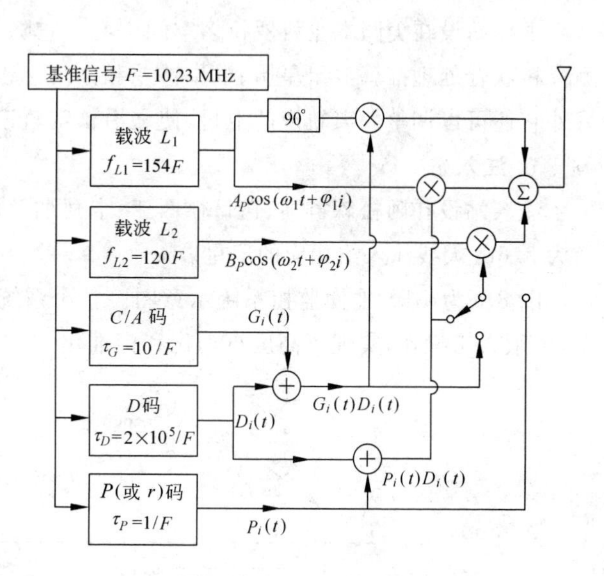

图 8-5　GPS 信号组成图

8.3.2　地面监控部分

GPS 地面监控部分是由分布在世界各地五个地面站组成。按功能可分为监测站、主控站和注入站三种。见图 8-6。

1. 监测站

监测站设在科罗拉多、阿松森群岛、迭哥伽西亚、卡瓦加兰和夏威夷。站内设有双频 GPS 接收机、

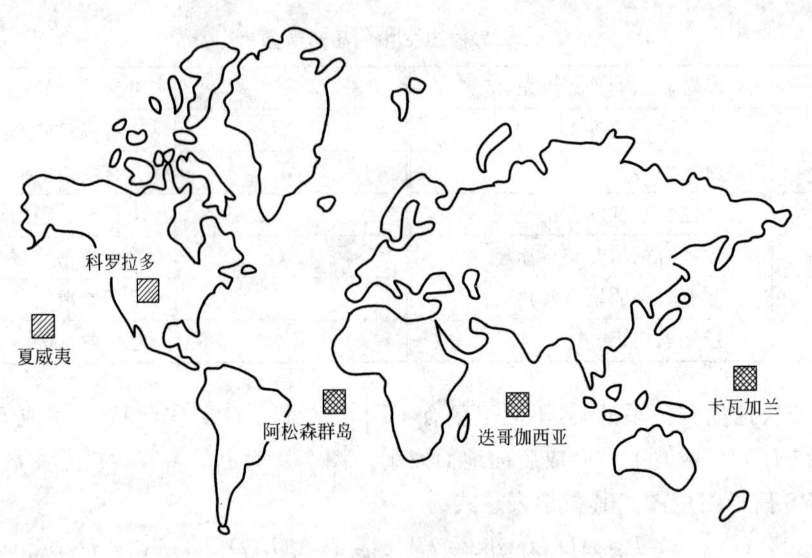

图 8-6 地面监控站

高精度原子钟、气象参数测试仪和计算机等设备。主要任务是完成对 GPS 卫星信号连续观测,并将搜集的数据和当地气象观测资料经处理后传送到主控站。

2. 主控站

主控站设在美国本土科罗拉多空间中心。它除了协调管理地面监控系统外,还负责将监测站的观测资料联合处理推算卫星星历、卫星钟差和大气修正参数,并将这些数据编制成导航电文送到注入站。另外它还可以调整偏离轨道的卫星,使之沿预定轨道运行或启用备用卫星。

3. 注入站

注入站设在阿松森群岛、迭哥伽西亚、卡瓦加兰。其主要任务是将主控站编制的导航电文,通过直径为 3.6m 天线注入给相应的卫星。

图 8-7 为 GPS 地面监控系统示意图。整个系统是由主控站控制,地面站之间由现代化通信系统联系,无须人工操作,实现了高度自动化和标准化。

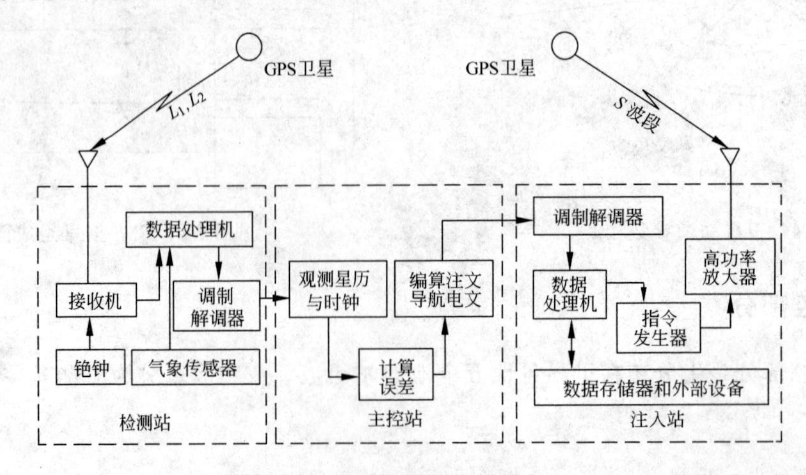

图 8-7 地面监控系统

8.3.3　用户设备部分

用户设备是指用户 GPS 接收机。其主要任务是捕获卫星信号，跟踪并锁定卫星信号。对接收的卫星信号进行处理，测量出 GPS 信号从卫星到接收机天线间传播时间。能译出 GPS 卫星发射的导航电文，实时计算接收机天线的三维位置、速度和时间。

8.4　GNSS 接收机构成及工作原理

8.4.1　GNSS 接收机构造和工作原理

GNSS 接收机主要由 GNSS 接收机天线、GNSS 接收机主机（含操作手簿）和电源三部分组成，如图 8-8 所示。其主要功能是接收 GNSS 卫星信号并经过信号放大、变频、锁相处理，测定出 GNSS 信号从卫星到接收机天线间的传播时间、解译导航电文、实时计算 GNSS 天线所在位置（三维坐标）及运行速度。

图 8-8　GNSS 接收机

1. GNSS 接收机天线

GNSS 接收机天线由天线单元和前置放大器两部分组成。天线的作用是将 GNSS 卫星信号的微弱电磁波能量转化为相应电流，并通过前置放大器将接收 GNSS 信号放大。为减少信号损失，一般将天线和前置放大器封装在一体。

目前常用天线有四螺旋形天线、微带天线、陶瓷天线。

2. 接收机主机及工作原理

GNSS 的接收机主机目前只有 GPS 接收机主机在使用，其他的接收主机尚在研发中。GPS 的接收机主机由射频、基带、微处理器、存储器和显示器组成，如图 8-9 所示。

(1) 射频部分

经过天线和前置放大器的信号仍然很微弱，为了使接收机通道得到稳定高增益，将接收到的 L 频段射频信号经过混频、滤波、变频器得到中频信号。

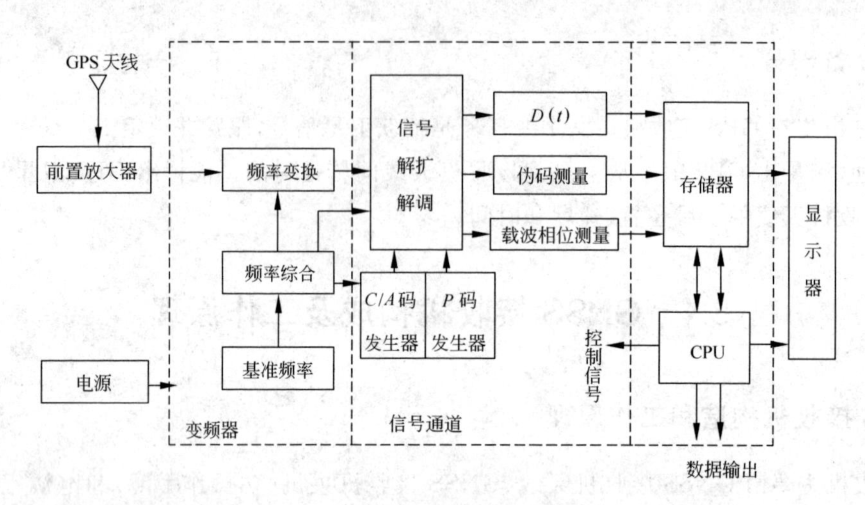

图 8-9 GPS 接收机工作原理

(2) 基带

基带也称为信号通道。GNSS卫星由卫星时钟产生一定结构的伪随机码,与卫星星历数据码模2相加后,调制在载波上向地面发送,经过τ时间的延迟到达接收机天线,如图8-10。接收机基带在自己的时钟控制下产生一组结构与卫星伪随机码一样的测距码,称为复制码。并通过延时器使其延迟时间τ'。将卫星传来的测距码和接收机内产生的复制码送入相关器进行相关处理。若自相关系数$R(\tau')\neq1$时,继续调整延迟时间τ',直至相关系数$R(\tau')=1$为止。这时复制码与测距码完全对齐。测定的延迟时间τ'为卫星信号从卫星传送到接收机天线的时间。该时间乘以光速c,即为卫星到接收机间距离ρ_G^i,同时完成载波相位和多普勒频移测量,如图8-11。基带是接收机的核心部分,它将用于捕获、跟踪卫星、得到测距信息和广播电文。GNSS信号通道可由硬件实现,也可由软件或软硬件结合实现。

GNSS信号通道的作用有:

① 搜索卫星、牵引并跟踪卫星;

② 对卫星信号进行解扩、解调得到导航电文;

③ 进行伪距测量、载波相位测量及多普勒频移测量。

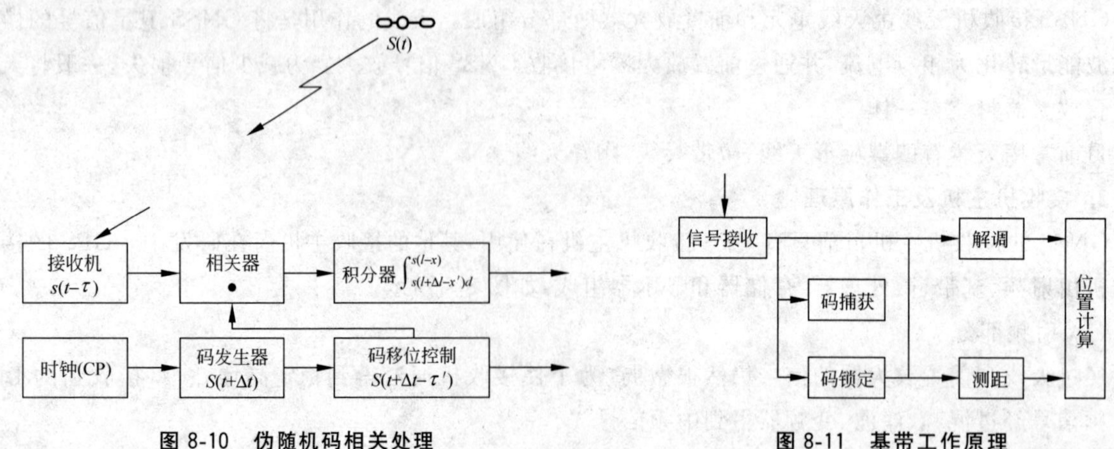

图 8-10 伪随机码相关处理

图 8-11 基带工作原理

卫星信号是扩频的调制信号，要经过解扩、解调才能得到导航电文。为此，在相关通道电路中设有伪码相位跟踪环和载波相位跟踪环。

(3) 存储器

接收机内设有存储器以存储一小时一次卫星星历，卫星历书，接收机采集到的码相位伪距观测值、载波相位观测值及多普勒频移。接收机内存数据可以传到微机上。以便进行数据后处理和数据保存。在存储器内还装有多种工作软件，如：自测试软件、卫星预置软件、导航电文解码软件、GNSS 单点定位软件及导航软件。

(4) 微处理器

微处理器是 GNSS 接收机工作的灵魂，GNSS 接收机工作都是在微机指令统一协同下进行的。其主要工作步骤为：

① 控制接收机进行工作状况自检，并测定、校正、存储各通道的时延值。

② 控制接收机对卫星进行搜索、捕捉。当锁定 4 颗卫星时，利用 C/A 码伪距观测值及星历计算测站的三维坐标，并按预置的更新率计算坐标。

③ 根据机内存储的卫星历书和测站近似位置，计算所有在轨卫星升降时间、方位和高度角。

④ 存储测站名，测站号，天线高，气象参数及卫星观测值(包括伪距和载波相位观测值及广播星历)等。

(5) 显示器

GNSS 接收机都有液晶显示屏以提供 GNSS 接收机工作信息。用户可通过键盘控制接收机工作。

3. 电源

GNSS 接收机电源有两种：一种为内电源，一般采用锂电池，主要对 RAM 存储器供电；另一种为外接电源，这种电源常用可充电的 12V 直流镍镉电池组。

8.4.2 GNSS 接收机分类

GNSS 卫星是以广播方式发送定位信息。GNSS 接收机是一种被动式无线电定位设备。在全球任何地方只要能接收到四颗以上 GNSS 卫星信号就可以实现三维定位、测速、测时。所以 GNSS 得到广泛应用。根据使用目的不同，世界上已有近百种不同类型的 GNSS 接收机(在附录 B 中列出部分接收机)。这些产品可以按不同用途、不同原理和功能来进行分类。

1. 按用途分类

分为导航型接收机、测地型接收机、授时型接收机和姿态测量型等多种。

导航型接收机定位精度低，但这类接收机价格低廉，故使用广泛。个人及车载导航机，如图 8-12 所示。

图 8-12　个人及车载导航机

测地型接收机主要用于精密大地测量、工程测量、地壳形变测量等领域。这类仪器主要采用载波相位观测值进行相对定位，定位精度高，一般相对精度可达 $\pm(5\text{mm}+10^{-6}D)$。这类仪器构造复杂、价格较贵，如图 8-8。

2. 按接收机通道数分类

目前只有GPS有不同通道数的接收机,GPS定位系统有多通道接收机、序贯通道接收机、多路复用通道接收机等几种。

GPS接收机从捕获卫星信号到跟踪、处理、测量卫星信号的无线电器件称为信号通道。接收机定位至少要同步接收四颗卫星信号。而同时最多可观测11颗卫星。所以单系统接收机最多信号通道为24个。不同类型的接收机对卫星信号捕获方法也不同。

3. 按系统类型分类

(1) 单系统接收机,只能接收一种类型导航卫星信号的接收机。如GPS接收机、GLONASS接收机、GALILEO接收机、北斗星接收机等。

(2) 多系统接收机,能同时接收多种类型导航卫星信号的接收机。如GPS/GLONASS双系统接收机,GPS/北斗双系统接收机、GPS/GLONASS/GALILEO三系统接收机等。

8.5 卫星定位基本方法

8.5.1 卫星定位方法概述

卫星定位原理是空间距离交会。根据接收到的不同卫星信号和处理方法,其定位方法有多种。主要定位方法有伪距法定位、载波相位测量定位和差分定位。对于待定点位,根据其运动状态可分为静态定位和动态定位。静态定位是指用GNSS测定相对于地球不运动的点位,GNSS接收机安置在待定点上接收数分钟乃至更长时间,以确定其三维坐标。动态定位是确定运动物体的三维坐标。利用单台接收机进行定位称为单点定位,又称为绝对定位。若将两台或两台以上GNSS接收机分别安置在不同的点位上,通过同步接收卫星信号,确定待测点间的相对位置,称为相对定位。

利用伪距和载波相位均可进行静态单点定位。利用伪距定位精度较低。为了高精度定位常采用两台及两台以上接收机在不同测站,同时接收卫星信号的载波相位观测值进行相对定位。这样获得的是两点间的坐标差即基线向量。其测量精度可达到$\pm(5\text{mm}+10^{-6}D)$。利用差分方法以减弱卫星轨道误差、卫星钟差、接收机钟差、电离层和对流层延迟等误差影响称为差分定位。不同差分方法将达到不同精度。

GNSS接收机接收卫星信号后进行定位信息的解算,然后求得点位数据,接收机接收的信号有:伪距观测值、载波相位观测值和卫星广播星历等。国际上为了统一接收的导航卫星数据,常采用《接收机数据自主交换格式(RINEX)》存储。RINEX文件有统一规定的格式内容,可参见有关的资料。

8.5.2 伪距观测值及伪距单点定位

伪距法单点定位,就是利用GPS接收机在某一时刻测定的四颗以上GPS卫星伪距$\rho_C^{S_i}$,以及从卫星导航电文中获得的卫星位置。采用距离交会法求定天线所在的三维坐标。其数学模型为式(8-2)。

由于大气延迟、卫星钟差、接收机钟差等误差影响,伪距法单点定位精度不高。用C/A码伪距定位误差一般为25m,P码伪距定位误差为10m。但是由于伪距单点定位速度快、无多值性问题,因此在运动载体的导航定位上应用很广泛。另外伪距还可以作为载波相位测量中解决整周模糊度的参考数据。

8.5.3　载波相位观测值及观测方程

由于测距码的码元较长，测距分辨率低，这是伪随机码定位低的主要原因。如 C/A 码码长 293m，测量精度为百分之一时，伪距精度为 3m。P 码码长 29.3m，P 码伪距精度为 0.3m，用这样精度的观测值去定位，只能达到几十米精度，满足不了一些工程的需要。而如果将载波作为量测信号，由于载波波长较短，L_1 载波 $\lambda_{L_1}=19\text{cm}$，$L_2$ 载波 $\lambda_{L_2}=24\text{cm}$。按测量精度百分之一，载波相位测量精度为 2mm。但是由于载波信号是一种周期性正弦信号。在相位测量中只能测定其不足一个周期（即波长）的小数部分，存在着整周数不确定性问题。因此载波相位解算过程比较复杂。

载波相位测量是测定 GNSS 卫星载波信号到接收机天线之间相位延迟。GNSS 卫星载波上调制了测距码和导航电文。所以 GNSS 接收机，接收到卫星信号后要将调制在载波上的测距码和卫星电文去掉，重新获得载波，这一工作称为重建载波。接收机将卫星重建载波与接收机内由振荡器产生的本振信号通过相位计比相，即可得到相位差。

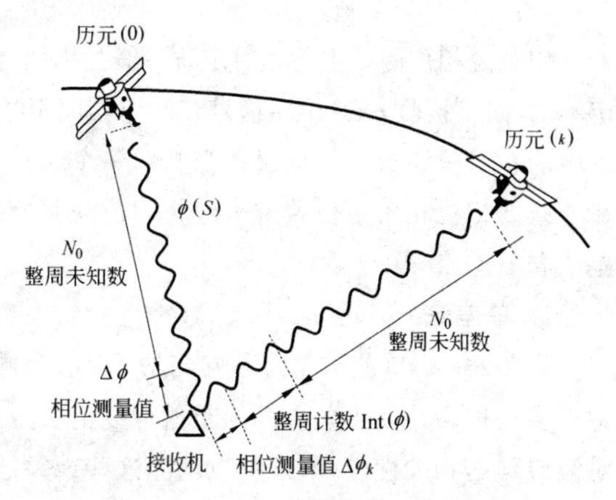

图 8-13　卫星载波相位信号

如图 8-13，假设卫星在 t_0 时刻发出载波信号，其相位为 $\phi(S)$。若接收机产生一个频率与初相位与卫星载波信号完全一致的基准信号。在 t_0 时刻相位为 $\phi(R)$ 将卫星载波与接收机基准信号进行相位测量，即可得到卫星到接收机天线间用载波相位表达的距离观测值：

$$\rho=\lambda[\phi(R)-\phi(S)]/2\pi=\lambda\left[N_0+\frac{\Delta\phi}{2\pi}\right] \tag{8-4}$$

式中，N_0 为整周数；$\Delta\phi$ 为不到一周的相位值。

由于载波是个余弦波，在载波相位测量中，接收机无法测定载波的整周数 N_0。故 N_0 也称为整周模糊度。但是可以精确测定 $\Delta\phi$。如对 L_1 载波，其波长 19cm，若测量分辨率为 $\frac{1}{100}$，则载波相位量测精度为 1.9mm。当接收机对卫星进行连续跟踪观测时，由于接收机内有多普勒频移计数器，只要卫星信号不失锁，N_0 值就不变，即可从累计计数器中得到载波信号的整周变化计数 $\text{Int}(\phi)$。所以 K 时刻接收机的相位观测值为

$$\phi'_k=\text{Int}(\phi)+\Delta\phi_K$$

卫星到天线相位观测值为

$$\phi_k=N_0+\phi_k=N_0+\text{Int}(\phi)+\Delta\phi_K \tag{8-5}$$

与伪距测量一样，考虑到卫星钟差改正、接收机钟差改正、电离层延迟改正、对流层折射改正，即可得到载波相位测量观测方程：

$$\tilde{\phi}=\frac{f}{c}(R-\delta_{\rho I}-\delta_{\rho T})+f\delta_t^s-f\delta_{tG}-N_0 \tag{8-6}$$

将式(8-5)两边都乘以 $\lambda=\frac{c}{f}$,则有

$$R=\tilde{\rho}+\delta_{\rho I}+\delta_{\rho T}-c\delta_t^s+c\cdot\delta_{tG}+\lambda N_0 \tag{8-7}$$

式(8-6)与式(8-2)比较可以看到,载波相位观测方程中多了一项整周未知数 N_0。虽然载波相位观测值精度很高。但是由于对于每颗卫星载波相位观测方程中都有 N_0^i,所以无法像伪距单点定位那样用单机实时定位。而是采用两台以上接收机进行相对定位。其中 N_0 的准确解算是载波相位测量中的关键问题,其具体处理方法这里不再详述,请参阅有关书籍。

8.5.4 载波相位测量相对定位

用载波相位测量进行相对定位一般是用两台 GPS 接收机,分别安置在测线两端(该测线称为基线),固定不动,同步接收 GPS 卫星信号。利用相同卫星的相位观测值进行解算,求定基线端点在 WGS-84 坐标系中的相对位置或基线向量。当其中一个端点坐标已知,则可推算另一个待定点的坐标。

载波相位相对定位普遍采用将相位观测值进行线性组合的方法。其具体方法有三种,即单差法、双差法和三差法。

1. 单差法

如图 8-14,单差法是将不同测站(T_1,T_2)同步观测相同卫星 S_i 所得到的相位观测值 $\tilde{\varphi}_1$、$\tilde{\varphi}_2$ 求差,这种求差法称为站间单差。站间单差可以消去卫星钟差。当 T_1,T_2 两测站距离较近时,其两站电离层和对流层延迟相关性较强,还可以消除这些误差。

2. 双差法

双差法是在不同测站同步观测一组卫星得到的单差之差,见图 8-15。这种求差称为站间星间差。双差法可以消除两个测站接收机相对钟差改正数。因此经过双差处理后大大地减小了各种系统误差。因此在 GNSS 相对定位中都是采用双差法作为基线解算的基本方法。

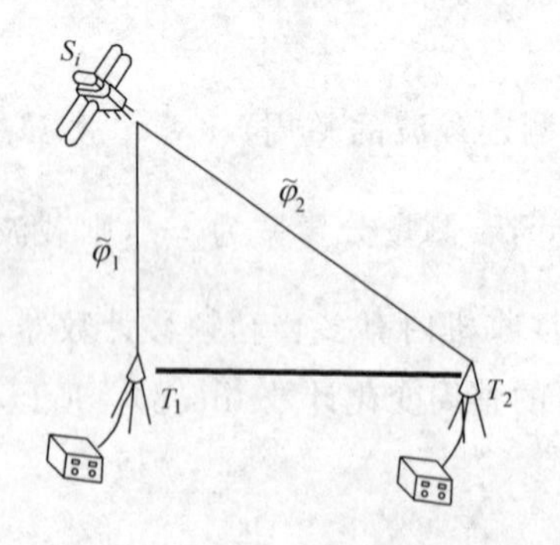

图 8-14 单差法

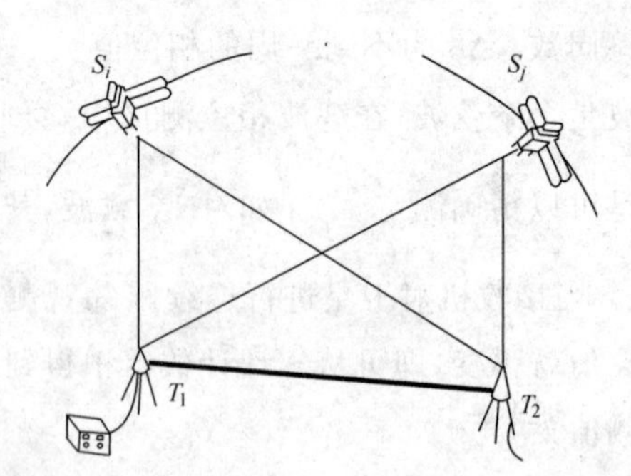

图 8-15 双差法

为了提高相对定位精度,同步观测时间要比较长。同步观测时间和基线长度、使用仪器类型(单频机还是双频机),及解算方法有关。目前在短基线上(<15km)使用双频机,采用快速处理软件,野外每个测站同步观测时间只需 10～15 分钟即可达到 $\pm(5\text{mm}+10^{-6}D)$ 精度。在双差法解算中重要的是要将整周模糊度求准。整周模糊度值理论上是整数,但由于测量噪声的存在,整周模糊度有时不为整数。当误差小于 0.2 周时可以取整,此时坐标增量解为整数解。当测量距离超过 30km 时,受各误差影响,

整周模糊度求准较困难，常采用浮点解。

3. 三差法

三差法是对于不同历元（t 和 $t+1$ 时刻）同步观测同一组卫星所得观测值的双差之差。如图 8-16，由于在跟踪观测中测站对于各个卫星的整周模糊度 N_0 是不变的。所以经过站间、星间、历元之间三差后消去了整周模糊度差。三差方程中只剩下基线坐标增量，故可解基线坐标增量。利用三差法求定的坐标增量为三差解。由于三差模型中是将观测方程经过三次求差，方程个数大大减少。这对未知数解算会产生不良影响。实际工作中都采用双差法进行解算。

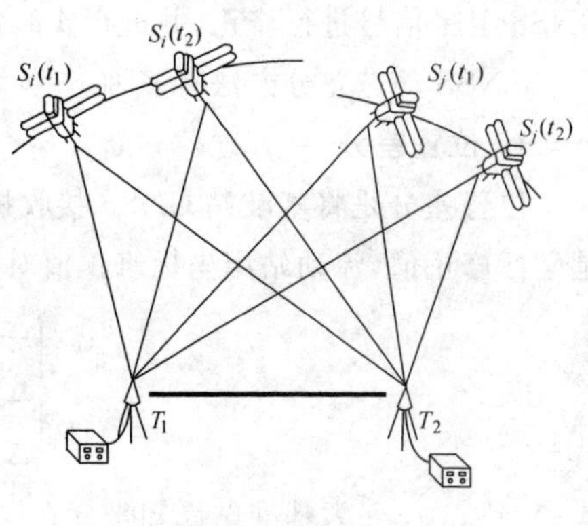

图 8-16　三差法

8.5.5　GNSS 实时差分定位

利用 GNSS 对运动物体进行实时定位（如 1Hz 或 10Hz 采样率），常采用 GNSS 导航接收机单点定位。由于 GNSS 定位精度受 GNSS 卫星钟差、接收机钟差、大气中电离层和对流层对 GNSS 信号的延迟等误差的影响，利用 C/A 码单点定位精度是 25m。在海湾战争后，美国对 GPS 施加了 SA 技术（即选择利用技术）。它在 GPS 卫星钟和卫星广播星历上施加人为的干扰信号。致使 C/A 码伪距单点定位精度降到 50m。为了提高实时定位精度，可采用 GPS 差分定位技术。

GNSS 差分定位的原理是在已有精确地心坐标的点上安放 GNSS 接收机（称为基准站），利用已知地心坐标和星历计算 GNSS 观测值的校正值，并通过无线电通信设备（称为数据链）将校正值发送给运动中的 GNSS 接收机（称为流动站）。流动站利用校正值对自己 GNSS 观测值进行修正，以消除上述误差。从而提高实时定位精度，见图 8-17。

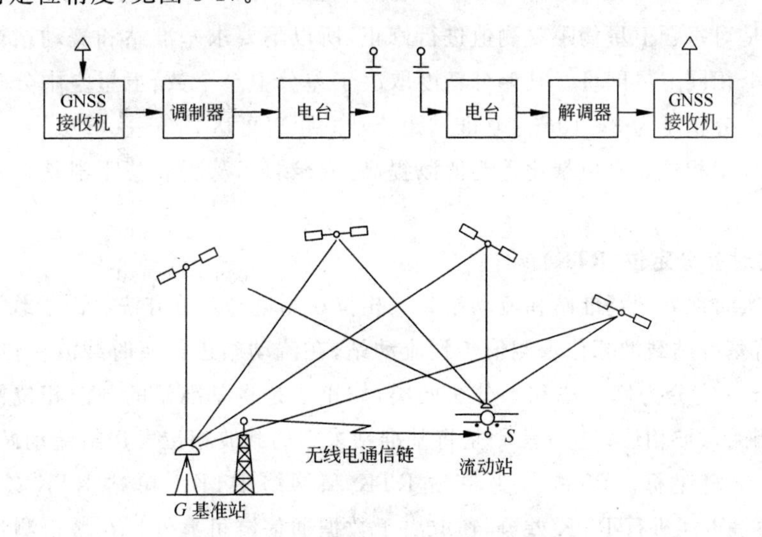

图 8-17　GNSS 差分定位系统

GNSS 差分定位系统由基准站、流动站和无线通信链三部分组成：基准站接收 GNSS 卫星信号并实时向流动站提供差分修正信号；流动站接收 GNSS 卫星信号和基准站发送的差分修正信号，对

GNSS卫星信号进行修正,并进行实时定位;无线电数据链将基准站差分信息传送到流动站。

GNSS动态差分方法有多种。

1. 位置差分

位置差分是将基准站GNSS接收机伪距单点定位得到的坐标值与已知坐标作差分,无线电传送的是坐标修正值,流动站用坐标修正值对其坐标进行修正。其数学模型为

$$\begin{cases}\Delta x = x_G^0 - x_G \quad x_S^0 = x_S + \Delta x \\ \Delta y = y_G^0 - y_G \quad y_S^0 = y_S + \Delta y \\ \Delta z = z_G^0 - z_G \quad z_S^0 = z_S + \Delta z\end{cases} \tag{8-8}$$

式中,x_G^0、y_G^0、z_G^0为基准站已知坐标;x_G、y_G、z_G、x_S、y_S、z_S分别为基准站、流动站单点定位结果;x_S^0、y_S^0、z_S^0为经修正后的流动站坐标。

位置差分精度可达5~10m。但是位置差分要求流动站接收机单点定位所用的卫星与基准站求修正值时所用的卫星要完全一致。若有一颗卫星不一样就可能产生45m以上的误差。

2. 伪距差分(RTD)

利用基准站已知坐标和卫星星历,求卫星到基准站几何距离,作为距离精确值R_{G0}^i,将此值与基准站所测伪距值ρ_G^i求差,作为差分修正值,通过数据链传给流动站。流动站接收差分信号后,对所接收的每颗卫星伪距观测值进行修正。然后再进行单点定位。式(8-9)、式(8-10)为差分数学模型。

基准站发布的差分信息,是某时刻T卫星SV_i的伪距修正值$\Delta\rho_G^i$和伪距修正值的变化率$\Delta\dot{\rho}_G^i$。

$$\Delta\rho_G^i = R_{G0}^i - \rho_G^i, \quad \Delta\dot{\rho}_G^i = \frac{\Delta\rho_G^i(t+\Delta t) - \Delta\rho_G^i(t)}{\Delta t} \tag{8-9}$$

流动站伪距修正模型

$$\rho_{S0}^i = \rho_S^i + \Delta\rho_G^i + \Delta\dot{\rho}_G^i \cdot \Delta t \tag{8-10}$$

由于伪距差分是对每颗卫星伪距观测值进行修正,所以不要求基准站和流动站接收的卫星完全一致。只要有4颗以上相同卫星即可。其差分精度取决于差分卫星个数、卫星空中分布状况及差分修正值延迟时间。伪距差分精度为3~10m。基准站距流动站距离可达200~300km。

近年来又发展利用相位观测值精化伪距值以提高差分精度,称为相位平滑伪距差分。其差分精度可达到1m。

3. 载波相位实时差分定位(RTK)

该差分技术是实时地处理基准站和流动站载波相位观测量的差分方法。由于载波相位观测值精度高,若通过数据链将基准站载波相位观测值传到流动站,在流动站进行实时载波相位数据处理,其定位精度可达到1~2cm。它分为修正法和差分法两类,修正法是将基准站的载波相位修正值发送给流动站,改正流动站观测的载波相位;差分法则是将基准站采集的载波相位发送给流动站,与流动站观测的载波相位进行求差解算坐标。RTK分为单站RTK和网络RTK。单站RTK差分距离一般可到30km。另外流动站是否能进行RTK差分,还取决于数据通信链可靠性。在城市测量中因受高楼遮挡的影响,采用UHF或VHF电台,一般只能到十几公里。网络RTK的出现,由于使用无线通信网,使差分距离可以达多40~50公里。差分速度大大提高。目前RTK技术可应用于地形测图、海上测量、地籍测量和一般的工程测量等,应用范围较广。

4. 局域 GPS 差分(LADGPS)

在局部区域中布设 GPS 差分网,由若干个 GPS 差分基准站组成,其中包括一个或数个监控站。用户可利用基准站由无线数据链发来的改正信息,采用加权平均法或最小方差法进行平差计算以求得自己所测坐标或距离的改正数。这种 GPS 差分定位称为局域 GPS 差分定位。通常当用户与基准站之间的距离在 500km 以内,局域 GPS 差分定位技术才能获得较好的精度。

5. 广域 GPS 差分(WADGPS)

广域差分 GPS 是利用大范围内建立的卫星跟踪网,跟踪卫星信号。它的基本思路是对影响 GPS 观测量的误差源(星历误差、大气延迟误差、卫星钟差等)单独加以区分,对每种误差源建立校正模型,并将每种误差校正值通过无线数据通信链传输给用户,从而对用户流动站的定位误差加以校正,以提高用户 GPS 定位精度。差分修正后的精度可达到 1～3m,差分范围可达到 2 000km。

为削弱各类误差源的影响,广域 GPS 差分系统一般由一个中心站,几个监测站及其相应的数据通信网络以及覆盖范围内的用户组成。监测站跟踪观测 GPS 卫星的伪距、相位以及电离层延迟等信息,并将观测结果全部传输到中心站;中心站在区域精密定轨计算的基础上,计算出各项误差改正,并将这些误差改正通过数据通信链传输给用户;用户利用这些误差改正自己观测到的伪距、相位和星历等,计算出高精度的 GPS 定位结果。这种广域 GPS 差分技术克服了局域 GPS 差分对时空的强依赖性,通常用户与中心站、监测站的距离即使达到 2 000km,定位精度也不会出现明显下降。

6. 精密单点定位技术(precise point positioning,PPP 技术)

传统 GPS 单点定位是指利用伪距及广播星历的卫星轨道参数和卫星钟差改正进行定位。由于伪距(即使是 P 码伪距)的观测噪声一般为分米级精度,广播星历的轨道精度为米级,卫星钟差改正精度为纳秒级,因此传统单点定位的坐标分量精度只能达到十米级(P 码单点定位精度约为 3m),仅能满足一般的导航定位需求。

高精度 GNSS 单点定位技术是指采用单台卫星定位接收机独立工作,对全球范围内的任何动态目标进行高精度定位、测速和授时。它利用载波相位观测值和若干个全球国际导航定位服务组织(IGS)的跟踪站或区域 CORS 提供的高精度或适时的卫星星历及卫星钟差,使用 GNSS 双频接收机采集的非差相位数据作为主要观测值来进行单点定位计算,实现厘米级的静态、分米级的动态定位。此种非差相位精密单点定位是最近几年发展起来的一项 GNSS 定位技术,也是精密实时定位与导航的关键技术。近年来,精密单点定位技术已成为国内外的研究热点之一,加拿大、澳大利亚、美国、瑞士和我国武汉大学等在这方面都取得了较好的成果。进一步还可研究利用多个卫星系统进行高精度单点定位的 PPP 技术,提高 GNSS 的高精度单点定位软件水平,为实现高精度定位、测速和授时服务。

综上所述,GNSS 高精度单点定位技术是卫星导航定位领域的高新技术,它具有广阔的发展前景。

8.5.6 网络 RTK 定位技术

早在 1999 年 Trimble 公司开发出网络 RTK 系统软件——VRS(virtual reference station)系统后,网络 RTK 在国际上得到了推广和应用。这种虚拟参考站系统几乎覆盖了整个欧洲、美洲,当时它所代表的网络 RTK 技术受到了测绘界及有关领域的重视。

当前,利用多基站网络 RTK 技术建立的连续运行卫星定位服务综合系统(continuous operational

reference system,简写为CORS)已成为城市GPS应用的发展热点之一。该系统是卫星定位技术、计算机网络技术、数字通信技术等高新科技多方位、深度结晶的产物。

连续运行卫星定位服务综合系统CORS的技术有：VRS虚拟参考站技术,德国的FKP区域改正数技术和瑞士莱卡的主辅站技术。

CORS系统由基准站网、数据处理中心、数据传输系统、定位导航数据播发系统、用户应用系统五个部分组成,各基准站与监控分析中心间通过数据传输系统连接成一体,形成专用网络。

(1) 基准站网　基准站网由范围内均匀分布的基准站组成。负责采集GPS卫星观测数据并输送至数据处理中心,同时提供系统完好性监测服务。

(2) 数据处理中心　系统的控制中心,用于接收各基准站数据,进行数据处理,形成多基准站差分定位用户数据。中心24小时连续不断地根据各基准站所采集的实时观测数据自动生成对应于流动站点位的虚拟参考站,并通过现有的数据通信网络和无线数据播发网,向各类用户提供码相位/载波相位差分修正信息,以便实时解算出流动站的精确点位。

(3) 数据传输系统　各基准站数据通过光纤专线传输至监控分析中心,该系统包括数据传输硬件设备及软件控制模块。

(4) 数据播发系统　系统通过移动网络、UHF电台、Internet等形式向用户播发定位导航数据。

(5) 用户应用系统　包括用户信息接收系统、网络型RTK定位系统、事后和快速精密定位系统以及自主式导航系统和监控定位系统等。用户服务子系统可以分为毫米、厘米、分米级和米级用户系统等。还可以分为测绘与工程用户(厘米、分米级),车辆导航与定位用户(米级),高精度用户(事后处理)、气象用户等几类。

CORS系统彻底改变了传统RTK测量作业方式,其主要优势体现在：①改进了初始化时间、扩大了有效工作的范围；②采用连续基站,用户随时可以观测,使用方便,提高了工作效率；③拥有完善的数据监控系统,可以有效地消除系统误差和周跳,增强差分作业的可靠性；④用户不需架设参考站,真正实现单机作业,减少了费用；⑤使用固定可靠的数据链通信方式,减少了噪声干扰；⑥提供远程INTERNET服务,实现了数据的共享；⑦扩大了GPS在动态领域的应用范围,更有利于车辆、飞机和船舶的精密导航；⑧为建设数字化城市提供了新的契机。

该系统在世界范围内,已得到了广泛的应用。当前国内用网络RTK技术在建或建成的连续运行卫星定位系统的城市有深圳、广州、成都、天津、北京、上海、武汉、苏州、东莞、青岛、常州、南京、合肥等。合肥市的卫星定位综合服务系统由合肥市测绘研究院于2007年5月开始筹建,2007年12月2日通过省级验收。该系统是基于GPS＋GLONASS的双卫星连续运行参考站,外业检测结果表明,正常情况下(卫星条件和定位点周边环境较好),系统初始固定解的时间一般小于20秒,系统内符合精度X和Y坐标检测中误差为±0.7cm,高程检测中误差为±1.5cm,外符合精度平面和高程最大误差不大于6cm,X和Y坐标检测中误差为±2.3cm,高程检测中误差为±2.9cm。系统能够在合肥市域内完成厘米级至分米级的实时定位,后处理可达到毫米级精度。四川地震局的CDRS系统从立项到建成花了3年多的时间,现在已商业化运营,CDVRS系统平均基线长度超过60公里,六个站覆盖范围超过13 000平方公里,网络无故障运行时间超过99%,作业的外符合精度能够在水平方向达到2.5cm,竖直方向达到4.5cm。深圳国土规划局的深圳市连续运行卫星定位系统(SZCORS)项目,2000年5月已启动,2001年

9 月建成并投入试验和试运行，目前，SZCORS 已具备 GSM 方式全天候的厘米级定位服务和事后精密定位服务功能。

8.6　GNSS 控制测量

卫星定位技术的出现大大提高了控制测量的速度和精度。已成为建立国家控制网、城市控制网、各种工程控制网的主要手段。这些控制网有两类：一种和常规大地测量一样，地面布控制点，只是采用卫星定位技术建立控制网；另一类是在一些地面点上安置固定的 GNSS 接收机，长年连续接收卫星信号，如以上所述，建立 CORS 系统进行城市控制测量。

常规 GNSS 控制测量实施过程与常规大地测量一样，包括方案设计、外业测量和内业数据处理三部分。由于以载波相位观测值为主的相对定位法是当前 GNSS 精密测量中普遍采用的方法，作业的依据是国家测绘局颁发的《全球定位系统(GPS)测量规范》及建设部颁发的《全球定位系统城市测量技术规程》。

8.6.1　GNSS 控制测量精度指标

城市卫星定位网包括城市 CORS 网和城市 GNSS 网。

1. GNSS 网的精度指标

通常是以网中相邻点之间距离误差 m_D 来表示：

$$m_D = a + b \times 10^{-6} D \tag{8-11}$$

式中，D 为相邻点间距离，以 km 为单位。

不同用途的 GNSS 网其精度是不一样的，地壳形变和国家基本控制网分为 A、B 级，见表 8-3。

表 8-3　国家基本 GNSS 控制网精度指标

级别	主要用途	固定误差 a/mm	比例误差 $b/10^{-6}$
A	地壳形变测量及国家高精度 GNSS 网建立	≤5	≤0.1
B	国家基本控制测量	≤8	≤1

2. 城市 CORS 网的主要技术指标

城市 CORS 网应单独布设，一个城市只应建设一个 CORS 网，城市 CORS 网的主要技术指标见表 8-4。

表 8-4　城市 CORS 网的主要技术指标

平均距离/km	固定误差 a/mm	比例误差 b/(mm/km)	最弱边相对中误差
40	≤5	≤1	1/800 000

CORS 网各基准站的绝对坐标变化量应符合下列要求：

(1) 平面位置变化应不大于 1.5cm；

(2) 高程变化应不大于 3cm。

3. GNSS 网可以逐级布网、越级布网或布设同级全面网

GNSS 网按相邻站点的平均距离和精度应划分为二、三、四等及一、二级网。城市及工程 GNSS 控制网精度指标见表 8-5。

表 8-5 城市 GNSS 网的主要技术指标

等级	平均距离/km	a/mm	$b/\times10^{-6}$	最弱边相对中误差
二等	9	≤5	≤2	1/120 000
三等	5	≤5	≤2	1/80 000
四等	2	≤10	≤5	1/45 000
一级	1	≤10	≤5	1/20 000
二级	<1	≤10	≤5	1/10 000

注：当边长小于 200m 时，边长中误差应小于±2cm。

4. 在城市 CORS 网基础上可进行 GNSS RTK 测量

GNSS RTK 测量按精度划分为一级、二级、三级、图根和碎部。技术要求应符合表 8-6 的规定。

表 8-6 GNSS RTK 测量技术指标

等级	相邻点间距离/m	点位中误差/cm	相对中误差	起算点等级	流动站到单基准站间距离/km	测回数
一级	≥500	5	≤1/20 000	—	—	≥4
二级	≥300	5	≤1/10 000	四等及以上	≤6	≥3
三级	≥200	5	≤1/6 000	四等及以上	≤6	≥3
				二级及以上	≤3	
图根	≥100	5	≤1/4 000	四等及以上	≤6	≥2
				三级及以上	≤3	
碎部	—	图上0.5mm	—	四等及以上	≤15	≥1
				三级及以上	≤10	

注：一级 GNSS 控制点布设应采用网络 RTK 测量技术。

8.6.2 常规城市 GNSS 控制网建设

常规城市 GNSS 控制网建设应根据用户提交的任务书或测量合同所规定的测量任务进行设计。其内容包括测区范围、测量精度、提交成果方式、完成时间等。

1. 网形设计

常规控制测量中，控制网的图形设计十分重要。而在 GNSS 测量时由于不需要点间通视，因此图形设计灵活性比较大。GNSS 网设计主要考虑以下几个问题：

(1) GNSS 测量有很多优点如测量速度快，测量精度高等，但是由于是无线电定位，受外界环境影响大，所以在图形设计时应重点考虑成果的准确可靠。应考虑有较可靠的检验方法，GNSS 网一般应通过独立观测边构成闭合图形，以增加检查条件，提高网的可靠性。GNSS 网的布设通常有点连式、边连式、网连式及边点混合连接式等四种方式。

① 点连式 是指相邻同步图形(多台仪器同步观测卫星获得基线构成的闭合图形)仅用一个公共

点连接，这样构成的图形检查条件太少，一般很少使用，如图 8-18。

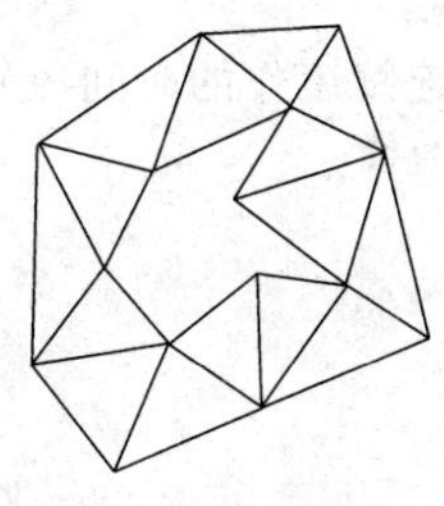

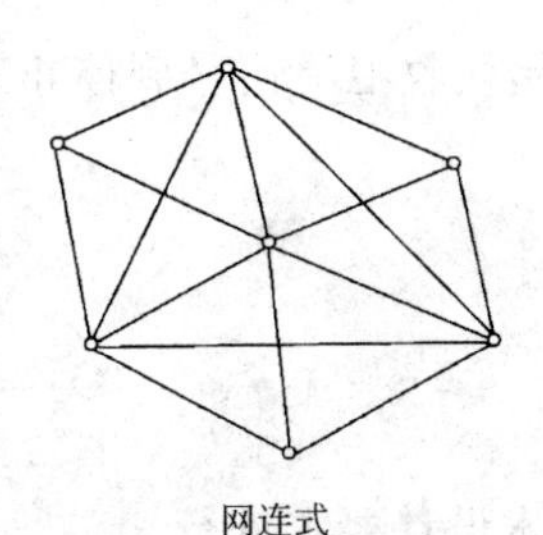

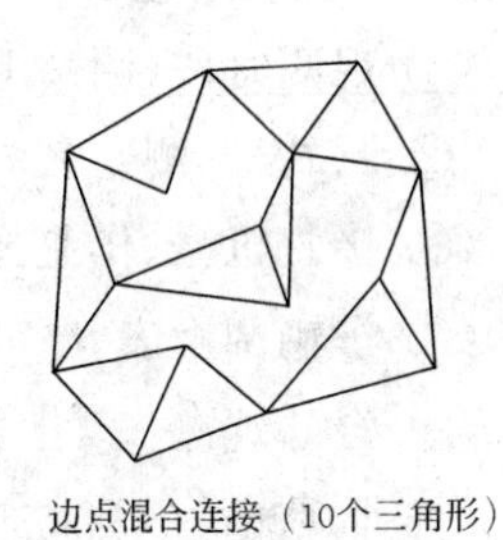

图 8-18　GNSS 网的布网方式

② 边连式　是指同步图形之间由一条公共边连接。这种方案边较多，非同步图形的观测基线可组成异步观测环（称为异步环），异步环常用于观测成果质量检查。所以边连式比点连接可靠，见图 8-18。

③ 网连式　是指相邻同步图形之间有两个以上公共点相连接。这种方法需要 4 台以上的仪器。这种方法几何强度和可靠性更高，但是花费的时间和经费也更多，常用于高精度控制网。

④ 边点混合连接式　是指将点连接和边连接有机结合起来，组成 GNSS 网，这种网布设特点是周围的图形尽量以边连接方式，在图形内部形成多个异步环。利用异步环闭合差检验保证测量可靠性。

在低等级 GNSS 测量或碎部测量时可用星形布设，见图 8-19。这种方式常用于快速静态测量，优点是测量速度快，但是没有检核条件。为了保证质量可选两个点作基准站。

(2) GNSS 点虽然不需要通视，但是为了便于用经典方法联测和扩展，要求控制点至少与一个其他控制点通视，或者在控制点附近 300m 外，布设一个通视良好的方位点，以便建立联测方向。

(3) 为了求定 GNSS 网坐标与原有地面控制网坐标之间的坐标转接换参数，要求至少有三个 GPS 控制网点与地面控制网点重合。

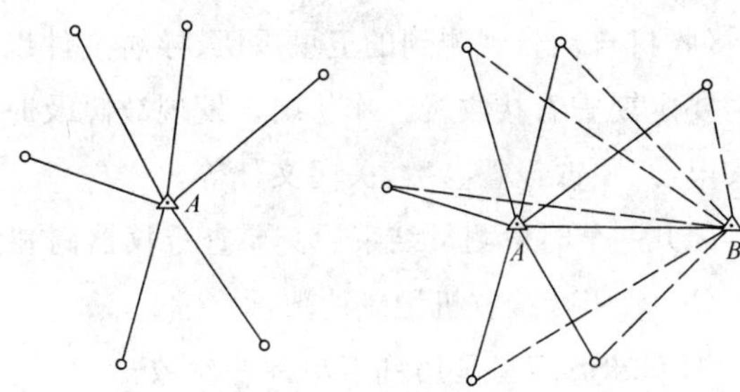

图 8-19　星形布设

(4) 为了利用 GNSS 进行高程测量，在测区内 GNSS 点应尽可能与水准点重合。或者进行等级水准联测。

(5) GNSS 点尽量选在天空视野开阔交通方便地点。并要远离高压线，变电所及微波辐射干扰源。

2. 选点、建标志

该项工作同常规控制测量，但无须建观测标。

3. 外业观测

1) 外业观测计划设计

(1) 编制 GNSS 卫星可见性预报图　利用卫星预报软件，输入测区中心点概略坐标、作业时间、卫星截止高度角不低于 15°等，利用不超过 20 天的星历文件即可编制卫星预报图。

(2) 编制作业调度表　应根据仪器数量,交通工具状况,测区交通环境及卫星预报状况制定作业调度表。作业表应包括:

① 观测时段(测站上开始接收卫星信号到停止观测,连续工作的时间段)注明开、关机时间;

② 测站号、测站名;

③ 接收机号、作业员;

④ 车辆调度表。

2) 野外观测

野外观测应严格按照技术设计要求进行。

(1) 安置天线

天线安置是GNSS精密测量重要保证。要仔细对中、整平、量取仪器高。仪器高要用钢尺在互为120°方向量三次,互差小于3mm。取平均值后输入GNSS接收机。

(2) 安置GNSS接收机

GNSS接收机应安置在距天线不远安全处,连接天线及电源电缆,并确保无误。

(3) 按顺序操作

按规定时间打开GNSS接收机,输入测站名,卫星截止高度角,卫星信号采样间隔等。详细可见仪器操作手册。

GNSS接收机一般3分钟即可锁定卫星进行定位,若仪器长期不用,超过3个月,仪器内星历过期,仪器要重新捕获卫星,这就需要12.5分钟。GNSS接收机自动化程度很高,仪器一旦跟踪卫星进行定位,接收机自动将观测到的卫星星历、导航文件以及测站输入信息以文件形式存入在接收机内。作业员只需要定期查看接收机工作状况。发现故障及时排除,并做好记录。接收机正常工作过程中不要随意开关电源、更改设置参数,关闭文件等。

(4) 一个时段测量结束后。要查看仪器高和测站名是否输入。确保无误再关机、关电源、迁站。

(5) GNSS接收机记录的数据

① GNSS卫星星历和卫星钟差参数;

② 观测历元的时刻及伪距观测值和载波相位观测值;

③ GNSS绝对定位结果;

④ 测站信息。

3) 观测数据下载及数据预处理

观测成果的外业检核是确保外业观测质量和实现定位精度的重要环节。所以外业观测数据在测区时就要及时进行严格检查,对外业预处理成果,按规范要求,严格检查、分析,根据情况进行必要的重测和补测。确保外业成果无误方可离开测区。

4. 内业数据处理

1) 基线解算

对于两台及两台以上接收机同步观测值进行独立基线向量(坐标差)的平差计算,称为基线解算,也称观测数据预处理,主要过程如图8-20所示。

2）观测成果检核

（1）每个时段同步环检验

同一时段多台仪器组成的闭合环，坐标增量闭合差应为零。由于仪器开机时间不完全一致，会有误差。在检核中应检查一切可能的环闭合差，其闭合差分量要求：

$$m_x \leqslant \frac{\sqrt{n}}{5}\sigma$$

$$m_y \leqslant \frac{\sqrt{n}}{5}\sigma$$

$$m_z \leqslant \frac{\sqrt{n}}{5}\sigma$$

环闭合差限差

$$m = \sqrt{m_x^2 + m_y^2 + m_z^2}$$

$$m \leqslant \frac{\sqrt{3n}}{5}\sigma \tag{8-12}$$

式中，$\sigma = \pm\sqrt{a^2 + (bD)^2}$；$n$ 为同步环的点数。

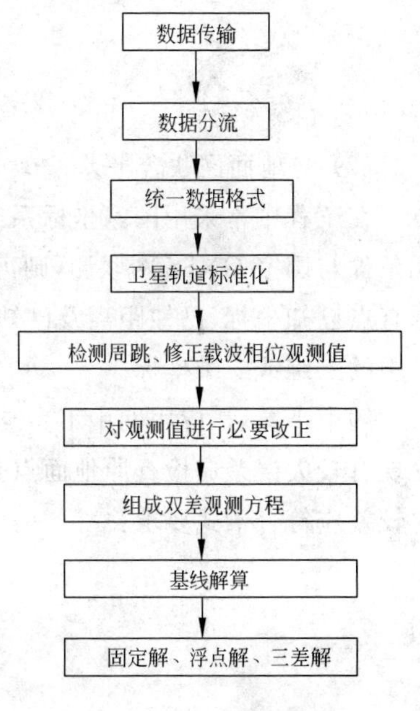

图 8-20　基线解算框图

（2）同步边检验

一条基线不同时段观测多次，有多个独立基线值。这些边称为重复边，任意两个时段所得基线差应小于相应等级规定精度的 $2\sqrt{2}$ 倍。

（3）异步环检验

在构成多边形环路的基线向量中，只要有非同步观测基线，则该多边形环路称为异步环。

异步环检验应选择一组完全独立的基线构成环进行检验，应符合下式要求：

$$\begin{cases} m_x \leqslant 2\sigma\sqrt{n} \\ m_y \leqslant 2\sigma\sqrt{n} \\ m_z \leqslant 2\sigma\sqrt{n} \\ m \leqslant 2\sigma\sqrt{3n} \end{cases} \tag{8-13}$$

3）GNSS 网平差

在各项检查通过之后，得到各独立基线向量和相应协方差阵，在此基础上便可以进行平差计算。平差计算包括如下几项。

（1）GNSS 网无约束平差

利用基线处理结果和协方差阵，以网中一个点的 WGS—84 三维坐标为起算值，在 WGS—84 坐标系中进行网整体无约束平差。平差结果提供各控制点在 WGS—84 坐标系中的三维坐标、基线向量和三个坐标差，以及基线边长和相应精度信息。

值得注意的是，由于起始点坐标往往采用 GNSS 单点定位结果，其值与精确 WGS—84 地心坐标有较大偏差，所以平差后得到各点坐标不是真正 WGS—84 地心坐标。

无约束平差基线向量改正数绝对值应满足：

$$\begin{cases} V_{\Delta x} \leqslant 3\sigma \\ V_{\Delta y} \leqslant 3\sigma \\ V_{\Delta z} \leqslant 3\sigma \end{cases} \tag{8-14}$$

(2) 与地面网联合平差

在工程中常采用国家坐标系或城市、矿区地方坐标系,需要将GNSS网平差结果进行坐标转换。若无条件与国家GNSS网联测,则可以在网中联测原有地面控制网,进行三维约束平差或二维约束平差。原有点已知坐标、已知距离及已知方位角作为强制约束条件。平差结果应是在国家坐标系或地方地标系中的三维或二维坐标。

约束平差后,应用网中不参与约束平差的各控制点,将其坐标与平差后该点坐标求差进行校核。若发现有较大误差应检查原地面点是否有误。约束平差后的基线向量改正数与该基线无约束平差改正数的较差应符合下式要求:

$$\begin{cases} \mathrm{d}v_{cx} \leqslant 2\sigma; \\ \mathrm{d}v_{cy} \leqslant 2\sigma; \\ \mathrm{d}v_{cz} \leqslant 2\sigma \end{cases} \tag{8-15}$$

5. 技术总结和上交资料

1) 技术总结报告

GNSS测量工作结束后,应按要求编写技术总结报告,其内容如下:

(1) 项目名称、任务来源、施测目的与精度要求;

(2) 测区位置与范围,测区环境及条件;

(3) 测区已有地面控制点情况及选点埋石情况;

(4) 施测技术依据及采用规范;

(5) 施测GNSS接收设备类型、数量及检验结果;

(6) 施测单位、作业时间、技术要求及作业人员情况;

(7) 实测时观测方法,观测时段选择,重测、补测情况,实测中发生或存在问题说明;

(8) 观测数据检核内容、方法和数据处理采用的软件,数据删除情况;

(9) GNSS网平差选用的软件及处理结果分析;

(10) 工作量及定额计算;

(11) 成果中存在问题及需说明的其他问题。

2) 上交资料

GNSS测量任务完成后,需上交资料:

(1) 测量任务书及技术设计书;

(2) GNSS网展点图;

(3) 控制点点之记,环视图和测量标志委托保管书;

(4) 测量期间卫星可见性预报表,施测观测计划;

(5) 外业观测记录:包括测量手簿、原始观测数据的存储介质、偏心观测记录等;

(6) GNSS接收机及气象仪器检验证书;

(7) 外业观测数据质量分析及野外检核计算资料；

(8) 数据处理资料、网平差结果生成的文件及成果表和磁盘文件；

(9) 技术总结；

(10) 成果验收报告。

习题与思考题

1. GNSS全球导航卫星系统由哪些部分组成，各部分的作用是什么？
2. 阐述GNSS卫星定位原理及定位的优点？
3. 什么叫伪距单点定位？什么叫载波相位相对定位？
4. GNSS接收机基本观测值有哪些？
5. 什么叫单差、双差、三差？
6. GNSS野外控制测量成果应做哪几项检验？其限差要求是什么？
7. GNSS内业数据处理应做哪几项工作？
8. 广域GPS的意义何在？
9. 何谓CORS？
10. CORS有何优点？
11. GNSS精密单点定位技术(PPP)的优点何在？

第9章

基础地理信息采集及成图方法

9.1 基础地理信息概述

9.1.1 信息与地理信息

1. 信息与数据

随着现代科学技术的不断发展，人类社会已进入信息时代。信息(information)是近代科学的专业术语，现在已经广泛应用于社会的各个领域。信息，作为一个广义的概念，我们可简单地描述为客观事物在人们头脑中的反映。

信息由数据来表达，通过对不同数据间的联系和解释，来反映事物的客观状态。因此信息与数据密不可分。数据是对客观事物进行定位(地理位置)、定性(本质特征及其与其他相关事物的联系)、定量(几何形状和数量)描述的原始材料，包括数字、文字、符号、图形、影像等形式，因此这里的数据也是广义的。数据只有经人的解释，理解其内涵，并赋予一定的意义后，才能成为信息。例如，测量工作中，测出若干点的坐标，这仅仅是一组数据，如果所测的是某一固定物体，如控制点、电线杆或墙角等，那么在记录存储或绘图表示时，必须有一定的说明，或用一定的符号，或按一定的规则设定其编码，才能让人们理解其意义。又如将一建筑物按一定比例缩绘在图纸上，并直接量取其图形面积的数值，若已知建筑物图形缩小的比例，那么通过人们对量测数据的加工处理后，将能得到该建筑物实际占地面积的信息；若再赋予特定的符号、编码或文字说明，还能得到该建筑物的类型、层数、属性等相关信息。可见，数据是信息的载体，信息通过数据对自然事物的真实描述来反映事物的客观性。

数据可以不改变所描述事物的内涵，而以不同的表达形式(如数字、符号、文字、图形、各类编码等)，让人们去接受、理解或用不同的仪器、设备(如测量仪器、计算机等)进行采集、运算(数据处理)、存储和传输，即信息可以独立于数据的不同表现形式而存在，可以选择不同的数据形式发送和接收，更方便地在不同媒介中传输。因此，信息具有广泛的传输性。

有用的信息之所以能广泛传输，是由于信息可独立于事物本身而存在，其表现形式被赋予了一定的规则,这样人们才能理解。因此,信息可以传输给多个用户,使多用户共享,故信息具有共享性。

自然界有万事万物,信息数不胜数。但是人们所关心、认识并加以科学处理和分析的多数信息是对人类的生存、进步和社会发展有决策影响的信息,或者是某一地域、行业和应用于某一专门用途的实用信息。因此,信息又具有适用性。

例如,一幅世界地图可以反映世界各国在地球上的分布和地理位置的信息,但它无法满足人们对某个国家的交通路线、旅游点分布等信息的了解,更无法满足人们对某个城市的街道、单位、商业网点、公交线路等信息的认识。如果有一幅全国或某一城市的交通旅游图,这个问题就迎刃而解了。

由于事物是运动、变化、发展的,因此,信息也随着时间的推移在日新月异地变化,新信息必然部分或全部地取代原有的信息,而被取代的原信息将成为历史,不能再成为用于决策的有用信息。另外,由于人的感官以及各种测试手段、数据处理方法的局限性,对信息资源的识别和开发难以做到全面,因此信息除了具有客观性、传输性、共享性和适用性之外,还具有时效性和不完全性的特征。

2. 地理信息概念

地理信息是指与所研究对象的空间地理分布有关的信息。它是表示地表物体及环境固有的数量、质量、分布特征、属性、规律和相互联系的数字、文字、音像和图形等的总称。人们从认识地理实体到掌握地理信息,并利用信息作为决策的依据,是人类认识自然和改造自然的一个飞跃。

地理信息不仅包含所研究实体的地理空间位置、形状,还包括对实体特征的属性描述。例如,应用于土地管理的地理信息,能够反映某一点位的坐标或某一地块的位置、形状、面积等,还能反映该地块的权属、土壤类型、污染状况、植被情况、气温、降雨量等多种信息;又如用于市政管网管理的地理信息,能够反映各类地下管道的线路位置、埋设深度、宽度等信息,还能反映管线的性质(如:电缆、煤气、自来水等)、管道的材料、直径,以及权属、施工单位、施工日期和使用寿命等信息。因此地理信息除具有一般信息所共有的特征外,还具有区域性和多维数据结构的特征,即在同一地理位置上具有多个专题和属性的信息结构,并具有明显的时序特征,即随着时间变化的动态特征。将这些采集到的与研究对象相关的地理信息,以及与研究目的相关的各种因素有机地结合,并由现代计算机技术统一管理、分析,从而对某一专题产生决策支持,就形成了地理信息系统 GIS(geographic information system),关于GIS的概念和应用详见第10章有关内容。

9.1.2 地理空间数据与地图

1. 地理空间数据

通常将地理信息中反映研究实体空间位置的信息称为基础地理信息。基础地理信息的载体是地理空间数据,它是地理信息和建立 GIS 的基础。

地理空间数据就是指人们通过测量所得到的地球表面上地物和地貌空间位置的数据。正如第2章所叙述的,尽管地球上地物位置、形状各异,地貌高低起伏、复杂多样,但总可以在某一特定的参考坐标系统下,通过对特定点位的测量,确定某点的空间位置或点与点之间的相对位置(这也是测量工作的实质),并通过相关点位的结合形成线或面,以点、线、面这三种基本的元素,再加上必要的说明和注记,即可完成对研究实体空间位置的描述。例如,用点的坐标和相应的符号,可表示不同的平面和高程控制点,或某些固定地物如电杆、水井、独立树等;用不同的线型和符号,可区分河流、铁路和公路等;用规则或不规则的面实体和面状符号,既可表示不同类型、形状的建筑物,又可区分植被的类型等。

地理空间数据如同其他数据一样亦有多种表示、存储和使用的形式,它可以由位置组合变量的表格形式表示;也可以地理空间数据库的形式由计算机存储,供人们使用,但地图才是地理空间数据最直观、历史最悠久、最易被人们认识和使用的表示形式。

2. 地图的概念

地图是由数学所确定的经过综合概括并用形象符号表示的地球表面在平面上的图形。同时,地图能在一定范围内,根据其具体用途有选择地表示各种自然现象和社会现象的分布、状况和相互联系。

因此,地图必须包括三方面的内容,即数学要素、几何要素(地形要素)和地图综合。数学要素是指地球上的实际点位或物体形态在地图平面上表示时,所必须严格的映射函数关系,包括坐标系统、高程系统、地图投影以及分幅和比例关系等。几何要素又称地形要素,所谓地形就是地球上地物和地貌的总称,地形要素就是统一规范的地物和地貌符号。地图综合主要是指由于地图图幅比例的限制或数据采集能力的局限等因素所造成的,或制作某些专用地图的具体需要所采取的,对某些现象表示(如某些细部地物、次要地物,或与专题无关的自然和社会现象等)的合理取舍和综合概况。

地图通常是经正射投影得到的等角投影图,即将地面点沿铅垂方向投影到投影面上,保持投影前后交线的交角不变。因此正射投影又称等角投影,在正射投影中小范围内的图形保持了相似性。若地图覆盖范围较大时,因投影面是地球椭球,要将地面点位绘在平面图纸上,必须顾及地球曲率的影响(参阅有关专业书籍)。在普通测量学中,因测量、绘图的范围较小,可以测区局部水平基准面为投影面进行正射投影,得到所需的各类地图。

地图包括既表示地球上地物位置和分布,又表示地表高低起伏形态的普通地图和地形图及在图上仅表示地物平面位置的平面图,还包括详细客观地表示某种自然要素或社会要素的专题地图(如城市交通图、旅游图以及资源、人口分布图、地籍图等)。

人们认识的地图通常是绘制在纸上的,它具有直观性强、使用方便等优点,但也存在着易损、不便保存、难以更新等缺点。随着现代科学的不断发展,尤其是数字化测绘技术和电子计算机的广泛使用,近年来,在地图家族中先后出现了“数字地图”和“电子地图”等新成员。

数字地图是指用全数字的形式描述地图要素的属性、空间位置和相互关系信息的数据集合。其信息的采集采用数字化测量手段,通过计算机对数据进行传输、存储和管理,实现了对地理空间数据信息的自动化采集、实时更新、动态管理和现代化应用。

电子地图是数字地图符号化处理后的数据集合,它具有地图的符号化数据特征,是以多种媒体显示地图数据的可视化产品。并能快速实现图形的平面、立体和动态跟踪显示,供人们在屏幕上阅读和使用,也可随时打印在纸上。电子地图一般与数据库连接,能进行查询、统计和空间分析。

数字地图和电子地图这些“无纸地图”的出现,已经对国民经济和国家建设的许多行业和学科、专业带来了革命性的变化。我们相信,随着社会的不断进步,国家实现现代化、自动化、科学化管理的迫切需要,数字地图和电子地图必将在国民经济建设和国防建设中发挥更大的作用。

9.2　地形图的基本知识

前已叙及,地形图是普通地图的一种,是按一定的比例,用规定的符号表示地物、地貌平面位置和高程的正射投影图。它不仅充分反映出地面高低起伏的自然地貌,而且把经过改造的人为环境也比较详尽地反映在图上。

在国民经济建设和国防建设的各项工程规划、设计阶段,均需要地形图提供有关工程建设地区的自然地形结构和环境条件等资料,以便使规划、设计符合实际情况。因此,地形图是制订规划、进行工程建设、建立 GIS 的重要依据和基础资料。

除了普通地形图以外,在线路工程(如铁路、公路、地下管道、水上航道工程等)的规划、设计、施工中,还需具有能反映某一特定方向线上地面高低起伏状态,并按一定的比例尺缩绘的图,这种图称为断面图。其中沿线路方向延伸的断面图,称为纵断面图;与线路方向垂直,相对于线路两侧有一定宽度的断面图,称为横断面图。

本节主要介绍地形图的基本知识。

9.2.1　地形图的比例尺

地形图上任意一线段的长度与地面上相应线段的实际水平长度之比,称为地形图的比例尺。

1. 比例尺的种类

(1) 数字比例尺

数字比例尺一般用分子为 1 的分数形式表示。在地形图上,数字比例尺通常书写于图幅下方正中处。

设图上某直线的长度为 d,地面上相应的水平长度为 D,则图的比例尺为

$$\frac{d}{D}=\frac{1}{\frac{D}{d}}=\frac{1}{M} \tag{9-1}$$

式中,M 为比例尺分母。

当图上 1cm 代表地面上水平长度 10m 时,该图的比例尺为 1/1 000,一般写成 1∶1 000,当图上 1cm 代表地面上水平长度 100m 时,则该图的比例尺就是 1/10 000,写成 1∶10 000。由此可见:分母 1 000 或 10 000 就是将实地的水平长度缩绘在图上的倍数。

比例尺的大小是以比例尺的比值来衡量的,比例尺的分母愈大,比例尺愈小;反之,分母愈小,则比例尺愈大。通常称 1∶500、1∶1 000、1∶2 000、1∶5 000、1∶10 000 比例尺的地形图为大比例尺地形图;1∶25 000、1∶50 000、1∶100 000 为中比例尺地形图;1∶250 000、1∶500 000、1∶1 000 000 为小比例尺地形图。

土木建筑类各专业常使用大比例尺地形图。图 9-1 为 1∶1 000 比例尺的地形图一部分。

(2) 图示比例尺

当使用纸载地形图时,为了用图方便,避免或减小由图纸伸缩而引起的误差,在绘制地形图时,通常在地形图上同时绘制图示比例尺,即在一直线上截取若干相等的线段(一般为 2cm 或 1cm),称为比例尺

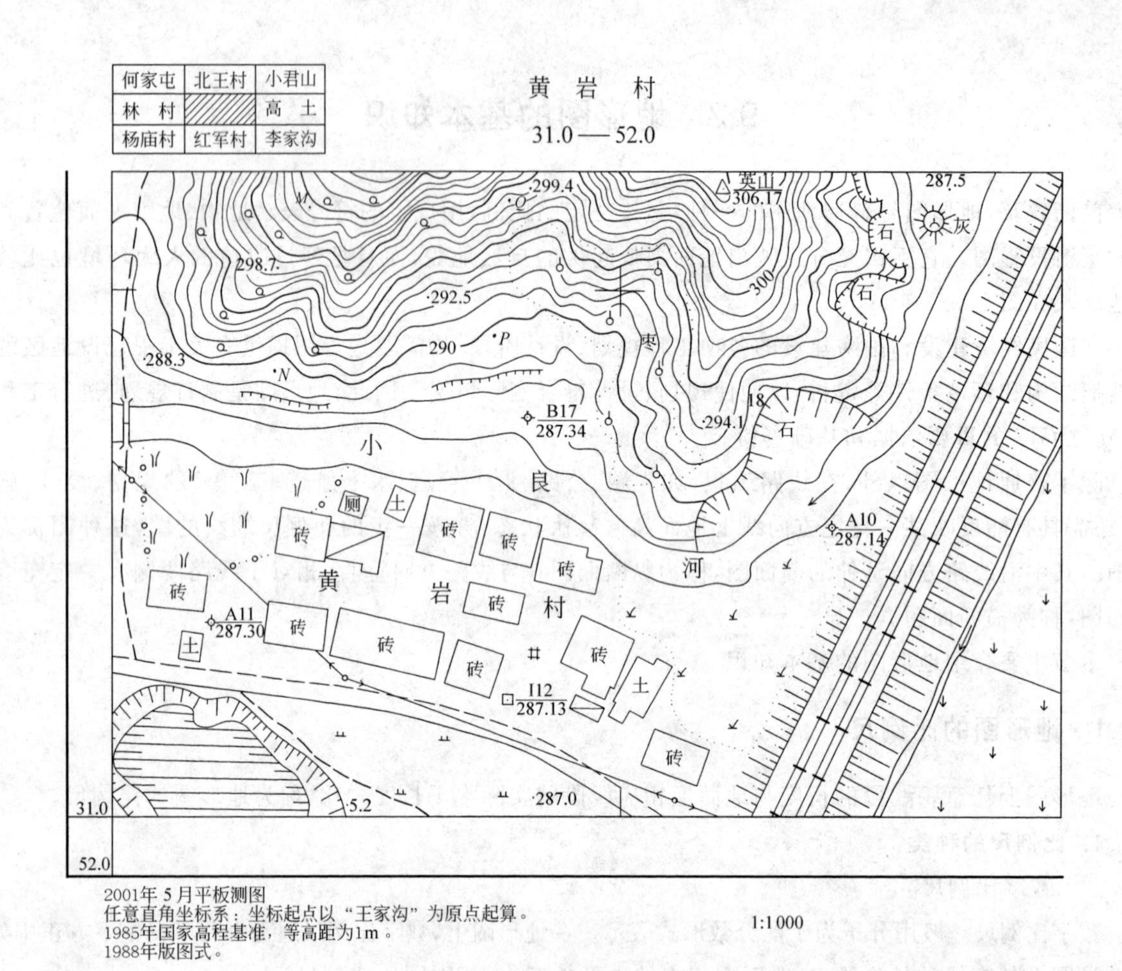

图 9-1　1∶1 000 地形图

的基本单位，再把最左端的一个基本单位分成十等份（或20等份），如图9-2，它是1∶2 000的图示比例尺，其基本单位为2cm，所表示的实地长度应为40m，分成十等份后，每等份2mm所表示的实地长度即为4m。图示距离等于实地118m。

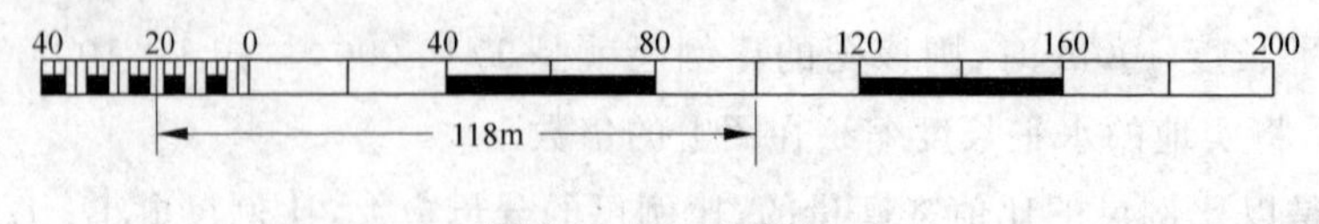

图 9-2　图示比例尺

2. 比例尺的精度

在传统地形图上，由于人眼最小视角的限制，正常眼睛的分辨能力通常认为是0.1mm，因此，地形图上0.1mm所代表的实地长度，称为比例尺的精度。数字地形图是用坐标数字表示地形要素，其精度是测量坐标的精度，与比例尺无关，故不存在比例尺精度。

在传统地形图上，根据比例尺精度可以确定在测图时丈量地物应准确到什么程度。例如，测绘1∶1 000比例尺地形图时，其比例尺精度为0.1mm×1 000＝0.1m，因此，丈量地物的精度只需0.1m

(小于0.1mm在图上表示不出来)。另外,当规定了要表示于图上的地物最短长度时,根据比例尺精度,可以确定测图比例尺。例如,欲表示在图上的地物最短线段的长度为0.2m,则应采用的测图比例尺不得小于$\frac{0.1\text{mm}}{0.2\text{m}}=\frac{1}{2\,000}$。

表9-1为各种不同比例尺精度,可见比例尺越大,表示地物和地貌的情况越详细,精度就越高。反之,比例尺越小,表示地面情况就越简略,精度就越低。同时必须指出,同一测区面积,采用较大的比例尺测图往往比较小比例尺测图的工作量和投资增加数倍,因此,采用多大的比例尺测图,应从实际需要的精度出发。而工程规划、设计、施工工作中需要采用哪几种比例尺的地形图,也应根据实际需要的精度,来要求甲方提供相应比例尺的地形图,不应盲目追求更大比例尺的地形图,从而节省费用。

表9-1　不同比例尺的精度

比例尺	1∶500	1∶1 000	1∶2 000	1∶5 000	1∶10 000
比例尺精度/m	0.05	0.10	0.20	0.50	1.00

通常在工程建设的初步规划设计阶段使用1∶2 000、1∶5 000和1∶10 000的地形图,在详细规划设计和施工阶段应使用1∶2 000、1∶1 000和1∶500的地形图。选用地形图比例尺的一般原则为:

(1) 图面所显示地物、地貌的详尽程度和明晰程度能否满足设计要求;

(2) 图上平面点位和高程的精度是否能满足设计要求;

(3) 图幅的大小应便于总图设计布局的需要;

(4) 在满足以上要求的前提下,尽可能选用较小的比例尺测图。

9.2.2　地物符号

地形图作为地理空间数据的一种形式,是基础地理信息的载体,之所以能够被人们广泛认识和接受,是由于它的规范性决定的。地形是地物和地貌的总称,人们通过地形图去了解地形信息,那么地面上的不同地物、地貌就必须按统一规范的符号在地形图上表示,这个规范就是国家测绘主管部门2007年8月颁发的《国家基本比例尺地图图式　第1部分:1∶500、1∶1 000、1∶2 000地形图图式》。

其中地物符号根据地物的大小、测图比例尺和描绘方法的不同,可分为以下四类,表9-2是该图式的部分地物符号。

1. 比例符号

有些地物的轮廓较大,如房屋、运动场、湖泊、森林等,它们的形状和大小可依比例尺缩绘在图上,称为比例符号。在用图时,可以从图上量得它们的大小和面积。

2. 非比例符号

有些地物,如三角点、水准点、独立树、里程碑和钻孔等,轮廓较小,无法将其形状、大小依比例画到图上,则不考虑其实际大小,而采用规定的符号表示之,这种符号称非比例符号。

非比例符号不仅其形状大小不依比例绘出,而且符号的中心位置与该地物实地的中心位置关系,也随各种不同的地物而异,所以,在测图或用图时应注意以下几点:

表 9-2　1∶1 000 地形图地物符号示例

符号名称	符号式样		
	1∶500	1∶1 000	1∶2 000
单幢房屋 a. 一般房屋 b. 有地下室的房屋 c. 突出房屋 d. 简易房屋 混、钢——房屋结构 1、3、28——房屋层数 −2——地下房屋层数	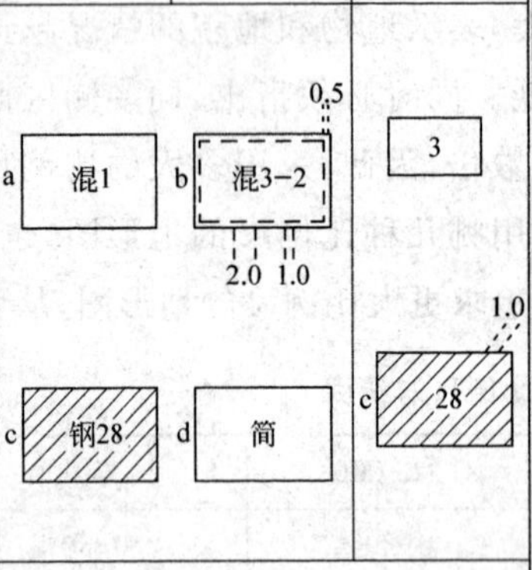 a 混1 c 钢28	b 混3−2 0.5 2.0 1.0 d 简	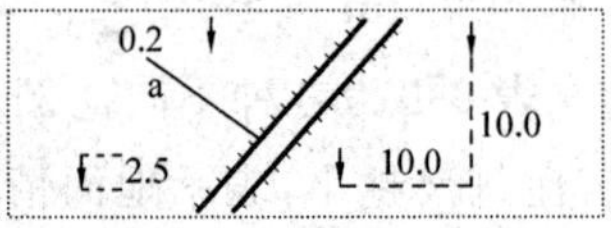 3 c 28 1.0
建筑中房屋	 建		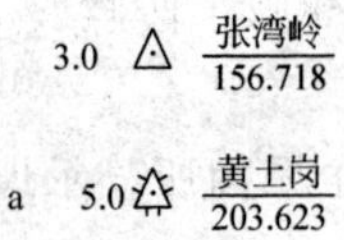
露天体育场、网球场、运动场、球场 a. 有看台的 a1. 主席台 a2. 门洞 b. 无看台的	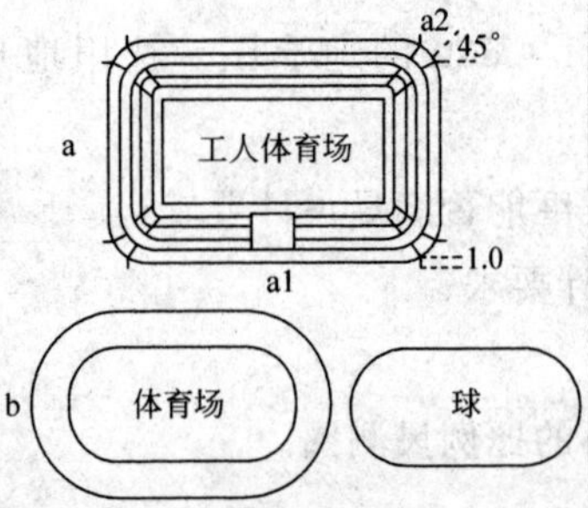 a 工人体育场 a1 a2 45° 1.0 b 体育场 球		
湖泊 龙湖——湖泊名称 (咸)——水质	龙湖 (咸)		
成林	1.6 松6 10.0 10.0		
幼林、苗圃	1.0 幼 10.0 10.0		
灌木林 a. 大面积的	a 0.5 1.0		

符号名称	符号式样
稻田 a. 田埂	0.2 a 2.5 10.0 10.0
旱地	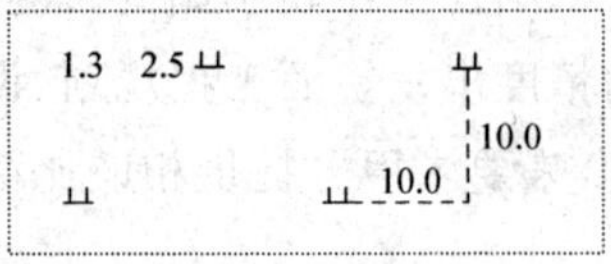 1.3 2.5 10.0 10.0
菜地	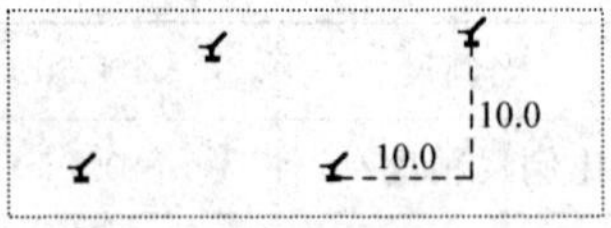 10.0 10.0
三角点 a. 土堆上的 张湾岭、黄土岗——点名 156.718 203.623——高程 5.0——比高	3.0 △ 张湾岭/156.718 a 5.0 黄土岗/203.623
 导线点 a. 土堆上的 Ⅰ16、Ⅰ23——等级、点号 84.46、94.40——高程 2.4——比高	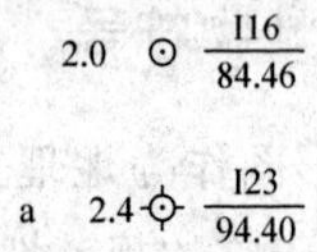 2.0 ⊙ Ⅰ16/84.46 a 2.4 Ⅰ23/94.40
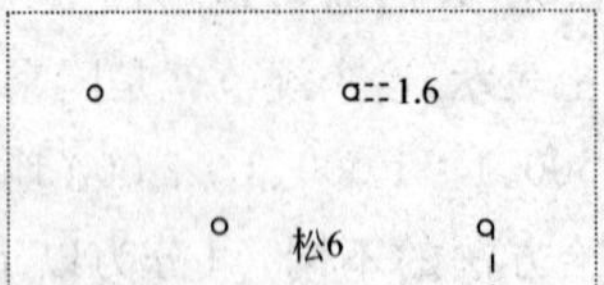 水准点 Ⅱ——等级 京石5——点名点号 32.805——高程	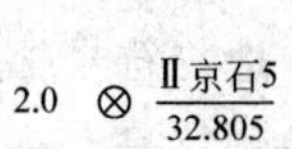 2.0 ⊗ Ⅱ京石5/32.805
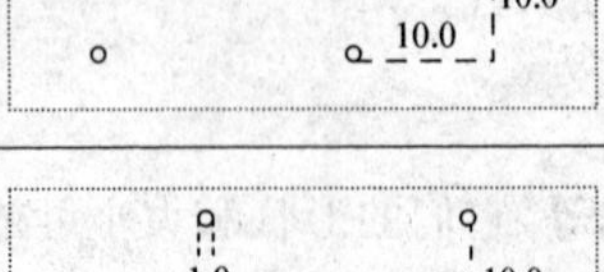 卫星定位等级点 B——等级 14——点号 495.263——高程	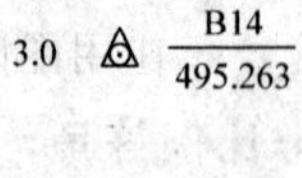 3.0 B14/495.263
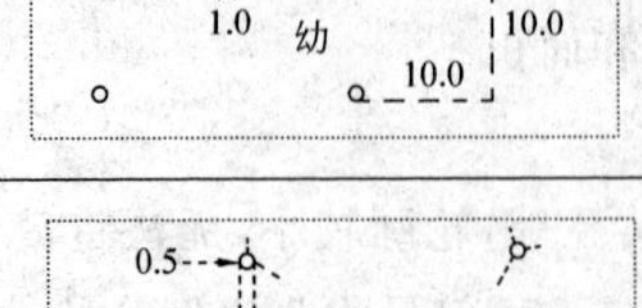 水塔 a. 依比例尺的 b. 不依比例尺的	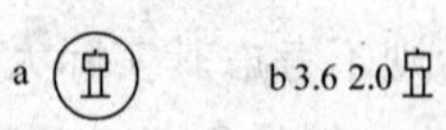 a　b 3.6 2.0

续表

符号名称	符号式样	符号名称	符号式样
独立树 a. 阔叶 b. 针叶 c. 棕榈、椰子、槟榔	a 1.6 2.0 3.0 1.0 b 1.6 2.0 3.0 45° 1.0 c 2.0 3.0 1.0	街道 a. 主干路 b. 次干路 c. 支路	a 0.35 b 0.25 c 0.15
		高压输电线 架空的 a. 电杆 35——电压(kV) 地面上的管道	a 35 4.0 水 1.0 10.0
高速公路 a. 临时停车点 b. 隔离带 c. 建筑中的	0.4 b 0.4 a c 0.4 3.0 25.0	陡崖、陡坎 a. 土质的 b. 石质的 18.6、22.5—— 比高	a 18.6 300 b 22.5 700

(1) 规则的几何图形符号(圆形、正方形、三角形、星形等),以图形几何中心点为实地地物中心位置。

(2) 宽底符号(烟囱、水塔等),以符号底部中心为实地地物的中心位置。

(3) 底端为直角的符号(独立树、路标等),以符号直角顶点为实地地物中心位置。

(4) 几何图形组合符号(路灯、消火栓等),以符号下方的图形几何中心为地物的实际中心位置。

(5) 不规则的几何图形,又没有宽底或直角顶点的符号(山洞、窑洞等),以符号下方两端的中心为实地地物的中心位置。

3. 半比例符号(线形符号)

对于一些带状延伸地物(如道路、通信线、管道、垣栅等),其长度可依测图比例尺缩绘,而宽度无法依比例表示的符号,称为半比例符号。因此,可以从图上量取它们的长度,而不能确定它们的宽度。其符号的中心线,一般表示其实地地物中线位置。但城墙和垣栅等,其准确位置在其符号的底线上。

4. 地物注记

用文字、数字或特有符号对地物加以说明,称为地物注记。诸如城镇、工厂、河流、道路的名称,桥梁的长宽及载重量,江河的流向,流速及水深,道路的去向,森林、果树等的类别等,都用文字、数字或配以特定符号加以注记说明之。

这里应指出:在地形图上,对于某些地物(如房屋、运动场等),究竟是采用比例符号还是非比例符号,主要取决于测图比例尺大小。测图比例尺越大,不依比例描绘的地物就越多。在测绘地形图时,必须按照各种不同比例尺《地形图图式》中的规定绘图。

9.2.3 地貌符号——等高线

地貌是指地表面的高低起伏状态,它包括山地、丘陵和平原等。在地形图上表示地貌的方法主要是用等高线法。因为用等高线表示地貌,不仅能表示地面的起伏形态,而且还能表示地面的坡度和地面点的高程。

1. 等高线概念

等高线是地面上高程相等的相邻点连续形成的闭合曲线。如图9-3(a),有一位于平静湖水中的小山头,山顶被湖水恰好淹没时的水面高程为100m,假设水位下降了5m,此时水面与山坡就有一条交线,而且是闭合曲线,曲线上各点的高程是相等的,这就是高程为95m的等高线。当水位每下降5m时,山坡周围就分别留下一条交线,这就是高程为90m、85m、80m、75m的等高线,投影到水平面H上,再按规定的比例尺缩绘到图纸上,就可得到用等高线表示这一山头的地貌图。

因小范围的水面相当于一个水平面,那么等高线又可认为是用高程不同但高差h相等的若干水平面H_i截取山头或地面,其截线分别沿铅垂方向投影到同一个水平面H上,所得到的一组闭合曲线。如图9-3(b)所示。

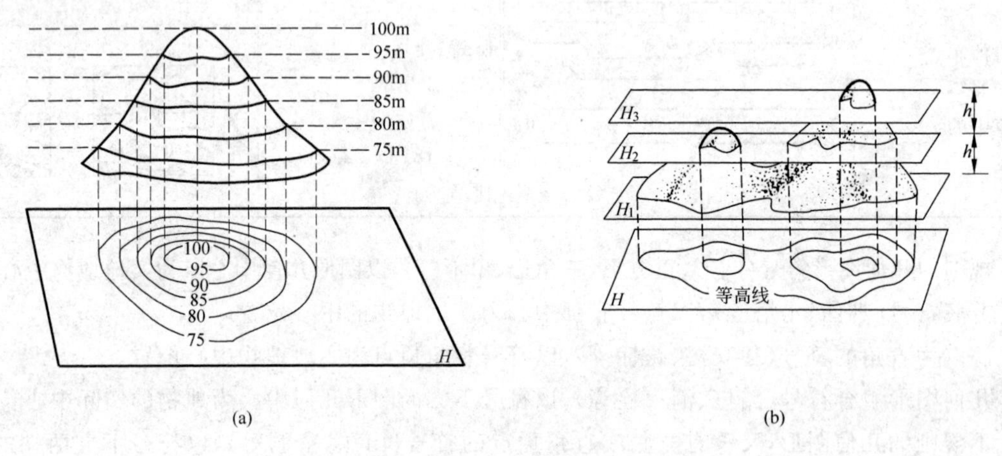

图9-3 等高线

2. 等高距和等高线平距

相邻等高线之间的高差称为等高距,常以h表示。图9-3中的等高距为5m。在同一幅地形图上,等高距是相同的。

相邻等高线之间的水平距离称为等高线平距,常以d表示。因为同一地形图上的等高距是相同的,所以等高线平距d的大小将反映地面坡度的变化。如图9-4所示,地面上CD段的坡度大于BC段,其等高线平距cd就小于bc;相反,地面上CD段的坡度小于AB段,从图上明显看出:CD段的平距大于AB段的平距。

由此可见,等高线平距愈小,地面坡度就愈大;平距愈大,则坡度愈小;平距相等,坡度相同(图上AB段的坡度相同,相应的等高线平距相等)。因此,我们可以根据地形图上等高线的疏、密来判定地面坡度的缓、陡。

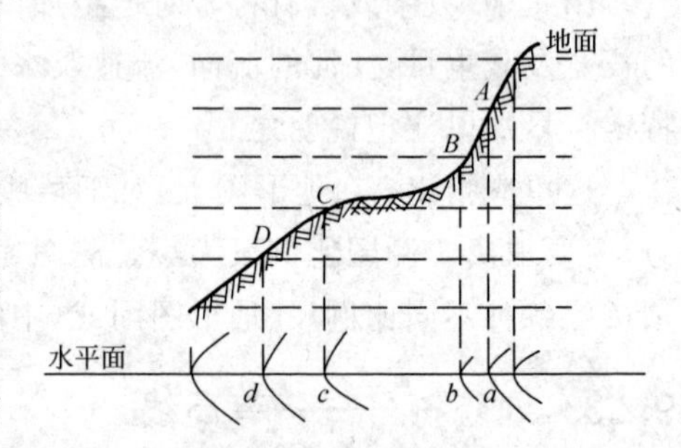

图9-4 等高距和平距

显然,地形图上等高距愈小,显示地貌就愈详细,愈大愈简略。但等高距过小时,图上的等高线就过于密集,从而影响图面的清晰度。所以，在测绘地形图时，应根据测图比例尺和测区地面起伏的程度来合理选择等高距。

3. 典型地貌的等高线

地面上地貌的形态是多样的，对它进行仔细分析后，就会发现它们不外乎是山丘、洼地、山脊、山谷、鞍部等几种典型地貌的综合形态。了解和熟悉用等高线表示典型地貌的特征，将有助于识读、应用和测绘地形图。

(1) 山丘、洼地及其等高线

图 9-5(a)为洼地及其等高线，图 9-5(b)为山丘及其等高线。山丘和洼地的等高线都是一组闭合曲线。在地形图上区别山丘或洼地的方法是：凡是内圈等高线的高程注记大于外圈者为山丘，小于外圈者为洼地。如果没有高程注记，则用示坡线来表示。

示坡线是垂直等高线的短线，它指示的方向是下坡方向。如图 9-5 所示，示坡线从内圈指向外圈者，说明中间高，四周低，由内向外为下坡，故为山丘；其示坡线从外圈指向内圈者，说明中间低，四周高，由外向内为下坡，故为洼地。

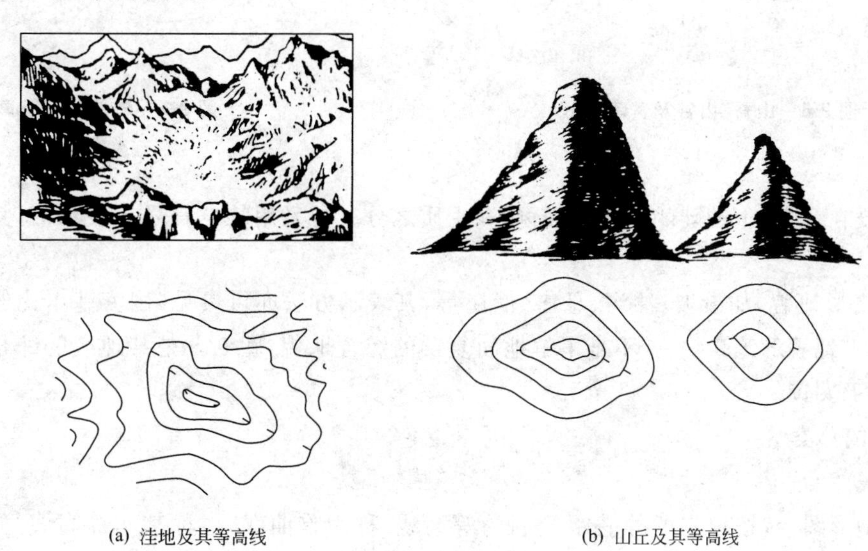

(a) 洼地及其等高线　　(b) 山丘及其等高线

图 9-5　洼地、山丘及其等高线

(2) 山脊、山谷及其等高线

山的凸棱由山顶延伸至山脚者称为山脊。山脊最高的棱线称为山脊线，因雨水以山脊线为界流向山体两侧，故山脊线又称分水线。

山脊等高线表现一组凸向低处的曲线，如图 9-6(a)，图中点划线是山脊线。

相邻二山脊之间的凹部称为山谷，其两侧叫谷坡，两谷坡相交部分叫谷底。而谷底最低点连线称为山谷线，或称集水线。如图 9-6(b)所示，山谷等高线表现为一组凸向高处的曲线，图中的虚线是山谷线。

(3) 鞍部

相邻两山头之间呈马鞍形的低凹部位称为鞍部，如图 9-7。

鞍部(K 点处)往往是山区道路必经之地，又称垭口。因是两个山脊与两个山谷的会合点，所以，鞍部等高线是两组相对的山脊等高线和山谷等高线的对称组合。

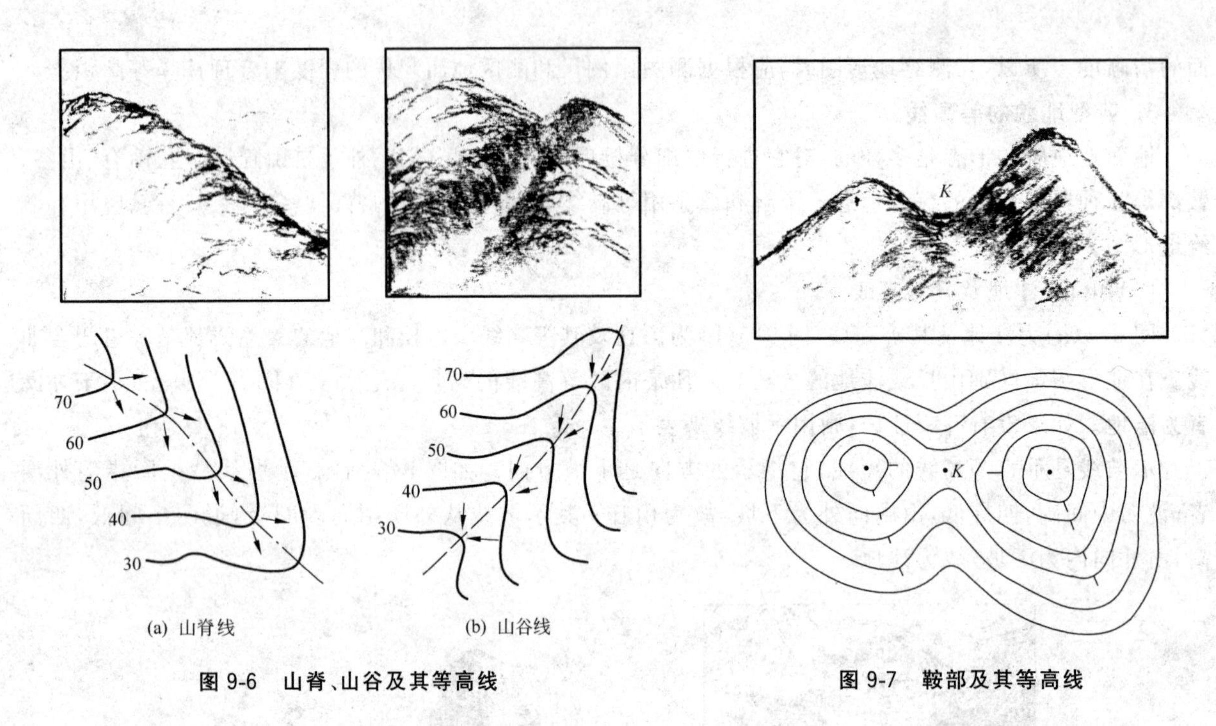

(a) 山脊线　　(b) 山谷线

图 9-6　山脊、山谷及其等高线

图 9-7　鞍部及其等高线

(4) 陡崖

陡崖是坡度在70°以上的陡峭崖壁,有石质和土质之分。是采用特定符号来表示的,其符号的画法可参见表9-2。

还有某些变形地貌,如滑坡、冲沟、悬崖、崩崖等,其表示方法亦可参见《国家基本比例尺地形图图式》。掌握了典型地貌的等高线,就不难了解地面复杂的综合地貌,图9-8是某地区的综合地貌和等高线图,读者可对照阅读。

4. 等高线的分类

(1) 首曲线

在同一幅地形图上,按规定的等高距绘制的等高线,称为首曲线,也称基本等高线,如图9-9中的102m、104m、106m和108m等各条等高线。

(2) 计曲线

为了读图方便,每5倍于等高距的等高线均加粗描绘,称为计曲线,如图9-9中的100m等高线。

(3) 间曲线

有时只用首曲线不能明显表示局部地貌,图式规定用二分之一等高距描绘的等高线称为间曲线,又称半距等高线,在图上用长虚线描绘,如图9-9中的101m、107m等高线。

5. 等高线的特性

(1) 同一条等高线上,各点的高程必相等。

(2) 等高线是闭合曲线,如不在同一图幅内闭合则必在图外或其他图幅中闭合。

(3) 不同高程的等高线不能相交。但某些特殊地貌,如陡崖等是用特定符号表示其相交或重叠的。

(4) 一幅地形图上等高距相等。等高线平距小,表示坡度陡,平距大则坡度缓,平距相等则坡度相同。

(5) 等高线与山脊线、山谷线成正交。

图 9-8 综合地貌和等高线

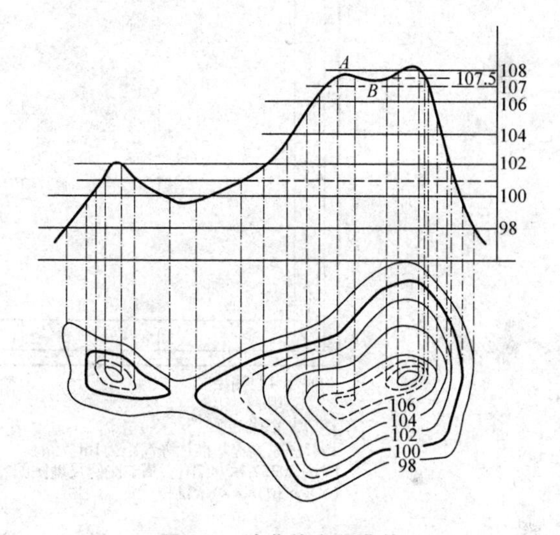

图 9-9 计曲线和间曲线

9.2.4 地形图的分幅编号与图廓注记

为了便于测绘、使用和保管地形图，按照《国家基本比例尺地图图式》的规定和方法，将大面积的地形图进行分幅和有系统的编号。

地形图的分幅编号可分为两类：一类是按坐标格网划分的正方形或矩形分幅法；另一类是按经纬线划分的梯形分幅法。现分述于下。

1. 正方形或矩形分幅编号与图廓注记

1∶500、1∶1 000、1∶2 000 地形图一般采用 50cm×50cm 正方形分幅或 40cm×50cm 矩形分幅。1∶5 000 地形图也可采用 40cm×40cm 正方形分幅。表 9-3 为 1∶5 000～1∶500 比例尺的图幅大小、实地面积等。

表 9-3 不同比例尺的图幅关系

比例尺	内幅大小/cm	实地面积/km	一幅 1∶5 000 的图幅所包含本图幅的数目	比例尺	内幅大小/cm	实地面积/km	一幅 1∶5 000 的图幅所包含本图幅的数目
1∶5 000	40×40	4	1	1∶1 000	50×50	0.25	16
1∶2 000	50×50	1	4	1∶500	50×50	0.062 5	64

上述大比例地形图的编号一般采用图廓西南角坐标公里数编号法。如图9-10所示,该图廓西南角的坐标$x=3\,420.0\text{km}$,$y=521.0\text{km}$,故其编号为3 420.0—521.0(x坐标在前,y坐标在后)。1∶500地形图取至0.01km,而1∶1 000、1∶2 000地形图取至0.1km。

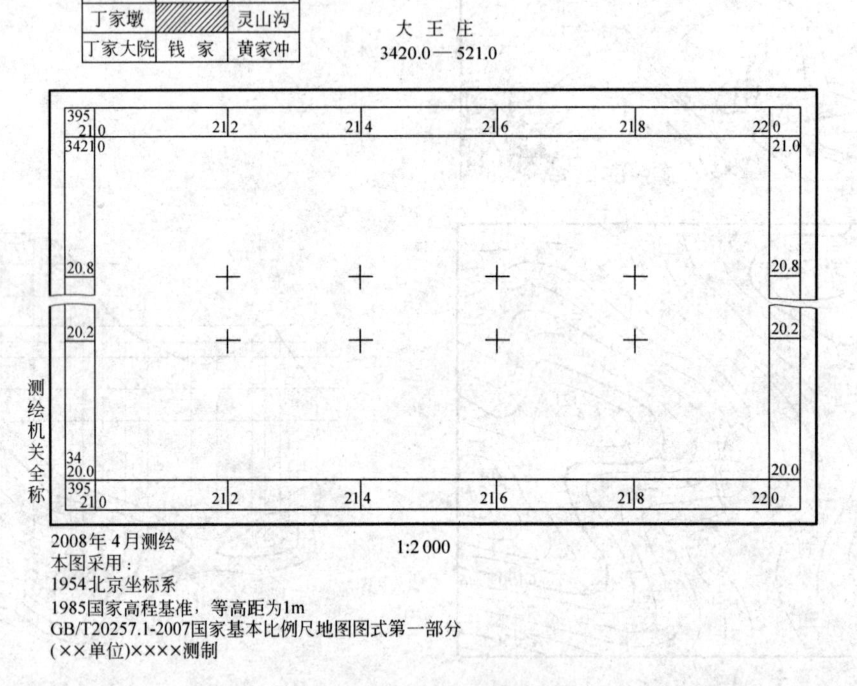

图9-10 地形图图廓

大比例尺地形图往往是小地区或带状地区的工程设计和施工用图,也可用各种代号进行编号。例如可以用测区与阿拉伯数字结合的方法。如图9-11(a)所示,将测区按统一顺序进行编号,又称顺序编号,一般从左到右,从上到下用阿拉伯数字1、2、3、4、…编定,如图××-10(××为测区)。

还可用行列编号法。如图9-11(b)所示,一般以字母为代码(如A、B、C、D、…)标示行号,由上到下排列;以数字为代码(如1、2、3、…)标示列号,从左到右排列,并以先行后列编定,如图中B-4。

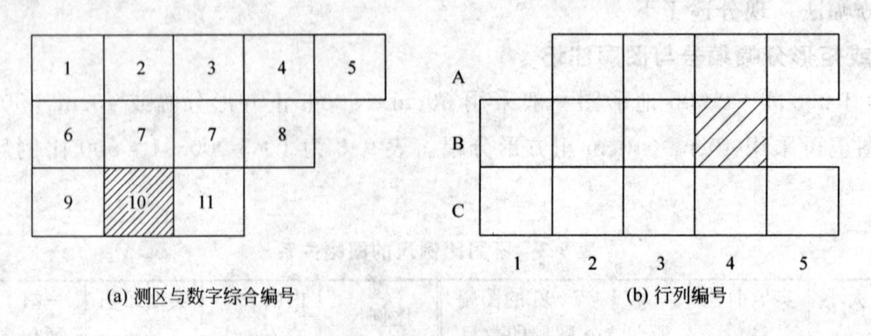

图9-11 地形图编号

1∶500、1∶1 000、1∶2 000 等大比例尺地形图的图廓及图外注记(详见图 9-10),主要包括如下内容。

(1) 图名、图号

图名即本幅图的名称,一般以所在图幅内主要地名来命名。图名选取有困难时,也可不注图名,仅注图号。图名和图号应注写在图幅上部中央,且图名在上,图号在下。

(2) 图幅接合表(接图表)

图幅接合表绘在图幅左上角,说明本图幅与相邻图幅的关系,供索取相邻图幅时用。图幅接合表可采用图名注出,也可采用图号(仅注有图号时)注出。

(3) 内、外图廓和坐标网线

矩形分幅的大比例尺地形图有内图廓和外图廓。内图廓就是地形图的边界线,也是坐标格网线。在内图廓外四角处注有坐标值,在内图廓的内侧,每隔 10cm 绘有 5mm 长的坐标短线,并在图幅内绘制为每隔 10cm 的坐标格网交叉点。

外图廓是图幅最外边的粗线,一般起装饰作用。

(4) 其他图外注记

在外图廓的左下方应注记测图日期、测图方法、平面和高程坐标系统、等高距及地形图图式的版别。在外图廓下方中央应注写比例尺。在外图廓的左侧偏下位置应注明测绘单位全称。

2. 梯形分幅编号与图廓注记

梯形分幅是按经纬线划分的,又称为国际分幅。按国际上的统一规定,梯形分幅应以 1∶1 000 000 比例尺的地形图为基础,实行全球统一的分幅和编号。

(1) 1∶1 000 000 地形图的分幅编号

整个地球表面用子午线分成 60 个 6°纵列,由经度 180°起,自西向东用数字 1、2、3、…、60 编号。同时,由赤道起分别向北向南直到纬度 88°止,每隔 4°纬度圈分成 22 个横行,用字母 A、B、C、…、V 编号。图 9-12 为 1∶1 000 000 地形图分幅编号情况。我国图幅范围在东经 72°～138°,北纬 0°～56°内,行号从 A～N 计 14 行,列号从 43～53 计 11 列。

每幅 1∶1 000 000 地形图,如图 9-12 所示,它是由纬差 4°的纬圈和经差 6° 的子午线所形成的梯形,图号由"图幅行号(字符码)和图幅列号(数字码)"组成。

例如,北京某地的纬度为北纬 39° 54′23″,经度为东经 116° 28′13″,其所在 1∶1 000 000 地形图的图号为 J50;合肥某地的纬度为北纬 31° 53′00″,经度为东经 117° 16′00″,其所在 1∶1 000 000 地形图的图号为 H50。见图 9-13。

(2) 1∶500 000～1∶5 000 地形图的分幅编号

根据国标 GB/T 13989—92 国家基本比例尺地形图分幅和编号的规定,1∶500 000 ～1∶5 000 地形图的分幅编号均以 1∶1 000 000 地形图编号为基础,采用行列编号方法。即将 1∶1 000 000 地形图按所含各比例尺地形图的纬差和经差划分为若干行和列(图幅关系详见表 9-4),横行从上到下、纵列从左到右按顺序分别用三位数字码表示(不足三位者前面补零),各比例尺地形图分别采用不同的字符代码加以区别。按上述地形图分幅的方法,1∶500 000～1∶5 000 地形图的编号应由十位编码组成,详见图 9-14。

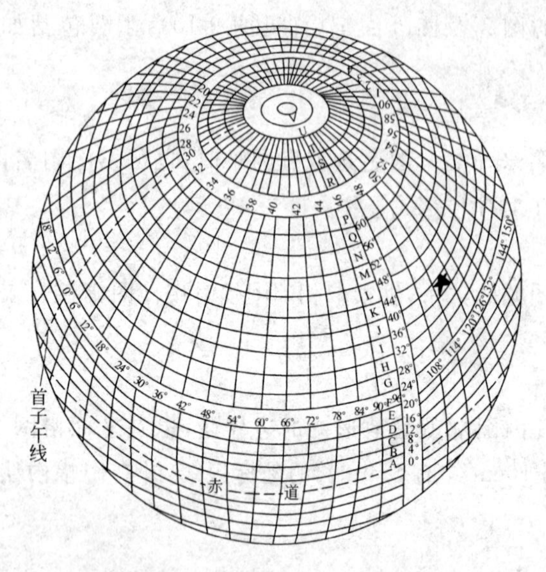

图 9-12　1∶1 000 000 地形图编号

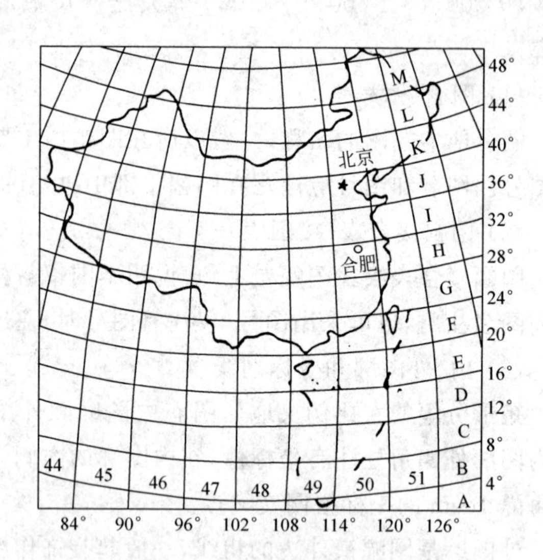

图 9-13　1∶1 000 000 地形图分幅表

表 9-4　不同比例尺的图幅关系

比例尺		1/1 000 000	1/500 000	1/250 000	1/100 000	1/50 000	1/25 000	1/10 000	1/5 000
图幅范围	经差	6°	3°	1°30′	30′	15′	7′30″	3′45″	1′52.5″
	纬差	4°	2°	1°	20′	10′	5′	2′30″	1′15″
行列数量关系	行数	1	2	4	12	24	48	96	192
	列数	1	2	4	12	24	48	96	192
比例尺代码			B	C	D	E	F	G	H
不同比例尺的图幅数量关系		1	4	16	144	576	2 304	9 216	36 864
			1	4	36	144	576	2 304	9 216
				1	9	36	144	576	2 304
					1	4	16	64	256
						1	4	16	64
							1	4	16
								1	4

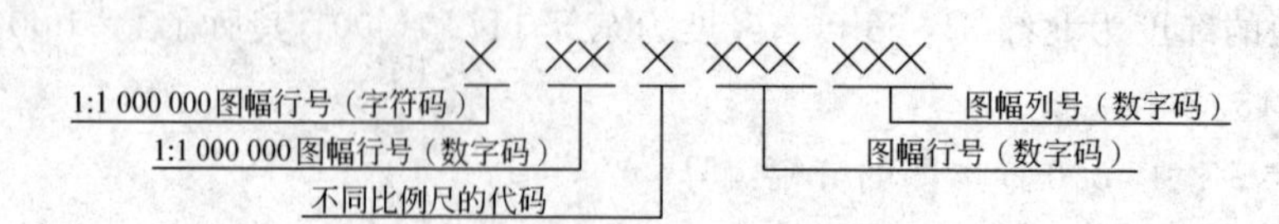

图 9-14　各种比例尺地形图分幅关系

例如,上述北京某地的 1∶500 000 地形图的编号,见图 9-15,即斜线部分的图幅编号为 J50B001001。该地所在 1∶250 000 地形图的图幅编号为 J50C001002,见图 9-16。其他比例尺地形图的分幅编号方法,可依此类推,不再详述。

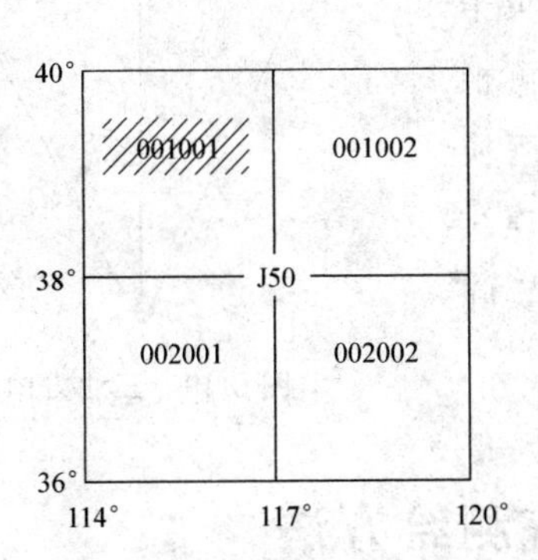

图 9-15　1：500 000 地形图分幅

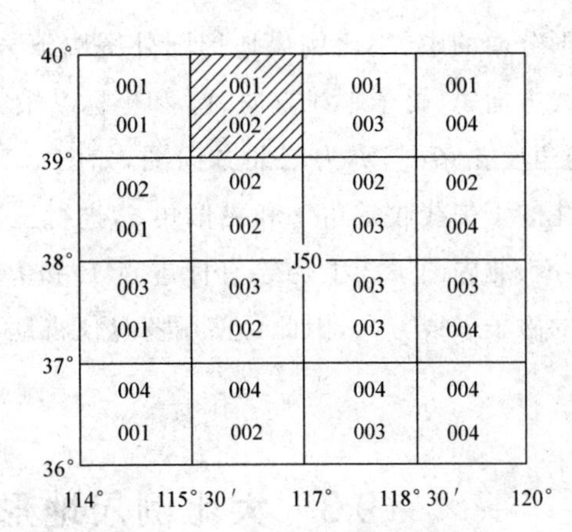

图 9-16　1：250 000 地形图分幅

大比例尺地形图 1∶2 000 的梯形分幅是以 1∶5 000 地形图为基础，按经差 37.5″、纬差 25″进行分幅，如图 9-17 所示，纬度为 28°00′30″，经度为 111°00′40″，它所在 1∶2 000 的图幅编号为 H49H192097-5。H49H192097 为 1∶5 000 的图幅编号。

综上所述，地形图采用统一分幅编号，既可避免重复，又能防止疏漏，用图时，若知道了某幅图的编号，就很容易确定它的地理位置和比例尺的大小。这给测绘、保存和使用地形图创造了有利的条件。

按照梯形分幅法统一编号的各种比例尺地形图，其图廓如图 9-18 所示，有内图廓、分图廓和外图廓之分。内图廓是经线和纬线围成的梯形，也是图幅的边界线。图中西图廓经线是东经 122° 15′，南图廓线是北纬 39° 50′。内、外图廓之间为分图廓，绘成若干段黑白相间等长的线段，其长度表示实地经差或纬差 1′。分图廓与内图廓之间，注记了以公里为单位的平面直角坐标值，如图中 4 412 表示纵坐标为 4 412km(从赤道起算)，其余的 13、14 等，其坐标公里数的千、百位 44 从略。横坐标为 21 436，21 为该图幅所在的高斯投影带带号，436 表示该纵线的横坐标公里里数。

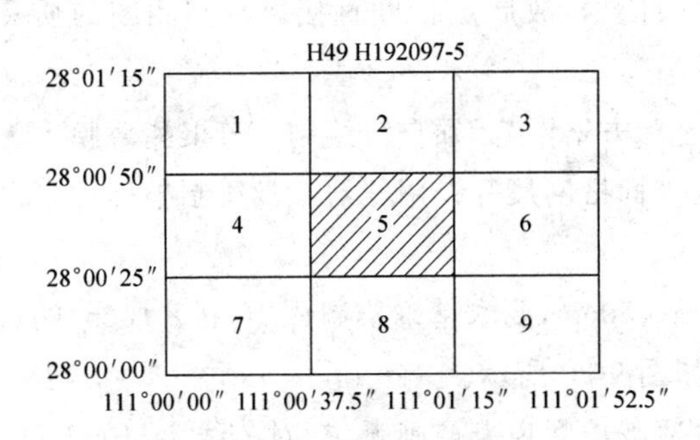

图 9-17　1：2 000 地形图按经纬差分幅

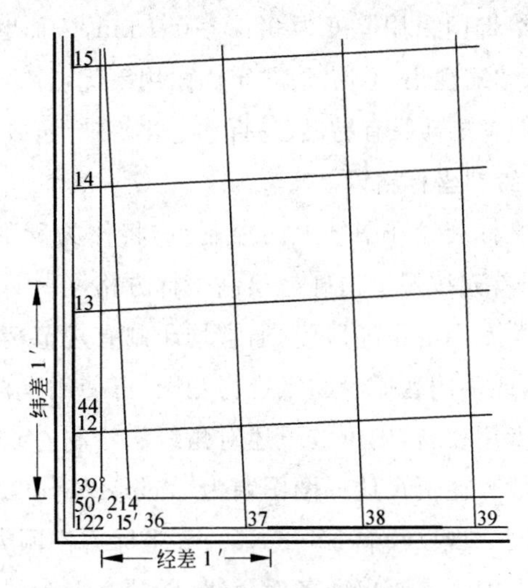

图 9-18　梯形分幅的内外图廓

在按梯形分幅的中、小比例尺地形图外图廓下方偏右位置，还绘有真子午线方向 A、磁子午线方向 A_m 和坐标纵轴方向 α（中央子午线）之间的角度关系图，称为三北方向图，如图 9-19 所示。可根据该图上标注的子午线收敛角 γ 和磁偏角 δ，进行三者间的相互换算。此外，在南、北内图廓线上还绘有标志点 P 和 P'，两点的连线即为该图幅的磁子午线方向，因此可使用罗盘仪将地形图进行实际定向。

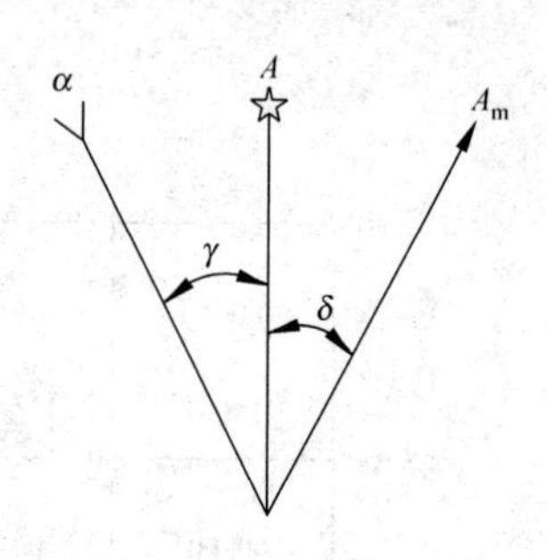

图 9-19 三北方向线

9.3 大比例尺地形图传统测绘方法

遵循测量工作“从整体到局部，先控制后碎部”的原则，在控制测量工作结束后，就可根据图根控制点测定地物、地貌特征点的平面位置和高程，并按规定的比例尺和符号缩绘成地形图。

地面上地物和地貌的特征点称为碎部点，其平面坐标和高程的测定工作称为碎部测量。根据碎部测量的方法来划分，地形图成图方法主要分为以下三种：以平板仪、水准仪或经纬仪、光电测距仪或皮尺为主要测量工具的传统测绘方法；以电子全站仪为主要测量工具，并辅以电子手簿、计算机、绘图仪的数字化测量和自动化成图方法；摄影测量方法。

本节介绍大比例尺地形图的传统测绘方法。

9.3.1 测图前的准备工作

测图前，除做好仪器、工具及相关数据、资料的准备工作外，还应认真准备好测图板。它包括图纸的准备、绘制坐标格网及展绘控制点等工作。

1. 图纸准备

测绘部门采用厚度为 0.07～0.1mm，表面磨毛后的聚酯薄膜代替图纸在野外测图。聚酯薄膜具有透明度好、伸缩性小、不怕潮湿、牢固耐用等优点。可用水洗涤以保持图面清洁，并可直接在底图上着墨复晒蓝图。但聚酯薄膜有易燃、易折和老化等缺点，故在使用过程中应注意防火、防折，并注意妥善保管。

2. 绘制坐标格网

按坐标展绘在图纸上的控制点，将作为碎部测量的依据，故展点精度直接影响到测图的质量。为此，必须首先按规定精确地绘制坐标方格网。

测绘专用的聚酯薄膜，通常均印制有规范精确的坐标方格网，无须自行绘制。若聚酯薄膜上无坐标方格网，或采用普通绘图纸进行测图，可使用坐标仪或坐标格网尺等专用仪器工具绘制坐标方格网。如无上述专用设备，则可按下述对角线法绘制。

一般大比例尺地形图图幅为 50cm×50cm 或 40cm×50cm，要求精确绘制成 10cm×10cm 的直角坐标方格网。现以绘制 50cm×50cm 坐标方格网为例，如图 9-20 所示。

先在图纸上画出两条对角线，以其交点为圆心，取适当长度为半径画弧，交对角线 A、B、C、D 点，用直线相连得矩形 $ABCD$。分别从 A、B 两点起沿 AB 和 BC 方向每隔 10cm 定一点，共定出 5 点；再从

A、D 两点分别沿 AD 和 DC 方向每隔 10cm 定一点，同样定出 5 点；连接对边的相应点，即得 50cm×50cm 的方格网。坐标格网绘好后，应立即用直尺检查方格顶点是否在同一直线上，如图 9-20 中 ab 线，其偏离值不应超过 0.2mm，同时用比例尺检查各方格边长和对角线长度，方格边长应为(100±0.2)mm，对角线长度应为(141.4±0.3)mm。

因绘制方格网精度要求较高，故线条应很细(0.1mm)，用 3H 铅笔绘制。方格网绘制完毕，应擦去辅助线条。

3. 展绘控制点

展点前，应将坐标值注在相应坐标格网边线的外侧(如图 9-21)。展点时，首先要确定图根点所在的方格，如 A 点坐标为 $x_A=647.43$m，$y_A=634.52$m，其位置在 $plmn$ 方格内。然后按 y 坐标值分别从 p、l 点以测图比例尺向右各量 34.52m，得 a、b 两点。从 p、n 两点，向上分别量取，同法可得 c、d 两点，连接 ab 和 cd，其交点即为 A 点位置。

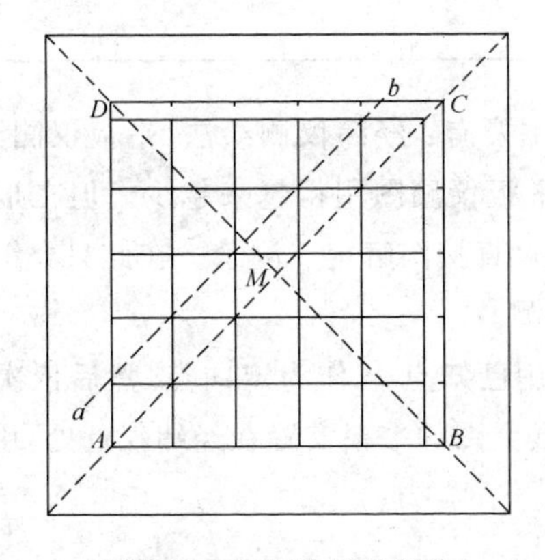

图 9-20　坐标格网绘制法

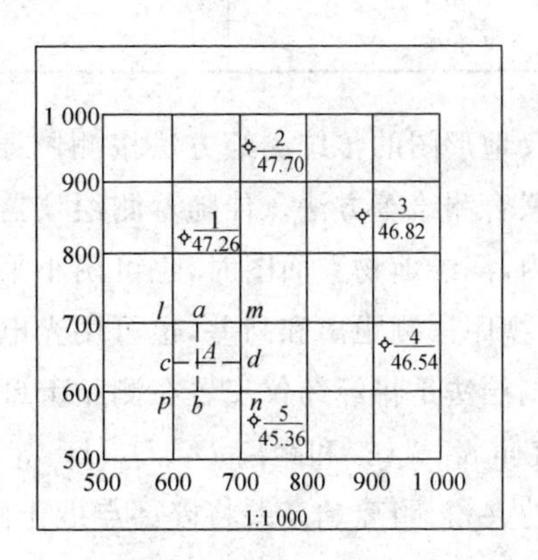

图 9-21　控制点展点方法

同法将其他各控制点展绘于图上，用比例尺量取相邻点间的长度，与相应实际距离比较，其差值不应超过图上 0.3mm。经检查无误后，按图式规定绘出导线点符号，并在其右侧以分数形式注明点号及高程。如图 9-21 所示，分子为点号，分母为高程。坐标格网仅在边线(内图廓)上画 5mm 短线、图内方格顶点画 10mm 的"十"线即可。

9.3.2　碎部测量的方法

要使地形图能准确、全面地反映地面的实际状况，碎部点的选择至关重要。

对于地物，碎部点应选在地物轮廓线的方向变化处，如房角点，道路转折点、交叉点，河岸线转弯点以及独立地物的中心点等。连接这些特征点，便得到与实地相似的地物图形。对于形状极不规则的地物，一般规定主要地物的凹凸部分在图上大于 0.4mm 均应表示出来，小于 0.4mm 时，可直接用直线连接。

对于地貌，碎部点应选在最能反映地貌特征的山脊线、山谷线等地性线上，如山顶、鞍部、山脚及坡地的方向和坡度变化处。根据这些地貌特征点的位置和高程内插勾绘等高线，即可将实际地貌在图上表示出来。为了能真实地反映实地情况，在地面较平坦或坡度无显著变化的地区，碎部点的间距和测量碎部点时的最大视距，应符合规范要求，参见表 9-5 和表 9-6。

表 9-5　一般地区地形点的最大间距和最大视距

测图比例尺(一般地区)	地形点最大间距/m	最大视距/m	
		主要地物点	次要地物点和地形点
1∶500	15	60	100
1∶1 000	30	100	150
1∶2 000	50	180	250
1∶5 000	100	300	350

表 9-6　城市建筑区的最大视距

测图比例尺(城市建筑区)	最大视距/m	
	主要地物点	次要地物点和地形点
1∶500	50(量距)	70
1∶1 000	80	120
1∶2 000	120	200

大比例尺地形图的传统测绘方法按测图原理划分,主要有:经纬仪测绘法、平板仪测图法、经纬仪与小平板仪联合测绘等方法。伴随着测绘仪器的发展,平板仪测图用得越来越少。但在地面较平坦的城市建筑区内,测绘地物平面图时,也可用小平板仪和皮尺直接图解定点测绘。在此只介绍经纬仪测绘法,该法可用视距法测距离和高差,也可用光电测距仪观测。

经纬仪测绘法是将经纬仪安置在测站上(图9-22),用已知点 B 作为定向点,然后依次瞄准目标点1、2、3测出夹角 β_1、β_2、β_3 和距离 D_1、D_2、D_3 等;将贴有展点图的平板安置在经纬仪近处,用量角器和直尺按照测出的夹角、距离和高差将碎部点展于图上。

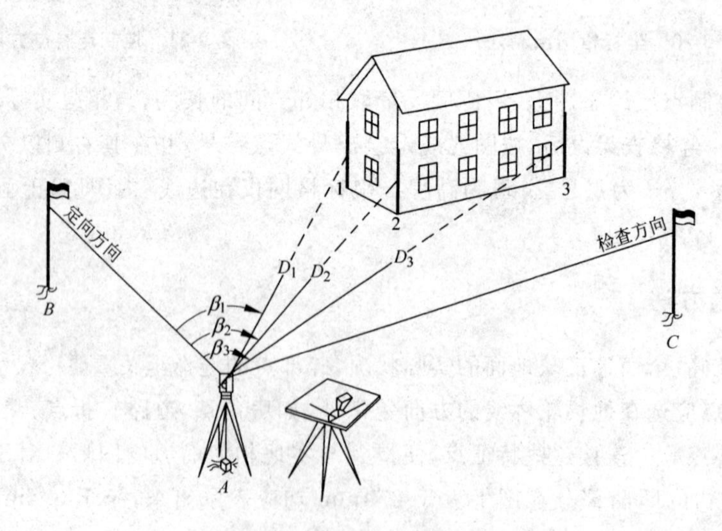

图 9-22　经纬仪测绘法原理

测量步骤如下:

(1) 如图9-22,将经纬仪安置于测站 A,量仪器高度 i 量至厘米,记于手簿;

(2) 照准定向点 B,使度盘归零;

(3) 照准检查点 C，检查 AC 方向是否正确；

(4) 照准碎部点上的视距尺(或反光镜)，测算夹角、距离和高差；

(5) 在安放在经纬仪近处的平板上，用直径大于 30cm 的量角器，展绘碎部点方向，用直尺按比例尺展绘距离，以确定碎部点平面点位，如需高程，则根据测站点的高程计算碎部点的高程，注在碎部点旁；

(6) 完成一个测站的碎部测量后，在搬站前必须重新检查定向是否正确；并且检查碎部测量是否完全，有无遗漏；

(7) 如需增设测站点，则在搬站前采用极坐标法、交会法、支导线法等，进行增补。

9.3.3　地形图的拼接、整饰和检查

一幅实用的地形图，应能满足准确合理、主次分明、清晰易读的要求。这就必须对实测的众多碎部点按测图比例尺的规定，进行综合取舍，经自查无误后，再对照实地进行地物、地貌的描绘和注记，最后进行加工、清绘。只有经整饰清绘，并检查验收合格，符合国家有关测绘成果验收标准的地形图，才能交付使用。

1. 地形图的拼接

若测区面积较大，采用分幅测图时，那么在整饰以前必须进行地形图的拼接。拼接工作在相邻图幅间进行，其目的是检查或消除因测量误差和绘图误差引起的相邻图幅衔接处的地形偏差，以确保整个测区地形图的连贯、合理和完整。

2. 地形图的整饰

地形图底图经自查和拼接无误后，为使图面更加合理、清晰、美观，还应对现场实测点位和草绘的图形，在室内进行整饰和清绘。整饰和清绘的内容包括图内地物、地貌的描绘，以及各项图外注记等。

(1) 地物描绘

地物应按《国家基本比例尺地形图图式》(GB/T 20257.1—2007)规定的符号表示。如房屋轮廓需用直线相连，而道路、河流弯曲部分则逐点连成光滑曲线。不能依比例描绘的地物应按相应的非比例符号表示。

(2) 地貌描绘

地貌主要用等高线来表示。对于不能用等高线表示的特殊地貌，例如悬崖、峭壁、陡坎、冲沟、雨裂等，应按图式规定的符号表示。

根据等高线的概念可知，各等高线的高程应是等高距的整倍数，而所测碎部点的高程并非都是整数。因此，在勾绘等高线时，常采用目估内插法。先在各相邻碎部点之间按比例内插定出等高距整倍数点，然后，以实地勾绘的山脊线、山谷线等地性线为基础，根据实际地形，把同高的相邻点用光滑曲线连接，勾绘成等高线，并按规定加粗计曲线，注记高程。如图 9-23 所示，图(a)中实线为山谷线，虚线为山脊线，箭头指向鞍部，等高距为 2m。

上述地物与地貌的描绘，仅是图内的整饰工作，完整的地形图还应包括各种注记以及图外的图名、图号、图廓、比例尺、坐标系统、施测单位和测绘日期等项内容。应按《国家基本比例尺地形图图式》(GB/T 20257.1—2007)的规定和实际的需要进行清绘(或上墨)，其顺序是先图内后图外，先地物后地貌，先注记后符号。

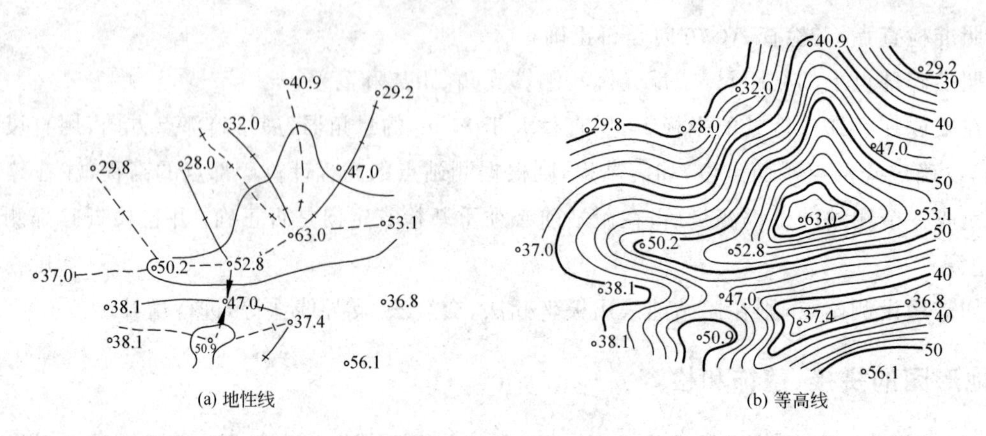

(a) 地性线　(b) 等高线

图 9-23　地貌描绘

3. 地形图的检查

为确保地形图质量,除施测过程中加强自查和互查外,在地形图测完后,还应由上级测绘成果质检部门和用户对成图质量作一次全面检查。包括室内检查和外业检查。

(1) 室内检查

室内检查的内容有：图上地物、地貌是否清晰易读；各种符号注记是否正确；等高线与地形点的高程是否相符；图边拼接有无问题等。如发现错误或疑点,应到野外进行实地检查修改。

(2) 外业检查

外业检查分为巡视检查和仪器设站检查。

巡视检查应根据室内检查的具体情况,有计划、有目的地确定巡视路线,进行实地对照查看。主要检查地物、地貌有无遗漏；等高线是否逼真合理；符号、注记是否准确等。

仪器设站检查是针对室内检查和巡视检查发现的问题,在野外测图控制点上架设仪器进行检查。除对发现的错误进行修正和补测外,还要对本测站所测地形进行抽查和质量评定。用仪器实测抽查的数量一般为本幅图实测碎部点总数的10%左右。

9.4　数字测图方法

9.4.1　概述

1. 数字化测绘的概念

数字测图(digital mapping)是近年来广泛应用的一种测绘地形图的方法。从广义上说,数字测图应包括：利用电子全站仪、GPS RTK 或其他测量仪器进行野外数字测图；利用手扶数字化仪或扫描数字化仪对传统方法测绘原图的数字化；以及对航空摄影、遥感像片进行数字化测图等技术。利用上述技术将采集到的地形数据传输到计算机,并由功能齐全的成图软件进行数据处理、建库、成图显示,再经过编辑、修改,生成符合要求的地形图。需要时用绘图仪或打印机完成地形图和相关数据的输出。

上述以计算机为核心,在外连输入、输出硬件设备和软件的支持下,对地形空间数据进行采集、传输、处理编辑、入库管理和成图输出的整个系统，称为数字测图系统。其主要系统配置见图 9-24。

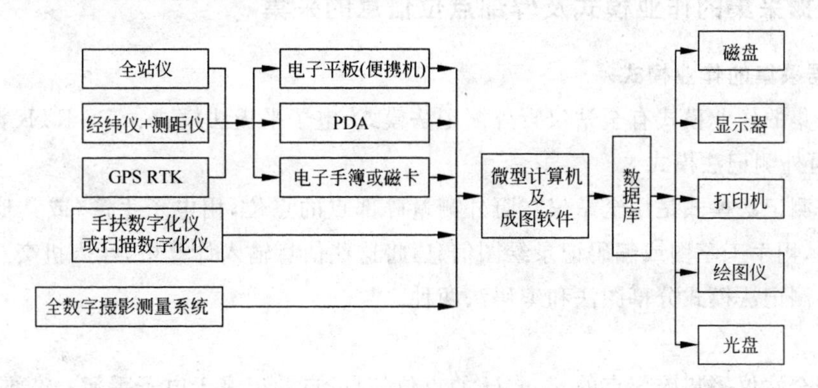

图 9-24　数字测图系统

数字测图不仅仅是为减轻测绘人员的劳动强度，保证地形图绘制质量，提高绘图效率，而更具有深远意义的是由计算机进行数据处理，并可以直接建立数字地面模型和电子地图，为建立地理信息系统提供了可靠的原始数据，以供国家、城市和行业部门的现代化管理，以及工程设计人员进行计算机辅助设计(CAD)使用。提供地图数字图像等信息资料已成为建立数码城市，为城市化决策服务，以及一些政府管理部门和工程设计、建设单位必不可少的工作，正越来越受到各行各业的普遍重视。

现在广泛应用的是用全站仪在野外进行数字地形数据采集，用绘图仪绘制大比例尺地形图。本节主要介绍这种数字测图技术。

2. 数字测图的主要特点

数字测图技术是在野外直接采集碎部点的三维坐标，与图解法传统地形测绘方法相比，其特点非常明显，主要表现在以下几个方面。

(1) 自动化程度高

由于采用全站仪在野外采集数据，自动记录存储，并可直接传输给计算机进行数据处理、绘图，不但提高了工作效率，而且减少了错误的产生，使绘制的地形图精确、美观、规范。同时由计算机处理地形信息，建立数据库，并能生成数字地图和电子地图，有利于后续的成果应用和信息管理工作。

(2) 精度高

数字化测图的精度主要取决于对地物和地貌点的野外数据采集的精度，而其他因素的影响，如微机数据处理、自动绘图等误差，对地形图成果的影响都很小，测点的精度与比例尺大小无关。全站仪的解析法数据采集精度则远远高于图解法的精度。

(3) 使用方便

数字测图采用解析法测定点位坐标与绘图比例尺无关；利用分层管理的野外实测数据，可以方便地绘制不同比例尺的地形图或不同用途的专题地图，实现了一测多用，同时便于地形图的管理、检查、修测和更新。

(4) 为 GIS 提供基础数据

地理空间数据是地理信息系统(GIS)的信息基础，数字地图可提供适时的空间数据信息，以满足 GIS 的需求。

9.4.2 野外数据采集的作业模式及碎部点位信息的采集

1. 野外数据采集的作业模式

野外数据采集的作业模式有全站仪野外测记法模式、电子平板法模式、GPS RTK 测记法模式等。

1）全站仪野外测记法模式

全站仪野外测记法模式是用全站仪在野外测量碎部点的点位，用电子手簿(或其他存储器)记录碎部点的定位信息，用手工草图或编码记录绘图信息，将这些信息输入计算机，经人机交互编辑成图。

全站仪野外测记法模式分草图法和编码法两种。

(1) 草图法

草图法是用全站仪采集碎部点的 x、y、H 的点位信息，自动记录于电子手簿；碎部点的属性信息在现场由手工记录和绘制草图，输入计算机后编辑成图。该法可用一个仪器观测员、一两个立镜员和一个绘草图的领尺员共三四人作业，其工作步骤如下：

① 安置全站仪于测站，量取仪器高，将后视点名、坐标、高程、仪器高以及反射镜高度输入全站仪内存；

② 照准后视点进行定向，锁定度盘；并测算后视点坐标，若与后视点已知坐标相符，则进行碎部测量；否则查找原因，进行改正；

③ 立镜员选点，领尺员绘草图，仪器观测员照准棱镜，按回车键将测量信息输入在记录载体上；

④ 领尺员绘草图要反映、记录碎部点的属性信息和连接关系，且要与仪器的信息一致，特别是点号要特别注意。图 9-25 是外业草图的一部分。

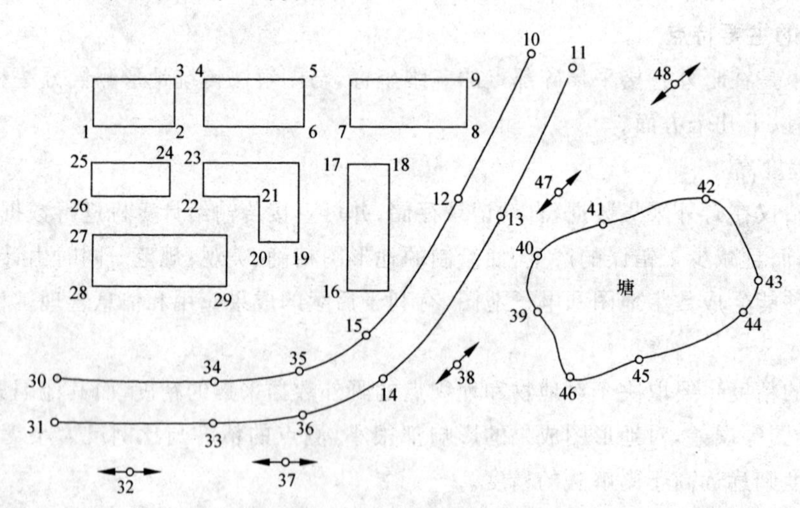

图 9-25 数据采集草图

(2) 编码法

全站仪野外测记法也可用编码法进行测绘，其工作步骤与草图法基本一致。计算机可根据地形编码，识别后转换为地形图符号的内部码，以制成数字地形图。但是，遇有复杂地形时，也还需绘制草图，以表示真实地形。

现有的测图系统都有地形编码作业方式，但使用的地形编码方法不尽相同。

如上所述，地形点的点位信息用坐标、高程及点的编号表示，已输入计算机；点的属性信息需要地形编码表示，因此必须要有使用方便，编码简单，容易记忆的地形编码。计算机就可根据地形信息码识别地物、地貌而成图。地形信息编码的方案有多种，在此，只介绍使用比较广泛的南方测绘公司CASS7.0的野外操作码编码方法。

(1) 地形信息编码的规则

由于数字化测图采集的数据信息量大、内容多、涉及面广，数据和图形应一一对应，构成一个有机的整体。CASS7.0野外操作码的编码规则为：

① 将编码分为线面状地物代码、点状地物代码和关系码三类；操作码由三位组成，第一位为英文字母(大小写皆可)，后两位为数字(0～99)，无效0可省去，如f00、F01、…、f06和F0、F1、…、F6都分别表示坚固房、普通房、一般房……简易房，在数字后可加参数，如圆形地物Y012.5即表示圆形物的半径为12.5m；

② 第一个字母不能为P，字母为P表示地物平行；第一个字母为U、Q、B表示地物是拟合的；

③ 房屋及填充类地物将自动认为是闭合的；

④ 关系码是描述连接关系的编码，用如表9-7中符号表示。

表9-7　连接关系的编码

符　号	含　义
+	本点与上一点相连，连线依测点顺序进行
—	本点与下一点相连，连线依测点顺序相反方向进行
n+	本点与上n点相连，连线依测点顺序进行
n—	本点与下n点相连，连线依测点顺序相反方向进行
p	本点与上一点所在地物平行
np	本点与上n点所在地物平行
+A$	断点标识符，本点与上点连
—A$	断点标识符，本点与下点连

(2) 地形信息编码举例

如图9-26所示，1、5两点(点号表示测点顺序，括号中为该测点的编码，下同)。地物的第一点，操作码即是地物代码。其中"+"号表示连线依测点顺序进行；"—"号表示连线依测点顺序相反的方向进行。

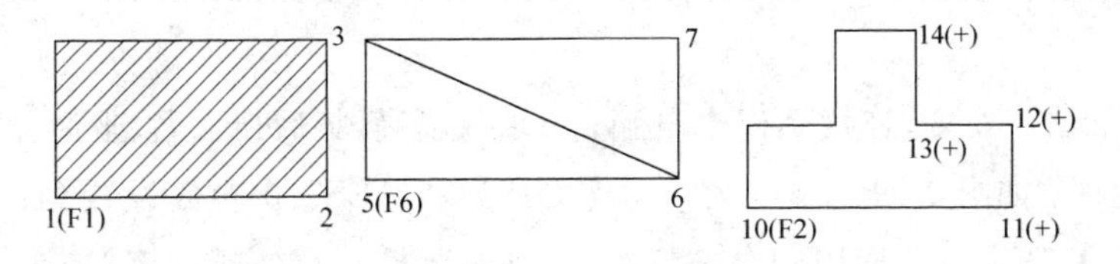

图9-26　房屋编码

交叉观测不同地物时，操作码为"n+"或"n—"。其中"+"、"—"号的意义同上，n表示该点应与以上n个点前面的点相连(n=当前点号—连接点号—1，即跳点数)，如图9-27。

还可用"+A$"或"—A$"标识断点，A$是任意助记字符，当一对A$断点出现后，可重复使用A$字符。

如图9-28,观测平行体的地物时,操作码为“p”或“np”。其中,“p”的含义为通过该点所画的符号应与上点所在地物的符号平行且同类,“np”的含义为通过该点所画的符号应与以上跳过n个点后的点所在的符号画平行体,对于带齿牙线的坎类符号,将会自动识别是堤还是沟。若上点或跳过n个点后的点所在的符号不为坎类或线类,系统将会自动搜索已测过的坎类或线类符号的点。因而,用于绘平行体的点,可在平行体的一“边”未测完时测对面点,亦可在测完后接着测对面的点,还可在加测其他地物点之后,测平行地物体的对面点。

关于CASS7.0的野外操作编码可参阅其《用户说明书》。

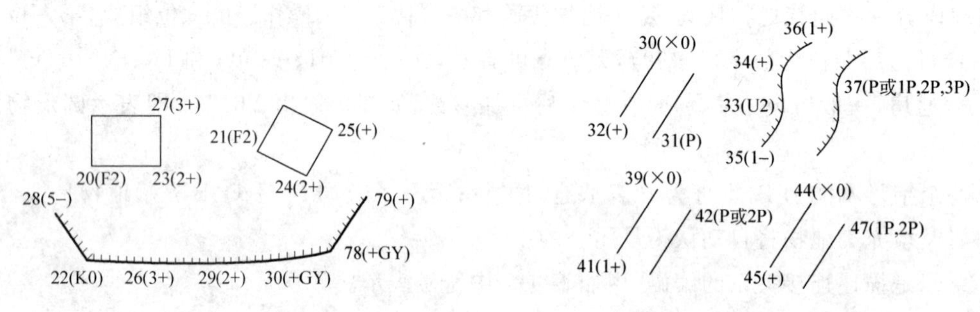

图9-27　交叉观测地物编码

图9-28　观测平行地物的编码

2）电子平板法模式

电子平板法野外采集数据,使用笔记本电脑或PDA掌上电脑与全站仪连接,将全站仪测得的地形点点位信息输入电脑,并显示在电脑屏幕上,直观性强,可边测边绘,一目了然,无须绘制草图,不必记编码,可实现数据采集和成图一体化,修改也方便。如清华大学山维的EPSW、南方测绘公司的CASS测图系统、山东正元公司的ZYDMS数字测图系统、广州开思的CSC测图系统、威远图公司的SV 300测图系统等,都得到了广泛的应用。

电子平板法不足之处是电子屏幕在较强的阳光直晒下会给屏幕操作造成困难,且电脑也容易损坏,供电电源也不方便。但是,这些系统大部分既能用电子平板法测图,也能用测记法测图。现简单介绍CASS7.0电子平板法测图系统。

该法可用一个仪器观测员、一个操作电脑的绘图员和一两个立镜员,共计三四人进行作业。

在电子平板测图前,要将测区内的控制点录入测图系统,以备测图是使用。

(1) 测站准备

① 参数设置　全站仪安置,连接笔记本电脑;量取仪器高,将后视点名、坐标、高程、仪器高以及反射镜高度输入全站仪内存;如图9-29,在窗口中单击【文件】|【CASS7.0参数设置】后,出现如图9-30的对话框,单击【电子平板】,选定您所使用的全站仪类型,并进行检查,单击【确定】按钮。

② 展绘已知控制点　在窗口中单击【绘图处理】|【展野外测点点号】,选择本测区的坐标文件,控制点即显示在屏幕上。

③ 测站设置　单击【坐标定位】|【电子平板】,如图9-31,则显示【电子平板测站设置】对话框,见图9-32,在测站点、定向点的文本框中输入相应的坐标和高程的数值,即可进行测站定向。

经检查点检查符合要求后,即可进行测图工作。

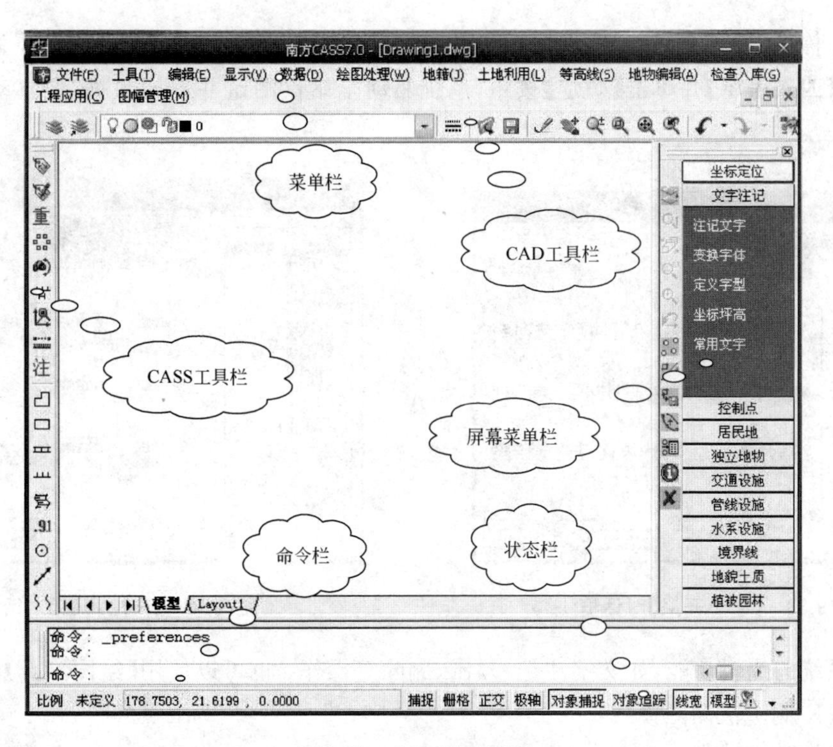

图 9-29　CASS7.0 窗口

图 9-30　【CASS7.0 参数设置】对话框

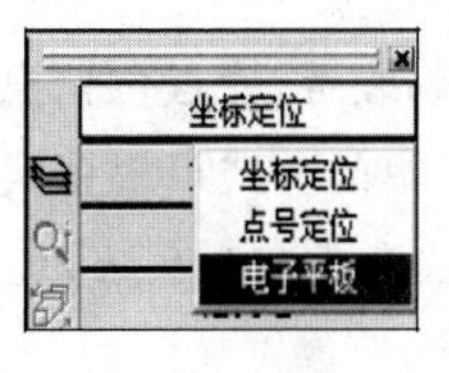

图 9-31　坐标定位

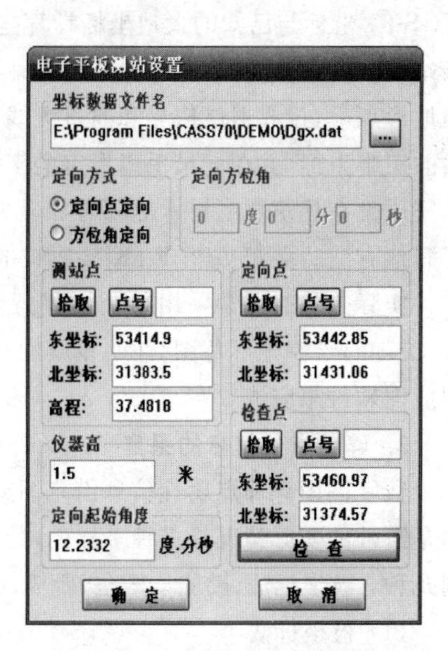

图 9-32　【电子平板测站设置】对话框

(2) 测图

CASS 电子平板测图是用窗口右侧的菜单功能，点取相应图层的图标符号进行测图，例如测一钻孔，在 CASS7.0 窗口中的右侧菜单栏单击【独立地物】|【矿山开采】，如图 9-33，再选中钻孔，由全站仪输入钻孔的观测值即可将地物测定在屏幕上。

又如测量一栋房屋，先在 CASS7.0 窗口中的右侧菜单中单击【居民地】|【一般房屋】，便弹出图 9-34 的对话框，选中【四点房屋】并单击【确定】按钮，系统驱动全站仪测量并返回数据，便自动将房屋的符号显示在屏幕上。

图 9-33 【矿山开采】对话框

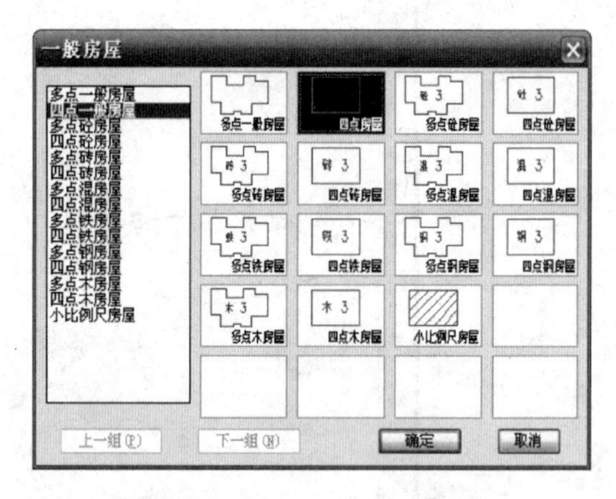

图 9-34 【一般房屋】对话框

也可利用系统的编辑功能，如文字注记、复制、删除等操作；也可以使用【绘图工具】绘制地物。

3) GPS RTK 测记法测图模式

利用 RTK 技术进行数字测图，首先要在测区范围内选取三个已知点，利用这些点上所观测的 WGS-84 坐标与已知的大地坐标计算坐标转换参数；测图时将 GPS 接收机安置在一个已知点上作为基准站，并对仪器进行相应的参数设置；另外设置一个或几个流动站由一名测量员手持接收机放置在待测地形点上，接收卫星信号和通过无线电台接收基准站发来的信号，并进行差分处理，实时解算出流动站的三维坐标，并在记录手簿指定的工作目录下自动存储。解算过程无须人工干预，仅需数秒钟时间就能完成。在建筑物或树木等障碍物较少的地区，采用 RTK 技术进行地形图测绘，其工作效率将明显高于其他方法。关于 GPS RTK 接收机的具体操作方法可参见有关仪器的使用说明书。

实际工作时通常采用与全站仪野外测记法相似的作业模式。在利用 RTK 测定地形点坐标的同时，应随时绘制地形草图，注明相应的点位属性信息。数字地图的绘制在计算机上进行，通过专用地形图成图软件来完成。

2. 碎部点位信息的采集

数字测图碎部点属性信息由草图或编码表示，而点位信息(x,y,h)是全站仪使用极坐标法测定的，但是野外的实际情况是多种多样的，数据采集的方式可根据实测条件和测区具体情况来选择，主要有下列几种：极坐标法、勘丈支距法、距离交会法和方向交会法，现分述如下。

(1) 极坐标法

极坐标法即传统测图方法中的经纬仪单点测绘法，它特别适用于大范围开阔地区的碎部点测定工作。在实际野外作业时，完成好测站设置和检核后，即可用全站仪瞄准选定的碎部点反光镜，使全站仪处于测量状态；同时按照电子手簿或便携机的菜单提示输入碎部点信息，如镜站高度 v(多数可设置成默认值)和前述碎部点地形信息编码等，并控制全站仪自动测量其水平角(实测角值即为测站点至待测碎部点间的坐标方位角)、竖直角和距离。经过测图软件的自动处理，即可迅速算出待测点的三维坐标，以数据文件的形式存储或在便携机屏幕上显示点位。其原理如图 9-35 所示，测站点 A，后视点 B，待测碎部点为 P，实测坐标方位角 α_{AP}、竖直角 α、水平距离 D，仪器高 i，目标高 v，则算得 P 点的三维坐标为 (x_p, y_p, H_p)，即式(9-2)。

$$\begin{cases} x_P = x_A + D\cos\alpha_{AP} \\ y_P = y_A + D\sin\alpha_{AP} \\ H_P = H_A + D\tan\alpha + i - v \end{cases} \tag{9-2}$$

(2) 勘丈支距法

勘丈支距法主要用于隐蔽狭小的街坊等城市建筑区的碎部测量工作。数字测图软件的设计，考虑到待测点的多样性，可采用在已知或已测直线的基础上用勘丈距离值垂直支距(即直角坐标法)；或给出角度、水平距离进行支距定点；亦可在已测直线上实现内外分点，再用勘丈数据支距定点。

勘丈支距法的点位测算原理见图 9-36，假设测点 A、B 的坐标已知，距离为 D_{AB}，野外勘丈 A 点至待定点 P 的水平距离为 D_{AP}，若 P 点在 AB 直线的反向延长线上，即图中 P' 点，应取 D_{AP} 为负值。

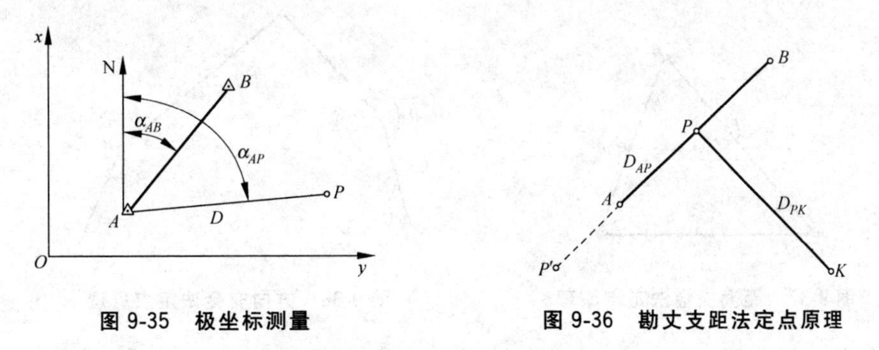

图 9-35　极坐标测量　　　　图 9-36　勘丈支距法定点原理

P 点的坐标为

$$\begin{cases} x_P = x_A + \dfrac{D_{AP}(x_B - x_A)}{D_{AB}} \\ y_P = y_A + \dfrac{D_{AP}(y_B - y_A)}{D_{AB}} \end{cases} \tag{9-3}$$

若在 P 点基础上，勘丈了至 K 点的平距 D_{PK}，且 PK 直线与 AB 直线垂直，K 点在 AB 直线的右侧，见图 9-36，即可用直角坐标法求出 K 点坐标：

$$\begin{cases} x_K = x_P - \dfrac{D_{PK}(y_B - y_A)}{D_{AB}} \\ y_K = y_P + \dfrac{D_{PK}(x_B - x_A)}{D_{AB}} \end{cases} \tag{9-4}$$

如果 K 点在 AB 直线的左侧，则取 D_{PK} 为负值。

(3) 距离交会法

距离交会法也是数字化地形测量中测定碎部点位置的常用方法之一。如图 9-37 所示，A、B 为已知点，两点距离为 D_{AB}；K 为待测点，勘丈距离为 D_{AK} 和 D_{BK}，可交出 K 点。计算时，过 K 点作 AB 直线的垂线，垂足为 P 点，即可算得

$$D_{AP}=\frac{D_{AK}^2+D_{AB}^2-D_{BK}^2}{2D_{AB}} \tag{9-5}$$

$$D_{PK}=\sqrt{D_{AK}^2-D_{AP}^2} \tag{9-6}$$

求出 D_{AP} 和 D_{PK}，若 K 点在 AB 直线左侧，应取 D_{PK} 为负值。然后代入式(9-3)和式(9-4)，由直角坐标法求出待测点 K 的坐标，即

$$\begin{cases} x_K = x_A + \dfrac{D_{AP}(x_B - x_A)}{D_{AB}} - \dfrac{D_{PK}(y_B - y_A)}{D_{AB}} \\ y_K = y_A + \dfrac{D_{AP}(y_B - y_A)}{D_{AB}} + \dfrac{D_{PK}(x_B - x_A)}{D_{AB}} \end{cases} \tag{9-7}$$

(4) 方向交会法

方向交会法的原理与前方交会法类似，如图9-38所示。若已知点至待定点 P 的距离无法直接测定时，可利用 A、B、C、D 四个已知坐标点(或仅有 A、B 两点亦可)，在 A、B 两点上安置仪器，分别以 C、D 为起始方向(或 A、B 互为起始方向)，瞄准 P 点，测出 β_A 和 β_B 两个水平角，则两条方向线即可交出 P 点位置。

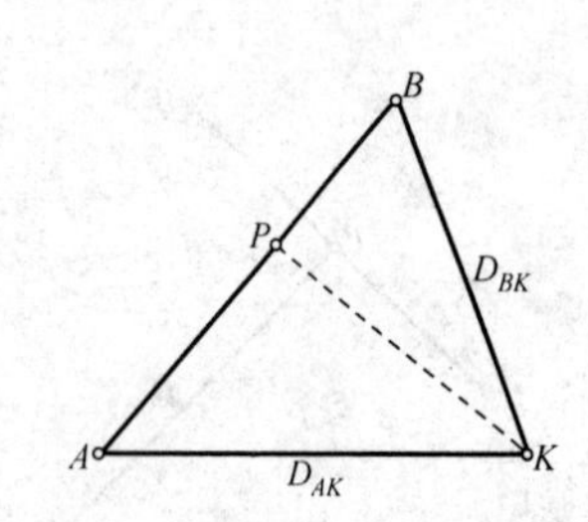

图 9-37 距离交会法定点原理

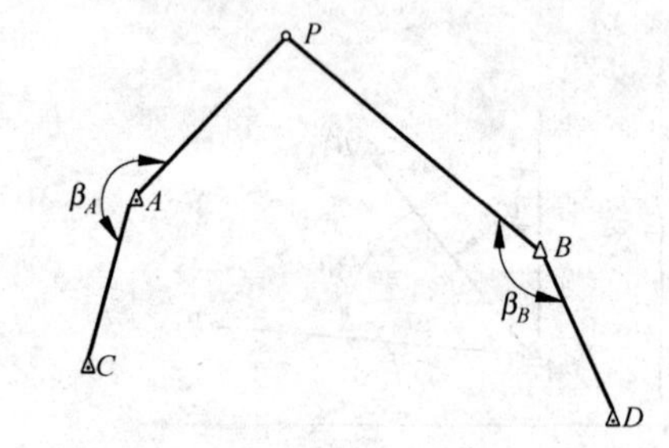

图 9-38 方向交会法定点原理

P 点坐标计算公式如下：

$$\begin{cases} x_P = \dfrac{y_B - y_A + x_A\tan\alpha_{AP} - x_B\tan\alpha_{BP}}{\tan\alpha_{AP} - \tan\alpha_{BP}} \\ y_P = y_A + (x_P - x_A)\tan\alpha_{AP} \end{cases} \tag{9-8}$$

式中两条交会方向线的坐标方位角为

$$\alpha_{AP} = \alpha_{AC} + \beta_A$$
$$\alpha_{BP} = \alpha_{BD} + \beta_B$$

当 $\alpha_{AP}=90°$ 时，则用式(9-9)计算：

$$\begin{cases} x_P = x_A \\ y_P = y_B + (x_A - x_B)\tan\alpha_{BP} \end{cases} \tag{9-9}$$

当 $\alpha_{BP}=270°$ 时，用式(9-10)计算：

$$\begin{cases} x_P = x_B \\ y_P = y_A + (x_B - x_A)\tan\alpha_{AP} \end{cases} \tag{9-10}$$

野外实际测量时，勘丈支距法、距离交会法和方向交会法所定的点位，一般均无法求算其高程。但其点位信息可在测图软件的汉字菜单或屏幕光标控制下方便地输入，所确定的碎部点同样可由软件自动进行数据处理，计算出平面坐标，存入数据文件或显示在屏幕上。

9.4.3　数字地面模型的建立和等高线的绘制

数字地面模型 DTM(digital terrain model)作为对地形特征点空间分布及关联信息的一种数字表达方式，现已广泛应用于测绘、地质、水利、工程规划设计、水文气象等众多学科领域。在测绘领域，DTM 是在一定区域内，表示地面起伏形态和地形属性的一系列离散点坐标(x,y)数据的集合。如果地形属性是用高程表示时，则为数字高程模型 DEM(digital elevashion model)。依据野外测定的地形点三维坐标(x,y,H)，组成数字地面模型，以数字的形式表述地面高低起伏的形态，并能利用 DTM 提取等高线，形成等高线数据文件和跟踪绘制等高线，这就使得地形图测绘真正实现数字化成为可能。

各个测图系统都有数字地面模型的建立软件，现介绍 CASS 测图系统的建立方法。

1. DTM 的建立——构建三角网

根据碎部点三维地形数据采集方式的不同，可分别采用不同的数字地面模型的建模方法，常用的有密集正方形格网法和不规则三角形格网法两种，CASS7.0 是用后者。

在建立数字地面模型之前，要先定显示区，输入该测区野外采集的坐标文件，据此建立 DTM。

如图 9-29，在窗口中打开【等高线】菜单，如图 9-39 所示。

单击【建立 DTM】，则出现相应的对话框(图 9-40)。

确定用数据文件建立，不考虑陡坎，选中【显示建三角网结果】复选框，单击【确定】按钮后，则生成不规则三角形格网(图 9-41)。

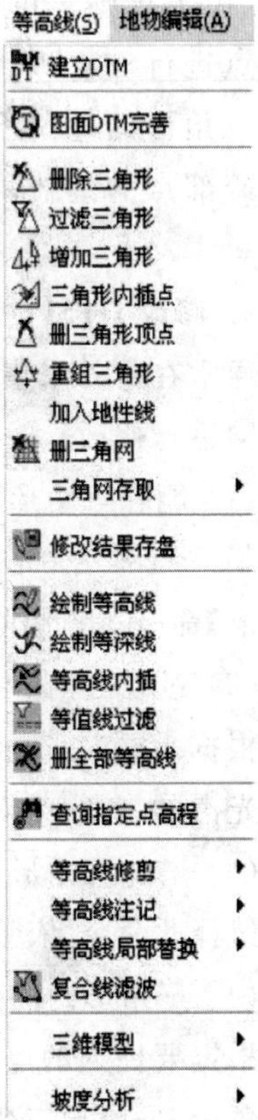

图 9-39　【等高线】菜单

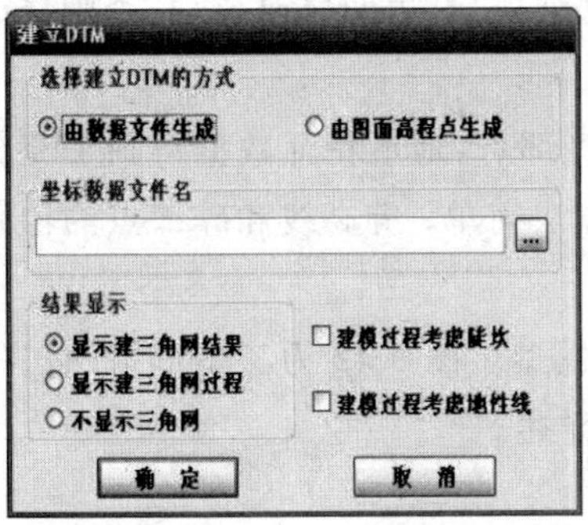

图 9-40　【建立 DTM】对话框

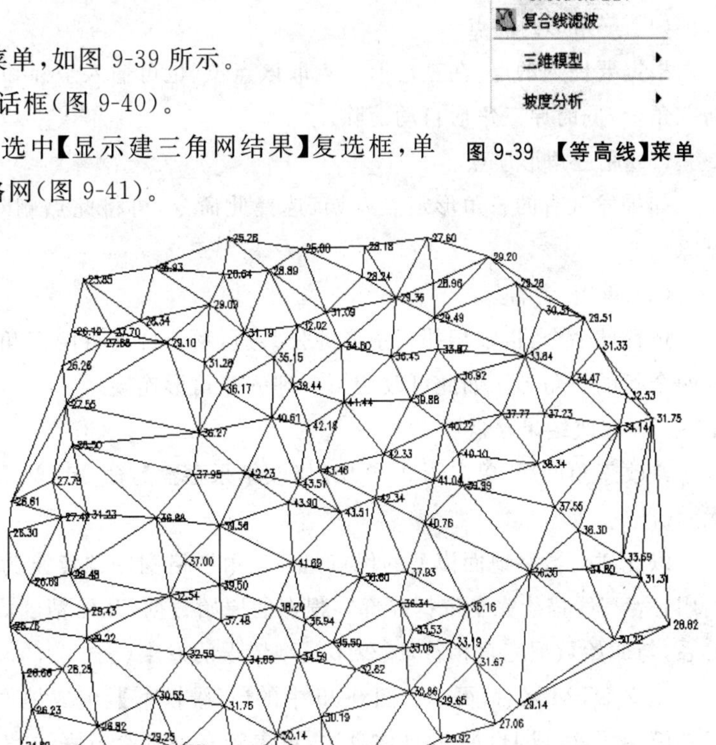

图 9-41　离散地形点建立的三角网

这种网是直接利用测区内野外实测的所有离散地形特征点，构造出邻接三角形组成的格网形结构，是由不规则三角形组成。其基本思路是：首先对野外根据实际地形随机采集的、呈不规则分布的碎部点进行检索，判断出最临近的三个离散碎部点，并将其连接成最贴近地球表面的初始三角形；以这个三角形的每一条边为基础，连接临近地形点组成新的三角形；再以新三角形的每条边作为连接其他碎部点的基础，不断组成新的三角形；如此继续，所有地形碎部点构造的连接三角形就组成了格网。

2. 修改 DTM

通常在野外采集的碎步点很难满足 DTM 的要求，使其与地面实际情况相符。因此要对不合理的三角网进行修改。

(1) 删除三角形

某一局部三角形存在不合理，可进行删除。删除时，可将被删的三角形放大，用图 9-39 中的【删除三角形】命令进行删除。若误删则用【U】命令恢复。

(2) 过滤三角形

根据需要对三角形设定条件：如三角形的最小角度；最大边长为最小边长的倍数等，以及生成等高线不光滑的三角形，对以上形状特殊的三角形用图 9-39 的命令进行过滤删除。

(3) 增加三角形

选择此命令，依照屏幕的提示在点取需要增加三角形之处，如果此处无高程点，系统则提示输入高程。

(4) 三角形内插点

根据要插入的点，在三角形中点取该点位(也可输入坐标和高程)，即将此点与相邻三角形顶点构成新三角形，同时原三角形自动消除。

(5) 删三角形顶点

如果发现有的三角形定点有误，选择此命令，可将此点删除。但是即将与该点所有生成的三角形删除。

(6) 重组三角形

选择此命令，指定相邻三角形的公共边，系统自动将两三角形删除，并将两三角形的另两点连接构成两个新的三角形。如此可改变不合理的三角形连接。

(7) 修改结果存盘

修改三角网后，单击图 9-39 中【修改结果存盘】，命令区显示【存盘结束!】，表明修改成功，否则修改无效。

以此建立数字地面模型的优点是：三角形格网的顶点全为实测碎部点，地形特征数据得到了充分利用；等高线描绘完全依据碎部高程点的原始数据，几何精度高，且算法简单；等高线和碎部点的位置关系，与原始数据完全相符，减少了模型错误的发生。

建立 DTM 之后，可单击图 9-39 中的【三维模型】，生成地面三维模型。图 9-42 为三角形格网法的三维模型图，生成 DTM 的具体算法，可参阅有关专业书籍，这里不再详述。

3. 等高线绘制

如图 9-39，单击【绘制等值线】，弹出对话框，如图 9-43 所示。

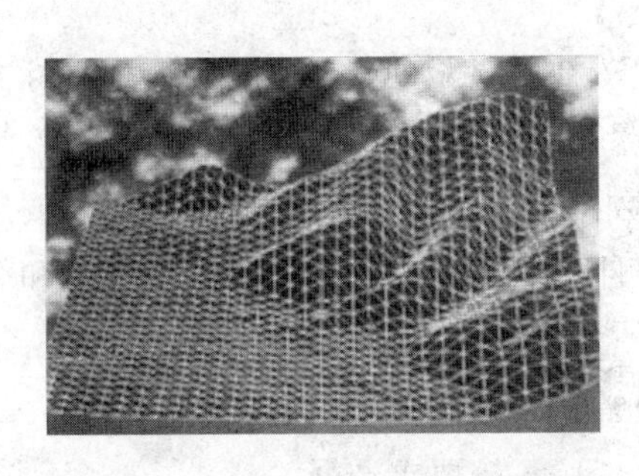

图 9-42　三角形格网法的三维模型图

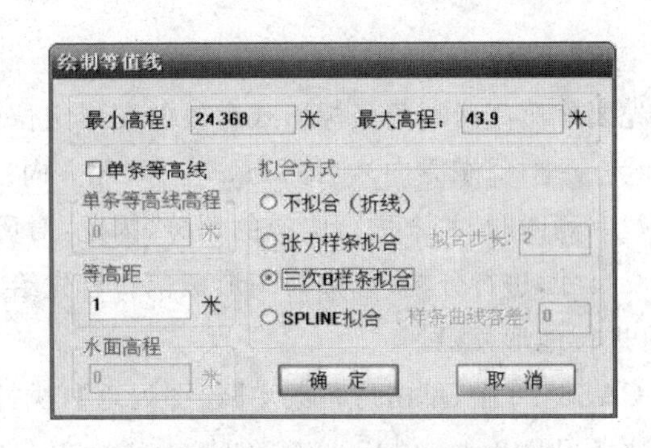

图 9-43　【绘制等值线】对话框

在【最小高程】、【最大高程】、【等高距】等文本框中输入相关数据，在【拟合方式】复选框中选择完毕后，单击【确定】按钮，则等高线绘制完毕，当窗口区显示【绘制完成!】，便完成了绘制工作，结果如图 9-44 所示。

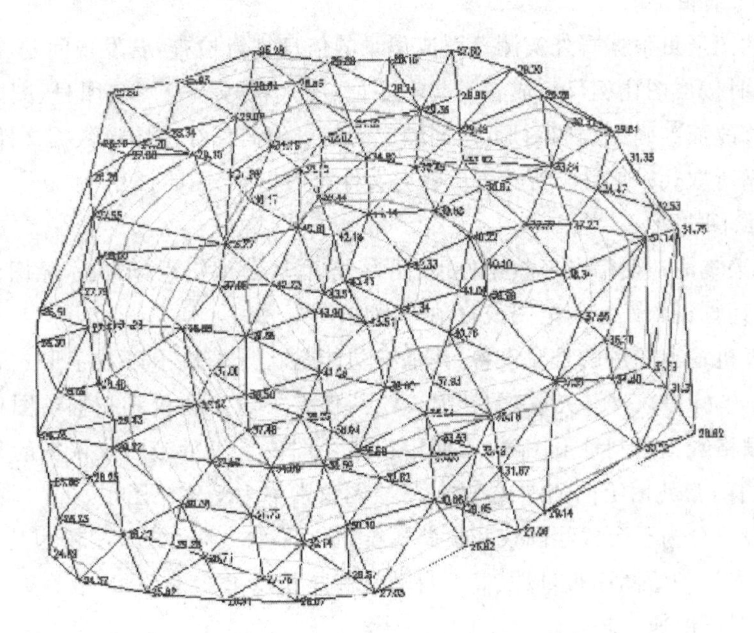

图 9-44　在 DTM 上绘制等高线

生成等高线后三角网就不需要了，反而增加图面负担，单击【删三角形网】，可将三角网全部删除。

4. 等高线的修饰

单击图 9-39 中的【等高线注记】、【等高线修剪】、【等高线局部替换】等菜单，可对等高线进行修饰，最后完成等高线图。

关于等高线的绘制、修饰等内容，可参阅南方测绘公司成图系统《CASS7.0 的用户说明书》。

9.4.4　地形图的处理与输出

在测图过程中，由于地物、地貌的复杂性，难免有测错、漏测发生，因此必须对所测内容进行编辑、修饰，然后进行图形分幅、图廓整饰等，最后输出地形图。

1. 图形分幅

首先要将用高斯直角坐标形式存放的图形定位,在CASS7.0中显示的数学坐标和测量坐标并不一致,前面为 y 坐标(东方向),后面为 x 坐标(北方向),这与测量坐标相反。

在数字测图时,并未进行图幅的划分,因此,对所采集的数据范围应按照标准图幅的大小或用户确定的图幅尺寸,进行分幅,也称为图形截幅。首先给定数据文件中(测区)的最小和最大坐标值和分幅尺寸,即可进行地形分幅。

在CASS7.0中,单击屏幕菜单【绘图处理】,执行【批量分幅】命令,则显示:

请选择图幅尺寸:(1)50 * 50 (2)50 * 40 (3)自定义尺寸<1>,按要求选择。

输入测区一角:在图形左下角单击左键。

输入测区另一角:在图形右上角单击左键。

这样就生成各个分幅图,并以图的左下角的东坐标和北坐标命名,如40.00—52.00、40.00—52.50等。

2. 图形的显示与编辑

在屏幕上显示的图形可根据野外实测草图或记录的信息进行检查,若发现问题,用程序可对其进行屏幕编辑和修改,同时按成图比例尺完成各类文字注记、图式符号以及图名图号、图廓等成图要素的编辑。经检查和编辑修改而准确无误的图形,连同相应的信息编码保存在图形数据文件中(原有误的图形数据自动被新的数据所取代)或组成新的图形数据文件,供自动绘图时调用。

3. 绘图仪自动绘图

前已叙及,野外采集的地形信息经数据处理、图形分幅、屏幕编辑后,形成了绘图数据文件。利用这些绘图数据,即可由计算机软件控制绘图仪自动输出地形图。

绘图仪作为计算机输出图形的重要设备,其基本功能是将计算机中以数字形式表示的图形描绘到图纸上,实现数(x、y 坐标串)—模(矢量)的转换。绘图仪有矢量绘图仪和扫描绘图仪两大类。当用扫描数字化仪采集的栅格数据绘制地形图时,常使用扫描绘图仪。矢量绘图仪依据的是矢量数据或称待绘点的平面(x、y)坐标,常使用绘图笔画线,故矢量绘图仪常称为笔式绘图仪。

矢量绘图仪一般可分为平台式绘图仪和滚筒式绘图仪两种。平台式绘图仪因其具有性能良好的 x 导轨和 y 导轨、固定光滑的绘图面板,以及高度自动化和高精度的绘图质量,故在数字化地形图测绘系统中应用最为普及,但绘图速度较慢。

关于绘图仪的详细使用方法,请参阅绘图仪使用说明书和其他有关书籍。

9.5 普通地形图的数字化

9.5.1 概述

从现有普通地形图上采集数据,实现图—数转换并存入计算机,将地形图数字化就可获得数字地图。这种方法可以充分利用原有测绘成果资料,而达到数字化测图的目的,除图的精度有所损失外,比较经济、实用,当前同样是一种行之有效的方法。

将图形信息转换成数字信息并输入计算机的设备称为数字化仪(digitizer),又称为图数转换仪。数字化仪分为手扶跟踪数字化仪和扫描数字化仪两大类。

手扶跟踪数字化仪是将图纸置于数字化板上，用定标器将图纸上的地物和地貌逐点点取输入计算机，得到一个 *.Dwg 为后缀的图形文件，这种方法精度较高，但工作量大，特别是对不规则曲线（等高线）难度更大。

扫描数字化仪进行地形图数字化是先将地形图进行扫描，将光栅图像录入计算机，经光栅图像的纠正后，再用扫描矢量化软件的功能分别对地物、地貌的光栅图像进行矢量数字化，并转换成 *.Dwg 为后缀的图形文件。该法工作效率较高，特别是矢量化软件有自动识别和自动跟踪的功能，大大提高了工作效率，因此这是一种普通地形图数字化的主要方法。

对于文字、图形或图像，通过扫描仪获取的数据形式是相同的，都是扫描区域内每个像素的灰度或色彩值，属于栅格数据。对这些数据的解释（如区别特定的物体和背景、识别文字等）需要专门的算法和相应的处理程序。在大比例尺地形图数字化中，需将扫描数字化仪获得的栅格数据自动转换成矢量数据，将图形特征点像转换成测量坐标。

由此可见，通过扫描仪生成的数字化地形图要能精确地由绘图仪输出，方便地提供给规划设计、工程 CAD 和 GIS 使用，其关键是必须具有功能完善、方便实用的地形图扫描矢量化软件，快捷地完成扫描栅格数据向图形矢量数据的转换。

以下简单介绍南方测绘公司推出的 CASSCAN5.0 扫描矢量化软件的操作。

9.5.2　CASSCAN5.0 扫描矢量化

1. 图像扫描

目前应用的扫描仪多数为电荷耦合器件（CCD）阵列构成的光电式扫描仪，其分辨率 300dpi 以上。扫描仪有滚筒和平台式两种，分彩色和黑白扫描仪，地形图所用的大多为黑白扫描仪，光栅图像格式一般为 *.BMP。

2. 在标准图框中插入光栅图

首先确定比例尺，然后确定标准图框，并将扫描的光栅图插入标准图框中，并拖动光栅图框调整其大小与标准图框相一致，如图 9-45 所示。

3. 光栅图的纠正

地形图扫描后光栅栅格的位置是以像素坐标行号、列号表示，光栅图与相应的标准图并不一致，需将像素坐标变换为测量坐标。其变换按双线性公式为

$$\begin{cases} X = a_0 + a_1 x + a_2 y + a_3 xy \\ Y = b_0 + b_1 x + b_2 y + b_3 xy \end{cases} \tag{9-11}$$

式中，a_0、a_1、a_2、a_3 和 b_0、b_1、b_2、b_3 为坐标转换系数；x、y 为像素坐标；X、Y 测量坐标。为求得坐标转换系数，必须 4 个已知点，才能解出 8 个系数。通常用 4 组图廓角点，即点取 4 个光栅图廓角点（源点）和 4 个已知的标准图廓角点（目标点），进行计算，其他像素点按软件程序也得到测量坐标，从而进行了纠正，图 9-46 是多点纠正的对话框。

4. 图像矢量化

光栅图经纠正后，即可进行光栅图像的矢量化，此时，必须将栅格图放大，准确对准点位或中心线，

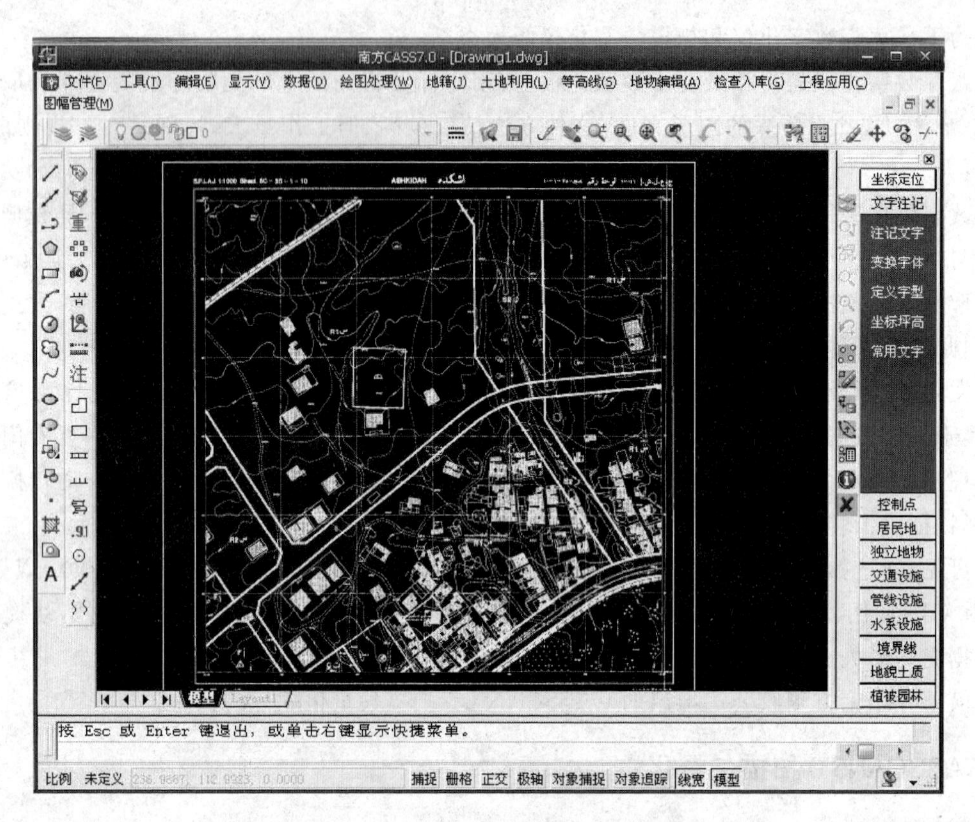

图 9-45　插入光栅图

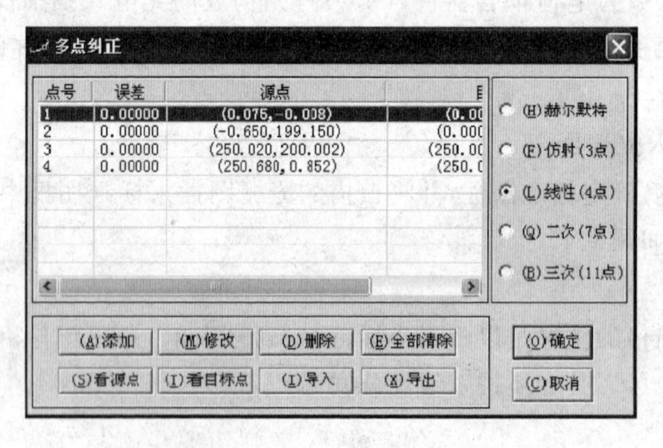

图 9-46　【多点纠正】对话框

以提高矢量化的精度。

(1) 点状地物矢量化

① 高程点矢量化　如图 9-47,单击【绘图参数配置】|【绘图参数配置】,在弹出的对话框中的文本框中输入必要的参数,在图 9-47 中单击【地貌土质】|【一般高程点】。在栅格图上高程点位输入高程值即可。

② 点状符号矢量化　如图 9-47,单击【独立地物】,在图像菜单中选取相应地物,在光栅图上找到插

入点，即可将符号矢量化。

(2) 线状地物矢量化

① 等高线矢量化　如图 9-47，单击【地貌土质】，在地物菜单中单击【等高线首曲线】，在命令行提示下，输入高程值。点取放大后光栅图上的等高线中心线起点和终点，经自动跟踪即生成该条等高线。逐条跟踪则完成各类等高线的矢量化。最后注记高程。

② 陡坎矢量化　与等高线矢量法相同。

(3) 面状地物的矢量化

如图 9-47，单击【植被园林】，若在菜单中单击【稻田】，在命令行提示下，点取栅格图上的稻田边界转折点，即自动生成稻田和填充符号。

当矢量化房屋时，如图 9-48，选择【图像处理】|【房屋提取】，按命令提示，在光栅图上点取房屋空白区即可。

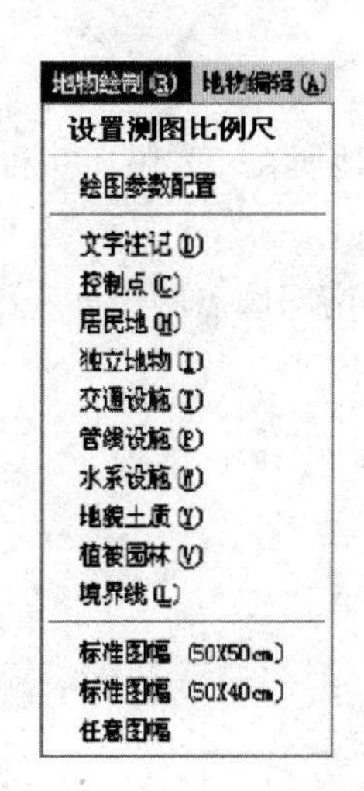

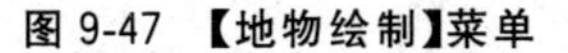

图 9-47　【地物绘制】菜单

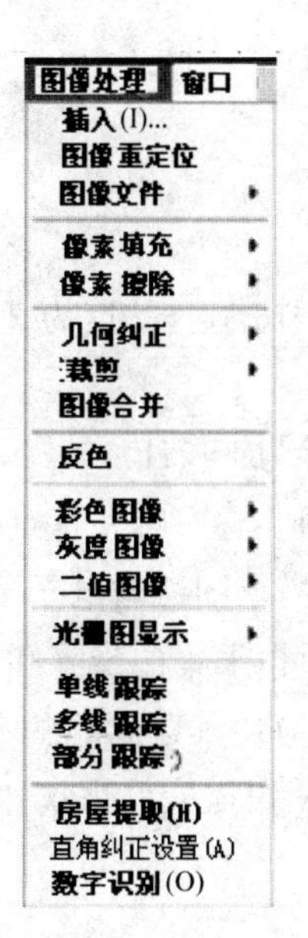

图 9-48　【图像处理】菜单

(4) 成果保存

如图 9-48，选择【图像文件|保存】，按命令提示，即可保存光栅图像文件。

用 CAD 的保存方法可保存矢量图。

习题与思考题

1. 什么是信息？信息与数据有何不同？
2. 试述地理信息的内涵。
3. 什么是地图？地图主要包括哪些内容？地图可分为哪几种？
4. 何谓地形图？它与普通地图有哪些区别？

5. 什么是地形图比例尺及其精度？地形图比例尺可为哪几类？

6. 何谓地物和地貌？地形图上的地物符号分为哪几类？试举例说明。

7. 什么是等高线？等高距？等高线平距？它们与地面坡度有何关系？

8. 何谓山脊线？山谷线？鞍部？试用等高线绘之。

9. 等高线有哪些特性？

10. 根据图 9-49 上各碎部点的平面位置和高程，勾绘等高距为 1m 的等高线。

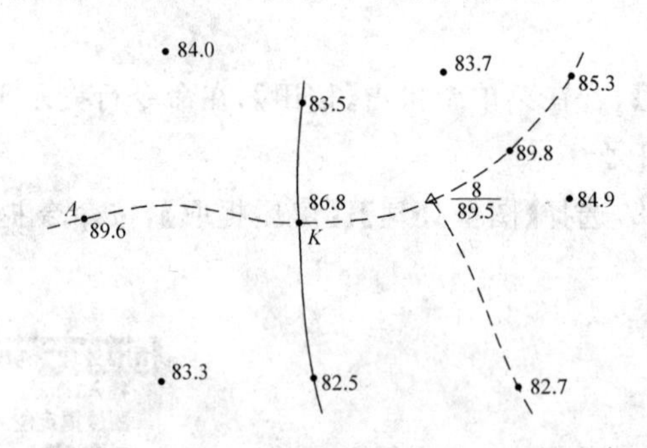

图 9-49 勾绘等高线

11. 某地经度为 117°16′10″，纬度为 31°53′30″，试求该地所在 1∶10 000 和 1∶5 000 比例尺地形图的分幅编号。

12. 已知地形图图号为 F49H030020，试求该地形图西南图廓点的经度和纬度。

13. 什么是数字测图？它有哪些特点？

14. 简述数字测图中，草图法与电子平板法的不同。

15. 简述野外数字数据采集的步骤和常用方法。

16. 什么是 DTM？简述其建立的基本原理和用途。

17. 简述 CASSCAN 扫描矢量化软件的操作流程。

第 10 章

地理空间信息的应用

10.1 概　述

如上所述，地理信息系统(geographic information system，GIS)是在计算机软硬件的支持下，运用信息科学、管理科学，对空间地理信息进行综合处理、分析和应用的信息系统。

由于建立地理信息系统的目标、用途、区域大小等的不同，地理信息系统有多种：如基础地理信息系统、自然资源调查信息系统、城市管理信息系统、地籍管理信息系统、人口统计信息系统、其他专题信息系统等，各个系统有它自身的目的和自己的目标。

但是，不管是大系统还是小系统，全面性的系统还是局部的地理信息系统，以及专题的信息系统还是综合应用的信息系统，其基本组成是相同的：

① 信息输入；

② 数据存储和数据库管理；

③ 数据更新；

④ 数据处理和分析；

⑤ 信息应用；

⑥ 数据输出、显示。

不管是哪种地理信息系统，其信息主要有空间和属性两种信息。空间信息主要是图形数据、高程、坐标数据，以及自然资源的地理分布数据。属性信息主要是文本信息、法律文档等方面的信息。空间信息和属性信息两者都具有时间特性，如空间信息按时间发生了变化，有时属性信息也随之改变。因此，这就决定了地理信息的时态性。

上述空间信息很大一部分来源于地形图、摄影测量、遥感及测绘工作提供的各种数据和资料。属性信息很大一部分来源于各行业、各部门和社会调查的数据信息。在地理信息系统中，空间信息是基础，属性信息是载体。在地形图上除了空间信息外，也有属性信息。

伴随信息科学和计算机科学的发展，地形图已不仅仅是绘在纸上表示地形起伏和地物分布的地形图，而且有存储在计算机内的数字地图和电子地图。

如第9章所述,传统的地形图由野外采集数据,经图形化后,用专用符号绘出地形要素表示地形情况。既然经过绘图,就会产生绘图误差,原来采集数据的精度,必然遭到一次精度损失;一般说,用手工绘图的精度很难达到图上的0.2mm。对于1∶1 000地形图,最少有0.2m的误差;在1∶500的图上,最少有0.1m的误差。当需要高精度时,这些图是难以满足要求的。如果在图上进行量测作业,会产生图解误差,又有一次精度损失,这就是传统地形图的缺点之一。

如第9章所述,在野外用现代化的手段采集数据,直接输入计算机,用计算机成图,称为数字测图。数字测图的数据误差不含有图解误差,它是把测量的数据按照1∶1的比例存储的,并且也不分幅,因此采集的数据,是一系列坐标数据的集合。若建立数字地面模型,经编辑、处理,加入符号、注记等,便形成了数字地形图。

如需要输出地形图,给出比例尺和图幅的大小,用绘图机将其绘在纸上或聚酯薄膜上,便成了纸载地图,但其精度也高于手工绘图的地形图精度。

在计算机存储的数字地形图上,计算地形图上的面积、体积(土石方量)、坡度等,其精度不包含绘图误差和图解误差。

另外还可用纸载地形图、航片、卫片等载体,经数字化后,将数据输入计算机,用各种符号,制成数字或电子地图,以供使用。

综上所述,地(形)图有纸载地(形)图、有数字地(形)图和电子地图等。这些图都是地理信息系统中表示地物地理分布和地势起伏变化的基础图件,是地理空间信息的信息源。

10.2 地形图应用的基本知识

如第9章所述,地形图上有数字要素和地形要素。在用图的过程中,主要以这些内容为依据,进行作业。这些作业可以在纸载地(形)图上进行量测,也可用数字(电子)地形图在软件的支持下进行。这种数字地形图成图软件我国很多单位进行了研制,使用非常方便,南方测绘仪器有限公司研制的《南方CASS 7.0数字地形地籍图成图系统》(简称CASS 7.0)就是其中的一种,在国内得到了广泛的应用。以下在数字地形图上作业均在该软件【工程应用】菜单中进行,其菜单如图10-1所示。

10.2.1 在地形图上确定点位坐标

如图10-2所示。欲求p点的平面直角坐标,先根据图廓上的坐标注记,找出p点所在坐标格网的a、b、c、d,过p点作x轴的平行线交k、g,量取ak和kp,根据比例尺算出其长度:

$$ak = 50.3\text{m}$$

$$kp = 80.2\text{m}$$

可计算p点坐标:

$$x_p = x_a + kp = 20\,100 + 80.2 = 20\,180.2\text{m}$$

$$y_p = y_a + ak = 10\,200 + 50.3 = 10\,250.3\text{m}$$

由于图纸变形对所量长度有影响,可用图下方的图示比例尺,量取ak、kp的长度,然后再与a点的坐标求和,而得到p点坐标。

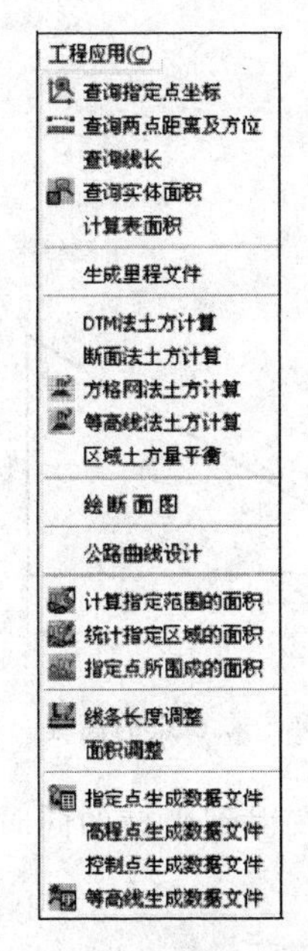

图 10-1　【工程应用】菜单

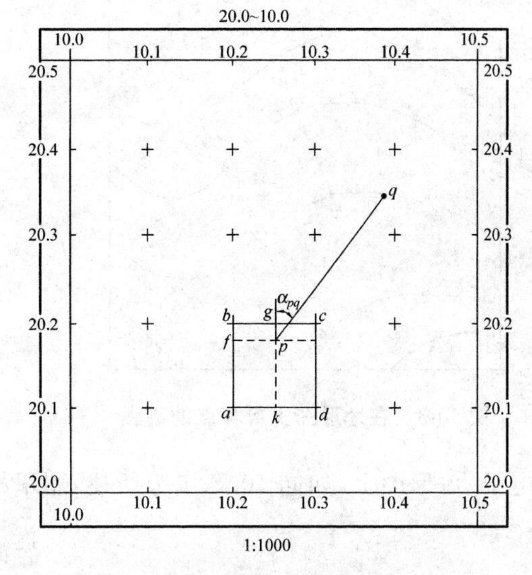

图 10-2　在地形图上量测点位

如果是数字(电子)地形图,则可在 CASS7.0【工程应用】下,单击【查询指定点坐标】选择项,在图上用鼠标点取 p 点,即可得到该点的坐标。

10.2.2　在地形图上量算线段的长度

如图 10-2,在图上量取了 p、q 两点坐标,则可按下式求 pq 平距:

$$D_{pq}=\sqrt{(x_q-x_p)^2+(y_q-y_p)^2} \tag{10-1}$$

也可在图上用卡规直接量取,在图示比例尺上比量,便可得到 pq 距离。

10.2.3　在地形图上量算某直线的坐标方位角

在地形图上也可用量角器直接量测直线的坐标方位角。如图 10-2,若已求出 pq 两点坐标,可反算该直线的坐标方位角:

$$\alpha_{pq}=\arctan\frac{y_q-y_p}{x_q-x_p} \tag{10-2}$$

应量测 pq 的正反方位角 α_{pq} 和 α_{qp},然后减去 180°取其平均值。

数字(电子)地形图上,在软件的【工程应用】下,单击【查询两点距离及方位】,用鼠标可以在点取两点坐标之后,软件会自动显示 pq 距离和方位角 α_{pq}。

10.2.4　求算地形图上某点的高程

如图 10-3,欲求 m 点和 n 点高程,由于它们正处在等高线上,读出所在等高线的高程即可。

在两等高线之间,c 点高程可以内插。先通过 c 点连一直线,分别量出 mn 的长度 d 和 mc 的长度 d_1。如图 10-4,高差 $h_1=\frac{d_1}{d}h_0$。h_0 为等高距。

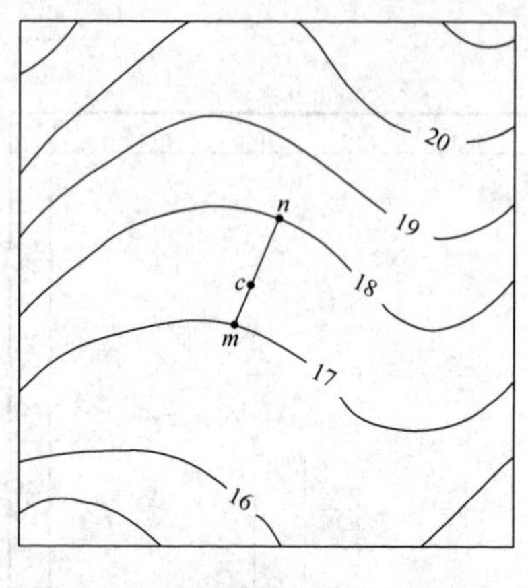

图 10-3　在地形图上量算点的高程

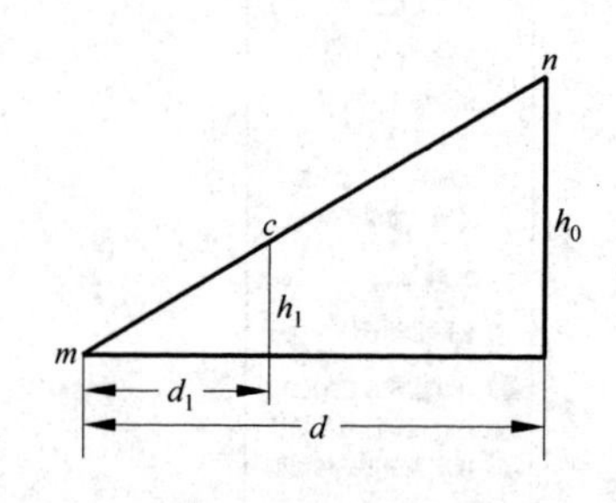

图 10-4　求 c 点的高程

在数字(电子)地形图上,如同 10.2.1 节所述,用鼠标点取 c 点,在得到坐标的同时,还可得到 c 点的高程。

10.2.5　在地形图上量测曲线长度和折线长度

地形图上一些线路的长度,如管线、通信线、输电线等,是由一些线段转折后连结而成,因此,需从图上量测其长度。一般是按线段量取,然后累加,从而得到折线的总长度。

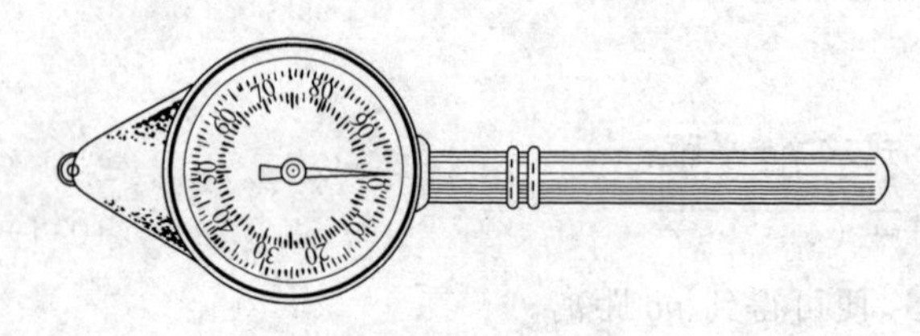
图 10-5　曲线计

曲线量测,一般是使用曲线计(图 10-5),其构造是在圆管手柄上安一个圆形计数盘,一周为 100 格,每 10 格为一大格,在计数盘的下端安有一个转轮,转轮在图上滚动,计数盘便计数。

先在纸上绘出 10cm 的一条直线,用曲线计沿直线滚动,测出计数盘上的格数,几次量测取平均值,例如为 20 格,则每小格的线长度(即分划值)q 为

$$q = 10/20 = 0.5\text{cm}$$

在图上量测时,沿曲线描测,读取读数 n,则曲线长度

$$D = qnM$$

式中,M 为比例尺分母。

在数字地形图上,量测曲线长度时,可在【工程应用】下,单击【查询线长】|【 选择曲线】,然后用鼠标点取曲线实体,即可显示曲线长度。

10.2.6　在地形图上量算某直线的坡度

在扩建或改建道路、渠道、管道时,通常要了解这些线路的坡度。坡度一般用三种方式表示:

① 倾斜百分率(%)或千分率(‰),$h/D=i\%$。道路、渠道、管道常使用。

② 倾斜角 $\alpha=\arctan(h/D)$。

③ 倾斜率 $i=h/D$,表示边坡时常使用,如 2/3、1/3、2/5 等。

量测时，先测出平面上两点的平距 D，再测出两点的高差，即可算出高差与平距的比值，还可换算成倾斜角或倾斜率。

10.3 面积量算

在工程建设中，经常需要计算工程面积，有时还要计算土(石)方量。应用地形图计算面积和体积，快速、便捷，应用较广泛。

面积量算的方法，由于所用手段和服务对象的不同，方法也不尽相同。从图上直接量算面积或由图上采集数据计算面积的方法，均为图解法；由实地采集计算元素(坐标、边长等)用严密的解析数学模型计算面积的方法，称直接法，是解析法的一种。

图解法有求积仪法、方格法、数字化仪法等。解析法除直接法外，在数字地形图上，用坐标计算面积也是解析法的一种方法。

10.3.1 直接法

在实地测量面积时，都可将测区分割成数个简单的几何图形，如三角形、矩形、梯形等。量测几何图形的计算元素(主要是长度)，用相应公式计算面积。通常多用三角形，量测底边 l 和高 h，即可计算面积：

$$A = \frac{lh}{2}$$

若量测三边 a、b、c 的长度，令 $S = \frac{(a+b+c)}{2}$，则面积

$$A = \sqrt{S(S-a)(S-b)(S-c)}$$

有时用梯形或矩形测算面积，量测有关几何元素后，也用相应的数学公式计算。

在图上量测面积时，如果面积较大或面积图形比较规则，可用直接法进行量算。但其精度仍然是图解精度。

10.3.2 解析法

如图 10-6，1234 多边形是一个面状标识图，1、2、3、4 各点坐标已知，则可计算其面积。

$$P = \frac{1}{2}[(x_1+x_2)(y_2-y_1)+(x_2+x_3)(y_3-y_2) + (x_3+x_4)(y_4-y_3)+(x_4+x_1)(y_1-y_4)] \tag{10-3}$$

经整理后

$$P = \frac{1}{2}\sum_{i=1}^{n}(x_{i+1}+x_i)(y_{i+1}-y_i) \quad i = 1,2,\cdots,n \tag{10-4}$$

或表示为

$$P = \frac{1}{2}\left\{\begin{vmatrix} x_1 & y_1 \\ x_2 & y_2 \end{vmatrix} + \begin{vmatrix} x_2 & y_2 \\ x_3 & y_3 \end{vmatrix} + \cdots + \begin{vmatrix} x_n & y_n \\ x_1 & y_1 \end{vmatrix}\right\} \tag{10-5}$$

$$P = \frac{1}{2}\int_{y_1}^{y_{i+1}}(x_i+x_{i+1})\mathrm{d}y \tag{10-6}$$

在纸质图上用数字化仪采集图形轮廓上的坐标点，可用式(10-6)，通过计算机计算面积，其精度为图解精度。

在数字地形图上，对于封闭的图形，不论是曲线还是折线围成的面积(图 10-6、图 10-7)，不论是规则的，还是不规则的，在【工程应用】菜单下，如图 10-1，单击【查询实体面积】|【选取实体边线】，或单击【查询实体面积】|【点取实体内部点】，即可显示图形面积。

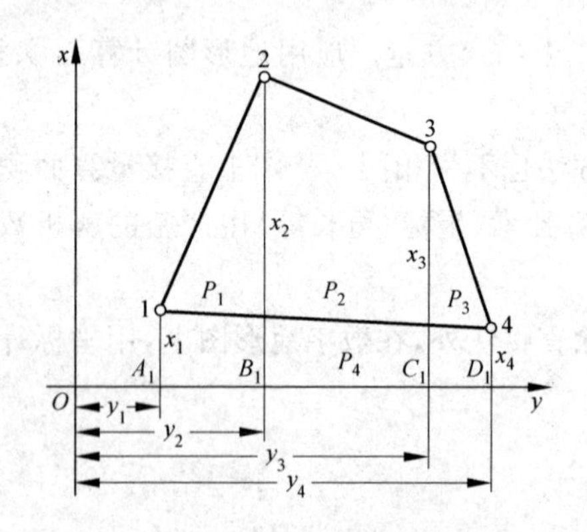

图 10-6 用解析法求多边形面积

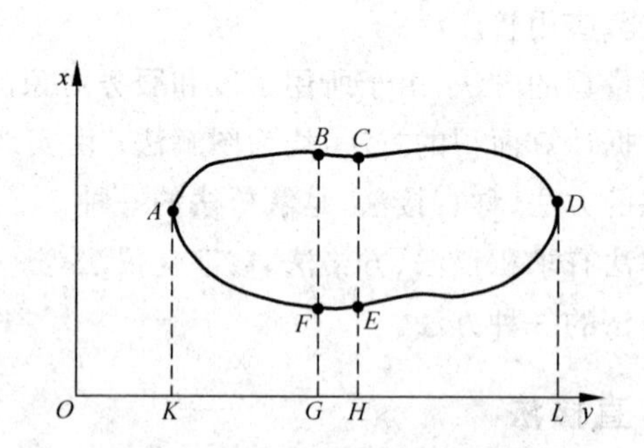

图 10-7 不规则图形的面积计算

除此之外，用全站仪可直接在现场测算面积。当用全站仪测量三个以上地面点的坐标时，地面点所围成的面积自动按式(10-6)计算后，即可显示在屏幕上。

10.3.3 图解法

1. 求积仪法

求积仪有机械求积仪和电子求积仪两种，都是在地形图上，沿着面状轮廓描绘，而求得图形面积。其构造和原理基本相同，之不同者电子求积仪是用微型编码作为检测元件，将模拟量转换为电信号，经计算器处理后，自动显示面积。电子求积仪有两种：一种为定极式；另一种为动极式。

图 10-8 是 KP-90N 动极式电子求积仪的构造图，使用充电的镍镉电池。

其量算方法是：

(1) 准备工作 如图 10-9，图纸铺平，并置描迹镜于图形中央。

(2) 开机 按 ON 键，显示为 0。

(3) 确定面积单位 按 UNIT-I 键，选公制 cm^2、m^2 或 km^2；也可选英制、日制等。

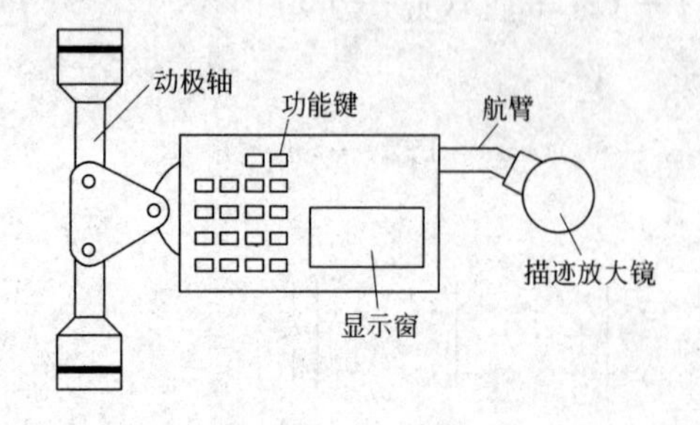

图 10-8 KP-90N 动极式电子求积仪

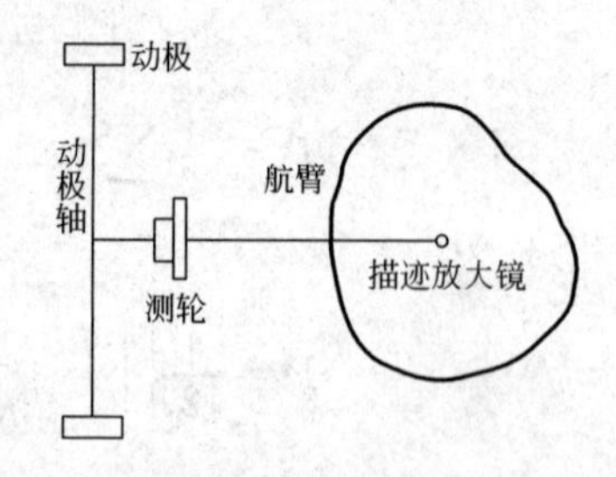

图 10-9 电子求积仪的结构原理

(4) 设置比例尺　输入比例尺分母，再按 SCALE 键，即设置完毕。

(5) 面积量测　在图形轮廓线上确定一点并标记，使描迹镜中心对准此点，按起动键 START，蜂鸣器发出音响，显示为 0；拖动描迹放大镜，沿轮廓线顺时针方向运行，一直到起始点，即显示图形面积。

为了提高量测精度可多次重复测量，每测定一次按 MEMO 键进行存储，最后按平均键 AVER 显示最后的平均值。

求积仪适合各种形状的面积量算，使用方便、快捷，但图形太小时，运转不灵活。精度受影响，因此规范规定图上的面积小于 $5mm^2$ 的图形，不宜使用求积仪。

求积仪量测面积的精度，大多用经验公式计算，现列出以下两种：

(1) $m_P=0.0108+0.0206\sqrt{P}$

(2) $m_P=0.1+0.015\sqrt{P}$

式中，P 为图形面积，cm^2。

为了提高求算面积的精度，应注意以下几点：

① 量测面积时，图纸应平滑、无皱折，不能影响滑轮自由转动。

② 定极求积仪尽量使极点在左和极点在右两次进行量测，以减少仪器系统误差的影响。同时要使极臂与航臂的交角在 30°～150°之间。

③ 描迹时，起点应选在运动方向与航臂方向一致时的点上，此时测轮转动较慢，易于识别，便于对点，误差较小。

④ 小图斑可以描迹多次取均值作最后结果。大图斑可以分割成小块，分别描迹测定。要考虑图纸伸缩的影响，如图纸膨胀率为 0.003，比例尺为 1∶1 000，则测定时的比例尺为 1∶(1 000/1.003)。

⑤ 描迹时要用力均匀，要平拉，不要上下晃动。要严格沿线运行，不要跑线。

2. 方格法

方格法量算图上面积，常使用方格透明薄膜(或纸)，蒙在图形上进行量测，方格一般最小为 1mm×1mm，大方格为 5mm×5mm 或 10mm×10mm。

如图 10-10 所示，将方格纸蒙在图形上固定，先数出 10mm×10mm 大方格，然后再数出 1mm×1mm 的小方格。不完整的小方格为破格，用肉眼估算破格的大小，凑整累计小方格数，再加上大方格数，便可统计出图形所占的方格总数，按照图形比例尺计算出实地面积。

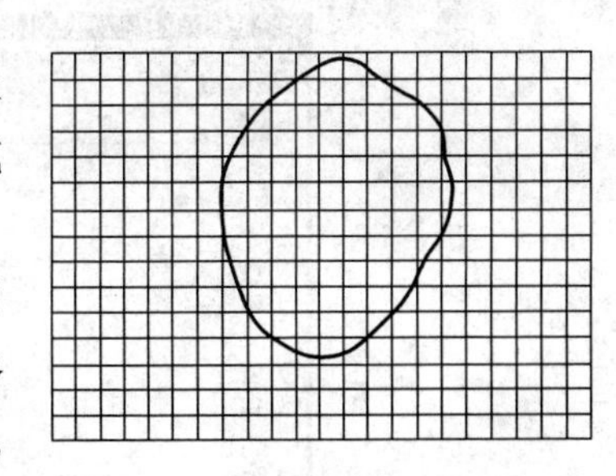

图 10-10　方格法计算面积

移动方格纸同法再测算一次。两次之差应不超过 $0.0003M\sqrt{P}$，P 以 m^2 为单位。

例如 1∶2 000 的图上量得图斑的方格总数为 847.5 格，每格面积为 1mm×1mm。求出实地面积为

$$P=847.5\times 4=3390m^2$$

10.3.4　在数字地形图上计算地表面积

以上所计算的面积为水平面积，如果地貌高低起伏较大，其地表面积就难以测算，但可通过建立数字地面模型(DTM)，将地面每三个高程点联成空间三角形，将指定范围内的所有三角形面积相加，即得到不规则地貌的表面积。

计算实体表面积的方法有两种：一是根据坐标文件；二是根据图上的高程点。其具体操作如下：

先用复合线划定计算面积的范围,如图 10-11。

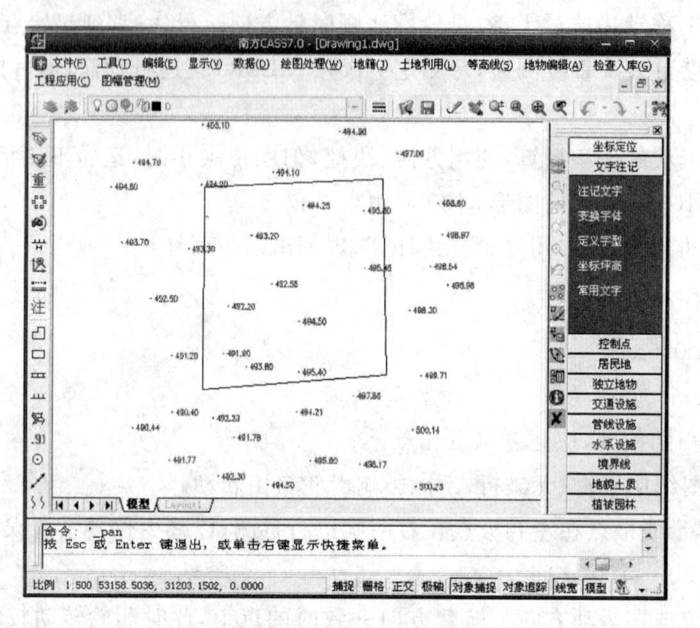

图 10-11 选定计算范围

按图 10-1 所示,单击【工程应用】|【计算表面积】|【根据坐标文件】,弹出【选择土方边界线】对话框,在图上单击已划定的复合边界线；在【输入边界插值间隔】对话框的文本框中输入边界上插点的密度,例如 5 米；则显示结果如图 10-12 所示：地表面积＝9 266.094 平方米。

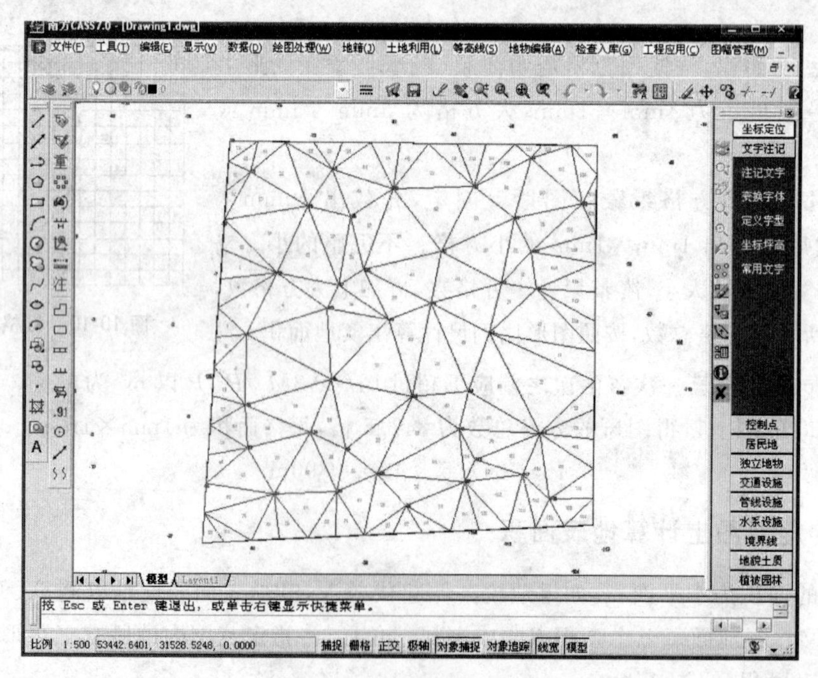

图 10-12 地表面积计算结果

10.4 在地形图上按一定方向绘制断面图

公路、铁路、管线工程，为了工程量的概算和提供线路的坡度，需要了解沿线路纵向的地形情况，通常利用地形图绘制纵断面图。

如图 10-13(a)所示，欲在地形图上从 A 点到 B 点作一断面图。首先作 AB 直线，与各等高线相交，其交点高程即是等高线的高程。

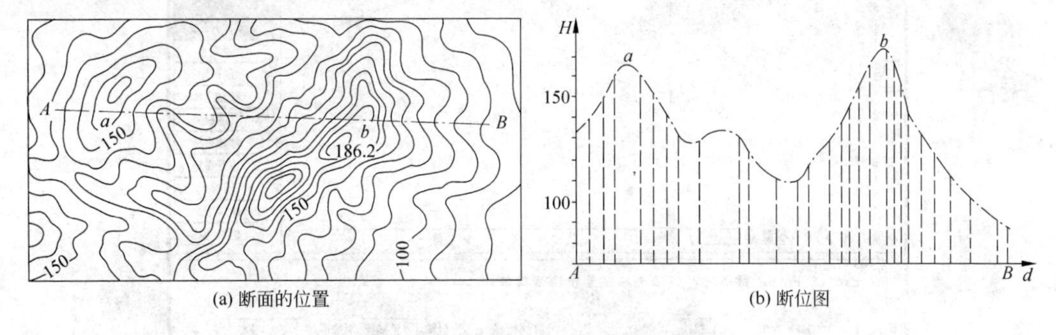

(a) 断面的位置　　(b) 断位图

图 10-13 利用地形图绘制纵断面图

如图 10-13(b)，作两条相互垂直的轴线，以 Ad 为横轴，表示水平距离；以 AH 为纵轴，表示高程，并按比例作高程尺。在地形图上从 A 点量取至各交点和特征点的长度，并将其转绘到图 10-13(b)的横轴上，以各交点相应的高程作为纵坐标绘在图上，将其连接，便得到 AB 方向的断面图。

高程比例尺的大小要根据地形起伏状况决定。一般为水平比例尺的 5～10 倍。

在数字地形图上绘制断面图更加简单、快捷。先在数字地形图上绘出设计的断面线。按图 10-1，单击【工程应用】|【绘断面图】|【根据坐标文件】，便弹出：【选择断面线】对话框，在此对话框中点取已绘出的断面线。弹出【断面线上取值】对话框(图 10-14)，在【采样点间距】文本框中根据实际情况输入间隔，值默认值为 20 米。

在【起始里程】文本框中输入数据，默认值为 0；单击【确定】按钮，则弹出【绘制纵断面图】对话框(图 10-15)，在对话框中的文本框中输入各个参数，单击【确定】按钮之后，即显示所选断面线的纵断面图，如图 10-16 所示。

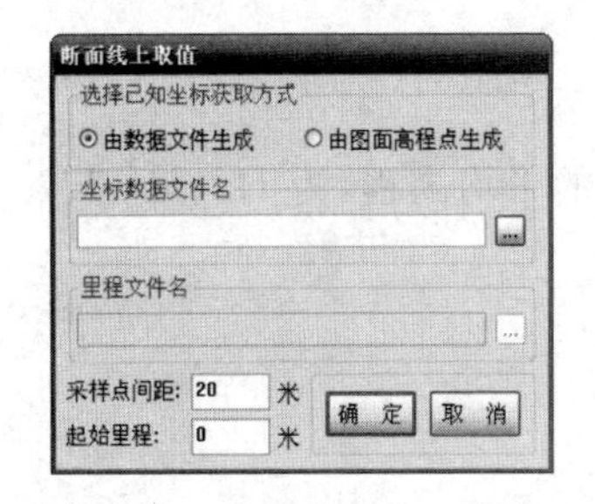

图 10-14 【断面线上取值】对话框

图 10-15 【绘制纵断面图】对话框

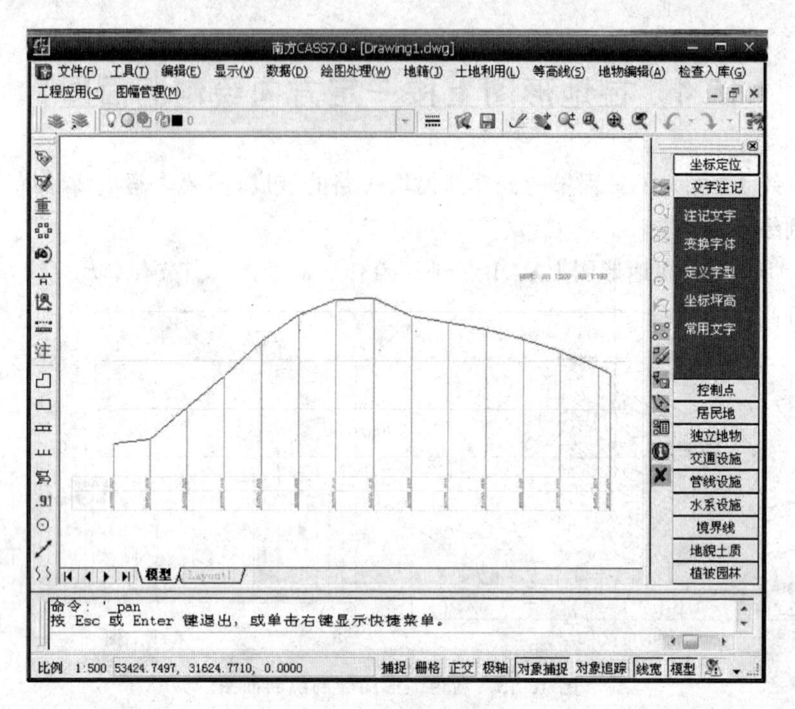

图 10-16 纵断面图

10.5 地形图在平整场地中的应用

在建筑工程、水利工程、道路建设,以及矿山地面工程中,往往要进行土地平整工作。在地形图上,或在数字地面模型上进行平整工作,估算土石方工程量是比较方便而经济的。工程要求将地面平整为水平面或有一定坡度的倾斜面,并且挖方和填方工程量要求平衡,以节约开支。

10.5.1 在纸载地形图上平整场地

平整场地常用方格法,其具体方法如下。

1. 在地形图的拟建场地内绘制方格网

方格边长根据地形复杂程度、地形图的比例尺以及估算的精度不同而异。用 1∶500 地形图时,根据地形复杂情况,通常边长用 10m 或 20m。绘完方格后,进行排序编号,如图 10-17。并图解各顶点的高程,写在右上方。

2. 计算设计高程

为了使得挖填方平衡,先求出该场区每方格四个顶点的平均高程,为 H_1、H_2、H_3、…、H_n,再求各方格的平均高程 H_0,即为设计高程:

$$H_0 = \frac{\sum H_i}{n} \tag{10-7}$$

式中,H_i 为每一方格的平均高程;n 方格总数。

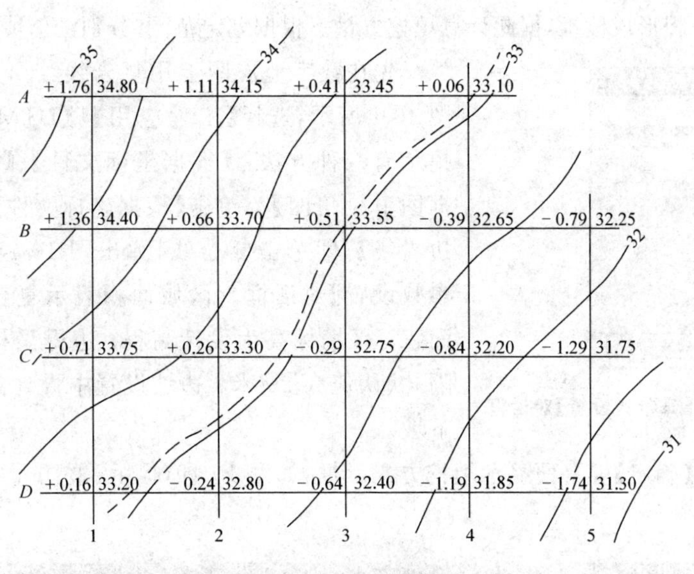

图 10-17　用方格网法平整场地

也可按照使用角点(1 个方格的顶点)、边点(2 个方格的共用顶点)、拐点(3 个方格的共用顶点)和中点(4 个方格的共用顶点)高程的平均次数展开计算,为

$$H_0 = \frac{\sum H_{角} + 2\sum H_{边} + 3\sum H_{拐} + 4\sum H}{4n} \tag{10-8}$$

如图 10-17,将各顶点高程代入式(10-8),求得 H_0 为 33.04m。在地形图上内插等高线 33.04(虚线)即为不填不挖线。

3. 计算挖、填高度

挖、填高度=地面高程−设计高程

地面高程大于设计高程为挖,反之为填。

4. 计算挖、填土石方量

挖填土方工程量要分别计算,不得正负抵消。计算方法是:

角点　挖(填)高×(1/4)方格面积

边点　挖(填)高×(2/4)方格面积

拐点　挖(填)高×(3/4)方格面积

中点　挖(填)高×(4/4)方格面积

分别计算出挖填方工程量。

10.5.2 在数字地形图上平整场地

在数字地形图上,可利用数字地面模型(DTM)法、方格网法、断面法和等高线法等,计算平整场地的挖填方工程量,十分方便。

1. DTM 法

DTM 法计算填挖方量进行土地平整是根据实地测定点的坐标和高程,在 DTM 上,生成三角网,而每一个三角形与设计的高程形成棱锥,据此计算填挖方量。根据划定范围,分别汇总填方和挖方工程量。

图 10-18 【DTM 土方计算参数设置】对话框

先在数字地形图上用复合线绘出土方计算的范围;按图 10-1 所示,选择【工程应用】|【DTM 法土方计算】,菜单提示有三种方法:【根据坐标文件】、【根据图上高程】、【根据图上三角网】。单击【根据坐标文件】;又弹出【选择土方边界线】,即单击复合线,弹出图 10-18 的【DTM 土方计算参数设置】对话框。区域面积表示复合线围成的水平投影面积;平场标高为设计高程;边界采样间隔为边界插值间隔,默认值为 20 米;边坡设置中设计高程大于地面高程为下坡。

参数设置后,单击【确定】屏幕便显示填挖方提示框,如图 10-19,提示:挖方量=1 828.2 立方米;填方量=1 601.2 立方米。

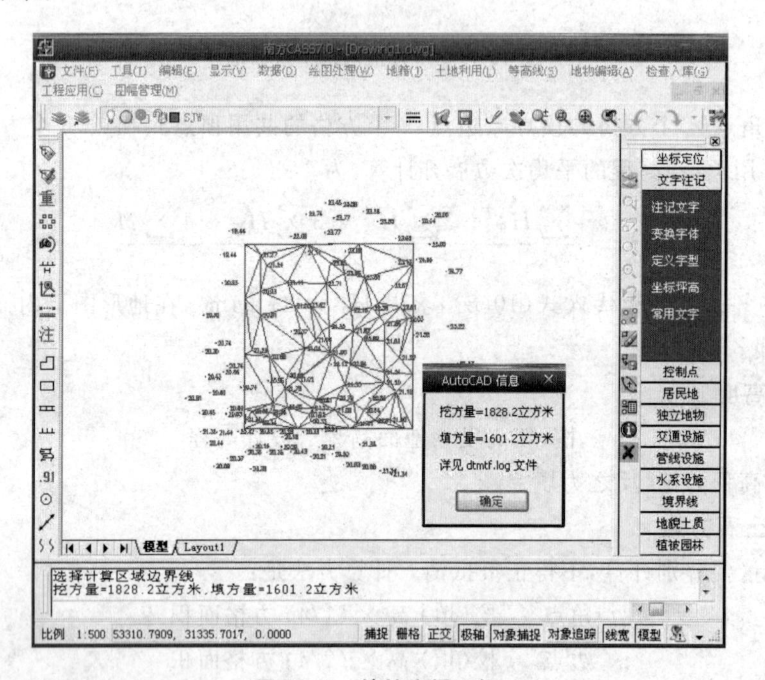

图 10-19 填挖方提示框

2. 方格网法

在数字地形图上用方格网法平整场地与在纸载地形图的方法基本相同,也有平整为平面和斜面两种。

平整为平面时,操作步骤如下。

(1) 先用复合线在数字地形图上划定范围。选择【工程应用】|【方格网法土方计算】,则显示方格网土方计算的对话框,如图 10-20。

(2) 在数字地形图上按命令点击绘出的复合线。

(3) 单击【高程点坐标文件】,输入高程点坐标文件名。

(4) 在【方格宽度】栏输入方格网的边长组成方格网，边长默认值为 20 米。

(5) 在设计面栏选择【平面】，则进入下一步。

(6) 在【目标高程】栏下输入目标高程。

(7) 单击【确定】按钮，在土方计算成果图上则显示内容见图 10-21，具体有方格网和填挖方的分界线、每个方格的挖填方数量、每行的挖方和每列的填方数量、总填方和总挖方数量，总填方和总挖方数量分别列于表的左下角。

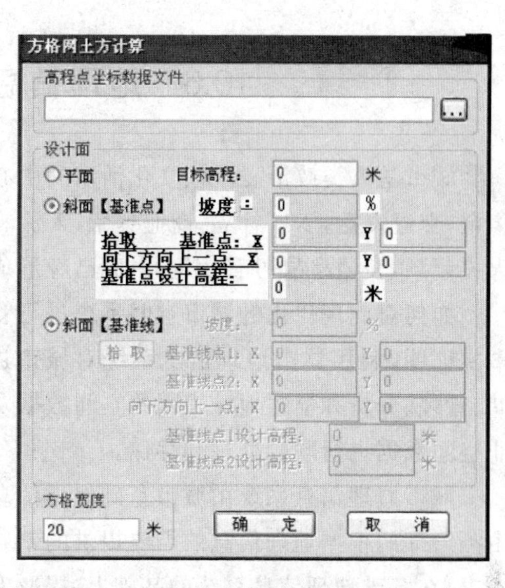

图 10-20　【方格网土方计算】对话框

如果平整为斜面时，其操作步骤的前四步与平整为平面相同，在上述第(5)步中选择【斜面】。由图 10-20 看出，平整为斜面的方法有两种：一种是用基准点进行平整计算，另一种是用基准线进行平整计算。

如果是斜面【基准点】，其步骤为：

(1) 在设计面一栏选【斜面】，在【坡度】栏输入设计坡度；

(2) 在【基准点设计高程】一栏输入设计高程；

(3) 在数字地形图上单击【基准点】，获得坐标输入坐标栏中；

(4) 在数字地形图上基准点的下坡方向选取一点，并将点取该点获得的坐标输入坐标栏；

(5) 单击【确定】按钮，在土方计算成果图上则显示计算成果，见图 10-21。

如果是斜面【基准线】，如图 10-20，除输入设计坡度外，还需要输入两个基准点的点取坐标和设计高程，以及下坡方向选取一点的点取坐标，其他与斜面【基准点】的步骤相同，最后成果也显示在图 10-21 中。

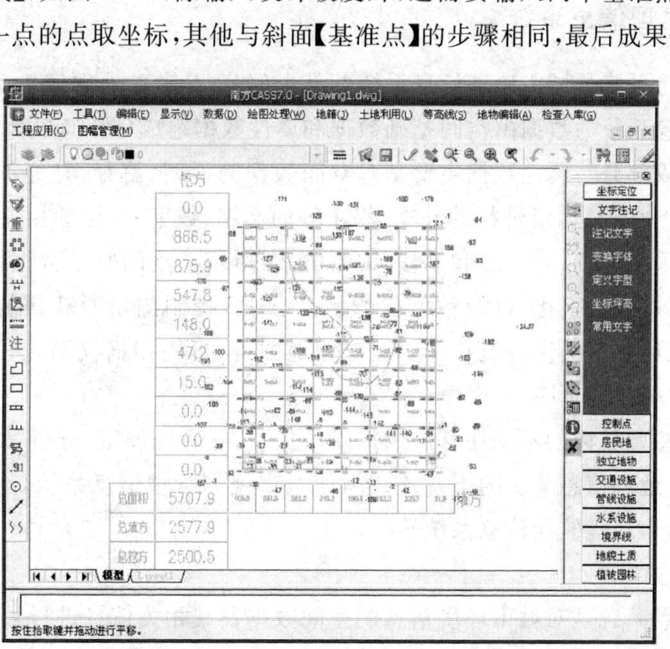

图 10-21　方格网法土方计算成果图

10.6 地理信息系统在城市管理中的应用

城市是人类政治、经济、文化活动的中心,在现代经济迅速发展的形势下,城市在不断的扩大,人口集聚,交通发达,工厂林立,商业繁荣,人流、车流、物流频繁;同时,居住拥挤,污染严重,生态环境恶化,火灾频频,交通事故时有发生,由此已经形成一个综合性、动态性、空间性的城市系统。

如何对此现代化的城市空间系统进行管理和作出发展、改造、改善环境的决策是迫在眉睫的问题。事实证明,利用城市地理信息系统对城市进行综合管理是可行的、先进的手段。城市 GIS 是采集、存储、管理、分析和描述地球表面的空间数据及地理分布有关的信息系统。其最大的特点是将空间数据和非空间数据进行联合处理和存储。

城市地理信息系统由城市基础地理信息系统和专业地理信息系统构成。基础地理信息系统主要是由测绘部门根据地理信息的需要提供的基础数据而建立的信息系统。专业地理信息系统是根据用户的需求,在基础地理信息系统的基础上,提取专题数据和相关的属性数据而建立的子系统。

利用 GIS 进行城市管理在国外 20 世纪 60 年代已经普遍开展,我国起步较晚,20 世纪末对此才给予关注,经过了引进、消化、吸收和创新的过程,有的城市才开始建设地理信息系统。近年来我国城市地理信息系统得到了飞速的发展,不但很多城市建立了管线管理信息系统、地籍管理信息系统、大气污染、消防管理系统,不少城市还创建了数字城市,这充分说明在我国 GIS 产品逐年增加,利用 GIS 进行城市管理的事业正在蓬勃发展,更重要的是自主开发的平台软件、工具软件和应用软件等产品,如 MAPGIS、SuperMAP、GEO Star 等,已得到广泛应用,并占有国内市场的 50%以上,具有较大的竞争力。

10.6.1 城市基础地理信息系统

城市基础地理信息系统是城市地理信息系统的基本部分,是专业地理信息系统的基础。

城市基础地理信息系统的数据由空间基础数据和属性数据组成(图 10-22),其中空间基础数据是基础地理信息的主要组成部分。属性数据主要是对空间数据的说明、解释、补充的文字数据,也是为了使空间基础数据符合 GIS 的要求,所进行的补充、修正等的文字、数字、符号的相关数据。

空间基础数据的采集、获取的来源和手段如图 10-23 所示。空间基础数据由测绘部门进行外业数字测图,对已有地形图进行数字化,以及数字摄影测量、GPS 控制测量所获得的所有矢量数据。同时,由航空摄影测量,卫星遥感等提供的航片、卫片、影像地图等,可用扫描仪输入计算机获取栅格数据,经矢量-栅格数据转换后,输入空间基本数据库。

专业地理数据是按照目标的不同在基础数据库中提取,然后经加工、分析、处理,形成某一专题特征的数据集合,建立城市地理信息系统的子系统。例如城市规划管理信息系统,地下管线管理信息系统、地籍管理信息系统、城市环境监测信息系统等。

1. 系统的目标和内容

城市基础地理信息系统是对城市环境信息的空间数据及其相关信息进行采集、存储、管理、查询、编辑、分析、显示和输出的基础性信息系统。基础地理信息的空间基础数据,如上所述,主要由测绘手段采集和提供。它包括城市各种大比例尺(1:500、1:1000、1:2000、1:5000)地形图的全部信息、相应的

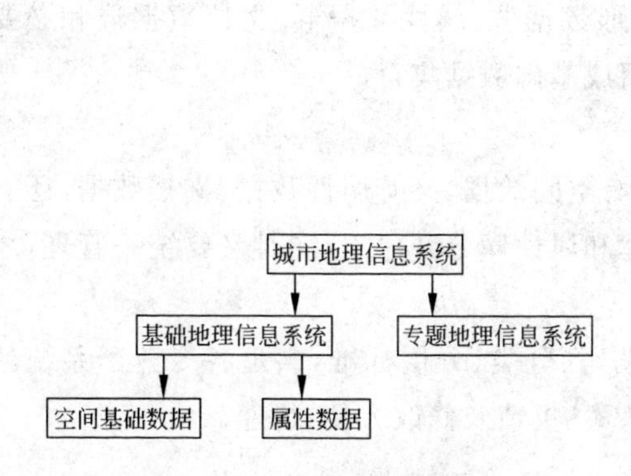

图 10-22　城市地理信息系统的构成

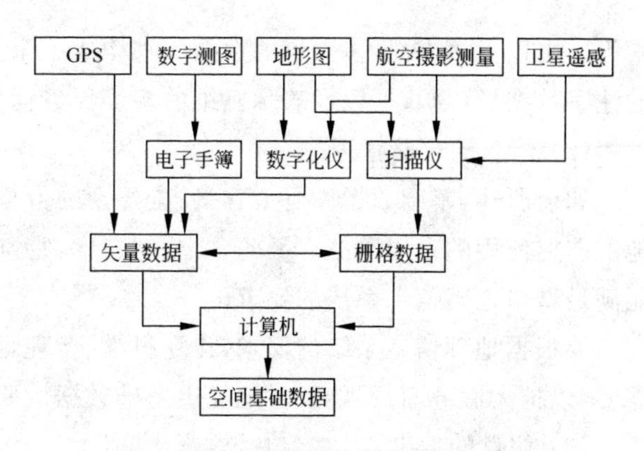

图 10-23　空间基础数据的采集和获取

测量控制点的信息，影像地图、航片、卫片上的信息等，形成描绘城市自然景观和地理环境的海量信息。面对如此大量的数据，建立管理信息系统，要求达到如下的目标：

(1) 采集和获取基础信息自动化程度高、速度快，精度可靠。

(2) 为城市专业地理信息系统提供全面、系统的现状空间基础数据。

(3) 现状基础数据规范化、标准化程度高。

(4) 查询、打印输出速度快。

(5) 图形处理功能强，能方便地显示和输出各种图件。

2. 系统的组成及功能

如图 10-24，系统由以下部分组成。

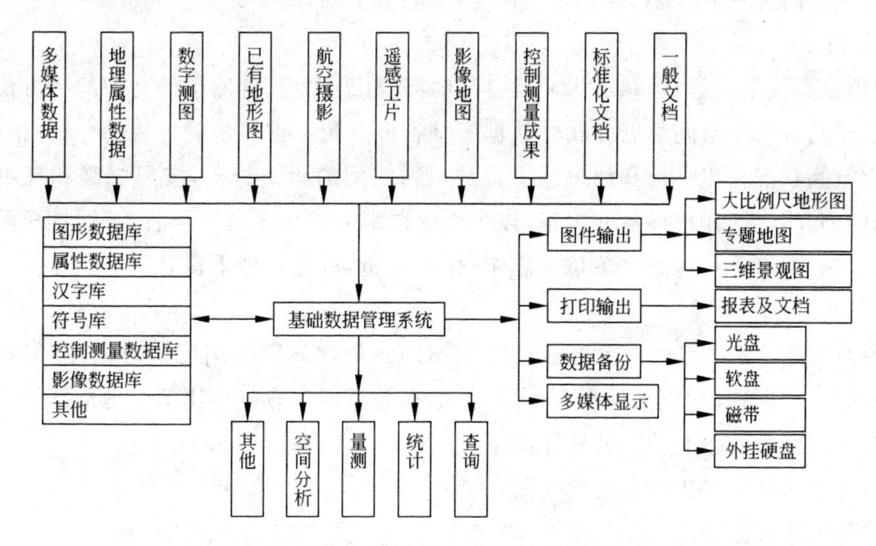

图 10-24　基础数据管理系统的组成

(1) 信息的输入

系统的数据源是多方面的，有数字测图的外业数据，由电子手簿直接输入计算机；地形图经数字化后的数据；航空摄影测量的数据和卫片经扫描后的数据；已完成的影像地图经扫描后输入计算机的数据；控制网数据；还有规范、规程各种标准化文档、一般文档等信息；必要的地理要素和多媒体地理要素等。由以上多方面、多渠道的数据分别构成了全要素的图形数据群、属性数据群、文档数据群和必要的注字数据、符号数据以及表示三维的多媒体数据群,由此组成基础数据集合。

(2) 信息的存储管理

如前所述,基础数据库是大容量、全要素的数据库,不但有空间数据,又有属性数据、文档数据,还有地形图上使用的专用数据。因此,要分别建库,特别是图形库和属性库分开建立,同时又要统一管理,才能满足城市地理信息系统的要求。

要根据地理信息系统的要求,建立科学、合理且实用的编码、分类、分层标准,满足各专业子系统的需要,以扩大服务面,并能及时地提供基础数据。要求数据入库、更新及修改方便、快速。

(3) 信息的输出

系统应有较强的图形输出功能,根据用户的要求和地形图比例尺的变化,系统可自动进行综合取舍和转换,输出各种图件。其中包括大比例尺地形图,专题图以及地貌三维动态图等。还可以打印空间数据以及属性数据报表、文档文件等。数据信息的备份,可根据不同要求使用软盘、U盘、可写光盘、磁带,以及外挂硬盘等。屏幕显示和多媒体显示,是系统不可少的一种输出方式。

(4) 查询

系统能方便地进行查询、检索工作。可以由图形数据查出地形要素的属性数据;也可用属性数据检测出图形数据。

(5) 量算与统计

空间基础数据分类、分层后,需要量算地物的长、宽、面积、体积等。并且还要统计同类数据的数量。例如,在某一定范围内有控制点多少,导线多长等,均能检索统计。

(6) 空间分析

基础地理信息不仅是三维空间数据,而且是与时间、社会环境、自然条件有关的多方位、综合性的时空数据。因此,空间分析是空间数据和属性数据的综合性分析。首先是对地貌的分析,根据专业子系统的要求,对地貌空间状况作出分析和评价。第二是地物之间的相关分析,按照二维和三维动态景观,了解地物在空间的相互位置,作出评价和决策,以免彼此影响和发生矛盾。再者,不同性质的厂、矿及生产单位对环境的影响,或者环境对某些单位的影响,作出分析,以免产生不良后果。

(7) 数据处理

① 编制各种图件。系统可以从图形数据库中调用和提取不同比例尺的数据,经编辑加工,绘制不同比例尺的地形图。如从大比例尺地形图库中,提取有关数据生成较小比例尺地形图等。

② 提取现状信息进行加工后满足某种需要。

③ 对栅格数据进行加工转换为矢量数据。

④ 生成专题拓扑数据结构。

(8) 数据的转换

① 各坐标系之间的坐标转换;

② 不同地图投影之间的投影转换;

③ 不同格式的数据之间的转换。

10.6.2　城市管线信息系统的应用

随着城市建设的飞速发展，管网系统已成为现代化城市发展的重要内容，它们是由供水、排水、供热、排污、通风、燃气、电力、电信、光缆及其他管线组成的错综复杂的空间体系。它们材质不同，功能各异，管径大小不一，而且分属于不同管理单位。因而对这种纵横交错、种类繁多、结构复杂，还具有隐蔽性的管网进行管理，不使用现代化的手段是不可能的。采用 GIS 对城市管网系统进行管理，已是势在必行。近年来，我国北京、上海、武汉、济南、合肥、厦门等城市已进行了城市管网信息系统的开发，有些中小城市自己建立了地下管线信息系统，对它们进行了现代化管理。现以中小城市为例，简要介绍城市管线管理信息系统。

1. 系统的目标和内容

(1) 该系统能探查、测量、管理、存储上、下水管线、燃气管线、热力管线、工业管线、电气管线、电信管线等的信息。

(2) 能适应于有效的录入数据方法；提供各种接口，如传统的测量方法的录入接口、数字化仪的图上输入接口、全站仪和电子手簿接口；具有数字化录入、键盘录入和文件录入几种方式。

(3) 具有较强的属性数据管理功能，可输出各种报表、查询图形数据、属性数据，两者互相对应。

(4) 具有较强的图形处理功能，输出和编辑各种管网图形和其他图形。

(5) 为各种应用程序和 GIS 工具软件提供接口，以便以后开发。

2. 管线数据的采集

管线有地上和地下之分，地上管线使用测量方法进行测量，并对其属性进行调查；地下管线除了地面设施(泵站、水塔、窨井、阀门、消火栓、分接箱等)需在地面测量外，地下部分难以准确定位的需进行探查。探查的内容大致如下：

埋深、管外顶高程、管内底高程、管径、管质、管内流体、电缆根数、附属设施、埋设日期等。属于空间数据，须配合测量进行探查、采集。

3. 系统的功能

系统的功能如图 10-25。

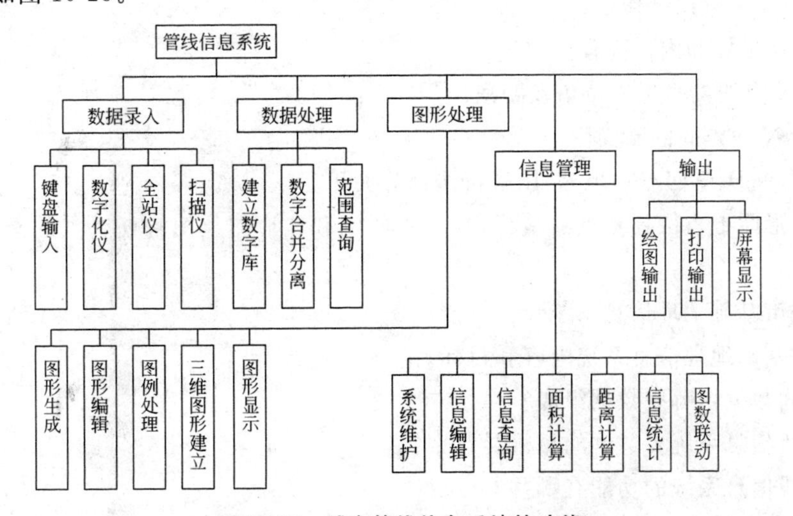

图 10-25　城市管线信息系统的功能

(1) 数据输入

数据经采集后输入计算机,一部分为图形信息,另一部分为属性信息。

(2) 数据处理

建数据库,对数据进行分离、合并,并根据需要对数据进行范围、层次的处理。

(3) 图形信息处理

① 图形生成。管线注记,图幅整饰,建立图幅文件,自动绘制管线图。

② 图形编辑。处理地上、地下管线图形,加工断面图,批量缩放、拟合、删减、修剪等。

③ 图例处理以及三维模拟等。

(4) 信息管理

对系统进行维护;对信息的编辑、查询,可由图形查属性,由属性查图形;同时可分别计算管线长度和所占面积,并且可以分别统计各种管线的信息。

(5) 输出信息

系统可以打印各种报表,并且按行业,按用途,按性质分别输出各种资料、图形。输出时可分幅,也可按多边形输出图形。屏幕显示图形时,可以用三维立体显示,从不同轴侧观察管线地上、地下的景观图。

管线的管理系统是城市管理的一个重要组成部分,随着科学的进步,GIS将更加全面系统地建立管线信息系统。

习题与思考题

1. 什么是GIS?

2. 在GIS中,有哪几种信息?

3. 数字地形图与传统的纸载地形图有何不同?

4. 数字地形图上的点位为何比纸载地形图上的精度高?

5. 在数字地形图上平整场地,DTM法与方格网法有何不同?

6. 在图9-1上,完成以下作业:

(1) 图解点 M 坐标和内插高程。

(2) 图解 MN 直线的坐标方位角及距离。

(3) 绘制 M、N 两点间的断面图。

(4) 图解 M、N、P、Q 四点的坐标,用解析法计算面积。

7. 在数字地形图上点取任一点的坐标,与传统的纸载地形图上图解任一点的坐标比较,哪一点的精度高?为什么?

8. 什么是城市基础地理信息系统?

9. 说明城市基础地理信息系统内容和目标。

10. 城市空间数据由哪些数据组成?

11. 城市管线信息系统要达到的目标是什么?

12. 城市管线信息系统的功能有哪些?

第11章

土木建筑工程中的施工测量

11.1 施工测量概述

土木工程建设都要经过勘测、设计、施工、竣工验收几个阶段。勘测要进行地形测量工作,提供建筑场地的地形图或数字地图,以便在已有的地形信息的基础上进行设计。一旦设计完毕,就要在施工场地上进行建(构)筑物的定位和施工测量。

如绪论所述,施工阶段主要是使用测量的手段,将设计好的建(构)筑物的平面位置和高程,按设计的要求测设到实地。在施工过程中,随时给出建筑物、构筑物的施工方向、高程和平面位置。同时,还要检查建(构)筑物的施工是否符合设计要求,随时给予纠正和修改。在建筑设备和工业设备安装阶段,还要根据工艺和设计要求给出安装的空间位置和方向。由此可见施工测量自始至终贯穿于施工的全过程。当施工结束,还要编绘建筑工程的竣工图,以备今后管理、维修、改建、扩建时使用。特别对隐蔽工程(地下建筑、管道、电缆、光缆等)在施工过程中要及时地进行测量,以便为竣工时编绘竣工图提供资料。

11.1.1 施工测量的特点

施工测量是将设计的建(构)筑物的位置测设于地面,它与测绘地形图的程序相反。

施工测量的精度并非决定于比例尺大小,而是根据建(构)筑物的大小、所用材料、用途的不同而确定测设精度。一般测设的精度高于地形测量的精度,特别是高层建筑物和特种建筑工程,其测设精度要求则更高。

施工测量贯穿于施工的全过程,要时时处处为满足施工进程的要求、为保证施工质量服务。

施工现场工种多、交叉作业频繁,车流、人流复杂,对测量工作影响较大。各种测量标志必须稳固、坚实地埋置于不易破坏处,否则难于保存。

11.1.2 施工测量的原则

施工测量和地形测量一样,要遵循由整体到局部,先控制后细部的原则。在控制测量的基础上,进行细部施工放样工作。同时,施工测量的检核工作十分重要,必须采用各种方法加强外业数据和内业成果的检验,否则就有可能给施工质量造成巨大损失。

施工测量的方法是根据施工对象的不同而有所不同。有时为了施工放样还要进行专用仪器工具的研制,必须坚持一切为了满足建(构)筑物施工和设备安装的要求而进行施工测量的原则。

11.2 测设的基本内容和方法

11.2.1 已知水平距离的测设

1. 一般法

一般测设方法又称往返测设分中法。线段的起点和方向已知,如图11-1所示,从起点A用钢尺丈量出已知距离,得到另一端点B'。再往返测量AB'距离,得往返测量的较差ΔL,若ΔL在限差以内,则取其平均值作为测设的结果。在实地移动较差的一半标定B点,B点即为测设段线的端点。

2. 精确法

当测设精度要求较高时,可采用精确法。

(1) 将经纬仪置于A点(如图11-2所示),标定已知直线方向,沿此方向用钢尺量出整尺段的长度并打下带有铁皮顶的木桩,作为尺段点;

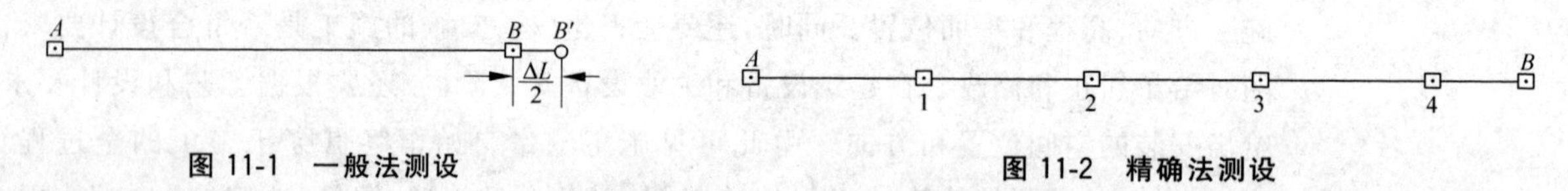

图11-1　一般法测设　　　　图11-2　精确法测设

(2) 用水准仪测出各相邻桩顶之间的高差;

(3) 按精密测量的方法,测出各尺段的距离;并加以尺长改正Δl_d、温度改正Δl_t、高差改正Δl_h。分别计算各尺段长度,并求其和为D_0;

(4) 求出已知长度D与D_0之差:$q=D-D_0$;

(5) 计算测设余长$q'=q-\Delta l'_d-\Delta l'_t-\Delta l'_h$,式中,$\Delta l'_d$、$\Delta l'_t$、$\Delta l'_h$为余长$q$的改正数;

(6) 根据q'在现场沿给定的方向从4点测设q'值得到B点,并打下大木桩以标定之,再测量q'值以资校核。

3. 归化法

该法属精确法的一种,如图11-3所示,欲测设长度L,先从起点开始沿给定的方向丈量稍大于已知距离的长度,得到B'点,临时固定之。沿AB'往返丈量多次,在较差符合要求的情况下,取其中数为L',作为AB'的最可靠值,然后求得较差$\Delta L=L'-L$,按照ΔL的符号,沿AB'的方向,量出ΔL,并固定之,得B点。通常在测设时,取AB'的长度大于AB,另外,当B'与A的高差较大时,应测出A、B'间的高差,进行倾斜改正。

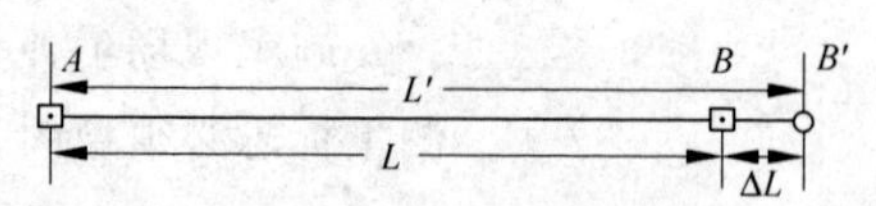

图11-3　归化法测设

例:用30m钢尺测设水平距离$D=80.000$m,概量后得到两个尺段的长度,分别为$l_1=29.995$mm,

$t_1=4℃$；$l_2=29.993\text{m}$，$t_2=5℃$；以及一段余长 20.050m。分别以大木桩固定之。用水准仪测得两个尺段的高差分别为 $h_1=0.250\text{m}$，$h_2=-0.212\text{m}$，以及余长的高差 $h_3=0.115\text{m}$。实际尺长 $l'=29.997\text{m}$，膨胀系数 $\alpha=1.25\times10^{-5}$，检定钢尺标准温度 $t_0=20℃$。

第一尺段的长度

$$D_1=l_1+\frac{l'-l_0}{l_0}l_1+\alpha(t_1-t_0)l_1+\left(\frac{-h_1^2}{2l_1}\right)$$
$$=29.995+(-3.0\times10^{-3})+(-6.0\times10^{-3})-1.0\times10^{-3}=29.9850\text{m}$$

第二尺段的长度

$$D_2=l_2+\frac{l'-l_0}{l_0}l_2+\alpha(t_2-t_0)l_2+\left(\frac{-h_2^2}{2l_2}\right)$$
$$=29.993-3.0\times10^{-3}-5.6\times10^{-3}-0.7\times10^{-3}$$
$$=29.9837\text{m}$$

两整尺段的长度　$D_0=29.9850+29.9837=59.9687$

余长应为　$q=D-D_0=80.000-59.8787=20.0313$

测设时　$t_3=7℃$

$$q'=20.0313-\Delta l'd-\Delta l't-\Delta l'h$$
$$=20.0313-(-2.0\times10^{-3})-(-3.0\times10^{-3})+0.3\times10^{-3}$$
$$=20.0366\text{m}$$

沿余长的测设方向，量出 20.0366m，桩顶上做标志。

测设的实际水平长度为

$$D=29.985+29.9837+20.0313=80.000\text{m}。$$

在概量时，由于整尺段长度都小于 30m，故概量余长时测设长度为 20.050m，这样在最后测设余长的计算值 q' 时正好落在终点的桩顶上，无须再重新钉桩，只在桩顶上标出终点位置即可。

4. 用红外测距仪、全站仪测设水平距离

(1) 用红外测距仪测设距离

如图 11-4 所示，欲从 A 点沿给定的方向测设距离 D。于 A 点安置测距仪，在给定方向上的某点安置反光镜，使仪器显示的距离稍大于 D，定出 C' 点。然后读取竖角 α，并加气象改正，得倾斜距离 L，计算出水平距离：$D'=L\cos\alpha$。得水平距离与测设距离之差：$\Delta D=D-D'$ 在 C' 点附近，用小钢尺改正 ΔD，得 C 点并固定之。

然后，将反光镜安置在 C 点，复测 AC 距离，如果与测设距离之差超限，则再进行改正。

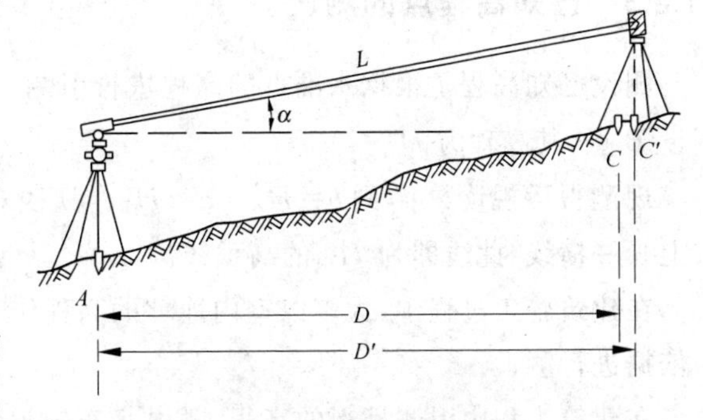

图 11-4　用红外测距仪测设

(2) 用全站仪测设距离

将全站仪安置于 A 点，测出气象参数，输入全站仪；在模式菜单中选放样测量菜单，在距离项目下，输入欲测设的水平距离；沿给定方向瞄准欲测设点上的反光镜,持反光镜的人,手持镜杆沿给定方向前进,当跟踪反光镜显示距离与欲测设距离之差在规定范围之内时,则将反光镜稳固地安置于C'点,并桩定之。再仔细进行观测,稍移动反光镜,使显示距离等于已知水平距离D,则在木桩上标定C点。为了检核可进行复测。

11.2.2 已知水平角的测设

已知一个方向和水平角的数据,将该角的另一方向测设于实地。

1. 一般法

当测设精度要求不高时,使用该方法。如图11-5所示,地面上已有AB方向,已知测设角度为β,则在A点安置经纬仪,盘左瞄准B点,读取度盘读数为a_1,求$b_1=a_1+\beta$,转动照准部使读数为b_1,在地上沿视线桩定C'点。盘右位置再瞄准B点,读数为a_2,得$b_2=a_2+\beta$,转动照准部,使读数为b_2,在地上标定C''点。如果C'和C''不重合,则取C'、C''的中点C,固定之。为了检核,用测回法测量$\angle BAC$,若与β值之差符合要求,则$\angle BAC$为测设的β角。此法又称盘左盘右分中法。

2. 精确法

又称归化法。当测设精度要求较高时使用此法。如图11-6所示,在A点安置经纬仪,用一个盘位测设β角,得C'点。用测回法数个测回测量$\angle BAC'$,得β'。再测量AC'距离为D。便可计算C'点上的垂距l。

$$\Delta\beta=\beta-\beta'$$

$$l=D\tan\Delta\beta\approx\frac{\Delta\beta}{\rho}D$$

l即为改正值。从C'点按$\Delta\beta$的符号确定l改正的方向,量出l,即得C点。

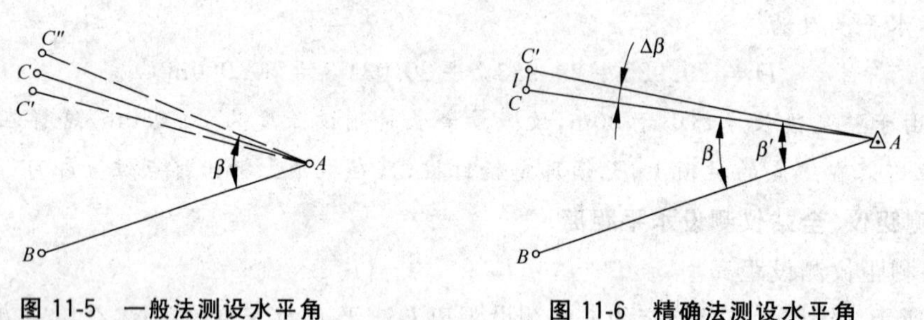

图11-5 一般法测设水平角

图11-6 精确法测设水平角

11.2.3 已知高程点的测设

测设已知高程是根据水准点的高程进行引测。如图11-7所示,BMA为一水准点,高程为H_A。欲测设B点,其高程为H_B。

现测得后视读数a,则$b=H_A+a-H_B$。视线对准水准尺上的b,水准尺紧贴B点桩,以尺底为准在桩上画一横线,此线即为H_B的高程线。

在建筑施工过程中,大多以室内地坪的高程作为±0标高。建筑物的门、窗、过梁等的标高均以±0为依据进行测设。

在建筑工程中引测楼板的高程、测设吊车轨道梁的高程等,需要从水准点的高程或±0向上引测,此时一般用钢尺代替水准尺进行测设。如图11-8所示,利用楼梯间测设楼板高程。

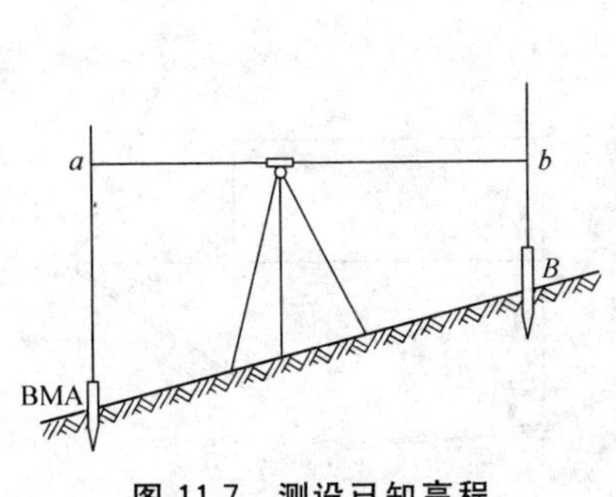

图 11-7　测设已知高程

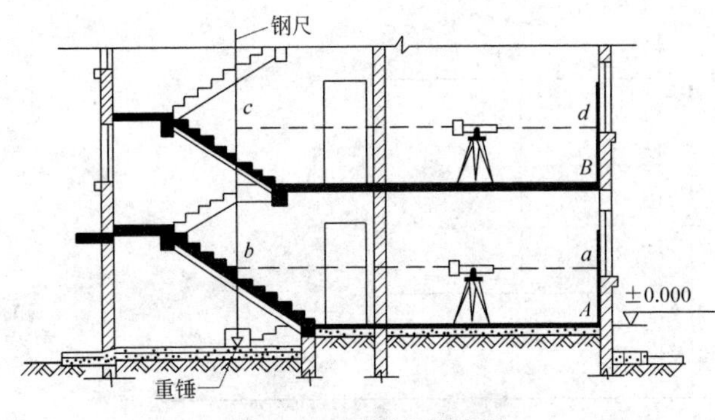

图 11-8　测设楼板高程

欲在某层楼板上测设高程 H_B，起始高程点 A，$H_A=\pm0.000$，首先通过楼梯间悬吊一钢尺，零端向下，并挂一重量相当于检定钢尺时所用拉力的重锤(如 10kg)。安水准仪于底层，在 A 点上立尺，读出后视读数 a，再读钢尺读数 b；在某层楼板上，安水准仪读出钢尺上的读数 c。如果在墙上标志高程，使测设高程为一整数，可将水准尺紧贴墙壁在尺上读数：

$$d = H_A + a - b + c - H_B \tag{11-1}$$

式中，H_B 为整数高程(如整分米数，或整米数)。在墙上做一标志，可随时用小钢尺量出楼板高程。

上述测设应进行两次，如较差小于 3mm，可取中间位置作为最终高程点。

在地下建设工程中，需测设地下建筑物底板的高程，可采用上述悬吊钢尺的方法进行。

11.2.4　平面点位的测设

根据控制网的形式、地形情况、控制点的分布等因素，可采用不同的方法进行点位的测设。

1. 直角坐标法

该法适用于建筑方格网、建筑基线等有相互垂直轴线的控制网形式。

如图 11-9 所示，OA、OB 为相互垂直的坐标轴线，已知 O 点的坐标 X_O，Y_O；以及建筑物特征点 S、R、P、Q 的坐标。首先计算出建筑物特征点与控制点的坐标增量：

$$\begin{cases}\Delta x_1 = x_R - x_O \quad \Delta y_1 = y_R - y_O \\ \Delta x_2 = x_S - x_O \quad \Delta y_2 = y_S - y_O \quad \Delta y_2 = \Delta y_1\end{cases} \tag{11-2}$$

测设时，将仪器安置于 O 点，瞄准 A 点，分别测设 Δx_1、Δx_2，从而得到 1、2 两点。再将仪器置于 1 点，瞄准 O 点，转 90°角，测设 Δy_1 和 RQ 边长，得到 R、Q 两点；将仪器置于 2 点，瞄准 O 点，转 90°角，测设 Δy_2 和 SP 边长，得到 S、P 两点。分别丈量建筑物的各边长和测量建筑物的 4 个内角，检查是否符合设计要求，否则，进行改正。

直角坐标法，计算简单，测设方便，精度较高，但在使用时要注意尽量采用近处的控制点；宜从建筑物的长边开始测设，以保证测设精度。

2. 极坐标法

又称角度距离法，即测设一个角度和一个边长而放样点位。若用钢尺量距，最好不要超过一个尺段，适用于量距方便的条件下。

如图 11-10 所示，R、S、P、Q 为一建筑物四个轴线点，其设计坐标为已知，附近有测量控制点 1、2、3，…。首先计算测设数据：

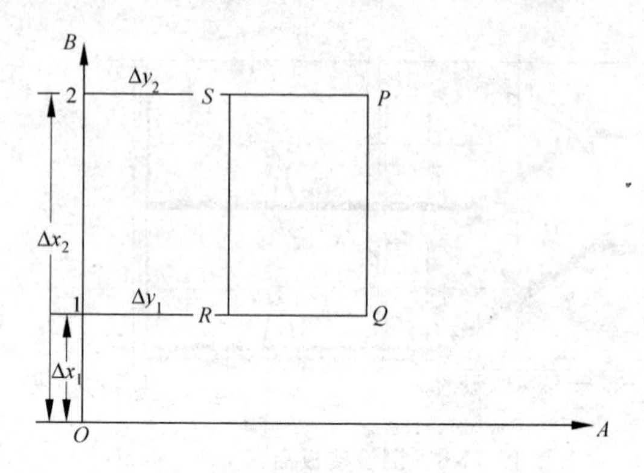

图 11-9 直角坐标法放样点位

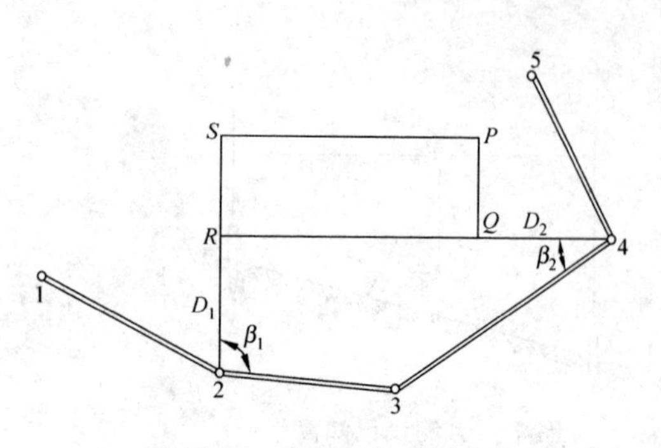

图 11-10 极坐标法放样点位

$$
\begin{cases}
\alpha_{2R} = \tan^{-1} \dfrac{y_R - y_2}{x_R - x_2} \\
\alpha_{4Q} = \tan^{-1} \dfrac{y_Q - y_4}{x_Q - x_4} \\
\beta_1 = \alpha_{23} - \alpha_{2R} \\
\beta_2 = \alpha_{4Q} - \alpha_{43} \\
D_1 = \dfrac{y_R - y_2}{\sin\alpha_{2R}} = \dfrac{x_R - x_2}{\cos\alpha_{2R}} \\
D_2 = \dfrac{y_Q - y_4}{\sin\alpha_{4Q}} = \dfrac{x_Q - x_4}{\cos\alpha_{4Q}}
\end{cases}
\tag{11-3}
$$

根据计算结果绘制测设草图,然后进行实地测设。

将经纬仪安置于点2,测设β_1角,沿$2R$方向量取D_1,便得到R点;同法,在4点上测设Q点。然后测量RQ边长,检查是否与设计长度一致,以资校核。

3. 全站仪测设平面点位

全站仪测设平面点位有角度距离放样法和坐标放样法两种,都无须事先计算设计数据。

(1) 角度距离放样法

① 将全站仪安置于2点上,盘左瞄准控制点3,将后视方向设置为0°00′00″。在模式菜单中选放样测量菜单,在放样距离、角度的项目下,输入欲测设的水平距离和角度。

② 沿给定方向瞄准欲测设点R上的反光镜,持镜人手持镜杆沿给定方向前进,当跟踪反光镜显示的距离、角度与欲测设值之差在规定范围之内时,则将反光镜固定在R点上,并桩定之。

③ 再仔细进行观测,稍移动反光镜,使显示距离、角度与测设值之差符合要求为止。

④ 为了检核可进行复测。

⑤ 同法放样其他点。

(2) 坐标放样法

测站点和后视点的坐标均为已知,当输入放样点的坐标后全站仪自动计算出方位角和平距,并已存储。利用上述角度、距离放样法即可放样。

① 如图11-10所示,将仪安置在点2上,量出仪器高和反光镜高(目标高);按屏幕提示输入测站点2的三维坐标及仪高、目标高,再按提示输入后视点3和放样点R的三维坐标,给出指令,便自动计算

出设计数据 D_1 和 β_1。

② 盘左旋转照准部，使显示的角值为 β_1，将反光镜置于视线上 R 点附近，即显示平距 D'，根据 D' 与 D_1 之差移动反光镜，直至角度、距离与测设值之差在规定范围之内即可，从而得到 R 点，并固定之。

③ 按显示屏幕置于高程放样选项，上下移动棱镜使高差值与欲测设值之差为 0，棱镜杆下端点即为放样点 R。

④ 同法，于点 4 测设 Q 点。

⑤ 每测设完一个点，随时测出该点的坐标，与设计坐标相比较，以资校核。

4. 角度交会法

该法只测设角度，不测设距离，故适用于不便量距或控制点远离测设点的条件下。

如图 11-11 所示，为了保证测设点 P 的精度，需要用两个三角形交会。首先根据 P 点和 A、B、C 点的已知坐标，分别计算出指向角 α_1、β_1 和 α_2、β_2，然后分别于 A、B、C 三个点上测设指向角 α_1、β_1、α_2、β_2，并在 P 点附近沿 AP、BP、CP 方向各打两个小木桩。桩顶钉一小钉，拉一细线，以示 AP、BP、CP 方向线。如图 11-11，三条方向线的交点，即为 P 点。但是由于测设存在误差，三条方向线有时不交于一点，会出现一个很小的三角形，称为误差三角形。若误差三角形的边长在允许范围之内，则取三角形重心为 P 点位置。否则，重新测设。

5. 距离交会法

距离交会法是在两个控制点上，量取两段平距交会出点的平面位置。当地形平坦时，若用钢尺量距，距离不大于一个尺段，用此法较适宜。

如图 11-12，a、b 分别为 AP、BP 的平距，在 A 点测设平距 a，在 B 点测设 b，其交点即为 P 点。

测设时，交会角 γ 的大小一般在 60°～120°之间较为适宜。

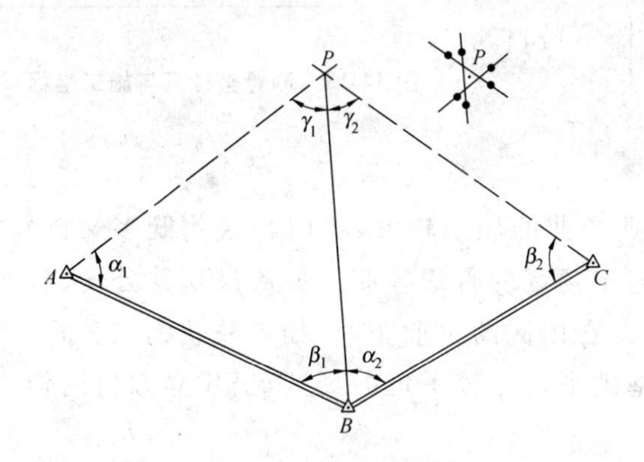

图 11-11　角度交会法测设点位

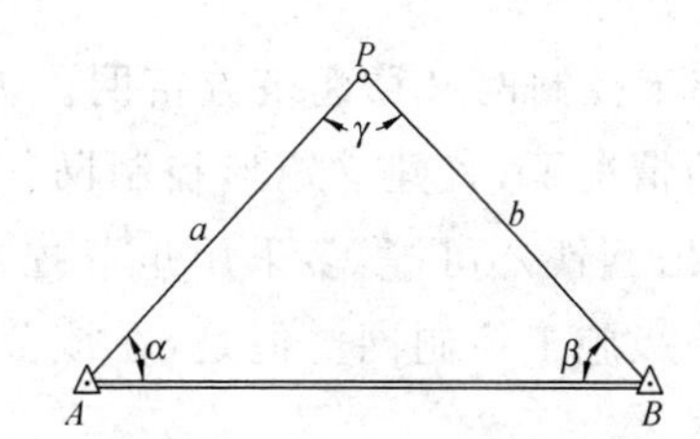

图 11-12　距离交会法测设点位

11.3　建筑施工控制网

由于工程建设各阶段的要求不同，其测量控制网的形式、精度、点的密度也有所不同。勘测设计阶段的测量控制网主要用于测绘地形图，难以考虑到施工的要求。在施工阶段一般要建立为施工服务的专用控制网,即施工控制网。至于为工程建设项目在运营以后的变形观测或监测而建立的控制网,又有特殊的要求。在此主要讨论建筑施工阶段的控制网。

由于工程建设项目的不同,施工控制网也不相同。在工业企业建设项目中,建(构)筑物较多,其中厂房施工和安装工作要求较高。大的工业企业,还要求建立专用的场区控制网和厂房控制网,以控制厂房定位、施工和设备安装。水利工程的施工控制网对大坝建设来说,又有较高的要求。桥梁、隧洞建设的控制网与以上控制网也不相同。

施工控制网在充分利用测图控制网的条件下,根据施工的要求和地形条件的不同,可采用导线网、方格网(矩形网)、三角网或边角网。

11.3.1 测量坐标系与施工坐标系的转换

施工控制网为了施工、放样的方便,通常在测图控制网的基础上,建立独立的控制网,并建立独立的坐标系统,称施工坐标系。该坐标系与测量坐标系可以相互转换。如图11-13所示,施工坐标系为A、B坐标系,A轴在测量坐标系中的方位角为α,施工坐标系的原点为O',其坐标为x_0和y_0,某点p的施工坐标A_p、B_p可转换为测量坐标:

$$\begin{pmatrix} x'_p \\ y'_p \end{pmatrix} = \begin{pmatrix} \cos\alpha & -\sin\alpha \\ \sin\alpha & \cos\alpha \end{pmatrix} \begin{pmatrix} A_p \\ B_p \end{pmatrix} \tag{11-4}$$

$$x_p = x_0 + x'_p$$

$$y_p = y_0 + y'_p$$

同理,某点的测量坐标也可转换为施工坐标

$$\begin{pmatrix} A_p \\ B_p \end{pmatrix} = \begin{pmatrix} \cos\alpha & \sin\alpha \\ -\sin\alpha & \cos\alpha \end{pmatrix} \begin{pmatrix} x_p & -x_0 \\ y_p & y_0 \end{pmatrix} \tag{11-5}$$

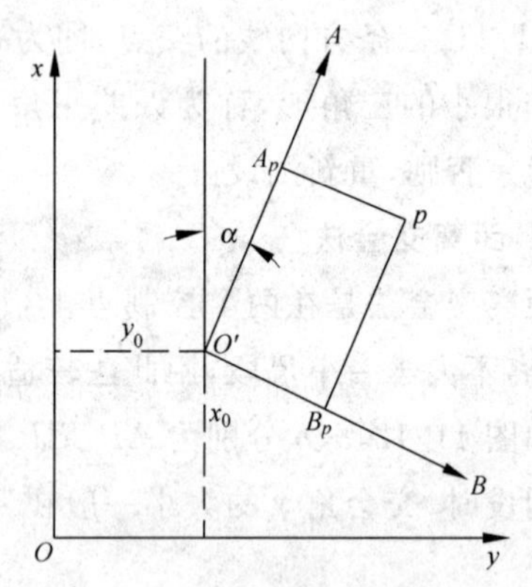

图11-13　测量坐标系与施工坐标系的转换

11.3.2 矩形施工控制网

矩形施工控制网又称建筑方格网。大工业企业的场区较大,建(构)筑物既多又比较规则,在地势平坦的情况下,宜建立矩形控制网作为施工场区的首级控制。如武汉钢铁公司、包头钢铁公司、上海宝山钢铁公司等,多采用矩形控制网。在山区的工业企业,如攀枝花钢铁公司,则建立三角网作为首级施工控制网。但是,在该公司基础平台比较平坦的场区,仍建立方格网作为系统工程的控制网。

在场区施工控制网的基础上,建立厂房矩形控制网作为厂房施工控制,为厂房的施工和安装服务。

1. 矩形控制网的布设

在工业企业建筑设计总平面图上,根据建(构)筑物的分布及建筑物的轴线方向,布设矩形网的主轴线。纵横两条主轴线要与建(构)筑物的轴线平行。每条主轴线上不少于三个点,称为主点,如图11-14、图11-15中的M、O、N、C、D、A、B,测设后以便检核、改正。

纵、横轴线确定后,再设计矩形网的网点,网点的间距一般为100～300m,网点的坐标最好设计为整米数。

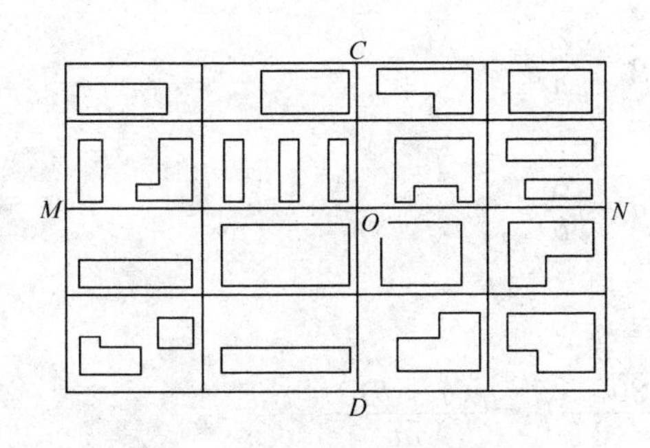

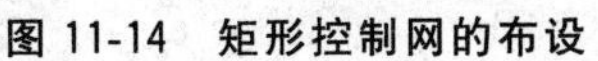
图 11-14　矩形控制网的布设

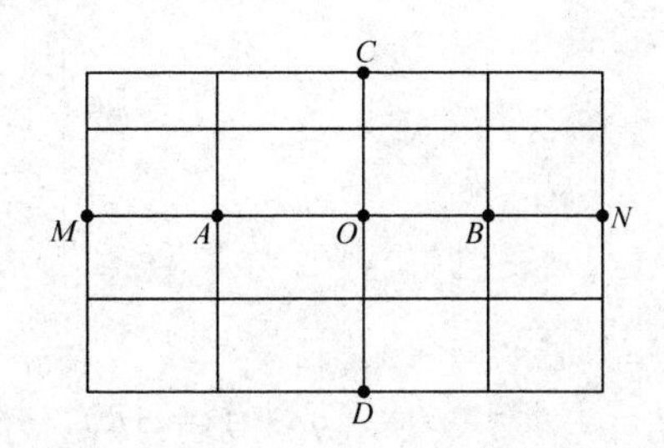

图 11-15　矩形控制网的主轴线和主点

当矩形网设计完成后，首先要确定主点的施工坐标系的坐标，并推算网点的施工坐标。据此用式(11-4)分别计算主点的测量坐标。

2. 矩形网的测设

(1) 矩形控制网测设的精度

依照《工程测量规范》的规定，主点的点位中误差(相对于邻近的测量控制点)不应超过±5cm。交角的测角中误差为±2.5″，直线度的限差为 180±5″；边长相对中误差首级为 1/30 000，Ⅱ级为 1/20 000。90°交角的限差为±5″。

(2) 主点的放样

① 初步放样　根据主点的测量坐标，选择附近的测量控制点(图 11-16)。如果主点附近无高级的测量控制点，则需建立首级测量控制点，以便为测设主点服务。新建的测量控制点，要比主点的精度高一个等级。

根据条件，选极坐标法进行主点的初步放样。用桩顶直径不小于 10cm 的木桩标定主点。

② 测定主点坐标　用不低于±5″的仪器和测距设备，测定各主点的精确坐标，如果有条件可用 GNSS 全球定位系统，在 A、O、B、C、D 点上组成 GNSS 网进行观测(图 11-15)，以求得主点的坐标。然后与设计坐标比较，如有不符，则用归化法进行改正，使在限差之内。

(3) 主轴线的检测与校正

主点经放样后，由于误差的存在通常不在一条直线上，如图 11-17，A'、O'、B' 三点均偏离了 A、O、B 点的位置。在 O 点上安置经纬仪，以±2.5″的精度测定 β。若 β 角与 180°之差，大于±2.5″，则需要进行主点位置的调整。

如图 11-17 所示三点不在一条直线上，分别在 A'、O'、B' 上各移动一改正值 δ，可使三点共线。

图 11-17 中，μ 和 γ 均为小角，a、b 分别为 AO'、$O'B$ 边长，故

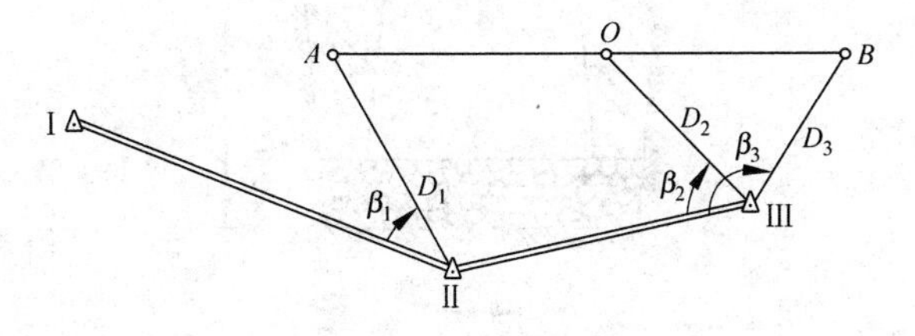

图 11-16　主点放样

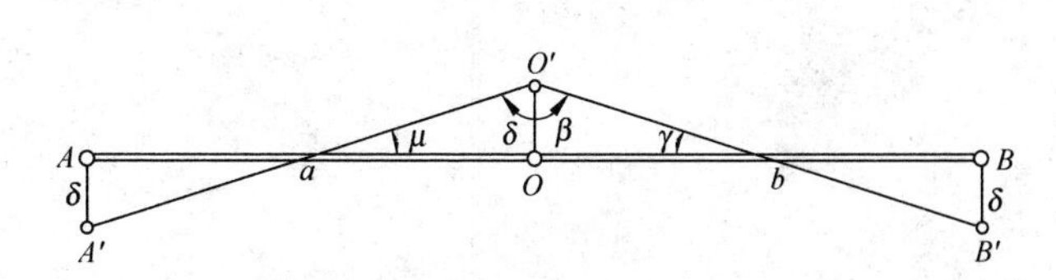

图 11-17　主轴线的检测与校正

$$
\begin{cases}
\mu = \dfrac{\delta}{\dfrac{a}{2}}\rho = \dfrac{2\delta}{a}\rho \\
\gamma = \dfrac{\delta}{\dfrac{b}{2}}\rho = \dfrac{2\delta}{b}\rho
\end{cases}
\tag{11-6}
$$

而

$$
\mu + \gamma = 180^\circ - \beta, \quad \frac{180^\circ - \beta}{2} = \frac{(a+b)\delta\rho}{ab}
$$

所以

$$
\delta = \frac{ab}{a+b}\left(90^\circ - \frac{\beta}{2}\right)\frac{1}{\rho} \tag{11-7}
$$

在 A'、O'、B' 三点上改正 δ 后，再检测 β 角，如果 $(180^\circ-\beta) \leqslant 2.5''$，则认为符合要求。

C、D 两点的测设，如 A、O、B 相同，如图 11-18 所示，将经纬仪置于 O 点，瞄准 A 点，测设 90°角和距离 L，得 C' 点和 D' 点。同样，精确测量$\angle AOC'$和$\angle BOC'$，分别得 β_1、β_2 角。若 β_1、β_2 不相等，则计算 C' 点的偏移量 l_1：

$$
l_1 = L\,\frac{(\beta_1 - \beta_2)}{2\rho} \tag{11-8}
$$

同理，可计算出 D 点的偏移量 l_2。

根据 l_1 和 l_2，分别对 C' 和 D' 进行改正。改正后仍需进行检测，直至纵横轴线的夹角与 90°之差不大于 $\pm 2.5''$ 为止。

矩形控制网的纵横主轴线放样以后，主轴线的交点 O 为矩形网的原点(起始点)，其他网点的坐标均由该点起算，轴线方向则作为起算方向。

(4) 主点标石埋设

主轴线放样、调整之后，随即将木桩换为混凝土永久标石，其形式如图 11-19。标石的高度 l 和宽度 b 要根据土质情况而定，可参照一、二级小三角的标石。一般还在桩顶设水准标志。

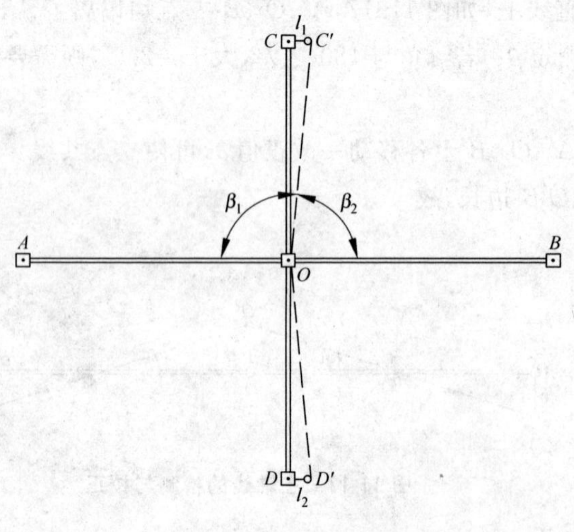

图 11-18 主点放样

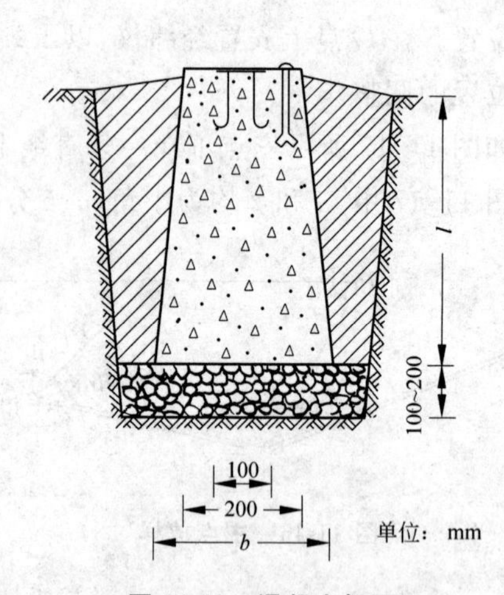

图 11-19 混凝土标石

换标桩时,用两台经纬仪分别安置在标桩 2～3m 附近,并使视线互相垂直。同时,瞄准标点,固定仪器,钉好定位木桩。当埋入混凝土桩凝固之后,用两台仪器的视线交点将点位投测到混凝土桩顶的标板上,打孔并涂以红漆标示之。

(5) 矩形控制网点的测设

矩形控制网点的测设是在主轴线的基础上进行的。经初步放样,检测、校正后将各网点置于设计位置上。其精度要求和网点间的距离均要符合《工程测量规范》GB 50026—2007 的要求。具体要求如表 11-1。

表 11-1　建筑方格网的主要技术要求

等级	边长/m	测角中误差	边长相对中误差
Ⅰ级	100～300	5″	≤1/30 000
Ⅱ级	100～300	8″	≤1/20 000

3. 建筑场地的高程控制

建筑场地上的高程控制多采用水准测量的方法建立。施工水准点的密度,尽可能满足安置一次仪器即可进行高程测设的要求。因此,在矩形网点上加设三、四等水准点。另外,在必要时,于易于保存之处设三、四等水准点。在建(构)筑物内,设±0 点,以便于建(构)筑物的内部测设。建(构)筑物的室内地坪高程作为±0,因此,各个建(构)筑物的±0,往往不是同一高程,施工放样时应特别注意。

11.3.3　工业厂房矩形控制网

工业厂房矩形控制网是控制厂房内柱列轴线,作为柱子定位和测设设备位置的依据。若工业场区建立建筑方格网,厂房控制网的建立则更方便、快捷。

图 11-20 所示,厂房轴线的交点为 N、M、P、Q,厂房控制网的轴线交点要离厂房的距离大于柱深的 1.5 倍,同时,要避开地下管线和运料通道,设立厂房控制网 R、S、T、U 四个轴线交点。已知 M、N、P、Q 四点设计的施工坐标,故 R、S、T、U 的坐标也已知,即可根据建筑方格网,用直角坐标法进行厂房控制网的测设。如图 11-20,安置经纬仪于 I 点,设角 90°,量出 J 点对 I 点的 B 坐标差得 J 点。安仪器于 J 点,后视 I 点,设角 90°,量出 JT 和 TU 长度得 T、U 点。同理从 H 点测设 S、R 点,则厂房控制网的四个角点测设于实地。检测四个角点的直角与四边长度,一般与直角之差不应超过±10″,距离的相对误差不大于 1/10 000。否则用归化法进行改正,使其符合要求。

如图 11-21 所示,在厂房控制网四边上,按照柱列轴线的位置,设置纵横轴线控制桩,又称距离指标桩,便形成厂房矩形控制网。纵向轴线编号为①、③、⑤、⑦、⑨、…,横向轴线编号为 A、B、C、…,纵向轴线之间每跨 12m,根据设计吊车的用途和载重量不同,横向轴线之间为吊车的跨距,其跨距大小也不同。

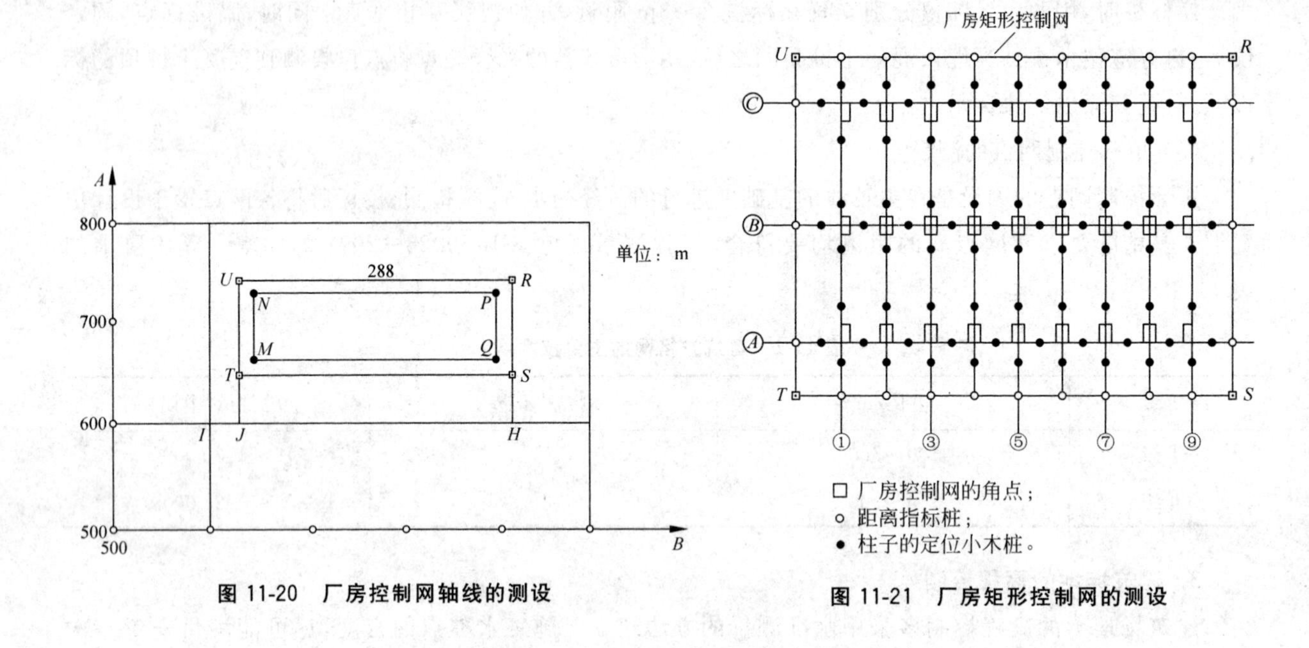

图 11-20　厂房控制网轴线的测设

图 11-21　厂房矩形控制网的测设

11.4　建筑施工测量

建筑施工测量主要是指民用和工业建筑的施工测量，如住宅、办公楼、商场、医院、宾馆、学校等民用建筑和工业企业的仓库、厂房、车间等的施工测量。其中包括高层建(构)筑物的施工测量。

11.4.1　一般民用建筑的施工测量

在施工测量前，首先熟悉建筑设计总平面图、建筑平面图、基础平面图等。

在总平面图上已确定拟建建筑物的位置，根据设计的要求进行拟建建筑物定位和细部测设。如图 11-22 所示，定位有如下情况：

(1) 建筑物Ⅰ是根据导线点 A、B 用极坐标法定位的。1、2、3、4 为拟建建筑物的四个轴线交点。

(2) 建筑物Ⅱ是根据红线桩 H_1、H_2、H_3，按规定离开红线 l，用直角坐标法进行定位的。

(3) 建筑物Ⅲ是根据已有建筑物Ⅴ与建筑物Ⅲ的几何关系进行定位的。先平行 V 量出 l，作 V 的平行线 ab，延长到 cd，然后用转直角的方法，测设 M、N、P、Q 四个角点。

(4) 建筑物Ⅳ是作道路中心线的平行线测设 F、E、D、C 四点。

当轴线的多个交点定位后，要检查轴线的长度和 90°角是否符合要求，距离的相对精度小于1/5 000，拐角与

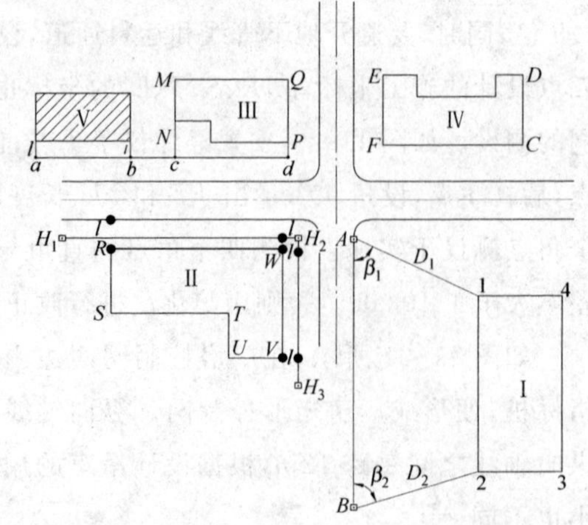

图 11-22　一般民用建筑物的定位

90°之差不大于±1′即可。

为了保存轴线的控制桩，在基槽外边线一定距离处设置轴线控制桩。并加以保护，以便施工过程中使用。与此同时，将建筑物的室内地坪高程，测设在控制桩上，作为建筑物的±0 点。

轴线控制桩放样后，即可放样基槽边线开挖基槽，进行基础的砌筑。

当建筑物向上砌筑时，用轴线控制桩将轴线投测到墙上，每升高一层投测一次。根据±0 点，将标高向上引测，以便为建筑物的继续施工服务。

11.4.2　工业厂房的施工测量

工业厂房的施工测量主要是根据厂房矩形控制网的轴线，测设柱列轴线。纵横轴线的交点即是柱子的位置，然后进行柱基础的浇注、柱子的吊装，以及吊车梁和吊车轨道的安装等工作。

1. 柱列轴线的测设

如图 11-23 所示，是图 11-21 工业厂房轴线的一部分。A、B、C、… 和①、⑤、⑨、… 是厂房控制网的轴线。每条柱子的柱列轴线也已标出，在柱轴线上纵横各设定位小木桩两个，桩顶钉一小钉，拉线可交出柱子中心位置。待浇灌柱基础后可以恢复柱子的位置。如图 11-23，A—A 和⑤—⑤方向的小木桩可拉线交出 A⑤柱位。

2. 柱子吊装时的测量工作

柱子在吊装之前，先在杯形基础的顶面，根据轴线控制桩投测 4 条轴线，如图 11-24，并在轴线上标明▲。在杯口内壁，引测一条高程线，该线离杯底为一整分米数。

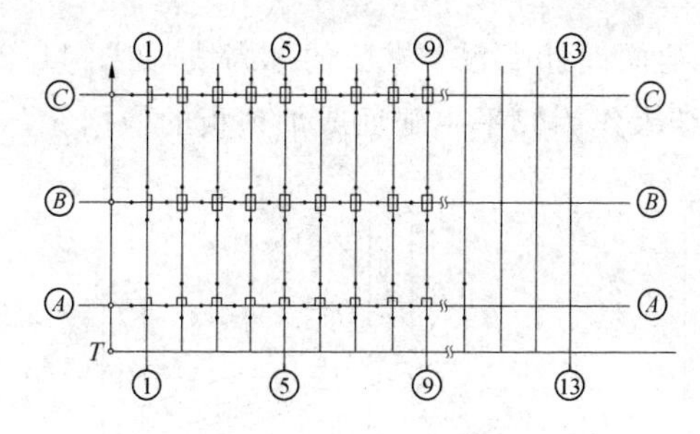

图 11-23　由厂房控制网的轴线确定柱位

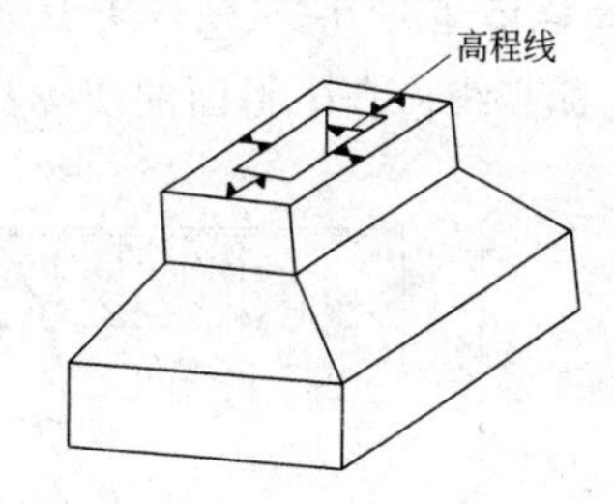

图 11-24　杯形基础

在柱子的三个侧面弹出柱中心线。预制柱子牛腿面至柱底的设计长度为 l，已设计的牛腿高程为 H_2 实际杯底的高程如果为 H_1，图 11-25 则应满足如下关系：

$$H_2 = H_1 + l$$

由于 l 是预制厂预制时的长度，往往与设计长度不符，故在浇注杯形基础底面时，其高程要降低 2～5cm。吊装前按实际柱长，用 1∶2 水泥砂浆在杯底找平，使 $H_2 = H_1 + l$。

准备就绪，将柱子吊入杯形基础，使柱脚中心线对准杯形基础上的中心线，如图 11-26。并用垂直方向上的两台经纬仪进行竖直校正。要求经纬仪离开柱子距离大于柱高的 1.5 倍。瞄准柱底中线，上仰望远镜，瞄柱子顶部中线，用钢楔和钢缆调整使其竖直。定位后用二次灌浆固定之。

吊装柱子时要求：

(1) 柱子偏离柱列轴线不得超过±5mm；

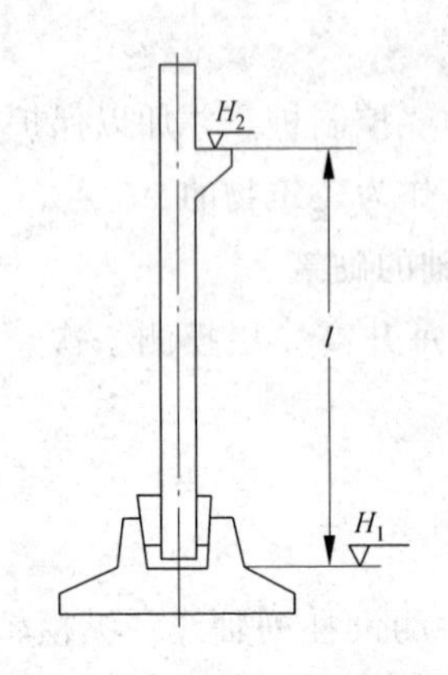

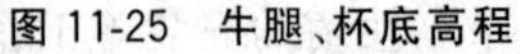

图 11-25 牛腿、杯底高程

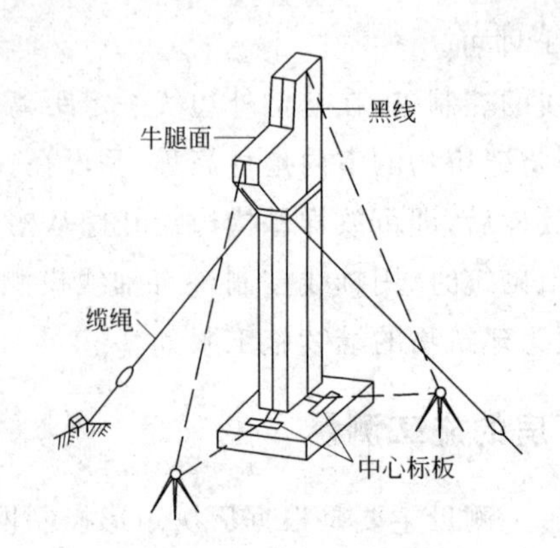

图 11-26 柱子吊入杯形基础的安装测量

(2) 牛腿面高程与设计高程之差不超过±5mm,如果柱高大于5m,最多为±8mm;

(3) 柱子竖向偏差不得大于1/1 000柱高,但最大不应超过20mm的偏差值;

(4) 柱子校正前,应严格检校经纬仪,使盘左盘右的 $2c$ 差及竖轴误差,校正到最小。还要避开太阳曝晒,最好在早晨或阴天时吊装校正。

3. 吊车梁及吊车轨道的安装测量

吊车梁、吊车轨道的安装测量的主要目的是使吊车梁中心线、轨道中心线及牛腿面上的中心线在同一个竖直面内;梁面、轨道面都在设计的高程位置上;同时,轨距和轮距要满足设计要求(图11-27)。

(1) 首先在吊车梁顶面和两端弹出梁的中心线。

(2) 用高程传递的方法,在柱子上标出高于牛腿面设计高程一常数的标高线(如图11-28)称为柱上水准点,依此标高线检查牛腿面的实际高程,检查结果作为修平牛腿面或加垫板的依据。

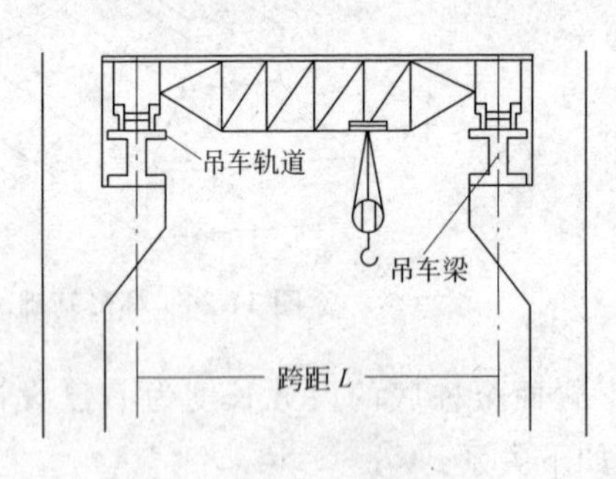

图 11-27 安装吊车

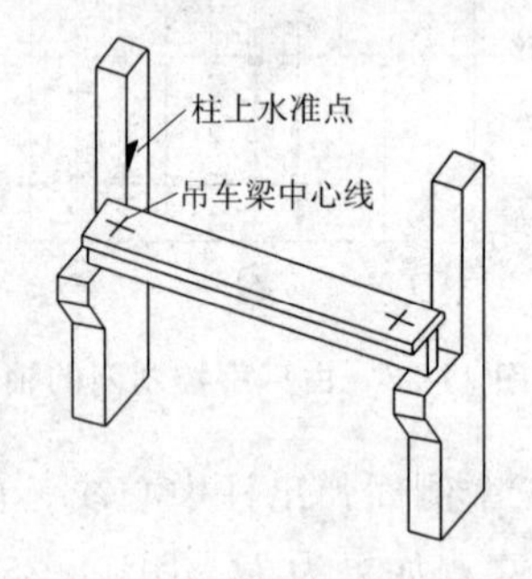

图 11-28 柱上水准点和吊车梁中心线

(3) 牛腿面中心线的投测 如图11-29所示,根据厂房中心线 A_1A_1,在地面上,测设出吊车轨道中心线 $A'A'$ 和 $B'B'$。分别在 A' 和 B' 点安经纬仪,将吊车轨道中心线投测到牛腿面上,并弹出墨线。

(4) 安装吊车梁 经检查牛腿面上轨道中心线和牛腿标高正确无误后,则将吊车梁吊到牛腿面上,并将中心线对齐。

(5) 检查梁面标高 利用柱上标高线,对梁面进行检查,梁两端接头处的高差不超过±3mm,如果超限则在梁下用钢板垫平。

(6) 检查梁上中心线 如图11-29所示,分别从厂房两端的 A'、B' 点向厂房中心线垂直量出 $a=1$m,

定 A''、B''点，便得平行线 $A''A''$、$B''B''$。同时做一小木尺，在尺上量取 1m 长度，划一分划线。一人在 A''或 B''安经纬仪，瞄准平行线的另一端。另一人在梁上横放小尺，使小尺一端对准梁中线。仰起望远镜，若视准轴对准小尺刻划线，说明符合要求，否则需撬动吊车梁调整梁中线到正确位置。

将吊车轨道吊装到轨道梁上，然后用柱上标高线，每 3m 检测一处轨道高程，与设计高程之差不得超过 ±3mm，同时，检测两轨距与设计轨距之差不超过 ±5mm。

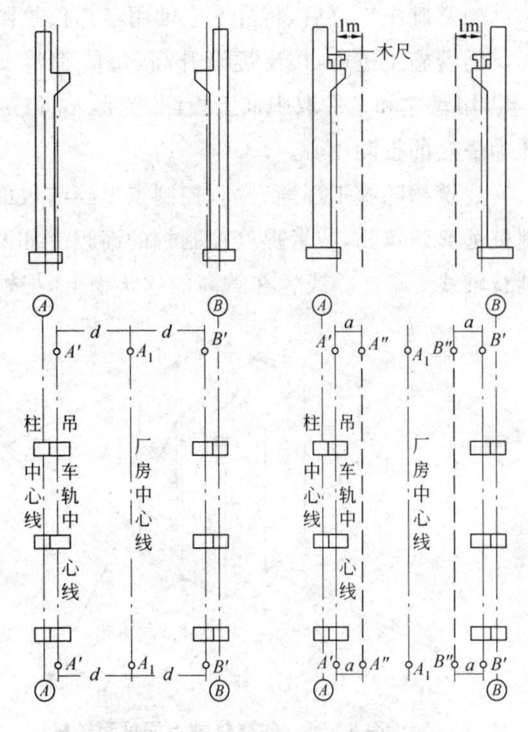

图 11-29　牛腿面中心线的投测

11.4.3　高层建筑的轴线投测和高程传递

按照我国对高层建筑物的划分是：8 层到 20 层为高层建筑；超过 20 层称超高层建筑。在此讨论的高层建筑物施工测量，均是超过 8 层以上的高层建筑物。

高层建筑物的施工测量主要是控制竖向偏差每层不超过 5mm，全楼累计误差不大于 20mm。因而其主要任务是轴线在不同层次上的投测定位和高程的控制问题。

1. 高层建筑物的轴线投测

(1) 经纬仪引桩投测

某饭店为 30 层建筑，如图 11-30 所示，①、②、③、…和 A、B、C、…、K 为施工坐标系的纵横轴线，x、y 为测量坐标系的轴线方向，其中Ⓒ轴和③轴作为中心轴线，并通过塔楼中心。由于楼层较高，场地又受到一定限制，在尽可能远的地方，桩定 C、C'和 3、3′四个轴线控制桩，作为投测轴线的主要依据。

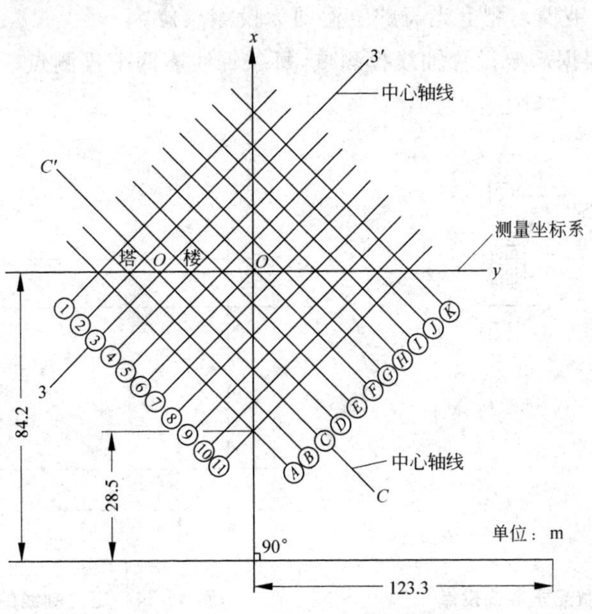

图 11-30　高层建筑物轴线的投测

当基础施工之后，将③和©轴用经纬仪投测在塔楼底部(图11-31)，以a、b、a'、b'标示之。

随着施工进度，楼层逐渐升高，每层都将a点和b点向上投测。投测时，仪器分别安置于C点和3点，用盘左和盘右取中向上投测，测得a_1和b_1。同法投测得a_1'、b_1'。每层上a轴线和b轴线的交点o'即为塔楼的投测中心。

建筑物随施工逐渐升高，控制点上经纬仪的仰角则逐渐增大，投测精度因此而降低。就要使轴线控制桩远离建筑物，或者提高控制桩的高程。如图11-32，用建筑物上已投测的轴线点，后视轴线控制桩，延长轴线c'—c_1'。或者在较高的建筑物上，把轴线控制桩延长到楼顶上(如图11-32)。

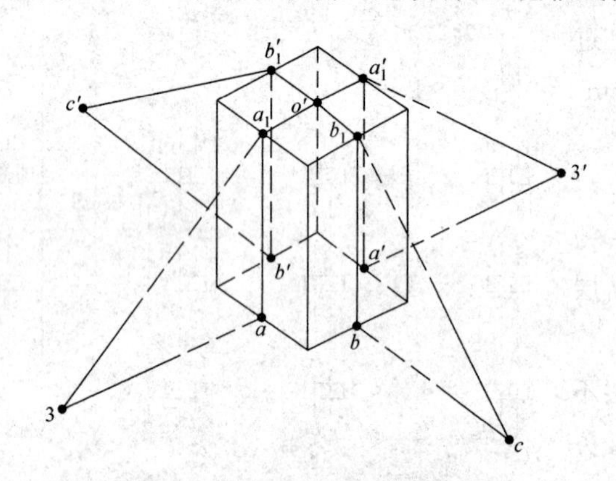

图11-31　向建筑物上层投测轴线

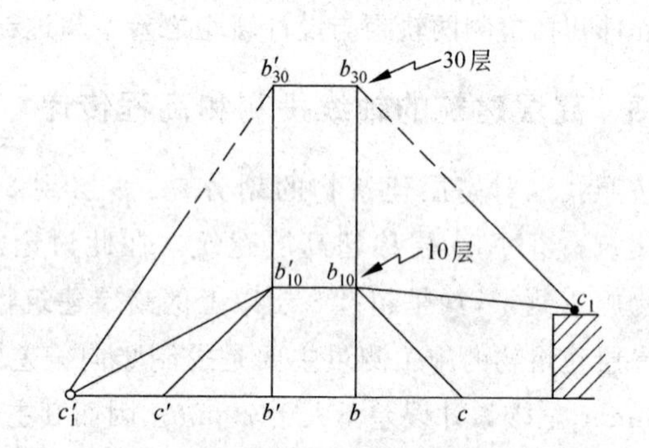

图11-32　延长和提高控制线投测轴线

(2) 激光垂准仪投测法

激光垂准仪又称铅垂仪，它是利用发射望远镜发射的铅直激光束到达光靶，在靶上显示光斑，从而投测定位。铅垂仪可向上投点，也可向下投点。其投点误差一般为1/100 000，有的可达1/200 000。

如图11-33所示，仪器安在底层，经严格整平后，启辉激光器，发出激光。在楼板的预留孔(20cm×20cm)上放置接收靶(或毛玻璃)，靶上光斑的位置即为投测点位。

在建筑物的平面上，根据需要设置轴线投测点，每条轴线需两个投测点。投测点距定位轴线l一般在1米之内，如图11-34。

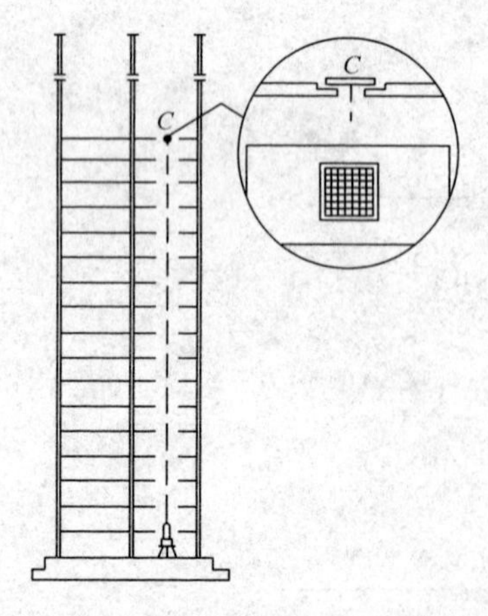

图11-33　用激光垂准仪投点

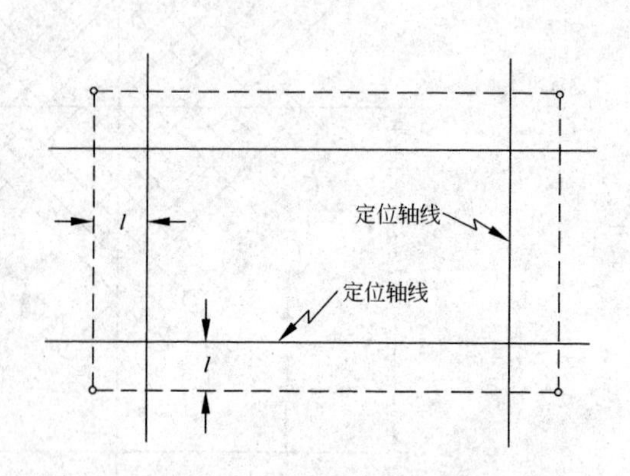

图11-34　定位轴线的确定

(3) 烟囱施工测量

烟囱是一种平面面积小，主体高，地基负荷大，垂直度要求严格的构筑物。若烟囱高度大，现在多采用滑模施工。垂直度的检测通常采用激光垂准仪。

当烟囱高 $H\leqslant 100\mathrm{m}$ 时，垂直度偏差 $\delta\leqslant 0.0015H$；当 $H>100\mathrm{m}$ 时，$\delta\leqslant 0.001H$。

如图 11-35，烟囱的半径为 r，中心点为 O，纵、横两条轴线为 AB 和 CD，每条轴线的一端设三个轴线控制桩，控制桩离中心的距离一般要大于烟囱高度的 1.5 倍。烟囱的中心标点 O，要埋设固定标志，并要妥善保护。

当烟囱定位后，基础施工完毕；筒身增高，要及时进行中心点的投测；当烟囱不高，可用吊垂球的传统方法检测。

滑模施工时，如图 11-36 所示，将激光垂准仪安在中心点 O 上，在工作平台的中心上安设激光靶，在每次滑模前、后(每次滑模上升高度大约 30cm)各进行一次检测。找出偏离烟囱的距离和方向，据此进行调整。

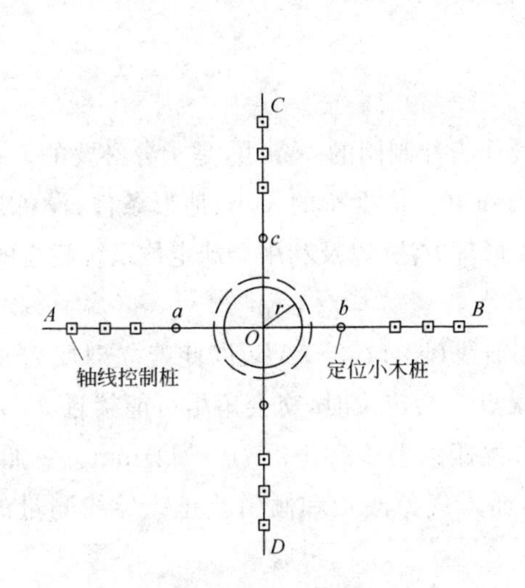

图 11-35　烟囱的轴线控制

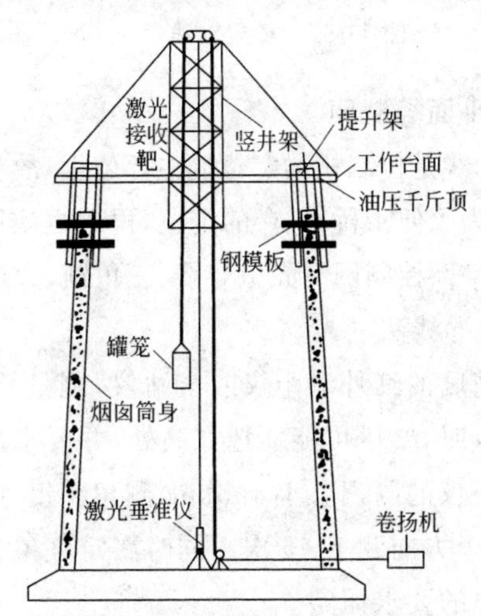

图 11-36　烟囱滑模施工的垂直度检测

2. 高程传递

建(构)筑物在施工中的高程传递，如第 3 章所述，一般是用悬吊钢尺的方法将地面高程引测到高层，在此不赘详。

11.5　桥梁工程测量

11.5.1　桥梁施工控制网

桥梁施工控制网的主要目的是依据规定的精度求得桥梁轴线的长度，并据此进行的墩、台定位。

如图 11-37 所示，桥轴线两岸的控制桩 A,B 间的距离，称桥轴线长度。施工测量首先要将桥墩、台测设于轴线上。轴线长度是测设墩、台位置的依据，故以必要的精度测量桥轴线的长度是十分重要的。由于桥的大小(轴线长短)不同，桥式不同，要求的精度也不同，按照《铁路测量技术规则》，依据桥的大小，有如表 11-2 的规定。

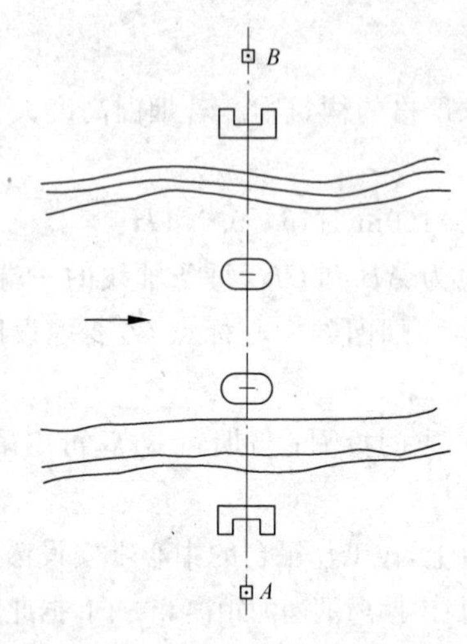

图 11-37 桥梁轴线

表 11-2 桥轴线精度

桥长	长度相对中误差
<200m	1∶10 000
200～300m	1∶20 000
>500m	1∶40 000

1. 桥梁平面控制网

由于桥轴线是控制桥梁定位的主要依据,故将轴线作为控制网的一条边,是十分必要的。在以轴线为主的情况下,为了便于桥墩、台的定位,再根据实际情况布网。依据桥的大小、地形条件、设备条件不同和设计的要求,平面控制网有光电导线、三角锁、大地四边形等方法,以及利用全球定位系统建立的 GPS 网。

(1) 光电导线法

使用高精度的红外测距仪或全站仪,测量桥梁主轴线(图 11-38)AB,以此建立双闭合环的闭合导线。选导线点时,要尽可能地选在高处,并要求用导线点交会定位时,交会角尽可能接近 90°。

红外测距仪的测程不小于 3km,测角精度为$\pm 2''$,测距误差$\pm(5+2\times 10^{-6}D)$mm。每照准一次,读两次读数,每个方向测 3～5 次。同时测定气象参数,加入气象改正和倾斜改正。导线测量的等级由桥梁设计时提出的要求而定。

导线测量的成果经平差和数据处理达到设计要求后,方可使用。

(2) 三角网或边角网法

三角网是传统桥梁施工控制网的主要形式。在一岸或两岸测量基线,利用测量三角形的内角,就可计算轴线的长度和三角点的坐标。如图 11-39 所示,CA、AD 为基线,AB 为轴线,可求出 C、D 的空间位置。

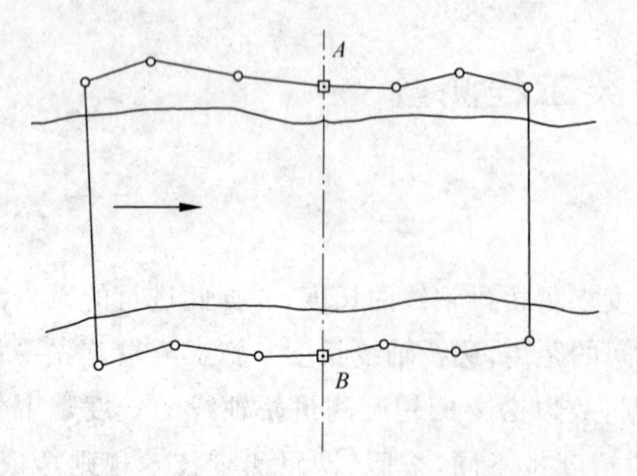

图 11-38 光电导线法测设主轴线

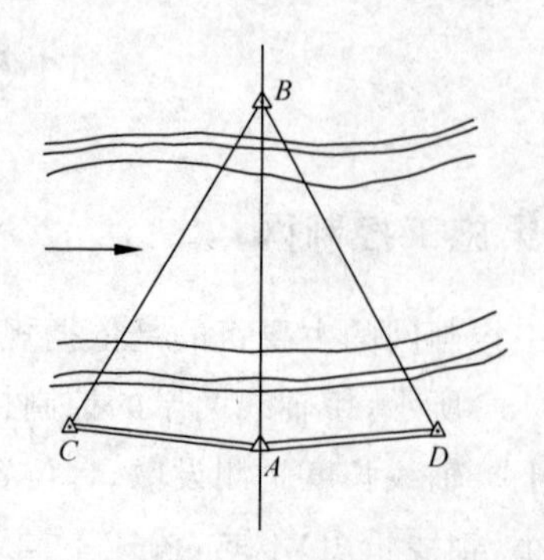

图 11-39 三角网或边角网法测设主轴线

伴随着红外测距仪、全站仪的发展和应用，测量边长已不是困难的工作了，因此，在测量三角网时，可以测出一些边长，即测角和测边同时进行，称边角网。有时也可只测边不测角，称为三边网。由于三边网的精度不及边角网和测角网，在桥梁施工控制网中很少使用。

为了满足测定轴线长度和交会测设墩、台位置，布网时要充分考虑这两者的要求，从而保证其精度。同时还要考虑施工的要求，否则由于施工方面的因素，使原建立的控制点无法使用，再加密控制点反而降低了精度。

如图 11-40，三角网(边角网)的网形，有以下几种：

① 图 11-40(a)为双三角锁；图 11-40(b)为一大地四边形，双线为已测边。这两种网适用于轴线较短，需要在水中交会墩、台位置的情况。

② 图 11-40(c)为双大地四边形。适用于大的桥梁，我国长江上的大桥多采用这种控制形式。该法图形坚强、控制点多，图形条件好，有利于桥轴线上不同位置的桥墩定位。该法的缺点是上下游的控制点离轴线较远，有时要加密控制点进行桥墩定位。

③ 图 11-40(d)中 AB 不是图形的一条边，其强度受到了影响，但是上下游的控制点离轴线较近，避免了图 11-40(c)的缺点。

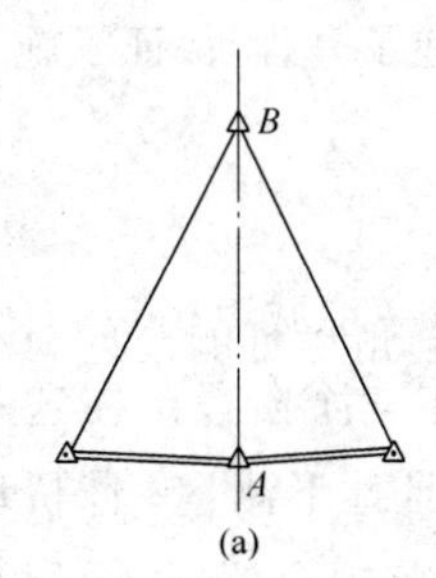

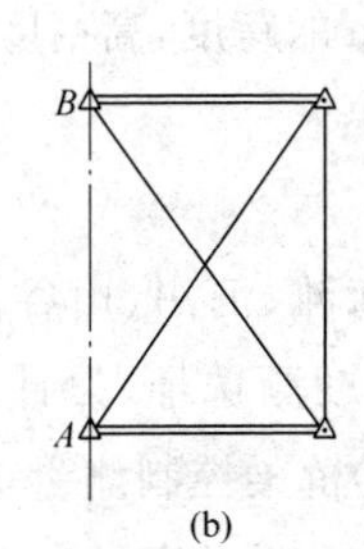

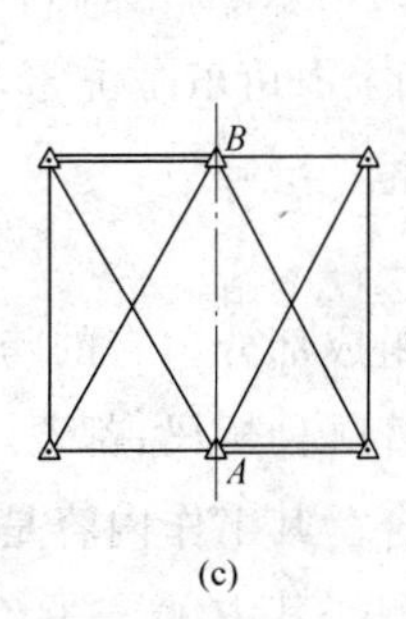

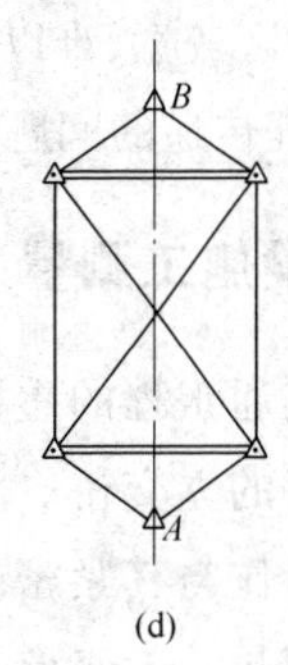

图 11-40　桥梁施工控制网的布设方法

为了使图形坚强，在上述几种图形中还可多测边长，增加图形强度。

三角网、三边网、边角网的计算和平差可参考有关专业书籍。

(3) 用 GPS 定位系统建立桥梁施工控制网

如图 11-41 所示，AB 为桥梁主轴线，C、D、E、F 为控制点，如果使用四台套 GPS 接收机，以边连式组成两个时段，AB 则为两个时段的复测边。再以 $AEFBDA$ 作为一个异步环，可以检核其观测精度。如果使用三台套 GPS 接收机，可观测六个时段，以保证六个控制点的观测精度。根据《铁路测量技术规则》的规定，按照桥梁轴线的精度，控制网分为五个等级，其技术要求列入表 11-3。

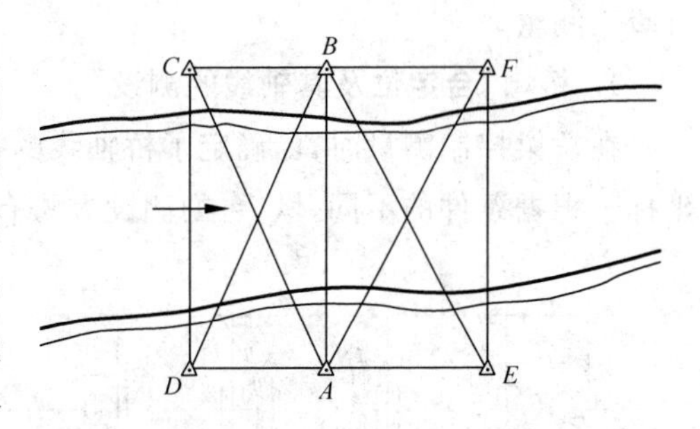

图 11-41　用 GPS 建立桥梁施工控制网

使用相应等级的 GPS 网进行观测，可以满足表 11-3 的要求。

桥梁施工控制网点，拟选在视野开阔，地势较高，土质坚硬，易于保存处。要注意桥墩、台定位的要求。按照规范要求进行埋石，为了兼作水准点使用，中心标志要凸出 3～5mm，并要有立水准尺的净空位置。

表 11-3 控制网的五个精度等级

轴线相对中误差	控制网等级	测角中误差	基线相对中误差	最弱边相对中误差
1/175 000	一	±0.7″	1/400 000	1/150 000
1/125 000	二	±1.0″	1/300 000	1/100 000
1/75 000	三	±1.8″	1/200 000	1/60 000
1/50 000	四	±2.5″	1/100 000	1/40 000
1/30 000	五	±4.0″	1/75 000	1/25 000

2. 桥梁施工的高程控制网

在施工阶段,需建立施工高程控制网。在河流两岸分别布设水准基点,这些水准基点除了施工阶段使用外,还要用于桥梁的沉降观测,因此这些点是永久性的。为了检查水准基点是否变动,两岸最少各设两个,除此之外,尚需设立若干施工水准点。

桥梁高程控制点,依照桥的大小不同,可采用不同等级的水准测量,如桥长大于500m时,用三等水准测量,桥长小于500m时,用四等水准测量。点的埋设、观测方法、限差要求等,均遵照《工程测量规范》中对水准测量的规定执行。

在跨越水区较宽、难以用跨河水准传递高程时,使用GPS技术结合重力大地测量进行高程传递的方法,解决了高程传递的问题,如上海市东海桥32.5km的跨度,高精度的传递了高程,保证了施工的要求。

11.5.2 桥梁施工测量

桥梁是交通工程的重要组成部分。有的跨越海滩、河川、山谷;有的穿越城市街道;有的立体交叉成为现代城市的立交桥。不管哪种桥梁,都要经过勘测选址、设计和施工三个阶段。在这三个阶段中,都要求测量工作与其紧密配合。其工作内容是:①桥梁控制测量;②桥址地形测量;③桥址断面测量;④桥梁施工测量;⑤变形观测。其中①~③、⑤此四项内容已在有关章节中介绍,尽管稍有差异,但主要内容相同,在此不再赘述。

本节主要讨论直线桥梁的施工测量。桥梁施工测量主要是准确定出桥墩、台的中心位置和墩、台的纵横轴线。然后进行基础施工放样和墩台细部放样。在此基础上,进行架梁的测量工作。最后还要进行竣工测量。

1. 桥墩、台定位及其轴线的测设

在桥梁控制测量时,已确定了桥轴线的控制桩A、B。并且已知A、B坐标和各墩、台中心点的设计坐标。根据条件的不同,墩、台的测设方法有多种。

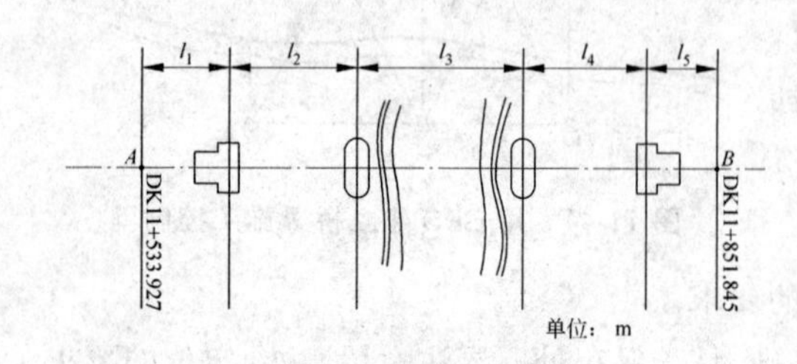

图 11-42 直接丈量法测设桥墩

(1) 直接丈量法

如图11-42,已知墩、台之间的距离,且桥墩位于干涸的河道上,可直接进行丈量,称直接法。

直接法要使用检定过的钢尺,并要测定温度及桥墩之间的高差,按尺段进行尺长、温度、高差三项改正。所计算出的每段长度,如经过复测与设计长度之差大于容许误差,则需进行改正。

测量时，从一端测向另一端，最后与 A、B 控制点闭合，进行校核。

(2) 光电测距(全站仪)法

只要墩台处可以安置反光镜，而且与目标通视，即可用光电测距仪测距定位。

测设时，按已知坐标，计算出测设数据，用极坐标法进行测设。并要测定气温、气压进行气象改正。测设方法与 11.2 节方法相同。

(3) 交会法

当桥墩位置处于河水深处，既无法直接丈量，又难以安置反光镜，即用角度交会法测设墩位。

如图 11-43 所示，A、B 是轴线控制点，C、D 是与 A、B 同级的控制点。P_1 点为测设的桥墩中心点，A、B、C、D、P_1 各点坐标已知，故

$$\alpha = \arctan \frac{\Delta x_{CA}}{\Delta y_{CA}} - \arctan \frac{\Delta x_{CP_1}}{\Delta y_{CP_1}}$$

$$\beta = \arctan \frac{\Delta x_{DP_1}}{\Delta y_{DP_1}} - \arctan \frac{\Delta x_{DA}}{\Delta y_{DA}}$$

γ、δ 是桥轴线与两基线 AC、AD 之间的夹角，建立控制网时已经算出。

如图 11-43，用三个方向交会一点，由于存在测量误差产生误差三角形，该三角形若在轴线方向上的边长不大于 2cm，可取 P_1' 在轴线 AB 上的投影 P_1 作为桥墩位置。

另外，交会角 φ_1，φ_2 最好接近 90°，在选交会控制点时应给予注意。

墩、台定位后，应测设墩、台纵、横轴线，作为墩、台细部放样的依据。

墩、台的纵轴线为垂直 AB 方向的轴线，横轴线即是与桥轴线重合的轴线。如图 11-44，在桥墩中心点上，以桥轴线为后视，拨 90°角，测设墩、台纵轴线。如果在浅滩处，应在两侧各钉两个定位木桩标定之。如果施工时间较长，还要换为混凝土桩。

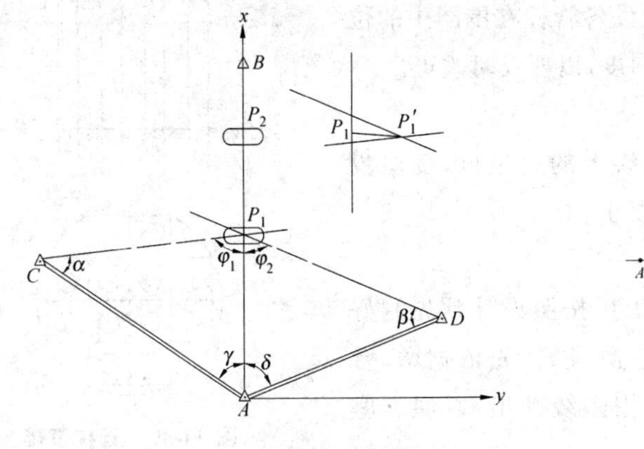

图 11-43　交会法测设桥墩

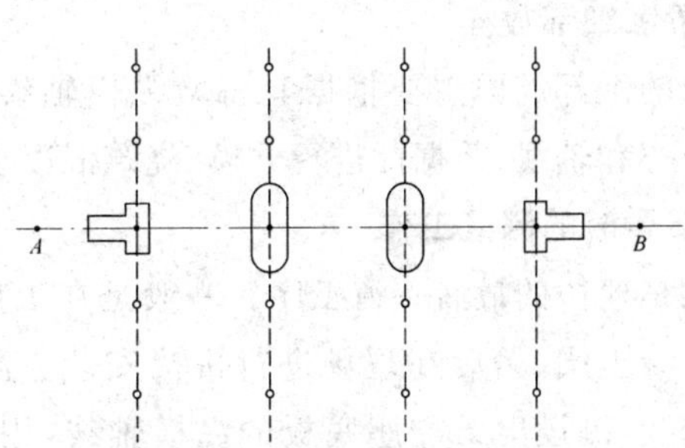

图 11-44　测设墩、台纵横轴线

(4) RTK 技术法

利用 GPS RTK 技术建立基准站，用 RTK 流动站直接测定桥墩的中心点位，以指导施工，并可实时地检测中心点位的正确性，该方法既省时，又便捷。

2. 基础施工放样

桥墩基础由于自然条件不同,施工方法也不相同,放样方法也各异。

如果是无水或浅水河道,地基情况又较好,则采用明挖基础的方法,其放样方法同建筑物基础放样。

当表土层厚,明挖基础有困难时,常采用桩基础,如图 11-45(a)。放样时,以墩台轴线为依据,用直角坐标法测设桩位,如图 11-45(b)。

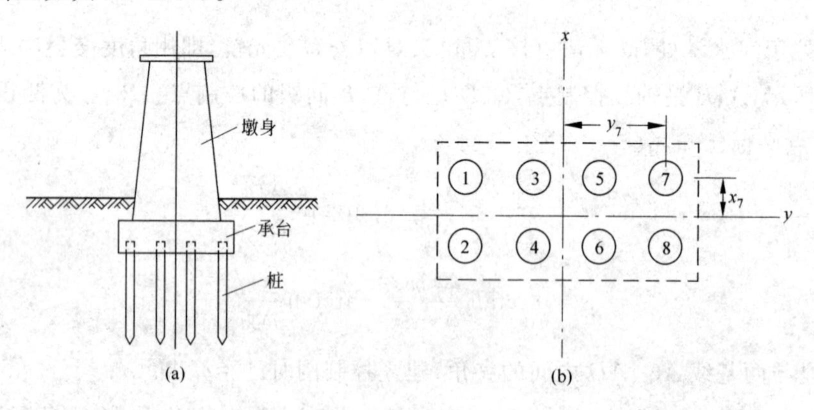

图 11-45 桩基础的施工放样

在深水中建造桥墩,多采用管柱基础。所谓管柱基础是用大直径的薄壁钢筋混凝土的管形柱子,插入地基,管中灌入混凝土。如图 11-46。

在管柱基础施工前,用万能钢杆拼结成鸟笼形的围囹,管柱的位置按设计要求在围囹中确定。在围囹的杆件上做标志,用 GPS RTK 技术或角度交会法在水上定位,并使围囹的纵横轴线与桥墩轴线重合。

放样时,在围囹形成的平台上,用支距法测设各管柱在围囹中的位置。随管柱打入地基的深度,测定其坐标和倾斜度,以便及时改正。

3. 桥墩细部放样

桥墩的细部放样主要依据其桥墩纵横轴线上的定位桩,逐层投测桥墩中心和轴线,并据此进行立模,浇筑混凝土。

4. 架梁时的测量工作

架梁是建桥的最后一道工序。一般是在工厂按照设计预先制好钢梁或混凝土梁,然后在现场进行拼接安装。测设时,先依据墩、台的纵横轴线,测设出梁支座底板的纵横轴线,用墨线弹出,以便支座安装就位。

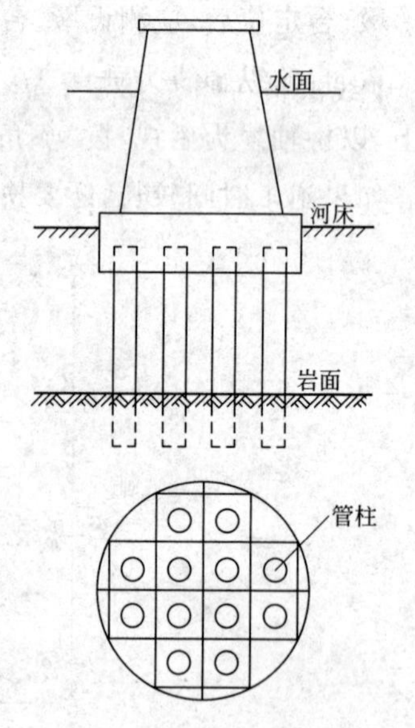

图 11-46 管柱基础

根据设计的要求,先将一个桁架的钢梁拼装和铆接好,然后根据已放出的墩、台轴线关系,进行安装。之后,在墩台上安置全站仪,瞄准梁两端已标出的固定点,再依次进行检查,否则予以改正。

竖直性检查一般用悬吊垂球的方法或用经纬仪进行。

11.6　隧道工程测量

在公路、铁路、矿山以及地下工程的建设中，隧道（巷道）是重要的组成部分。隧道测量是为这些工程建设服务的测量工作。主要包括地上、下控制测量、地面到地下联系测量、隧道（巷道）施工测量和隧道贯通时的测量工作。

隧道按功能分为公路隧道、铁路隧道、城市地下铁道隧道、联系地下工程的隧道、地下给排水隧道，以及矿山地下隧道等。公路、铁路隧道一般是穿山过岭，横贯海底，从两端开挖相向掘进，以求贯通。有的隧道则用竖井开挖，达到隧道深度，再开拓隧道。还有的以斜井开拓，掘进隧道。因而隧道按形式，又可分为平峒、斜井、竖井开拓隧道等几种。不管哪种隧道，其测量工作是基本相同的。

11.6.1　隧道工程地面控制测量

隧道工程控制测量是保证隧道按照规定精度正确贯通，并使地下各项建（构）筑物按设计位置定位的工程措施。隧道控制网分地面和地下两部分。

地面平面控制网是包括进口控制点和出口控制点在内的控制网，并能保证进口点坐标和出口点坐标以及两者的连线方向达到设计要求。地面平面控制测量一般采用中线法、导线法、三角（边）锁等方法。由于 GPS 定位系统的广泛应用，已经用于隧道施工的洞外控制测量。

1. 平面控制测量

(1) 中线法

中线法是在隧道地面上按一定距离标出中线点。施工时据此作为中线控制桩使用。如图 11-47 所示，A 为进口控制点，B 为出口控制点，C、D、E 为洞顶地面的中线点。

施工时，分别在 A、B 安经纬仪，以 AC、BE 方向为后视，用盘左盘右分中法，将其延伸到洞内，作为隧道的掘进的方向。

该法宜用于隧道较短，洞顶地形较平坦，且无较高精度的测距设备的情况下。但必须反复测量，防止错误，并要注意延伸直线的检核。中线法的优点是中线长度误差对贯通的横向误差几乎没有影响。

(2) 导线法

洞外地形复杂，量距又特别困难时，光电测距导线作为洞外控制，已是主要的方法。如图 11-48 所示，A，B 分别为进口点和出口点，1、2、3、4 点为导线点。施测导线时尽量使导线为直伸形，减少转折角，使测角误差对贯通的横向误差减小。

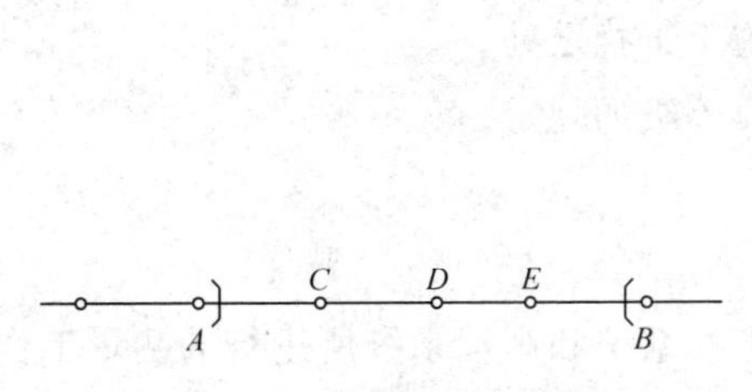

图 11-47　隧道中线控制桩

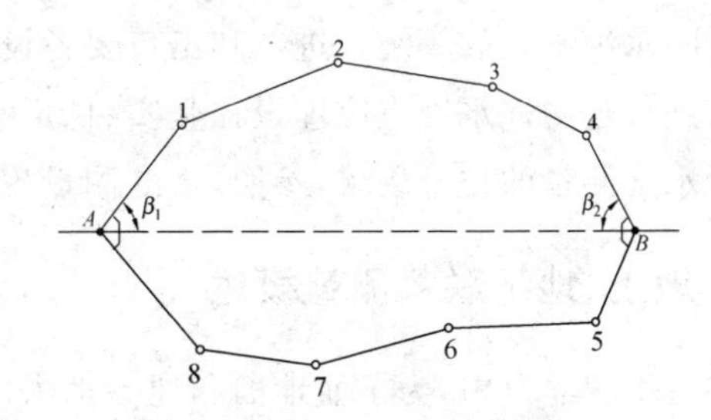

图 11-48　隧道导线控制网

(3) 三角(边)锁法

三角锁作为隧道洞外的控制网,必须要测量高精度的基线,测角精度要求也较高,一般长隧道测角精度为±1.2″左右。起始边精度要达到1/300 000,因此要付出较大的人力和物力。如果有较高精度的测距仪,多测几条起始边,用测角锁计算,比较简便。用三角锁作为控制网,最好将三角锁布设成直伸形,并且用构成,使图形尽量简单。这时边长误差对贯通的横向误差影响大为削弱,如图11-49所示。

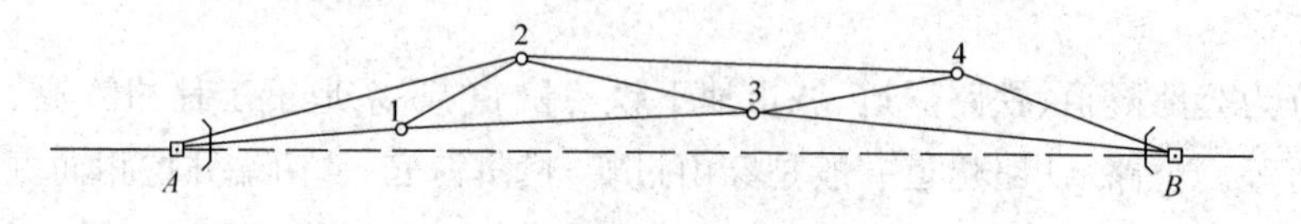

图 11-49 隧道单三角锁控制网

(4) 用GPS定位系统建立控制网

利用GPS定位系统建立洞外隧道施工控制网,由于无须通视,故不受地形限制,减少了工作量,提高了速度,降低了费用,并能保证施工控制网的精度。

如图11-50所示,A、B点分别为隧道的进口点和出口点,AC和BF为进口和出口的定向方向,必须通视。$ACDFEB$组成4个三角形。三台套GPS接收机可观测4个时段,四台套GPS接收机可观测两个时段。如果需要与国家高级控制点连测,可将两个高级点与该网组成整体网,或连测一个高级点和给出一个方位角。

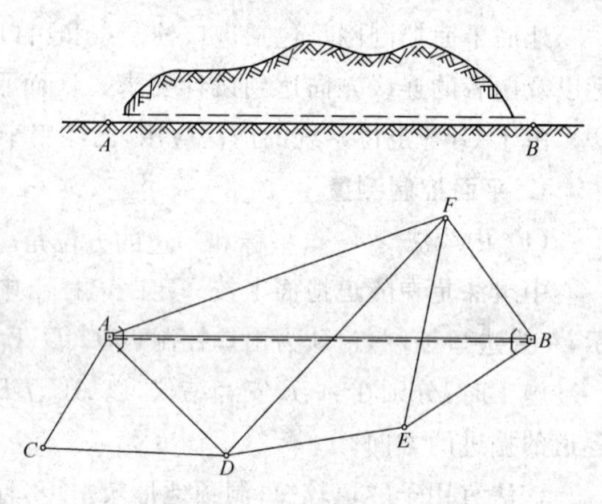

图 11-50 隧道施工控制网

GPS网首先获得的是WGS-84坐标系的成果,应将其转换为以A点子午线为中央子午线,以A、B平均高程为投影面的自由网的坐标数据,然后进行平差计算,从而获得控制网的成果。GPS网要用水准测量连测一部分GPS点高程,以便求得其他GPS点的高程。

2. 地面高程测量

高程控制测量的目的是按照规定的精度测量两开挖洞口的进口点间的高差,并建立洞内统一的高程系统,以保证在贯通面上高程的正确贯通。

一次相向贯通的隧道,在贯通面上对高程要求的精度为±25mm。对地面高程控制测量分配的影响值为±18mm,分配到洞内高程控制的测量影响值是±17mm。根据上述精度要求,按照路线的长度确定必要的水准测量的等级。进口和出口要各设置两个以上水准点,两水准点之间最好能安置一次仪器就可以进行连测。水准点应埋设在坚实、稳定和避开施工干扰之处。

地面水准测量的技术要求,参照《水准测量规范》相应等级的规定。

11.6.2 地上、地下联系测量概述

在隧道工程建设中,为了使地面和地下都采用统一坐标系统和高程系统所进行的测量工作,称联系测量。

平面联系测量主要的任务是确定地下一控制点的坐标和一条边的方位角。由于测定地下一条边的方位角比测定一点的坐标影响更大，因此人们称平面联系测量为定向测量。定向测量由于隧道开拓的形式不同方法也不同。

平峒的联系测量可由地面直接向地下连测导线和水准路线，将坐标、高程和方向引入地下。由于平峒隧道有进口和出口，导线和水准路线可从隧道两端引进，大大缩短贯通长度。其作业方法与地面控制测量相同。

斜井的联系测量方法与平峒基本相同。之不同者是隧道坡度较大，导线测量要注意坡度的影响。另外，斜井大部分为单头掘进，从洞口引进导线均为支导线，要加强检核，以防联系测量出错。

竖井大多用于矿山开拓。通过竖井的联系测量，可通过一个井筒，也可同时通过两个井筒进行。这种联系测量是利用地上地下控制点之间的几何关系将坐标、方向和高程引入地下，故称几何定向。

由于陀螺仪技术的飞速发展，在导航和测量工作中已被广泛应用，实践证明，用陀螺仪测量真方位角，精度高、使用方便，在隧道联系测量工作中，不失为一种经济、快速、影响生产小的现代化定向仪器。

显而易见，地下隧道(巷道)的贯通，地上、地下控制点必须是一个坐标系统和高程系统，否则不堪设想。地下工程与地面工程的相对位置，也需要正确无误；地下建(构)筑物与地面建筑，特别是重要建(构)筑物的相对关系，也必须精确；地下救灾，首先要根据地面上灾情的发生地点，才能及时准确地进行开挖救护。如此种种，说明联系测量是非常重要的。

11.6.3　几何定向

用一个井筒将一点坐标和一边的方位角引入地下称一井定向。

一井定向是在井筒内挂两根钢丝，钢丝的上端在地面，下端投到定向水平。在地面测算两钢丝的坐标，同时在井下与永久控制点连接，如此达到将一点坐标和一个方向导入地下的目的。定向工作分投点和连接测量两部分。

1. 投点

投点所用垂球的重量与钢丝的直径随井深而异。井深小于 100m 时，垂球重 30～50kg；大于 100m 时为 50～100kg。钢丝的直径 $\Phi=1.0$mm。

投点时，先用小垂球(2kg)将钢丝下放井下，然后换上大垂球。并置于油桶或水桶内，使其稳定(如图 11-51)。

由于井筒内受气流、滴水的影响，使垂球线发生偏移和不停的摆动。尽量使垂球的摆动振幅不大于 0.4mm，否则采取措施。

2. 连接测量

连接测量的任务是同时在地面和定向水平上对垂球线进行观测，地面观测是为了求得两垂球线的坐标及其联线的方位角；井下观测是以两垂球的坐标和方位角测算导线点的坐标和起始边的方位角。一般使用的是连接三角形法。

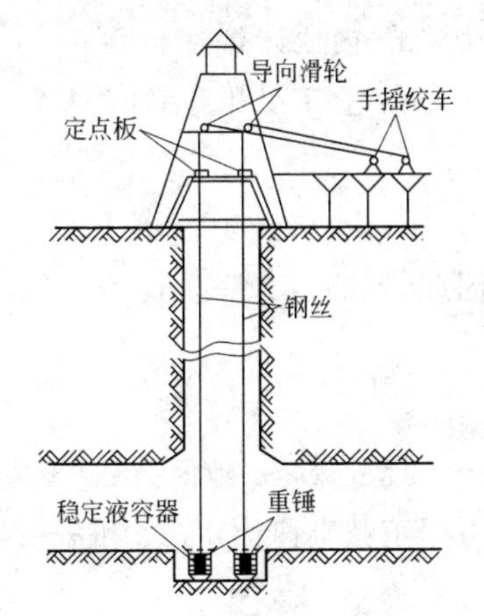

图 11-51　竖井定向

如图 11-52，D 点和 C 点分别为地面上近井点和连接点。A、B 为两垂球线，C'、D' 和 E' 为地下永久导线点。

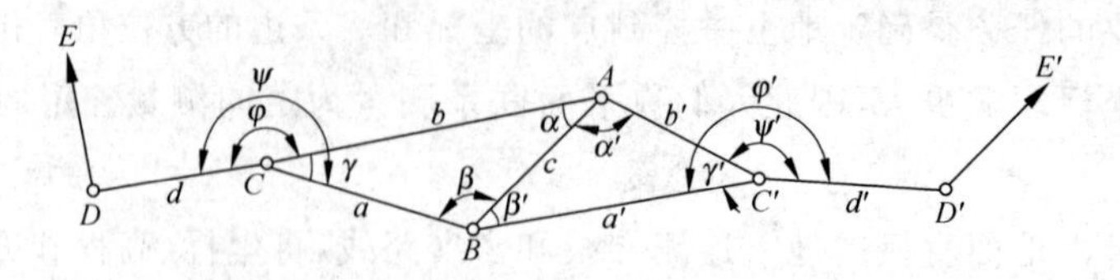

图 11-52 连接三角形法在井下定向

井上井下分别安置经纬仪于 C 和 C' 点,同时观测 ψ、φ、γ 和 ψ'、φ'、γ'。测量边长 a、b、c 和 CD,以及井下 a'、b'、c' 和 $C'D'$。由此,在井上井下形成以 AB 为公共边的$\triangle ABC$ 和$\triangle ABC'$。由图可以看出:已知 D 点坐标和 DE 边的方位角,观测三角形的各边长 a、b、c 及 γ 角,就可推算井下导线起始边的方位角和 D'点坐标。

选择 C 和 C' 点时应满足如下要求:

① CD 和 $C'D'$ 长度应大于 20m;

② C 和 C' 点应尽可能在 AB 的延长线上,即 γ、α 和 γ'、β' 不应大于 2°;

③ b/c、b'/c 一般应小于 1.5,即 C 和 C' 应尽量靠近垂球线。

水平角的观测要用 DJ6 以上的经纬仪,对中三次,具体要求见表 11-4。

表 11-4 水平角的观测要求

仪器级别	水平角观测方法	测回法	测角中误差	半测回归零差	各测回互差	重新对中测回间互差
DJ2	全圆方向观测法	3	±6	12″	12″	
DJ6	全圆方向观测法	6	±6	30″	30″	72″

量边要使用检验过的钢尺,施加标准拉力和测记温度。用钢尺不同起点丈量 6 次,读至 0.5mm,观测值互差不大于 2mm,则取其平均值作为最后结果。井上、井下同时量得两垂球线之间距离之差不得大于 2mm。

3. 内业计算

在$\triangle CBA$ 和$\triangle ABC'$两个三角形中,c 和 c'为直接丈量的边长,同时,也可用余弦定律进行计算:

$$c_{算}^2 = a^2 + b^2 + 2ab\cos\alpha$$

$$c'^2_{算} = a'^2 + b'^2 + 2a'b'\cos\alpha'$$

因此,观测值有一差值:

$$\Delta c = c_{测} - c_{算}$$

$$\Delta c' = c'_{测} - c'_{算}$$

规程规定:地面上 Δc 不应超过±2mm;地下 $\Delta c'$ 不应大于±4mm。

可用正弦定律计算 α、β 和 α'、β'。

$$\begin{cases} \sin\alpha = \dfrac{a}{c}\sin\gamma \\ \sin\beta = \dfrac{b}{c}\sin\gamma \end{cases} \tag{11-9}$$

当 $\alpha < 2°$、$\beta > 178°$ 时,上式可简化为

$$\begin{cases}\alpha = \dfrac{a}{c}\gamma \\ \beta = \dfrac{b}{c}\gamma\end{cases} \tag{11-10}$$

式中，γ''为地面观测值，以秒计。同法可得 α'、β'。

当 $\alpha>20°$，$\beta<160°$时，可用正切公式计算 α、β。

计算出 α、β 之后，用导线计算方法计算井下导线点的坐标和起始方位角时，尽量按锐角线路推算，如选择 $D—C—A—B—C'—D'$路线。

$$\begin{cases}x_{C'} = x_C + \Delta x_{CA} + \Delta x_{AB} + \Delta x_{BC'} \\ y_{C'} = y_C + \Delta y_{CA} + \Delta y_{AB} + \Delta y_{BC'} \\ \alpha_{C'D'} = \alpha_{DC} + \varphi - \alpha + \beta' + \varphi' + 4\times 180°\end{cases} \tag{11-11}$$

4. 一井定向的误差

定向误差包括：

① 地面的连接误差 $m_上$；

② 地下的连接误差 $m_下$；

③ 投向误差 θ。

在式(11-11)中，设 φ、α 和 β'、φ'的中误差分别为 m_φ，m_α，$m_{\beta'}$，$m_{\varphi'}$，则井下一次独立定向的定向边 $C'D'$方位角中误差为

$$M^2_{(C'D')} = m^2_{(CD)} + m^2_\varphi + m^2_\alpha + m^2_{\beta'} + m^2_{\varphi'} + \theta^2 \tag{11-12}$$

在式(11-12)中，起始方位角的中误差 $m_{(CD)}$ 与连测角的观测误差 m_φ，$m_{\varphi'}$，可采取措施保证其精度。但是，α、β 和 α'、β'是间接观测值，影响其精度的因素是多方面的，因此要给予一定的重视。

综合上述的误差公式，可以看出：

① 联系三角形的最有利形状为延伸形三角形，锐角(α、β'和 γ、γ')，在 2°～3°之间，故 C 和 C'点尽可能的选在两垂球线连线的延长线上(如图 11-56)。

② α、β(α'、β')角的误差大小，取决于 γ 和 γ'误差的大小和 a/c，b/c 比值的大小。尽可能地保证 γ 角的观测精度，并且使 C 点尽量靠近垂球线，以减少 a、b 长度。

③ 垂球线的投向误差 θ 在井筒中垂球线受风流、滴水、钢丝的弹性等因素的影响，而发生偏斜。偏斜线量 e，称为投点误差。由投点误差 e 引起两垂球连线方向的偏差 θ，称投向误差。一定要引起重视。

11.6.4　陀螺经纬仪定向

1. 概述

陀螺经纬仪是利用陀螺转子物理特性直接测量直线真方位角的仪器。既可在地面测定某直线的真方位角，也可在地下测定直线的真方位角。

如上所述，用几何定向方法进行井下直线定向，都要占用竖井的生产时间；还要投入较大的人力和物力。采用陀螺经纬仪定向的方法，占用井筒时间少，不随井深加大而降低定向精度；又无须投入多少人力、物力，所以是现代定向的一种好方法。

陀螺经纬仪定向是使用几何定向投点的方法或者使用高精度的光学垂准仪(1/200 000 的精度),将一个连接点投到地下。由地面测算该点坐标,再由井上、井下用陀螺经纬仪分别测定该点与一个固定点的方位角,便可计算地下导线点的坐标,以达到联系测量的目的。

陀螺经纬仪是陀螺仪和经纬仪结合在一起的一种定向仪器,现代陀螺仪一般是采用悬挂式。如我国中南大学研制的 AGT-1 高精度自动陀螺经纬仪、德国威斯特发伦公司生产的 Gyromat2000 全自动陀螺经纬仪、日本索佳公司生产的 GP2130R3 全站式陀螺仪等,都与电子经纬仪组合在一起成为自动陀螺经纬仪。陀螺仪与全站仪结合,则称全站式陀螺仪,这种仪器无须人工干预就可快速定向,测角、测距,重量轻、体积小、功能全、精度高,为高精度的定向工作创造了条件。日本索佳公司生产的 GP2130R3 全站式陀螺仪(如图 11-53),各部件名称已注在图上。

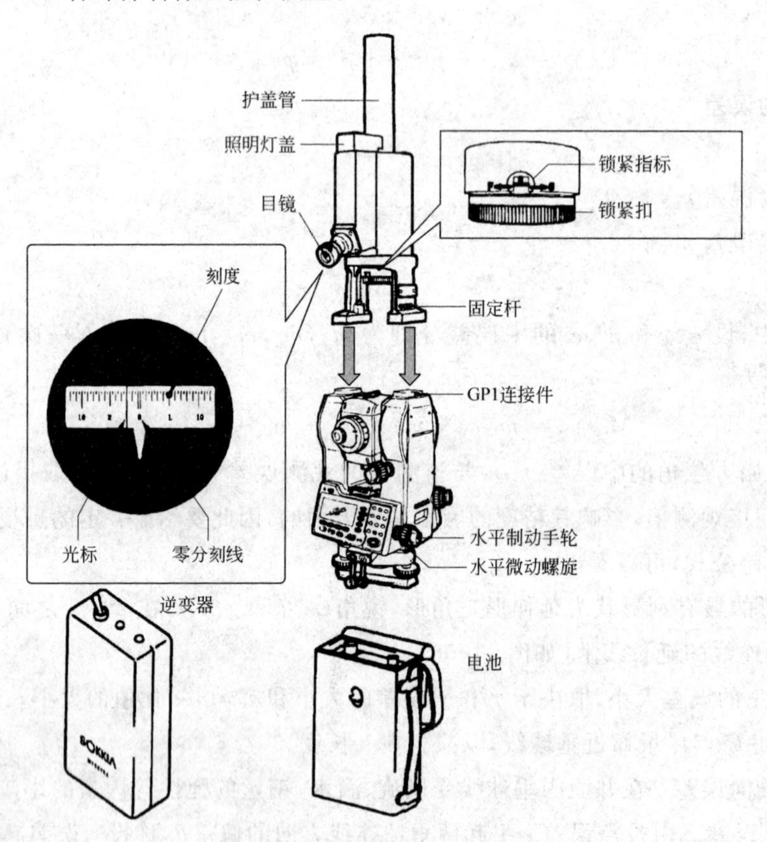

图 11-53 GP2130R3 全站陀螺仪

2. 陀螺仪的特性

(1) 陀螺仪的定轴性

由物理学可知,当一个自由陀螺仪在三个方向不受外力作用时,使陀螺转子高速旋转时,我们发现陀螺转子方向保持不变,这一特性称为陀螺仪的定轴性,如图 11-54。

(2) 陀螺仪的进动性

当重力形成一外力矩作用于转子时,其转子转动的平面与力矩转动的平面垂直,此时外力矩作用下产生的转子轴在水平面内缓慢转动,其方向与外力矩方向一致。这种在转子轴按一定方向转动的特性称为陀螺的进动性。

如图 11-55 所示，定向用的陀螺仪利用陀螺房本身重量在 x 轴上的重心 Q，使 x 转子轴不能绕水平轴 y 旋转。因而形成两个完全自由度和一个不完全的自由度。它既能绕 x 轴高速旋转，具有定轴性；又能依悬挂轴 z 进动。因地球自转使重心 Q 产生的一个重力矩，从而陀螺仪的转子 x 轴就以真北方向作等幅简谐运动，其摆幅的中心线则为真北方向。

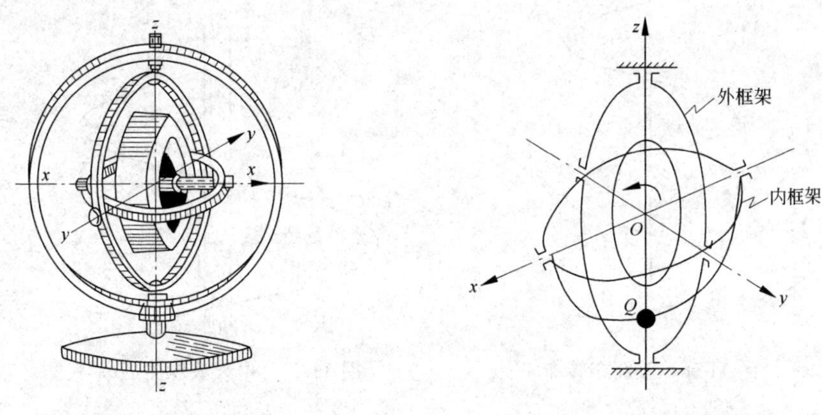

图 11-54　陀螺仪　　图 11-55　钟摆式陀螺仪

由于地球自转产生的力矩除与陀螺仪的结构参数有关外，其大小随着纬度的变化而变化，在赤道上力矩最大，在南北极力矩为零，通常陀螺仪适用于纬度小于 70°的地区，在高纬度地区难以定向。

3. GP2130R3 全站式陀螺仪的测量模式

GP2130R3 由 GP1 陀螺仪与 SET2130R3 全站仪组合而成，GP1 陀螺仪的技术参数见表 11-5。该仪可在 20 分钟时间内以±20″的精度测出真北方向，整个测量过程均通过对全站仪操作面板的简单操作完成。测量过程无须任何手工记录、计时或计算。

表 11-5　GP1 陀螺仪技术指标

方位角精度(标准差)	± 20″	工作温度	−20℃～+50℃
运转时间	约 60 秒	工作区域	可达纬度 75°
半周期(中纬度地区)	约 3 分钟	尺寸(长×宽×高)	145mm×200mm×416mm
最小分划间隔	约 10′	重量	约 3.8kg

测定真北主要有两种测量模式，即逆转点跟踪测量模式和中天法测量模式，另外还有仪器常数测量方法。

(1) 逆转点跟踪测量模式　顺时针或逆时针旋转全站仪使陀螺仪目镜视场内的测标尽可能接近零分划线，如图 11-56，当测标抵达逆转点 a_1 时，速度变慢，按下全站仪键盘按键读取并储存水平角值；当测标抵达逆转点 a_2 时，再读取并储存水平角值。在读取了两个或两个以上逆转点数据后便可自动进行真北 N 的计算。

$$N=\left(\frac{\frac{a_1+a_3}{2}+a_2}{2}+\frac{\frac{a_2+a_4}{2}+a_3}{2}+\cdots+\frac{\frac{a_{n-2}+a_n}{2}+a_{n-1}}{2}\right)\cdot\frac{1}{n-2}+R \qquad (11\text{-}13)$$

式中，a_i 为逆转点测量值；N 为真北方向值；R 为调整常数。

(2) 中天法测量模式 用逆转点跟踪测量模式观测两个逆转点近似测定真北，使其误差在± 20′以内。然后将全站仪望远镜对准真北方向并固紧水平制动螺旋。如图11-57，每当测标与零分划重合时按下键盘按键读取逆转点摆幅，这一简单过程一旦完成，全站仪便可自动计算出真北方向。

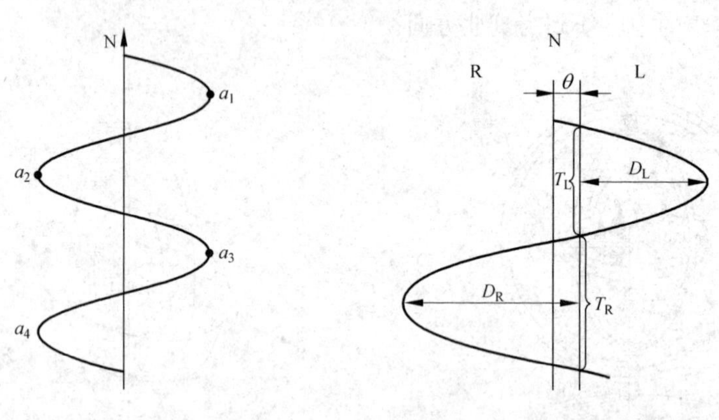

图11-56 观测逆转点　　图11-57 中天法观测振幅

$$\theta = -(KDD_R + R) \tag{11-14}$$

$$D = \frac{D_R + D_L}{2}$$

$$D_t = T_R - T_L$$

式中：K 为仪器常数；R 为调整常数。

(3) 仪器常数测量方法 在仪器常数测定屏幕上快按两次【常数】，将仪器照准真北方向(为第一方向)，然后按中天法测量步骤，读取并存储 D_R，D_L 与左、右半周期 T_R，T_L。完成一个整周期后，便显示一次真方位角值；最多测定10次，同法再测定第二方向、第三方向，照准方向不同，如0°10′00″或359°50′00″。第三方向测完后，按【记录】键，则显示两个常数 K 和 R。

4. 逆转点跟踪测量步骤

(1) 将全站仪安置在测点上，与GP1固连；用五芯电缆连接GP1与逆变器；用三芯电缆连接逆变器输入接口与电池的输出接口；

(2) 用管式罗盘定磁北方向，使望远镜视线对准磁北方向；

(3) 旋动GP1锁紧螺旋，使陀螺仪处于半锁紧状态，约停10秒钟，待摆动稳定，检查光标的移动情况；

(4) 在全站仪状态屏幕下(图11-58)，点取【陀螺】，进入已有方位角显示模式，在图11-59上选取【逆转法】，则进入逆转点跟踪测量屏幕，如图11-60。

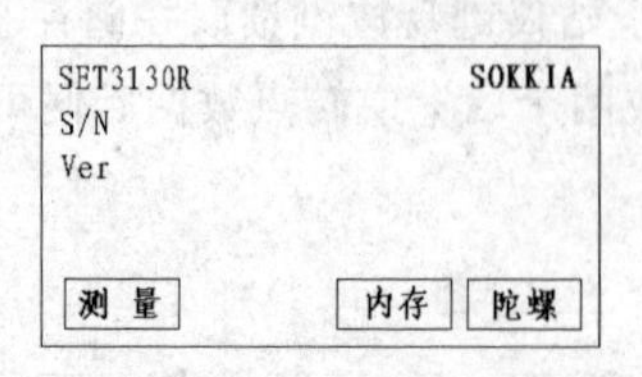

图11-58 全站仪状态屏幕

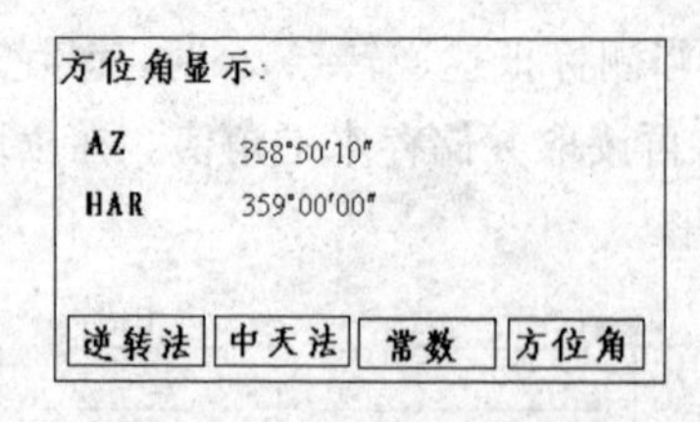

图11-59 方位角显示屏幕

(5) 如(3)所述，待光标稳定，再慢慢旋动 GP1 锁紧螺旋，使陀螺仪处于自由状态。

(6) 用全站仪的水平微动螺旋跟踪光标，当光标与零分划线重合时，按下【逆转位】键，视准轴即指向逆转点的方向。

(7) 继续跟踪光标直至观测 2～10 个逆转点，按【OK】键，结束逆转点跟踪测量，则计算真北方向值，进入方位角显示屏幕。

5. 中天法测量步骤

安置仪器及准备工作与逆转点跟踪测量一样。如图 11-59，点取【中天法】，进入中天法测量模式。

(1) 分别读取逆转点在右侧的分划值 D_R 和在左侧的分划值 D_L，并按【OK】输入。

(2) 当光标通过零分划线时，按【零时刻】键，此时，要检查光标是在零线的右侧还是在左侧，在右侧则按←---，在左侧则按---→。其方向则显示在屏幕上。

(3) 在当光标通过零分划线时，按【零时刻】键，T_R，T_L 则分别显示在屏幕上，如图 11-61。

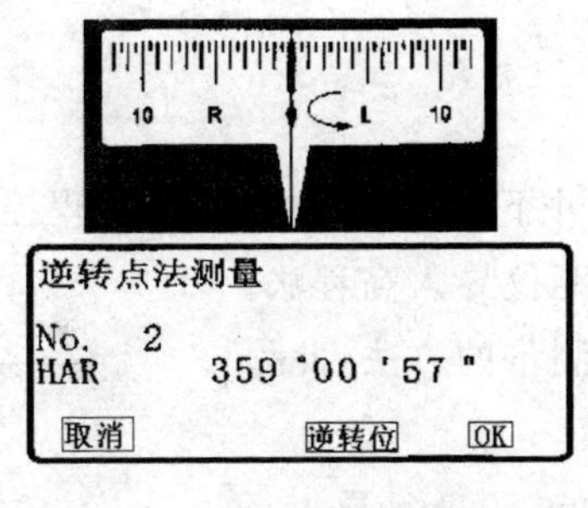

图 11-60　逆转点跟踪测量屏幕

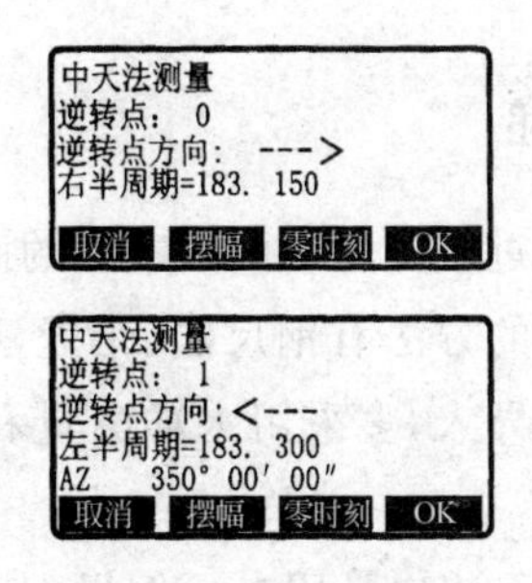

图 11-61　中天法测量

(4) 继续进行【零时刻】的测量，最多可测量 255 次，按【OK】键，结束中天法测量，则计算多次测定的真北方向值。

6. 自动陀螺经纬仪的定向测量

如图 11-62，由于测出的方位角 β_0 与真方位角 AZ 并不一致，相差一个常数 R，真方位角为：

$$AZ = \beta_0 + R$$

而坐标方位角

$$\alpha_0 = \beta_0 + R \pm \gamma_0$$

定向测量时的工作内容如下：

(1) 如图 11-63，在地面已知坐标方位角的边上测定真方位角，求出坐标方位角与真方位角之差 γ_0；

(2) 在竖井的近井点 A 上安置自动陀螺经纬仪，照准竖井的钢丝 B，测出真方位角 AZ，量出距离 D_1，求得钢丝的坐标；

(3) 在井下的近井固定点 C 上安置自动陀螺经纬仪，测出钢丝到测站 C 的真方位角和距离，计算出测站 C 的坐标和起始坐标方位角 α_{BC}；

(4) 以近井固定点 C 的坐标和起始边的方位角 α_{BC} 为基础，进行井下导线测量。

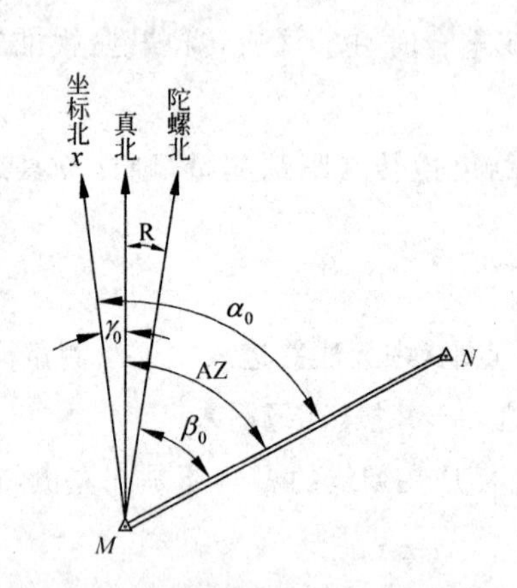

图 11-62 自动陀螺经纬仪测量方位角

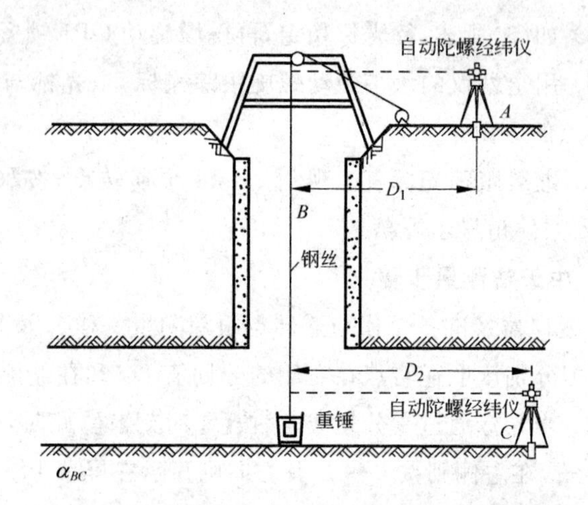

图 11-63 自动陀螺经纬仪进行井下定向

11.6.5 高程传递

高程传递是通过竖井将地面水准点的高程传递到井下水准点,建立井下高程控制,使地面、井下高程统一。经常使用的方法有钢尺法、钢丝法和光电测距仪导入高程法。平峒和斜井的高程导入,多采用水准测量和三角高程测量的方法,此处不赘详。

用钢尺进行高程传递是用专用钢尺,其长度有100m、500m。导入高程时如图11-64所示,使用长钢尺通过井盖放入井下。钢尺零点端挂一10kg垂球。地面和井下分别安置水准仪,在水准点 A、B 的水准尺上读数为 a 和 b',两台仪器在钢尺上同时分别读数为 b 和 a'。最后再在 A、B 水准点上读数以复核原读数是否有误。在井上、下分别测定温度 t_1、t_2。

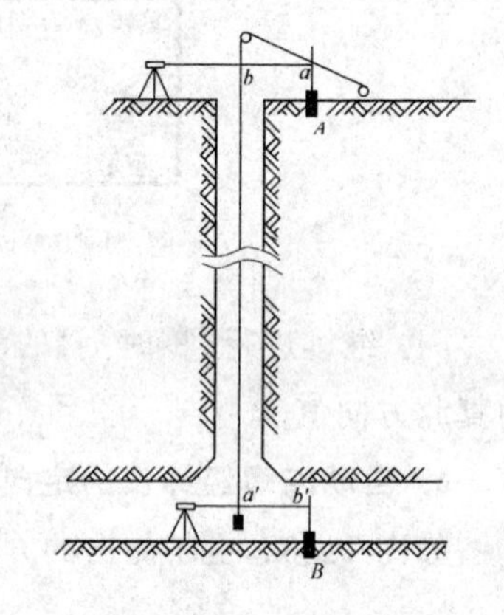

图 11-64 用长钢尺传递高程

由于钢尺受客观条件的影响,要加入尺长、温度、拉力和钢尺自重四项改正数。前两项改正与第5章计算相同。现将拉力改正和钢尺自重改正计算如下。

拉力改正

$$\Delta l_P = \frac{l(P - P_0)}{EF}$$
$$l = b - a' \tag{11-15}$$

式中,P 为施加垂球重量;P_0 为标准拉力;E 为钢尺的弹性模量,$2\times10^6\,\text{kg/cm}^2$;$F$ 为钢尺的横断面积,cm^2。自重拉长改正

$$\Delta l_c = \frac{\gamma l^2}{2E} \tag{11-16}$$

式中,γ 为钢尺单位体积的质量,g/cm^3。

井下 B 点高程

$$H_B = H_A + (a-b) + (a'-b') + \Delta l_d + \Delta l_t + \Delta l_P + \Delta l_c \tag{11-17}$$

当井筒较深时，常用钢丝代替钢尺导入高程。首先在井口近处建立一比尺台，在台上与钢丝并排固定一检验过的钢尺，施以标准拉力 P；比长台的一端设置手摇绞车，钢丝绕在绞车上。经过两个小滑轮将钢丝下放井下，挂上 5kg 左右重锤，当验证钢丝是自由悬挂于井筒中时，即可进行测量。

如钢尺导入高程相似，在井上、下分别安水准仪，视线与钢丝相交处各设一标志。测量时慢慢提升钢丝，利用比长台上钢丝所移动的距离与井上下标志所上升的长度相等的原理，用钢尺量出井上、下标志间的长度，再加以必要的改正，算出高差，即可将高程导入地下。

用光电测距仪传递高程是用光电测距仪测出井深，将高程传递到井下，然后用水准仪在井下建立水准点。

11.6.6　地下控制测量

1. 地下平面控制测量

由上述可知，用联系测量引入地下起始控制点的坐标、方向和高程。在此基础上，可建立地下平面控制网和高程控制网。

在大型隧道中，平面控制点要埋设在底板下，插入铁芯，浇注混凝土，铁芯露出混凝土面 1cm。如果底板坚硬稳固，可打孔直接埋入，否则要深挖埋设，以求稳固可靠。如果巷道高度较小，导线点可埋在顶板上，进行点下对中。

(1) 地下导线的布设

大型隧道的地下导线测量与地面基本相同，需测角、量边；不同者是测量环境不佳，增加了测量的难度。例如，隧道内需人工照明，空气透明度差，折光较大等，均是不利因素。

测角时，要注意对中、照准和读数的误差。边长测量可用钢尺或短程光电测距仪。但在易引爆的环境下，不能使用光电测距仪或全站仪，否则要加防爆设施和装置。

地下导线等级与地面有所不同，其导线等级列于表 11-6。

表 11-6　导线的技术数据

导线类别	测角中误差	一般边长/m	角度允许闭合差		方向测回法较差	最大相对闭合差	
			闭(附)合导线	复测支导线		闭(附)合导线	复测支导线
高级	$\pm15''$	30～90	$\pm30''\sqrt{n}$	$\pm30''\sqrt{n_1+n_2}$	$\pm30''$	1/6 000	1/4 000
Ⅰ级	$\pm22''$		$\pm45''\sqrt{n}$	$\pm45''\sqrt{n_1+n_2}$		1/4 000	1/3 000
Ⅱ级	$\pm45''$		$\pm90''\sqrt{n}$	$\pm90''\sqrt{n_1+n_2}$		1/2 000	1/1 500

注：n 为闭(附)合导线测站数，n_1、n_2 为复测支导线第一次、第二次测站数。

如图 11-65，随隧道的掘进逐渐布设导线。在掘进的过程中，每进 30～50m，则布设Ⅱ级导线点，并据此绘制隧道的平面图。当掘进 300m 左右时，则从起算边开始布设Ⅰ级导线(基本导线)，既检核Ⅱ级导线，同时又作为Ⅱ级导线的起始点。

(2) 地下导线的外业

① 选点　隧道中的导线点，要选在坚固的地板或顶板上，应便于观测，易于安置仪器，通视较好；边长要大致相等，尽量不小于 20m。需永久保存的导线点，每 300～800m 选一组，一组三个点。

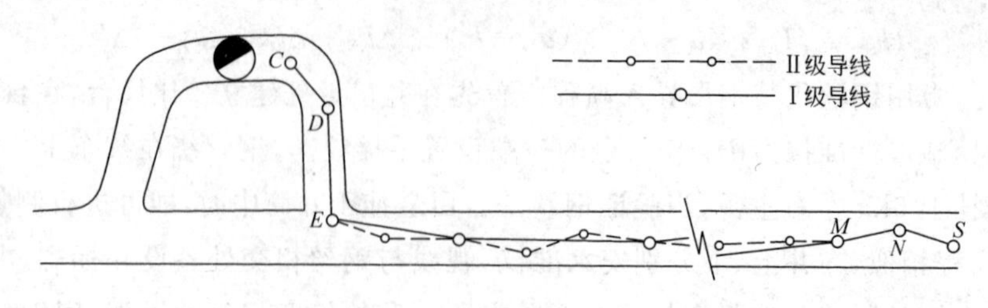

图 11-65　隧道的导线布设

② 测角　隧道中的导线点如果在顶板上，就需点下对中(又称镜上对中)，要求经纬仪有镜上中心。地下导线一般用测回法、复测法，观测时要严格进行对中，瞄准目标或垂球线上的标志。

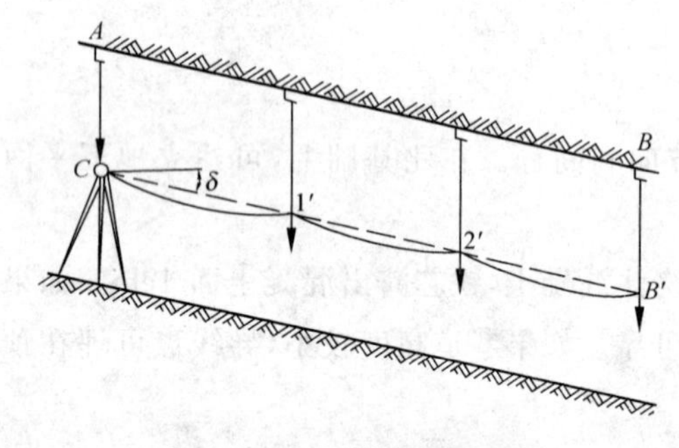

图 11-66　隧道内丈量距离

③ 量边　一般是悬空丈量。在水平巷道内丈量水平距离时，望远镜放水平瞄准目标或垂球线，在视线与垂球线的交点处作标志(大头针或小钉)。超过一尺段，中间要加分点。如果是倾斜巷道，又是点下对中，如图 11-66，还要测出竖直角 δ。

用Ⅰ级导线丈量边长时，用弹簧秤施一标准拉力，并且测记温度。每尺段串尺三次，互差不得大于±3mm。要往返丈量，经改正后，往返丈量的较差率不超过 1/6 000；Ⅱ级导线，可不用弹簧秤，但必须控制拉力，往返较差率不超过 1/2 000。

用全站仪或光电测距仪测量地下导线，既方便，又快速，可大大提高工作效率。

(3) 地下导线测量的内业

导线测量的计算与地面相同。只是地下导线随隧道掘进而敷设，在贯通前难以闭合和附合到已知点上，是一种支导线的形式。因此，根据对支导线的误差分析，得到如下结论：

① 测角误差对导线点位的影响，随测站数的增加而增大，故尽量增长导线边，以减少测站数。

② 量边的偶然误差影响较小，系统误差影响大。

③ 测角误差直接影响导线的横向误差，对贯通影响较大；测边误差影响纵向误差。

2. 地下高程控制测量

当隧道坡度小于 8°时，多采用水准测量建立高程控制；当坡度大于 8°时，采用三角高程测量比较方便。

地下水准测量，分两级布设，其技术要求列入表 11-7。

表 11-7　水准路线的技术要求

级别	两次高差之差或红黑面高差之差/mm	支水准线路往返测高差不附值/mm	闭(附)线路高差闭合差/mm
Ⅰ	±4	$\pm 15\sqrt{R}$	
Ⅱ	±5	$\pm 30\sqrt{R}$	$\pm 24''\sqrt{L}$

注：R 为支水准路线长度，以百米计；L 为闭(附)合水准路线长度，以百米计。

Ⅰ级水准路线作为地下首级控制，从地下导入高程的起始水准点开始，沿主要隧道布设，可将永久导线点作为水准点，并且每三个一组，便于检查水准点是否变动。

Ⅱ级水准点以Ⅰ级水准点作为起始点，均为临时水准点，可用Ⅱ级导线点作为水准点。Ⅰ、Ⅱ级水准点在很多情况下都是支水准路线，必须往返观测进行检核。若有条件尽量闭合或附合。

测量方法与地面基本相同。若水准点在顶板上，用 1.5m 的水准尺，倒立于点下，如图 11-67 所示，高差的计算与地面相同，只是读数的符号不同而已。

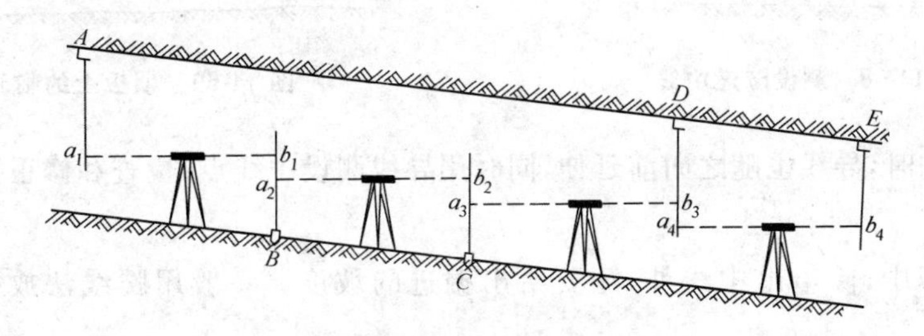

图 11-67　隧道中水准测量

高差计算：

$$h = \pm a - (\pm b)$$

后、前视读数的符号，在点下为负，在点上为正。

地下三角高程测量与地面三角高程测量相同，详见第 7 章。

计算高差时，i 和 v 的符号以点上和点下不同而异，高差计算：

$$h = L\sin\delta \mp i \pm v$$

式中，L 为仪器横轴中心至视准点间倾斜距离；δ 为竖直角，仰角为正，俯角为负；i 为横轴中心至点的垂直距离，点上为正，点下为负；v 为觇标高，测点至视准点的垂直距离，点上为负，点下为正。

三角高程测量要往返观测，两次高差之差不超过$\pm(10+0.3l_0)$mm，l_0 为两点间的水平距离，以米为单位。三角高程测量在可能的条件下要闭合或附合，其闭合差是：

$$f_h = \pm 30\sqrt{L}\,\text{mm}$$

式中，L 为平距，以百米计。

11.6.7　隧道施工测量

在隧(巷)道掘进过程中首先要给出掘进的方向，即隧道的中线；同时要给出掘进的坡度，称为腰线。这样才能保证隧道按设计要求掘进。

1. 隧道的中线测设

在全断面掘进的隧道中，常用中线给出隧道的掘进方向。如图 11-68，Ⅰ、Ⅱ为导线点，A 为设计的中线点，已知其设计坐标和中线的坐标方位角。根据Ⅰ、Ⅱ点的坐标，可反算得到 $\beta_{Ⅱ}$、D 和 β_A。在Ⅱ点上安置仪器，测设 $\beta_{Ⅱ}$ 角和丈量 D，便得 A 点的实际位置。在 A 点(底板或顶板)上埋设标志并安仪器，后视Ⅱ点，拨 β_A 角，则得中线方向。

如果 A 点离掘进工作面较远，则在工作面近处建立新的中线点 D，A、D 之间不应大于 100m。在工作面附近，用正倒镜分中法设立临时中线点 D、E、F(图 11-69)，都埋设在顶板上。D、E、F 之间距离不宜小于 5m。在三点上悬挂垂球线，一人在后可以向前指出掘进的方向，标定在工作面上。

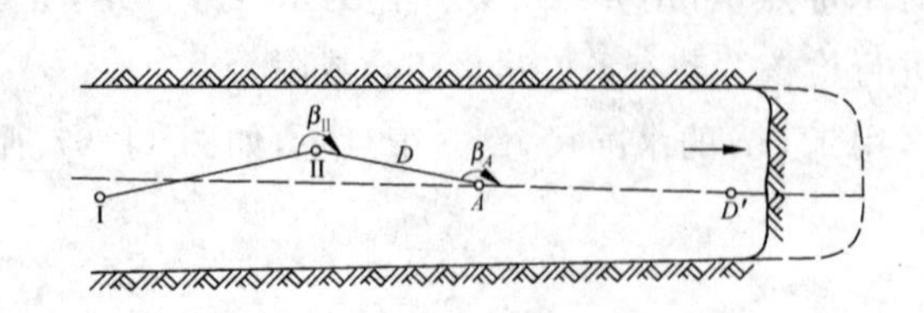

图 11-68　测设隧道中线

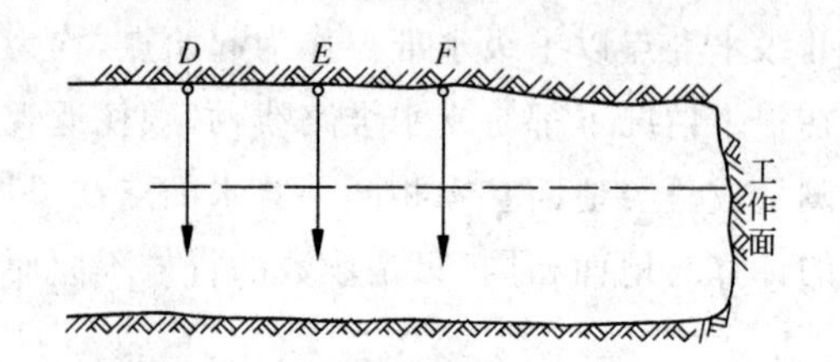

图 11-69　顶板上的临时中线点

当继续向前掘进时，导线也随之向前延伸，同时用导线测设中线点，检查和修正掘进方向。

2. 腰线的标定

在隧道掘进过程中，除给出中线外，还要给出掘进的坡度。一般用腰线法放样坡度和各部位的高程。

(1) 用经纬仪标定腰线

在标定中线的同时标定腰线。如图 11-70，在 A 点安置经纬仪，量仪高 i，仪器高程 $H_i=H_A+i$，在 A 点的腰线高程设为 H_A+1，则两者之差：

$$k=(H_A+i)-(H_A+1)=i-1 \tag{11-18}$$

当经纬仪所测的倾角为设计隧道的倾角 δ 时，瞄准中线上 D、E、F 三点所挂的垂球线，从视点 1、2、3 向下量 k，即得腰线点 $1'$、$2'$、$3'$。

在隧道掘进过程中，标志隧道坡度的腰线点，并不设在中线上，往往标志在隧道的边邦上。

如图 11-71 所示，仪器安置在 A 点，在 AD 中线上，倾角为 δ；若 B 点与 D 点同高，AB 线的倾角 δ' 并不是 δ，通常称 δ' 为伪倾角。δ' 与 δ 之间的关系按下式可求出：

$$\tan\delta=\frac{h}{\overline{AD'}}$$

$$\tan\delta'=\frac{h}{\overline{AB'}}=\frac{\overline{AD'}}{\overline{AB'}}\tan\delta=\cos\beta\tan\delta$$

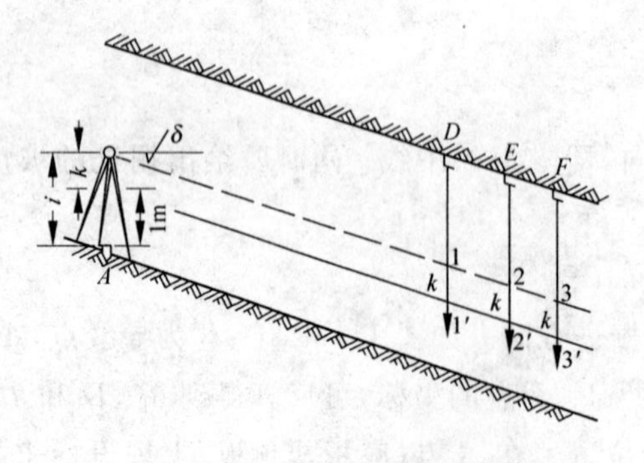

图 11-70　用经纬仪定腰线

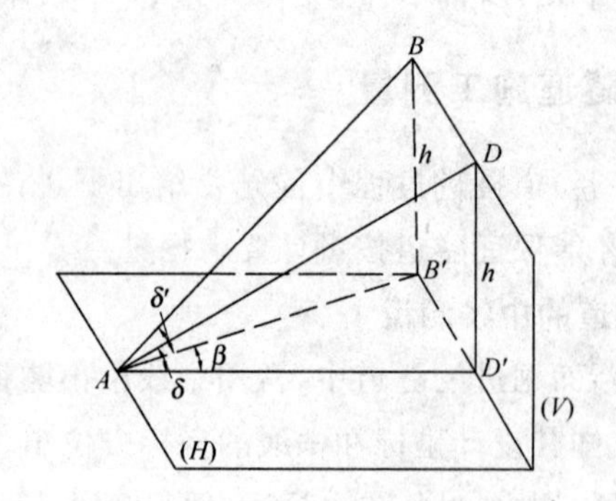

图 11-71　伪倾角示意图

可根据现场观测的 β 角和设计的 δ，计算 δ' 后，就可标定边邦上的腰线点。如图 11-72，在 A 点安经纬仪，观测 1、2 两点与中线的夹角 β_1 和 β_2，计算 δ_1'、δ_2'，并以这两个倾角分别瞄准 1、2 点，从视线向上或向下量取 k，即为腰线点的位置。

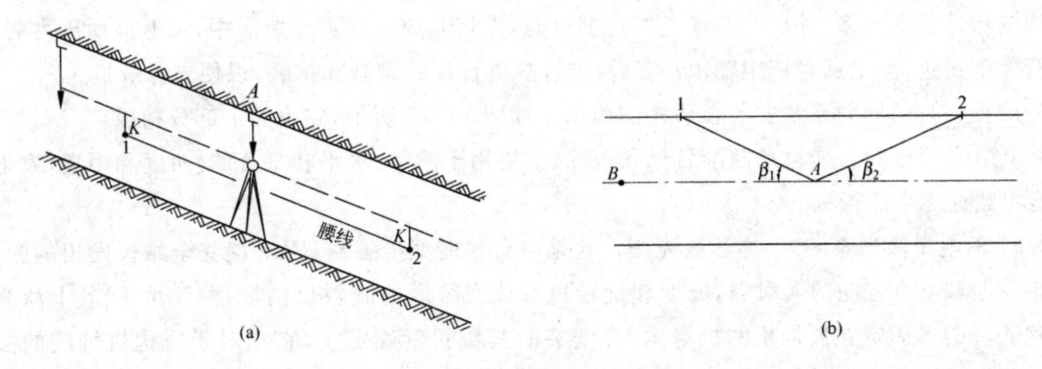

图 11-72　用伪倾角测设腰线

(2) 用水准仪标定腰线

当隧道坡度在 8°以下时，可用水准仪测设腰线。

如图 11-73 所示，A 点高程 H_A 为已知，且已知 B 点的设计高程 $H_{设}$，设坡度为 i，在中线上量出 1 点距 B 点距离 l_1 和 1、2、3 之间的距离 l_0。就可计算 1、2、3 点的设计高程：

$$H_1 = H_{设} + l_1 i + 1$$

$$H_2 = H_1 + l_0 i$$

$$H_3 = H_2 + l_0 i$$

安置水准仪后视 A 点，读数为 a，仪器高程为

$$H_{仪} = H_A - a$$

分别瞄准 1、2、3 在边邦上的相应位置的水准尺，使读数分别为

$$b_1 = H_1 - H_{仪}$$

$$b_2 = H_2 - H_{仪}$$

$$b_3 = H_3 - H_{仪}$$

尺底即是腰线点的位置。可在边邦上标志 1、2、3 点，三点的连线即为腰线。

3. 掘进激光导向系统

当用盾构机或顶管法掘进隧道时，多用激光指向仪或自动导向系统指示掘进方向和坡度。用盾构机掘进隧道已有很长历史，但随着加压推动力的改革，用管道输送代替轨道出土，以及自动导向技术的应用，使盾构机掘进隧道成为当今一种先进的掘进新技术。

图 11-74 是盾构机的外形图，尾部是盾构机掘进完成后隧道管片的砌制和拼装。

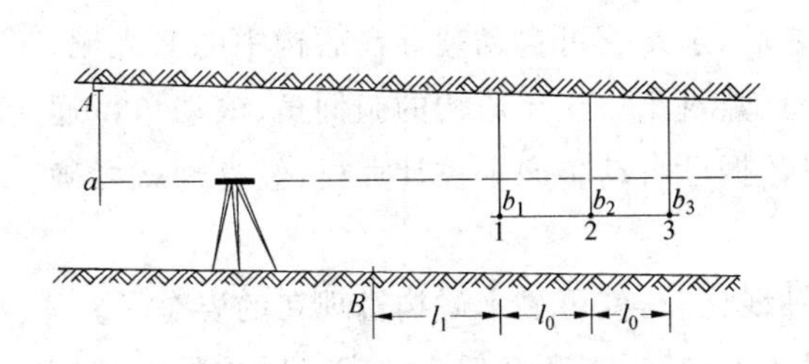

图 11-73　用水准仪测设腰线

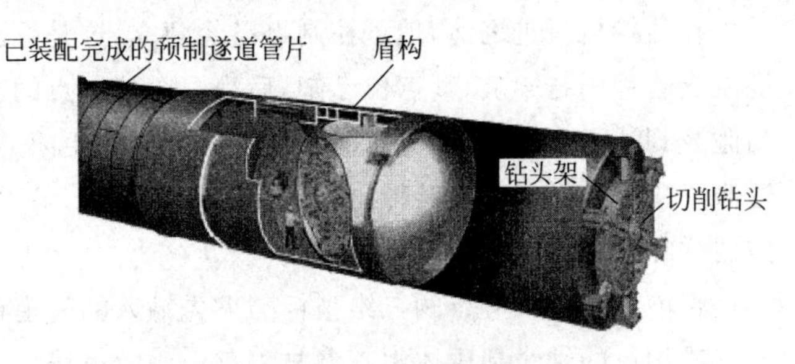

图 11-74　盾构机的外形图

盾构的盾体长6米多,外径3.5米左右。掘进时,先将其放入隧道预留洞中,加上推动压力后,切削钻头进行切削掘进,渣土从管道中输出;随后,进行隧道管片的砌制和拼装,以便支撑隧道。

盾构的掘进自动导向系统安装在盾构的前部。如图11-75所示,它由如下部分构成:

(1) 全站仪(TCA) 能自动照准目标和跟踪,主要用于测量(水平和垂直的)角度和距离,发射激光束;并能将数据传给计算机。

(2) ELS(电子激光系统) 亦称激光靶。这是一台智能型传感器,ELS接受全站仪发出的激光束,测定水平方向和垂直方向的入射点,坡度和旋转也有该系统内的倾斜仪测量,测角由ELS上激光器的入射角确认。ELS固定在盾构机的机身内,在安装时其位置就确定了,它相对于盾构机轴线的关系和参数就可以知道。

(3) 计算机及隧道掘进软件 SLS-T软件是自动导向系统的核心,它从全站仪和ELS等通信设备接受数据,盾构机位置从该软件中算出,并以数字和图形的形式显示在计算机屏幕上,操作系统采用Windows 2000,确保用户操作简单。

(4) 黄盒子 它主要给全站仪提供电源,以及计算机和全站仪之间的通信和数据传输。为保证盾构机严格按设计轴线推进,必须随时掌握盾构机推进的动态情况,观测盾构机的实时三维坐标数据,从而调整盾构各施工参数,指导盾构准确、安全推进。

(5) 中央控制箱 主要的接口箱。为黄盒子及光靶提供电源。

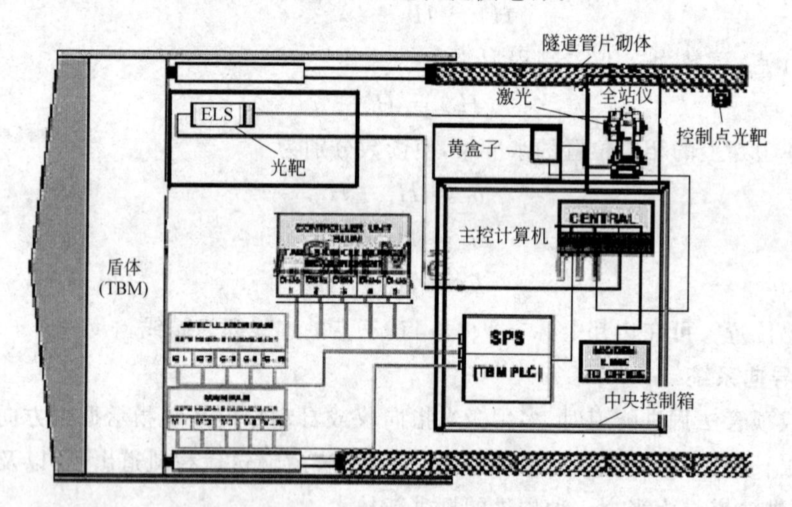

图11-75 自动导向系统示意图

在盾构机掘进之前,地下控制点已经建立,这是掘进导向的依据。激光全站仪安装在盾构机右上侧混凝土管片的托架上,其点位已知,后视一个控制点的光靶之后,全站仪可自动搜寻在盾构中的激光靶,当激光到达激光靶后,即可获取测站到激光靶的距离、方位角、竖直角。至于盾构的俯仰角、滚动角可通过激光靶内的倾斜和旋转传感器进行测定。至此,各项测量数据已自动传向主控计算机,经处理就可确定盾构在坐标系统中的精确位置。

将前后两个参考点的三维坐标与事先输入的隧道设计轴线比较,就可显示盾构机现在的姿态了。

盾构机的轴线是盾体中心点与刀盘中心的连线,该轴线的方向、坡度和高低都决定了盾构的掘进位置。在制造盾构机时，在其内部就固定设置了 21 个参考点，这些点有固定的盾构坐标，与轴线有数学关系。并且，点上设有强制归心螺母，将激光靶插入即可测量。定向时用激光全站仪测量三个参考点，经过三维坐标的转换，即可求出轴线的实时位置，与设计轴线比较，即可求出各种偏差值，以提供改正的数据，达到导向的目的。

11.6.8　隧道贯通测量

隧道(巷道)贯通是指隧道相向(同向)掘进，在贯通面掘通的工作，为此而进行的测量工作称贯通测量。

贯通测量不可避免地产生误差，致使在贯通面上产生三个方向的贯通误差，如图 11-76，贯通误差在贯通面 K 处的水平面内，垂直于中线方向，产生横向误差 Δu；高程方向产生竖向贯通误差 Δh；沿中线方向产生纵向贯通误差 Δl，此误差对贯通质量无多大影响，一般被忽视。横向误差和竖向误差严重的影响贯通质量，因此，规范规定了容许误差，如表 11-8 所示。

图 11-76　隧道贯通误差

表 11-8　隧道贯通的容许误差

两相向开挖洞口间的距离/km	4	4～8	8～10	10～13	13～17	17～20
容许横向贯通偏差/mm	±100	±150	±200	±300	±400	±500
容许竖向贯通偏差/mm	±50	±50	±50	±50	±50	±50

为了按照设计要求，有计划、有目的进行隧道贯通，事先要进行贯通测量误差的预计。另外，在进行贯通测量的全过程中，采取可靠的检核措施，所有测量工作，应独立进行两次，较差符合要求，取其平均值作为最后成果。隧道掘进的测量工作，已于上节详细叙述，贯通前的测量工作与其相同。

诚然，贯通测量工作责任重大，必须以高度负责的精神，严格认真的态度，精心实施。如果隧道不能按设计要求贯通，甚至发生错误，将造成人力、物力的重大损失。

11.7　竣工测量与竣工总图的编制

11.7.1　概述

竣工测量一般是在工程竣工之后进行的厂区现状的测量，以检验建、构筑物的施工位置是否符合设计的要求；竣工总图是工业厂区或建筑区的现状图，它是随着工程陆续竣工在竣工测量的基础上而相继编绘而成。对某一单体工程来说,在工程施工过程中,除隐蔽工程应随时测量,及时整理竣工资料外,随着施工进程也要及时整理有关竣工的资料。一旦工程竣工,完成竣工测量之后,竣工总图也编绘完成。

竣工总图的作用是:

(1) 为建筑工程的改建、扩建提供设计和施工的依据。

(2) 对于在施工过程中,因故改变了设计的工程内容,全面地反映在竣工总图上,真实地显示工程竣工的现状。

(3) 随着城镇建设的发展,地下管线工程越来越复杂,每一工业企业的地下隐蔽工程也越来越多,一旦发生故障,维修、检修都要求给出地下隐蔽工程的几何位置,因此,竣工图上应精确表示其地下情况,提供准确的坐标和高程。

(4) 为厂外连接提供资料。

综上所述,竣工总图要求有较大比例尺(一般为1∶500)和精确的平面位置和高程。同时,总图上对于隐蔽工程在施工时就要测量其空间位置,除此之外在竣工时还要测量地面的相应位置。竣工总平面图的编制分两部分工作:一部分为外业实地测量,称竣工测量;一部分是根据竣工资料进行编绘。

11.7.2　竣工测量

竣工测量要求地物精确的空间位置,数字测图完全能满足竣工总图的要求。同时,可根据建(构)筑物的复杂程度不同,可将地下管线、架空管道、建(构)筑物等多设几个图层,每个图层可建立专题数据库,以备编图时随时调用,也可绘出专业分图,以表示各专业内容的不同。竣工测量要遵照《数字测图规范》进行,其图式符号,均应按《大比例尺地形图图式》标注。如果有部分地形图可以使用,则经数字化后输入计算机,地形图按照《数字化地形图规范》进行数字化。关于数字测图的具体方法,请参阅第9章数字测图一节。

竣工测量和竣工总图要表示的内容:

(1) 要标明建筑物、构筑物、公路、铁路、地面排水沟渠及树木绿化设施等;矩形建筑物、构筑物在对角线的两端外墙轴线的交点,应明确标出;圆形建(构)筑物要注明圆心坐标、曲线元素和接地外半径。

(2) 所有建筑物都要注明室内地坪标高。

(3) 应标明公路、铁路的起终点、交叉点曲线元素及路面、轨道标高等;

(4) 电力线、通信线要分清高压、照明、通信线路等。在起讫点和转点处的杆位,皆要测定平面位置;高压铁塔要精确表示;

(5) 地下管线要求标注地下管线的起点、终点、弯头三通、四通点平面位置,以及窨井、消火栓等的平面位置;地下电缆应测定起点、终点、转点的平面位置;

(6) 架空管线首先要标定管线的起点、终点和转点支架的中心位置,还要标注转折点的平面位置;

(7) 各种线路应注明线径、导线数、电压等数,及各种输变电设备的型号、容量;地下电缆应测出深度或电缆沟的沟底标高。

(8) 道路要标注路宽和路中心线;铺装路面宽度、转折点等均要测定。

数字测图目标点都有坐标,以上所提出测定点的平面位置,不但标示在图上,而且要列出细部点坐标表，以供今后使用。同时，要遵照《大比例尺地形图图式》绘制竣工总图。

竣工测量外业完成后，应提供完整的资料，包括工程名称，施工依据，施工成果，控制测量资料，以及细部点的坐标和高程。

11.7.3　竣工总图的编绘

如上所述，竣工总图的内容应包括：建筑方格网点、水准点、厂房、辅助设施、生活福利设施、地下管线、架空管线、道路、铁路等的建筑物和构筑物细部点的空间数据，以及厂区内空地和未建区的地形(地物和地貌)要素。

1. 图幅的大小

由于是数字测图，图幅的大小可灵活确定，但根据工业企业的大小，确定竣工总平面图的图幅尺寸，尽可能将一个生产流程系统放在一张图上。如果厂区过大，也可以分幅编绘。根据聚酯薄膜的宽度(一般为 1m)，可绘成 0.9m×1.5m 的图幅。

2. 比例尺

若厂区较大总图可用 1∶1 000 比例尺绘制。专业分图可用 1∶500 比例尺。

3. 总图的编绘

竣工总图根据内容不同着不同的颜色。细部点按内容分别编号，写在图上，以便查找。建立细部点数据库，以图查询数据，或以数据查询图形，图数连动十分方便。

专业分图是表示一个内容的专题图，可从计算机上直接按图层输出，其比例尺也可放大。

编绘总图后，将软盘或光盘，连同一套竣工资料装订成册，予以保存或上交。

习题与思考题

1. 试述施工测量的特点。

2. 在地面上拟测设 AB 平距 25.400m，钢尺的尺长方程式为

$$l_t = 30 + 0.006 + 1.25/105(t - 20) \times 30$$

测设时的温度 $t=12$℃；施加的拉力与检定时拉力相同。概量后测得两点高差 $h=+0.60$m，试计算在 AB 间需测设的长度。

3. 什么叫归化测设法？如图 11-77，BC 长度 100m，测得 $\angle ABC$ 为 89°59′40″，用归化法测设一个直角。

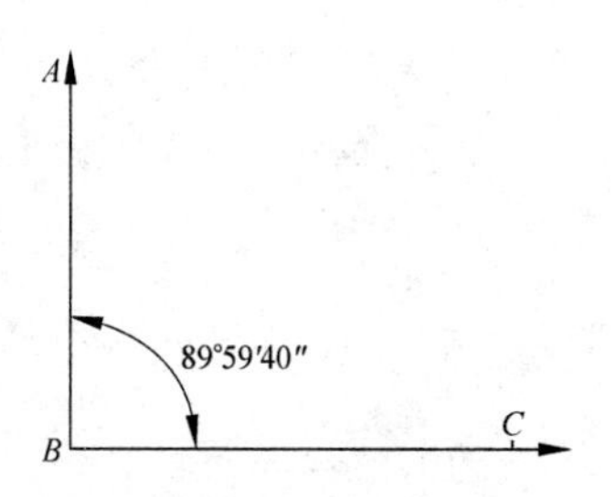

图 11-77　归化法测设直角

4. 已知水准点 BMA 的高程为 26.340m，测设高程为 26.840m 的 ±0 点，后视 BMA 时，在一木杆上绘一细线 a；在木杆上再画一细线 b，正是测设±0 时的前视点，问 b 距 a 多长。

5. 已知 AB 的方位角 $\alpha_{AB}=200°15'30''$，$x_A=30.000$m，$y_A=40.000$m，欲测设点 p，其坐标：$x_p=-20.00$m，$y_p=20.000$m，试计算 p 点的测设数据，并绘出测设草图。

6. 写出用全站仪测设一点坐标的几种方法。

7. 施工控制网与测量控制网有何不同？施工控制网有哪些特点？

8. 试述施工矩形控制网(方格网)的主轴线测设方法。
9. 桥梁平面控制网为何把桥梁轴线纳入控制网作为控制网的一条边?
10. 试述工业厂房矩形控制网建立的必要性。
11. 试述工业厂房中柱子吊装的注意事项。为何要严格检校经纬仪?
12. 由11.4.3节所述的内容,比较高层建筑的轴线投测方法的优缺点。
13. 在水上进行桥墩定位,你看用什么方法最好、最快、定位最准。
14. 写出用GNSS-RTK进行桥墩定位的方法。
15. 用导线建立隧道的平面控制网,为何要使导线成为延伸形?
16. 比较隧道地面控制测量各方法的优缺点?
17. 用GNSS建立隧道地面控制网有何优点?
18. 试述联系测量的目的。
19. 论证一井定向最有利图形的理论根据。
20. 简述陀螺经纬仪定向的基本原理,与地面纬度有何关系?
21. 试述自动陀螺经纬仪定向的步骤。为什么说自动陀螺经纬仪定向是一种先进的方法。
22. 何谓伪倾斜?标定腰线时为何要用伪倾斜?
23. 三个方向的贯通误差,哪一种误差影响最大?
24. 根据自己所学的知识,写出竣工测量和编制竣工图的必要性。

第12章

线 路 测 量

12.1 概　　述

线路测量包括铁路、公路、渠道以及城市管线的测量工作，除渠道、管道不设曲线外，各种线路测量的程序和方法大致相同。

线路测量的任务分初测和定测。初步设计阶段为线路提供带状地形图和有关资料，称为初测；技术设计阶段进行中线测量、纵横断面测量，为施工提供依据，称为定测。工程完成后，还要进行竣工验收测量。以上所述，线路工程的初步设计以及施工阶段的测量工作，统称线路工程施工测量。

在勘测设计阶段，首先要综合进行调查，然后在1∶10 000～1∶50 000比例尺地形图上选线，作出几个方案进行比选，一旦方案确定，即进行线路的初测。初测是沿着方案确定的走向和图上的位置，施测带状地形图，其比例尺一般为1∶2 000。带状地形图的宽度视道路的等级和要求不同而异，一般为100～250m。

测绘带状地形图首先要建立平面控制和高程控制。这些控制点均沿线路布设，它不但为测绘带状地形图提供依据，同时也是定测放样的控制基础。

定测阶段首先要在地面上测设线路中线，然后根据定测的点位进行中线测量和纵、横断面测量，以此为计算土石方量提供依据。

测绘带状地形图与一般地形图测绘相同，可参见第9章。本节着重讨论定测阶段的测量工作。

12.2 定 线 测 量

定线测量的任务是将初步设计阶段在图上确定的中心线点的位置，根据导线点，测设于实地。这些中线点是线路上的特征点，一般要求选在高处，并且每一直线段上至少选取三个，以便校核。常用的测设中线方法有穿线法和拨角法等。

12.2.1 穿线法

如图12-1所示，是带状地形图上的情况，F_{12}、F_{13}、F_{14}、…、F_{18}为导线点的位置。JDM、JDN、JDP为中线的转折点。在导线点上作垂线与中心线相交，得交点1′、2′、3′、4′、…、7′点，然后量取该垂线距离，换算实地平距为l_1、l_2、l_3、…、l_7。

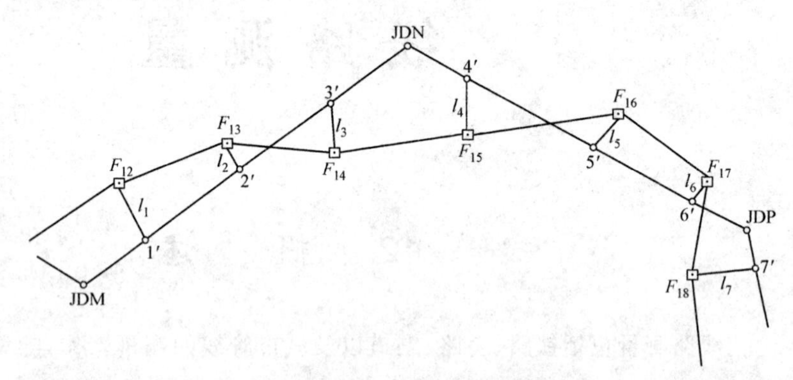

图12-1 在图上导线和中线的关系

在实地导线点上，以导线边定向，转90°角测设各点的平距，l_i即得i点的实际点位。

由于测设有误差，直线上的三个中线点不一定在一条直线上，将三点调整到一条直线上的工作称"穿线"。如图12-2所示，1′、2′、3′为直线上测设的三个点，将经纬仪架设在2′点，后视1′点，用盘左盘右分中法得1′—2′视线方向上的p点，量取$p3'$距离l。各点皆向偏离的方向上调整1/4，得1、2、3点，再将经纬仪安置在2点上，同法检查三点是否在一条直线上，否则再进行调整。然后钉大木桩以固定之，在桩上注明"DK"，以示为定测里程桩。

确定中线的直线段后，延长两相交中线，得到交点(转折点)，用大木桩固定之。同时在交点桩前后，各钉骑马桩，以标定交点的位置，如图12-3所示。

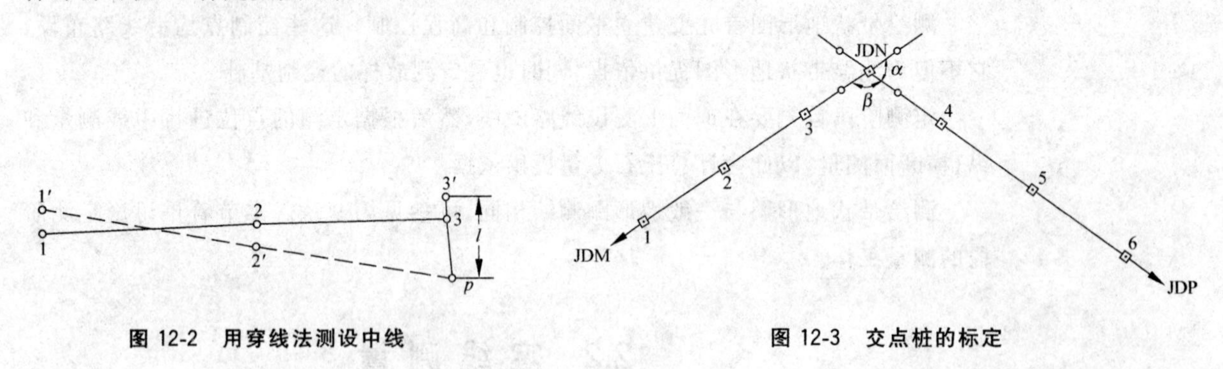

图12-2 用穿线法测设中线

图12-3 交点桩的标定

交点桩确定后，即可安仪器于JD点，测量中线的交角，从而计算偏角α。若求右偏角，观测右角β，则$\alpha_{右}=180°-\beta_{右}(\beta_{右}<180°)$。

若求左偏角，则$\alpha_{左}=\beta_{右}-180°(\beta_{右}>180°)$。

直线上标定的中线桩(1、2、3、…、n)，称为转点(ZD)，记作ZD1、ZD2、ZD3、…、ZDn。转点间距离一般为400～500m。用光电测距仪测距，长度还可加大。

12.2.2 拨角法

拨角法测设中线，实际上是用极坐标放样各交点的方法。如图 12-4，在平面设计图上图解各交点坐标，并计算各交点之间的距离和中线方位角。从而计算出中线之间的夹角和有关导线点的测设数据，如图 12-4 中 β_0、D_0，以及中线的夹角 β_2、β_3 等。仪器安在交点上，用盘左盘右取中数的方法，分别拨角 β_1、β_2、β_3，测设相应的距离便可将 JDM、JDN 和 JDP 测设于实地。随之与导线点进行联测，测出放样点的坐标，与设计坐标相比较，求出坐标差值和角度闭合差，不超过 $\pm 30''\sqrt{n}$，相对闭合差不超过 1/2 000，即符合要求。一般不加改正，以放样点的实际坐标为依据，推算后面交点的测设数据。

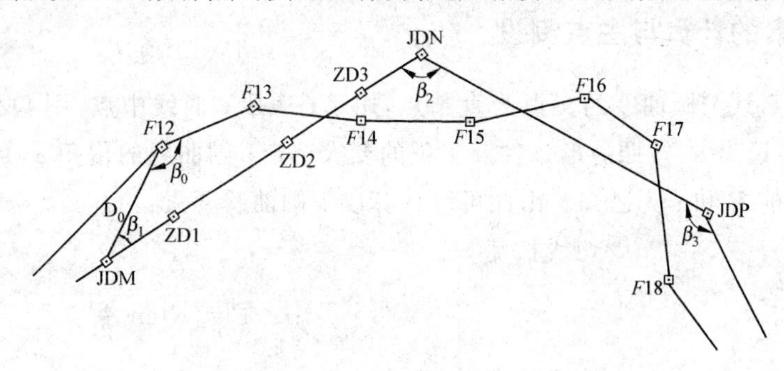

图 12-4　用拨角法测设中线

12.3 中线测量

中线测量是在交点、转点放样之后，沿定测的线路中线测量距离，桩定百米桩和加桩；同时根据已测定的偏角 α、半径 R 和曲线长度 L 计算曲线元素。曲线测设请参阅本章 12.4 节。

钢尺量距时，要求往返丈量，转点间距两次丈量之差的较差率不大于 1/2 000。

除设百米桩外，在纵横坡度变化处，与河流、输电线路、房屋交叉处，以及曲线的主点位置，都要设置加桩。在百米桩和加桩上要注写里程，如图 12-5 所示。对于交点桩、转点桩、曲线的主点桩和重要地物的加桩，均钉以 6cm×6cm×40cm 的大木桩，在桩顶钉以小钉，以示点位。在桩的一旁钉指示桩，注写桩名和里程。

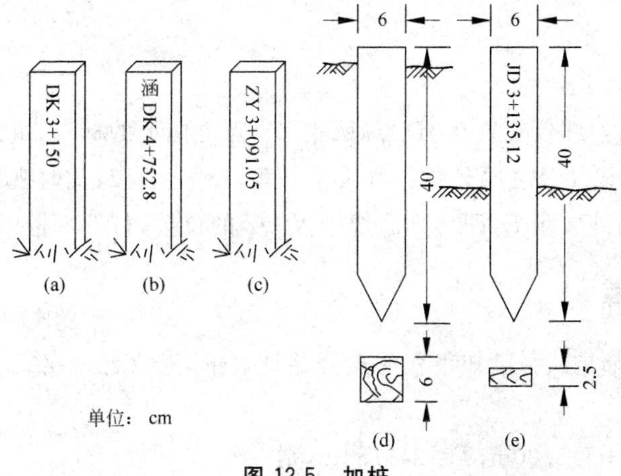

图 12-5　加桩

12.4 圆曲线的测设

在铁路、公路和城市道路工程建设中，为了路线改变方向，常用平面曲线将直线段连接，这种曲线有圆曲线和缓和曲线两种。除此之外，现代建筑有的平面图形设计成圆弧形，也需进行曲线测设。

圆曲线是由有固定半径的一段圆弧构成。一般测设工作分两步进行。第一步先测设曲线上起控制作用的点，称曲线主点。第二步在主点间进行曲线的详细测设。

12.4.1 圆曲线要素的计算与主点测设

如图12-6所示，直线与圆曲线的交点为直圆点，用ZY表示；曲线中点，用QZ表示；直线交点用JD表示。圆曲线的半径为R，按照地形条件及工程的要求选定；圆曲线的偏角α，是根据道路工程的要求选定的。在测设之前R和α为已知。由此可以计算以下圆曲线要素：

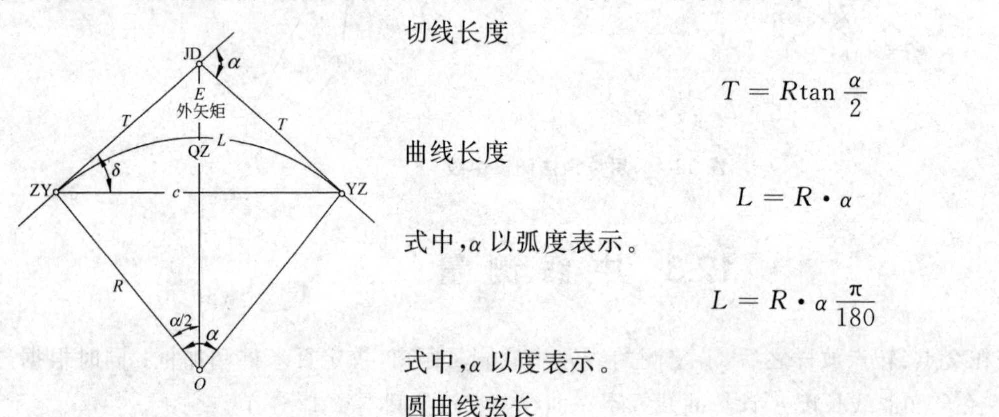

图12-6 圆曲线要素与主点测设

切线长度

$$T = R\tan\frac{\alpha}{2} \tag{12-1}$$

曲线长度

$$L = R\cdot\alpha \tag{12-2}$$

式中，α以弧度表示。

$$L = R\cdot\alpha\frac{\pi}{180}$$

式中，α以度表示。

圆曲线弦长

$$c = 2R\sin\frac{\alpha}{2} \tag{12-3}$$

外矢矩

$$E = R\sec\frac{\alpha}{2} - R = R\left(\sec\frac{\alpha}{2} - 1\right) \tag{12-4}$$

切线与曲线之差

$$J = 2T - L \tag{12-5}$$

测设圆曲线主点时，将经纬仪安置在JD点，瞄准ZY点方向上的标点，量出切线长T，得ZY点。然后再瞄准YZ方向，量出切线T固定YZ桩。测设水平角$(180-\alpha)/2$，此时视准线方向为两切线夹角的分角线方向，沿此方向量出外矢距E，即得到曲线中点QZ的位置，打下木桩以标定之。

12.4.2 主点里程的计算

曲线上各主点的里程都是从一已知里程的点开始计算的，通常已知ZY点或JD点的里程，它是由直线段连续测量得到的。

例如，JD的里程为18+513.00m，T=241.84m，则

JD	18+513.00
$-T$	241.84
ZY	18+271.16
$+L/2$	229.89
QZ	18+501.05
$+L/2$	229.89
YZ	18+730.94

必须注意的是，YZ 的里程只能由 ZY 加曲线长 L 计算，不能由 JD 计算。

12.4.3　用偏角法测设圆曲线

测设圆曲线是沿曲线每隔一定距离测设一个曲线桩。通常规定：$R \geqslant 150\text{m}$ 时，间隔 20m 设一曲线桩；$150\text{m} > R > 50\text{m}$ 时，间隔 10m；$R < 50\text{m}$ 时，间隔 5m 设一曲线桩。测设方法有多种，常用的有偏角法和切线支距法等。

偏角法是指切线方向与某一段弦之间的夹角，如图 12-6 所示，ZY 点到 YZ 点弦长为 C，曲线长为 L，即可计算出偏角：

$$\delta_0 = \frac{\alpha}{2} = \frac{L}{2R}\rho = \frac{90°L}{\pi R} \tag{12-6}$$

式中，ρ 的单位为度。

如果把曲线分成 n 段，则每段弧长为 l，相应弦与切线形成偏角 δ，可按下式计算：

$$\text{偏角}\quad \delta = \frac{l}{2R}\rho \tag{12-7}$$

$$\text{弦长}\quad c = 2R\sin\delta \tag{12-8}$$

式中，ρ 的单位为秒。

如图 12-7，若将曲线平均分成 n 段，每段长皆为 l_1，则每个曲线点在 ZY 点的偏角都为 δ 的整倍数，即

$$\delta_2 = 2\delta_1$$
$$\delta_3 = 3\delta_1$$
$$\vdots$$
$$\delta_n = n\delta_1$$

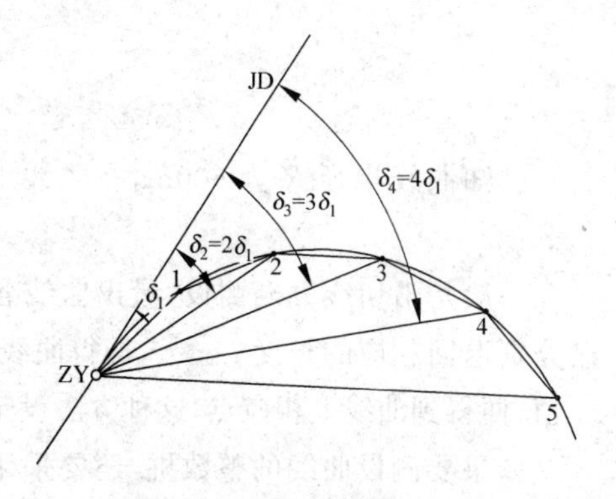

图 12-7　偏角法测设圆曲线

计算出各曲线点的偏角后，即可进行测设：

(1) 检查 ZY、QZ、YZ 三点的位置是否正确。

(2) 在 ZY 点安仪器，照准切线方向(JD 方向)，使度盘读数为 0°00′00″。

(3) 转动照准部，使读数等于 δ_1，沿 ZY～1 点的方向量出

弦长 c,得点1。

(4) 再转动照准部,使读数为 δ_2,从1点量出 c,与视线相交,得点2。同法测设3、4、…、n 点。

(5) 最后使读盘读数为 $\alpha/2$,量出 c 与此方向相交点应与YZ点重合。如不重合,其闭合差不得超过如下值:

径向 $\pm 0.1\text{m}$

切向 $\pm\dfrac{L}{2\,000}\sim\dfrac{L}{1\,000}$ (L 为曲线长度)。

此法由于从上一点开始,量出弦长与视线相交而测设曲线点,则产生积累误差。为了减少这种误差,可从ZY点测向QZ点,再从YZ测向QZ点,距离和测设点数减少一半,积累误差相应减少。

在曲线上为了测设整桩的位置,先根据第一点(ZY点)的里程,用第一段弧长为零数的方法,去凑整第1点为整桩。例如:$R=600\text{m}$,ZY里程为 $18+271.16\text{m}$,第1点的里程应为280m,即曲线长为8.84m,其偏角为0°25′19″。20m曲线长的偏角为0°57′18″,逐点计算曲线上整桩的偏角,如表12-1。

表12-1 曲线上里程桩的偏角

里 程	曲线长度	偏 角
2 418+271.16		0°00′00″
280	8.84	0°25′19″
300	20	0°25′19″+0°57′18″=1°22′37″
320	20	0°25′19″+1°54′36″=2°19′55″
340	20	0°25′19″+2°51′54″=3°17′13″

为了方便野外工作,可查《曲线测设用表》。该表有《圆曲线偏角累计表》,使用比较方便。

12.4.4 用切线支距法测设圆曲线

该法又称直角坐标法,以曲线起点(ZY)或终点(YZ)为坐标原点,以切线为 x 轴,以切线的垂线为 y 轴,如图12-8所示。

根据坐标 x_i, y_i,测设曲线上各点。设曲线长 l 已知,则所对的中心角:

$$\varphi=\frac{l}{R}\,\frac{180°}{\pi} \tag{12-9}$$

$$\begin{cases} x_i = R\sin(i\varphi) \\ y_i = R-R\cos(i\varphi) \end{cases} \tag{12-10}$$

已知曲线半径 R 为600m,在曲线上每20m设一个曲线点,根据式(12-9)、式(12-10)可以计算出 x、y、φ。

一般是沿切线方向测设,量出曲线各点的长度 l_i,如20m、40m、60m、…,然后求得 (l_i-x_i),从这些点分别退回相应的长度 l_i-x_i,即得曲线上间隔20m的各点在切线上的垂足。再从各垂足垂直量出支距 y_i 值,便得到曲线上相应点,这种方法设定垂足比直接测设 x_i 值要方便,并且只量一次零数即得到 x_i。

如果要测设曲线的整数桩,还要采用上述的方法,计算整桩的点位,然后用钢尺补设这些整桩。

为了便于量距和减少测量误差,同时为了减少支距长度,通常在曲中点(QZ)设置一切线,把曲线分成四段进行测设。

切线支距法操作简单，且各曲线点皆独立测设，彼此影响小。测设后，应测量曲线点间的距离，以资校核。

12.4.5 用极坐标法测设圆曲线

如图 12-9 所示，首先计算出各曲线点的偏角 δ_i 和弦长 c_i，计算方法分别见式(12-7)、式(12-8)。

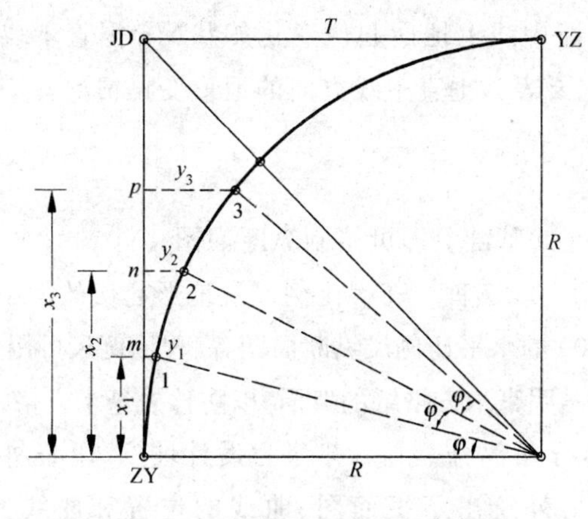

图 12-8 切线支距法测设圆曲线

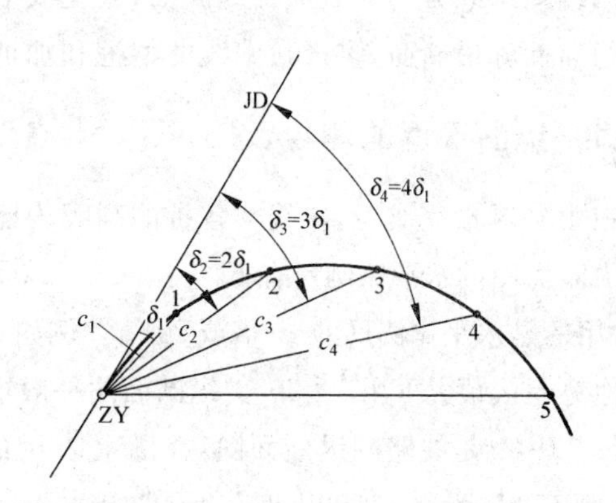

图 12-9 极坐标法测设圆曲线

各弦的偏角及弦长分别为：

$$
\begin{aligned}
\delta_2 &= 2\delta_1 \quad c_2 = 2R\sin\delta_2 \\
\delta_3 &= 3\delta_1 \quad c_3 = 2R\sin\delta_3 \\
&\vdots \qquad\qquad \vdots \\
\delta_n &= n\delta_1 \quad c_n = 2R\sin\delta_n
\end{aligned}
$$

测设时，仪器安置于 ZY 点，照准 JD 方向，使读盘读数置于 $0°00'00''$，依次测设 δ_i 角和相应的弦长 c_i，即得到曲线上的各点。

用全站仪测设圆曲线，可用距离角度法(极坐标法)或坐标放样法。

为了使车辆运行的平顺安全，往往在道路的直线和圆曲线之间设一缓和曲线。其测设方法与圆曲线基本相同。若使用全站仪进行测设，可根据缓和曲线的数学方程，计算出曲线上细部点坐标，然后用全站仪坐标法直接测设于实地。

12.5 线路水准测量

定测阶段的水准测量分基平测量和中平测量两种。基平测量主要是沿线路中心线布设水准点进行水准测量。水准点每公里布设一个，水准路线距线路中线一般为 50～100m。每 25～30km 埋设一个永久水准点。水准路线不超过 30km 即与国家水准点联测一次。基平测量要求用 DS3 级水准仪，用双面尺往返观测，其较差不超过 $\pm 30\sqrt{L}$ mm。水准路线允许闭合差为 $\pm 30\sqrt{L}$ mm。水准点要埋设在地基稳固、易于引测以及施工不易破坏之处,以便保存。

中平测量是沿线路中心线测定整桩和加桩的高程,为绘制纵断面图提供高程依据。其测量方法与基平相同,但要起闭于基平的水准点上,闭合差不超过$\pm 50\sqrt{L}$mm。L 以 km 计。

12.6 纵、横断面图的测绘

沿线路中线方向的断面称纵断面,它主要表示线路中线上地面起伏变化的状况;垂直于线路中线方向的断面称横断面,多设在中线的整桩和加桩处,主要表示垂直中线方向的地形变化情况。

12.6.1 纵断面图的测绘

在中平测量完成后,中线上各桩的高程为已知。在此基础上即可绘制纵断面图。

纵断面图的水平比例尺有 1∶5 000、1∶2 000、1∶1 000 三种。高程比例尺视地形起伏的大小不同而异,常用的是水平比例尺的 10 倍或 20 倍。例如 1∶2 000 的水平比例尺纵断面图,高程比例尺可用1∶100,如果地势起伏很大可用 1∶200。纵断面图一般绘制在透明毫米方格纸的背面,以防擦去毫米方格。

图 12-10 是线路的纵断面图,在图上表示的内容分两部分:下一部分为设计坡度、里程桩加桩位置、地面高程、设计高程以及直线、曲线的表示等,另外绘出了平面图、曲线的位置和曲线元素,如 R:370m,α:54°55′,T:227.54,L:424.64,L_S:70(L_S 为缓和曲线长度)等。上一部分为纵断面上地势起伏状况和设计纵断面,有时还测出水准点位置和重要地物位置(如桥、涵等)。

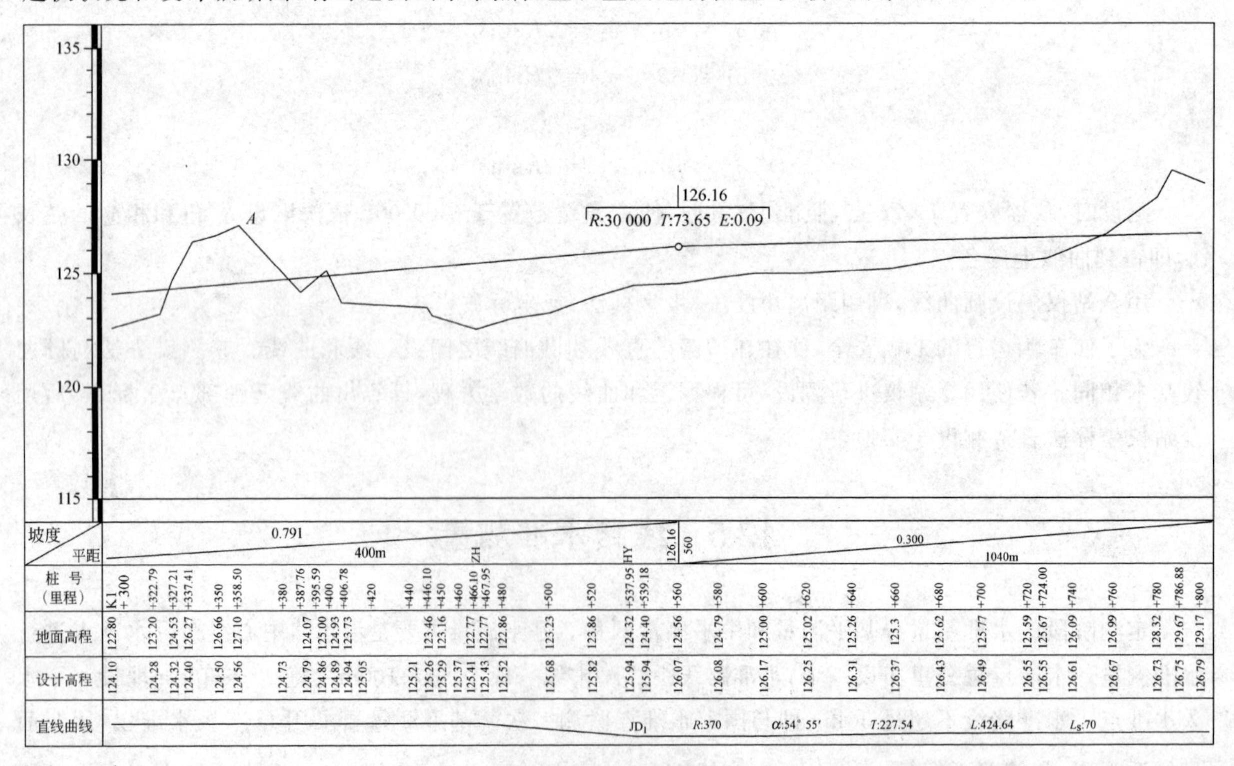

图 12-10 线路纵断面图

12.6.2　横断面图的测绘

在线路整桩和加桩处均要测绘线路横断面图，以供路基设计使用。一般在中线两侧各测 20～50m。距离测量精确到 0.1m，高程精确到 0.01m 即可。不论是直线还是曲线，横断面方向均要与其正交，如图 12-11。

1. 标定横断面方向

横断面方向可用经纬仪、方向架标定。

如图 12-12 所示，在直线上标定横断面方向，首先用方向架瞄准器Ⅰ—Ⅰ′瞄准中线上的控制点(转点)，Ⅱ—Ⅱ′即为横断面方向。

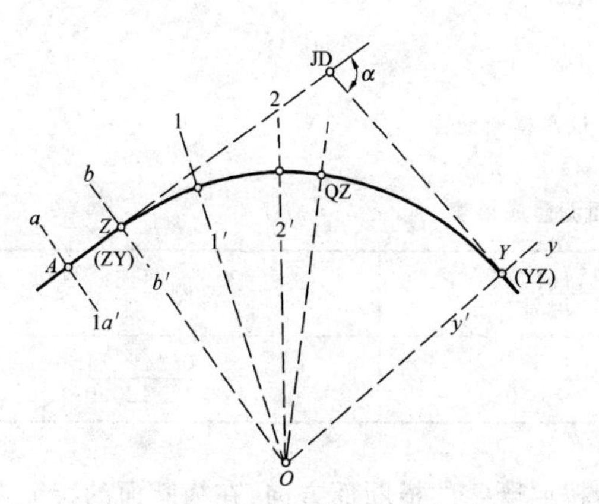

图 12-11　横断面方向

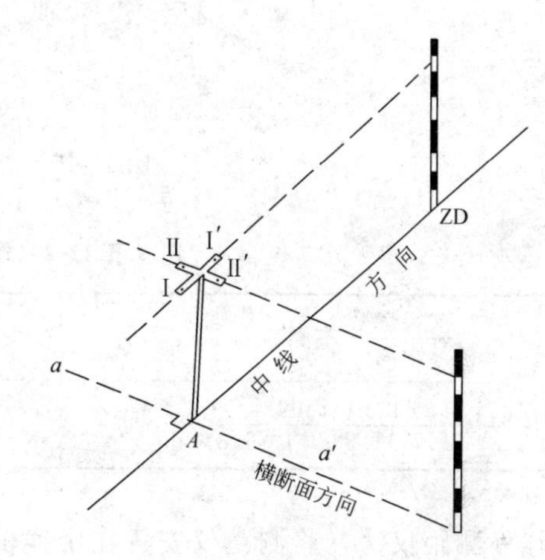

图 12-12　用方向架标定横断面方向

在曲线上必须先标定切线方向，然后将方向架的一边瞄准此方向，即可标定横断面的走向。如图 12-13 所示，在曲线点 B 上安经纬仪，后视 A 点，根据 AB 长度 c，用式(12-8)计算偏角 δ_1，顺拨角 $90°+\delta_1$，便得到 B 点横断面方向 BD；同法，用 BC 方向也可定出 BD。如图 12-14，是用方向架标定圆曲线 B 点处的横断面方向。先定 A、C 点，使其满足$\widehat{AB}=\widehat{BC}$，在 B 点分别以 A、C 点转 90°定向，方向架定出 a 和 b 两点，使 $Ba=Bb$，量出 ab 直线的中点 m，则 Bm 即为 B 点的横断面方向。

如上所述，若用经纬仪标定横断面方向，则可按 12.4 中方法计算曲线点间的偏角，用偏角法进行标定。

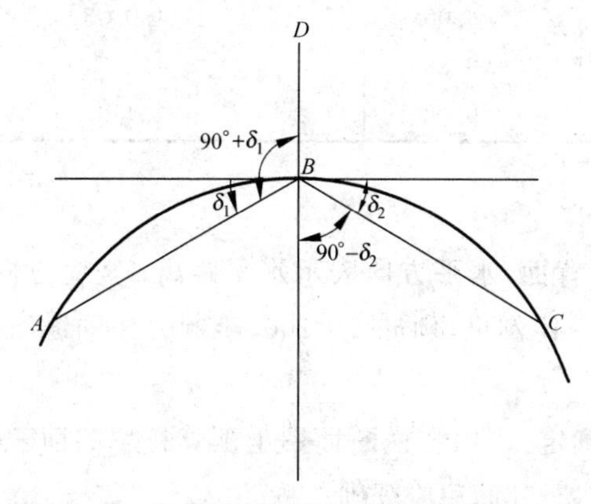

图 12-13　经纬仪在圆曲线上标定横断面方向

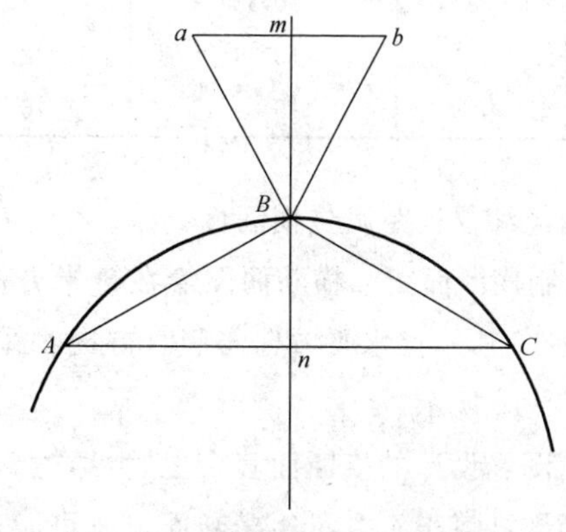

图 12-14　方向架在圆曲线上标定横断面方向

2. 横断面测量

(1)水准仪法　由于中线点的高程已知，欲测量横断面上各点的高程，则在已标定的横断面方向上测出各点与中线点的高差即可，如图12-15所示，是测量各点高差的示意图，测量成果记在表12-2中。

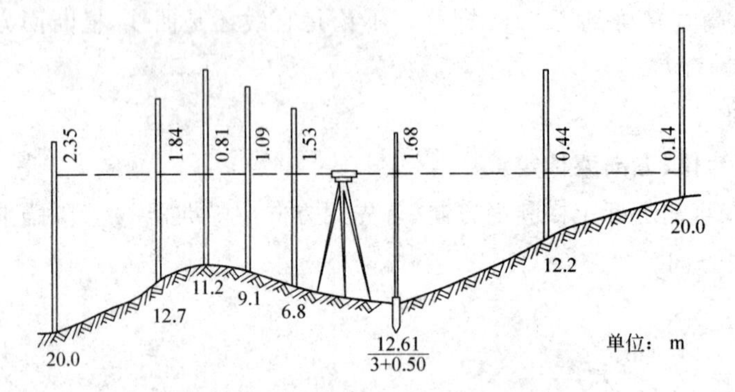

图12-15　用水准仪测横断面图

表12-2　横断面测量成果表

$\frac{前视读数}{距离}$左侧	$\frac{后视读数}{桩号}$	右侧$\frac{前视读数}{距离}$
$\frac{2.35}{20.0}$ $\frac{1.84}{12.7}$ $\frac{0.81}{11.2}$ $\frac{1.09}{9.1}$ $\frac{1.53}{6.8}$	$\frac{1.68}{3+050}$	$\frac{0.44}{12.2}$ $\frac{0.14}{20.0}$

(2) 红外测距仪法　将测距仪安置在中线桩上，按照既定的横断面方向，在横断面的特征点上，立镜杆反射器测出倾角、距离，并计算高差，皆记入手簿。见表12-3。

表12-3　测量成果表

DK3＋500		高程 144.38		i=1.47，	v=1.47
测点左	测点右	竖直角	平距	高差	测点高程
1		−15°30′	42.34	−11.74	132.64
2		−18°24′	26.38	−8.78	135.60
3		−10°45′	13.32	−2.53	141.85
	4	20°30′	16.06	6.00	150.38
	5	15°24′	32.07	8.83	153.21
	6	12°00′	46.88	9.96	154.34

也可用经纬仪视距测量横断面。

(3) 绘制横断面图　横断面图绘在毫米方格纸的背面，水平方向表示水平距离；竖直方向表示高程，如图12-16所示。水平方向与竖直方向都采用同一比例尺，例如1∶200，绘制方法同纵断面图，其内容如图12-16所示。

横断面图和设计的横断面套合之后，填挖高度则确定，可以在横断面图上测算挖填的面积，根据中桩之间的距离计算土石方量。横断面上有可能有填有挖，其面积应分别计算。

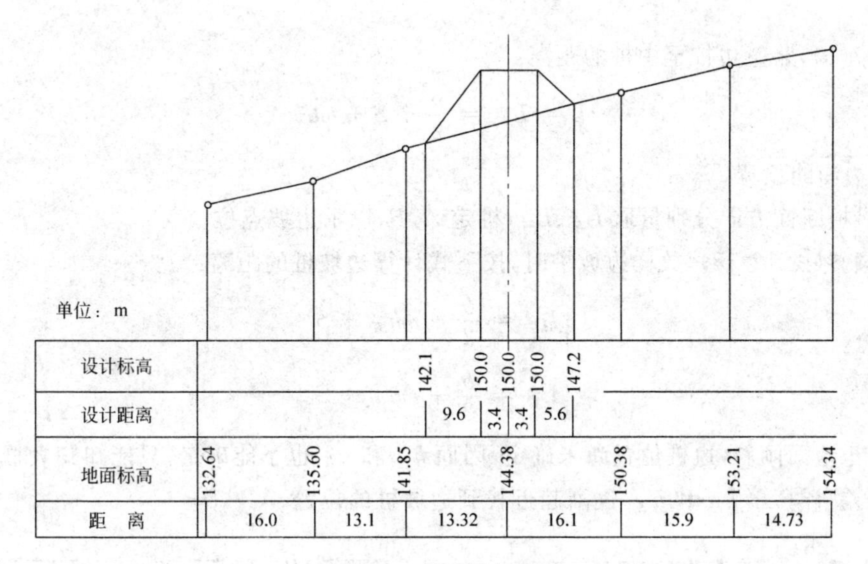

图 12-16　绘制横断面图

12.7　道路施工测量

道路施工测量主要配合道路的施工进行。其内容为施工控制桩、路基边桩和竖曲线的测设等。

首先检查中桩是否丢失、碰动，如有发现要及时进行恢复。由于中桩在施工中要被挖掉，不可能保留。因此，要在路的两边线外不易受施工破坏，便于引用之处测设施工控制桩。最好使桩的联线平行于中线，便于为施工提供依据。

12.7.1　路基的测设

1. 路基边坡桩的测设

如图 12-17(a)所示，在平坦地面上，拟放样路堤两边坡桩 A、B。b 为路基宽度；h 为填土高度；$1:m$ 为边坡坡度，$1/m=h/a$；由此便可计算中桩到边坡桩的平距：

$$L_{左}=L_{右}=\frac{b}{2}+a=\frac{b}{2}+mh$$

由于地面平坦，故 $L_{左}=L_{右}$。

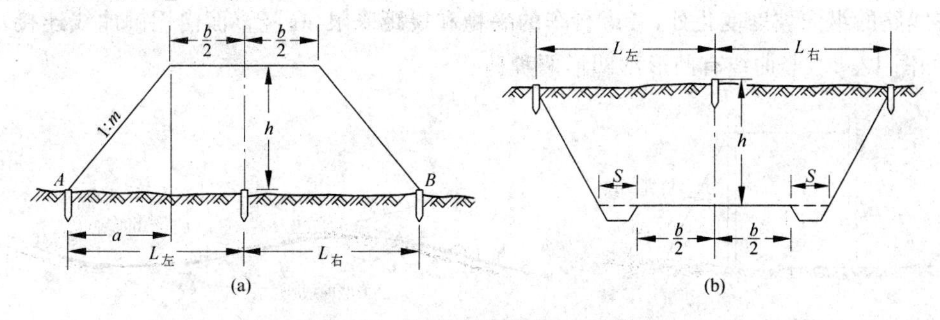

图 12-17　地面平坦时边坡桩的测设

如图 12-17(b),路堑边桩至中桩的距离:

$$L = L_{右} = \frac{b}{2} + S + mh \tag{12-11}$$

式中,S 为路堑边沟的顶宽。

由中心桩沿横断面方向分别量取 $L_{左}$、$L_{右}$,桩定 A、B,以示边坡点位。

如果地面倾斜(图 12-18),放样边坡桩时,按下式计算边坡桩的距离:

$$\begin{cases} L_{左} = \dfrac{b}{2} + mh_{左} + S \\ L_{右} = \dfrac{b}{2} + mh_{右} + S \end{cases} \tag{12-12}$$

使用上式时,由于地面倾斜,边桩位置尚未确定,因而 $h_{左}$ 和 $h_{右}$ 也不能确定,只能知其大概位置,由此测定左、右两边高差,计算出 $h_{左}$ 和 $h_{右}$,逐渐趋近找到边坡桩的位置。

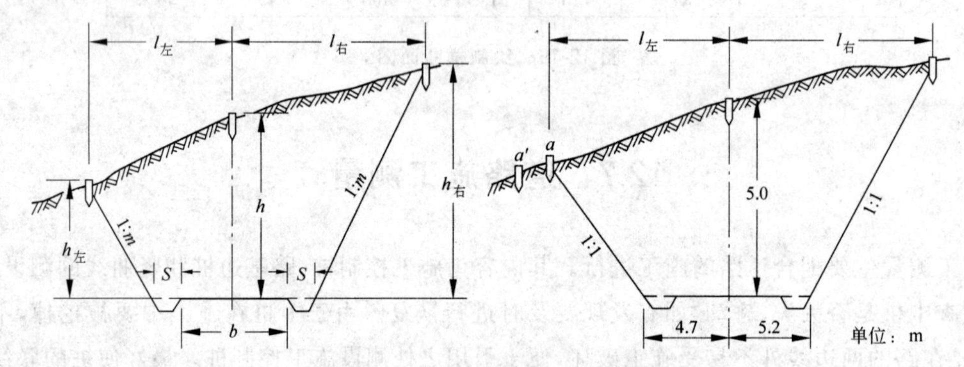

图 12-18 地面倾斜时边坡桩的测设

2. 路基边坡及路基高程的测设

边坡桩标定后,要求放出路基的边坡以便施工。如图 12-19,在路基边竖一竹竿,将高差 h 标于竹竿上,由此用细绳连结边坡桩,即得路基边坡。如果路基填筑较高时,可分层拉线。

有时做一边坡尺,其坡度为 $1:m$,在施工过程中用此尺检查边坡是否符合施工要求。当路基填筑接近设计高程时,进行路基抄平,以指导路基施工。

12.7.2 竖曲线的测设

线路纵向坡度变化,给行车安全带来不利影响,高级公路的坡度变化有一定的限制,以保证安全行驶。但是,在线路的纵向坡度变化处,考虑行车的平稳和视距受限,在竖直面内用圆曲线连接,这种曲线称竖曲线。如图 12-20,竖曲线有凸形和凹形两种。

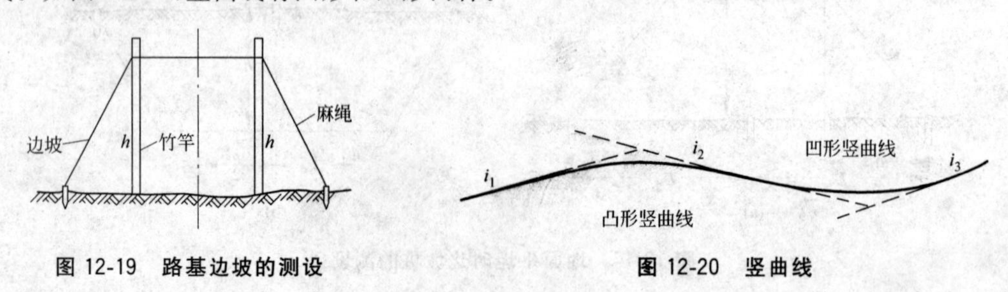

图 12-19 路基边坡的测设　　图 12-20 竖曲线

如图 12-21，竖曲线的元素有：切线长 T、曲线长 L，外矢矩 E。其计算公式同平面圆曲线：

$$\begin{cases} T = R\tan\dfrac{\alpha}{2} \\ L = R\dfrac{\alpha}{\rho} \\ E = R\left(\dfrac{1}{\cos\dfrac{\alpha}{2}} - 1\right) = R\left(\sec\dfrac{\alpha}{2} - 1\right) \end{cases} \tag{12-13}$$

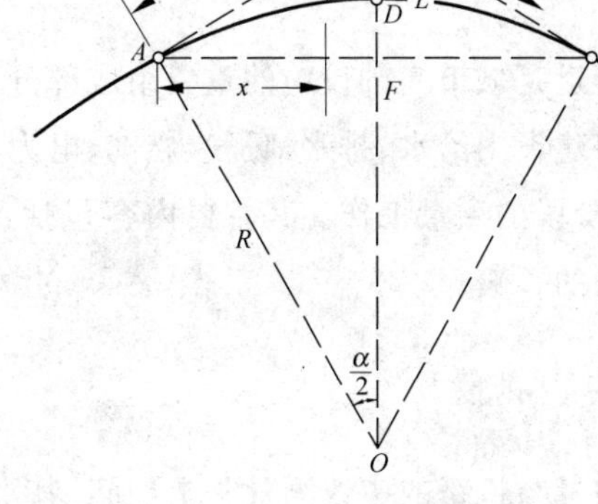

图 12-21　竖曲线的元素

由于竖曲线的转折角 α 很小，同时，曲线的上坡度和下坡度不一定相同，故

$$\tan\frac{\alpha}{2} \approx \frac{\alpha}{2\rho};$$

而

$$\alpha = \alpha_1 + \alpha_2,$$

故

$$\tan\frac{\alpha}{2} = \frac{1}{2}\left(\frac{\alpha_1}{\rho} + \frac{\alpha_2}{\rho}\right) \quad \frac{\alpha_1}{\rho} \approx \tan\alpha_1 = i_1;$$

$$\frac{\alpha_2}{\rho} \approx \tan\alpha_2 = i_2$$

由于 i_1 与 i_2 符号相反，所以

$$\tan\frac{\alpha}{2} = \frac{1}{2}(i_1 - i_2) \tag{12-14}$$

将式(12-14)代入式(12-13) 则

$$T = \frac{1}{2}R(i_1 - i_2)$$

$$L = R(i_1 - i_2)$$

如图 12-21，设 $E=\overline{CD}\approx\overline{DF}$，$\overline{CF}=2E$，则

$$\frac{R}{\overline{AF}} = \frac{\overline{AC}}{2E}, \quad E = \frac{\overline{AC}\cdot\overline{AF}}{2R}$$

设 $\overline{AC}\approx\overline{AF}$，则

$$E = \frac{T^2}{2R} \tag{12-15}$$

按近似公式，如图 12-21，可写出标高改正值（纵距）y_i 的公式：

$$y_i = \frac{x_i^2}{2R} \tag{12-16}$$

x_i 是某点离开曲线起点或终点的横距，y_i 是某点按坡度线中桩的高程改正数。凸形竖曲线 y_i 为负，凹形竖曲线 y_i 为正。

12.8 管道工程测量

城市管道是城市基础设施的重要组成部分,是城市规划管理和城市建设的重要基础信息。管道工程是指城市建设中给水、排水、暖气、燃气、电力、通信、光缆等工程。管道工程测量是各种管道在设计、施工、竣工阶段的测量工作。其主要内容包括:中线测量、纵横断面测量、施工测量、竣工测量等,都是对管道信息的采集。

12.8.1 中线测量

中线测量与道路的中线测量基本相同,其主要任务是将设计的管道中线测设于实地,即主点(管道的起点、终点和转向点)的测设和里程桩的埋设等。

1. 主点的测设

一般是根据设计给出的坐标,在控制点上将其测设实地;精度要求不高时,可根据大比例尺设计图上主点附近与固定地物的关系测设主点;也可根据管道的方向及长度测设主点。

2. 里程桩和加桩的埋设

管道的整桩间隔一般为20m、30m、50m,里程桩间的重要地物再设加桩。如图12-22,0+050、0+100为整桩,0+082、0+122为加桩。桩号也要用红漆标示。与道路不同的是转折点处直接用直线连接,无须设置曲线。

3. 转向角测量

管道转向时与原方向之间的夹角称转向角,有左、右之分。

当管道中线标定后,应将中线绘在地形图上以反映管道中线各桩点的位置、编号、主点坐标和转向角等。当无大比例尺地形图时,则需测绘中线两侧各20m的带状地形图,用常规方法或数字测图方法皆可。

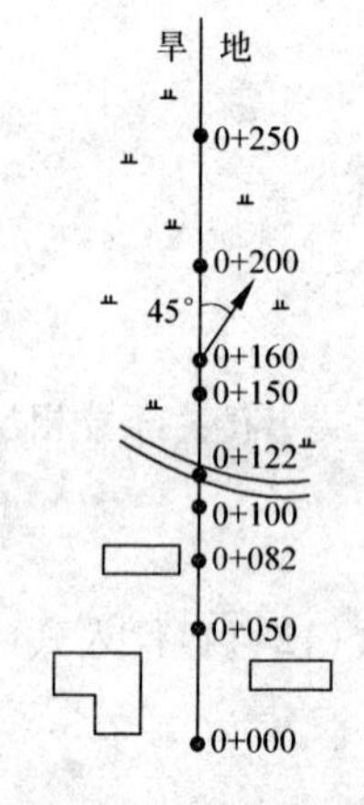

图12-22 管道中线

12.8.2 管道纵横断面图测量

1. 纵断面图测量

纵断面图测量的方法与12.6.1节的方法相同,是根据已布设的水准点,测定中线里程桩、加桩的高程,然后根据这些高程和里程桩号绘出纵断面图。详见本章道路纵断面的测绘。图12-23为污水管道的纵断面图。

2. 横断面图测量

与道路横断面图测量相同,在各中线桩上,测出垂直中线方向上各特征点的高程和距中线的距离,据此绘制断面图,就是横断面图,它是计算土方工程量和开挖管道沟槽的依据。

横断面图施测的宽度,由管道的直径的埋深确定,一般两侧各为20m。横断面图的测量方法和绘制方法与道路的方法相同,在此不赘详。

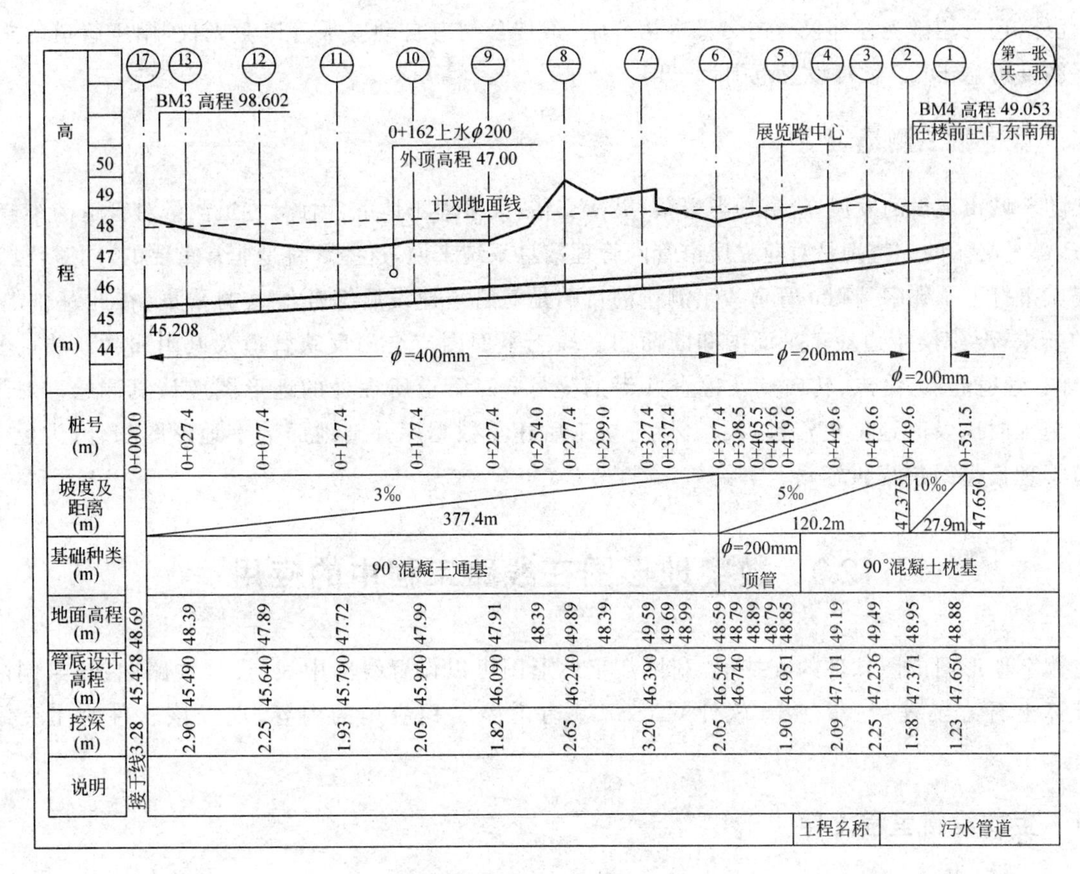

图 12-23　污水管道的纵断面图

12.8.3 管道施工测量

管道施工测量的首要任务是检查原测设的中线桩是否被破坏,否则,要重新测设中线。根据管道开挖宽度,在中线两侧用白灰撒出开挖边界。当沟槽挖到一定深度后,要把中线投到横跨沟槽的坡度板上。如图 12-24,坡度板每 10m 或 20m 设置一个。中线钉钉在坡度板上,中线钉的连线就是中线位置。在每个坡度板一上钉一坡度立板,立板上钉一坡度钉,使每一坡度钉到管底(外径下缘)为一相同的整数,称下返数。

坡度钉的连线是管底坡度的平行线,只要施工人员用一标有下返数的木杆,可随时检查管底的设计高程。然后根据开挖深度确定垫层的厚度,最后根据中线和坡度埋设管道。

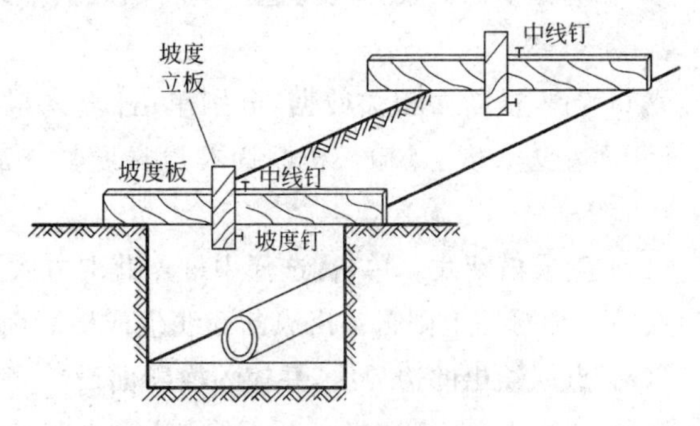

图 12-24　管道坡度板

当管线穿过公路、铁路或其他重要建筑物时,常采用顶管施工技术。先在工作坑内架设导轨,将中线和坡度引进坑内,据此将管道放在轨道上顶入土中,最后将土从管中挖出。除用经纬仪、水准仪测定中线、高程外,还可用激光经纬仪导向。日本拓普康、索佳公司有自动安平管道激光仪,用于管道的施工,其安平精度可达±10″,坡度设置范围为−15°~+40°。

12.8.4 管道竣工测量

伴随着城市建设的发展,管道种类繁杂,纵横交错,大多埋于地下,因此,竣工测量对管道的维修、扩建、管理都是必须的。特别是对建立城市管网管理信息系统来说,这些资料是非常重要的,同时,也为建立数码城市打下了数字基础。管道竣工测量的目的是对管道建设后综合信息的采集,在此基础上,按传统的要求,要编绘管道竣工平面图和断面图。竣工平面图应全面反映管道及其附属构筑物的平面位置,如:管道起点、终点、转向点及检查井等的坐标;对管道所在处的地形图应认真测绘。对地下管道在施工时应及时地汇集资料,认真保存,竣工后建立数据库并与地面数字地形图扣合,为建立地下管道管理信息系统提供资料。

12.9 数字地形图在线路工程中的应用

在数字地形图成图软件的支持下,利用数字地形图可以设置线路中线、设计线路曲线、绘制断面图和计算土石方工程量等。南方软件 CASS7.0 有道路工程应用的内容,现以该软件为主介绍其应用。

12.9.1 生成线路里程文件

如前所述,为了道路施工和计算土方工程量,沿中线设置里程桩,因此首先要生成里程文件,具体操作步骤如下。

(1) 用复合线在数字地形图上绘出道路中线和道路边线。在 CASS7.0 操作界面的下拉菜单中,单击【地物编辑】|【复合线处理】|【直线-复合线】,弹出如图 12-25 所示的菜单。

(2) 单击如图 10-1 所示的【工程应用】菜单,单击【生成里程文件】|【由纵断面线生成】(图 12-26),并单击【新建】。

(3) 选择横断面线,单击【选择横断面线】,点取已绘出的道路中线。

(4) 输入横断面相关数据,分别单击【输入横断面间距】、【输入横断面左边长度】、【输入横断面右边长度】,横断面间距默认是 20 米;按命令一一输入数据。

(5) 生成横断线。单击【选择中桩点获取方式】,如图 12-26 所示,在数字地形图上则自动沿纵断面线生成横断面线,如图 12-27。

(6) 点取绘出的边界线,并输入横断面设计高程。

(7) 在图上单击【选择横断面线】|【输入起始里程<0.0>】,输入相关数据后则生成里程文件。

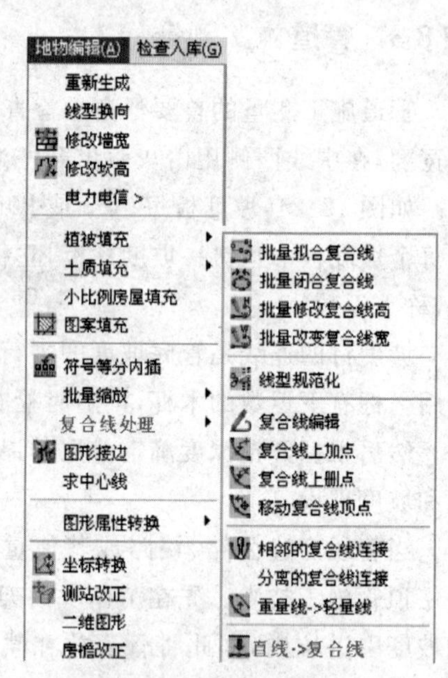

图 12-25 【地物编辑】菜单

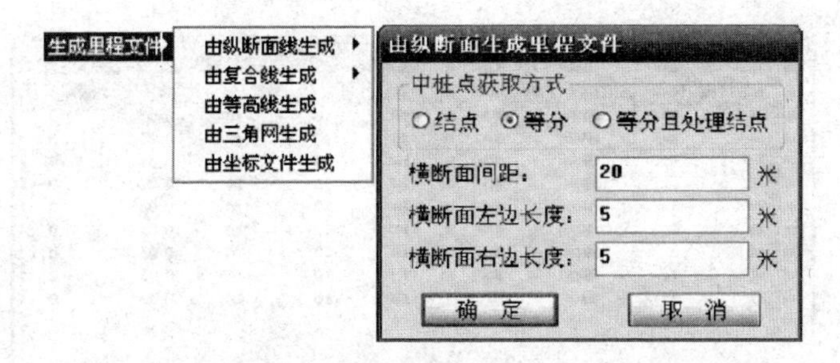

图 12-26 【由纵断面生成里程文件】对话框

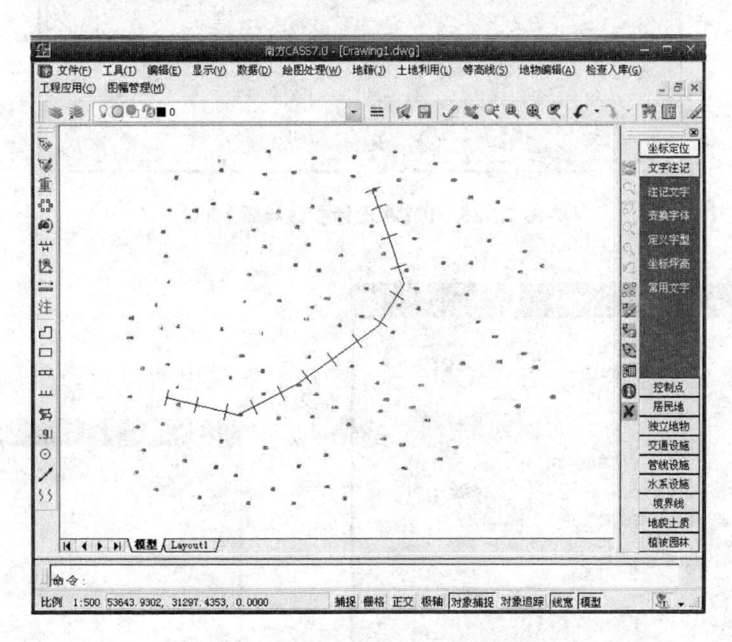

图 12-27　由纵断面生成横断面

12.9.2　道路土方计算

CASS7.0 软件中道路土方计算的方法有多种，在 10.5.2 节中已介绍 DTM 法和方格网法，在此选断面法计算土方，具体操作如下：

(1)单击【工程应用】|【断面法土方计算】|【道路设计参数文件】，先后弹出图 12-28 和图 12-29 所示的两个菜单。如果事先已编制道路设计参数文件，在图 12-29 所示的窗口中可以打开此文件，否则在该框中要输入设计参数。

(2) 单击【断面法土方计算】|【道路断面】，弹出图 12-30 所示的对话框。

(3) 在图 12-30 的对话框【选择里程文件】中输入已生成的文件路径；在【横断面设计文件】文本框中，输入已生成的道路设计参数文件路径，单击【确定】按钮，弹出【绘制纵断面图】的对话框，如图 12-31 所示。

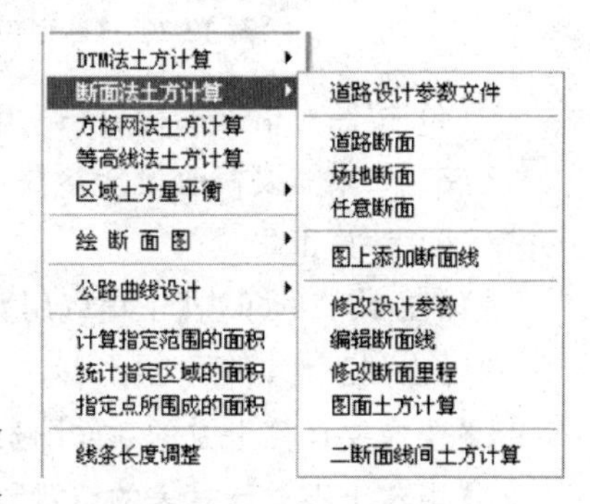

图 12-28 【断面法土方计算】菜单

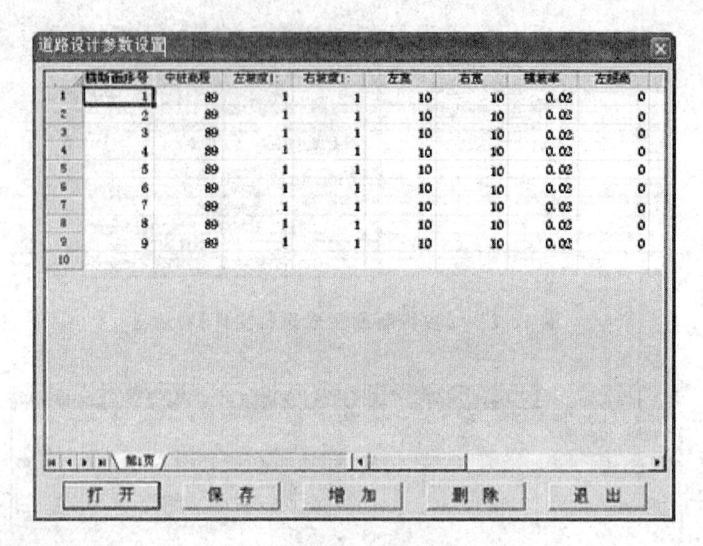

图 12-29 【道路设计参数设置】窗口

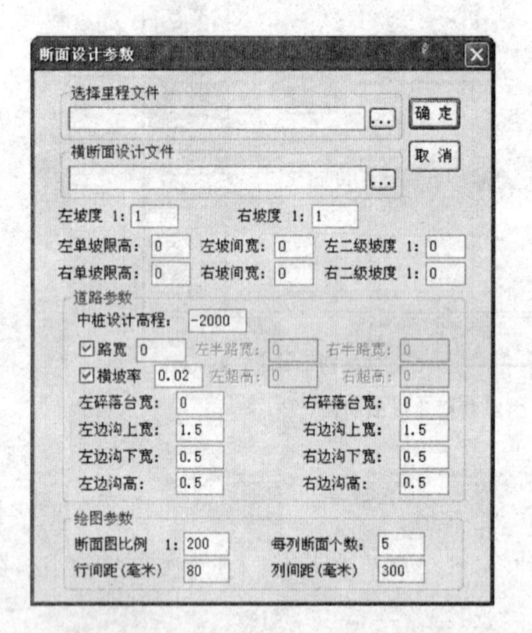

图 12-30 【断面设计参数】对话框

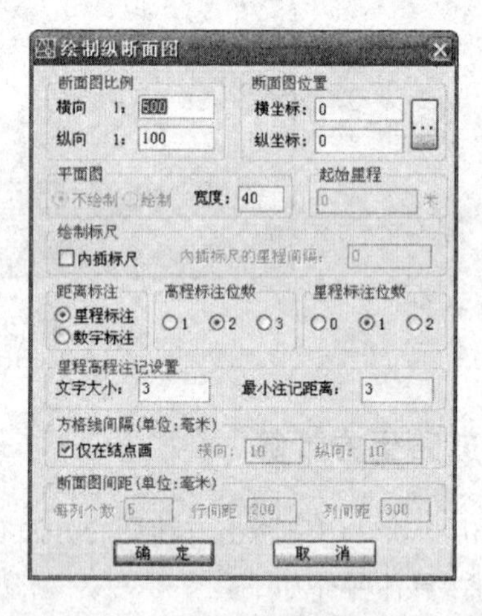

图 12-31 【绘制纵断面图】对话框

(4) 按照对话框的内容一一输入,单击【确定】按钮,即可绘出道路的纵断面图,如图 12-32 所示。

(5) 如果需要修改设计参数,该软件还提供了修改设计参数、编辑断面线、修改里程等的功能。

(6) 计算工程量

如图 12-28,单击【工程应用】|【断面法土方计算】|【图面土方计算】。

弹出如下对话框:

【选择要计算土方的断面图】:在图上用框线选定所有参与计算的横断面图,如图 12-32 所示;

【指定土石方计算表的位置】:在屏幕适当位置用鼠标单击定点,系统自动在图上绘出土石方计算表,如图 12-33 所示,得出总挖方和总填方的结果。

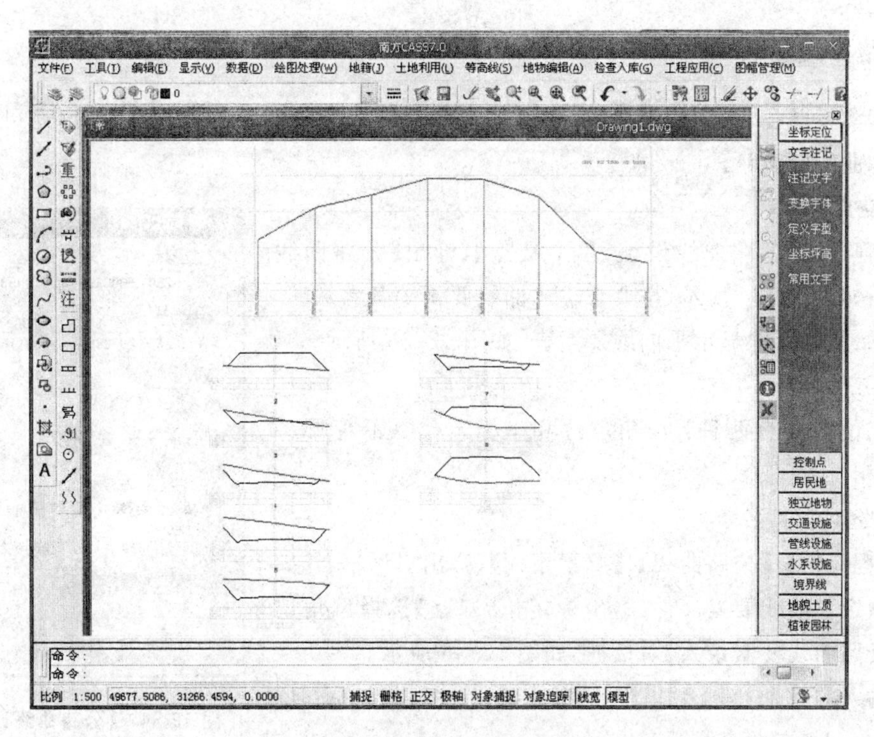

图 12-32　道路纵横断面图

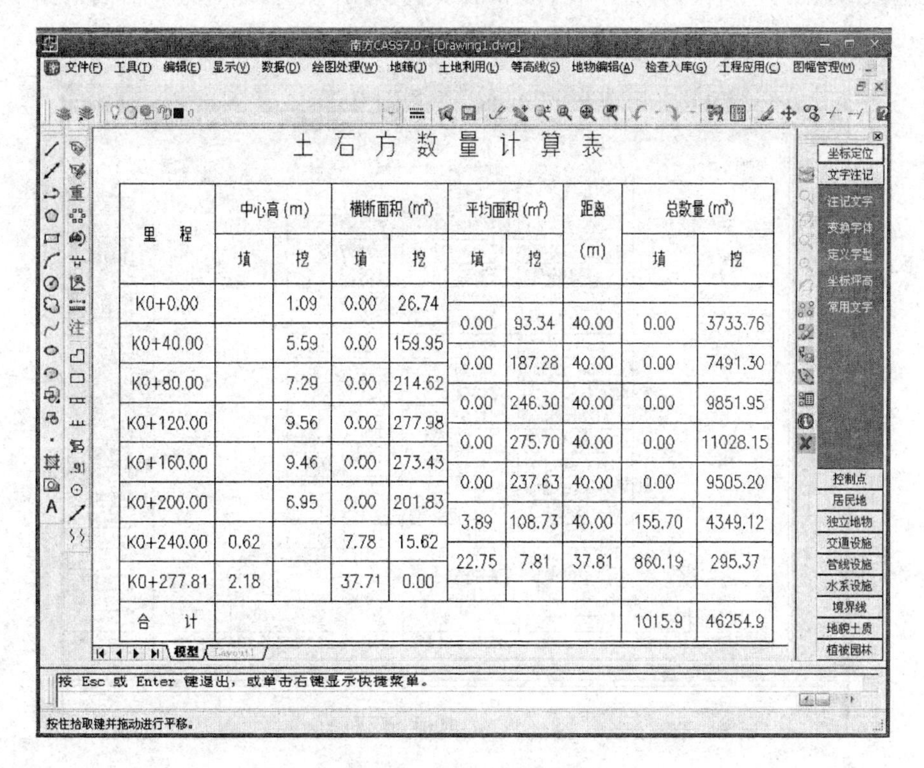

土 石 方 数 量 计 算 表

里　程	中心高(m)		横断面积(m²)		平均面积(m²)		距离(m)	总数量(m³)	
	填	挖	填	挖	填	挖		填	挖
K0+0.00		1.09	0.00	26.74					
					0.00	93.34	40.00	0.00	3733.76
K0+40.00		5.59	0.00	159.95					
					0.00	187.28	40.00	0.00	7491.30
K0+80.00		7.29	0.00	214.62					
					0.00	246.30	40.00	0.00	9851.95
K0+120.00		9.56	0.00	277.98					
					0.00	275.70	40.00	0.00	11028.15
K0+160.00		9.46	0.00	273.43					
					0.00	237.63	40.00	0.00	9505.20
K0+200.00		6.95	0.00	201.83					
					3.89	108.73	40.00	155.70	4349.12
K0+240.00	0.62		7.78	15.62					
					22.75	7.81	37.81	860.19	295.37
K0+277.81	2.18		37.71	0.00					
合　计								1015.9	46254.9

图 12-33　土石方数量计算表

12.9.3 道路曲线设计

圆曲线的测设已在12.4节中介绍,CASS7.0不但能进行圆曲线的设计和计算,还可进行道路工程中常用的缓和曲线的设计。

1. 单个交点处理

单击【工程应用|公路曲线设计|单个交点】,弹出【公路曲线计算】对话框,如图12-34所示,按要求输入曲线要素等各参数。

单击【开始】按钮,即显示平曲线要素表,如图12-35所示。

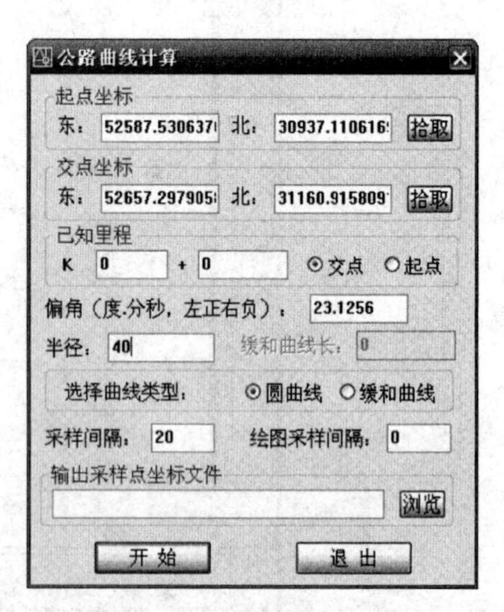

图12-34 【公路曲线计算】对话框

2. 多个交点处理

曲线的定位方法有两种:偏角定位和坐标定位。不管哪一种,都要输入相应数据。

1)曲线要素文件录入

单击【工程应用】|【公路曲线】|【要素录入】,弹出对话框:

【(1)偏角定位曲线要素文件(2)坐标定位<1>】选择偏角定位,则弹出【公路曲线要素录入】对话框,如图12-36所示。

起点要输入的数据:坐标、里程、从起点看下一个交点的方位角、起点到下一个交点的直线距离。

交点要输入的数据:点名、偏角、半径、缓和曲线长(若长度为0,则为圆曲线)、到下一个交点的距离。

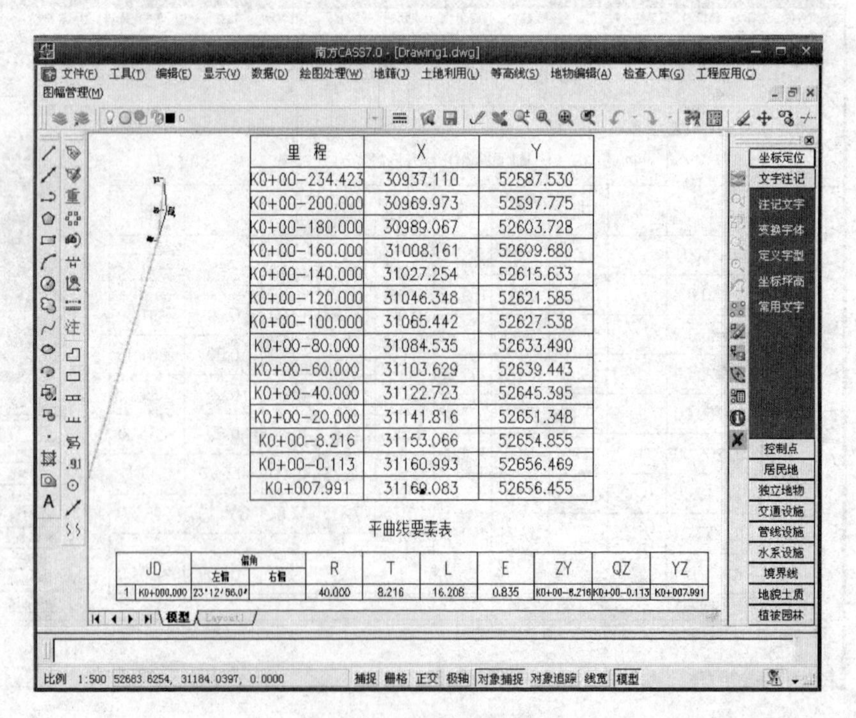

图12-35 平曲线要素表

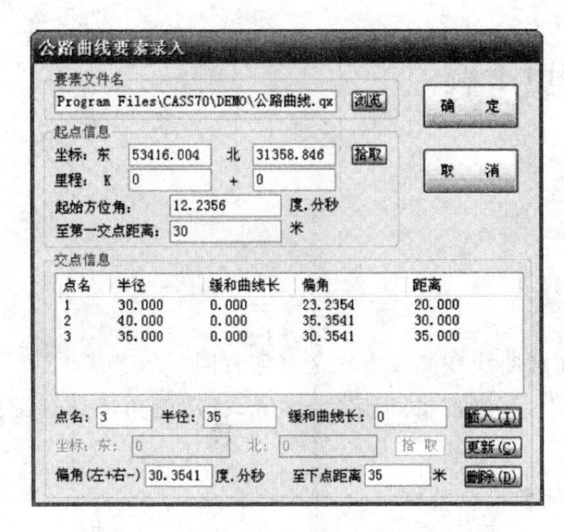

图 12-36　【公路曲线要素录入】对话框

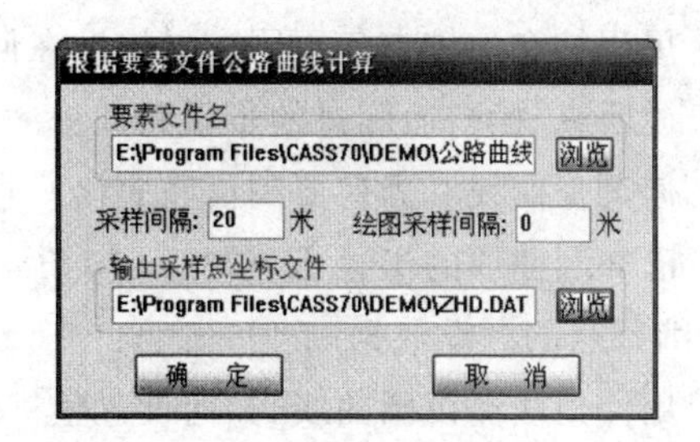

图 12-37　【根据要素文件公路曲线计算】对话框

2）曲线要素文件处理

单击【工程应用】|【公路曲线设计】|【曲线要素处理】，弹出对话框，如图 12-37 所示。

在【根据要素文件公路曲线计算】(图 12-37）文本框中输入已录入的要素文件路径，依次输入采样间隔、绘图采样间隔。单击【确定】按钮，并在屏幕上指定曲线表的位置，屏幕则显示曲线及要素表，如图 12-38 所示。

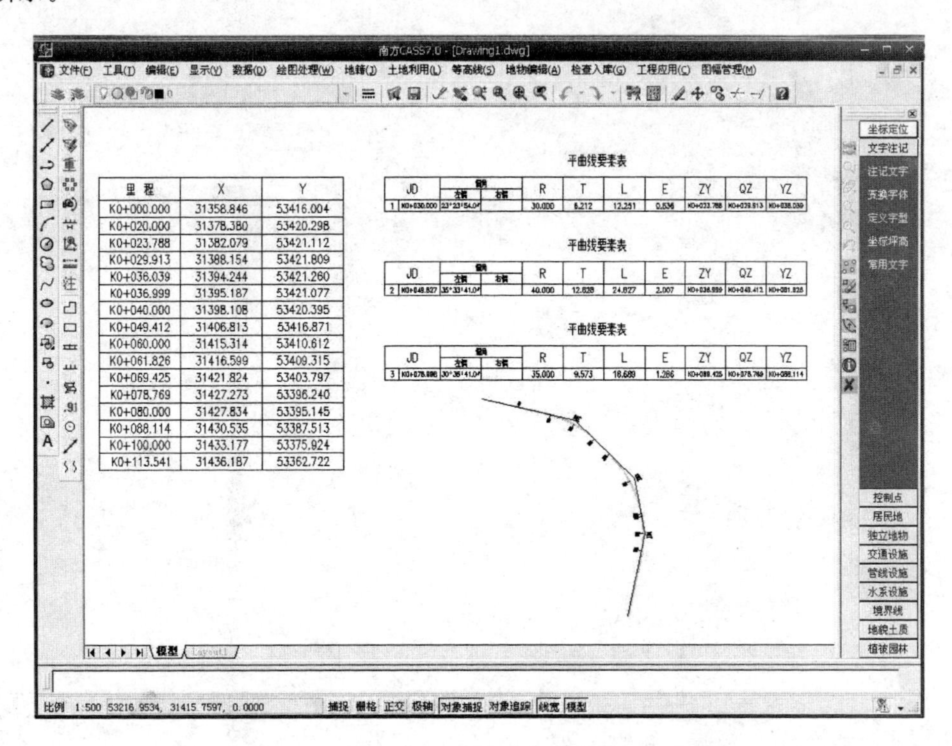

里 程	X	Y
K0+000.000	31358.846	53416.004
K0+020.000	31378.380	53420.298
K0+023.788	31382.079	53421.112
K0+029.913	31388.154	53421.809
K0+036.039	31394.244	53421.260
K0+036.999	31395.187	53421.077
K0+040.000	31398.108	53420.395
K0+049.412	31406.813	53416.871
K0+060.000	31415.314	53410.612
K0+061.826	31416.599	53409.315
K0+069.425	31421.824	53403.797
K0+078.769	31427.273	53396.240
K0+080.000	31427.834	53395.145
K0+088.114	31430.535	53387.513
K0+100.000	31433.177	53375.924
K0+113.541	31436.187	53362.722

图 12-38　曲线设计要素表

习题与思考题

1. 试述线路测量的初测和定测的内容。

2. 测设中线的穿线法和拨角法有何不同?

3. 里程桩和加桩有何不同? 加桩设在何处?

4. 说明纵、横断面测量的步骤和方法。

5. 何谓竖曲线? 为何要测设竖曲线? 它与平面圆曲线在测设方法上有何有同?

6. 已知圆曲线的半径 $R=230\text{m}$,转角 $\alpha=40°00'00''$,细部桩间距 $l_0=20\text{m}$,试用偏角法计算圆曲线主点及细部点的测设数据。

7. 用偏角法测设圆曲线,如何设置整桩号? 为何要设置整桩?

8. 管道施工中,中线钉、坡度钉的作用何在?

9. 如何用全站仪的坐标法测设圆曲线? 写出操作步骤。

10. 简要说明用断面法计算土方的原理。

11. 用CASS7.0成图软件中的"工程应用"项,写出计算工程量的步骤。

第13章

建(构)筑物变形测量

13.1 概述

建筑物在工程建设和使用过程中,由于基础的地质构造不均匀,土壤的物理性质不同、土基的塑性变形、地下水位的变化、大气温度的变化、建筑物本身的荷重及动荷载(如风力、震动等)的作用等,会导致工程建筑物随时间的推移而发生沉降、位移、挠曲、倾斜及裂缝等现象。这些现象统称为变形。

变形按时间长短分为:长周期变形(如建筑物自重引起的沉降和变形)、短周期变形(如温度变化所引起的变形)和瞬时变形(如风振引起的变形)。变形按其类型可分为:静态变形和动态变形。

建筑物变形测量要遵照《建筑变形测量规范》(JGJ 8—2007)(以下简称《规范》)进行,该规范于2008年3月1日起实施,原《建筑变形测量规程》(JGJ/T 8—97)同时废止。

建筑物变形测量按照工程的不同和精度的要求,分为特级和一、二、三级,如表13-1所示。

13.1.1 变形观测及其特点

1. 变形观测

所谓变形观测,是用测量仪器或专用仪器定期测定建筑物及其地基在建筑物荷载和外力作用下随时间而变形的工作。通过变形观测,可以检查各种工程建筑物和地质构造的稳定性,及时发现问题,确保质量和使用安全;更好地了解变形的机理,验证有关工程设计的理论,建立正确的预报变形的理论和方法;以便对某种新结构、新材料、新工艺的性能作出科学的、客观的评价。

变形观测属于安全监测。变形观测有内部观测和外部观测两方面。内部变形观测的内容包括建(构)筑物的内部应力、温度变化的测量,动力特性及其加速度的测定等,一般不由测量工作者完成。外部变形观测的内容主要有沉降观测、位移观测、倾斜观测、裂缝观测和挠度观测等。内部观测与外部观测之间有着密切的联系,

表 13-1 建筑物变形测量的等级和精度

变形测量级别	沉降观测	位移观测	主要适用范围
	观测点测站高差中误差/mm	观测点坐标中误差/mm	
特级	±0.05	±0.3	特高精度要求的特种精密工程的变形测量
一级	±0.15	±1.0	地基基础设计为中级的建筑的变形测量；重要的古建筑和特大型市政桥梁等变形测量等
二级	±0.5	±3.0	地基基础设计为甲、乙级的建筑的变形测量；场地滑坡测量；重要管线的变形测量；地下工程施工及运营中的变形测量；大型市政桥梁变形测量等
三级	±1.5	±10.0	地基基础设计为乙、丙级的建筑的变形测量；地表、道路及一般管线的变形测量；中小型市政桥梁的变形测量等

应同时进行,以便互相验证与补充。

2. 变形观测的特点

与一般的测量工作相比,变形观测具有以下特点。

(1) 观测精度要求高

由于变形观测的结果直接关系到建筑物的安全,影响对变形原因和变形规律的正确分析,和其他测量工作相比,变形观测必须具有很高的精度。典型的变形观测精度要求是1mm或相对精度1×10^{-6}。因此,根据变形观测的不同目的,确定合理的观测精度和观测方法、优化观测方案、选择测量仪器是实施变形观测的前提。

(2) 需要重复观测

建筑物由于各种原因产生的变形都具有时间效应。计算其变形量最简单、最基本的方法是计算建筑物上同一点在不同时间的坐标差和高程差。这就要求变形观测必须依一定的时间周期进行重复观测,时间跨度大。重复观测的周期取决于观测的目的、预计的变形量的大小和速率。

(3) 要求采用严密的数据处理方法

建筑物的变形一般都较小,有时甚至与观测精度处在同一个数量级；同时,大量重复观测使原始数据增多。要从不同时期的大量数据中,精确确定变形信息,必须采用严密的数据处理方法。

13.1.2 变形观测的基本方法

变形观测方法可分为如下五类。

第一类：常规测量方法,包括几何水准测量、三角高程测量、三角(边)测量、导线测量、交会法等。这类方法测量精度高,应用灵活,适用于不同变形体和不同的工作环境,但野外工作量大,不易实现自动和连续监测。

第二类：现代测量方法,如测量机器人、激光跟踪仪、三维激光扫描系统等。这类方法既具有常规测量方法的优点,又能自动、连续、遥控监测,并能对动态目标进行监测,监测信息的精度较高。

第三类：摄影测量方法,包括传统近景摄影测量、数字近景摄影测量等。它可以同时测量许多点,作大面积的复测,尤其适用于动态式的变形体观测,外业简单,但精度较低。

第四类:专门测量方法,或称物理仪器法,包括各种准直测量(如激光准直系统等)、倾斜仪观测、流体静力水准测量及应变仪测量等。采用专门测量手段的最大优点是容易实现连续自动监测及遥测,且相对精度高,但测量范围不大,提供的是局部变形的信息。

第五类:空间测量技术,包括甚长基线干涉测量(VLBI)、卫星激光测距(SLR)、全球定位系统(GNSS)等。空间测量技术先进,可以提供大范围变形信息,是研究地壳形变及地面沉降等的主要手段。

工程建筑物变形观测的具体方法,要根据建筑物的性质、使用情况、观测精度、周围的环境以及对观测的要求来选定。在实际工作中,设计变形观测方案时应综合考虑各种测量方法的应用,互相取长补短。

13.1.3　变形观测系统

建筑物变形观测的实质是定期地对建筑物的有关几何量进行测量,并从中整理、分析出变形规律。其基本原理是:在建筑物上选择一定数量的有代表性的点,通过对这些点的重复观测来求出几何量的变化。

变形观测的测量点,分为基准点、工作基点和观测点三类。

基准点——由于观测点是伴随着建筑物的位置变化而变化的,为了测出观测点的变化,必须有一定数量的位置固定或变化甚小(相对于观测点的变化量级可以忽略)的点,这些点称为基准点,以此作为分析、比较变形量的依据。基准点通常埋设在比较稳固的基岩上或在变形范围以外,尽可能稳固并便于长期保存。

工作基点——直接利用基准点是困难的或不合理的。这时,就要利用一些介于观测点和基准点之间的过渡点,称为工作基点。它一般埋设在被观测对象附近,要求在观测期间内保持稳定。

观测点——位于建筑物上的能准确反映建筑物变形,并作为观测标志的点。

一般地,由基准点、工作基点、观测点构成的观测系统称为“变形观测系统”。

13.2　建筑物的沉降观测

按规范规定,建筑的沉降观测可分别进行建筑场地沉降观测、基坑回弹观测、地基土分层沉降观测和建筑物沉降观测。这里主要介绍建筑物沉降观测,其余部分可参考有关专业书。

建筑物的沉降是指建筑物及其基础在垂直方向上的变形(也称垂直位移)。沉降观测就是测定建筑物上所设观测点(沉降点)与基准点(水准点)之间随时间变化的高差变化量。通常采用精密水准测量或液体静力水准测量的方法进行。

沉降观测是变形观测中的重要内容之一。下列建筑物和构筑物应进行系统的沉降观测:高层建筑物,重要厂房的柱基及主要设备基础,连续性生产和受震动较大的设备基础,工业炉(如炼钢的高炉等),高大的构筑物(如水塔、烟囱等),人工加固的地基、回填土、地下水位较高或大孔性土地基上的建筑物等。

13.2.1 沉降观测系统的布设

1. 水准点的布设

沉降观测的基准点和工作基点都称为水准点,是观测建筑物垂直变形值的基准。但是基准点要根据建(构)筑物的要求而设置,如果建(构)筑物要求较高,基准点必须深埋,甚至要达到基岩,或者要埋双金属水准点,以计算其因温度变化而产生的升降量。因此,要综合考虑水准点的稳定、观测的方便和建(构)筑物的要求而设计和布设水准点。

① 为了相互校核并防止由于个别水准点的高程变动造成差错,一般最少布设三个水准点。三个水准点之间最好安置一次仪器就可进行联测。

② 水准点应埋设在受压、受震范围以外,埋深至少在冻土线以下0.5m,确保水准点的稳定性;埋设后应达到稳定方可开始观测,一般不宜少于15天。

③ 工作基点离观测点的距离不应大于100m,以便于观测和提高精度。

2. 观测点的布设

沉降观测点是固定在建筑物结构基础、柱、墙上的测量标志,是测量沉降量的依据。因此,观测点的数目和位置应根据建筑物的结构、大小、荷载、基础形式和地质条件等情况而确定,要能全面反映建筑物沉降的情况。

一般在建筑物四周角点、沿外墙每隔10~20m设立观测点;在最容易沉降变形的地方,如设备基础、柱子基础、伸缩缝两旁、基础形式改变处、地质条件改变处、高低层建筑连接处、新老建筑连接处等设立观测点。在高大圆形烟囱、水塔或配煤罐等的周围或轴线上至少布置三个观测点。

观测点分两种形式;图13-1(a)为墙上观测点,图13-1(b)为设在柱上的观测点,其标高一般在室外地坪+0.5m处较为适宜;图13-2为设在基础上的观测点。

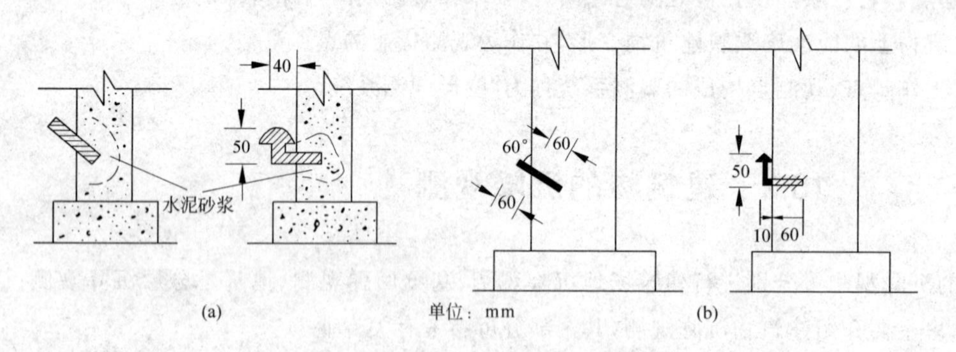

图13-1 设在墙上或柱上的观测点

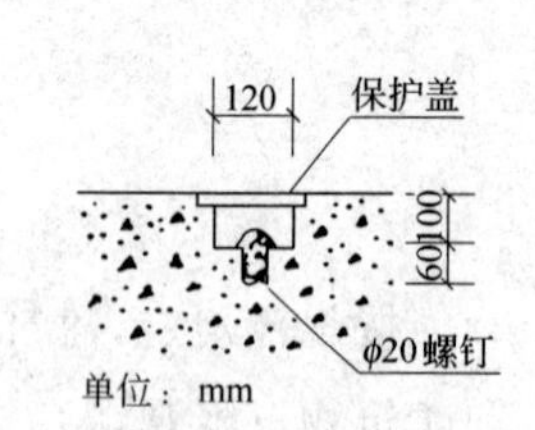

图13-2 设在基础上的观测点

13.2.2 沉降观测的实施

应在建筑物基坑开挖之前,开始进行水准点的布设与观测,对沉降点的观测应贯穿于整个施工过程中,持续到建成后若干年,直到沉降现象基本停止时为止。

1. 沉降观测时间与周期的确定

(1) 水准点、观测点埋设稳固后,均应至少观测两次。

(2) 普通建筑可在基础完工后或地下室砌完后开始观测,大型、高层建筑可在基础垫层或基础底部完成后开始观测。

(3) 观测次数和观测间隔时间应视地基与加荷载情况而定。民用高层建筑可每加高 1～5 层观测一次,工业建筑可按不同施工阶段分别进行观测。或者,应至少在增加荷载 25%、50%、75%、100%时各观测一次。

(4) 施工过程中若因故暂停工,应在停工和重新开工时各观测一次;停工期间每隔 2～3 个月观测一次。

(5) 竣工后要按沉降量的大小,定期进行观测。开始可隔 1～2 个月观测一次,以每次沉降量在 5～10mm 以内为限度,否则要增加观测次数。以后,除特殊情况外,可在第一年观测 3～4 次,第二年观测2～3 次,随着沉降量的减小,逐渐延长观测周期,直至沉降速率稳定为止(小于 0.01～0.04mm/天)。

2. 沉降观测的技术要求

沉降观测一般采用精密水准测量的方法。观测时,除应遵循精密水准测量的有关规定外,还应注意如下事项:

(1) 水准路线应尽量构成闭合环的形式。

(2) 采用固定观测员、固定仪器、固定施测路线的"三固定"的方法来提高观测精度。

(3) 观测应在成象清晰、稳定的时间内进行。测完各观测点后,必须再测后视点,同一后视点的两次读数之差不得超过±1mm。

(4) 前后视观测最好用同一根水准尺,水准尺离仪器的距离应小于 40m,前、后视距离用皮尺丈量,使之大致相等。

(5) 精度指标按表 13-1 的规定执行。一般来说,对普通厂房建筑物,混凝土大坝的沉降观测,要求能反映出 2mm 的沉降量;对大型建筑物、重要厂房和重要设备基础的沉降观测,要能反映出 1mm 的沉降量;精密工程如高能粒子加速器、大型抛物面天线等,沉降观测的精度要求为(±0.05～±0.2)mm。

(6) 水准点的高程变化将直接影响沉降观测的结果,应定期检查水准点高程有无变动。

13.2.3　沉降观测的成果整理和分析

检查计算观测数据、分析研究沉降变形的规律与特征的工作,称为沉降观测的成果整理,属沉降观测的内业工作。

1. 观测资料的整理

沉降观测应采用专用的外业手簿。每次观测结束后,应检查手簿记录是否正确,精度是否合格,文字说明是否齐全。然后将各观测点的历次高程等有关数据填入成果表,并计算两次观测之间的沉降量与累计沉降量;注明观测日期和荷重情况;编写变形观测报告和说明,绘制工程平面位置图及基准点分布图、沉降观测点位分布图及时间-荷载-沉降量曲线图(图 13-3)等。由此可以看出建筑物沉降与时间、荷载的关系。

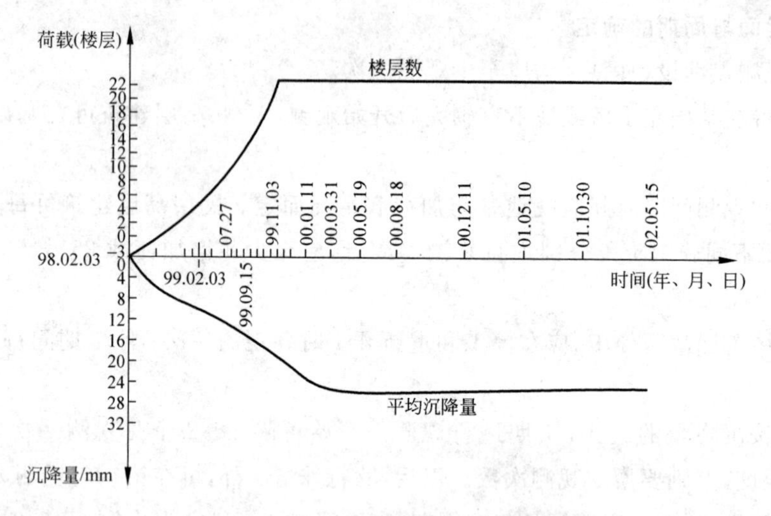

图 13-3 某建筑时间-荷载-沉降量曲线

2. 观测资料的分析

对观测数据进行数据统计分析,分析建筑物变形过程、变形规律、变形幅度、变形原因、变形值与引起变形因素之间的关系,判断建筑物工作情况是否正常,并预报今后的变形趋势。

13.3 建筑物水平位移观测

水平位移是指建筑物在水平面内的变形。其表现形式为在不同时期平面坐标或距离的变化。建筑物水平位移观测是测定建筑物在平面位置上随时间变化的移动量。

建筑物水平位移观测包括位于特殊性土质地区的建筑物地基基础的水平位移观测,受高层建筑基础施工影响的建筑物及工程设施水平位移观测,以及挡土墙、大面积堆载等工程中所需的地基土深层侧向位移观测等。对于工业企业、科学实验与军事设施中的各种工艺设备、导轨等一般也要求作水平位移观测。

水平位移观测的方法较多,有常规的地面控制测量方法,如导线、前方交会法等;也有各种专用方法,如基准线法、导线法等。对于各种不同的方法,其测点与工作基点及其标志布设都有专门的要求。下面介绍几种常用的方法。

13.3.1 基准线法

基准线法是测定直线型建筑物水平位移的常用方法。其基本原理是以通过建筑物轴线或平行于建筑物轴线的竖直平面为基准面,在不同时期用高精度的经纬仪分别测定大致位于轴线上的观测点相对于此基准面的偏离值。比较同一点在不同时期的偏离值,即可求出观测点在垂直于轴线方向的水平位移。基准线法的形式颇多,有测小角法、活动觇牌法、激光准直法及引张线法等。

1. 基准线观测系统的布设

基准线观测系统一般布设三级点位,即基准点、工作基点和观测点。其中基准点用以控制工作基点。

对于基准线法，一般都要求在观测系统的各点上都建立观测墩，在观测墩上设有强制对中设备，以便提高观测精度和工效。为减少照准误差，各观测点上一般都采用觇标作为观测目标。图 13-4 所示为双线觇标标志。其双线标志的宽度可按下式计算：

$$W = \frac{3b}{f} \cdot S \tag{13-1}$$

式中，S 为视线长度；b 为十字丝丝粗；f 为物镜焦距。

对于近距离照准，可采用单线标志。

2. 测小角法

测小角法的基本原理如图 13-5 所示，AB 为基准线，在工作基点 A 点上设置仪器，在工作基点 B 及观测点 i 上设立觇标，用精密经纬仪(如 DJ1)或全站仪测出小角 α_i，则 i 点相对于基准线的横向偏差(水平位移)λ_i 为

$$\lambda_i = \frac{\alpha_i}{\rho} \cdot S_i \tag{13-2}$$

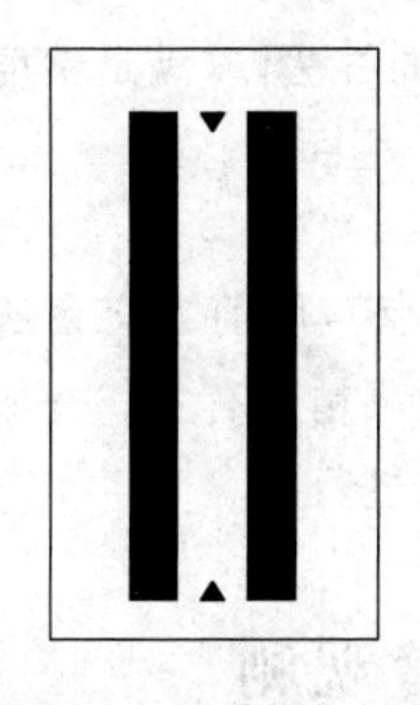

图 13-4　双线觇标标志

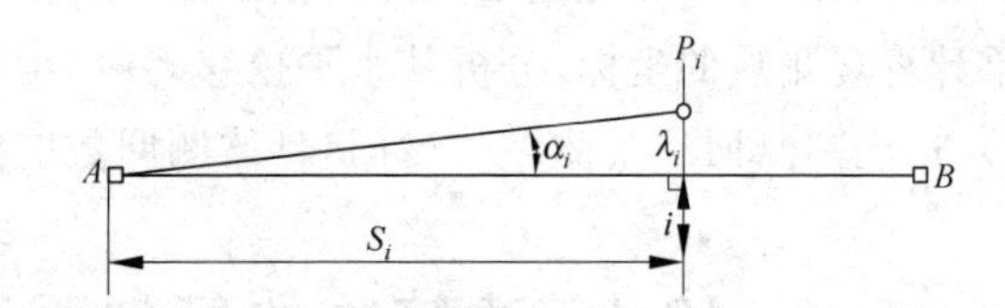

图 13-5　小角法测量原理

3. 活动觇牌法

活动觇牌法与测小角法有类似之处。其基本原理是：在观测点上用微量移动的活动觇牌取代一般的观测标志，观测时先将活动觇牌安置在观测点上，然后移动觇牌使其中心线位于经纬仪的视准面内，读取移动量，即为测点相对于基准面的偏离值。观测点偏离视线的距离不应大于觇牌读数的范围。一般来说，活动觇牌法的精度略低于测小角法的精度。

4. 激光准直法

激光准直法包括激光经纬仪准直法和波带板激光准直。

(1) 激光经纬仪准直法

激光经纬仪准直法与活动觇牌法在测定偏离值的方法上是一致的。只是用激光经纬仪取代传统的光学经纬仪，使视准线成为了一条具有一定能量的可见光束；在活动觇牌的中心装有两个半圆的硅光电池组成的光电探测器。两个硅光电池各接在检流表上。当激光照准觇牌中心时，左右两个电极产生的电流相等，检流表指针读数为零，否则就不为零。用“电照准”来取代“光照准”，可提高照准精度 5 倍左右。

(2) 波带板激光准直

波带板激光准直系统由激光器、波带板装置和光电探测器或自动数码显示器三部分组成，波带板是

一种特殊设计的屏,能把一束单色相干光汇聚成一个亮点。它的准直精度可达 $10^{-7} \sim 10^{-6}$ mm 以上。

5. 引张线法

引张线法是利用一根在两端拉紧的钢丝(或高强度的尼龙丝)所建立的基准线来测定偏移值的方法。由于钢丝被固定在两端的工作基点上,观测点在不同时间相对于钢丝的偏移值之差即是该观测点在垂直于轴线方向上的水平位移量。为解决引张线垂曲度过大的问题,通常在引张线中间(每隔 20~30m)设置浮托装置,使垂径大为减少,且保持整个引张线的水平投影仍为一直线。

13.3.2 导线法

基准线法具有速度快、精度高、计算简单的优点,但只能测定一个方向的位移。对于非直线型(如曲线型)建筑物,有时需要测定在任一方向上的水平位移(或位移的大小和方向),这就必须测定建筑物在两个相互垂直方向上的水平位移。导线法是能满足这一要求的最简单的方法之一。

由于变形观测具有重复观测的特点,用于变形观测的导线在其布设、观测、计算等诸方面均与一般导线基本相同,但由于受施工现场条件限制,有时变形观测的导线的边长较短,导线点数较多。为减少导线设站点数以及减少观测工作量和误差的累积,通常采用隔站观测的方法,以满足精度要求。

13.3.3 前方交会法

变形观测还可利用变形影响范围以外的控制点(基准点或工作基点),用前方交会法进行观测。从两次观测结果计算观测点的坐标,分析其水平位移,其精度与水平角观测精度有关。一般用 DJ1 型经纬仪(或全站仪),用全圆测回法观测多个测回,具体测回数应按规范要求进行。

13.4 建筑物的倾斜观测与裂缝观测

13.4.1 倾斜观测

建筑物因地基的不均匀沉降或其他原因,往往会产生倾斜。建筑物的倾斜分为两类:一类表现为以不均匀的水平位移为主;另一类则表现为以不均匀的沉降为主。例如高层建筑物、塔式建筑物倾斜通常属于前一类,而基础的倾斜一般属于后一类。

倾斜观测是用经纬仪、水准仪或其他专用仪器测量建筑物倾斜度随时间而变化的工作。对于上述两类倾斜一般分别采用不同的观测方法,前者可采用先测出水平位移然后计算倾斜的方法,即所谓的"直接法";后者可通过测量建筑物基础相对沉降的方法进行测定,即先测出沉降后计算倾斜的方法,也就是所谓的"间接法"。为了测定设备基础、平台等局部小范围内的倾斜,还可以利用气泡式倾斜仪进行观测。

1. 直接法

直接法的基本原理如图 13-6 所示。A 点与 B 点位于同一竖直线上,当建筑物发生倾斜时,则 A 点相对于 B 点平移了某个数值 a 至 A' 点,定义建筑物的倾斜度为

$$i = \frac{a}{h} \tag{13-3}$$

式中,h 为 A 点相对于 B 点的高程或建筑物的高度。

高层建筑物和构筑物的倾斜观测必须分别在互成垂直的两个方向上进行。

(1) 一般建筑物的倾斜观测

如图 13-7 所示，在离墙面大于墙高的地方选一点 A 安置经纬仪。照准墙顶一点 M，向下投影得点 N，作一标志。过一段时间，用经纬仪再照准同一点 M(由于建筑物有倾斜，M 点实际上已移到 M')，向下投点得 N'点。量出 NN'的距离 a，则建筑物在垂直于视线方向上的倾斜度为 $i=\frac{a}{h}$。

(2) 圆形高大建筑物的倾斜观测

测定圆形建筑物如烟囱、水塔等的倾斜度时，首先要求得顶部中心对底部中心的偏距。为此，可先在建筑物底部放一块木板，用经纬仪把顶部边缘两点 A、A'(图 13-8)投到木板上而得中心位置 A_0，再把底部边缘两点 B、B'投到木板上，得另一个中心位置 B_0。B_0 与 A_0 之间距离 c 就是在 AA'方向上顶部中心偏离底部中心的距离。同样在垂直方向上测定顶部中心的偏心距 b。则总偏心距 $c=\sqrt{a^2+b^2}$。此建筑物的倾斜度 $i=\frac{c}{h}$，式中 h 为建筑物的高度。

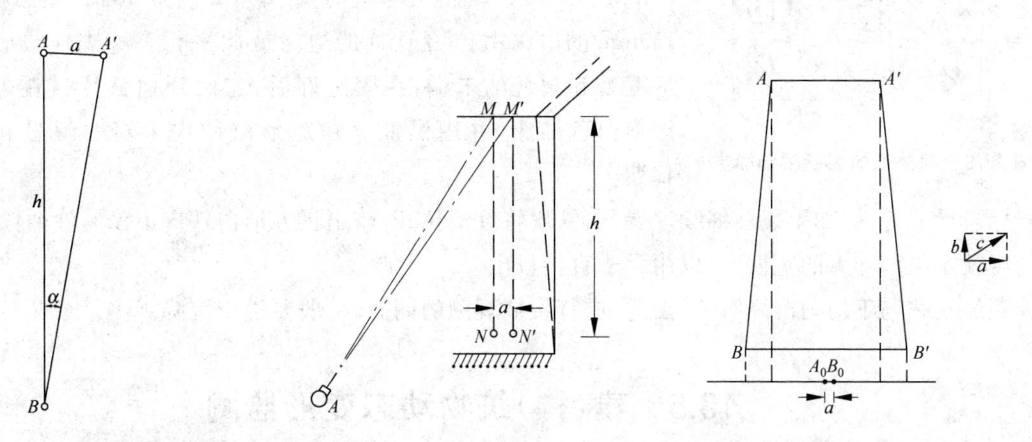

图 13-6　建筑物的倾斜测量原理　　图 13-7　一般建筑物的倾斜测量　　图 13-8　圆形建筑物的倾斜测量

(3) 激光铅直仪观测法

激光铅直仪又称激光垂准仪，其垂准精度可达 1/200 000。在建筑物的地板上安置激光铅直仪，其顶部安置接收靶，在接收靶上直接读出顶部水平位移量和位移方向。按一定周期观测，每次最少观测两次，取中数作为最后结果。

(4) 激光位移计自动记录法

在建筑物的地板上安置激光位移计，其顶部安置接收装置，接收装置与测试室的示波器连接，在示波器上直接显示水平位移量，且自动记录。

除上述方法外，还有吊垂线法、正倒垂线法等。

2. 间接法

建筑物基础的倾斜是通过水准测量方法或使用各种类型的倾斜仪测量基础的相对沉降量来测定的。一般采用二等水准测量进行施测，求得倾斜的精度可达 $1''\sim2''$。也可采用静力水准测量方法，即利用处在同一水平面内的匀质液面取代水准仪的水平视线来测定观测点之间的高差。倾斜观测点一般与沉降观测点配合使用。

13.4.2 裂缝观测

建筑物基础不均匀沉降、温度变化和外界各种荷载的作用,都可能使建筑物内部的应力大大超过允许的限度,使建筑物的结构产生破坏和出现裂缝。测定建筑物上裂缝发展情况的观测工作即为裂缝观测。

若建筑物中发现裂缝,应立即进行全面检查,对裂缝进行编号,画出裂缝分布图,然后开始进行裂缝观测,观测每一裂缝的位置、走向、长度、宽度和深度。

混凝土建筑物上的裂缝观测,通常要求有较高的精度。因此要采用专门的特殊的观测标志。特制的观测标志可测量裂缝在三维空间三个坐标轴方向上的增量。图13-9是常用的简单的裂缝观测标志。标志用两片白铁片制成,一片150mm×150mm,并使其一边和裂缝的边缘对齐,为另一片为50mm×200mm,固定在裂缝的另一侧,并使其一部分紧贴在150mm×150mm的白铁片上,白铁片的边缘彼此平行。标志应设置在裂缝的最宽处和裂缝的末端,在固定好后,在两片白铁片露在外面的表面涂上白色油漆,并用黑油漆在矩形白铁皮上写明编号和标志设置日期。

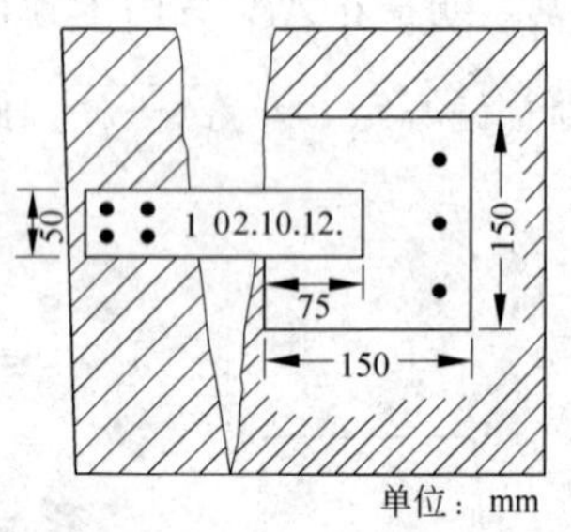

图13-9 建筑物的裂缝观测标志

标志设置好后,如果裂缝继续发展,白铁皮将逐渐拉开,露出正方形白铁皮上没有涂油漆的部分,它的宽度就是裂缝加大的宽度,可以用尺子直接量出。

裂缝往往与不均匀沉降有关,因此,进行裂缝观测的同时,一般要进行沉降观测。

13.5 建(构)筑物动态变形监测

13.5.1 动态变形监测的特点和一般要求

1. 动态变形监测的特点

在变形观测中,还有一些为安全监测和科研需要而进行的实时动态变形监测,如大坝的变形监测、桥梁的振动研究、超高层建筑物在强风作用下产生的振动等。这种变形(水平位移和垂直位移)监测主要考虑的是变形的一些物理特性(如振幅、频率等),用于分析在强外力作用下(如台风)结构物瞬间产生的连续的变形。对于这种建(构)筑物在动荷载作用下而产生的动态变形,测定其一定时间段内的瞬时变形量,计算变形特征参数,分析变形规律,这就是建(构)筑物的动态变形监测。

动态变形监测具有如下两个特点。

(1) 自动化程度要求高

由于是对瞬间变形实时观测,人工作业几乎不可能。因此,这类监测广泛运用各种高新技术(如计算机技术、通信技术、测量技术等),组成自动监测系统,进行实时的、连续的、自动的数据采集、记录与整理。

(2) 数据分析要求高

自动监测系统的观测数据采集能在很短的时间(数秒钟或数分钟)内完成,观测资料的同步性程度较高,这对分析变形情况及其规律很有利,但对仪器的长期稳定性提出了更高的要求。在自动监测过程中,仪器固定的系统误差对分析变形结构几乎没有影响。所以,在对观测数据的处理分析中,关键是如何剔除粗差。因此,在数据处理时要选取适当的粗差定位方法和平差方法。

2. 动态变形监测的方法和一般要求

(1) 动态变形测量的方法

动态变形测量方法的选择应根据变形体的类型、变形速率、变形幅度、变形周期特征和测定精度要求以及经济因素等综合确定。一般可以分为以下几类。

① 对于精度要求高、变形周期长、变形速率小的动态变形测量,可采用全站仪自动跟踪测量或激光测量等方法。

② 对于精度要求低、变形周期短、变形速率大的建筑,可采用位移传感器、加速度传感器、GPS 实时动态差分测量等方法。

③ 对于变形频率小的动态变形监测,可采用数字近景摄影测量或前方交会等方法。

(2) 动态变形测量的一般要求

① 动态变形的观测点应选在变形体受动态荷载作用最敏感并能稳定牢固地安置传感器、接收靶和反光镜等照准目标的位置上。

② 测站应设立在基准点或工作基点上,并使用有强制对中装置的观测台或观测墩。

③ 数据通信电缆宜采用光纤或专用数据电缆,并应安全敷设。连接处应采取绝缘和防水措施。

④ 测站和数据终端设备应备有不间断电源。

⑤ 数据处理软件应具有观测数据自动检核、超限数据自动处理、不合格数据自动重测、观测目标被遮挡时可自动延时观测以及变形数据自动处理、分析、预报和预警等功能。

13.5.2　利用 GPS 监测高大建筑物的动态位移

高大建筑物在强风作用下的位移特性(振幅、频率、波形)是建筑物抗震性能测试的重要内容。以往常用的位移测试方法有加速度计积分法、激光准直法、激光干涉法、全站仪测量等方法。但对于超高层或超长度的建筑物,应用上述方法越来越困难。随着 GPS 技术发展的深入,已出现了每秒 10～20 次采样的 GPS 接收机,其实时动态定位精度可达 5～10mm,故可用于大型结构物实时位移监测。

1. 测试原理

GPS 用于结构物位移测量是采用载波相位双差数学模型,以消除卫星及接收机之间的时钟误差,减少卫星轨道和大气误差。测量时,将一台 GPS 接收机天线安放在待测建筑物不远的地方,称为基准站,要求基准站与地面之间的相对位移小到可以忽略不计;另一台 GPS 接收机天线安放在待测建筑物楼顶,称为流动站;保证至少可以同时接受 5 颗以上卫星的信号,基准站和流动站同步观测。解算方法采用在运动过程中动态解算整周模糊度的 OTF(ambinguity resolution on the fly)方法,提供的结果是 WGS—84 大地坐标,经过投影变换,可以得到沿建筑物轴线方向的位移时程曲线和位移值,用离散快速傅里叶变换进行频谱分析,可以求定其主振频率和振幅。

2. 深圳地王大厦测试实例

深圳地王大厦是一座摩天大楼,位于深圳市市中心。大厦由68层办公大厦(主楼)和公寓副楼及下部裙楼组成。主楼高324.95m,副楼高116m,裙楼高21m。主楼由一个矩形和两个半圆形组合而成。半圆位于矩形两端,主楼长70m。长轴南北走向,北偏西19°26′。楼顶部两个半圆变成两个圆形柱,直径为24m。圆柱再向上为直径12m的小圆柱,小圆柱上分别安置60m高的避雷针。

由于地王大厦超高层建筑主体结构高宽比(H/B)约8.8,另外,侧移设计均超过我国现行规范的限度,为对原结构设计动力分析结果进行验证,并为该高层建筑物结构抗震安全性评估提供参考数据。1996年8—9月应用GPS对地王大厦在强台风下顶层位移进行了现场测试。

(1) 测试方案

测点即GPS流动站布置在地王大厦楼顶天台面(标高为302.16m)西侧;基准站设置在位于地王大厦西南相距500m的某大楼楼顶上。基准点和流动站均设置了带有强制对中螺栓的水泥墩。

测试采用两台加拿大NOVATEL公司3151型GPS 12通道单频接收机;采样频率为每秒10次;原始观测值为C/A码伪距,载波相位和多普勒计数。

9月9日凌晨,从2:55到4:30,共进行了三个时段的位移实测,每个时段为25~30min,第一、二时段同步接收卫星8颗,第三时段同步接收卫星6颗,卫星高度角大于5°。在台风到来前,用GPS实测了没有风的情况下地王大厦楼顶的位置,并以此作为确定大风时位移的参照坐标。

(2) 测试结果

① 位移时程和频率成分

图13-10是实测的地王大厦天台面横向和纵向的10min位移时程曲线。用快速傅里叶变换对横向和纵向的位移时程作频谱分析。图13-11所示频谱图上有明显的尖峰,横向为0.174Hz,纵向为0.205Hz。这两个频率值分别为地王大厦两个主轴方向的基本频率,但略低一些。

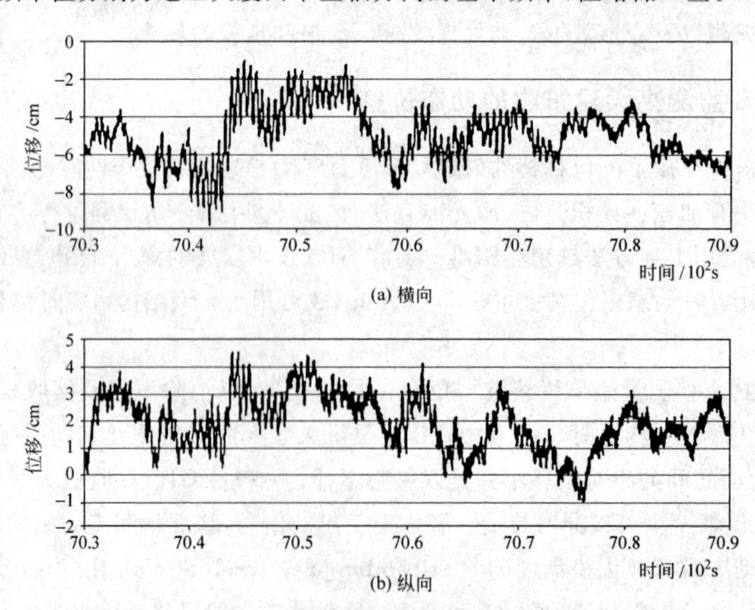

图13-10 地王大厦天台面的位移时程曲线

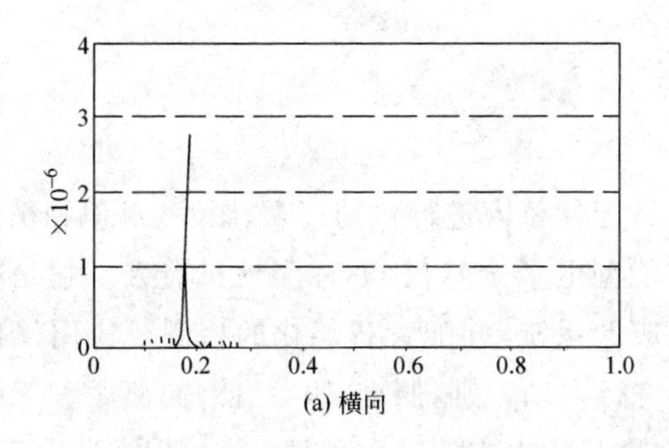

(a) 横向

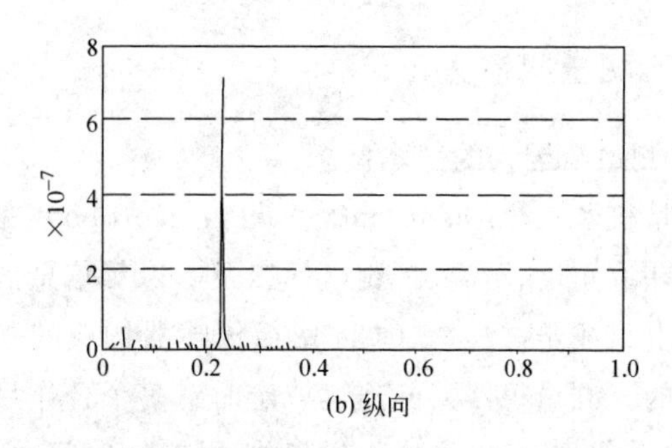

(b) 纵向

图 13-11　对位移时程曲线的频谱分析

② 位移值

由位移时程曲线可以看到，在台风作用下，地王大厦的横向向西、纵向向北偏移；并且以极低的频率缓慢地摆动；同时，还以结构的基本频率作简谐振动，与总位移相比，振动的振幅值小得多。

地王大厦天台面南北桅杆标高 347.50m 处各安装了一台风速测向仪，得到了 347.50m 高空的 10min最大风速、平均最大风速及风向。

从 2：55～4：30，横向 10min 最大风速和平均最大风速的最大值发生在 3：35～3：45 之间，分别为 30.51m/s 和 16.90m/s，对应的最大位移和平均位移分别为 9.52cm 和 7.42cm，以基本频率振动的最大振幅和平均振幅为 1.7cm 和 0.8cm；纵向 10min 最大风速和平均最大风速的最大值发生在 2：55 至 3：05 之间，分别为 24.72m/s 和 11.29m/s，对应的最大位移和平均位移分别为 5.55cm 和 1.28cm，最大振幅和平均振幅为 1.0cm 和 0.4cm。

13.6　现代测量技术及其在建(构)筑物变形监测中的应用

随着国民经济建设的飞速发展以及改造自然的加速，超大型建筑物、构筑物、地铁及在高楼密集的建筑群中兴建高楼、地下车库等工程不断出现，变形测量越来越重要，要求也越来越高。目前，在建(构)筑物变形监测中，最常用的仍然是常规大地测量仪器和方法，但是随着电子技术、激光技术、通信技术、卫星定位技术、图像处理技术等的发展，出现了一些新的高精度测量仪器和方法，如无棱镜测距全站仪、自动跟踪与照准全站仪、智能脉冲图像全站仪、激光跟踪仪、激光准直仪、高精度 GNSS 接收机、测量机器人、三维激光扫描仪、近景摄影测量系统等。这些仪器各有特点，如自动跟踪与照准全站仪可由伺服马达带动的照准部自动跟踪与照准目标，可实现无人值守自动跟踪测量；智能脉冲图像全站仪将数码相机和全站仪结合，在定位的同时可将物体图像拍下；激光跟踪仪具有可达几个微米的测量精度；数字近景摄影测量和三维激光扫描等技术可获取地形及复杂物体的三维表面数据，对大型或特殊工程设施的空间形态进行实时或准实时的精确检测和完整记录等，这些技术在当代变形监测中都起着重要作用。其中本书第 8 章和 13.5 节对 GPS 技术作了介绍，第 14 章对摄影测量的有关原理和应用作了叙述，所以本节仅对测量机器人、激光跟踪仪、三维激光扫描仪及它们在建(构)筑物变形监测中的应用作一介绍。

13.6.1 测量机器人

1. 测量机器人的基本概念

测量机器人(measurement robot; georobot)是一种能代替人进行自动搜索、跟踪、辨识和精确照准目标并获取角度、距离、三维坐标以及影像等信息的智能型电子全站仪,亦称测地机器人。它是在全站仪基础上集成步进马达、CCD影像传感器构成的视频成像系统,并配置智能化的控制及应用软件而发展形成的。测量机器人能连续或定时对多个合作目标进行自动识别、照准、跟踪、测角、测距和三维坐标测定,自动化程度高,能全天候工作,可在短时间内对多个目标点作持续和重复观测,特别适用于工程开挖体及各种建(构)筑物的变形观测。目前,有多个测绘仪器厂家生产的全站仪属于测量机器人的范畴,例如莱卡公司的TCA系列、托普康公司的GTS-90xA/GPT-900xA系列、索佳公司的SET42DM自动照准型全站仪等。

测量机器人的组成包括坐标系统、操纵器、换能器、计算机和控制器、闭路控制传感器、决定制作、目标捕获和集成传感器八大部分。测量机器人一般采用球面坐标系统,即望远镜能绕仪器的纵轴和横轴旋转,能在水平面360°和在竖面180°范围内寻找目标;操纵器主要是控制机器人的转动;换能器可将电能转化为机械能驱动步进马达运动;计算机和控制器的功能是用来按设计从开始到终止操纵系统、存储观测数据并与其他系统接口,控制方式多采用连续路径或点到点的伺服控制系统;闭路控制传感器将反馈信号传送给操纵器和控制器,以进行跟踪测量或精密定位;决定制作主要用于发现目标,如采用模拟人识别图像的方法(称试探分析)或对目标局部特征分析的方法(称句法分析)进行影像匹配;目标捕获用于精确地照准目标,常采用开窗法、阈值法、区域分割法、回光信号最强法以及方形螺旋式扫描法等;集成传感器包括采用距离、角度、温度、气压等传感器获取各种观测值。由影像传感器构成的视频成像系统通过影像生成、影像获取和影像处理,在计算机和控制器的操纵下实现自动跟踪和精确照准目标,从而获取目标点的方位、坐标等信息。

自20世纪80年代以来,测量机器人的发展可分为三种阶段:第一个阶段需在被测物体上设置标志,主要是以反射棱镜为合作目标,称为被动式三角测量或极坐标法测量;第二个阶段是以结构光作为照准标志,即用结构光形成的点、线、栅格扫描被测物体,通过空间前方角度交会法来确定被测点的坐标,称为主动式三角测量,由两台带步进马达和CCD传感器的视频电子经纬仪和计算机组成;第三个阶段即目前的测量机器人,它不需要合作目标,根据物体的特征点、轮廓线和纹理,用影像处理的方法自动识别、匹配和照准目标,仍采用空间前方交会的原理获取物体的三维坐标及形状。第一种测量机器人主要用于工程或局部地壳形变监测以及大型工程的施工放样,也可用于水下地形测量和大比例尺数字化测图。第二、三种类型的测量机器人则主要用于三维工业测量,如飞机、轮船、轿车的外形测量,工业过程的监测和产品的质量检测与控制等。

测量机器人具有全自动、遥测、实时、动态、精确、快速等优点,其缺点是需要地面通视、受外界条件的影响较大(如雨天、雾天不能观测)、随距离的增加精度降低较快等。目前我国已将测量机器人广泛用于大坝、桥梁、滑坡和建筑工程等的变形监测和三维工业测量,在建筑物的自动化变形监测方面,测量机器人正逐渐成为首选的自动化测量技术设备。

2. 测量机器人变形监测系统的结构与组成

将测量机器人通过现代通信技术与计算机连接起来，利用计算机软件实现测量过程、数据记录、数据处理和报表输出的自动化，可以实现真正意义上的监测自动化和一体化。目前国内外已开发不少基于测量机器人的监测系统，已应用在大坝、桥梁、地铁隧道、滑坡、深基坑等构筑物的变形监测中。

测量机器人变形监测系统的结构与组成方式如图13-12所示。

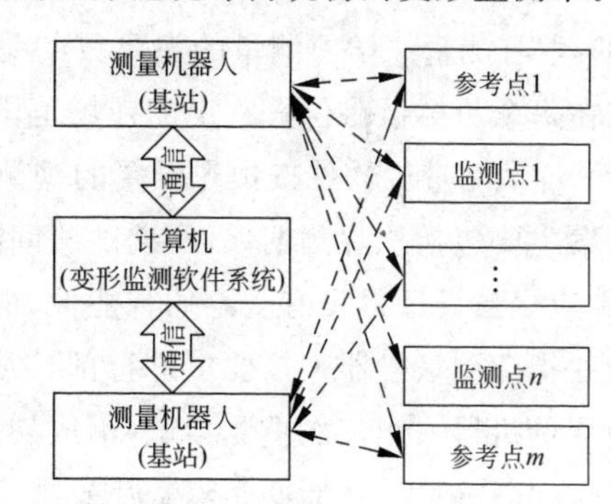

图13-12　测量机器人变形监测系统的结构与组成

(1) 基站　基站一般用来架设测量机器人，基站可以有一个或多个，要求具有良好的通视条件，一般应选择在稳定处，特殊情况下也应选在相对稳定处。

(2) 参考点　参考点(三维坐标已知)应位于变形区域之外的稳固不动处，点上放置正对基站的棱镜(采用强制对中装置)，参考点一般应有3～4个，且要求覆盖整个变形区域。

(3) 监测点　根据需要，变形监测点一般应较均匀地布设于变形体上能反映变形特征的部位，监测点与参考点上均应放置正对基站的棱镜(或照准标志)。

(4) 计算机　计算机监测软件控制测量机器人作全自动变形监测。计算机可直接放置在基站上，但若要进行长期的无人值守监测，则应在方便处建专用监测机房。

3. 测量机器人变形监测系统的工作方式

利用测量机器人对建(构)筑物进行自动化变形监测，一般可根据实际情况采用两种方式：一种是固定全自动持续监测方式；一种是移动式周期观测方式。

固定式持续监测方式是将测量机器人长期固定在测站上(如在野外需在测站上建立监测房)，通过供电及通信系统，与机房内的控制计算机相连，实现无人值守、连续监测、自动数据处理、自动报警、远程监控等。其缺点是测量机器人等昂贵的仪器设备需长期在野外固定，不能用于别的项目，且须采取特殊的措施进行保护，因此这种方式一般适用于小区域内单基站、全自动的无人值守的形变监测。

移动式周期监测系统是当某周期开始测量时，安装测量机器人等设备进行测量，该周期测量结束后拆除系统。该作业方式与传统的观测方法一样，在一个基站上完成观测工作之后，可以将测量机器人搬到下一个基站上继续工作；其不同之处在于可大大减轻观测者的劳动强度，比传统方式具有高得多的效率。因此这种方式一般适用于区域较大、基站较多、具有周期性的形变监测。

4. 测量机器人变形监测系统软件

测量机器人变形监测系统软件是整个系统的神经中枢。一般说来，变形监测中点位及点数相对固定，因此利用测量机器人在一定的视场范围内(如2°)能自动搜索、照准、读数的特点，软件在获得观测点位置关系后，应能自动地完成定时观测、计算、分析、报警、成果输出等工作，以实现自动化监测。

测量机器人变形监测系统软件一般包括工程管理、系统初始化、学习测量、自动测量、数据处理、数据查询、成果输出等功能模块。

(1) 工程管理　每个变形监测项目都作为一项工程来管理，每个工程对应着一个数据库文件，数据库文件中保存着该变形监测项目的所有数据，包括各种初始设置信息、原始观测值、各种计算分析成果等。

(2) 系统初始化 首先将计算机的串口通信参数设置成与测量机器人一致,保证计算机与测量机器人能够顺利地交换信息;然后再对测量机器人进行一些初始化,主要有自动目标识别、目标锁定、补偿器的开关状态等,搜寻范围、测距模式的设置,距离、角度、温度、气压的单位等设置;最后在每次监测前还必须进行一些测量机器人的检校,主要有 $2c$ 互差、指标差和自动目标识别照准差的校正等。

(3) 学习测量 学习测量的主要目的是获取目标点概略空间位置信息,此后可用计算机控制测量机器人在每个目标概略位置一定的视场范围内自动搜寻目标,完成自动测量。

(4) 自动测量 软件按预先设置的观测方案及观测限差控制测量机器人作自动重复的周期观测。观测方案主要包括总观测期数、两期观测间隔时间、每期测回数、是否盘右观测等内容。自动观测过程中,软件应尽量设计得具有一定的智能性,能自动处理一些异常情况。如当观测成果超限时,软件会自动判断并指挥测量机器人按要求进行部分或全部重测;再如若某期观测过程中某些目标被挡,软件可以控制测量机器人作三次重测尝试,不成功则暂时放弃,待其余目标观测完毕后再试,若仍不成功则等待一段时间(一般 1/10 周期间隔)后补测,还不成功则会最终放弃并记录相应说明信息。自动报警也是在自动测量过程中实现的,根据每期观测后的计算结果,目标点的变动超过某一给定值时,会进行声音或屏幕提示等方式的报警。

(5) 数据处理 主要包括目标点坐标的计算和后续的变形分析。为提高最终成果精度,在计算每期监测点坐标之前,可以利用参考点的观测信息,实现大气折射、大气折光等对监测点距离和角度测量原始观测值的实时差分改正。

(6) 数据查询与成果输出 主要是查询和输出选定时期目标点的观测、计算和分析成果,包括输出各种报表与图件。

13.6.2 激光跟踪仪

对于绝大多数测量工程和变形监测来说,全站仪、测量机器人等仪器已能满足要求。但在某些特殊情况下,全站仪的测距精度仍显得较低,如目前精度最高的是莱卡公司的 TDM (A) 5005 工业全站仪,其标称精度是 $1\text{mm}+2\times10^{-6}D$。在 120m 范围内,配合高精度的角偶棱镜,可以达到 0.2mm 的测量精度,但这显然还不能满足某些超高精度测量的要求。激光跟踪仪通过双频激光干涉来进行测量,测量精度可以达到几个微米,从而使得系统精度大为提高,并且它可以进行自动跟踪测量,配套具有数据采集、图形显示、分析报表等功能的软件,可以非常方便地进行测量、点位放样、变形监测及逆向工程。近年来,在精密制造、装配及检测等工业测量和精密工程测量领域得到了普遍应用。激光跟踪仪目前主要有 LTD、FARO、API 三种型号。通常测量范围为 35m,API 可达 60m。下面以 LTD500 为例说明激光跟踪仪的原理和应用。

图 13-13 常见的几种激光跟踪仪

1. 激光跟踪仪的组成及结构

不同厂家生产的激光跟踪仪基本上都是由激光跟踪头、控制器、用户计算机、反射器及测量附件等组成。以莱卡公司的 LTD500 跟踪仪为例,图 13-14 中的(a)为激光跟踪头,(b)为跟踪仪控制器,(c)为测量目标的反射器。

(a) 激光跟踪头

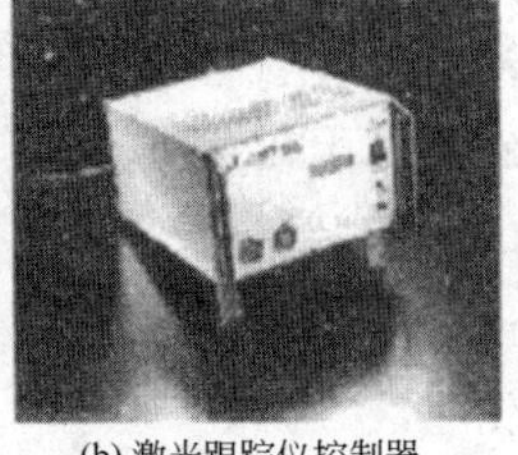
(b) 激光跟踪仪控制器

(c) CCR球形反射器

图 13-14　LTD500 跟踪仪的主要组成部分

激光跟踪仪实际上是一台激光干涉测距和自动跟踪的全站仪，它的结构原理如图 13-15 所示。一般激光跟踪仪由以下五个部分组成。

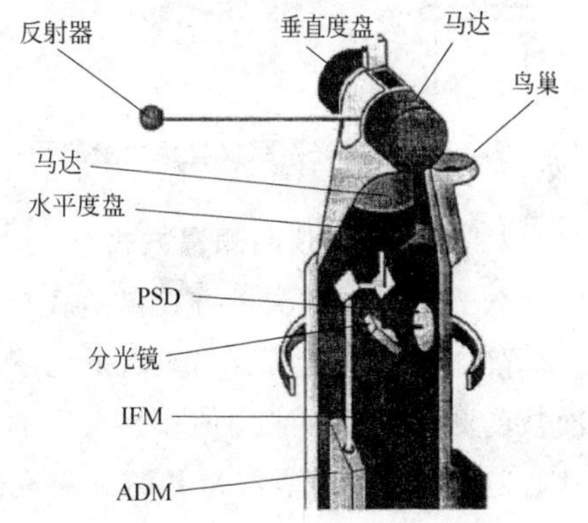

图 13-15　激光跟踪仪结构

(1) 角度测量部分，包括水平度盘，垂直度盘，步进马达及读数系统，类似于具有自动目标识别功能全站仪的角度测量装置。水平及垂直度盘均为光栅增量式测角码盘，细分刻划数达 18 000 条，测角标称精度优于±2.5″，测角采样速度高达 1 000 次/秒。

(2) 距离测量部分，包括干涉法距离测量装置(IFM)、鸟巢(homepoint 或 birdbath)、绝对距离测量装置(ADM)和反射器。干涉测距是利用光学干涉法原理，通过测量干涉条纹的变化来测量距离的变化量，所以激光跟踪仪的 IFM 只能测量相对距离，如需要测量跟踪头中心到空间点的绝对距离，必须给出一个基准距离。传感器单元上有一个固定点叫做鸟巢，跟踪头中心到鸟巢的距离(基准距离)是已知的，当反射器从鸟巢开始移动，IFM 测量出反射器移动的相对距离，再加上基准距离就得到绝对距离。如果激光束被打断，则必须重新回到基点以重新初始化 IFM，这个过程叫做 go home，这会给实际工作中带来诸多不便，因此 LTD500 上增加了一个新的功能——ADM，ADM 可自动地重新初始化 IFM，但它只能用于静态点的测量，即不能用于跟踪测量。ADM 是根据斐索(Fizeau)原理(用齿轮挡光测量光速)，通过测定反射光的光强最小来判断激光所经过路径的时间，从而计算出绝对距离。反射器有猫眼反射器(cateye)，角偶反射器(corner cube)及工具球反射器(tooling ball)，它的作用是反射跟踪仪发射的激光并作为测量标志。与普通电磁波测距仪的反射器相比，激光跟踪仪的反射器精度很高，每个反射器在出厂前都进行了严格的检验，容许误差一般小于±0.025mm。

(3) 跟踪控制部分，对反射器进行跟踪主要由位置检测器(PSD)来完成，反射器反射回的光经过分光镜时，有一部分光进入位置检测器，当反射器移动时，这一部分光将会在位置检测器上产生一个偏移值，根据偏移值，位置检测器就会控制马达转动直到偏移值为零，从而达到跟踪的目的。因此，当反射器在空间运动时，激光跟踪头能一直跟踪反射器。

(4) 系统控制部分，该部分用于计算机与激光跟踪仪之间进行数据交换。激光跟踪仪在进行测量时将与计算机之间进行大量的数据交换，而且要求很高的数据传输率，因此计算机与激光跟踪仪间通过控制器采用局域网(lan)形式传输数据。

(5) 支撑部分，包括外壳、电源、电缆、适配器和底座等，用于固定跟踪仪和调整其高度。

为了提高激光跟踪仪的测量效率和全自动化程度,激光跟踪仪还有一些专用的附件等可供选择,如数字温度、气压传感器用来自动进行气象元素测定和修正;遥感器用于在镜站的操作和控制,通过无线反调制器实现在镜站的坐标显示,非常方便放样等工作;带CCD相机的取景器,可以通过监视器寻找测量目标;倾斜传感器可以将仪器整平到铅垂线方向等。

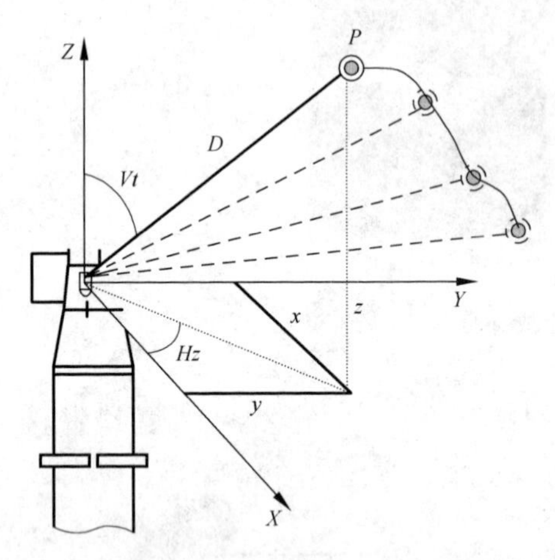

图 13-16 激光跟踪仪坐标测量原理

另外,激光跟踪测量系统的软件和硬件一样,也非常重要,是系统的重要组成部分。软件一般应具有仪器控制、坐标测量、系统校准、分析计算等功能。

激光跟踪仪的基本测量原理为极坐标法(如图13-16所示)。对于放置在空间的反射器,跟踪仪可同时测量出水平角 Hz、垂直角 Vt 和斜距 D,用这三个观测值,按极坐标测量原理就可得到空间点的三维坐标 X、Y、Z 来。

2. 激光跟踪仪的测量方式

激光跟踪仪的测量方式包括静态目标测量和动态目标测量两类。

静态目标测量可分为单点平均测量、球面拟合测量和隐藏点测量等。单点平均测量将设定的测量次数的测量结果取平均值作为最后的结果;球面拟合测量在球面测量一系列点,用球面拟合的方法求球心的坐标;隐藏点测量是通过隐藏杆测量来计算得到隐藏点坐标。对单点平均测量可以设定单次测量的时间间隔,对球面拟合测量也可设定取样间隔和球面半径是否已知。

动态目标测量则是对动态目标进行连续跟踪测量,它可以按时间或距离来连续采样;可以进行空间三维格网的采样;可以在指定下的球体或三维空间内测量;还可以对某一物体表面进行表面测量,取样的时间和距离间隔均可自由设定。

激光跟踪仪的测量精度主要取决于它的角度和距离测量精度及测量环境的影响。同时,干涉法距离测量的精度还受到基准距离校准精度的影响,因为基准距离校准误差将会成为干涉测距的系统误差。一般而言,激光跟踪仪在近距离内可以达到0.03～0.1mm左右的点位精度。由于仪器自身结构的复杂性,该指标并不是绝对的,仪器的状态、操作人员的技能对测量结果会产生较大影响。此外,和其他高精度测量仪器一样,激光跟踪仪对外界环境也非常敏感。

3. 激光跟踪仪的应用

上海光源工程(上海同步辐射装置,简称为SSRF)是第三代同步辐射光源工程,是我国迄今为止最大的科学实验装置,它产生的同步辐射光源释放出的电磁波可用于物理、化学、生命科学等众多高科技领域。

上海光源工程占地面积约20万 m^2,如图13-17所示,主体结构分为三部分,中心位置上是电子直线加速器,再经过内圈一个180m周长的小环增强器和外圈为432m周长的大环储存器。在大环外围目前建有7+1个光束线,最终将建成60个左右的光束线用于科学实验。在上海光源的准直测量方案中定位要求的精度非常高,控制网精度为0.08mm,其余步骤精度达到0.05mm,以保证相邻共架机构的准直精度达到0.12mm,要达到这个目标就要采用激光跟踪仪和静力水准测量等手段。

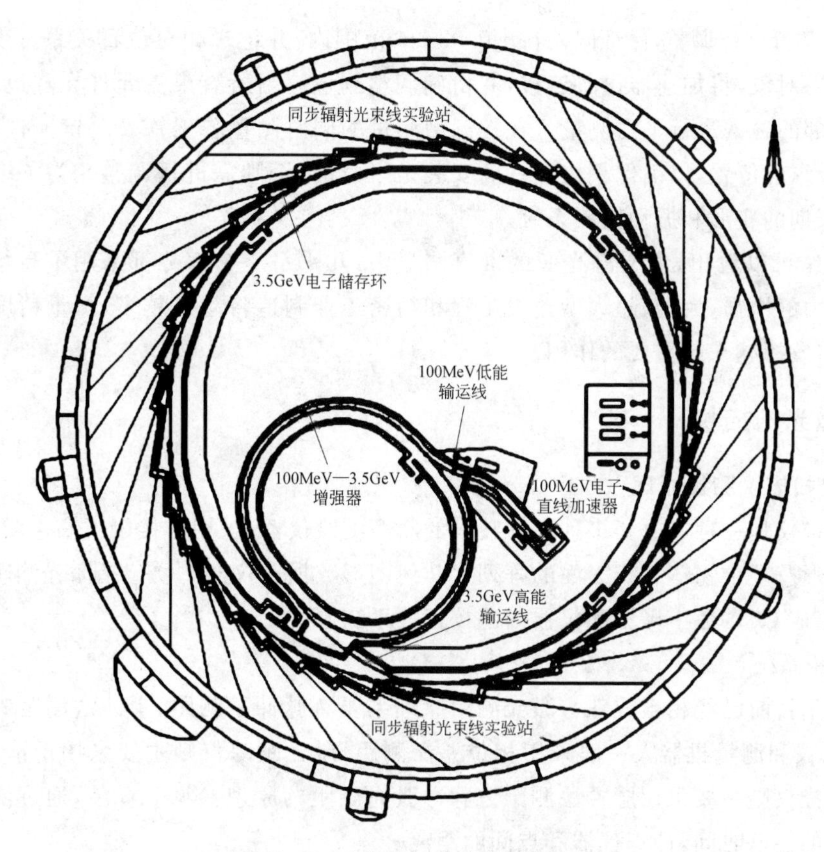

图 13-17　上海光源总体布局示意图

上海光源的准直测量包括控制测量、元件标定、预安装准直、现场安装、平滑测量、变形和振动监测。控制网分为整体控制网和局部控制网。整体控制网有两个目的：一是保证加速器各部分和实验大厅各元件之间相对关系正确；二是限制局部控制网的误差积累。整体控制网按平面和高程分别进行观测。各局部控制网的目的是保证各个加速器及光束线站自身相对位置关系的正确。局部控制网分成直线加速器网、增强器网、储存环网和实验大厅网，共有 700 多个控制网点，空间分布在隧道内墙、外墙、顶部及地面，采用三维方法测量。图 13-18 是储存环隧道的一个断面图，可看出储存环网点分布及利用激光跟踪仪测量情况，每组点间距约为 6m。元件标定主要是磁铁的标定，利用激光跟踪仪测量几何中心、V 形槽及若干几何面，根据相互关系建立元件坐标系，求得靶座的坐标，再加入由磁场测量得到的磁场中心和机械中心的偏差，作为标定值。标定过程还包括利用电子水平仪测量基准平面和磁场中心平面的倾斜角值。预安装准直则是先将支架调平，然后将相应的磁铁逐一吊装放置在支架上，待稳定一定时间后，利用激光跟踪仪建立预准直站，测量支架上的基准孔，再建立坐标系，根据磁

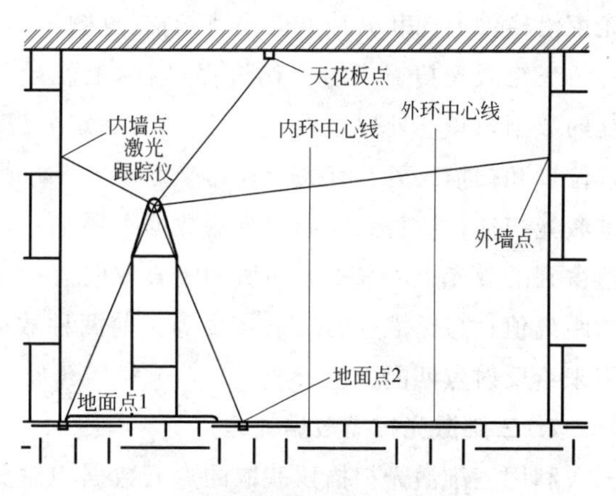

图 13-18　激光跟踪仪三维网点分布

铁的标定值,对其位置进行调整,保证限差在±0.03mm范围内,并记录相对位置关系。现场安装以预准直后的支架为主要对象,将加速器设备连接,并精确调整到位。当所有束流元件在隧道里就位后,对各支架系统彼此相邻的磁铁进行平滑测量。在控制网测量的同时测量各磁铁及关键元件的位置,测量磁铁的径向、切向及纵向位置,以确保聚焦磁铁的安装是平滑的,否则需进行调整。为了增加系统的稳定性,还必须建立长期的变形和振动监测系统。

从上面的介绍可以看出,在上海光源的准直测量中,几乎每一个部分都采用了高精度的激光跟踪仪。随着我国国力的增强,大型、超大型建设工程和精密工业制造将越来越多,测量精度要求也越来越高,激光跟踪仪将发挥越来越重要的作用。

13.6.3　三维激光扫描仪

1. 三维激光扫描仪测量原理

三维激光扫描仪是一种集成了多种高新技术的新型测绘仪器,采用非接触式高速激光测量方式,以点云形式获取地形及复杂物体三维表面的阵列式几何图形数据。仪器主要包括激光测距系统和激光扫描系统,同时也集成CCD数字摄影和仪器内部校正等系统。

(1) 激光测距系统

激光测距技术目前已经相当成熟。激光测距原理主要有脉冲法测距、干涉法测距和相位差法测距3种。目前,全站仪和测量机器人一般采用相位差法测距,激光跟踪仪则主要采用干涉法测距,而地面三维激光影像扫描仪则主要采用脉冲法测距。脉冲激光测距的原理参见5.3节,通过测量激光在仪器和目标物体表面的往返时间,计算仪器和点间的距离。

(2) 激光扫描系统

对于激光扫描技术,目前用得最多的是光机扫描、电镜扫描、多棱镜扫描和全息光栅扫描技术。大范围的扫描幅度、高精度的小角度扫描间隔及高帧频成像技术是三维激光扫描测量技术的主要要求。三维激光扫描仪通过内置伺服驱动马达系统精密控制多面反射棱镜的转动,使脉冲激光束沿横轴方向和纵轴方向快速扫描(见图13-19)。

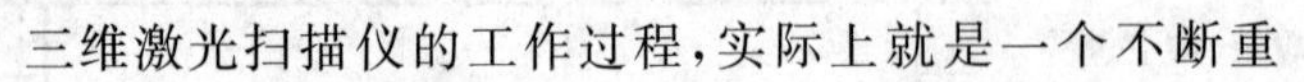

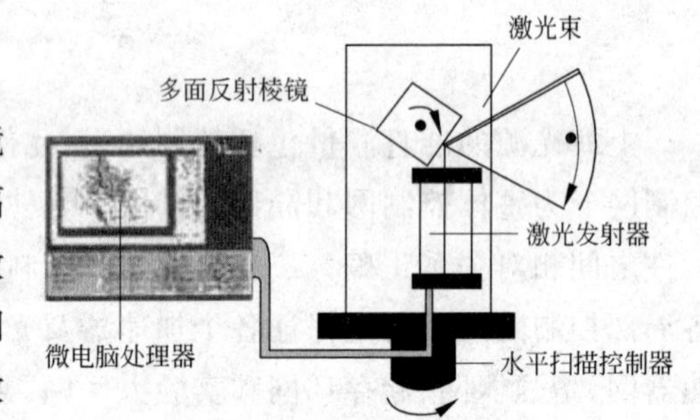

图13-19　地面三维激光扫描系统

三维激光扫描仪的工作过程,实际上就是一个不断重复的数据采集和处理过程,它通过具有一定分辨率的空间点(坐标x,y,z,其坐标系是一个与扫描仪安置位置和扫描仪姿态有关的仪器坐标系)所组成的点云图来表达系统对目标物体表面的采样结果。三维激光扫描仪所得到的原始观测数据主要是:①根据两个连续转动的用来反射脉冲激光的镜子的角度值得到的激光束的水平方向值和竖直方向值;②根据脉冲激光传播的时间而计算得到的仪器到扫描点的距离值;③扫描点的反射强度等。前两种数据用来计算扫描点的三维坐标值,扫描点的反射强度则用来给反射点匹配颜色。

2. 三维激光扫描数据处理

利用三维激光扫描仪获取的点云数据构建实体三维几何模型时,不同的应用对象、不同点云数据的特性,三维激光扫描数据处理的过程和方法也不尽相同。概括地讲,整个数据处理过程包括数据采集、数据预处理、几何模型重建和模型可视化。数据采集是模型重建的前提，数据预处理为模型重建提供可靠精选的点云数据，降低模型重建的复杂度，提高模型重构的精确度和速度。数据预处理阶段涉及的内容有点云数据的滤波、点云数据的平滑、点云数据的缩减、点云数据的分割、不同站点扫描数据的配准及融合等；模型重建阶段涉及的内容有三维模型的重建、模型重建后的平滑、残缺数据的处理、模型简化和纹理映射等。实际应用中，应根据三维激光扫描数据的特点及建模需求，选用相应的数据处理策略和方法。现有各种类型的点云数据处理软件，如三维激光扫描仪配带的点云数据处理软件或逆向工程领域比较著名的商业点云处理软件，一般都具有点云数据编辑、拼接与合并、数据点三维空间量测、点云数据可视化、空间数据三维建模、纹理分析处理和数据转换等功能，但它们往往具有通用的处理功能，对于特定的数据处理效果有一定的不足之处，在功能和性能上也或多或少存在一定缺陷，且一般比较昂贵。目前尽管三维激光扫描测量技术应用领域广泛，但相关的理论与方法研究仍有待于完善。

(1) 三维模型的生成

要将经过扫描得到的点云转化为通常意义上的三维模型，通常系统软件至少应该具备以下几个条件：①常用三维模型组件(如柱体、球体、管状体、工字钢等)立体几何图形；②与模型组件相对应的点云匹配算法；③几何体表面 TIN 多边形算法。前两个条件主要是用来满足规则几何体的建模需求，而最后一个条件则是用来满足不规则几何体的建模需求。

三维激光扫描仪系统软件一般提供一个称为自动分段处理的工具，它容许从扫描的点云图中抽取出一部分点(这部分点往往共同组成一个物体或物体的一部分)，以进行自动匹配处理。但这种自动匹配方式的处理，只适用于那些与软件中所包含的常用几何形体相一致的目标实体组件，对于那些不能分解为常用几何形体的目标实体组成部分则是无效的。此时，需要在相应的点集中构造 TIN 多边形，以模拟不规则的表面。如图 13-20 所示的米开朗基罗的大卫雕像，其扫描成图是不规则形体建模的典型案例。

图 13-20　米开朗基罗的大卫雕像三维计算机成图

(2) 坐标系与坐标匹配

在任意一幅点云图中，扫描点间的相对位置关系是正确的，而不同点云图间点的相对位置关系的正确与否，则取决于它们是否处于同一个坐标系。大多数情况下，一幅扫描点云图无法建立物体的整个模型，因此，如何将多幅点云图精确地“装配”在一起，处于同一个坐标系，是要解决的问题。目前采用的方法称为坐标匹配(registration)。

坐标匹配是在扫描区域中设置控制点或控制标靶，从而使得相邻的扫描点云图上有三个以上的同名控制点或控制标靶。通过控制点的强制符合，可以将相邻的扫描点云图统一到一个坐标系统。

坐标匹配的基本方法有三种：①配对方式(pairwise registration)；②全局方式(global registration)；③绝对方式(world registration)。前两种方式都属于相对方式，它是以某一幅扫描图的坐标系为基准，其他扫描图的坐标系都转换到该扫描图的坐标系下。这两种方式的共同点在于：在野外扫描的过程中，都没有提前观测所设置的控制点或标靶的坐标值。而第三种方式,则在扫描前,测量好了控制点的坐标值(某个被定义的公用坐标系,非仪器坐标系),在处理扫描数据时,所有的扫描图都需要转换到控制点所在的坐标系中。前两种方法的区别在于:配对方式只考虑相邻扫描图间的坐标转换,而不考虑转换误差传播的问题;而全局方式则将扫描图中的控制点组成一个闭合环,从而可以有效地防止坐标转换误差的积累。一般说来,前两种方式的相邻扫描图间往往需有部分重叠,而最后一种方式则不一定需要扫描图间的重叠。

当需要将目标实体的模型坐标纳入某个特定的坐标系中时,也常常将全局方式和绝对方式组合起来进行使用,从而可以综合两者的优点。

3. 三维激光扫描仪的性能及特点

(1) 几种典型地面三维激光扫描仪技术指标

三维激光扫描仪经过近几年的发展,在测程范围、测距精度、测量速度、测量采样密度、激光安全等方面取得较大的进步,测量数据处理软件功能方面也趋于完善。表13-2列出了目前几种典型地面三维激光扫描仪的主要技术指标。

表13-2 典型地面三维激光扫描仪的主要技术指标

系统名称	LRIS-3D	Cyax2500	LMS-Z420 (long range mode)
生产厂家	加拿大欧普泰克公司(OPIECH)公司	莱卡在美国的子公司西拉公司(CYRA)公司	奥地利锐佳公司
测距精度	3mm	在1.5~50m范围内可达6mm	在2~250m范围内可达10mm,距离在1 000m可达20mm
测距范围	可达1 500m	100m	1 000m
数据采样率	2 000点/s	1 000点/s	3 300点/s
最小点间隔	2.6mm(距离在100m范围内)	0.25mm(距离在50m范围内)	18mm(距离在100m时)
模型化点定位精度	3mm	2mm	20mm
激光点大小	在100m时为29mm	在0~50m范围内小于6mm	在100m时为30mm
扫描视场	水平:40°;垂直:40°	水平:40°;垂直:40°	水平:360°;垂直:80°
激光等级	一级激光	二级激光	3R级激光
激光波长	大于1 500mm	—	近红外光线波长

从以上几种三维激光扫描仪的主要测量技术指标可以看出,无棱镜反射激光扫描测程已可达到1 500m,测距精度可达到毫米级,扫描数据采样率每秒超过1 000点。此外,各种仪器均备有功能强大的点云数据处理软件,如ILRIS-3D的InnovMetric软件、Cyrax 2500的Cyclone软件和LMS-Z420的后处理软件(3D-RiScan、Polyworks和Platin),具有三维影像点云数据编辑、扫描数据拼接与合并、影像数据点三维空间量测、点云影像可视化、空间数据三维建模、纹理分析处理和数据转换等功能。

(2) 地面三维激光影像扫描仪的主要特点

三维激光扫描测量技术克服了传统测量技术的局限性,采用非接触主动测量方式直接获取高精度三维数据,能够对任意物体进行扫描,且没有白天和黑夜的限制,可快速地将现实世界的信息转换成可以处理的数据。它具有扫描速度快、实时性强、精度高、主动性强、全数字特征等特点,可以极大地降低成本,节约时间,而且使用方便,其输出格式可直接与 CAD、三维动画等工具软件接口。目前,生产三维激光扫描仪的公司有很多,典型的有瑞士的莱卡公司、美国的 3D DIGITAL 公司和 Polhemus 公司,中国的北京容创兴业科技发展公司等。它们各自的产品在测距精度、测距范围、数据采样率、最小点间距、模型化点定位精度、激光点大小、扫描视场、激光等级、激光波长等指标有所不同,可根据不同的情况如价位、模型的精度要求等因素进行综合考虑之后,选用不同的三维激光扫描仪产品。

4. 地面三维激光扫描仪的应用

三维激光扫描测量技术在测绘领域有广泛的应用。激光扫描技术与惯性导航系(INS)、全球定位系统(GNSS)、电荷耦合(CCD)等技术相结合,在大范围数字高程模型的高精度实时获取、城市三维模型重建、局部区域的地理信息获取等方面表现出强大的优势,在工程、环境检测和城市建设方面等均有成功的应用实例,如断面三维测绘、绘制大比例尺地形图、灾害评估、建立 3D 城市模型、复杂建筑物施工、大型建筑的变形监测等。随着三维激光扫描技术、三维建模的研究以及计算机硬件环境的不断发展,其应用领域日益广泛,如制造业、文物保护、逆向工程、电脑游戏业、电影特技等,同时应用领域的大量需求也成为研究的动力。下面以对清华大学校内的标志性建筑物二校门(图 13-21)的三维激光扫描测量为实例简单介绍三维激光扫描测量技术的应用。

图 13-21　清华大学二校门

2001 年 3 月,清华大学土木工程系和莱卡测量系统公司的技术人员采用 Cyra 三维激光扫描系统对清华大学校内的建筑物二校门进行了三维激光扫描测量,并建立了二校门的三维模型。

Cyra 三维激光扫描系统由 Cyrax 2500 激光扫描仪和 Cyclone 3.0 系统软件组成。扫描仪最大测距范围为 200m,单点位置测量精度为±6mm。扫描速率为 1 列/s(当采样率为 1 000 点/列时)或 2 列/s

(当采样率为 2 000 点/列时)等。扫描密度为每行、每列最多可达到 1 000 点,在 50m 处,行、列中的最小点距为 0.25mm。

(1) 扫描前的准备工作

针对需要扫描的目标确定扫描的测站数及测站位置,以及控制标靶的个数和位置。在本项目中,测站数为 4,标靶个数为 6。测站分别位于建筑物的前左、前右、后左、后右距建筑物约 10m 处。

(2) 扫描

在选定的测站上架设扫描仪,调整好扫描仪面对的方向和倾角。将扫描仪和笔记本电脑用网线连接好,打开扫描仪的电源开关。扫描仪的扫描过程由 Cyclone 软件控制,通过集成的数码相机得到扫描对象的影像,在影像图上选择扫描区域。根据所设置的扫描参数(如行数、列数、扫描分辨率等)扫描仪自动进行扫描。

(3) 三维建模

通过软件提供的坐标匹配功能,将各测站测得的点云数据"拼合"为一个完整的建筑物点云模型。利用自动分段处理功能、抽取功能、TIN 模型构造功能等,将建筑物的细部模型化,并最终完成整个建筑物的建模。图 13-22 为带有反光强度色彩匹配的原始扫描点云图。

图 13-22 带有反光强度色彩匹配的原始扫描点云图

(4) 应用处理

根据实际工作的应用需要,由模型可以生成断面图、投影图、等值线图等,并可将模型以 AutoCAD 和 MicroStation 的格式输出,对二校门进行建模,如图 13-23 所示。

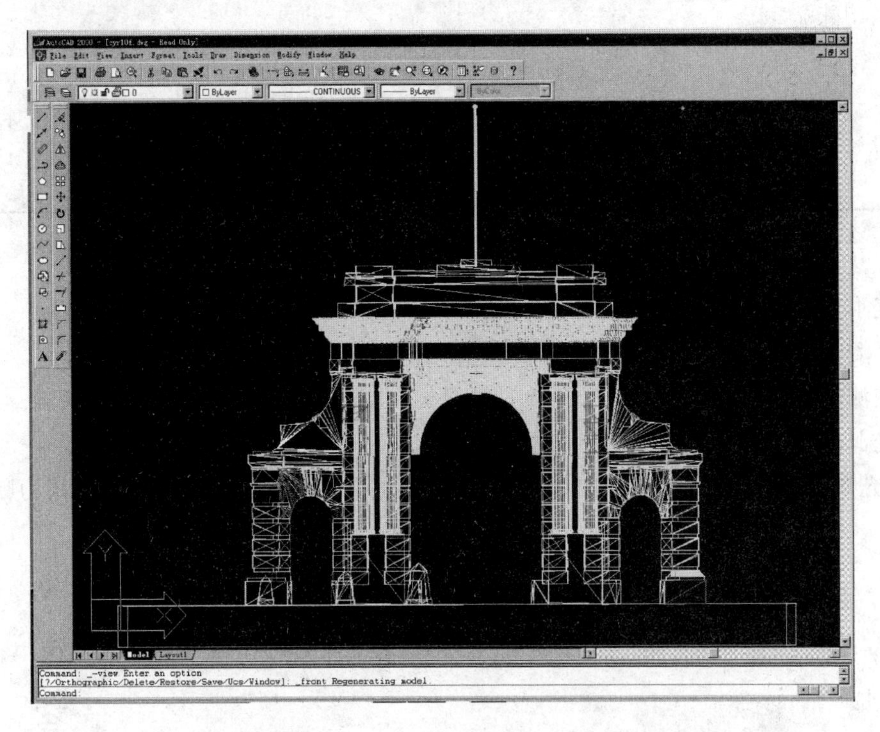

图 13-23　利用 AutoCAD 对清华大学二校门进行数字建模

习题与思考题

1. 简述变形观测的特点。

2. 变形观测系统由哪几部分组成?

3. 建筑物沉降观测的目的是什么?有什么特点和要求?

4. 某沉降观测所布设的水准网如图 13-24 所示,其两次沉降观测的成果列于表 13-3,请判断哪个水准点的高度在第二次观测期间发生了变动?

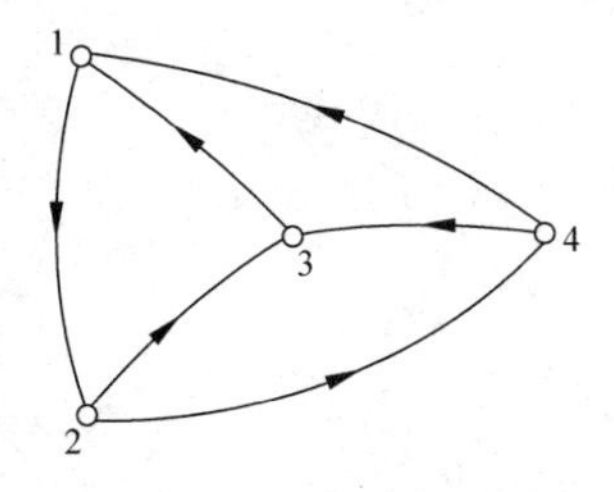

图　13-24

表 13-3

线段名	高差		测站数
	第一次 h_1	第二次 h_2	
1-2	+265.8	+266.6	2
2-3	−336.5	−337.0	2
3-1	+70.8	+70.6	2
2-4	−310.3	−311.8	4
4-1	+45.2	+44.9	4
4-3	−26.2	−26.0	2

5. 基准线法测定建筑物水平位移的基本原理是什么?

6. 动态变形监测有何特点,其方法该如何选择?

7. 什么是测量机器人?它主要由哪几部分组成?

8. 试比较测量机器人、激光跟踪仪、地面三维激光扫描仪在监测方面各自的优缺点。

9. 上海光源工程为何要建立整体控制网和局部控制网?各有何作用?

10. 上海光源工程提出的径向、切向和纵向精度指的是哪几个方向的精度?你认为哪一精度应该高一些?

第14章

摄影测量与遥感

14.1 概述

随着现代信息技术的发展以及人类对地球资源利用和深入研究的需要，摄影测量和遥感技术得到越来越广泛的应用。摄影测量与遥感都是利用航空或航天飞行平台搭载的传感器，对地面进行观测，获取地物相关信息的科学技术，但是二者对数据处理的方法和获取的信息并不相同。

14.1.1 摄影测量技术

摄影测量就是使用传感器，通过不直接接触的方式获取被测物体的影像(可见光或雷达)，然后利用数学方法进行分析和处理，以确定被测物体形状、大小、位置和相互位置关系的科学技术。19世纪中叶，法国上校劳塞达特提出交会摄影测量并测绘了万森城堡图，标志着摄影测量技术由此诞生。经过150多年的发展，摄影测量已经广泛应用于社会生产和经济建设的许多领域。从其发展历程来看，摄影测量技术经过了模拟摄影测量、解析摄影测量和数字摄影测量三个阶段。按照获取的摄影平台划分，摄影测量又可分为地面近景摄影测量、航空摄影测量和航天摄影测量。这里主要介绍以航空飞机、卫星、航天飞机等为摄影平台的航空和航天摄影测量。

模拟摄影测量就是在室内利用光学或机械的方法模拟摄影过程，恢复摄影时像片的空间方位、姿态和相互关系，建立实地按一定比例缩小的立体模型，即摄影过程的几何反转。通过对立体模型表面的量测，得到地形图和各种专题图。从20世纪50年代开始，随着电子计算机的出现和应用，摄影测量工作者开始利用计算机来完成摄影测量中复杂的计算问题，于是出现了解析空中三角摄影测量、解析测图仪和数控正射投影仪。解析空中三角测量是用摄影测量方法在大面积范围内测定点位的一种精确方法，通常采用的平差模型有航带法、独立模型法和光束法。

随着计算机技术的成熟和广泛应用，在摄影测量自动化实践的基础上，摄影测量技术迎来了数字化的时代，并在作业方法上取得重大的突破。数字摄影测量的特点以数字影像为基本的数据源,依据摄影测量的基本原理,综合应用现代计算机技术、数字影像处理、影像匹配、模式识别等多学科的理论与方法,提取所摄对象以数字方式表达的几何与物理信息,最终产生数字化的产品,被我国摄影测量学泰斗王之卓教授称为全数字摄影测量。数字摄影测量从根本上改变了这一领域的研究内容和生产面貌,是现代数字化测绘、信息化测绘的重要组成部分。

14.1.2 遥感技术及其发展

遥感(remote sensing)是指从不同高度的平台上,使用传感器收集物体的电磁波信息,再将这些信息传输到地面并进行加工处理,从而达到对物体进行识别和监测的全过程,是一种远距离、非接触的目标探测手段。遥感系统一般通过遥感平台安装的各种传感器采集数据,然后由传输系统将数据发回地面站,在地面完成数据的处理、存盘、分发和应用开发等工作。

20世纪60年代后,航天技术迅速发展起来,美国海军研究局的Evelyn L. Pruitt为了比较全面地概括探测目标的技术和方法,把以摄影和非摄影方式获得被测目标的图像或数据的技术称作“遥感”,1962年在密执安大学等单位举行的环境科学讨论会上被正式采用。遥感的广泛应用开始于1972年美国第一颗陆地资源卫星(LANDSAT)的发射,到目前为止,美国一共发射了5颗陆地资源卫星。20世纪80年代后,许多国家相继发射了对地观测卫星,如法国发射了SPOT系列卫星,欧空局发射了ERS系列卫星,日本发射了JERS系列卫星,加拿大于1995年11月发射了RADARSAT卫星,而在2000年之后,美国先后发射了商业用途的高分辨率遥感卫星IKNOS和QuickBird,遥感影像的空间分辨率达到了米级。众多商业遥感卫星的应用使航天遥感技术进入了全面发展和广泛应用的阶段。

随着新型传感器的不断出现,已从过去的单一传感器发展到现在的多种类型的传感器,并能在不同的航天、航空遥感平台获得不同空间分辨率、时间分辨率和光谱分辨率的遥感影像,并尽可能地集多种传感器、多级分辨率、多谱段和多时相为一体。目前遥感技术的应用也由定性向定量、静态向动态方向发展。可以说,现在的遥感技术已经进入了能够动态、快速、准确、多手段提供多种对地观测数据的阶段。

14.1.3 遥感数据采集方式和技术分类

自然界的任何物体都通过辐射或反射电磁波的形式表现出其物理、化学特征的相关信息,遥感技术就是通过探测目标辐射或反射的不同波长的电磁波,再利用适当的技术对目标的电磁波信息加以处理,最后重构或反演出探测目标的原状态或特性。

电磁辐射的波长范围是连续的,如表14-1所示,遥感技术应用的范围跨越了18个数量级,从10^{-11}～10^{6}cm。按照它们在真空中传播的频率和波长排列,可以形成一个连续的谱带,这就是电磁波谱。遥感技术较多使用可见光、红外和微波波谱区间。

如图14-1所示,除获取高分辨率影像的可见光波段的传感器外,现代遥感更多的使用多光谱遥感(Multispectral RS),即利用多通道遥感器(如多光谱相机、多光谱扫描仪等),获得同一景物、同一时间、不同波段的影像,甚至波段范围可以达到数百以上的高光谱影像。按照传感器接收信号的来源和方式可分为主动遥感(Active RS)和被动遥感(Passive RS);按传感器成像的原理及图像性质,传感器又可分为摄影成像、扫描成像和雷达成像。

表 14-1　电磁波谱列表

名　称			波长范围	频率范围
紫外线			10nm～0.4μm	750～3 000THz
可见光			0.4～0.7μm	430～750THz
红外线	近红外		0.7～1.3μm	230～430THz
	短波红外		1.3～3μm	100～230THz
	中红外		3～8μm	38～100THz
	热红外		8～14μm	22～38THz
	远红外		14μm～1mm	0.3～22THz
电波	亚毫米波		0.1～10mm	0.3～3THz
	微波	毫米波(EHF)	1～10mm	30～300GHz
		厘米波(SHF)	1～10cm	3～30GHz
		分米波(UHF)	0.1～1m	0.3～3GHz
	超短波(VHF)		1～10m	30～300MHz
	短波(HF)		10～100m	3～30MHz
	中波(MF)		0.1～1km	0.3～3MHz
	长波(LF)		1～10km	30～300kHz
	超长波(VLF)		10～100km	3～30kHz

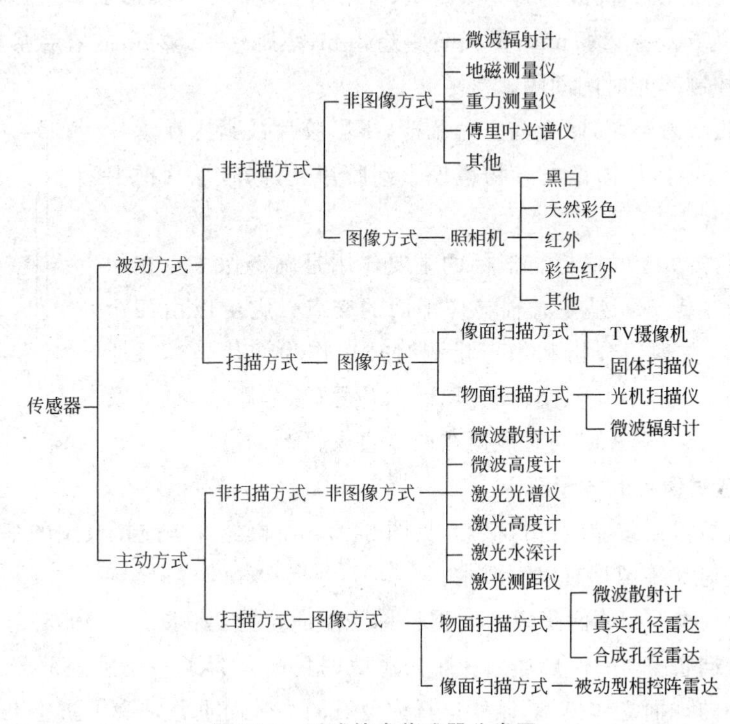

图 14-1　遥感技术传感器分类图

14.1.4　遥感技术的应用

遥感技术能够从宏观上把握研究对象的变化规律，对其发展状况和发展趋势作出科学的判断。从室内的近景摄影测量，到大范围的陆地、海洋信息的采集乃至全球范围内的环境变化监测，遥感技术都可以发挥巨大的作用。例如，利用遥感技术进行城市绿地植被变换的监测，制作全国范围内的影像地图，掌握全球范围内沙漠化等自然环境变化的情况。在海洋研究中，利用遥感技术可以收集到海面水位、混浊情况、海面温度等信息。在测绘领域，遥感影像主要用于绘制各种中、小比例尺地形图、专题图和影像图，由于遥感数据动态更新速度快，更可以有效地用于现有地图的局部修测。在军事上，遥感影像是重要的侦察手段，可有效地获取敌方部署和重要目标的情报，对作战的打击效果进行评估，并可以对武器进行制导。另外，航天遥感影像用于资源调查、环境保护、灾情预报、产量估计等方面产生的经济效益，已被实践所证明。

14.2 航空摄影测量

14.2.1 航空摄影

航空摄影是将专用的航空摄影仪安装在飞机上，对地面进行摄影以获取航空像片。

1. 航空摄影机的特点

用于航空摄影测量的摄影机镜头畸变差要小，分解力要高。如 WILD RC—10 航摄仪，像幅 23cm×23cm，镜头中心分解为 70～80 线/mm，最大畸变差 3μm，焦距 $f=152$mm。在摄影曝光时，对感光胶片要严格压平，能自动控制曝光时间间隔。

摄影时，启动航摄仪真空泵，暗盒内空气稀薄，摄影胶片被紧压在承片框上。当快门打开时，地面物体像通过物镜投影到胶片上，同时承片框上四个框标也被摄在像片上。

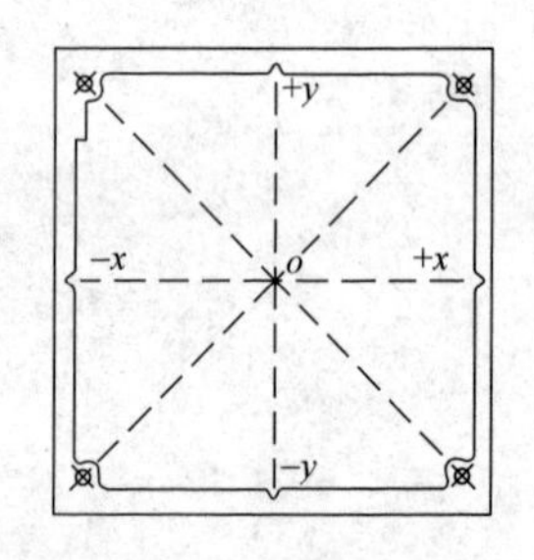

图 14-2 照相机上的框标

图 14-2 所示为照相机上的框标。框标的主要作用是确定像主点在像片上的位置。所谓像主点 o 就是主光轴与像平面的交点。它可以由四个框标连线的交点获得，在理论分析和像点量测时被选作为像片坐标系原点。镜箱内还设有圆水准器、时表、空盒气压计、像片号码、焦距值、日期及飞机航向指示器等，在像片曝光时同时被摄在像片边缘。

2. 航空摄影测量对像片的质量要求

飞机摄影时是对被摄区按航线进行摄影，见图 14-3。航摄像片是航摄成图的基础，其质量直接影响成图精度。根据规范对航摄像片有以下要求。

(1) 飞机在飞行航线上相邻两张像片的重叠称为航向重叠，要求不小于 53%；相邻两条航线间像片的影像重叠称为旁向重叠，不小于 15%。航向重叠的目的是为了利用重叠部分，在立体观察下建立与实际相似但又缩小的地面立体模型，以便进行内业测图。旁向重叠是为了防止出现摄影漏洞，并满足相邻航线的像片拼接的要求。

(2) 像片的倾斜角，即摄影时摄影光轴与铅垂线的夹角一般不应大于 2°。

(3) 航偏角是指像片边缘与航线方向的夹角，一般不大于 6°，最大不应超过 10°，并且不得连续三张像片超过此限。

(4) 航线弯曲度是指航摄像片的像主点离开航线最大偏离值 ΔL,与航线全长 L 之比不大于 3%,如图 14-4 所示。

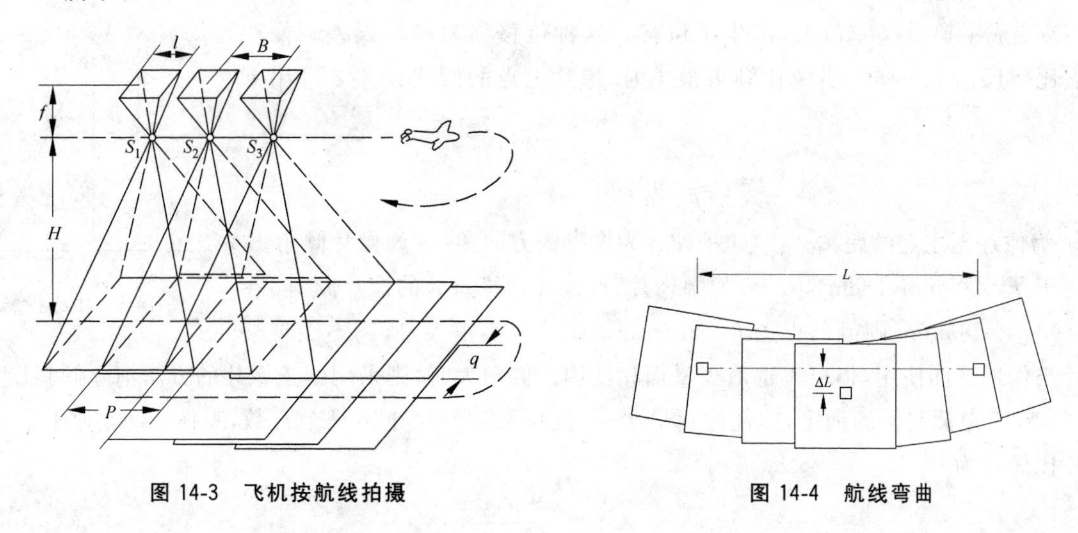

图 14-3　飞机按航线拍摄　　　　图 14-4　航线弯曲

(5) 在同一航线上,飞机航高变化应保持在±20m;不利气象条件下不应超过±50m。

飞机的航高与像片比例尺有关。像片比例尺是根据成图比例尺来确定的。航摄比例尺越大,地物影像越细致,成图精度也越高。但是单张像片拍摄面积小,拍摄照片多,成图时间长,成本高。一般摄影比例尺与成图比例尺的关系为(1∶4)～(1∶5),最大不能超过 1∶8。

(6) 像片影像要清晰,色调要一致,反差要适中。影像清晰、色调一致有利于正确地识别地面物体种类、形状及准确位置。

反差是指影像的黑白差别。若反差太大,物体细节显示不出来;反差太小,影像浅淡,物体分辨不清。

要达到上述要求,摄影时要选择晴朗无云的天气,在事先选定的测区范围内规划好航线,进行连续摄影。摄影过程可用 GPS 导航,保持预定航线、航高、航速及机身的水平。

14.2.2　航空像片的几何特性

航空摄影测量的目的是利用航空像片绘制地形图。由于航空像片在摄影方式和表现方法等方面与地形图有差别,因此航空像片要经过处理才可变成地形图。

1. 航空像片是中心投影

地面景物的光线通过摄影中心在像片上构像,所以航空像片是中心投影,见图 14-5;而地形图是正射投影。中心投影有以下特点。

(1) 当被摄地面呈水平状态,摄影像片处于水平位置时,像片上的图像形状与地面物体形状完全相似,摄影像片具有平面图的性质。像片比例尺可用下式计算:

$$\frac{1}{m}=\frac{ab}{AB}=\frac{f}{H}$$

式中,f 为航摄仪焦距;H 为航摄时的航高。

如果将摄影像片按一定比例缩放,并在图上注记村庄、道路、河流等地物名称,即可成为一张像片平面图。这种图比白纸测图更逼真,精度也较高,没有粗差。

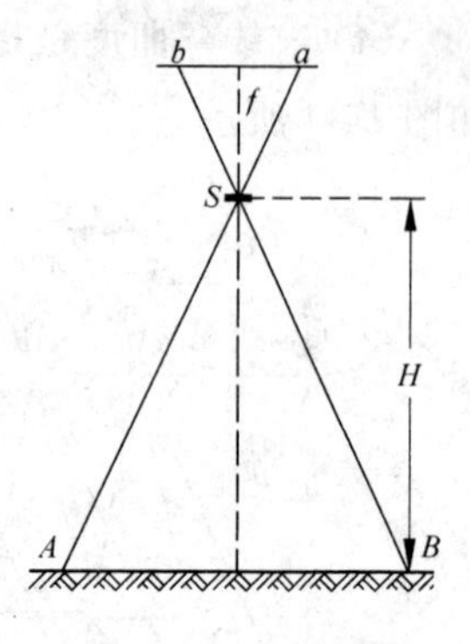

图 14-5 中心投影

(2) 若被摄地面是平面,但摄影时像片倾斜,见图 14-6。地面上的矩形($ABCD$)变成了梯形($abcd$)像,产生了位移。这种位移称为倾斜误差。像片上各点比例尺也不一样。当像片倾角很小时,像片上点的倾斜误差 δ 可用下式计算:

$$|\delta| = \frac{-r^2}{f}\sin\varphi\sin\alpha \tag{14-1}$$

式中,r 为像点至主点的距离;f 为焦距;φ 为像点的方向角;α 为像片倾角。

对于 $f=100$mm,18cm×18cm 像幅像片,设像片边缘点 a 的像片倾角 $\alpha=2°$,$\varphi=90°$,$r=85$mm,则倾斜误差 $\delta=2.5$mm。此值显然很大,所以不能将整张像片当作地形图使用,但可以选取少量面积使用。倾角大时,则采用纠正像片的方法消除倾斜误差。

(3) 对于地面起伏的地区,即使像片呈水平,其摄影比例尺也不是个常数,见图 14-7,对任意一点,其像片比例尺为

$$\frac{1}{m} = \frac{f}{H-h} \tag{14-2}$$

式中,H 为起始面航高;h 为任意点至起始面的高差。

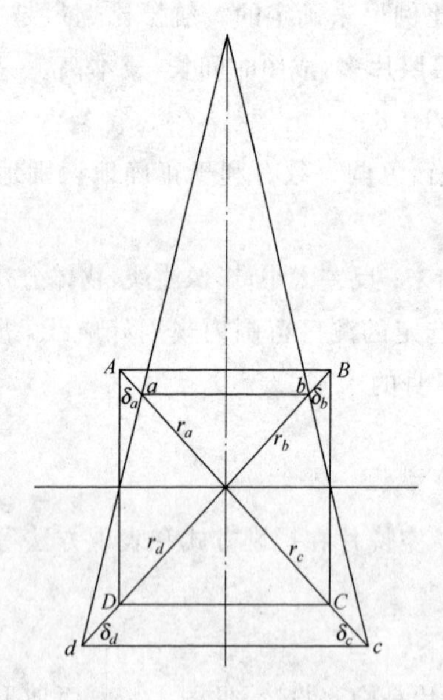

图 14-6 像片的倾斜误差

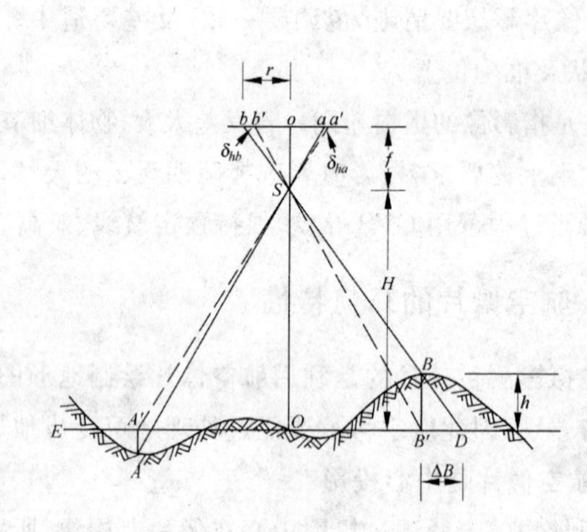

图 14-7 地形起伏差生投影差

中心投影会使不同高度上的点投影后在像片上产生点位位移。这种误差称为投影差。如地面上 A,B 两点,投影在同一基准平面 E 上为 A',B'。按正射投影,A、B 两点与 A'、B' 两点应重合,在像片上应为 a'、b'。但按中心投影,地面点 A、B 投影在点 a、b,产生的位移值为 δ_{ha},δ_{hb}。现以 B 点为例,因为

$$\frac{\delta_{hb}}{\Delta B} = \frac{f}{H},\quad \frac{\Delta B}{h} = \frac{r}{f}$$

所以

$$\delta_{hb} = \frac{hr}{H}$$

投影差 δ_{hb} 的大小与地面点距基准面 E 的高差成正比，高差越大，投影差越大。位于基准面上的点，投影差为零。由此可见，选择不同的基准面，投影差会不一样。用航片成图常用分带投影的办法，即选择多个投影基准面，将投影差控制在一个很小范围内。

14.2.3　航空像片的立体观察和立体量测原理

航空像片是两维图像，不能量测高程，但是利用对同一物体在不同位置拍摄的像对可以建立视觉立体模型，并进行立体量测。

1. 立体观测的基本原理

人用双眼观察物体时，所以能分辨出物体远近和高低起伏，是由于物体通过人的双眼瞳孔在左、右眼视网膜上构成的影像位置有差异造成的。如图 14-8 所示，空间有 A，B 两点，在人眼视网膜上构成影像 a_L，b_L，a_R，b_R。由于 A，B 两点远近不同，造成视网膜上 $\overline{a_L b_L}$ 和 $\overline{a_R b_R}$ 长度（称生理视差）不相等。

$$P=\overline{a_L b_L}-\overline{a_R b_R}$$

P 称为生理视差较。不同的生理视差较通过大脑皮层的视觉中心，便会感知物体的远近，所以生理视差较是产生立体感觉的原因。

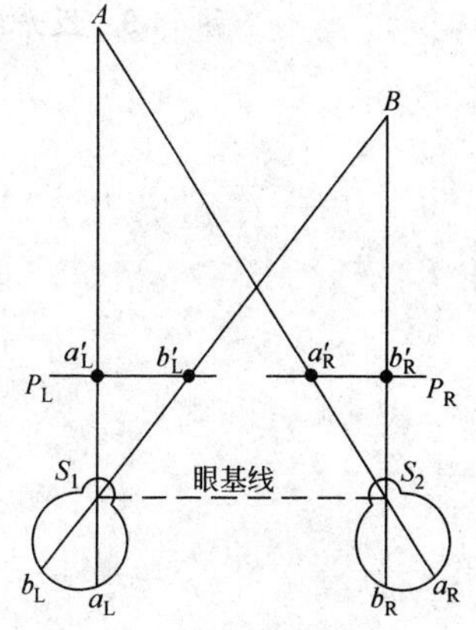

图 14-8　立体观测原理

若在人的两眼前分别放置玻璃片 P_L，P_R，将两眼分别通过两片玻璃看到的 A、B 影像 a'_L，b'_L，a'_R，b'_R 记录在玻璃片上。然后去掉 A、B 两点，这时两眼分别看到玻璃片上的影像 a'_L，b'_L，a'_R，b'_L。在人的视觉中心仍然会产生生理视差较 P，从而会感觉到眼前有远近不同的两个物体 A，B 存在，只是看到的不是空间物体本身。这种现象称为人造立体视觉。

航摄像片时，从两个摄影站对同一目标重叠摄取两张像片，就是为了构成被摄目标的立体视觉模型。立体观测应具备的条件有：

(1) 必须在两个不同位置对同一物体摄取两张像片，称为立体像对。

(2) 左像片安放在左边，右像片安放在右边，两张像片上同名像点连线与眼基线平行。

(3) 两张像片的距离适合人眼交向和凝视能力。

(4) 立体观测时，每只眼睛只能同时分别看一张像片，称为“分像”。

为了帮助分像，生产中常采用反光立体镜，红、绿眼镜，或偏振光眼镜。图 14-9 为反光立体镜。反光立体镜有放大和分像作用。将立体像对置于立体镜下，用双眼观测。左、右眼分别看左、右像片。在人眼视觉中左右像相交产生立体感，见图 14-10。经过训练人眼可以自己分像进行立体观察。图 14-11 可用于练习人工立体观察，两个平面四边形可以变成立体锥体。

2. 像对的立体量测原理

像对立体量测见图 14-12。设地面高低不同的两点 A，C 在两张像片上成像为 a_1，c_1，a_2，c_2。由像片框标连线建立像片坐标系。量测各像点坐标。令同一地面点在相邻像片上 X_i 值之差即左右视差 P_i。

A 点的左右视差为

$$P_A=x_{a_1}-x_{a_2}=\overline{a_1 a_2}$$

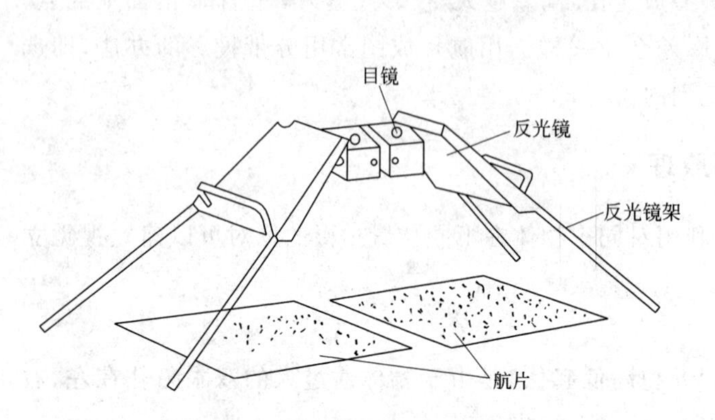

图 14-9 反光立体镜的构造

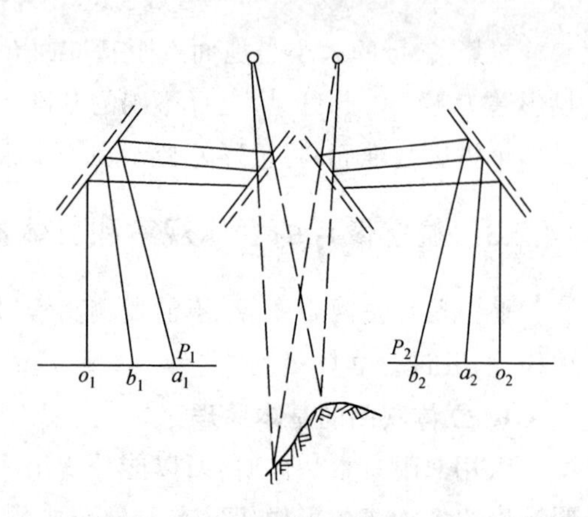

图 14-10 左右像相交产生立体感

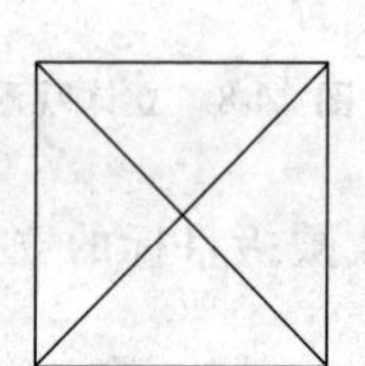
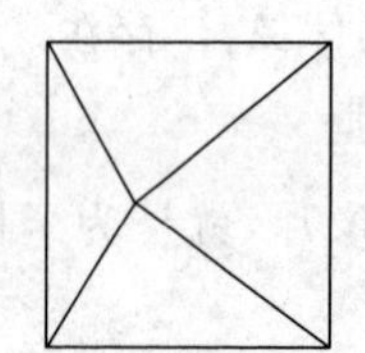

图 14-11 练习人工立体观察的图形

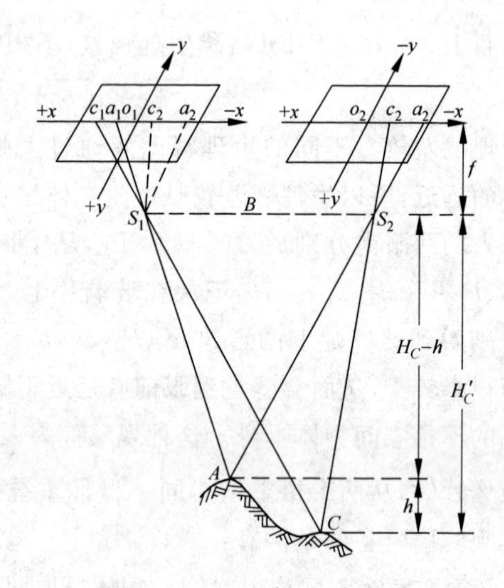

图 14-12 像对的立体测量

C 点的左右视差为

$$P_C = x_{c_1} - x_{c_2} = \overline{c_1 c_2}$$

因$\triangle a_1 S_1 a_2 \sim \triangle S_1 A_1 S_2$,所以

$$\frac{\overline{a_1 a_2}}{B} = \frac{f}{H_C - h}$$

式中,B 为立体像对投影基线长度;f 为摄影焦距;H_C 为 C 点航高;h 为 A,C 两点高差。

$$P_A = \frac{fB}{H_C - h}$$

同理可得

$$P_C = \frac{fB}{H_C}$$

令 $P_A - P_C = \Delta P$ 为左右视差较,经整理则得

$$\Delta P = \frac{P_C h}{H_C - h}$$

$$h = \frac{\Delta P H_C}{P_C + \Delta P} \tag{14-3}$$

上式为理想像对(像片水平)，H_C 为起始点 C 的航高。一般选择基准面上某点作起始点。所以只要量出 A,C 两点的像坐标，即可计算出 A 点相对于 C 点的高差 h。例如，已知 $H_C=1\,500\text{m}$，从像片上量出 $P_A=75.00\text{mm}$，$P_C=74.00\text{mm}$，则 A,C 两点高差为

$$h = \frac{\Delta P H_C}{P_C + \Delta P} = 20.00\text{m}$$

在非理想像对中同名像点的纵坐标不为零，$q=y_1-y_2$，q 称为上、下视差，利用它可以恢复摄影瞬间像片的空间位置，建立立体模型。

14.3　航空摄影测量成图方法

航空摄影测量工作分为航测外业和内业工作。为了纠正像片倾斜误差和投影差，需要用一定数量已知平面位置和高程的控制点作纠正依据。因此在航空摄影测区内需布设少量外业控制点，然后利用这些控制点进行内业加密，保证每张像片上至少有 4～6 个控制点。

由于太阳斜射物体时会在照片上产生阴影，造成航片上某些物体被遮挡。如房角被树遮挡，建筑物屋檐遮住房角位置，需要到实地弄清被遮挡物体的位置。另外，航片上摄影地物很多，应进行适当取舍，并要加上地物注记，所以要携带像片到实地调查，这一工作称为调绘。

调绘工作包括地物调绘、地貌调绘及适当补测。调绘时对于不明显地物可借助立体镜观察。遇到无法确定位置时，可用单张像片测图办法补测。对于判读出的地物、地貌应进行综合取舍，用铅笔仔细、准确地描绘在调绘片上。对于注记信息，如居住地名称、房屋类型、河流流速、流向、水深及道路等级、路面材料、桥梁载重量等，通过调绘注记在调绘片上，供内业成图时采用。

14.3.1　像片平面图和正射影像

在平坦地区，可用像片纠正办法制成像片平面图。像片纠正可在纠正仪上进行，也可以将像片扫描到计算机内，利用数字纠正的办法。像片纠正常采用的放大倍数为 3～4.5 倍，太大会影响测图精度。

当摄区范围大时，可利用几张纠正后的像片拼接成一张完整的像片平面图。这一工作称为镶嵌。镶嵌后的平面图具有规定的比例尺和像幅大小。可以直接用于城镇规划、地籍类型标识、环境及河道整治、道路选线、桥梁隧道选址及洪水、地震灾情测报等。

像片纠正只可消除倾斜误差，不能消除地面起伏的投影差。所以生产中投影差不能超过一定限度。要求投影差 δ_E 不应超过 $\pm 0.4\text{mm}$。

$$\delta_E = \delta_H \cdot \frac{m}{M} = \frac{hr}{H} \cdot \frac{m}{M} = \frac{rh}{fM} \tag{14-4}$$

式中，δ_E 为像点位移投影差；m 为像片比例尺；r 为像点的向径；H 为航高；M 为测图比例尺；f 为焦距。

以两倍中误差为容许误差，则

$$h = 2\delta \frac{f}{r} M \tag{14-5}$$

例如,摄影主距 f=70mm,像幅 18cm×18cm,根据像片重叠度,像片作业时 r 最大为 90mm。用纠正法制作 1/10 000 像片平面图时,地面高差限制为 6.2m。

对像片进行纠正的同时,如果用地面高程数据来消除地形起伏误差,就可以得到正射影像。所谓正射影像就是地物点都是通过各自所对应的透视中心,垂直地(正射投影)投影在像平面上形成的影像,如图 14-13 所示。按照正射投影的方式,像点不会因为地形的起伏而发生移位,都被安置在正确的位置上,这样,正射影像就可以作为具有一定比例尺的影像地图来用,直接测量地面点的平面位置。

对遥感影像进行正射纠正,纠正公式中需要用到地面点的三维坐标来消除地形起伏引起的位移,而地面点的高程值通常由对应的地面高程模型(DEM)数据内插获得。一般进行正射纠正的过程就是人工采集一定数量均匀分布的地面控制点,然后输入 DEM 数据,最后选择合适的纠正模型进行运算和重采样。如果影像拍摄的地面比较平坦,也可以不使用 DEM 数据,设置一个地面的平均高程,进行近似的正射纠正,这样运算速度比较快。

14.3.2 立体测图

当地面起伏比较大时就不能采用像片平面图,而要采用立体测图。

立体测图的基本原理是摄影过程的几何反转。如图 14-14 所示。在摄影时,地面上任意一点 A 的反射光线 AS_1 和 AS_2(称为同角光线),经过摄影物镜分别在相邻像片 P_1,P_2 上构成像点 a_1,a_2(称为同名点)。地面上其他地物点也都会在像片上有相应的点。若将两张像片放到原来航摄仪内,航摄仪位置也在原来位置,像片上的同名点投影下来一定会交到地面上原来的点,构成立体模型,其大小和位置与所摄地区表面完全吻合。可见投影过程是摄影的几何反转。在实际作业时是在室内量测,是将摄影片放到室内仪器架上,见图 14-14。将 P_2 像片沿摄制基线 B 移动。移动过程中保持相应光线相互平行。这时 P_1,P_2 像片上同名点投影光线对对相交,构成新的立体模型,其形状与原地面相似,是其缩小的模型。

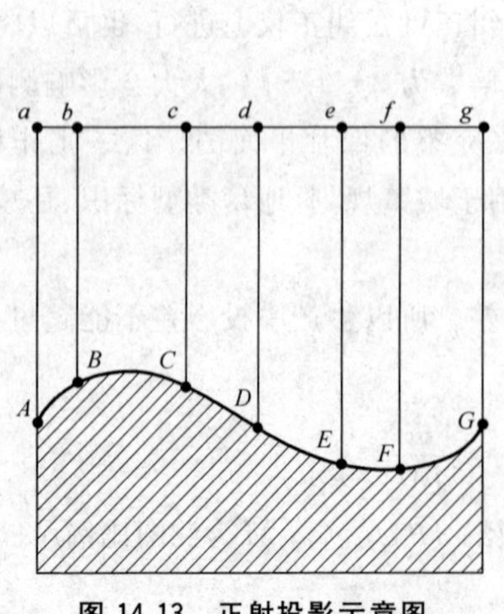

图 14-13 正射投影示意图

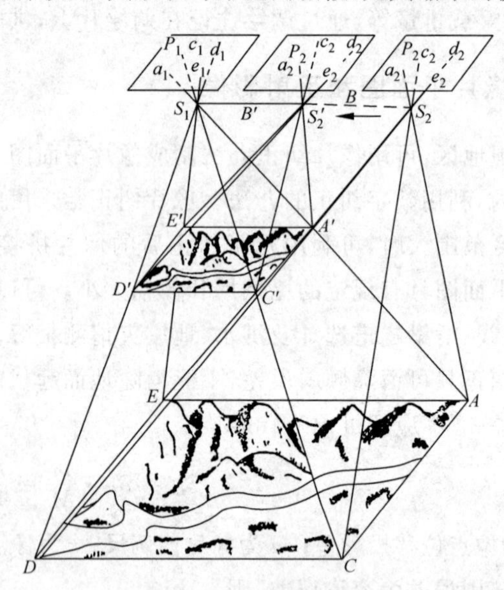

图 14-14 立体测图原理

模型比例尺为

$$\frac{1}{M}=\frac{B'}{B}$$

改变 B'大小，就可以改变模型大小。用立体测图仪测图时，就是在立体测图仪建立的立体模型上进行测绘。

近几年摄影测量向数字摄影测量方向发展。它与模拟法和解析法测图系统不同的是采用数字相关技术。即将航空像片利用影像数字化器对整张像片或重叠范围全部扫描，将所有元素的灰度进行数字化。记录下来形成数字影像，然后由计算机对数字影像进行数字相关处理，生成数字高程模型、数字地形图和专题图、数字正射影像图及带线划和符号的数字影像地图。

14.3.3　数字测图概述

发展到数字摄影测量时代，测图的工作全部在数字摄影测量工作站(图 14-15)上完成。由于现代计算机硬件水平和图像、图形处理能力的提高，计算机视觉、模式识别、影像匹配等理论和方法正在逐步地代替人眼的立体观察，解决了数字摄影测量中框标、特征点的识别与匹配等问题，实现了影像内定向和相对定向的自动化。虽然成像的数学模型依然是数字摄影测量的理论基础，但是各项功能全都由计算机程序实现，作业工序体现了流程化、自动化(半自动化)、一体化和高度集中化的特点。

图 14-15　数字摄影测量工作站

数字摄影测量使用的数据除扫描数字化影像外，更主要的是各种航空、航天携带的数字传感器直接获取的数字影像。如目前应用比较多的 SPOT、IKONOS、QuickBird 高分辨的遥感影像，以及如 Leica ADS40 线阵 CCD 相机、UltraCam-D/DMC 面阵 CCD 相机等拍摄的全色、彩色数字航空影像。数字影像不仅获取方便，而且可以直接用计算机软件处理，得到数字化的产品，为各行业的应用和地理信息系统提供基础数据。现代航空相机上还装有 GPS/惯性导航系统的姿态测量系统，可以直接获取影像的外方为元素初值，便于内业的控制加密和解算。

除了可见光拍摄的数字影像外，合成孔径雷达(SAR)影像也得到了广泛的应用，SAR 工作在微波波段，记录的是地面物体发射的雷达波信号，可以全天时获取数据，微波可以穿透云、雾、雨、雪等，不受天气影响，影像空间分辨率高，而且微波的反射与地面的介质特性和地形起伏有关，因此可以测量地面介质和起伏,发现可见光所不能发现的地表结构和形态,也成为现代摄影测量的重要数据源。

数字摄影测量系统的一般工作流程是首先对原始数据进行预处理,然后通过特征点兴趣(或有利)算子,提取影像框标,并在单张影像上提取一定数量的用于立体观测的特征点,再通过影像匹配算法,在另一张影像图上寻找一个特征点的共轭像点,自动或人机交互的方式完成影像的内定向和立体像对的相对定向。完成相对定向后,按照核线对影像进行重排列,生成核线影像。最后利用核线影像在核线方向上进行一维搜索和匹配,进一步自动提取DEM和内插等高线。

常见的商用数字摄影测量软件都可以直接输出标准格式的矢量或者栅格形式的数字化产品。目前通用的数字化测绘产品主要包括数字正射影像(DOM)、数字高程模型(DEM)、数字栅格地图(DRG)和数字线划地图(DLG)。在此基础上,还可以生成地表的真三维模型,为一些领域的专业应用提供仿真环境,进行精确的计算机模拟。数字化产品符合计算机应用的需要,可以非常方便的以文件的形式在计算机上存储和管理,不同格式和不同比例尺产品间可以互相转换,被各种软件所使用,并进一步加工处理,生成更多种类的其他产品。还可以通过网络进行发布,被不同的使用者所共享。数字摄影测量的产品也是地理信息系统数据更新的重要数据源。

14.4 遥感影像的处理

14.4.1 遥感影像的辐射校正

由于传感器相应特性和大气吸收、散射以及其他随机因素的影响,导致图像模糊失真,造成图像的分辨率和对比度相对下降,这些都需要通过辐射校正复原。

1. 系统辐射校正

系统辐射校正包括光学摄影机内部辐射偏差校正和光电扫描仪内部辐射误差的校正。光学摄影机内部辐射误差主要是由于镜头中心和边缘的透射光的强度不一致造成的,它使得在图像上不同位置的同一类地物有不同的灰度值,如航空摄影时的边缘减光现象。设原始图像灰度值为g,校正后的图像灰度值为g',则两幅图像的灰度关系为$g'=g/\cos\theta$,θ为像点成像时光线与主光轴的夹角。

光电扫描仪的内部辐射误差主要有两类:一类是光电转换误差;另一类是探测器增益变化引起的误差。通常采用楔校准处理模型加以消除。

2. 大气校正

大气校正就是消除主要由大气散射引起的辐射误差的处理过程。可以通过与卫星扫描同步进行野外波谱测试来校正,如大气路径辐射率、大气透射率,即将地面测量结果与卫星影像对应像元亮度值进行回归分析。大气校正一般按各个波段分别进行。由于大气散射主要影响短波部分,波长较长的波段几乎不受影响,因此可用其校正其他波段的数据。做法如下:在不受大气影响的波段和待校正的某一波段图像中,选择由最亮至最暗的一系列目标,将每一目标的两个待比较的波段灰度值提取出来进行回归分析,建立回归模型对需要校正的波段进行校正。

3. 直方图校正

由于大气散射影响只作用于短波波段,对可见光以外的红外波段几乎没有影响,因此,如果影像中存在灰度值为零的地物(例如深水体、高山背阴处等),其灰度直方图往往从原点出发,而其他波段直方图往往离开原点一段距离,这段距离即为大气散射引起的灰度直方图漂移值。以此为改正量进行校正,相当于从每个像元灰度值中减去这个数值。其他波段的校正量可以由此类推求得。

4. 噪声消除

遥感图像的噪声源主要由大气传输信道的噪声即传感器内部产生的噪声。大气传输通道中由于大气的湍流扰动影响产生随机噪声;传感器的噪声源包括转换和滤波过程中产生的噪声,例如,光电检测系统的电流不稳定性所表现的散粒噪声,即电流的无规则起伏现象,低光亮时为泊松分布,高光亮时为高斯分布。传感器的另一噪声源为滤波器电路中的电阻、电容的热噪声,这种噪声也具有高斯分布、零均值的随机特性;热红外波段传感器因各部分的温度变化也会产生噪声效应;此外,还有摄影胶片记录信息时产生的胶片颗粒噪声,即由胶片上溴化银颗粒受等值曝光时因为颗粒的大小、形状不完全一致,且分布不均匀引起的。以上这些噪声均属于对图像的高频干扰,因此可以采用滤波的方法进行消除。

14.4.2 遥感图像的几何校正和正射影像

遥感图像的几何变形是指图像上像素在图像坐标系中的坐标与其在地图坐标系等参考系统坐标之间的差异。引起图像的几何变形的主要因素有传感器外方位元元素的变化、传感介质的不均匀、地球曲率、地形起伏、地球旋转等。几何校正就是完全或部分消除影像中由于上述因素引起的几何变形。

遥感图像几何校正的过程一般是首先根据遥感影像几何畸变的性质、图像的特点以及辅助数据(如控制点、数字高程模型、卫星星历参数等),确定几何校正的方法,选择合适的校正公式,并利用一定数量的控制点等数据确定变换公式中的未知参数,之后按照变换公式对影像重新采样,得到校正后的图像,最后用已知点检查几何畸变是否得到充分地纠正。几何校正常用的方法有多项式校正、直接线性变换和有理函数模型等。

14.4.3 遥感影像分类

遥感图像分类是将图像的所有像元按其性质分为若干个类别的技术过程。多光谱遥感图像分类是以每个像元的多光谱向量数据为基础进行的。假设多光谱图像有 n 个波段,则 (i,j) 位置的像元在所有波段上的灰度值可以构成一个向量 $\boldsymbol{X}=(x_1,x_2,\cdots,x_n)^{\mathrm{T}}$,其中 x_k 表示第 k 个波段图像上该像元的灰度值,$\boldsymbol{X}$ 称为该像元的特征值,包含 $\boldsymbol{X}$ 的 n 维空间称为特征空间,这样的 n 个波段的多光谱图像便可以用 n 维特征空间中的一系列点来表示。在遥感图像分类问题中,常把图像中的某一类目标称为模式,而把属于该类的像素称为样本,多光谱向量 $\boldsymbol{X}=(x_1,x_2,\cdots,x_n)^{\mathrm{T}}$ 称为样本的观测值。如果将多光谱图像上的每个像素用特征空间中的一个点表示出来,这样多光谱图像和特征空间中的点集具有等价关系。通常情况下,同一类地面目标的光谱特性比较接近,因此在特征空间中的点聚集在该类的中心附近,多类目标在特征空间形成多个点族。遥感图像分类算法的核心就是确定判别准则和相应的判别函数,将各类地面目标在特征空间中的点集分割开来。

如果事先已经知道类别的有关信息(即类别的先验知识),在这种情况下对未知类别的样本进行分类的方法称为监督分类。常见的监督分类的方法有基于最小错误概率的 Bayes 分类器、子空间分类器、概率松弛算法等。通过监督分类,不仅可以知道样本的类别,甚至可以给出样本的一些描述。如果事先没有类别的先验知识,在这种情况下对未知类别的样本进行分类的方法叫做非监督分类。非监督分类只能把样本区分为若干类别,而不能确定每类样本的性质。非监督分类的方法主要有聚类中的相似性度量、*K*-均值算法、ISO DATA 算法和模糊聚类算法等。

以上为基于光谱信息的分类方法,适当引入除光谱信息外的其他信息,如空间信息,可进一步提高遥感图像分类的精确度。经常用到的非光谱信息包括高程信息和纹理特征等。基于知识的分类也是遥感影像分类的重要发展方向,也称为专家分类法。专家分类法一般包括两部分,即专家和知识分类器。专家提供知识库的建库工具,而知识分类器提供了利用知识进行分类的用户界面。决策树分类就是一种基于知识的分类方法。

14.4.4 影像分割

影像中的物体,除了在边界表现出不连续性外,在物体内部区域具有某种同一性。例如灰度值同一或纹理同一。根据这种同一性,把一整幅影像划分为若干子区域,每一子区域对应于某种物体或物体的某一部分,这就是影像分割。

影像分割主要有三种方法:阈值法、以分裂-合并为代表的区域生长法以及以模式识别方法为基础的影像分割方法。阈值法是以直方图为依据,选定阈值,再逐个像素进行判决。该方法只逐一处理每个像素,并不涉及某一像素之外的其他像素或其领域像素。

区域生长法直接遵循影像分割定义,从某一像素出发,逐步增加像素数(即区域生长),对由这些像素组成的区域使用某种相似均匀测度来度量其均匀性。若为真,则继续扩大区域,直到均匀测度为假。由于影像数据的天然空间相关性,分裂-合并方法采用一个区域的整体同一性度量作为分合判据,比较好地使用了影像空间相关信息,是一种比较完善的影像分割方法。从另一方面讲,影像分割是要把影像分成几种子区域,每种子区域具有某种同一性,所以,影像也可以看成是给某一像素赋予一个类号,同一类号的像素组成一种子区域。这样,影像分割可以借助于很成熟的统计模式识别方法来完成。模式识别的方法对于多光谱影像的分割特别有效。

14.5 遥感影像制图

遥感影像覆盖范围大、数据更新快、现势性好,可以用于绘制中小比例尺地形图、各类专题地图,更适合于在已有的地图数据或大地测量数据的基础上,进行地图的更新。遥感技术是现代重要的制图手段之一。

14.5.1 遥感影像的专题制图

由于遥感图像本身的信息量极其丰富,可对卫片经过增强处理,如假彩色合成、密度分割、滤波增强或计算机增强处理后,更加清晰的反映各种专题内容,进而编制系列专题地图。

利用卫星遥感影像进行专题制图,其特点是专题内容主要来自影像。通过对卫片的目视判读,结合地形图、野外实地调查等数据,对影像特征进行综合分析,建立判读标志和科学合理的分类分级,然后全面判读,绘制专题界线。

遥感影像专题制图需要注意的技术问题主要有以下几方面。

1. 影像数据的选择

在遥感数据的专题制图中，正确选择图像信息是非常关键的一环。应根据制图的目的和对象，最大限度地从遥感图像中获取所需要的一切信息。为此，必须对制图对象及具体内容进行深入地分析研究，了解不同的地物在不同波段的光谱特性，以及不同时相上同一地物在影像上的差异。综合考虑多方面的因素，选择最能明显反应制图内容特征的影像作为专题制图的数据源。

2. 遥感图像的纠正

包括辐射校正和几何校正，提高影像质量，消除几何变形，以增强影像的可读性。一般情况下都是将影像校正为正射影像。

3. 遥感图像的解译

遥感图像信息的解译方法通常可以归纳为：目视解译与计算机自动识别两大类。

目视解译方法是目前最普遍、最基本的方法。其特点是人用肉眼对卫星像片或胶片图像的灰度和色调进行专题内容的解译工作。为了提高目视解译的效果，通常根据解译专题内容的具体要求，对遥感图像进行必要的光学增强处理工作。电子计算机自动识别方法是克服肉眼分辨能力局限性的一种快速、准确的解译方法。但这种方法受各种条件的限制，目前尚不能普及。

4. 基础底图的编制

利用遥感影像数据解译编制各种专题地图，其最终成果是将影像图转化为线划图。因此，基础底图的编制工作是关系到专题制图质量的重要前提。用于遥感影像数据制图的底图，必须有合乎要求的数学基础和地理基础，只有这样才能为转绘影像图上专题内容提供明显而足够的定性、定量、定位的控制依据，以便提高各种专题要素描绘的科学性和准确性，并有助于各种要素间的统一协调。

14.5.2 影像地图的制作

影像地图是以航空或卫星遥感影像直接反映制图物体的地图。地图通常是经过纠正的正射影像，符号和注记按一定原则选用。从影像上容易识别的地物(居民地、河流)不另加符号，直接由影像显示；影像不能显示或识别有困难的内容(如等高线、高程点等)，则以符号或注记表示。

影像地图和线划地图相比生动形象，富于表现力，而且制图工作量少，成图周期短。影像地图的制作分为常规制作方法和计算机制作方法两种。常规方法制作影像地图的步骤包括搜集资料并制定具体工作方案；像片处理，包括几何纠正、控制放大与晒印等；制作影像版，主要是像片镶嵌；影像判读与表示，将影像判读的结果表示在影像版上；常规制图处理，分别制作地物版、地貌版、线划版、注记版，加绘坐标网线等；最后是印刷。

计算机方法编制简单的卫星影像地图，只要把图像和地图数据、编图的基本数据以及一些专用程序输入计算机，计算机便可以输出已编好的影像地图或分版图。编制内容复杂的卫星影像地图，计算机难以独立完成，需要人去帮助解决一些复杂的制图问题。

14.5.3 遥感影像用于地图的修编

由于卫星遥感影像更新速度快的特点，并能重复观测，现势性强，可以极为方便的应用于现有地图数据的更新。以往卫星像片的空间分辨率比较低,多用于中、小比例尺地图的修编,随着影像分辨率的不断提高,已经逐步取代航空影像,进行较大比例尺地图的修编,大大提高了地图修编的效率,降低了作业的成本。

习题与思考题

1. 摄影测量对航空像片有何要求?为什么?
2. 航空像片与地形图有什么区别?如何将航空像片转成地形图?
3. 为什么能用立体像对进行立体观测?
4. 为什么要进行遥感影像的辐射校正和几何校正?请简单说明过程。
5. 影像地图具有哪些特点和优势?

参考文献

李德仁,等. 2001. 摄影测量与遥感概论[M]. 北京：测绘出版社
宁津生,等. 2004. 测绘学概论[M]. 武汉：武汉大学出版社
李青岳,等. 1995. 工程测量学第二版[M]. 北京：测绘出版社
谢钢生,等. 工程建筑物变形观测[M]
陈龙飞,金其坤. 1990. 工程测量[M]. 上海：同济大学出版社
张坤宜. 2008. 交通土木工程测量[M]. 武汉：华中科技大学出版社
国家质量技术监督局,2000. 国家三角测量规范[S]. 北京：中国标准出版社
国家测绘局. 2001. 全球定位系统(GPS)测量规范[S]. 北京：中国标准出版社
中华人民共和国国家质量监督检验检疫总局. 2007. 国家基本比例尺地图图式第一部分：1∶500　1∶1 000　1∶2 000 地形图图式[S]. 北京：中国标准出版社
中华人民共和国建设部. 1999. 城市测量规范[S]. 北京：中国建筑工业出版社
中华人民共和国建设部. 2008. 建筑变形测量规范[S]. 北京：中国建筑工业出版社
覃辉,等. 2007. 测量学[M]. 北京：中国建筑工业出版社
宁津生. 2001. 数字地球与测绘[M]. 北京：清华大学出版社等
李征航,等. 2005. GPS测量与数据处理[M]. 武汉：武汉大学出版社
周忠谟,等. 2004. GPS卫星测量原理与应用(修订版)[M]. 北京：测绘出版社
徐绍铨,等. 2004. GPS测量原理与应用(修订版)[M]. 武汉：武汉大学出版社
杨俊志,等. 2005. 数字水准仪的测量原理及其检定[M]. 北京：测绘出版社
徐忠阳. 2003. 全站仪原理与应用[M]. 北京：解放军出版社
杨俊志. 2004. 全站仪的原理及其检定[M]. 北京：测绘出版社
覃辉,等. 2006. 土木工程测量[M]. 上海：同济大学出版社
郭宗河,等. 2006. 测量学实用教程[M]. 北京：中国电力出版社
李晓莉. 2006. 测量学实验与实习[M]. 北京：测绘出版社
杨晓明,等. 2005. 数字测绘基础[M]. 北京：测绘出版社
潘正风,等. 2004. 数字测图原理与方法[M]. 武汉：武汉大学出版社
王依,等. 2008. 地籍测量. 北京：测绘出版社
高俊强. 2008. 高精度测量技术[D]. 南京工业大学
李小文,刘素红. 2008. 遥感原理与应用[M]. 北京：科学出版社
梅安新,2001. 遥感导论[M]. 北京：高等教育出版社
张占睦. 遥感技术基础[M]. 北京：科学出版社
徐希孺. 2005. 遥感物理[M]. 北京：北京大学出版社
朱述龙,朱宝山,王红卫. 2006. 遥感图像处理与应用[M]. 北京：科学出版社
朱述龙,张占睦. 2000. 遥感图象获取与分析[M]. 北京：科学出版社
张永生. 2000. 遥感影像信息系统北京：科学出版社
刘静宇. 1994. 航空摄影测量学[M]. 北京：解放军出版社
王之卓. 1986. 摄影测量原理续编武汉：武汉大学出版社
钱曾波,刘静宇,肖国超. 1990. 航天摄影测量学[M]. 北京：解放军出版社
张祖勋,张剑清. 1996. 数字摄影测量学[M]. 武汉：武汉测绘科技大学出版社

陈鹰.2003.遥感影像的数字摄影测量[M].上海：同济大学出版社
张祖勋.2007.数字摄影测量研究30年[M].武汉：武汉大学出版社
姜景山，王文魁，都亨.2001.空间科学与应用[M].北京：科学出版社
南方测绘仪器公司.2008. CASS7.0说明书[M].广州：南方测绘仪器公司
SOKKIA.2008.索佳全站仪说明书[M].上海：SOKKIA公司
SOKKIA.2008.索佳全站仪式陀螺仪说明书[M].上海：SOKKIA公司
于成浩，杜涵文，柯明.2005.100MeV电子直线加速器的安装测量[J].北京：测绘技术装备(7)：3
李广云.2001.LTD500激光跟踪测量系统原理及应用[J].测绘工程，(10)：4
詹美斌，马原平.2005.TCA2003测量机器人在大坝监测中的应用[J].西部探矿工程，(111)：增刊
贺跃光，张学庄，刘宝琛.2003.变形观测与高精度测量机器人系统[J].中国锰业，(21)：1
王晓华，胡友健，柏柳.2006.变形监测研究现状综述[J].北京：测绘科学，(31)：2
陈敦云.2006.变形监测应用技术[J].福州：福建地质，(25)：4
张正禄.2001.测量机器人测绘通报，(5)
梅文胜，张正禄，郭际明，黄全义.2002.测量机器人变形监测系统软件研究[J].武汉：武汉大学学报·信息科学版，(27)：2
骆亚波，郑勇，夏治国，吴少波，朱文白.2006.测量机器人动态测量技术及应用研究[J].北京：测绘通报，(9)
张晋，张林，方庆法，刘廷明，王尚贵.超高层建筑工程测量控制系统的建立及实施对策[J].建筑施工，(29)：12
于成浩，柯明，杜涵文.2007.大尺寸空间中激光跟踪仪和水准仪的高程测量结果比较[J].北京：工程勘察，(6)
潘庆林，刘继宝.2004.当代测绘新仪器、新技术在测绘工程中的应用[J].北京：工程勘察，(4).马立广.2005.地面三维激光扫描仪的分类与应用[J].北京：地理空间信息，(3)：3
独知行，靳奉祥，冯遵德.2000.高层建筑物整体变形监测及分析方案[J].北京：工程勘察，(2)
刘旭春.2006.高精度数字水准仪在沉降监测中的应用[J].北京：测绘通报，(1)
王丹.2003.工程测量的发展与需求[J].北京：测绘通报，(4)
洪立波，王晏民，过静珺，陈品祥.2008.工程测量技术领域的几个重要发展方向[J].北京：测绘通报，(1)
苏勇，王兴华.2008.工程测量理论方法研究[J].建筑与工程，(1)
许国辉，刘跃.2003.关于城市建筑变形测量中若干问题的探讨[J].广州：广州大学学报(自然科学版)，(2)：1
卫建东.2006.基于测量机器人的自动变形监测系统[J].北京：测绘通报，(12)
张远智，胡广洋，刘玉彤，王庆洲.2002.基于工程应用的3维激光扫描系统[J].北京：测绘通报，(1)
于成浩，柯明.2006.基于激光跟踪仪的三维控制网测量精度分析[J].北京：测绘科学，(31)：3
吴静，靳奉祥，王健.2007.基于三维激光扫描数据的建筑物三维建模[J].北京：测绘工程，(16)：5
张国辉.2006.基于三维激光扫描仪的地形变化监测[J].北京：测绘工程，(27)：6
李秋，秦永智，李宏英.2006.激光三维扫描技术在矿区地表沉陷监测中的应用研究[J].煤炭工程，(4)
张俊明，郝彤，马志敏.2003.建筑变形测量相关规范中精度划分比较[J].河南科学，(21)：5
周山，文小岳，李陶.2000.戴吾蛟近景数字摄影测量及动态卡尔曼滤波在建筑物变形观测中的应用[J].哈尔滨：东北测绘，(23)：3
何昌华.2008.浅谈测绘新技术在工程测量中的应用[J].建材与装饰，(3)
刘娟.2008.浅谈工程测量发展的几个问题[J].太原：山西建筑，(34)：3
肖根旺，郭红星，徐忠阳.2002.全站仪自动变形监测系统在招宝山大桥变形监测中的应用[J].武汉：测绘信息与工程.(27)：4
毛方儒，王磊.2005.三维激光扫描测量技术[J].北京：宇航计测技术，(25)：2
郑俊锋，于水敬，张志，等.2007.三维激光扫描系统在测绘技术中的应用前景[J].北京：科技信息，(30)
上海建筑设计研究院有限公司.2006.上海光源工程设计和关键技术介绍[J].上海：上海建设科技，(6)
于成浩，殷立新，杜涵文，等.2006.上海光源准直测量方案设计[J].上海：强激光与粒子束，(18)：7
郭金运，曲国庆.2002.数字水准仪的性能比较与分析[J].北京：测绘通报，(3)

于成浩，柯明，赵振堂. 2007. 提高激光跟踪仪测量精度的措施[J]. 北京：测绘科学，(32)：2

程效军，张京男，罗鼎. 2007. 无协作目标电子全站仪在钢梁变形监测中的应用[J]. 北京：测绘通报，(4)

王晏民，洪立波，过静珺，等. 2007. 现代工程测量技术发展与应用[J]. 北京：测绘通报，(4)

费跃忠，刘廷明. 2006. 异形结构建筑的精密工程测量——上海光源工程精密三维控制测量[J]. 北京：建筑施工，(28)：12

赵群，刘键，陈金科. 应用激光扫描法对国家体育馆大跨度钢屋架滑移过程变形监测与分析[J]. 北京：测绘科学，(32)：3

严伯铎. 2005. 中国工程测量技术的发展与展望[J]. 北京：地矿测绘，(21)：4

吴景勤. 2005. 自动极坐标实时差分监测系统在滑坡区大坝外部变形监测中的应用[J]. 北京：地质灾害与环境保护，(16)：2

武汉大学测绘学院测量平差学科组. 2005. 误差理论与测量平差基础[M]. 武汉：武汉大学出版社

附录 A

电子全站仪系列表

厂家型号	测角精度	测距精度/mm	电子测角方式	测程(棱镜数)/m	补偿器及补偿范围	数据记录方式及接口	显示器	重量/kg	其　他
莱卡 TC2003 系列全站仪	0.5″	标准棱镜±1+1ppm×D①	绝对编码，连续、对径测量	GPR1 圆棱镜：1.5～3 000m；360°棱镜 1 300 米	双轴液体倾斜传感器，补偿范围：≤±4′；补偿精度：0.3″	S-RAM 卡；2MB；RS232	64×210 像素，图形 LCD；背景灯照明；32 键(6 个功能键，12 个数字字母键，6 个直接功能键)	7.5kg；镍氢电池 8 小时	ATR 自动目标识别 1 000m；LOCK 模式：500m；跟踪速度 100m 处：25m/s；遥控单元；IP54；无限微动；激光对点 GSI 自定义格式输出
莱卡 TPS1200 系列全站仪	1″、2″、3″、5″	标准棱镜±1+1.5ppm×D 反射片、无棱镜±2+2ppm	绝对编码，连续、对径测量	GPR1 圆棱镜：1.5～7 500m；无棱镜：>1 000m	双轴液体倾斜传感器，补偿范围：≤±4′；补偿精度：0.5″；超出补偿范围仪器警告，暂停测量	CF 卡槽标配 256M(最大可支持 1GB 的 CF 数据卡)1 750 点/M；可扩展机载内存；RS232 数据接口、蓝牙	1/4VGA(320×240)，彩色，图形 LCD，触摸屏，可键盘照明，34 键(12 功能键，12 字符数字)	4.8～5.5kg；锂电池 1.9Ah：>8 小时工作时间	ATR 自动目标识别；LOCK 模式：>1 000m，跟踪速度 100m 处：25m/s PowerSearch 超级搜索；EGL 导向光；遥控单元；超站仪(ATX1230GG)；GUS74 激光指示；IP67；短时水下 1m；无限微动；激光对点 DXF 格式的数据输入和输出；点、线、面以及附加的编码和属性管理；自定义格式输出 同莱卡 Systems 1200 GPS 无缝连接：统一操作、统一数据管理、统一附件、统一后处理软件；全系列 56 款型号全站仪
莱卡 TPS800 系列全站仪	2″、3″、5″	标准棱镜±2+2ppm×D 反射片、无棱镜±2+2ppm×D	绝对编码，连续测量	GPR1 圆棱镜：1.7～3 500m；无棱镜：>1 000m	双轴液体倾斜传感器，补偿范围：≤±4′；补偿精度：0.5″；超出补偿范围仪器警告，暂停测量	内部存储 18 000 个点；RS232 数据接口	160×280 像素的图形显示，8 行×31 字符文字数字显示	5.4kg；GEB121 电池工作 6 小时	完全符合中国测量规范的导线测量和道路放养机载程序；防尘防水等级 IP55；无限微动；激光对点 DXF；GSI；ASCLL；IDEX；自定义格式输出
索佳 SET X	1″	CPS12 精密棱镜±1.5+2ppm×D 反射片、无棱镜±3+2ppm×D	光电绝对编码扫描、对径检波度盘	单 AP 标准棱镜：1.3～6 000m，三 AP 标准棱镜：1.3～10 000m	自动双轴液体倾斜传感器，补偿范围≤±3′	内存 64M(数据存储大于 1M)，CF 卡槽(最大可支持 1GB 的 CF 数据卡)，SD 卡(需 CF 适配器)数据通信 RS232C 串口，USB A 型和小 B 型	324×240 点阵 Windows CE 中文背光液晶彩色触摸显示器 全数字、字母键盘	约 6.9kg(含提柄和电池)，双操作面板约 7.1kg	防尘防水等级为 IP65
	2″、3″、5″	棱镜±2+2ppm×D 反射片±3+2ppm×D 无棱镜±6+2ppm×D							
拓普康 GTS-330N 系列	2″、5″、6″	2mm+2ppm×D	连续绝对编码度盘对径测量	3 000m 单棱镜 4 000m 三棱镜	双轴，补偿范围±3′	RS232 口	双面 160×64 点阵图形，LCD 含背景光	4.9kg，含电池	防尘防水等级为 IP66

① 表中 ppm 表示 10^{-6}，D 以公里为单位。

续表

厂家型号	测角精度	测距精度/mm	电子测角方式	测程(棱镜数)/m	补偿器及补偿范围	数据记录方式及接口	显示器	重量/kg	其他
拓普康 GTS-750/GTS7500 系列	1″、2″	有棱镜 2mm + 2ppm×D 标准无棱镜±5～10mm 超长模式 ±(10mm+10ppm×D)、(20mm+10ppm×D)	连续绝对编码度盘对径测量	3 000m 单棱镜 4 000m 三棱镜 1 000m 微型棱镜 5～2 000m 无棱镜模式	双轴,液体式,补偿范围±6′	RS232 口/USB	双面 320×240(QVGA)真彩触摸屏	5.9kg/6.6kg 含电池	防尘防水等级为 IP54
南方 NTS962R	2″	2mm+2ppm×D	绝对编码度盘	2 600(三棱镜))	双轴±3′	内存 10 000 点记录;串行和并行数据端口	3.5 英寸彩屏 WindowsCENET4.2 中文操作系统	6	激光对中;无棱镜测距
南方 NTS660	2″	2mm+2ppm×D	绝对编码度盘	2 600(三棱镜)	双轴±3′	内存 10 000 点记录;串行数据端口	双面图形 LCD 液晶显示器	6	无棱镜测距精度 5mm+3ppm
苏光 RTS812/815	2″、5″	2mm+2ppm×D	绝对编码度盘	2 200m 单棱镜 2 600m 三棱镜	双轴±3′	64MB RAM,32MB ROM,SD 卡	3.5 英寸屏幕,320×240 彩色 TFT 触摸屏		具有上传和下载数据功能,蓝牙通信,USB 设备、RS-232,具有红绿光导向机制,IP54,防水
尼康 DTM-302 系列	2″、5″	2mm+2ppm×D 3mm+2ppm×D	光电增量编码系统	200m/免棱镜; 5 000m/2 300m 单棱镜; 3 000m 三棱镜	双轴±3′	12 000 个记录	图形 LCD	5.3kg	工作时间连续测距 7/16 个小时,测角约 27/30 个小时
尼康 DTM-502 系列	1″、2″	2mm+2ppm×D	光电增量编码系统	210m/免棱镜; 5 000m/2 700m 单棱镜; 3 600m 三棱镜	双轴±3′	12 000 个记录	图形 LCD	4.9kg	工作时间连续测距 6/10.5 个小时,测角约 25/30 个小时;有红光导向
宾得 ATS 系列	1″、2″	2mm+2ppm×D	绝对旋转式编码度盘	2 400m/2 700m 单棱镜; 3 100m/3 600m 三棱镜	双轴±3′	可扩充 PCMCIA 卡	双面;20 字符 8 行;160×64 像素;液晶LCD	7.0kg	32X 望远镜;温度气压自动感应

附录B

全球导航定位系统(GNSS)系列表

GPS	接收机类型	精度	OTF初始化可靠性及时间	RTK作业距离及方式	数据输出及格式	手簿	通信数据格式	主机物理指标	其他
莱卡 Systems 1200 GG 系列 GPS	GPS/GNSS(GPS + GLONASS，预留对伽利略系统支持)；24/72通道	静态测量：3mm＋0.5ppm×D(平面)，6mm＋0.5ppm×D(高程)，RTK作业精度：10mm＋1ppm×D(平面)，20mm＋1ppm×D(高程)	99.99%、<8秒	大于30km；UHF/GSM/GPRS/CDMA	20Hz独立输出；DXF格式的数据输入和输出；点、线、面以及附加的编码和属性管理；自定义格式输出	WinCE操作系统；真正意义彩屏、全中文、大尺寸图形显示、触摸屏幕，实时显示状态；QWERTY标准键盘62键(12功能键、40字符数字键)；可定义线和面的颜色及线形；3个蓝牙并行端口；IP67级防水；1.5m硬表面摔落	莱卡自定义、CMR、CMR+、RTEMV2.1/2.2/3.0；NMEA0183V3.0	IP67；抗2m摔落；工作时间大于15小时；工作温度：−40～65℃；储存温度：−40～80℃；全杆上重量：2.8kg	免狗莱卡的LGO软件包基于声誉卓著、性能优越的GPS数据处理软件内核，因此具有更高的解算精度和成果可靠性(尤其是对于中长基线解算)，并且能够顺利处理质量较差的原始数据；同莱卡TPS1200系列全站仪组成超站仪或镜站仪
南方灵锐 S82 GPS	GPS/升级后支持GLONASS，14通道GPS L1+2通道SBAS14通道GPS L2通道12通道GLONASS L1通道(支持)12通道GLONASS L2通道(支持)先进的多路径干扰抑制技术：采用PAC和Vision相关技术	静态测量：3mm＋1ppm×D(平面)，5mm＋1ppm×D(高程) RTK作业精度：10mm＋1ppm×D(平面)，20mm＋1ppm×D(高程)	信号重捕获：0.5～1.0秒	UHF/GSM/GPRS/CDMA	最高可达20Hz		内置GPRS/CDMA网络通信部分，可选GPRS或CDMA通信服务，国际通用，自动网络登录，兼容CORS系统的接入，南方免费全时为SOUTH-CORS的用户提供服务器服务，并支持NTRIP协议的接入	IP67；抗2m摔落；工作时间为单电池5.5～6.8小时，双电池大于8小时；工作温度：−30～60℃；储存温度：−40～70℃；全杆上重量2.7kg	
中海达 V8	GPS/可升级接收GLONASS卫星信号，预留对伽利略系统支持；54通道，可升级72通道	静态测量：5mm＋1ppm×D(平面)，10mm＋1ppm×D(高程)；RTK作业精度：10mm＋1ppm×D(平面)，30mm＋1ppm×D(高程)	99.99%、5秒	可达30km；UHF/GSM/GPRS/CDMA	5Hz(最大可定制50Hz)	原装进口美国工业级彩色触摸屏手簿，拥有全字母、全数字56键键盘；拥有红外、蓝牙、USB三种通信方式；WinCE操作系统；防尘防水	直接导出CAD、Excel格式的数据	IP67；抗2m摔落；工作时间：10小时；工作温度：−40～75℃；储存温度：−50～85℃	

续表

GPS	接收机类型	精度	OTF 初始化可靠性及时间	RTK 作业距离及方式	数据输出及格式	手簿	通信数据格式	主机物理指标	其他
华测 X90	GPS/升级后支持 GLONASS；并行 24 通道	静态测量：5mm+1ppm×D(平面)，10mm+1ppm×D(高程)；RTK 作业精度：10mm+1ppm×D(平面)，20mm+1ppm×D(高程)	大于 99.9%、10 秒	10～28km；UHF/GSM/GPRS/CDMA		符合军标要求，IP67 标准防水防尘，可水下 1m 浸泡，操作温度：−30～60℃，多种下载方式：USB，蓝牙，串口，具有多个扩展口		满足 IP67 规定；2m 摔落；工作时间：10 小时；工作温度：−30～75℃；储存温度：−40～80℃	
索佳 GSR2600 GNSS RTK GPS		RTK 平面 10mm+1ppm×D 高程 20mm+2ppm×D 静态平面 3mm+0.5ppm×D 高程 10mm+1ppm×D							防水性能 IPX7 级防水
拓普康 Hiper	GPS：L1、L2 载波相位，C/A 码，P 码，GLONASS：L1、L2 载波相位，C/A 码，P 码，40 通道	RTK 双频 平面 10mm+1ppm×D 高程 15mm+1ppm×D 静态、快速静态 平面 3mm+0.5ppm×D 高程 5mm+0.5ppm×D	冷启动<60 秒，热启动<10 秒 支持 WAAS/EGNOS	内置电台 5～8km；外置电台 15～28km UHF/GSM/GPRS/CDMA	RTK 更新率 5Hz，可升级到 20Hz	原装进口美国工业级彩色触摸屏手簿，拥有全字母、全数字 56 键键盘；拥有蓝牙、USB 两种通信方式；WinCE 操作系统；防尘防水	数据格式：CMR2，CMR+，RTCM2.1\2.3\3.0，TPS	工作时间：发射状态 10 小时，接收状态 12 小时，静态模式 16 小时，工作温度：−30～60℃；	防水性能 IPX6 级防水
苏光 SGS818/SGS318	并行 12 通道，L1 载波相位，CA 码	平面±(5mm+1ppm×D) 高程±(10mm+1ppm×D)	≤60s	≤50km			蓝牙、USB、RS-232	工作时间(818 型)大于 30 小时/(318 型)40 小时，工作温度：−40～70℃；储存温度：−30～80℃	防水性能 IP67 级防水
宾得 Smart8800	独立 28 通道，可以升级成 54 甚至 72 通道全视场跟踪 C/A 码、P 码、L2C 码，L1、L2 载波窄距相关；可跟踪 WAAS 和 EGNOS 差分信号	静态测量：5mm+1ppm×D(平面)，10mm+2ppm×D(高程) RTK 作业精度：10mm+1ppm×D(平面)，20mm+1ppm×D(高程)	置信度>99.9%、冷启动 40s、热启动 10s、再捕获 1s	10～28km；UHF/GSM/GPRS/CDMA	直接导出 CAD、EXcel，且与道亨电力软件有标准接口格式	1. 进口手簿 Recon IP×67 级防水防尘，真彩显示、带触摸屏，抗 2 米摔落； 2. 手簿软件支持键入点、线、道路等功能，支持点、线、道路的放样功能，且支持任意点加桩的功能；可以直接导出 CAD、EXcel，且与道亨电力软件有标准接口格式； 3. 手簿控制软件支持多种品牌 RTK，同时支持各种信标机	RS232 串口，USB，蓝牙；静态数据可以直接导出 DAT 格式的原始数据及标准 RINEX 格式的原始数据	全封闭，防水，防尘，抗震(2m 摔落)；工作时间：8 小时；工作温度：−40～65℃；储存温度：−50～75℃	

数字水准仪系列表

	精度	测程	测量方法	补偿及补偿精度	测量模式	显示	存储及通信	机载程序	后处理	物理指标	其他
莱卡 DNA 系列电子水准仪	1km 往返差(ISO 17123-2)0.3mm	因钢条码尺:1.8～110m	相关法:DNA 测量条码时,读取条码的两条边然后取中值得出数据	磁性阻尼补偿器;补偿范围:±≤10′;补偿精度 0.2″	单次、重复、均值、中值测量、多次测量求中间段平均值	中文 8 行,每行 15 个汉字或 30 个字母	内存:6 000 个测量数据或 1 650 测站数据;备份:PCMCIA 卡;联机通信:RS232 接口;GSI 命令;GSI8/GSI16/XML/用户自定义格式	一二等往返测,单程双转点;机载平差:距离或测站数;快速测量高程,高差和放样;普通水准测量	免狗 LGO,无缝数据传输	GEB121:连续供电 24 小时;2.8kg	
索佳 SDL 30 数字水准仪	高程精度:0.4mm(BIS20/30 因钢标尺) 1.0mm(BGS40/50/50G3 玻璃钢标尺)	RAB 码水准标尺 1.6～100m		磁阻尼摆式补偿器,补偿范围:大于±15″			2 000 点,20 个文件(可命名) CSV 格式下载				2.4kg
索佳 SDL 50 数字水准仪	高程精度 1.5mm(BGS40/50/50G3 玻璃钢标尺)	RAB 码水准标尺 1.6～100m		磁阻尼摆式补偿器,补偿范围:大于±15″			2 000 点,20 个文件(可命名) CSV 格式下载				2.4kg
拓普康 DL-111C	因瓦尺 0.3mm	因瓦尺 2～60m		补偿范围:≤±12′;补偿精度 0.3″		4 行,每行 20 个字符,点阵式液晶显示器	内存 320KB	单次/N 次平均,连续测量、检校模式、水准测量		使用时间约 10 小时	2.8kg
拓普康 DL-103	±(0.1%×*D*m)(*D*>10m) ±10mm(*D*≤10m)(标尺 SG-3M/3F/3L) ±(0.15%×*D*m)(*D*>10m) ±15mm(*D*≤10m)(有圆水准器的标尺 SA-5M)	2～60m		补偿范围:≤±10′;补偿精度 5″		128×32,点阵式液晶显示器				使用时间约 20 小时	2.3kg
天宝 DiNi 系列	1km 往返精度 0.3mm/0.7mm	1.5～100m		补偿精度±15′						望远镜倍率 32×/26×	